照明工程先进技术丛书

照明人机工效学

（原书第 3 版）

[美] 彼得·R. 博伊斯（Peter R.Boyce） 著

程天汇 刘正豪 刘杏琪 江怡辰 译

机械工业出版社

电气照明的出现彻底改变了人们的生活方式，不过作为用电大户，近年来照明行业受到越来越多的质疑。人们越来越多地关注照明给生态环境造成的影响，而很少想到照明带来的好处。《照明人机工效学》（原书第3版）应运而生，本书旨在从客观中立的角度来审视照明，具体来说就是检验人们和照明之间的相互关系。这些相互关系影响了人们进行视觉任务的效率，影响了人们对于周围空间、物体的感知，影响了舒适度和行为，同时还影响了人们的健康和安全。只有彻底了解如何用光来满足这些需求，照明行业才能提供高效、实用的解决方案。

第3版中新增加了以下内容：

1）针对非成像系统、行人照明、光污染以及照明用电新增了章节；

2）对其他章节进行修订，根据近年来的最新研究成果做了更新；

3）将光对人体的视觉效应和非成像效应进行综合考虑，以评估功效和感知。

本书同时考虑了光对人体的视觉和非视觉效应，兼顾了照明的益处及其对环境的影响。书中详尽分析了光照和照明科技对于人体的作用和效果，涉及范围覆盖到最底层的昼夜节律调节。作者综合引述了众多的最新文献，经过整合分析后给出了更好照明方案的指导性建议。

译 者 序

我本人从事照明行业已近 15 年，但在工作中还是经常会遇到一些难以回答的问题，比如"为什么照度明明足够，空间看起来还是不够亮？""××空间应该采用什么样的照明指标？""节能标准这么严格，怎么做出好的设计？"等。其实细思起来，这些问题的关键都在于，我们还没有真正搞懂照明和人之间关系的**"底层逻辑"**。

我在大学阶段学习照明时，课程设置还相对偏重于技术类的知识，例如光源与灯具的物理原理、光度学和色度学基础、各种测量与计算方法等。但在刚工作时却发现，如果只是按照数值去做设计，结果常常难以令人满意。随着工作深入才认识到，照明对于人体具有非常复杂的生理、心理学效应，以及近年来新发现的非视觉效应。这些就是所谓的**"底层逻辑"**，过去我们可能对一些规律有经验性的感性认识，但要想真正掌握，必须用科学的方法得出系统性的、定量的总结。

本书就是这样一本真正剖析照明与人之间关系的"底层逻辑"的科学著作。作者博伊斯教授综合整理了近一二十年来，在照明测量、光的生理心理学效应、认知科学等研究领域内的最新成果，揭示并总结了大量公式及数据，深入探究了如何用光来改变人类生活和生态环境。

书中有大量的理论知识、科学实验，以及公式推导和数据分析，阅读时需要一定的理论功底。本书适合照明及认知专业的高校学生以及相关领域的研究人员阅读。

这是我本人参与翻译出版的第 7 本有关照明技术的英文著作，无论是篇幅还是难度都毋庸置疑高居榜首。幸好遇到了一群志同道合且水平高超的小伙伴，大家通力合作终于啃下了这块硬骨头。其中刘正豪先生完成了本书第 1、2、10~15 章的翻译；刘杏琪小姐完成了第 4~7、9、16、17 章的翻译；江怡辰小姐完成了第 3、8 章的翻译。此外，王珅先生以及云知光公司也对本书的翻译提供了大量帮助。在此一并对他们的辛勤工作表示感谢！

程天汇

原书前言

我在 2002 年完成了本书的第 2 版，当时觉得不会很快就要写第 3 版，但时代的发展迫使我继续更新。在过去的 10 年里，照明行业受到的压力与日俱增，人们纷纷质疑照明行业现行做法的合理性，具体来说有两方面：第一，照明被认为是造成全球变暖的主要罪魁之一。照明一直是社会用电的大户，考虑到当前电能仍然主要来自于化石燃料，因此照明就间接造成了碳排放的增加。第二，人们的环保意识与日俱增。晚间的灯光被认为是光污染，既影响了天文观测，又破坏了动植物的自然节律。其实关注全球变暖和环境保护的人们并不是反对照明本身，更多是反感照明带来的间接危害。

照明行业的从业者们应对这些压力的策略是努力让照明变得更加节能、高效，具体途径就是找到这样一种照明，即能够用最小的成本、对环境最小的破坏来满足特定的需求，范围涵盖了基础逻辑到实际应用。因此，我们对照明和人之间关系的认知有了众多重要进展。生理学方面，我们在人眼视网膜上发现了一种新的光感受器。技术方面，传统的白炽灯光源正在迅速从全世界消失，全新的 LED 光源得到大幅发展。在测量领域，整个光度学理论体系有了更新，以覆盖中间视觉领域；同时出现了很多新的物理量，用来检测明暗感知以及颜色显示。在应用领域，人们越来越认识到照明可以通过昼夜节律和驱动力影响工作效率，而不仅仅是视觉能力。对于健康，光照对于昼夜节律系统的作用越来越被重视，很多光照疗法因此而出现。

第 3 版旨在把照明对人们生活的影响做更前沿深入的介绍。只有充分了解了这些效应，才能在照明的益处和对环境造成的负担之间做出平衡的选择。

致　谢

有三个人为本书的完成做出了卓越贡献：我的妻子 Susan Boyce，她忍耐了我对于写作的执念和生活的邋遢，默默地做好后勤工作；我的女婿 Mick Stevens，给我提供了很多技术支持，让我免于对现代科技过于落伍；还有一位学者同事 Mariana Figueiro，她热心地帮我审阅了第 3 章的初稿，并提出很多宝贵意见。在此我真挚地向他们表示感谢。

此外还有很多人和出版机构也为本书的完成做出过贡献，他们提供了很多书中材料的引用许可，他们是：

1）Acuity Brands 照明公司，提供了图 8.13；

2）Christopher Cuttle, 提供了图 6.12；

3）John Wiley & Sons 公司, 提供了图 2.25；

4）照明研究中心（Lighting Research Center），提供了图 6.5、图 9.2 和图 11.11；

5）Liz Peck, 提供了图 15.5；

6）McGraw-Hill 教育出版社，提供了图 2.5 和图 2.10；

7）Mick Stevens, 提供了图 1.13、图 3.1、图 4.1 和图 10.7；

8）美国生理学学会（American Physiological Society），提供了图 4.18；

9）建筑服务特许工程师协会（Chartered Institution of Building Services Engineers, CIBSE），提供了图 1.10、图 4.12、图 7.12、图 7.16、图 9.14、图 10.3 和图 11.14；

10）北美照明工程学会（Illuminating Engineering Society of North America），提供了图 1.4、图 1.5、图 1.6、图 1.7、图 1.9、图 1.12、图 2.9、图 2.20、图 2.30、图 2.31、图 3.2、图 4.9、图 4.10、图 7.5 和图 7.8。

作者简介

Peter R.Boyce，职业生涯的大部分时间都在照明领域工作。1966 ~ 1990 年，他就职于英国电气协会研究中心（Electricity Council Research Centre）担任研究员，在此期间他开展了关于视疲劳、老年人视力下降、长时间在计算机屏幕前工作对视觉的影响、色彩分辨、安全照明以及应急照明等课题的研究。随后的 1990 ~ 2004 年，他担任美国伦斯勒理工学院照明研究中心人因部主任，主导了关于视觉功效、视觉舒适度、节律效应、应急照明、安全驾驶照明方面的研究，指导了有关照明评价和产品测试的研究。此外，他还肩负教学任务，给照明学硕士讲授课程并指导毕业论文。他被广泛认为是人与照明之间关系方面的权威专家，发表了许多篇论文，并主导编写了许多篇规范文档。自 2008 年起，他担任期刊《照明研究与技术》（*Lighting Research and Technology*）的技术编辑。

目　　录

第2部分 概 述

第3部分　实　例

第 1 部分　基　础

第 1 章　光

1.1　引言

本书探讨的是人与光之间的关系，要想充分理解这种关系，首先必须了解光是什么，如何量化描述其特性，以及光是如何产生和被控制的。本章探讨的就是这些主题。

1.2　光与辐射

对物理学家来说，（可见）光只是电磁波谱中的一部分，后者范围包括波长只有几飞米（符号为 fm，$1fm=10^{-15}m$）的宇宙射线，到波长几千米的无线电波（见图 1.1）。其中波长范围在 380 ～ 780nm 内的电磁辐射能引起人类视觉系统的反应，人眼中的视觉光感受器可以吸收此波段的能量，从而产生视觉。其他生物对电磁波谱的敏感范围各不相同，不过可见光是根据人类的视觉来定义的。

可惜人眼视觉系统对于 380 ～ 780nm 范围内辐射的反应不是均匀分布的，这导致我们无法用描述电磁波特性的常规物理量来描述可见光，还必须根据人类视觉对于不同光谱的不同灵敏度来对辐射量加权，从而得出一组特殊的量。

用来检测人眼光谱灵敏度的基本原理是视觉等效效应，具体来说就是不同波长的光辐射给人眼带来不同的亮度感知。在 380 ～ 780nm 范围内的某种单一波长构成的光辐射具有特定的亮度和光色两种属性。如果我们让观察者观看分别由两个完全相同的单波长并且相同辐射度的光源照射的两个大小完全相等的视场，并且持续时间相同，那么观察者会认为这两个视场无法区分，也就是在各种属性上都是等价的，我们就可以认为两者的视觉效果是相同的。如果这两个视场分别由两个波长相同但辐射度不同的光源照射，那么辐射度高的视场看起来会更亮；如果照射的波长和辐射度都不同，则两个视场的亮度和颜色也都不同。在这种情况下，我们可以通过调节其中一个视场的辐射度大小来使得两个视场看起来亮度相同，也就是所谓的亮度等效。假设两个视场的辐射度分别是 R_1 和 R_2，对应的波长分别是 λ_1 和 λ_2，那么亮度等效效应可以用公式表示为

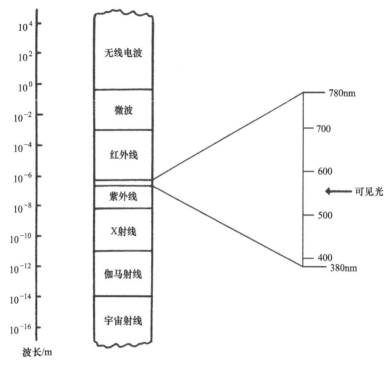

图 1.1　电磁辐射波谱分布图。不同波段之间的分界线只是示意

$$V_1 R_1 = V_2 R_2$$

式中，V_1 和 V_2 就是使方程成立的加权因子。因为唯一可测量的物理量是辐射度，所以每组亮度等效都会得出一个比值 V_1/V_2。通过多次测量不同波长之间的亮度等效，并结合 $V_1/V_3 = (V_1/V_2) \times (V_2/V_3)$ 的数学等价关系，我们就可以推导出每种波长对应的视觉灵敏度相对于标准波长的灵敏度，即 $V_\lambda/V_{标准}$。通常选择的标准波长是人类视觉灵敏度最大的波长，也就是辐射度相同情况下看起来亮度最大的波长。最后我们就可以绘制出波长及其对应的 V_λ 值曲线，该曲线可以定量描述出不同波长的光给人的亮度感受的相对值。这条曲线就叫作人类视觉的相对光谱灵敏度曲线。根据这条曲线，我们可以把用来描述电磁辐射的物理量转换为适用于可见光测量的物理量。

1.3　CIE 标准观察者

遗憾的是，并不存在一种对所有人在所有条件下都适用的统一的相对光谱灵敏度曲线，也不可能存在。各种相对光谱灵敏度曲线要受到测量亮度等效的方法的影响，取决于受刺激的视觉光感受器以及所通过的视觉系统通道（Kaiser, 1981）。关于这些问题的更多细节详见第 2 章。目前我们知道的人类视网膜中含有两种视觉光感受器：一种主要在光照充足时，也就是所谓的明视觉情况下工作（锥状光感受器）；另一种则在光照不足时，也就是所谓的暗视觉条件下工作（杆状光感受器）。这两种视觉光感受器有非常不同的相对光谱灵敏度。确定这些光谱灵敏度需要各国间达成共识，负责居间协调的国际组织叫作国际照明委员会（CIE）。1924 年，CIE 基于 Gibson 和 Tyndall（1923）的成果推出了 CIE 标准明视觉观察者，他们两个人从几个实验中获取数据从而得到一条平滑且对称的光谱灵敏度曲线（Viikari 等，2005）。他们做的实验采用视角非常小的视场，直径的可视角度小于 2°，而出光量刚好足够让视觉系统进入明视觉状态。后来 Judd（1951）的研究表明 CIE 标准明视觉观察者对于短波长的光太不敏感，随后 CIE 推出了修订版标准明视觉观察者光谱灵敏度曲线（CIE，1990），将波长 460nm 以下的敏感度在原有基础上大大提升。新的 CIE 修订版明视觉观察者是对原有 CIE 标准明视觉观察者的补充，而不是替代。原有的 CIE 标准明视觉观察者仍在照明行业中广泛采用，这是因为 460nm 以下波长灵敏度的调整对于覆盖很宽波长范围的常见白光光源来说影响很小。只有那些出光集中在 460nm 波长以下的特殊光源才需要改用修订版明视觉观察者（CIE，1978），比如说一些彩色信号灯、彩色显示器和蓝光 LED 等窄波段光源。

1951 年，CIE 确立了 CIE 标准暗视觉观察者，基于 Wald（1945）和 Crawford（1949）的针对中心 20° 角视场范围在 0.00003cd/m² 亮度下的测量结果。这项研究在科学上很有意义，因为它详细分析了杆状光感受器的光谱灵敏度，但长期以来在照明行业的应用却很少，因为几乎所有的照明设备都不会在暗视觉条件下工作。不过近年来中间视觉（见 1.5 节）逐渐热门，人们需要了解光源是如何同时刺激锥状光感受器和杆状光感受器的。因此，CIE 标准明视觉和暗视觉观察者的应用都越来越广泛（见 1.6.4.5 节）。

CIE 标准和修订版明视觉观察者及 CIE 标准暗视觉观察者如图 1.2 所示，标准和修订版明视觉观察者都是在 555nm 处灵敏度最高，而标准暗视觉观察者则是在 507nm

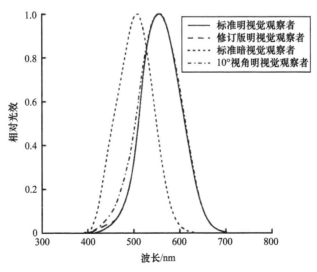

图 1.2　CIE 标准明视觉观察者、修订版明视觉观察者、标准暗视觉观察者以及 10° 视角明视觉观察者分别对应的相对光效函数曲线

处具有最大灵敏度（CIE，1983，1990）。这些相对光谱灵敏度曲线的正式名称分别为 1924 CIE 明视觉光谱光效函数、CIE 1988 修订版 2° 视角明视觉光谱光效函数和 1951 CIE 暗视觉光谱光效函数，更常见的叫法是 CIE $V(\lambda)$、CIE $V_M(\lambda)$ 和 CIE $V'(\lambda)$ 曲线。这些曲线是把辐射量转化为光度量的理论基础。

1.4 光度量

对于某个辐射源发出的电磁辐射最基本的度量是它的辐射通量，是对其辐射能量的速率的衡量，单位是 W。而用来测量光源的最基本物理量是光通量，是将其辐射量乘积，在人类视觉系统光谱 380 ~ 780nm 的波段范围内拆分成若干小段，然后根据各个小段对应波长的相对光谱灵敏度系数进行加权求和后的结果。这个过程可以用下式表示：

$$\Phi = K_m \sum \Psi_\lambda V_\lambda \Delta\lambda$$

式中，Φ 是光通量（lm）；Ψ_λ 是在一个微小的波长间隔 $\Delta\lambda$ 范围内的辐射通量（W）；V_λ 是对应波段的光谱光效系数；K_m 是一个常数（lm/W）。

在国际单位制（SI）中，辐射通量的单位是 W，而光通量的单位是 lm。对于 CIE 标准和修订版明视觉观察者，常数 K_m 的值为 683lm/W；而对于 CIE 标准暗视觉观察者，K_m 的值为 1700lm/W。这些数字来源于 CIE 的定义，即在 555nm 处 1W 辐射通量产生的光通量为 683lm，无论是明视觉还是暗视觉条件下。由于 555nm 是 CIE 标准和修订版明视觉观察者的最大灵敏度，所以该常数在明视觉状态下是不变的。但对于 CIE 标准暗视觉观察者，在 555nm 处的相对光谱灵敏度仅为 0.402。因此，暗视觉的常数为 1700lm/W。在进行任何测量和计算之前，必须先确定采用哪种观察者模型。这一要求使得 CIE 建议，只要采用了标准暗视觉观察者，那么相应的各种数据之前都应该加上"暗视觉"这个词，比如说暗视觉光通量。

光通量是用来衡量一个光源在所有方向上总的光输出的物理量，除此之外，我们还需要衡量光源在某个特定方向上发出的光通量，由此得到一个新物理量——发光强度。发光强度是在指定方向上每单位立体角范围内发射的光通量，单位是坎德拉（cd），等效于流明每球面度（lm/sr）。发光强度通常用来衡量灯具出光的分布情况。

光通量和发光强度都有对应的单位面积单位，落在某表面单位面积上的光通量称为照度，单位是流明每平方米（lm/m²），又叫勒克斯（lx）。光源在给定方向上每单位投影面积发出的发光强度即为亮度，其单位是坎德拉每平方米（cd/m²）。表面的入射照度是应用最广泛的照明设计标准，而某表面的亮度值与该表面的主管亮度息息相关。表 1.1 总结了这些光度学物理量。

不难理解，入射到某表面上的光量和从该表面反射出来的光量之间存在某种关系。这种关系取决于该表面的反射特性。对于一个完全漫反射的表面，这种关系可以表示为

$$亮度 = \frac{照度 \times 反射率}{\pi}$$

式中，亮度单位是 cd/m^2；照度单位是 lm/m^2。

对于漫反射表面，反射率的定义为反射光通量与入射光通量之比。而对于非漫反射表面，该公式仍然成立，只是要把反射率替换为亮度因子。亮度因子定义为在特定位置特定观察角度下，物体的亮度与完全白色漫反射表面之间的亮度比。从这个定义可以清楚地看出，一个非漫反射表面可以有许多不同的亮度因子。表 1.1 总结了这些定义。

表 1.1 光度学物理量

物理量	定义	单位
光通量	光源发出的所有可见光的量	lm
发光强度	在某一方向上，光源在特别小的圆锥体范围内发出的光通量，也就是单位立体角范围内的光通量	cd
照度	单位面积上的光通量	lm/m^2
亮度	在某一方向上，光源在特别小的圆锥体范围内发出的，垂直于发射方向的单位面积上的光通量，也就是单位面积上的发光强度	cd/m^2
反射率	某表面反射光通量与入射光通量之比	
对于漫反射表面	亮度 =（照度 × 反射率）/π	
亮度因子	在特定位置特定观察角度下，物体的亮度与完全白色漫反射表面之间的亮度比	
对于非漫反射表面，在特定位置特定观察角度下	亮度 =（照度 × 亮度因子）/π	

光度学漫长的历史上出现了许多不同的照度和亮度单位，表 1.2 列出了其中的一些，以及它们与国际标准单位之间的换算关系。

表 1.2 一些照度和亮度单位，以及它们与国际标准单位之间的换算关系

物理量	单位	量纲	换算因数
照度	勒克斯（lx）	流明 / 米^2（lm/m^2）	1
	米烛光（mc）	流明 / 米^2（lm/m^2）	1
	辐透（ph）	流明 / 厘米^2（lm/cm^2）	10000
	英尺烛光（fc）	流明 / 英尺^2（lm/ft^2）	10.76
亮度	尼特（nt）	坎德拉 / 米^2（cd/m^2）	1
	熙提（sb）	坎德拉 / 厘米^2（cd/cm^2）	10000
	—	坎德拉 / 英寸^2（cd/in^2）	1550
	—	坎德拉 / 英尺^2（cd/ft^2）	10.76

照度和亮度在照明设计中被广泛采用，明白这些物理量的定义是必要的，在此基础上能够理解其大小概念也很有用。表 1.3 给出了一些常见场景下的典型照度和亮度值，都是用 CIE 标准明视觉观察者模型测量得到的。

表 1.3 典型的照度和亮度数值

情景	照度 / （lm/m²）	典型表面	亮度 / （cd/m²）
温带夏季的晴天	100000	草地	3200
温带夏季的多云天	16000	草地	500
纺织厂检查	1500	浅灰色布料	140
办公室	500	白纸	120
重型工程	300	钢铁	20
照明良好的道路	10	水泥路面	1.0
月光	0.5	柏油路面	0.01

在照明设计中，除了照度和亮度值以外还有其他的光度量。一个是光出射度（luminous exitance）（Cuttle，2010），对于一个完全漫反射表面，出射度是落在该表面上的照度和其表面反射率的乘积。光出射度的通常单位是 lm/m²，也可以用 lm/ft² 或 fL。与亮度不同的是，出射度不包含出光方向的信息。

另外两个物理量是针对照度的三维（3D）测量：圆柱照度和标量照度。在国际单位制的定义中，照度指的是平面上某一点的光通量密度。这对于衡量照在某个桌面或者眼睛上的光的量是有用的，但是对于描述落在 3D 物体上的光的量没什么价值。圆柱照度是落在空间中某一点的小柱面垂直面上的平均照度。标量照度是落在空间中某一点的小球体表面上的平均照度。这些测量值可以用来量化有多少光会落在空间中的 3D 物体上，比如街上的行人或博物馆里的展览品。

圆柱和标量照度只是简单的平均值，所以提供给我们的信息非常有限。因此我们需要另外一种物理量，即矢量照度。和所有的矢量一样，它包含两个元素——大小和方向。矢量的大小是通过空间中某一点的平面的两个面之间差值的最大值，而方向则是差值最大的平面的法向。矢量照度可以表示光线在空间中的大小和方向（Lynes 等，1966）。当与标量照度相结合形成矢量 / 标量比时，就有可能了解光在不同形式的物体上可能形成的强度、位置、高光和阴影（Cuttle，2008）。这些度量在感知中的作用将在第 6 章中讨论。

1.5　某些局限

前文所定义的那些光度学物理量可以精确地计算或测量，不过这些量仅仅表示光在特定状态下的视觉效果。具体来说，它们代表了视网膜中央 2° 角范围内（也就是中央凹）的亮度反应。改变这些刺激的位置、视场的大小或光照水平都会改变视觉系统的光谱灵敏度。

如果把落在中央 2° 角范围内的刺激移到视网膜外围，就会改变光谱灵敏度，对于可见光谱短波段更为敏感（Weale，1953）。不过这种现象没有纳入任何测光系统的考虑范畴，因为其实际意义很小。后面第 2 章将会谈到，从视觉生理上来说，人眼主要用中央凹来观看细节，而周边视野没那么重要。

视野大小的影响在 1964 年得到 CIE 的承认，当时确定了明视觉条件下中央 10° 角视野范围内的相对光谱灵敏度曲线（CIE，1986，见图 1.2），最终正式形成了 10° 明视觉观察者（CIE，2005）。该观察者相比于 CIE 标准明视觉观察者对于短波长光的敏感度要更高，这是因为其视野范围已经超出了黄斑（视网膜中央 5° 范围，含有可以削弱短波长光的色素），进入了有更多对短波长敏感的锥状光感受器的区域。

至于光照水平的影响，需要注意明视觉和暗视觉所对应的亮度范围有很大的差距（见 2.3.2 节）。中间这部分被称为中间视觉，在此状态下锥状光感受器和杆状光感受器都是活跃的。CIE 标准明视觉观察者对于中间视觉状态仍然适用，这是因为中央凹区域只有对中长波长敏感的锥状光感受器。然而在视野的其余部分，光谱敏感度是不断变化的，这是因为锥状光感受器和杆状光感受器的分布不断变化。必须强调的是，不存在所谓的标准中间视觉观察者。这是因为在中间视觉状态下，光谱灵敏度取决于视觉系统所适应的光照水平。已经有两个团队做了系统性尝试开发出一套针对中间视觉的测光系统，其中一组采用消色差刺激的反应时间（Rea 等，2004a），而另一组则是基于夜间驾驶中常发生的视觉功效，这个过程中人眼同时接收有色信息和无色信息（Goodman 等，2007）。CIE 已经采用独立数据对这两个模型分别做了测试，并得出一个折中模型，能够在标准明视觉观察者（亮度在 5cd/m^2）和标准暗视觉观察者（亮度在 0.005cd/m^2）之间建立平滑的过渡（CIE，2010a）。在已知暗/明比值的情况下，该模型允许将给定的明视觉亮度转换为中间视觉亮度（见 1.6.4.5 节）。

我们希望 CIE 开发的中间视觉光度学系统能够很快被广泛应用到室外照明领域（Kostic 和 Djokic，2012），因为大多数室外照明对应的光环境使人眼处于中间视觉状态，但目前所有用来描述室外照明的光度量都是基于 CIE 标准明视觉观察者得到的。其结果是测量数据和实际的视觉效果之间脱节，采用中间视觉光度学系统能够解决这个问题。

另外还有两大因素会导致 CIE 标准明视觉观察者的相对光谱灵敏度发生变化，那就是年龄和色视觉缺陷。如 13.2 节所述，随着眼睛老化，晶状体对于可见光的穿透率会降低，尤其是短波端可见光，这导致老年人对于这部分光的灵敏度降低（Sagawa 和 Takahashi，2001）。而色觉有缺陷的人要么是缺少光色素，要么是光色素不同于正常人（见 2.2.7 节）。在任何一种情况下，这些人的相对光谱灵敏度很可能与 CIE 标准明视觉观察者不同。

除了这些系统性的差异之外，还有不可避免的个体差异。图 1.3 显示的是 52 个受试者的相对光谱灵敏度范围，数据来源于 Gibson 和 Tyndall（1923），CIE 标准明视觉观察者就是从这些数据中总结得到的。很明显，光谱灵敏度存在很大的个体差异。这意味着虽然我们可以以各种方法和仪器精确地计算出和测量出各种光度量，但却无法保证它们呈现的效果和主观感受完全一致。尽管有这样的局限性，这两种 CIE 标准观察者模型和 CIE 中间视觉观察者模型还是有其特定价值的。它们为照明行业提供了一种全球公认的方法，用光通量和发光强度分布来量化描述照明产品的性能，并为设计师提供了以照度和亮度来量化其照明系统所提供的性能。尽管这些措施有效用，但每当考虑某一照明情况的光度量时，询问光度量是否是适合这种情况总是重要的。如果不是，那么表面上的精确数量可能是误导。

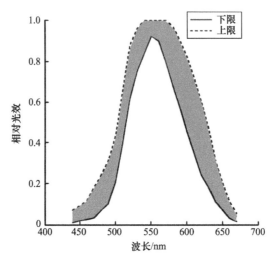

图 1.3   52 个受试者的相对光谱灵敏度范围。所有结果都在阴影范围内（来源：Judd, D.B. and Wyszecki,G.W., *Colour in Business, Science and Industry*, John Wiley & Sons, New York, 1963 ）

1.6   色度学物理量

前文描述的光度学量度没有考虑人眼接收到的光线是由不同波长组合而成的。因此有可能两个发光场具有相同的亮度，但有完全不同的波长组合。这种情况下，这两个发光场可能在颜色上看起来不同。人眼看到什么颜色不仅取决于进入视网膜的辐射的光谱分布，还有其他因素，比如亮度、周围环境的颜色，以及观察者的适应状态（Purves 和 Beau Lotto，2003）。颜色是大脑基于过往经验对于视网膜图像中的信息形成的一种主观感知。光本身是没有颜色的。但是为了对不同光源的颜色属性进行区分，我们必须找到某种对色彩进行定量描述的方法。CIE 色度系统就提供了这样的一种手段（CIE，2004a）。

1.6.1   CIE 色度系统

CIE 色度系统（又称比色系统）的基础是颜色匹配。颜色匹配测量是视觉等效的另一个例子，观察者只需要确定两个光场是否具有相同的颜色。经过大量的配色测量，CIE 确定了 CIE 颜色匹配函数（color matching function）。这些函数本质上是具有正常色觉的人类观察者的相对光谱灵敏度曲线，因此可以看作是一种特殊形式的标准观察者模型。共有三种颜色匹配函数，这来源于这样一个事实，具有正常色视觉的人可以用不超过三种波长的可见光组合起来去匹配任何颜色的光。三种颜色匹配函数和人眼球中存在三种锥形光感受器（见 2.2.7 节）是种巧合，CIE 颜色匹配函数并非来自于生理学。它们是反映相对光谱灵敏度所需的数学结构，以确保被视为相同颜色的光谱在 CIE 比色系统中都具有相同的位置，同时看起来不一样的色彩对应的光谱位置也是不同的。图 1.4 显示了两组颜色匹配函数，1931 年标准 2° 视场观察者和 CIE10° 视场观察者。CIE 1931 年标准观察者主要用来描述占据 1° ~ 4° 视场范围的色彩；虽然 Hu 和 Houser（2006）已经开发出了更大视野尺寸的颜色匹配功能，而 CIE10° 视场观察者是用来描述 4° 视场范围以外感受到的色彩。不同波长的颜色匹配函数的值称为光谱三刺激值。

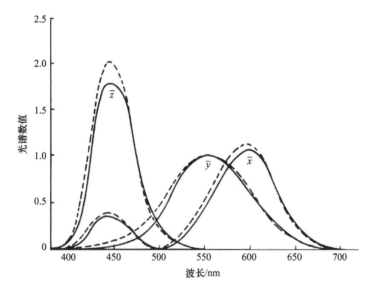

图 1.4 两组颜色匹配函数：CIE 1931 标准观察者（2°）（实线）；CIE 1964 标准观察者（10°）（虚线）

某种光源的颜色可以用数学公式表示为其光谱功率分布数值以及对应波长的三种颜色匹配函数 $x(\lambda)$、$y(\lambda)$ 和 $z(\lambda)$ 的乘积，结果就得到了该光源的虚拟三原色数值 X、Y 和 Z。用方程式表达，X、Y 和 Z 分别是

$$X = h \sum S(\lambda) \cdot x(\lambda) \cdot \Delta\lambda$$
$$Y = h \sum S(\lambda) \cdot y(\lambda) \cdot \Delta\lambda$$
$$Z = h \sum S(\lambda) \cdot z(\lambda) \cdot \Delta\lambda$$

式中，$S(\lambda)$ 是光源的光谱辐射通量（W/nm）；$x(\lambda)$、$y(\lambda)$、$z(\lambda)$ 是颜色匹配函数分别对应的光谱的三刺激值；$\Delta\lambda$ 是波长间隔（nm）；h 是一个常数。

如果只需要 X、Y 和 Z 的相对值，h 的取值是使 $Y = 100$。如果需要 X、Y、Z 的绝对值，取 $h = 683$ 比较方便，这样得到的 Y 值就是流明光通量。

如果所计算的颜色是针对从表面反射或通过材料透射的光，则要把光谱反射率或光谱透射率作为系数加到前面的方程式中。对于反射表面，适当的 h 值是形成参考白色的 $Y = 100$，因为这样 Y 的实际值就是表面的反射率百分比。

得到 X、Y 和 Z 值后，下一步是将它们各自的值表示为其在总和中的占比，即

$$x = \frac{X}{X+Y+Z} \quad y = \frac{Y}{X+Y+Z} \quad z = \frac{Z}{X+Y+Z}$$

x、y 和 z 值被称为 CIE 色度坐标。由于 $x+y+z=1$，因此只需要两个坐标就能够定义颜色的色度。既然颜色可以用两个坐标来表示，那么所有的颜色都可以在一个二维表面上表示。图 1.5 为 CIE 1931 年色度图，两条轴线分别为 x 和 y 色度坐标。在这张色度图上可以看到很多有趣的特征。其弯曲的外边界被称为光谱轨迹。所有纯色，也就是说，只有一个波长的纯色，都落在这条曲线上。连接光谱轨迹末端的直线是紫色边界，是可得到的最饱和紫色的轨迹。在图的中心是一个称为等能点的点。在等能点附近有一条称为普朗克轨迹的曲线。这条曲线上的色度坐标代表黑体辐射，也就是说，光源的光谱功率分布完全由温度决定。

CIE 1931 年色度图可以看作是一张原始的反映颜色相对位置的 2D 地图。图上的点距离光谱轨迹越近、离等能点越远，其颜色饱和度就越高。而颜色的色调是由色度坐标移动的方向决定的。这些特性被正式定义为主导波长（dominant wavelength）和激发纯度（excitation purity）。为了确定一个被已知光源照射的表面的主导波长，我们将光源本身颜色的色度坐标和被光源照射下的表面的色度坐标所代表的两点用线连起来，并延伸到与光谱轨迹相交，交点对应的波长即为主导波长。至于激发纯度，指的就是光源的色度坐标点到被照亮表面的色度坐标点的距离，和光源坐标点到光谱轨迹交点的距离之间的比值。图 1.5 展示了这类计算的两个例子。

严格来说关于色度图上特定波长的组合将呈现何种颜色的讨论都是无意义的。色度坐标只能告诉我们具有相同色度坐标的颜色会匹配，但不能告诉我们这些颜色具体是什么样子。当然这是色视觉激进者的观点。事实上，白色光源照射下的红色表面对应的色度坐标总是在图上固定的位置出现，而蓝色表面总是出现在图上另一侧，以此类推。因此，尽管 1931 年 CIE 色度图在理论上并不纯粹，但还是能大致上推测出某种颜色会是什么样子，CIE 指定了一个值，当它出现在色度坐标上来限制信号灯和表面将被认为是红色、绿色、黄色和蓝色（CIE 1994a，2001）。

既然在 CIE 1931 年色度图上不同的颜色对应不同的坐标位置，我们有理由期望两组色度坐标之间的距离与其对应的两种颜色之间的差异正相关。虽然两者确实相关，但相关性非常低。这是因为 CIE 1931 年色度图在感知上是不均匀的。绿色覆盖了很大的区域，而红色则被压缩到右下角。这种感知度上的不一致使得任何使用 CIE 1931 年色度图来量化颜色差异的尝试都是徒劳。为了改善这一情况，CIE 先是引入了 CIE 1960 年统一色度图（UCS），然后又在 1976 年推出了 CIE 1976 年统一色度图。两个图都是 CIE 1931 年色度图的简单线性变换。比如 CIE 1976 年统一色度图的坐标轴为

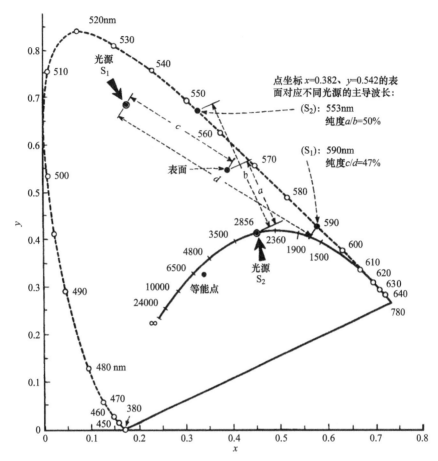

图 1.5 CIE 1931 年色度图，其中包含光谱轨迹、普朗克轨迹、等能点以及计算主导波长和激发纯度的方法 [来源：北美照明工程学会（IESNA），*The Lighting Handbook*, 9th edn., IESNA, New York, 2000a]

$$u' = \frac{4x}{-2x+12y+3} \qquad v' = \frac{9y}{-2x+12y+3}$$

式中，x 和 y 是 CIE 1931 年色度坐标。图 1.6 显示了 CIE 1976 年统一色度图。

虽然 1976 年统一色度图相比 CIE 1931 年色度图在感知上更为一致，但在确定颜色差异方面的价值有限。这是因为它还是二维的，只考虑色彩的色相和饱和度。为了完整地描述一种颜色，还需要第三个维度，即明度（Wyszecki, 1981）。1964 年，CIE 发布了用于表征颜色的 U^*、V^*、W^* 三维色彩空间，其中

$$U^* = 13W^*(u - u_n)$$
$$V^* = 13W^*(v - v_n)$$
$$W^* = 13Y^{0.33} - 17 \qquad （其中 Y 的数值从 1 到 100）$$

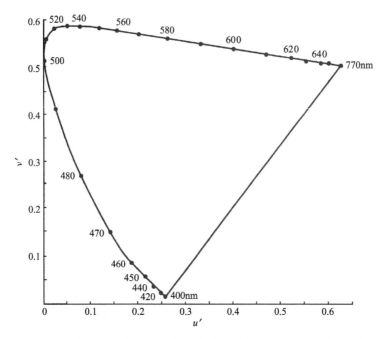

图 1.6　CIE 1976 年统一色度图 [来源：北美照明工程学会（IESNA）, *The Lighting Handbook*, 9th edn., IESNA, New York, 2000a]

式中，W^* 是明度指数，接近表面颜色的孟赛尔值（见 1.6.2 节）。坐标 u、v 指的是表面颜色对应 CIE 1960 年统一色度图中的色度坐标，而色度坐标 u_n、v_n 指的是由位于 U^*、V^* 系统原点的光源所照亮的光谱中性色。这套 U^*、V^*、W^* 系统现在已经用处不大了；唯一会用到的目的是计算 CIE 显色指数（CRI）（见 1.6.3.2 节）。

　　U^*、V^*、W^* 色彩空间现在很少使用，因为 CIE 在 1976 年又引入了两套新的色彩空间（Robertson，1977；CIE，2004a）。这两套空间的缩写是 CIELUV 和 CIELAB，都是基于人类色彩视觉系统的结构构建的（见 2.2.7 节）。其中一个维度与红 - 绿色彩通道有关，另一个维度与蓝 - 黄通道有关，第三个维度与亮 - 暗通道有关。

　　CIELUV 色彩空间的三个坐标由以下表达式给出：

$$L^*=116(Y/Y_n)^{0.33}-16,\quad \frac{Y}{Y_n}>0.008856$$

$$L^*=903.29(Y/Y_n),\quad \frac{Y}{Y_n}\leqslant 0.008856$$

$$u^*=13L^*(u'-u'_n)$$
$$v^*=13L^*(v'-v'_n)$$

式中，u' 和 v' 是 CIE 1976 年统一色度图中的色度坐标；u_n'、v_n' 和 Y_n 是一个名义上的消色差的颜色，通常是具有 100% 反射率（$Y_n=100$）的表面在光源照射下呈现的颜色。

CIELAB 色彩空间的三个坐标由以下表达式给出：

$$L^* = 116f(Y/Y_n) - 16$$
$$a^* = 500[f(X/X_n) - f(Y/Y_n)]$$
$$b^* = 200[f(Y/Y_n) - f(Z/Z_n)]$$

式中，$f(q) = q^{0.33}$，当 $q > 0.008856$ 时；$f(q) = 7.787q + 0.1379$，当 $q \leqslant 0.008856$ 时；$q = X/X_n$ 或 Y/Y_n 或 Z/Z_n。

同样，X_n、Y_n 和 Z_n 分别是一个名义上的消色差表面的 X、Y 和 Z 的值，通常是 $Y_n=100$ 的光源的值。

每一种色彩空间都有一组色彩差异公式。对于 CIELUV 色彩空间，其色彩差为

$$\Delta E_{uv}^* = [(\Delta L^*)^2 + (\Delta u^*)^2 + (\Delta v^*)^2]^{0.5}$$

对于 CIELAB 色彩空间，其色彩差为

$$\Delta E_{ab}^* = [(\Delta L^*)^2 + (\Delta a^*)^2 + (\Delta b^*)^2]^{0.5}$$

这两种色彩空间目前在许多行业中被广泛用于设定颜色公差。图 1.7 显示的是在 CIELUV 和 CIELAB 色彩空间上，当明度值固定为 5 时，孟塞尔色调和色度值（见 1.6.2 节）对应点的轨迹（Anon，1977）。如果 CIELUV 和 CIELAB 色彩空间在感知上是均一的，那么色度值的轨迹应该形成等间隔的同心圆，而色调轨迹形成等间隔的辐射线。从图 1.7 中可以看出，CIELUV 和 CIELAB 在感知上都不是完全一致的，但它们相比 U^*、V^*、W^* 色差系统或更原始的二维 CIE 统一色度图要好得多。此外，CIELUV 和 CIELAB 都可作为发展颜色表现模型的基础（Hunt，1982，1987，1991）。

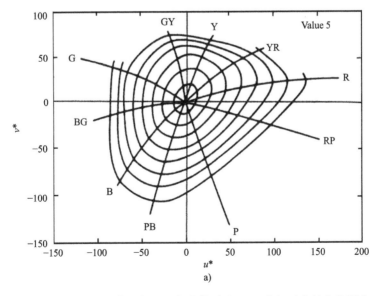

图 1.7　当明度值固定为 5 时，孟赛尔色调和色度值（见 1.6.2 节）对应的点分别在 a）CIELUV 和 b）CIELAB 空间中表示的轨迹 [来源：北美照明工程学会（IESNA），*The Lighting Hand-book*, 9th edn., IESNA, New York, 2000a]

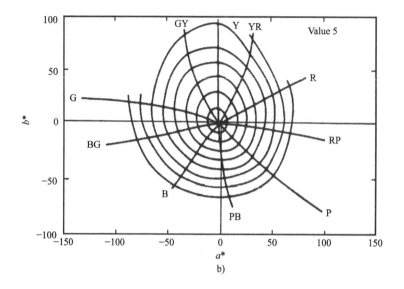

图 1.7　当明度值固定为 5 时，孟赛尔色调和色度值（见 1.6.2 节）对应的点分别在 a）CIELUV 和 b）CIELAB 空间中表示的轨迹 [来源：北美照明工程学会（IESNA），*The Lighting Hand-book*, 9th edn., IESNA, New York, 2000a]（续）

1.6.2　色序系统

　　虽然 CIE 比色系统对于量化描述颜色有一定价值，但它仍然缺乏物理意义。这方面需求由各种色序系统来满足。一套色序系统是对色彩空间的实体的、三维呈现。某种意义上说这就像一套彩色的地图，而作为地图，相邻颜色之间的分隔应当在各个方向上都是均一的。世界各地有多种不同的色序系统（Billmeyer，1987）。其中应用最广泛的是孟塞尔系统。图 1.8 显示了孟塞尔系统的组织形式。水平经度方向对应的是色调（hue），细分为 100 个小格，围成一个圈；然后这个圆分成 5 种主色调（红、黄、绿、蓝、紫）和 5 种中间色调（黄 - 红、绿 - 黄、蓝 - 绿、紫 - 蓝和红 - 紫）。垂直方向对应的维度是明度（value），数值分成 10 档，对应从黑到白。水平方向维度代表色度（chroma），刻度分为 20 阶，对应从中性到高度饱和。这三个维度在设计时都保证其中每个刻度的划分能让有正常色视觉的人感觉是均匀分布的。孟塞尔系统中任何颜色的位置都可以用一串字母数字的组合来表示，分别对应色调、明度和色度值；例如，一种很深的红色对应的编码是 7.5R/4/12。消色表面，即沿垂直方向的明度轴分布的颜色，因为没有色调或色度值而被编码为中性 1、中性 2 等，取决于它们的反射率。大致上一个表面的反射率百分比可以用表面的 V 和（$V-1$）的乘积得出，其中 V 是该表面的孟塞尔明度值。

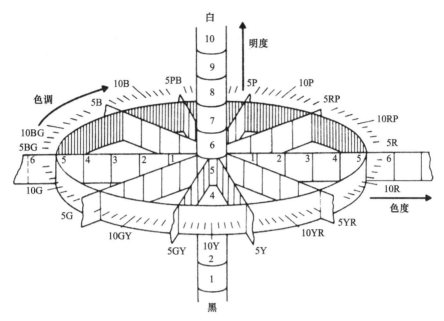

图 1.8　孟塞尔色序系统的架构。色调的字母分别对应 B- 蓝色、PB- 蓝紫色、P- 紫色、RP-红紫色、R- 红色、YR- 黄红色、Y- 黄色、GY- 黄绿色、G- 绿色、BG- 蓝绿色

　　色序系统的作用在于能让颜色的定义更为明确，交流起来比用文字更为精确。例如，某个纽约人要给在伦敦的人描述某种颜色，如果说"淡淡的偏黄的绿色"则不够准确；但如果说是孟塞尔系统中编码 5YG/8/2 的颜色，那就能准确找到。虽然孟塞尔系统或其他色序系统进行交流比文字更精确，但还是不如 CIE 色度空间的数字坐标那么精确（Hunt 和 Pointer，2011）。不过大部分时间里精度要让位于方便。所以建筑材料，如油漆、塑料、陶瓷等，通常都用色序系统来表示。

　　在世界各地存在着多种不同的色序系统，还有定量描述的 CIE 色度系统，似乎会造成混乱。幸运的是不同色序系统和 CIE 色度系统之间可以互相转换。例如，德国的 DIN 系统同时还提供了对应的孟塞尔和 CIE 数值（Richter 和 Witt，1986）。ISCC-NBS 色名表示法（Kelly 和 Judd，1965）的名称类别是根据孟塞尔系统（美国国家标准局，1976）给出的。美国测试和材料学会给出了 CIE 色度系统和孟塞尔系统之间的转换方法（ASTM，2012）。

1.6.3　应用指标

　　虽然 CIE 色度系统是最完整、最被广泛接受的色彩定量方法，但它实在太复杂了。因此照明行业用 CIE 色度系统衍生出两个单项指标来表征光源的颜色特性：相关色温（CCT）和 CIE 一般显色指数（CRI）。这两个指标在大多数灯具制造商的目录中都会给出。CCT 衡量的是光源出光的颜色特征，CRI 则是光源对于表面色彩表现能力的量度。

1.6.3.1 相关色温

原则上，光源发出的光的颜色可以用它的色度坐标来表征，但实际上很少有人这样做，人们通常用的是 CCT。这套标准的理论基础是根据普朗克辐射定律，黑体的辐射光谱只和其温度有关。图 1.9 显示了 CIE 1931 年色度图的部分，其中还包括了普朗克轨迹，该轨迹是将不同温度下黑体辐射的色度坐标点连接而成的曲线。和普朗克轨迹交叉的那些线条是对应温度的等温线。当光源的色度坐标直接落在普朗克轨迹上时，该光源的光色就可用色温表示，即具有相同色度坐标的黑体的温度。对于色度坐标接近普朗克轨迹但不在其上的光源，它们的颜色被表示为 CCT，即最接近的等温线的温度，单位用开尔文（K）表示。有时使用一种替代度量，即色温倒数，它被测量为 1000000 除以开氏度测量的 CCT，并表示为 megakelvin 倒数（MK^{-1}）。这个度量的优点是，$1MK^{-1}$ 的差表示在任何高于 1800K 的色温下近似相同的色差。

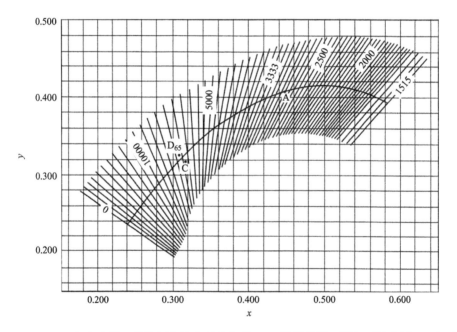

图 1.9 CIE 1931 年色度图上的普朗克轨迹以及各种 CCT 的等温线。图上还标出了 CIE 标准光源 A、C 和 D65 的色度坐标 [来源：北美照明工程学会（IESNA），*The Lighting Handbook*, 9th edn., IESNA, New York, 2000a]

相对色温是一个非常方便且易于理解的表示光源颜色的物理量，适用于所有名义上的白色光源，粗略来说这类光源的色温在 2700～17000K 之间。色温 2700K 的光源，如白炽灯，将会发出泛黄的灯光，通常被描述为暖色温；而 17000K 的光源，如某些类型的荧光灯，将会发出蓝色的灯光，被描述为冷色温。最常用的光源的 CCT 通常在 2700～5000K 的范围内。

值得注意的是，即使相对色温数值一样的两个光源也可能看起来光色不一致，这是因为这两个光源可能位于等温线上的不同点，因此具有不同的色度坐标。

同样重要的是认识到，色度坐标远离普朗克轨迹的光源不应该采用 CCT 来表示。当色度坐标位于普朗克轨迹上方时，光源将呈现绿色；如果色度坐标位于普朗克轨迹下方，则呈现紫色。对于固态光源来说，有一种度量规定了其色度坐标距离普朗克轨迹的距离在多少以内，才可以被认为是白色光源。这个度量叫作 Duv（色偏差值），表示的是光源色度坐标与普朗克轨迹上最近点之间的距离，基于 CIE 1976 年统一色度图测量。允许的最大 Duv 值为 ±0.006，在黑体轨迹上方的坐标为正，下面的为负（ANSI，2008）。CCT 和 Duv 对于定义光源的颜色都是必要的。

虽然设定光源的色度坐标与普朗克轨迹的距离限制，并仍然可以称作产生的是白光，这是一个明确的进步，在这个领域可能还有一些工作要做。这是因为有一些证据表明，在 4000K 以下，被认为代表白光的色度坐标偏离了普朗克轨迹（Rea 和 Freyssinier，2013）。Duv 度量值是否会随着这一偏离而修改，这还有待观察。

1.6.3.2 CIE 显色指数

某种光源对物体表面颜色的影响，原则上可以通过计算各自在 CIE 色彩空间中的色度坐标值来给出。不同颜色之间的差异可以通过计算它们在色彩空间的距离来估计。如果研究的是一组特定的颜色，这种方法还可行，但对于大多数照明场景，我们需要的是更为概括的结论。这就是 CIE 显色指数（CRI）的作用。CRI 测量的是某种特定光源对一组标准检测色卡的表现效果，和同样的色卡在 CIE 标准参考光源照射下的效果的对比程度（CIE，1995）。标准参考光源是 CCT 低于 5000K 的白炽灯光源和 CCT 高于 5000K 的某种荧光光源。实际的计算过程是先获取检测色卡分别在参考光源和检测光源照射下呈现颜色在 CIE 1964 U^*、V^*、W^* 色彩空间中的位置，然后根据两点之间的距离差计算出相应数值，如果能完美匹配，则满分为 100。CIE 共有 14 种标准比对色卡，前 8 种对应色调圈上均匀分布的一组低饱和度颜色，而 9～14 号色卡代表一些特殊意义的颜色，如肤色和植被。前 8 种色卡比对计算出的 CRI 平均值被叫作 CIE 一般 CRI，通常光源厂商的样册里给出的是后者。

CIE 一般 CRI 有其局限性（Guo 和 Houser，2004）。首先需要注意的是，如果两种光源具有相同的一般 CRI，并不意味着它们对颜色的表现能力相同。一般 CRI 是个平均值，是由多种色卡的比对结果平均而来。其次，不同的光源是与不同的参考光源比较后得到的，这使得不同光源之间比较的意义不确定。第三，利用 Von Kries 变换（CIE，2004b）对色彩适应进行研究被发现是不足的。第四，测试色卡的范围有限，都没有饱和色。第五，无论参考光源是白炽灯还是自然光，都未必能达到完美的显色效果。在评估不同光源的 CIE 一般 CRI 时，以上局限性应该被考虑到。

1.6.3.3 颜色矢量图

CIE 一般 CRI 的最大魅力在于它把复杂的颜色表现能力简化为一个数字来表示，但是这种简化也导致相当大的信息损失。飞利浦照明公司研发出一种替代方案来衡量光源的颜色属性，同时保留了色彩表现的复杂性。图 1.10 显示的是 215 种测试颜色（Opstelten, 1983）在被测光源和相同 CCT 的参考光源照射下，呈现出的效果在 CIELAB 空间中的 a^*、b^* 坐标平面图（van Kemenade 和 van der Burgt，1988）。图上每个箭头的起点是参考光源照射下颜色的色度坐标，而箭头的头部是被测光源照射下颜色的色度坐标。显然箭头越短代表被测光源越接近参考光源的显色能力。此外箭头的方向也反映了颜色变化的方向。指向坐标系原点的箭头方向表示在被测光源照射下色度降低，而和原点发出的辐射线交叉的箭头方向表示色调有变化。图 1.10 有一大特征是在某些色调 / 色度区域的颜色变化比较大，而在其他区域变化比较小。显然这种表现方式比 CRI 这样一个简单数字提供了更多的信息，但是理解这种图需要一些思考，这限制了它的流行。

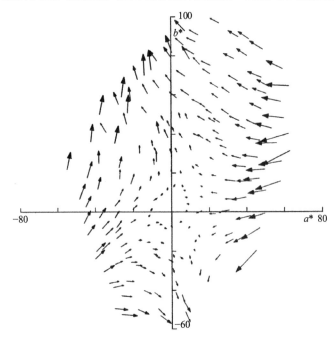

图 1.10　215 种测试颜色在被测光源和相同 CCT 的参考光源照射下，呈现出的效果在 CIELAB 空间中的 a^*、b^* 坐标平面图。被测光源是一套金卤灯（来源：van Kemenade, J.T.C. and van der Burgt, P.J.M., Light sources and colour rendering: Additional information for the Ra Index, *Proceedings of the CIBSE National Lighting Conference*, CIBSE, London, U.K., 1988）

1.6.4　颜色质量

虽然 CCT 和 CIE 一般 CRI 仍然是描述光源颜色属性最广泛使用的应用指标，但是白光 LED 光源（由三个多种色彩组合而成）的出现引发了很多担忧。问题是这种 LED 光源测出来的一般 CRI 值与人们的直观感受不匹配（CIE, 2007）。结果就像荧光灯刚刚被大规模推广时一样，人们对于量化光源颜色属性的方法产生新的兴趣，其结果是涌现出若干新方法，具体可以分为四类。

1.6.4.1　精良的颜色表现

第一种类型与 CRI 使用的方法相同，即用被测光源的性能与参考光源进行比对。其中一个例子是色质指数（Colour Quality Scale，CQS）（Davis 和 Ohno，2010），它使用与 CIE 的 CRI 相同的参考光源。不过两者的区别包括：CQS 选择的 15 种测试色卡都是饱和色，CQS 采用 CIELAB 色彩空间，另外 CQS 采用更好的转换算法以考虑颜色适应。最终 CQS 表示为一个 0~100 之间的数字。CQS 为荧光灯提供的一般 CQS 指数与一般 CRI 数值非常相似，但对于白光窄带 LED 光源的数值却截然不同。

除了一般 CQS 值，每种测试颜色都有其特定的 CQS 值，还有另外两种一般 CQS 指数（Davis 和 Ohno，2010），分别是颜色保真度指数（colour fidelity index）和颜色偏好指数（colour preference index）。颜色保真度指数平等地对待被测光源和参考光源之间的色度坐标的所有差异，不管是增加还是降低饱和度。因此颜色保真度指数都是衡量测试光源与参考光源之间性能差异的最客观的指标。而颜色偏好指数会对测试光源增强色彩饱和度的差异给予额外的权重。这是因为研究表明人们通常更喜欢偏饱和的颜色（Judd，1967；Thornton，1972）。

1.6.4.2　色域

第二种表征光源颜色属性的方法是不使用参考光源。这就是所谓的色域方法。色域是计算出一组测试色卡在被测光源照射下表现颜色的色度坐标，再将这些点在色彩空间平面上连接起来得到的图案。图 1.11 显示的是 CIE 前 8 种标准色卡在不同光源照射下的色度坐标反映在 1976 年统一色度图上的色域。色域可以告诉我们很多东西。根据色域的形状以及各个测试颜色对应点之间的间隔，我们可以明显看出色调圆中哪一部分更容易被区别出来。根据被照色卡的色度坐标在 CIE 1976 年统一色度图上的位置，可以一定程度上判断出其表现为何种颜色。如果把不同光源的色域画在同一张图上，则很容易进行光源之间的比较。此外，如果比较对象包括一个理想光源（如日光）的色域，我们可以判断出被测光源与理想光源有多接近。

如图 1.11 所示的色域要求观察者了解色域形状和位置的含义。这种复杂的思考过程又引发了这样的需求：希望通过计算色域所包围的图形面积来作为显色能力的表征，这样色域可以简化为一个数值。不过这种方法一直没能实现，因为具有相同面积色域的光源，其显色能力可能大相径庭。另一种方法是用被测光源的色域面积和理想光源的色域面积的比值来进行衡量。Davis 和 Ohno（2010）提出了色域面积指数，就是用被测光源对于 15 种 CQS 测试色卡（见 1.6.4.1 节）在 CIELAB 色度空间的 a'、b' 平面上的色域面积和模拟日光的理想光源 CIED65 的色域面积进行比较。Rea 和 Freyssinier（2010）也提出了一种色域面积指数，该指数选用的是前 8 种 CRI 测试色卡，对应 1976 年统一色度图上的色域，而理想光源则选定为等能量光谱光源。等能量光谱光源的色域面积被定义为 100，被测光源根据其色域面积的比例得到相应数值。值得注意的是，这种算法意味着色域面积指数可能大于 100。

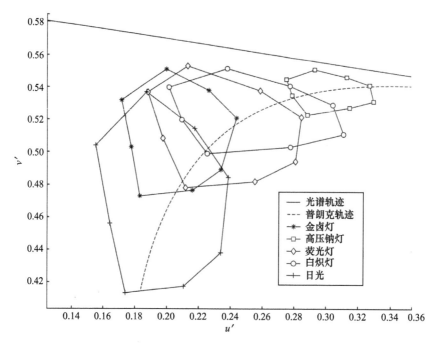

图 1.11　CIE1976 年统一色度图上高压钠灯（HPS）、白炽灯、荧光灯和金卤灯光源的色域，以及模拟日光的 CIE 标准光源 D65 的色域（虚线表示普朗克轨迹）

还有一种略微不同的色域方法是计算 CIELUV 色度空间中一个光源所能产生的所有颜色所占的体积。这个数字称为显色能力值（Xu，1993）。这个指标并没有反映显色能力的准确性，但能够表明光源产生饱和颜色的潜力。

1.6.4.3　基于光谱的颜色指标

另一种表征光源颜色特性的方法是基于与理想光谱的偏差。这种方法的困难在于确定什么是理想光谱。Rea 等（2005a）采用等能量光谱作为理想基础，因为这代表了人们通常概念里的全光谱。具体方法是计算被测光源光谱和等能量光谱偏差值的平方和；所得结果越小越好。计算得到的数字被称为全光谱指数。

1.6.4.4　色彩外观模型

另一种探索光源颜色属性的方法涉及色彩外观模型的使用。Pointer（1986）使用 Hunt（1982）模型产生出 15 种与色调、色度和明度相关的不同度量。Szabo 等（2009）使用 CIECAM02 模型（CIE，2004c）来生成与颜色对和三色组的和谐相关的度量。这两种方法都要采用一个参考光源，并且结果形式都是单个的数字。然而这样的处理会损失大量的信息，这似乎是不恰当的。

1.6.4.5　暗 / 明视觉比

近年来引起人们兴趣的另一种测量方法是暗 / 明视觉比（Berman，1992）。计算方法是：取光源的相对光谱功率分布（以辐射计量为单位），用 CIE 标准暗视觉、明视觉观察者对其进行加权，并将得到的暗视觉、明视觉流明表示为比值。暗 / 明视觉比值的结果表示不同光源对人眼视觉系统中杆状和锥状光感受器刺激的相对有效性。当两种光源产生相同的明视觉光通量时，具有较高暗 / 明视觉比的光源比具有较低暗 / 明视觉比的光源更能刺激杆状光感受器。当考虑光源的应用，并且其中的视觉系统是运行在中视觉状态时，这一信息是有用的。

1.6.4.6 结论

到目前为止，读者显然应该意识到，量化颜色是很复杂的，想要用简单的度量标准来表示色彩就意味着信息的丢失。Guo 和 Houser（2004）提出，至少需要两个数值指标的组合才能对某种光源做出有意义的描述：其中一个数值来自和参考光源的比较结果，例如 CRI 或 CQS，另一个数值是不使用参考光源的绝对度量，例如，色域面积。Rea 和 Freyssinier（2010）、Smet 等（2011）和 Dangol 等（2013）的研究结果支持了这一观点。其他人已经指出了基于颜色差异（Sandor 和 Schanda，2006）、颜色和谐（Szabo 等，2009）或记忆颜色（即颜色具有含义的物体的颜色，例如水果）发展标准的可能性（Smet 等，2010）。此外有另一批人已经研发出详细的彩色外观模型（Fairchild，2005）。具体选用哪种方法因情况而异。颜色外观模型只能在已知空间装饰的情况下使用，也只适用于需要获得有关颜色外观的详细信息的情况。然而这种条件下通常会直接通过视觉模型来验证实际的显色效果，而不是理论预测。在实践中，一个空间的照明通常是在装饰最终决定前设计的。这种情况下最好的办法是采用一系列的指标来做估测。Rea 等（2004b）用三种不同的颜色指标实践了这种方法：他选择的是 CRI、色域面积指数和全光谱指数，以及光效（见 1.7.4 节）。即使这样对某些人来说仍然太复杂了，所以 Rea（2013）建议建立所谓的 A 类彩色光源。这类光源的 CRI 大于或等于 80，色域面积指数在 80 ~ 100 之间，色度坐标遵循 Rea 和 Freyssinier（2013）确定的最小色调白线。其他人会喜欢其他的组合指标，在不同的情况下给予不同的颜色不同的权重，但有一件事是肯定的——照明行业不能再仅仅依赖 CCT 和 CRI 两个指标来评估一个光源的颜色特性。

1.7 光源

自然界有光源，比如太阳；人工也可以制造光源，比如油灯、煤气灯或者电光源。20 世纪人工光源的发展和广泛使用从根本上改变了地球上人类的生活方式。

1.7.1 自然光

自然光其实就是地球接收到的太阳光，包括直接来自太阳的光和经过月球反射的光。自然光最大的特点就是其多变性。自然光的强度、光谱成分和分布随着季节和时间变化都不同。月光几乎无法用作照明光源，但是昼光有很大用处。昼光分为两部分：日光和天空光。日光是直接从太阳照射到地球表面的光，会产生强烈的、边缘清晰的阴影。而天空光是经过大气层散射后的太阳光，这种散射使得天空呈现蓝色。天空光只会产生微弱的、模糊的阴影。日光和天空光之间的平衡是由大气的成分以及光线穿过大气的距离决定的。水蒸气含量越多、传播距离越远，天空光的比例就越高。

日光的强度、光谱和分布随时间和地点的不同而不同。日光在地球表面的照度范围很大，夏天阳光明媚时高达 100000 lx，而到冬季阴天时只有 1000 lx。图 1.12 显示了日光的光谱辐照度分布。显然日光中含有大量的紫外线（UV）和红外线（IR）辐射，但在可见光波长范围内日光是连续光谱。日光的 CCT 范围可以从阴天时的 4000K 到晴空时的 40000K。为了计算物体在自然光下的外观，建议选用和 5500K、6500K 和 7500K 三种 CCT 中的一种相关联的光谱分布（Wyszecki 和 Stiles，1982）。光分布的变化范围包括从完全阴天到完全晴朗。完全阴天时的亮度分布围绕一个垂直轴呈轴对称，天顶的亮度约为地平线的 3 倍。当天空晴朗或多云时，亮度并非轴对称分布，最高亮度出现在太阳周围。CIE 已经确定了 15 种不同的天空亮度分布模型，包括从完全阴天到完全晴朗之间的各种情况（CIE，2004d）。

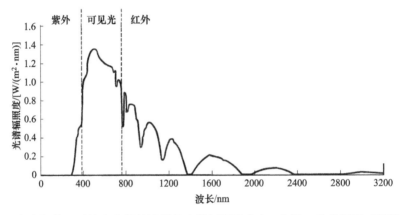

图 1.12　昼光在红外、可见光和紫外波段的光谱辐照度分布 [来源：北美照明工程学会（IES-NA），*The Lighting Handbook*, 9th edn., IESNA, New York, 2000a]

以上信息的主要用途是用来估测从窗户进入建筑室内的昼光的量及其对于人工照明和空调的影响。通常估测时会简化为"最低情况"，即假设室外是完全阴天，昼光在地面的水平照度为 5000 lx。将此数据结合采光系数（daylight factor）就可以估算出进入室内任一点的光量。采光系数是直接或间接到达室内某一点的昼光照度总和与室外无遮挡条件下的昼光水平照度的比值。当然，这只能计算一种天气条件和一种照度下的昼光贡献，但是天气是不断变化的，因此也会有许多不同的照度。幸运的是，现在世界上许多地方都有年度气候数据，使得基于气候条件的日光模型计算成为可能（Mardaljevic 等，2009）。从基于气候的日照模型还能得出另外两个昼光指标。一个是有效昼光照度（Nabil 和 Mardaljevic，2005），该指标反映的是空间中昼光提供的照度。低于 100 lx 的照度被认为是没用的，因为还必须打开人工照明进行补光；但 2000 lx 以上的照度也是没用的，因为这经常会导致眩光以及空调负担加重。有效昼光照度的定义是：某空间中昼光照度在 100 ~ 2000 lx 范围内的小时总数占全年的百分比。另一个指标是昼光自治率（daylight autonomy）（Reinhart 等，2006），具体定义是全年中测试点得到的昼光照度超过室内最小照度要求的时间百分比。这些数值可以用来评价使用昼光相关的照明控制系统的成本效益。

虽然不可否认这些措施对于估算建筑物的能耗很重要，但它们无法反映出人类对于日照的反映。对于人类来说，更重要的是阳光照射的时间和位置。在错误的时间错误的地方出现阳光会引起不适，这是很多窗户需要加装窗帘的重要原因。对于给定的地点和建筑，可以使用太阳路径图来具体分析阳光可能出现的时间和位置（Hopkinson 等，1966）。Tregenza 和 Wilson（2011）以及 Kittler 等（2012）都提出了关于日光设计这些方面以及其他许多方面的建议无论如何预测和量化，日光都受到人们的高度重视，它对所有气候条件下的建筑设计和照明控制都有显著的影响。

1.7.2　人造光源：火光

人类最早利用的人造光源是木头燃烧的火光，随着技术的进步慢慢又出现了油灯、蜡烛以及煤气灯，这些全都依赖燃料的燃烧。油灯、蜡烛和煤气灯直到今天仍有人在使用，但主要用于营造气氛或是应急，在有电灯可用的时候几乎不会用这些光源来做功能照明。原因有三：第一，建筑内的明火容易引发火灾危险；第二，在密闭空间内燃烧燃料会引起空气污染；第三也是最重要的，这些火焰光源的发光效率很低，蜡烛、油灯和煤气灯的光效值分别为 0.1lm/W、0.3lm/W 和 1lm/W，这些数字要比现在普遍使用的荧光灯低两个数量级，比家庭中常用的白炽灯低一个数量级。

1.7.3　人造光源：电气普通照明

照明行业生产的电光源种类可能多达上千种，其中用于普通照明的可分为三大类：白炽灯、气体放电光源和固态光源。白炽灯通过将钨丝加热到白炽态来发光；气体放电光源通过特殊气体的放电过程来发光；固态光源则通过将电流通过半导体结来发光。白炽灯直接由电源供电；气体放电光源需要在电源和光源之间加装控制装置，以满足启动放电和维持放电的不同电气条件；固态光源需要控制装置将交流电转换为直流电，并限制通过结的电流。

1.7.3.1　白炽灯

最常见的白炽灯就是普通的家用灯泡，它通过将放置在充满惰性气体的球泡中的细钨丝加热到白炽状态而发光。白炽灯的光谱在可见光范围内是连续的（见图 1.13），不过具体的光谱分布是由灯丝温度决定的。这一点在白炽灯变暗时很容易观察到。如果我们调低流过灯丝的电流，灯丝的温度也会下降，结果是这盏灯发出的光会变得越来越黄，最后接近红色。当电压非常低时，灯丝已经几乎没有光，但仍在发射红外辐射。设计白炽灯的关键点是在光效和寿命之间取得平衡。通过提高灯丝温度，可以获得更高的光输出，从而获得更高的光效，但这样会缩短灯泡寿命。如果需要长寿命的白炽光源，比如交通信号灯，灯丝温度会被大大降低。目前全球家庭普遍使用的白炽灯光效约为 12lm/W，寿命约为 1000h。白炽灯自 19 世纪 80 年代开始投入民用，可能仍是当今世界上使用最广泛的光源，但其前景不会太长了。世界主流国家出于减少碳排放的目的强制让白炽灯泡退出市场（见 16.3 节），尽管白炽灯体积小、价格便宜、操作简单而且容易调光。

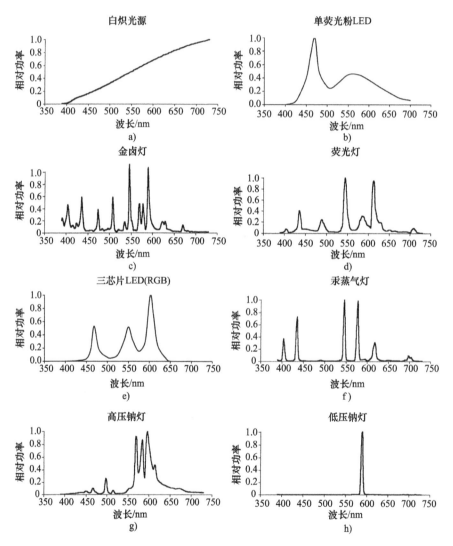

图 1.13 不同光源的相对光谱功率分布图。图中的光源分别是：a）白炽光源，b）单荧光粉 LED，c）金卤（MH）灯，d）荧光灯，e）三芯片 LED，f）汞蒸气灯，g）高压钠（HPS）灯以及 h）低压钠（LPS）灯。所有的相对光谱功率分布曲线都根据最大输出波长做了归一化处理，不过这些曲线仅作示意。即使同种类型的光源之间也会有很大差异，尤其是荧光灯和金卤灯

1.7.3.2 卤钨灯

卤钨灯本质上也是一种白炽灯，只是内部填充有卤素气体，充入卤素气体可以让灯丝在更高的温度下工作。温度升高后钨丝蒸发速度加快，但蒸发出来的钨蒸气会和卤素气体发生化学反应形成卤钨化合物，后者扩散回灯丝附近，由于温度很高而发生分解重新转化为钨元素和卤素气体，其中的钨元素会沉淀到灯丝上。这个过程叫作卤钨循环，能够实现高光通和高寿命的平衡。灯丝温度越高，发光效率也越高，约为20lm/W。卤钨灯的光谱在可见光范围内也是连续的，因为其本质还是白炽灯。卤钨灯于 20 世纪 60 年代面市，由于其体积小，并且可以加装反射器，使其成为零售业重点照明的宠儿。不过卤钨灯和白炽灯一样，会在几年内被淘汰。

1.7.3.3 荧光灯

荧光灯也是一种气体放电灯，也就是说其发光原理是激发气体放电实现的。荧光灯，不管是线型的还是紧凑型的，主要部件都是一个内部充有汞蒸气的玻璃管。电极被加热后释放出电子从而在内部形成电子流，这些电子由于电极间的电位差而加速。加速电子与汞蒸气中的原子碰撞引发两种效应。第一种效应是被撞击的原子发生电离，形成一个正离子和一个电子，这就增加了电子的浓度，从而维持了放电过程。第二种效应是，原子吸收了碰撞电子的大部分能量，从而发生能级跃迁，不久之后原子又会衰变回到原先的能级，这个过程会以辐射的形式发出能量。对于荧光灯中的低压汞蒸气来说，放电产生的辐射大部分都位于紫外线区域。我们在玻璃管的内表面涂上一层荧光粉，可以吸收紫外辐射转化成可见光。这两步过程在荧光灯的光谱中也可以看出来（见图 1.13d），这个谱线不是连续的，而是有多个很强的波峰，是由于放电辐射和荧光粉辐射叠加在一起形成的。改变荧光粉的配方，可以产生不同的光谱，因此荧光灯具有多种颜色属性。

荧光灯是气体放电光源，因此工作时也需要配套的控制配件，以满足从启动放电到维持放电的需求。这个配件被称为镇流器，可以是电磁的，也可以是电子的。镇流器可以调节荧光灯的明暗并且几乎不改变颜色属性。荧光灯自 20 世纪 30 年代后期面市。今天，其主流形式有管状和紧凑型两种，并在商业中得到广泛应用，主要是因为它的高光效（20 ~ 96lm/W）和长寿命（高达 19000h）。

1.7.3.4 汞蒸气灯

汞蒸气灯，简称汞灯，和荧光灯相似，也是一种利用电弧管中汞蒸气进行气体放电从而发光的光源。不同的是，汞灯是高压气体光源。气压提高后放电的光谱移动到了可见光范围，尽管仍然由一系列强光谱线组成（见图 1.13f）。汞灯内部也有荧光粉涂层，主要是用来改善光源的颜色属性。汞灯于 20 世纪 30 年代初面市，现在已经几乎不再使用。它的光效低于其他气体放电光源，光色还很差。

1.7.3.5 金卤灯

金卤（MH）灯也是基于汞蒸气放电的高压气体放电光源，它的不同之处在于其电弧管内部掺有金属卤化物（如钪和碘化钠）。当电弧管达到工作温度时，金属卤化物被气化，随后在气体放电过程中被分裂成金属和卤素，金属发出可见光辐射。电弧管的外沿温度较冷，金属又和卤素重新结合，周而往复。最终光源发出的是由许多离散谱线组成的光谱（见图 1.13c）。可以想象金卤灯里的化学过程非常复杂，结果是早期金卤灯的寿命和品质非常不稳定，即使是同一家工厂同一条生产线生产出来的产品都有很大不同。后来电弧管材料和设计的长足发展才解决了这一问题（van Lierop 等，2000）。金卤灯于 20 世纪 60 年代投入市场，现在是高光通、高光效以及优良色彩属性的光源选择，不过这一地位正受到固态光源的挑战。

1.7.3.6　低压钠灯

　　另一大类气体放电光源围绕的基础元素是钠。从电气角度来说，低压钠（LPS）灯的工作原理与荧光灯相同，只是不需要荧光粉，因为钠金属放电的光谱辐射集中在 589nm 波长周围的两条谱线。由于该波长和人眼视觉敏感度最高的 555nm 非常接近，因此低压钠灯是所有人造光源中发光效率最高的（高达 180lm/W）。美中不足的是，这种光源是单色光源，颜色属性很差。因此这种光源被限制应用在色彩辨析无关紧要的应用场合，例如远离居民区的道路照明。

1.7.3.7　高压钠灯

　　从原理来说，高压钠（HPS）灯和低压钠灯是一样的，只是气压提高后改变了光谱发射。放电气体压强提高导致放电过程中大量辐射被自我吸收，原子间的相互作用加强，这些现象的综合效果是 589nm 波长的辐射功率下降，增加了更大范围内的波长辐射（见图 1.13g）。结果就是光效更高，同时颜色属性适中。准确来说，发光效率和颜色特性之间的平衡取决于电弧管中的压强。商业化生产的钠灯光源有两种气压：一种发出橙色光，但具有很高的发光效率；另一种发出白色光，但发光效率略低。前者（低压钠灯）通常用于街道照明和工业应用，后者（高压钠灯）有时用于显示照明。高光效的高压钠灯自 20 世纪 60 年代初就已在市场上出售。它很快取代了汞灯成为最广泛使用的光源，用于室外照明和许多工业照明。

1.7.3.8　无极灯

　　前面讨论的所有气体放电光源都需要通过电弧管两端的电极施加电压来激发放电，但还有两种光源是不需要电极的。一种是通过电磁场在密封的光源内产生等离子体，这被称为电磁感应光源，本质上也是一种荧光灯。电磁场激发外壳中的汞，然后发出紫外辐射，紫外辐射再被荧光粉吸收后发出可见光。电磁感应灯的光效和颜色特性与荧光灯类似，它们的主要优点是由于不存在电极失效问题，因此寿命很长。

　　另一种无极灯使用无线电射频发生器，通过波导聚焦在光源内产生等离子体，所以被称为等离子灯，本质上也是金卤光源。等离子体灯的光效和颜色特性与金卤灯类似，其主要优点是系统效率高以及流明维持度好。

1.7.3.9　发光二极管

发光二极管（LED）是一种半导体，当有电流通过时就会发光。LED发出的光谱取决于其半导体的材料组成。对于照明来说，目前最常见的LED材料组合是磷化铝铟镓（AlInGaP）和氮化铟镓（InGaN）。LED发出的光谱通常是一个狭窄的、高斯形状的频段，具体描述方法是用其最大发射波长（峰值波长）以及谱线半高宽度（FWHM）带宽来进行表征。磷化铝铟镓LED的峰值波长为626nm、615nm、605nm和590nm，分别对应红色、红橙色、橙色和琥珀色。氮化铟镓LED的峰值波长为525nm、505nm、498nm和450nm，对应绿色、绿蓝色、蓝绿色和蓝色。LED的FWHM一般在25nm左右。

LED的光输出取决于流过半导体的电流以及半导体的温度。基本上，电流越大，温度越低，光输出就越高。电流是通过驱动电源来进行控制。使用LED时要小心，不要超过制造商推荐的最大电流。在正确的使用条件下，LED的寿命可长达60000h。至于发光效率，最新的高光通LED的发光效率可达100lm/W，而且这个数字还在不断提高。

可能有人会认为LED是一种窄带光源（即单色光源），因此除了娱乐行业，它不能用于一般照明，但事实并非如此，有两种方法可以让LED产生白光。一种是将三个或多个不同种的LED组合在一个灯具中，通过对不同LED施加不同的电流，从而调配出CIE色度图上任意一种光色。选用的LED的种类要考虑到发光效率和颜色属性之间的平衡：LED的种类越多，发光效率就越低但颜色表现越好。这种方法的缺陷是，不同波长的LED的光输出衰减速度不同，这意味着时间长了以后会发生色漂，必须采用一套复杂的反馈机制来稳定其颜色属性。

LED发出白光的另一种方法是使用荧光粉，能将LED发射的紫外辐射或短波可见光辐射转化为其他可见光谱，从而组合出白光。这种方法的优点是通过一层荧光粉表面可以抵消掉多种单个LED光源之间的色差。

图1.13显示了两种白光LED的光谱特性。LED是一种快速发展的光源，预计很快就会成为室内外照明的主流。

1.7.3.10　其他光源

当然前文所述并没有涵盖到所有种类的光源，这些只是在室内外一般照明中最常用的光源。每种类型的光源都有很多种形式，还有一些仍在研发的光源，以及一些特殊应用的光源。前一种的代表是泡壳上涂有二向色涂层的卤钨灯，能将红外线反射回灯丝，以保持灯丝的温度。目前处于研发中的光源里最有趣的是有机发光二极管（OLED）和聚合物发光二极管（PLED）。这些是面发光光源，可以印刷到塑料基片上，因此可以做成不同的形状。至于特殊用途光源，常见的有用于广告和装饰效果的冷阴极荧光灯（即霓虹灯），以及用于探照灯和电视的短弧氙气灯等。更多讨论可以查阅IESNA照明手册（IESNA，2011a）和Kitsinelis（2011）。

1.7.4   光源特性

电光源的性能主要从以下几个维度来区分：

* 发光效率——光源发出的光通量和输入的电能的比值（单位：lm/W）。如果光源需要镇流器或驱动器来运行，那么消耗的电力应包括镇流器或驱动器的功率需求。光源还应工作足够长的时间，以达到稳定的光输出。
* 光谱功率分布——光源在不同波长上发出的可见光辐射量（单位：W）。
* 相关色温（CCT）（见 1.6.3.1 节）。
* Duv（见 1.6.3.1 节）。
* CIE 一般显色指数（CRI）（见 1.6.3.2 节）。
* 光源寿命——光源失效或者光通量下降到低于某个百分比的小时数。光源寿命受开关次数影响很大。
* 预热时间——从通电到达到全光输出的时间。
* 重启时间——光源关闭后到重新点亮之前需要的时间。

图 1.13 显示的是前面讨论的大多数光源的光谱功率分布；表 1.4 总结了对应光源的其他特性。表 1.4 中显示出，某些光源在某些性能上数值范围非常大，这意味着要了解某种具体光源的性能应通过咨询相关制造商来获取。

表 1.4   常用电光源的性能总结

光源	发光效率 /（lm/W）	CCT/K	CIE 一般 显色指数 （CRI）	光源寿命 /h	预热时间 /min	重启时间 /min
白炽灯	8～14	2500～2700	100	1000	瞬间	瞬间
卤钨灯	15～25	2700～3200	100	1500～5000	瞬间	瞬间
荧光灯	20～96	2700～17000	50～98	8000～19000	0.5	瞬间
紧凑型荧光灯	20～70	2700～6500	80～90	5000～15000	0.25～1.5	瞬间
汞蒸气灯	33～57	3200～3900	40～50	8000～10000	4	3～10
金卤灯	60～98	3000～6000	60～93	2000～10000	1～8	3～20
高压钠灯	40～142	1900～2500	19～83	6000～20000	2～7	0～1
低压钠灯	70～180	无	无	15000～20000	10～20	1
电磁感应灯	47～80	2550～4000	80	60000	1	瞬间
白光 LED	30～100	2650～6500	40～85	15000～60000	瞬间	瞬间

1.7.5   人造光源：标志和信号灯

前面讨论的许多光源类型也可用于室内外的标志和信号。例如，白炽灯可用作交通信号灯；LED 可用于交通信号灯和出口标志，也可用作可编程的信号标识；荧光灯和金卤灯用来照亮室外路牌；荧光灯管用于室外广告牌或是广告灯箱；小型白炽灯和 LED 用于车辆的制动灯和转向指示灯，以及发光仪表盘。不过还有其他专用于标志和信号的光源，下文主要讨论其中的两种：电致发光光源和辐射发光光源。

1.7.5.1　电致发光光源

电致发光光源是一种三明治结构，包括一层平面导体、一层介电荧光粉混合物和另一层透明的平面导体。当在两个平面导体之间施加高压交流电时，荧光粉被激发并发光。光的颜色取决于所使用的介电荧光粉物质的成分和所施加电压的频率。发出的光谱包括蓝色、黄色、绿色和粉红色。电致发光灯具的发光效率比白炽灯低。然而它们具有寿命长和功耗低的特点，并且可以做成刚性陶瓷或柔性塑料片或带状，这使得它们成为仪表面板和背光液晶显示器的一个有吸引力的选择。

1.7.5.2　辐射发光光源

这种光源由一个内部充满氚气的密封玻璃管组成，泡壳上还涂有荧光粉。氚元素放射出来的低能 β 粒子被荧光粉所吸收，发出可见光，其光谱取决于荧光粉的成分。这种光源不需要电能，因此具有无限高的光效。不过它们发出的光也很微弱，玻璃管的亮度约为 $2cd/m^2$（一个 T5 荧光灯管的亮度约为 $16000cd/m^2$）。它们的低光输出和有害处理限制了其应用，最常见的应用是在维护困难或有危险的环境下（例如石油钻井平台）用作出口标志。

1.8　光分布的控制

能够发光只是满足了照明的第一步，另一步就是控制光源发出的光的分布。对于日光，这通常是通过窗户或天窗来实现的，其效果取决于其大小、形状、位置、遮挡和玻璃透光率等（Tregenza 和 Wilson，2011）。

另一种方法是采用某种形式的导光系统，使日光能够深入建筑内部。这包括一个收集日光和天空光的集光器、一个利用全反射原理的导光系统和末端的分光器（CIE，2006a）。目前最常见的是管道导光系统。还有一些混合功能系统正在开发中，把电气照明也包含在导光管系统中，使其更容易控制电力照明以响应日光的变化（Mayhoub 和 Carter，2010）。

对于电光源来说，我们通过灯具来实现对其光线分布的控制。灯具还为光源提供电力、机械支撑和散热。光的分布是通过单独或组合使用遮光、反射、折射及漫射等手段来控制（Simons 和 Bean，2000）。影响光分布控制手法选择的因素之一是灯具的发光效率，其定义类似于光源的发光效率（见 1.7.4 节），但分子不是光源的光通量，而是采用整个灯具的光通量。选择光分布控制手法的另一个考虑因素是降低光源亮度与控光精度之间的平衡，采用高镜面反射器可以精确地控制光分布，但无法降低灯具的最大亮度；相反，哑光的漫反射器无法精确控制光分布，但确实能够降低灯具的最大亮度。如果亮度还是无法控制，则可以考虑采用遮光器件。其他需要考虑的因素是光源的大小以及光源出光的方向性。向四面八方出光的小型光源可以通过反射实现精确的光控制，而较大的光源则不能。如果灯具中安装的是窄光束的小型光源，则不需要额外的遮挡、反射、折射等措施就能提供所需的光分布。

无论如何实现，由特定灯具提供的光分布都可以用发光强度分布曲线来定量描述。几乎所有著名的灯具制造商都为其产品提供发光强度分布曲线。关于灯具设计的光学原理和可用灯具类型的进一步细节，可参阅 IESNA 照明手册（IESNA，2011a）。

1.9　光输出的控制

对通过窗户或天窗进入的日光进行控制通常是通过机械遮光结构实现的，如遮光架、百叶窗等（Tregenza 和 Wilson，2011）。百叶窗有多种形式：水平式、威尼斯式、垂直式和最常见的卷帘式。百叶窗既可以手动操作，也可以机械操作，还可以利用光电控制来操作。在选择百叶窗时，最重要的考虑因素是其在遮光的同时能在多大程度上保留看到窗外的视野。卷帘可以拉下来一部分遮住太阳和天空，同时窗户下部仍然敞开着。由网状材料制成的卷帘可以降低日光的亮度，同时还可以看到窗外的景色。当天空过于明亮时，这种百叶窗是一个很有吸引力的选择。

另一种控制窗户亮度的方法是电致变色玻璃。电致变色玻璃的透光率可通过施加电压进行连续调节，从而实现调暗日光。可用的透射率范围为 0.1 ~ 0.8（Mardaljevic 和 Nabil，2008）。0.1 的透射率是否低到足以应付窗户看到太阳时的不适，还有待确定。

对于电光源来说，光输出的控制是由开关或调光系统提供的。开关的形式多种多样，从传统的手动开关到复杂的日光感应开关。定时开关可以在工作时间结束后关闭全部或部分照明灯具。当空间里没有人时，人体感应器可以关闭照明。这类开关系统可以减少电力浪费，但如果在需要的时候关灯会很恼人，另外频繁开关可能会缩短光源的使用寿命。因此在选择开关系统时要考虑以下因素：是手动还是自动；如果是自动的，如何将开关与空间中的活动相匹配。如果你的主要目的是节能，建议原则是手动开灯、自动关灯，这可以利用人的惰性来减少能源消耗。如果你希望依靠人们自觉地来开关照明，则应注意让开关足够醒目可见，并在开关上贴上标签，让操作者知道正在开关的是哪盏灯。

调光系统可以减少光输出和能耗，但两者未必等价。通常来说能耗的降低都要少于光输出的减少。每种光源类型都需要不同的调光系统，有些光源还无法进行调光。在选择调光系统时需要考虑光源是否支持调光、调光是否会引起光源闪烁或熄灭、调光是否改变光源的颜色属性、调光是否影响光源寿命和能耗等。

有些光源支持复杂的照明控制系统，允许用户设定很多预置场景。这些系统使用调光和开关来改变空间的照明。通常用于具有多种功能的房间，如会议室或酒店宴会厅等。

随着计算机的小型化和无线通信的发展，大量更复杂的照明控制系统出现并且广泛应用，有些甚至应用于道路照明上以减少晚上交通密度低时的照明水平。更多细节可以参阅 IESNA 照明手册（IESNA，2011a）。

1.10 总结

本章探讨的是什么是光、如何测量光、如何产生光和控制光。可见光是 380～780nm 之间的电磁波谱这个波长范围的特殊之处在于人类的视觉系统会对其有所反应。实际的人类光谱响应已经按照国际商定的形式标准化，具体形式是 CIE 标准明视觉和暗视觉观察者。利用适当的光谱灵敏度曲线，可以得到四个基本的光度量：光通量、发光强度、照度和亮度。

这些度量都与光的总量有关，和色彩无关。为了描述色彩，本文探讨了两种色彩模型和色域，又进一步引出了 CIE 色度系统的描述，包括二维和三维色彩空间。利用这些测量方法，我们可以对颜色进行定量描述，并对光源的色彩质量进行评价。目前最常用的指标仍然是相对色温（CCT）和 CIE 一般显色指数（CRI），还有许多其他指标仍在研发中。

讨论完如何测量光之后，我们对自然以及人造光源的物理原理和特性分别做了阐述。自然光的特点是其数量和光谱的多变性。人造光源相对比较稳定，但在性能上差异很大，特别是光输出、光谱组成和发光效率。

重要的是要认识到，虽然有许多指标用来描述一个照明场景或光源，但是这些指标同时是精确的和不精确的。之所以说是精确的，是因为这些度量值可以精确地测量或计算得到。之所以说不精确是因为它们不是简单的物理测量，由于人类视觉系统的复杂性以及个体之间的差异，视觉效果的任何一个标准化度量都必然是一个近似值。但应始终记住，它们只是近似值，其表面精度可能具有欺骗性。

第 2 章 视觉系统

2.1 引言

光是人类视觉系统工作的必要条件。有了光，我们才能看见万物；没有光，则不能。本章描述人类视觉系统的结构、运作和感知特征。

2.2 视觉系统的结构

关于视觉系统首先要了解一点：它不仅仅只是眼睛，而是眼睛和大脑共同工作的结果。视觉系统常被比作照相机，但这种类比是错误的。视觉系统中唯一类似照相机的部分是眼睛的光学部件，光学部件把外部世界的图像投射到视网膜后，照相机的类比就失效了。视觉系统的其余部分是一套图像处理系统，它从视网膜图像中提取信息，供大脑解析。不过，讨论视觉系统的出发点显然是眼睛。

2.2.1 视野

人类有两只眼睛，长在正面。这是猎食性动物眼睛的典型位置，正面的两只眼睛让两个视野之间有相当大的重叠，因此有良好的深度感知，这是跟踪和追捕猎物所必需的。非猎食动物的眼睛通常长在头部两侧，这样它们视野的覆盖范围更大。

图 2.1 展示了人类两只眼睛的大致视野范围及其重叠情况。考虑到两只眼睛的正面位置导致的视野限制，这就需要两只眼睛的眼球能够转动。有两种方法可以做到这一点：转动头部或转动眼球。大多数动物两者兼而有之，不过也有些动物比较极端。比如，猫头鹰转动眼球的能力非常有限，但它们的头部却可以转动很大角度。人类的头部运动范围更有限，但眼球转动范围却很大。

2.2.2 眼球的转动

图 2.2 显示了用来调整眼球位置的肌肉，总共有六块成对的眼外肌。每一块肌肉都附着在颅骨内的眼窝壁上，因此当成对的两组肌肉收缩或放松时，眼球就会转动。眼球转动有几种不同类型。眼睛直接盯着一个目标不动时，这个过程被称为注视（Fixation），会发生三种眼球活动。震颤，一种眼球位置的小震荡，总是存在的。有些人认为震颤是眼位控制系统中噪声的结果，没有其他意义，但当震颤被光学反馈系统消除时，视力迅速衰退，结构化的视野退化为均匀的视野（Pritchard 等，1960）。因此，视网膜图像的震颤对于视觉系统的运作至关重要。

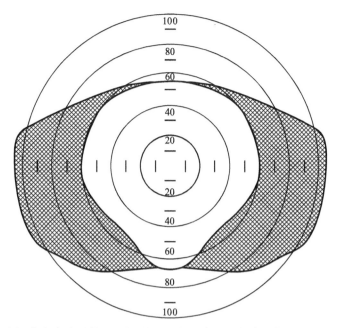

图 2.1　用偏离注视点角度表示的双目视野，阴影区域是只有单眼能看到的区域（来源：Boff, K.R.and Lincoln, J.E., *Engineering Data Compendium: Human Perception and Performance*, Harry G.Armstrong Aerospace Medical Research Laboratory, Wright-Patterson AFB, OH, 1988）

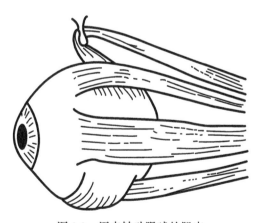

图 2.2　用来转动眼球的肌肉

在注视时，眼睛会慢慢地偏离注视点，但最终，注视会通过一种称为扫视（saccade）的快速跳跃运动恢复。扫视非常快，根据移动的距离，速度可达 1000°/s。扫视运动的延迟约为 200ms，这将视线移动的频率限制在每秒 5 次左右。在扫视运动期间，视觉功能受到很大的限制。图 2.3 显示了人们阅读文本时的注视模式。注视点之间的移动是通过扫视来实现的。

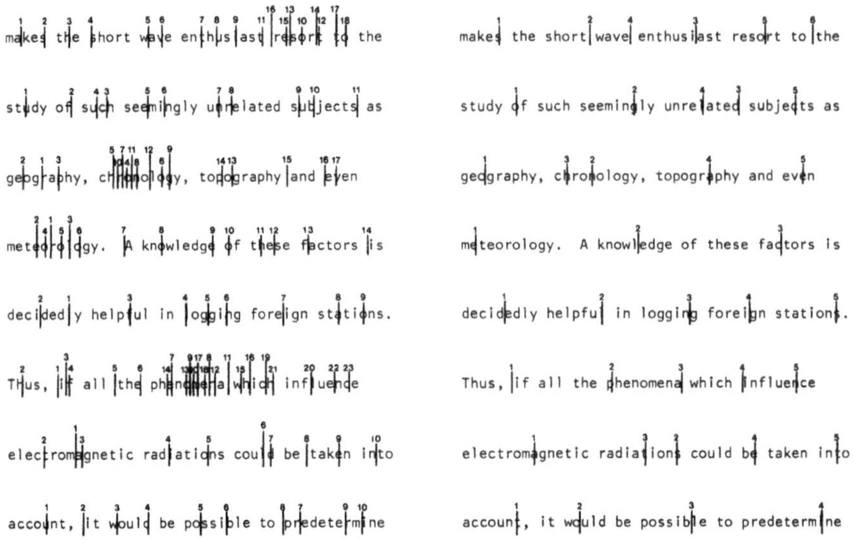

makes the short wave enthusiast resort to the　　makes the short wave enthusiast resort to the

study of such seemingly unrelated subjects as　　study of such seemingly unrelated subjects as

geography, chronology, topography and even　　geography, chronology, topography and even

meteorology. A knowledge of these factors is　　meteorology. A knowledge of these factors is

decidedly helpful in logging foreign stations.　　decidedly helpful in logging foreign stations.

Thus, if all the phenomena which influence　　Thus, if all the phenomena which influence

electromagnetic radiations could be taken into　　electromagnetic radiations could be taken into

account, it would be possible to predetermine　　account, it would be possible to predetermine

图 2.3　两名读者阅读同一篇文章时的注视模式。垂直线与文字行的交点表示注视点。竖线上的数字给出了每行文字上注视点出现的顺序。右边的读者比左边的读者拥有更广泛的词汇量（来源：Buswell, G.T., *How Adults Read*, Supplementary Adult Monograph 45, University of Chicago, Chicago,IL,1937）

　　扫视很少发生的唯一情况是在平稳的眼球追踪运动中。这种移动速度相对较慢，大约 40°/s，在试图追踪平稳移动的物体时才会发生，比如仰望天空中飞行的飞机。对于平稳移动的刺激，视觉系统可以产生平稳的眼球追踪运动。追踪系统不能平稳地跟踪高速移动的目标或较慢但不稳定移动的目标，例如飞行中的蝙蝠。

　　这些眼球转动都发生在单眼里，但两个眼球的转动并不是独立的。相反，它们是协调的，以便两只眼睛的视线同时指向同一个目标。如果两只眼睛的视线没有同时对准同一个目标，则会看到重影（复视）。两只眼球为了使主要视线集中在一个目标上而朝同一方向的转动叫作视向运动。两只眼球以相反的方向转动，将注视的目光从某个距离上的目标转移到同一个方向但距离不同的新目标上，这种运动称为辐散运动。辐散运动很慢，大约 10°/s，但可以作为跳跃运动发生，也可以平稳地跟踪一个前后移动的目标。视向和辐散运动都涉及两只眼球之间角度的变化。

2.2.3　人眼的光学

　　图 2.4 显示人眼的一个剖面，上下半张图分别显示的是近距离和远距离视觉的调焦。人眼的眼球基本上是球形的，直径约为 24mm。这个球体由三个同心球层组成，最外层叫巩膜，它保护眼球内部，并在压力下保持其形状。在眼球表面的大部分，巩膜看起来是白色的，但在眼球前部，巩膜凸出并变得透明。这个区域叫作角膜，光线就是通过这里进入眼睛。第二层是血管束膜或脉络膜。这一层包含由很细小的血管组成的密集网络，为下一层视网膜提供氧气和营养物质。没有这一层，视网膜将无法生

存。当脉络膜接近眼睛前方时，它与巩膜分离，形成睫状体。这种结构让角膜和晶状体之间的空腔里充满水状液体，称为水体液。水体液为角膜和晶状体提供氧气和营养物质，并带走它们产生的废弃物。在眼睛的其他部位，这是通过血液完成的，但在通过眼睛的光学通道上，透明介质是必要的。

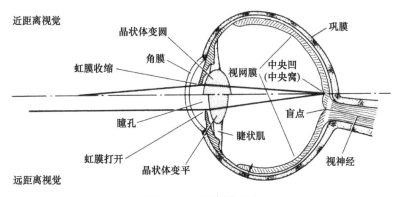

图 2.4　人眼球剖面图

睫状体远离巩膜，就变成虹膜。虹膜由两层组成，外层包含色素，内层包含血管。虹膜的颜色取决于外层的色素，如果外层色素较多，虹膜会呈现棕色；如果色素较少，虹膜会呈现由外层和内层共同组成的颜色，通常是蓝色、绿色或灰色。如果像白化病一样，虹膜外层没有或只有很少的色素，那么虹膜的颜色就由内层决定，因此会呈现粉红色。

虹膜形成一个圆形的开口，称为瞳孔，它让光线进入眼睛。瞳孔的大小可以通过两组肌肉的作用而调节，一组肌肉位于瞳孔周围，另一组肌肉从瞳孔向外呈放射状。当第一组肌肉收缩时，瞳孔缩小；当第二组收缩时，瞳孔扩大。瞳孔大小随着到达视网膜的光线量而变化，但它也受到物体与眼睛的距离、观察者的年龄和情绪因素，如恐惧、兴奋和愤怒的影响（Duke-Elder，1944）。

光通过瞳孔后，到达晶状体。晶状体的位置是固定的，通过改变其形状来调节焦距。形状的改变是通过收缩或放松睫状肌来实现的。对于靠近眼睛的物体，晶状体会凸起；对于远处的物体，晶状体变得扁平。

晶状体和视网膜之间的空间充满了另一种透明物质，即胶状玻璃体。光线穿过玻璃体后到达视网膜，在那里被吸收转化为电信号。视网膜的中央部分被黄斑所覆盖，黄斑是直径 5mm 的透明黄色滤镜。黄斑的作用是保护视网膜最重要的部分免受短波可见光和紫外线（UV）的辐射。

视网膜本身是一个复杂的结构，如图 2.5 所示。它可以分为三层：一层是视觉光感受器（又可以分为四种类型）；一层收集细胞，在多种光感受器之间提供连接；还有一层是神经节细胞，其中一些是光敏的，并为非成像系统提供信息（见 3.2 节）。神经节细胞的轴突形成视神经，视神经产生盲点。到达视网膜的光线经过神经节和收集细胞层，然后到达视觉光感受器。穿过视觉感光层的光都会被色素上皮细胞吸收，只有一小部分会在眼睛内反射形成杂散光。

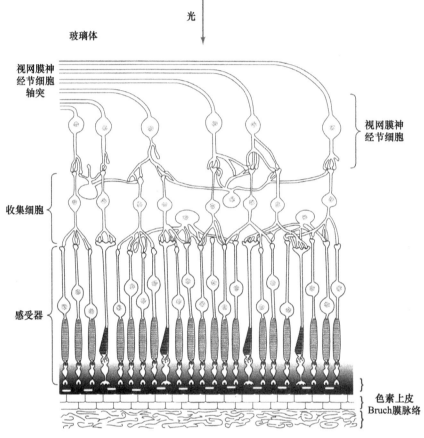

图2.5　视网膜的结构（来源：Sekular, R.and Blake, R., *Perception*, 3rd edn., McGraw-Hill, New York, 1994）

2.2.4　视网膜的构造

视网膜是大脑的延伸，它来自与大脑相同的组织，并且像大脑一样，受损的细胞不会被替换。视觉系统在视网膜上有四种视觉光感受器，每一种都含有不同的光色素。这四种类型通常被分为两类，即杆状光感受器和锥状光感受器，名称来源于它们在显微镜下的外观。所有杆状光感受器都是相同的，含有相同的光色素，即视紫红质，因此具有相同的光谱灵敏度。杆状光感受器的相对光谱灵敏度如图2.6所示。其他三种类型的光感受器都是锥状光感受器，每一种都有不同的光色素。图2.7显示了三种被称为短波、中波、长波（S锥、M锥和L锥）的锥状光感受器在灵敏度最高的波长（450nm、525nm和575nm）的相对光谱灵敏度函数。

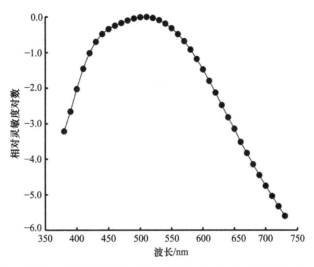

图 2.6　杆状光感受器的相对光谱灵敏度对数 [来源：国际照明委员会（CIE），*CIE 1988 2°*
Spectral Luminous Efficiency Function for Photopic Vision, CIE Publication 86, CIE, Vienna, Austria,
1990]

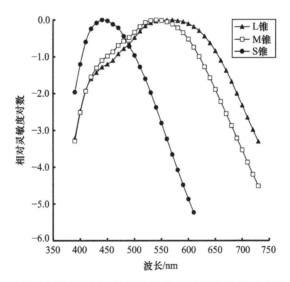

图 2.7　长（L）波、中（M）波和短（S）波长锥状光感受器的相对光谱灵敏度对数（来源：
Kaiser, P.K.and Boynton, R.M., *Human Color Vision*, Optical Society of America, Washington, DC,
1996）

　　杆状光感受器和锥状光感受器在视网膜上的分布不同（见图 2.8）。锥状光感受器
集中在眼睛视觉轴上的一个小区域，称为中央凹（中央窝），但在视网膜的其他部分
密度较低。在中央凹的中心没有杆状光感受器，杆状光感受器的最大密度出现在距中
央凹约 20° 的偏心区域。

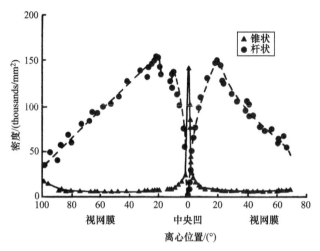

图 2.8　杆状和锥状光感受器在视网膜上的分布。0° 表示中央凹的位置

三种锥状光感受器在视网膜上的分布也不均匀。L 锥和 M 锥集中在中央凹，随着距离中心越远，它们的密度越低。S 锥在中央凹处基本消失，在中央凹外侧达到最大密度，然后随着离心率的增加，S 锥的密度逐渐下降。中央凹内及周围 L 锥、M 锥和 S 锥型的比例约为 32∶16∶1（Walraven，1974）。

在整个视网膜上，杆状光感受器比锥状光感受器多得多，大约有 1.1 亿个杆状光感受器和 500 万个锥状光感受器。杆状光感受器比锥状光感受器多得多，但不代表人类的视觉是由杆状光感受器支配的。中央凹主要负责分辨细节，而中央凹主要由锥状光感受器控制。还有其他三个解剖学特征强调了中央凹的重要性。首先是没有血管。对于大多数视网膜来说，光在到达光感受器之前会穿过血管网络，但是血管并不会穿过中央凹的中心区域，中央凹的直径约为 0.3mm。第二个事实是，视网膜的收集器和神经节层也被拉离中央凹。这将使紧靠中央凹上方的膜层变薄，并有助于减少光的吸收和散射，从而提高细节的分辨率。第三个是，锥状光感受器的外翼可以充当波导器，因此，沿着锥体轴到达的光子比与锥体轴成一定角度到达的光子更容易被吸收。这种定向灵敏度被称为斯特尔斯·克劳福德效应（Crawford，1972），通过使中央凹对杂散或散射光不那么敏感，在一定程度上弥补了眼睛光学质量差的缺陷。在视网膜中央凹外占主导地位的杆状光感受器没有表现出斯泰尔斯 - 克劳福德效应。

2.2.5　视网膜的功能

视网膜是图像处理开始的地方。猴子和猫的视觉系统与人类相似，通过它们视网膜神经节细胞的电输出记录，我们得出视网膜运作的许多重要特征。第一，放电是一系列的等幅电压尖峰。投射在视觉光感受器上光量的变化通过收集细胞网络向神经节细胞提供信号，具体来说会导致电压峰值出现的频率发生变化，但振幅不会变化。第二，即使没有光线照射到视觉光感受器上，也会出现放电现象，称为自发放电。

第三，相对于无光时的放电频率，用光点照亮视觉光感受器可以产生放电频率的增加或减少。

对单个神经节细胞放电模式的进一步研究揭示了视网膜运作的另外两个重要特征。首先感受区域的存在。感受区域是指视网膜上决定单个神经节细胞输出的区域。感受区域的大小是通过用一个非常小的光点探测视网膜上神经节细胞的放电来测量的。感受区域边界的定义是，超过这个边界，光点就不能改变神经节细胞的自发放电。

一个给定的感受区域有许多视觉光感受器的活动，并经常反映来自不同类型的锥状光感受器和杆状光感受器的输入。感受区域的大小随视网膜位置的不同而有系统地变化。中央凹周围的感受区域非常小，随着偏离中央凹的增加，感受区域也随之增大。

感受区域对光的敏感度主要由它的大小决定。因为所有的神经节细胞都需要一个最小的电输入才能被刺激，如果输入的感受区域面积大，那么相对较低的视网膜照度就能产生足够的刺激，而面积小的感受区域则不能，所以小的感受区域对光的敏感度通常明显低于大的感受区域。杆状光感受器，集中在中央凹外，被组织成相对大的感受区域。大的感受区域、相对较低的自发放电水平和较长的积分时间结合在一起，使得杆状光感受器系统明显比锥状光感受器系统对光线更敏感。

在每个神经节细胞的感受区域，有一个特定的结构。已经发现视网膜的感受区域由一个中央的圆形区域和周围的环形区域组成。这两个区域对神经节细胞的放电产生相反的效应。要么是中心区域增加，环形周围降低放电率，要么是反过来。这些类型的感受区域分别被称为中心打开 / 周围关闭和中心关闭 / 周围打开感受区域。如果这两种类型的视网膜感受区域中的任何一种被均匀照射，那么这两种类型的放电效应就会相互抵消，这个过程被称为边缘抑制。然而，如果光照不是均匀地穿过两个部分的感受区域，神经节细胞放电的净效应是明显的。这种反应模式使得感受区域非常适合检测视网膜图像的边界。在视网膜上有大约相等数量的中心打开 / 周围关闭和中心关闭 / 周围打开感受区域。来自这两种感受野的电信号不会相互抵消。相反，来自这两种类型的感受区域的信号是分开的，这表明它们服务于视觉的不同方面。

虽然每一个视网膜神经节细胞都有一个感受区域，但并非每一个神经节细胞都是一样的。事实上，神经节细胞有三种类型，称为大细胞（M）、小细胞（P）和粒细胞（K）。这些细胞之间有许多重要的区别。首先，M 细胞的轴突比 P 细胞或 K 细胞的轴突粗，这表明信号从 M 细胞比从 P 细胞或 K 细胞传递得更快。第二，P 细胞比 M 细胞多，M 细胞比 K 细胞多，而且它们在视网膜上的分布也不同。P 细胞主要分布在中央凹和副中央凹，M 细胞主要分布在外围。K 细胞位于中央凹的外面。第三，这三种细胞类型对视网膜图像的不同方面敏感。M 细胞对快速变化的刺激和亮度的微小差异更敏感，但对颜色的差异不敏感。P 细胞和 K 细胞对颜色敏感；P 细胞从 L 锥和 M 锥接收输入，而 K 细胞从 S 锥接收输入。

总的来说，对视网膜的这个简短描述应该已经证明了视网膜实际上是图像处理系统的第一个阶段。视网膜提取图像边界的信息，然后提取边界内刺激的特定要素，比如颜色。然后这些图像沿着不同的通道向上传输到视神经，视神经由视网膜神经节细胞的轴突形成。

2.2.6　中枢视觉通路

图 2.9 显示了视网膜信号传递到视觉皮层的通路。离开双眼的视神经在视交叉处聚集，重排后延伸至外侧膝状核（LGN）。在离开眼睛和到达 LGN 之间的某个地方，一些视神经纤维被转移到上丘，上丘位于脑干的顶部，负责控制眼球运动，抵达脑干核控制瞳孔的大小以及大脑的其他作用与人类生理学的非视觉方面（见第 3 章）。至于视觉，在 LGN 之后，两个视神经分散供应信息视觉皮层的各个部分，大脑的这些部分产生视觉。

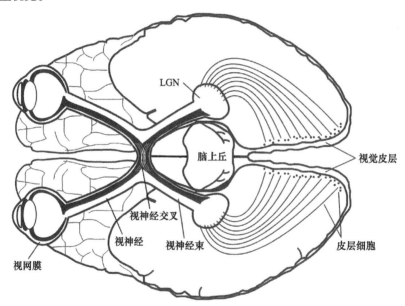

图 2.9　从眼睛到视觉皮层的通路示意图 [来源：北美照明工程学会（IESNA），*The Lighting Handbook*, 9th edn., IESNA, New York, 2000a]

在视交叉处，每只眼睛的视神经被分开，然后两只眼睛同一侧的部分视神经被合并。这种安排确保了来自两只眼睛同一侧的信号同时被接收到视觉皮层的同一侧。

来自双眼同侧的信号从视交叉传递到 LGN。解剖学上，LGN 有六层。其中两层接收来自视网膜 M 神经节细胞的信号，而其他四层接收来自视网膜 P 神经节细胞的信号。在每一层之间是一层薄薄的膜，它接收来自 K 神经节细胞的信号。每一层的排列使得神经节细胞在视网膜上的位置得以保存。换句话说，每一层都保留了视网膜的一幅地图。就像在视网膜上，从单个 LGN 细胞放电的电生理记录显示感受区域的存在，有中

心打开 / 周围关闭和中心关闭 / 周围打开感受区域。在视网膜中发现的功能分区也存在于 LGN 中。M 层对运动有反应，但对颜色差异没有反应，但 P 层和 K 层确实对颜色差异有反应。事实上，当中心被一种颜色照亮，而周围被另一种颜色照亮时，一些感受区域会表现出强烈的反应。特定的颜色组合是红色和绿色或黄色和蓝色，这些是人类颜色视觉的基础（见 2.2.7 节）。P 层的感受区域比 M 层小，所以 P 层在分辨细节方面更好；但 M 层会对光量的变化做出更快的反应。K 层的功能仍然是研究的对象。

从上面的描述来看，LGN 似乎只是两只眼睛的视网膜和视觉皮层之间的中继站。其实不止于此，LGN 还接收来自网状激活系统的信号，该系统是脑干的一部分，决定唤醒的一般水平，以及来自大脑皮层和其他区域的信号。显然，LGN 参与了其他感官的交互作用和对传入视觉信息的定义。

视觉皮层位于大脑半球的后部。它包含另一个分层的阵列，包含大约 100 万个细胞。除了惊人的复杂性，它引人注目的是其组织结构与视网膜和 LGN 的组织相似性。例如，M、P 和 K 通道保持分离，来自 LGN 不同层的信号被接收到视觉皮层的不同层。此外，每个皮层细胞只对来自视网膜有限区域的信号做出反应，皮层细胞的排列复制了视网膜上神经节细胞的排列。此外，分配到视网膜每个部分的皮层细胞的数量增强了中央凹的重要性。大约 80% 的皮层细胞集中在视野中央 10° 范围（Drasdo，1977），其中心是中央凹，这种现象被称为皮层放大。至于皮层细胞是如何对光刺激做出反应的，我们再次发现了中心打开 / 周围关闭和中心关闭 / 周围打开的细胞，但现在它们对边界的方向表现出了敏感性。其他细胞不表现明显的开 / 关结构，但仍然对边界的方向敏感，并会对适当方向的移动边界做出强烈反应。也有聚集在一起的皮层细胞，它们对边界方向不敏感，但对颜色差异非常敏感。然而，一些细胞对左眼的信号反应更多，有些对右眼的信号反应更多，而有些细胞对两只眼睛的信号反应一样。所有这些细胞多样性都发生在视觉皮层的入门层面。在视觉皮层的高级区域还有一个更复杂的结构（Purves 和 Beau Lotto，2003）。对这些区域的研究表明，视觉皮层的不同部分负责特定的辨别。例如，已经确定了视觉皮层中与分析颜色、运动甚至从特定角度看人脸有关的区域（Desimone，1991）。

2.2.7　颜色视觉

到目前为止，对人类视觉系统结构的考量还没有涉及对颜色的感知。人类的色彩视觉是三基色的，也就是说，基于三种锥状光感受器。这些光感受器的特点是具有不同波长的峰值灵敏度，但都具有广泛的光谱灵敏度，并且有相当大的重叠（见图 2.7）。用来形成颜色系统的光感受器数量是一种折中安排，含有单一光色素的单一光感受器无法区分波长差异和辐照度差异，因此不支持颜色视觉，例如杆状光感受器。一个有许多不同光感受器的系统，每一个光感受器都含有不同的感光色素，这样就能够在波长之间做出许多区分，但代价是要占用更多的视觉系统的神经能力。对典型光源光谱发射的研究表明，在大多数光照条件下，三色可以准确描述表面颜色（Lennie 和 D'Zmura，1988）。

图 2.10 显示了三种锥型光感受器的输出如何被安排成一个非对立消色差系统和两个对立色差系统。消色差通道只接收 M 锥和 L 锥的输入。红绿对立通道产生 M 锥输出与 L 锥和 S 锥输出之和的差。另一个对立通道——蓝黄色通道，产生 S 锥与 M 锥和 L 锥之和的差值。这种颜色视觉的对立结构影响对颜色的感知。这在 Boynton 和 Gordon（1965）的一个实验中得到了证明。他们展示了不同波长的单色光，并要求受试者只用颜色名称（红、绿、黄、蓝）来描述每个刺激的表现。每一种颜色都可以使用一个或两个名称。有趣的结果是，人们很少用红绿或黄蓝来描述一种颜色，而经常用黄红和绿蓝。就连 4 个月大的婴儿也将入射光分为四类，分别对应于成年人所说的红、黄、绿或蓝（Bornstein 等，1976）。

从生理学上讲，三种不同锥状光感受器类型的输出在视网膜中被组织成对立和非对立类。在非对立类中，输出总是随着视网膜辐照度的增加而增加活动，尽管这种增加的幅度将随入射光的波长而变化。对立类的输出可以显示活动的增加或减少，这取决于入射光的波长。非对立类型的细胞构成如图 2.10 所示的消色差通道，而对立类型的细胞构成对立通道。消色差信息通过 M 通道传递到视觉皮层，而彩色信息通过 P 通道和 K 通道传递（Solomon 和 Lennie，2007）。

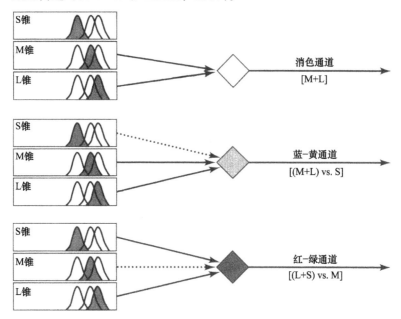

图 2.10 人类颜色系统的组织，显示了三种锥状光感受器类型是如何建立一个无色、非对立通道和两个彩色、对立通道的（来源：Sekular, R.and Blake, R., *Perception*, 3rd edn., McGraw-Hill, New York, 1994）

辨别入射光波长的能力极大地影响了从场景中提取的信息。只有一种光色素的生物，也就是没有色觉的生物，只能区分从黑色到白色的灰度。大约可以进行 100 次这样的区分。拥有两种光色素的生物，可以将不同的辐照度和光谱含量组合增加到大约 1 万种。有三种类型的光色素可以使识别的数量增加到大约 10 万种（Neitz 等，2001）。因此，色彩视觉是视觉系统的一个有价值的部分，而不是效用很低的奢侈品（Mollon，1989）。

　　不幸的是，相当一部分人有色觉缺陷，表现为颜色辨别异常或颜色混淆的状况。根据存在的视觉感受器的数量和这些感受器中存在的光色素的性质，有色觉缺陷的人可以分为三大类：单色盲、双色盲和异常三色盲。单色盲非常少见，有两种形式：杆状单色盲，即没有锥状光感受器，只有杆状；锥状单色盲，即有杆状光感受器同时只有一种锥状光感受器，通常是 S 锥。杆状单色盲是真正的色盲，只能看到亮度差异。在杆状和 S 锥光感受器同时工作的亮度范围内，锥单色觉具有非常有限的彩色视觉。双色盲和异常三色盲都有一定的颜色感知能力，尽管与正常的颜色视觉者的感知不同（关于两色盲者如何感知颜色的说明，见 McIntyre 于 2002 年发表的文章）。双色盲者有两个锥状感受器，与拥有正常色觉的人相比，他们看到的颜色范围更有限，光谱灵敏度也不同，这取决于他们失去了哪种视锥光感受器（Wyszecki 和 Stiles，1982）。缺失 L 锥的双色盲称为红色盲，缺失 M 锥的双色盲称为绿色盲，缺失 S 锥的双色盲称为蓝色盲。异常三色盲有三种视锥光色素，但其中一种视锥光色素不具有通常的光谱灵敏度。有缺陷的长波长光色素三色异常者被称为红色弱，有缺陷的中波长光色素的三色异常者被称为绿色弱，而有缺陷的短波长光色素的三色异常者被称为蓝色弱。三色觉异常者的色觉差异很大，从几乎和双色盲一样差到和正常色觉者相差无几。

　　总体而言，约 8% 的男性和 0.4% 的女性有某种形式的色觉缺陷；大约一半是绿色弱。Steward 和 Cole（1989）调查了有色觉缺陷的人，发现这类人中的许多人在日常工作中遇到困难，比如选择有颜色的商品和判断水果的成熟程度（见表 2.1）。色觉缺陷通常是遗传的，也可能因为年龄、疾病、受伤或接触某些化学物质而发生。尽管佩戴特殊滤光片可以校正特定的色差，但要克服色觉缺陷却很难（McIntyre，2002）。

表 2.1　不同类型的色视觉缺陷者对于日常任务感到困难的百分比

活动	色视觉		
	双色盲（%）	三色盲（%）	正常人（%）
选衣服、化妆品	86	66	0
分辨电线、油漆等的颜色	68	23	0
辨认植物和花朵	57	18	0
判别果蔬是否成熟	41	22	0
判别肉食是否做熟	35	17	0
难以从事或观看体育运动	32	18	0
难以调节电视的色彩平衡	27	18	2
辨认皮肤状态是否皮疹或晒伤	27	11	0
因为颜色而服错药物	0	3	0

来源：Steward, J.M.and Cole, B.L., *Optom. Vis. Sci.*, 66, 288, 1989。

2.2.8　结论

在完全理解视觉系统之前，还有很多工作要做，但可以确定的是，视觉系统由两部分组成：在视网膜上产生图像的光学系统；图像处理系统，在图像从视网膜到视觉皮层的不同发展阶段提取图像的不同方面，同时保留信息的位置。在视觉皮层中，这些不同的信息被组装成一个受先前经验影响的外部世界模型。

同样清楚的是，视觉系统将其大部分资源用于视网膜的中央区域，特别是中央凹。这意味着周边视觉主要是通过转动头部和眼睛来识别需要仔细检查的东西，这样它的图像就会落在中央凹上。另一点需要注意的是，视觉系统能够对变化的环境做出长期的调整，无论是机械的还是神经的（Hofner 和 Williams，2002）。具体来说，在白内障摘除后（见 13.4 节），中心凹锥光感受器已经显示出将主轴从指向瞳孔边缘调整为指向中心；而长期暴露在有色环境中，已经被证明会产生对颜色的感知的变化，以弥补色差改变的环境。这些调整发生在许多天内，而且发生在相当极端的情况下，但视觉系统也在正常条件下，在更短的时间内进行连续的调整。下面将讨论这些问题。

2.3　视觉系统的连续调节

2.3.1　自适应

人类的视觉系统可以处理很大范围的亮度（大约 12 个数量级）信息，但不能同时处理所有亮度。它不断自我调整以适应当前的环境，在光线充足时降低灵敏度达到更高的分辨能力，在光线不足时提高灵敏度导致更低的分辨能力。当视觉系统适应某一特定亮度时，更高的亮度会显得耀眼的刺目，而低得多的亮度会被视为黑色阴影。图 2.11 给出了在不同的适应亮度水平时，可辨别的亮度差的极限值。这种变化的一个日常例子是汽车前大灯在白天和夜晚的表现，前照灯的亮度相同，但随着夜幕降临，自适应亮度降低，前照灯看起来变亮了，甚至感到刺眼。

为了应对视网膜可能受到的大范围亮度变化，从非常黑暗的夜晚（0.0001cd/m^2）到阳光普照的海滩（20000cd/m^2），视觉系统通过一个称为自适应的过程改变其灵敏度。自适应是一个持续的过程，包括三个明显的变化：

瞳孔大小变化：虹膜随着视网膜光照的增加和减少而收缩和扩张。对于年轻人来说，瞳孔直径为 2～8mm。对于老年人，变化范围更小（见图 13.2）。通过瞳孔的光量与它的面积成正比，所以直径从 2～8mm 的范围意味着瞳孔变化的最大比例为 16∶1。而视觉系统的亮度处理能力范围约为 1 000 000 000 000∶1，这说明瞳孔在视觉系统的自适应过程中所起的作用很小。虹膜收缩速度（约 0.3s 收缩）比扩张速度（约 1.5s 扩张）快。

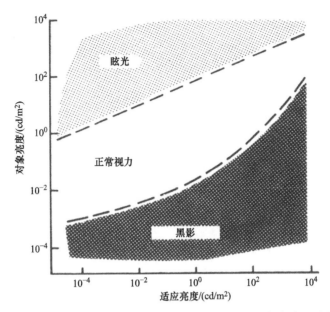

图 2.11 对象亮度范围的示意图，在该范围内可以区分不同的适应亮度。边界是模糊的（来源：Hopkinson, R.G.and Collins, J.B., *The Ergonomics of Lighting*, McDonald & Co., London, U.K., 1970）

神经适应： 这是视网膜中突触相互作用产生的敏感度的快速变化（少于 200ms）。在人工照明环境下（即亮度低于 600cd/m² 时），眼睛灵敏度所有的短暂变化几乎都是由神经过程引起的。事实上，神经适应在普通亮度下的快速反应在 2～3 个对数单位的亮度范围内有效，这解释了为什么在大多数室内照明环境下意识不到错误的自适应。

光化学适应： 视网膜中的四种光感受器含有四种不同的色素。当光线被吸收时，色素分解成不稳定的维生素 A 醛和一种蛋白质（视蛋白）。在黑暗中，色素会再生并再次吸收光线。眼睛对光的敏感性很大程度上是未变化色素比例的函数。在稳定的视网膜辐照度条件下，由漂白和再生过程产生的光色素浓度是平衡的。当视网膜的辐照度发生变化时，色素会被漂白和再生以重新建立平衡。因为完成光化学反应所需的时间是以分钟为单位的，所以灵敏度的变化可能滞后于辐照度的变化。锥状光感受器比杆状光感受器自适应快得多；即使暴露在高辐射下，锥状光感受器也能在 10～12min 内达到最高灵敏度，而杆状光感受器则需要 60min（或更长时间）才能达到最高灵敏度。这在图 2.12 中很明显，它显示了达到最大灵敏度所需的时间，也被称为完全暗适应。

视网膜适应光照变化所需的时间长短取决于变化的大小、牵涉到的视觉光感受器的种类多少以及变化的方向。对于 2～3 个数量级范围内的照度变化，只要神经适应就足够了，因此可以在不到 1s 内完成。对于更大的变化，就必须牵涉到光化学适应。

如果视网膜亮度的变化完全在锥状光感受器的作用范围内，几分钟就足以适应。如果视网膜照明的变化从锥状光感受器转到杆状光感受器运作范围，可能需要数十分钟才能完成自适应。至于变化的方向，一旦光化学过程参与，视网膜照度向更高的变化比视网膜照度向更低的变化要快得多。

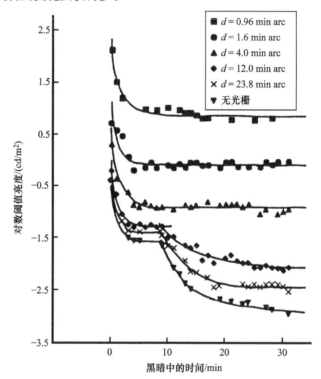

图 2.12　格栅宽度为 0.96 ~ 23.8min arc 的方波光栅以及均匀目标（无光栅）的对数阈值亮度随时间的变化曲线。受试者最初适应的亮度为 5011cd/m² （来源：Brown et al., *J. Opt. Soc. Am.*, 43, 197, 1953）

当视觉系统不能完全适应当前的视网膜照度时，它的能力是有限的（Boynton 和 Miller，1963）。这种处于变化中的适应状态称为短暂适应。在正常情况下，短暂适应在室内可能不太被注意到，但在视网膜亮度从高到低突然变化时，比如在阳光明媚的天气突然进入一条公路隧道，或在没有窗户的建筑断电的情况下，效果就很显著。

描述适应状态的通常方法是用观察者所适应的视野的亮度来描述。在实验室，这是完全可以接受的。实验员可以确定视野，并确保视野处在均匀的亮度下。这时什么是适应亮度是毫无疑问的。而在现实世界中，确定适应亮度并非易事。如果观察者有一个注视点，比如司机在白天接近隧道入口的情况，那么注视点的亮度分布可以加权得到一个合理的自适应亮度估值（Adrian，1987）。如果观察者有许多注视点，也就是说，观察者的眼睛经常转动，那么整个场景的平均亮度就是一个很好的估值。没有明确的规则来确定自适应亮度。最好的方法是观察注视点的模式以及在每个注视点上花费的时间，以获得自适应亮度的粗略估值。

2.3.2　明视觉、暗视觉和中间视觉

自适应过程可以改变视觉系统的光谱灵敏度，因为在不同的视网膜照度下，不同的视觉光感受器组合在起作用。感光的三种状态通常被定义为：

明视觉：这种状态发生在自适应亮度高于 $5cd/m^2$ 时。对于这个亮度，视网膜主要是由锥状光感受器控制的。这意味着彩色视觉和细节分辨都是可用的。

暗视觉：这种状态发生在自适应亮度低于 $0.005cd/m^2$ 时。对于这个亮度，只有杆状光感受器对刺激有反应，锥状光感受器不够敏感。这意味着人们无法感知颜色，只能感知灰色的阴影，视网膜的中央凹是盲性的。因此，在暗视觉条件下，细节的有限分辨发生在中央凹周围几度角的小范围内。

中间视觉：这种状态介于明视和暗视之间，在 $0.005 \sim 5cd/m^2$ 之间。在中间视觉状态下，锥状光感受器和杆状光感受器都是活跃的，在杆状光感受器和锥状光感受器的信号融合之前，受体后通路发生了变化。随着中间视觉亮度的下降，由锥状光感受器主导的中央凹的绝对灵敏度慢慢下降，而光谱灵敏度没有明显变化，直到达到暗视状态时，视力完全丧失。在外围，杆状光感受器逐渐支配锥状光感受器，导致色觉和分辨率逐渐下降，对较短波长的光谱灵敏度也逐渐下降。

图 2.13 为中央凹及其周边杆状光感受器和锥状光感受器的相对灵敏度。很明显，这两种光感受器的敏感度不同。杆状光感受器比锥状光感受器对光更敏感，尤其是对短波长的辐射。

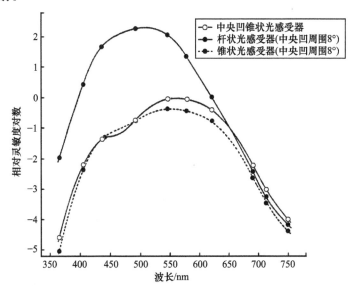

图 2.13　暗适应状态下中央凹及其周边锥状和杆状光感受器的相对光谱灵敏度对数。光谱灵敏度全部归一化为中央凹锥的最大灵敏度（来源：Wald, G., *Science*, 101, 653, 1945）

照明实践里不同状态的相关性是不同的，暗视觉在很大程度上无关紧要。任何现实的照明设备都能提供足够的光线，至少能使视觉系统处于中间视觉状态，大多数室内照明能让视觉系统处在明视觉状态。目前的室外照明能确保视觉系统处在中间视觉状态下运行。

视觉系统在明视、中间和暗视状态下的光谱灵敏度是不同的，因为每种状态下占主导地位的光感受器种类不同。明视觉状态下，锥状光感受器占主导地位。在中间视觉状态下，锥状感受器在中央凹占主导地位，但在周围视网膜，杆状和锥状光感受器都是活跃的，它们之间的平衡随着视网膜光照的变化而变化。在暗视条件下，只有杆状光感受器是活跃的，而中央凹是盲的。似乎这种不断变化的光谱灵敏度模式还不够，不同的光谱灵敏度会在光态下发生，这取决于测量所用的方法，因此也取决于人类视觉系统的消色差通道、非对立性通道和色差通道受到刺激的程度（见图2.14）。

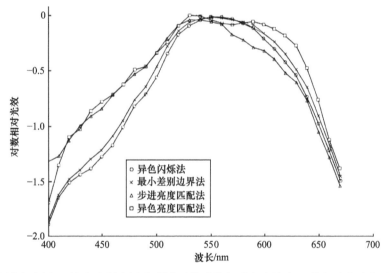

图 2.14　异色闪烁法和最小差别边界法测量到的对数相对发光效率，其中只有消色差非对立通道处于活动状态，并且通过异色亮度匹配和步进亮度匹配法测量，其中消色差非对立通道和色差对立通道都处于活动状态。用异色闪烁和最小差别边界法测量的相对光谱灵敏度函数与CIE改进的光观测器非常匹配（来源：Comerford, J.P.and Kaiser, P.K., *J. Opt. Soc. Am.*, 64, 466, 1975）

为了使这种潜在的混乱有序，CIE已经发布了三种固定的光谱灵敏度模型，分别为CIE标准明视觉观察者、CIE修正明视觉观察者和CIE标准暗视觉观察者。这些模型的相对发光效率曲线如图1.2所示，用于可见光的基本定义，将辐射量转换为光度量。至于中间视觉，尽管Stockman和Sharpe（2006）讨论了复杂性，但当杆状光感受器和锥状光感受器都处于活跃状态时，CIE现在已经有了一个预测中央凹周围视网膜光谱灵敏度变化的系统（CIE，2010a）。然而，由于暗视觉在很大程度上与照明实践无关，而中间视觉光谱灵敏度最近才被认可，而且CIE修正明视觉观察者只对光源在短波长的大功率有影响，照明实践中使用的所有光度量仍然以CIE标准明视觉观察者为基准。因此，当两种光源光度匹配时，不同光谱含量的光源的视觉效果不一样也就不足为奇了。事实上，CIE 标准观察者模型主要是为了方便测量光线而设计的，而不是为了精确地描述视觉系统的操作。人类视觉系统的光谱灵敏度的可变性取决于光感受器受到刺激和活跃的视觉通道，意味着视觉系统实际光谱灵敏度不同于 CIE 标准明视觉观察者的情况可能会经常发生。

2.3.3　调焦

眼睛在视网膜上聚焦图像的能力涉及三个光学部件。第一是角膜上的泪液薄膜。这层薄膜很重要，因为它能清洁眼球表面，启动对焦物体所必需的光学折射过程，并抚平第二层光学部件——角膜表面的小缺陷。角膜覆盖眼球前五分之一的透明区域（见图 2.4）。与泪液层一起，角膜形成了眼睛的主要折射成分，并为眼睛提供了约 70% 的光学能力。剩余 30% 的光学能力主要由晶状体提供。睫状肌有能力改变晶状体的曲率，从而调整眼睛光学系统以适应不同的目标距离；这种光学功能的变化称为调焦（accommodation）。

调焦是一个连续的过程，即使在注视时也是如此，而且总是根据视网膜中央凹或附近的目标图像做出反应，而不是视网膜边缘。它可以快速变换，以便将焦点从一个位置转移到另一个位置；也可以逐渐变换，以便将一个前后移动的目标保持在焦点上。任何妨碍中央凹的物理或生理条件，例如低光照，都会对其调焦能力造成不利影响。随着适应亮度降低到 $0.03cd/m^2$ 以下，调焦范围会缩小，使得观察者对于远近物体进行调焦变得越来越困难（Leibowitz 和 Owens，1975）。视力模糊和眼睛疲劳可能是调焦能力有限的后果。当没有调焦刺激时，如在完全黑暗或在均匀亮度的视野中，如在浓雾中，视觉系统通常把焦点设定在约 70cm 外的目标。

2.4　视觉系统的能力

人类的视觉系统和其他生理系统一样，能力范围有限。描述这些限制的一种简便方法就是设定所谓的视觉阈值。从本质上讲，视觉阈值是在特定条件下视觉系统所能接受到的最小的刺激值。一种常见的案例就是在眼科门诊中，医生会给病人看一系列亮度对比度相同但字体逐渐变小的字母。随着字母尺寸的减小，字母辨认变得越来越困难，直到病人无法看清直至出错。也就是说，正确回答的百分比开始随机变化。通常来说，我们要确定正确回答的百分比为多少时被认为是视觉阈值，通常这个值设定在 50%。

阈值测量有许多不同的形式，取决于具体要测量的变量，其中大多数是相互作用的。阈值测量提供了一些明确定义的且足够灵敏的指标，帮助我们探索视觉系统的运作，因此被广泛用于科学领域。对于照明领域，阈值测量主要是明确看不到什么，而不是看得多清楚。目的是总结与照明实践相关的阈值，以及它们如何受到人类视觉系统特征的影响。对于这些阈值测量，可以假设观察者自适应性都是完整的，目标是呈现在一个均匀亮度的区域，并且，除非另有说明，观察者的调焦能力是正确的。

2.4.1　阈值测量

人类视觉系统的阈值能力可以大致分为空间、时间和颜色三类。

2.4.1.1　空间阈值的测量

空间阈值测量主要涉及从背景中侦测目标或解析目标内部细节的能力。对于空间阈值度量，通常假设目标不随时间变化。常用的空间阈值物理量是阈值亮度对比度和视觉敏锐度。

目标的亮度对比度，是用来量化目标相对于直接背景的可见性。亮度对比度越高，越容易被侦测到。对于均匀亮度背景下的均匀亮度目标，通常有三种不同形式的亮度对比度。当对比度可以发生在目标内时，对于如何测量复杂物体的亮度对比度，目前还没有共识（Peli，1990）。对于均匀背景下的均匀目标，亮度对比度定义为

$$C = \frac{L_t - L_b}{L_b}$$

式中，C 为亮度对比度；L_b 为背景亮度；L_t 为目标亮度。

此公式给出了亮度对比度，对于细节比背景暗的目标，亮度对比范围为 $0 \sim 1$；对于细节比背景亮的目标，亮度对比度范围为 $0 \sim \infty$。它被广泛用于前者，例如，在白纸上印刷的深色文本。

对于在均匀背景下看到的均匀目标的另一种形式的亮度对比度定义为

$$C = \frac{L_t}{L_b}$$

式中，C、L_b 和 L_t 的定义和前面的等式相同。

这个公式给出的亮度对比度可以从 0（目标的亮度为 0）变化到 ∞（背景的亮度为 0）。它常用于自发光显示器。

对于具有周期性亮度变化模式的目标，例如光栅，其亮度对比度为

$$C = \frac{L_{max} - L_{min}}{L_{max} + L_{min}}$$

式中，C 为亮度对比度；L_{max} 为最大亮度；L_{min} 为最小亮度。

此公式给出了 $0 \sim 1$ 的亮度对比度，而不考虑目标和背景的相对亮度。它有时被称为亮度调制。

考虑到不同形式的亮度对比度测量方法，理解使用哪种方法总是很重要的。

视觉敏锐度是一种测量在固定的亮度对比度下分辨目标细节能力的度量。许多目标物可以用来测量视觉敏锐度,包括小点、验光字母表、朗道环,还有光栅。视觉敏锐度最有意义的定义是,目标物细节相对人眼的角度 50% 的情况下可以被分辨。这个相对人眼的角度通常用弧分(min arc,符号 ′)来表示,但有时也用倒数表示。用此方法,正常人的视力能达到的视觉敏锐度大约是 1′。

不过为了简单起见,有许多其他算法来量化视觉敏锐度。医学界常用一种相对测量方法。在眼科诊所,医生们用亮度对比度高的字母按大小递减排列的图表来检测视力。这张图表通常要求病人站在 6m 外,按大小顺序读出字母,直到不能再分辨出为止。该方法被称为斯奈伦(Snellen)视觉敏锐度检测法,是观察距离与最后一个字母中被识别的细节被分辨为 1′ 所对应的距离之比。Snellen 视觉敏锐度通常用比率来表示,例如 6/12,这意味着病人只能读 6m 的字母,而正常视力的人可以读 12m 的字母。这个比值的其他表达方式是十进制(6/12 = 2.0)或最小分辨率角(MAR),即从 6m 观看时,最后一个字母中的细节所对应的角度。这意味着 Snellen 视觉敏锐度为 6/12 表示 MAR 为 2′。此外,对于光栅来说,视觉敏锐度有时用空间频率表示,以每度的周期来测量。这是当相对于观察者的观察位置 1° 的光栅在 50% 的出现场合下被识别为光栅时的周期数。

考虑到不同职业使用不同形式的视觉敏锐度定义,重要的是要确定使用的是哪个指标。

2.4.1.2　时间阈值的测量

时间阈值测量的是与人类视觉系统的反应速度及其侦测亮度波动有关的能力。对于时间阈值的测量,通常假设目标位置是固定的。

人类视觉系统侦测亮度波动的能力可以用刺激出现时有 50% 概率可以被侦测时候的波动频率(单位:Hz)和波动幅度来表达。幅度表示为

$$M = \frac{L_{\max} - L_{\min}}{L_{\max} + L_{\min}}$$

式中,M 为调制值;$L_{\max}$ 为最大亮度;$L_{\min}$ 为最小亮度。

这个公式算出的调制值范围为 0 ~ 1。有时调制值也用百分比表示。

2.4.1.3　颜色阈值的测量

颜色阈值的测量是基于两种颜色恰好能被分辨而实现的。原则上,所谓的分辨可以用第 1 章中描述的任何色彩空间中测量,但到目前为止,最广泛使用的是 CIE 1931 年色度图和相关的 CIE 1976 年统一色度图。

2.4.2　视觉阈值的决定因素

针对前面提到的那些指标,共有三组不同的因素会影响所测量的阈值。具体包括

视觉系统因素、目标特征因素和目标出现的背景。

重要的视觉系统因素是视觉系统适应的亮度、目标出现在视野中的位置以及眼睛正确调焦的程度。视觉系统所适应的亮度决定了哪种光感受器正在工作。目标出现在视野中的位置决定了视觉系统可接受视野的大小、可用的光感受器的类型和光谱灵敏度。视网膜的调焦状态决定着视网膜的图像质量。一般规律是，视觉系统自适应的亮度越低，目标距离中央凹越远，眼睛的调焦越不匹配，视觉阈值就越大。

目标的重要特征包括目标的大小、亮度对比度以及目标与直接背景的色差。这三种特征中的任何一种都可以作为有效的阈值度量，但另两个元素会与之交互影响。这意味着对于不同亮度对比度和色差的目标，其视觉敏锐度也会不同。一般来说，其他目标特征越接近其自身阈值，被测变量的阈值越大。例如，对于低亮度对比度的消色差目标，其视觉敏锐度将比对于高亮度对比度的消色差目标大得多。

对于目标所出现的背景表现，重要的因素是背景的面积、亮度和颜色。这些因素很重要，因为它们决定了视觉系统的亮度和颜色自适应状态，以及与目标图像处理交互的潜力。一般的规则是，目标周围与目标相似的亮度和中性颜色的区域越大，阈值测量值就越小。

2.4.3 空间阈值

所有的视觉任务中最简单的一种可能就是在均匀亮度背景下侦测连续出现的光点。对于这样的目标，视觉系统表现为空间性总和，即目标物亮度与目标物面积的乘积为常数。这种目标亮度与目标面积之间的关系被称为里科定律（Ricco's law）。这意味着刺激视觉系统以发现目标所需的总能量是相同的，无论目标是集中在一个小点还是分布在一片更大的面积。当目标大于某个特定大小（称为临界大小）时，空间总和就会被打破。临界尺寸随与中央凹的角度偏差而变化。临界尺寸在偏离中央凹 5°处大小约为 0.5°，在偏离中央凹 35°处约为 2°（Hallet，1963）。中央凹内的空间总和很少，临界大小约为 6′。

假定目标的大小高于临界大小，那么光点存在的侦测就仅由亮度对比度决定。当周围环境的亮度大于 1 ~ 10cd/m² 时，即在明视觉范围内，目标与背景亮度差之间保持恒定，这叫作韦伯定律。这种关系式是

$$\frac{L_t - L_b}{L_b} = k$$

式中，L_t 为目标亮度；L_b 为背景亮度；k 为常量。

对于不同大小的目标，自适应亮度对阈值对比度的影响如图 2.15 所示。阈值对比度随着自适应亮度的降低而增加是明显的，阈值对比度随着目标尺寸的减小而增加也是明显的（Blackwell，1959）。

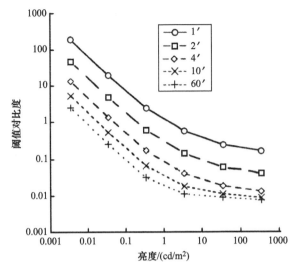

图 2.15　不同直径的目标圆盘与背景亮度的阈值对比度，用中心凹观看。这些圆盘出现的持续时间为 1s（来源：Blackwell, H.R., *Illum. Eng.*, 54, 317, 1959）

图 2.16 显示了不同大小的圆形目标的阈值对比度测量值和距离中央凹不同偏心率位置的关系图（Blackwell 和 Moldauer，1958）。可以看出，阈值亮度对比度在中心凹处是最小的，随着中心凹偏心率的增加，阈值亮度对比度增大。同样明显的是圆盘大小与其位置偏心率之间的相互作用。具体而言，随着目标尺寸越小，阈值亮度对比度越大；偏心率的增大比圆盘尺寸的减小更使得阈值亮度对比度增加。另一种与尺寸的相互作用是与目标在视网膜上聚焦的程度有关。对于直径小于 40″ 的圆盘，看不清会使阈值对比度迅速降低，而对于直径大于 20′ 的圆盘，看不清对其存在的侦测没有影响（Ogle，1961）。

阈值亮度对比度与背景上目标的侦测有关。在与阈值测量条件相似的条件下，亮度对比度接近或低于阈值的目标不太可能被看到，而亮度对比度超过阈值 2 倍的目标很可能每次都被看到。

现在来看看视觉敏锐度，图 2.17 显示

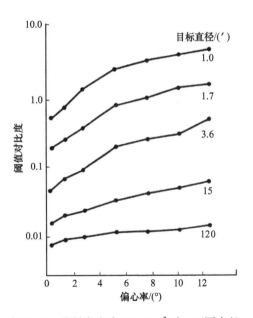

图 2.16　背景亮度为 257cd/m² 时，不同直径圆盘目标出现不同偏心率位置下的阈值对比度，目标持续时间 330ms（来源：Blackwell, H.R.and Moldauer, A.B., *Detection Thresholds for Point Sources in the Near Periphery*, EPRI Project 2455, Engineering Research Institute, University of Michigan, Ann Arbor, MI, 1958）

了视觉敏锐度随目标中心凹范围自适应亮度的变化。随着自适应亮度的增加，视觉敏锐度（表示为最小可分辨间隙尺寸的倒数）会增加，在非常高的亮度下接近极值，对应约 0.45′ 的角度（Shlaer，1937）。

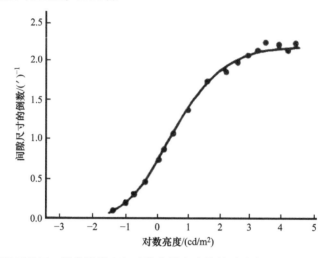

图 2.17　对于朗道环目标，视觉敏锐度与对数背景亮度的关系（来源：Shlaer, S., *J. Gen. Physiol.*, 21, 165, 1937）

　　图 2.18 显示了视觉敏锐度（表示为最小可分辨间隙尺寸）随着偏离中央凹的距离的变化。结果表明，随着偏心率的增加，视觉敏锐度的预期值下降，当偏心率超过 30° 时，视觉敏锐度下降的速度加快（Mandlebaum 和 Sloan，1947）。

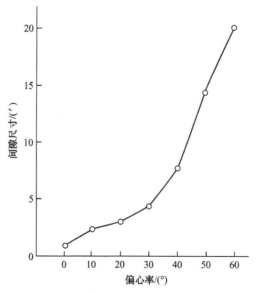

图 2.18　不同偏心率下朗道环目标的视觉敏锐度。目标在 245cd/m² 的背景亮度下呈现 220ms（来源：Mandlebaum, J.and Sloan, L.L., *Am. J. Ophthalmol.*, 30, 581, 1947）

当然，这些结果是在明视觉条件下得出的。在中间和暗视觉条件下，视觉敏锐度随偏心率的变化是不同的。图 2.19 显示了不同自适应亮度值条件下，视觉敏锐度与偏心率的关系图。当自适应亮度为 3.2cd/m²，即处在中间 / 明视觉边界附近时，中心凹的视觉敏锐度约为 1′，随着偏心率增加，视觉敏锐度迅速下降至 10′ 左右。对于自适应亮度低于 0.006 cd/m²，即接近暗视状态时，这是中央凹失明，只有杆状光感受器活跃，视觉敏锐度约为 10′，离轴 4° ~ 8° 时最佳（Mandlebaum 和 Sloan，1947）。

图 2.20 显示了背景亮度对视觉敏锐度的影响，以最小间隙尺寸的倒数来表示（Lythgoe，1932）。视觉敏锐度是用一个矩形背景下的朗道环来测量的，而这个矩形背景外面是一个更大的背景区域。当直接背景和外围环境的亮度相同时，视觉敏锐度随背景亮度的增加而提高。当周围环境的亮度相对于最近背景的亮度很低时，存在一个最佳背景亮度，高于该背景亮度，视觉敏锐度下降。

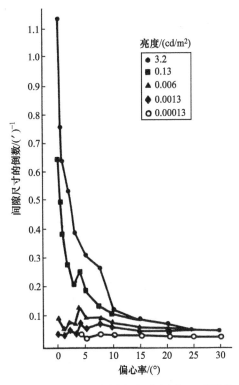

图 2.19　在一定背景亮度范围内，不同偏心率的朗道环目标的视觉敏锐度，表示为最小间隙尺寸的倒数（来源：Mandlebaum, J.and Sloan, L.L., *Am. J. Ophthalmol.*, 30, 581, 1947）

在上面的讨论中，阈值对比度和视觉敏锐度是分开考虑的，因为阈值对比度通常测量的是大尺寸目标，没有细节，而视觉敏锐度测量的是高亮度对比度目标，有细节。但是很多实际的物体在亮度对比度和细节大小上都是不同的，这两种目标特性可以预期为是相互作用的。视觉系统对这些目标的阈值能力可以表示为对比敏感度函数。视觉系统对空间亮度变化的频率响应本质上是一个简单的信息，但却有一个相当长的名字。利用不同空间频率和可调制的正弦波光栅目标测量了视觉系统的对比灵敏度函数。光栅的空间频率定义为观察者在 1° 角视野范围内看到的格栅周期数，因此单位是周数每度。阈值对比条件用调制来测量，但通常表示为对比灵敏度（具体形式为调制的倒数）。图 2.21 显示了不同适应亮度下的对比灵敏度函数（van Nes 和 Bouman，1967）。

这条看似深奥的信息的价值在于，任何表面亮度的变化都可以表示为波形，而任何波形都可以表示为一系列不同振幅和频率的正弦波。通过对比灵敏度函数给出了视觉系统对不同振幅和频率的正弦波的响应。因此，对比灵敏度函数可以用来确定某个复杂的亮度变化能否被看到。如果某种亮度分布的对比灵敏度在各个频率上都高于阈

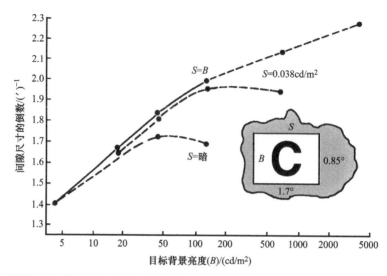

图 2.20　不同等级的环境亮度下，视觉敏锐度（表示为朗道环最小间隙大小的倒数）和背景亮度的关系图。背景亮度（B）是朗道环周围 1.7° × 0.85° 矩形区域的亮度。环境亮度（S）是背景矩形周围区域的亮度（来源：Lythgoe,R.J.，*The Measure of Visual Acuity*，MRC Special Report No. 173，His Majesty's Stationary Office, London，U.K.，1932；北美照明工程学会（IESNA），*The Lighting Handbook*, 9th edn., IESNA, New York, 2000a）

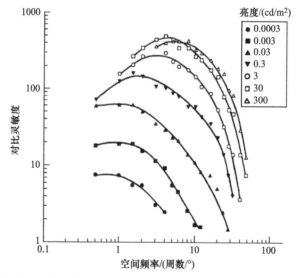

图 2.21　正弦波光栅在不同等级背景亮度下的对比灵敏度函数，涵盖了视觉系统的明视、中间和暗视状态（来源：van Nes, F.L.and Bouman, M.A., *J. Opt. Soc. Am.*, 47, 401, 1967）

值对比灵敏度，则这种亮度分布将不可见。亮度图案在整体上被看到的程度取决于对比灵敏度低于阈值的空间频率的数量；发生这种情况的空间频率越多，对亮度图案的感知就越完整。对比灵敏度函数可用于许多实际用途。例如，它们可以用来确定洗墙灯具的亮度变化是否会从给定的距离被注意到，以及从给定的距离需要读取多大尺寸的路标。观察者观看亮度图案的距离很重要，因为改变观看距离会改变图案的空间频率。随着观看距离的增加，光栅的空间频率增加。

现在回到图 2.21，可以明显地看出，增加自适应亮度会同时提高对比灵敏度和最大空间频率的可侦测性，也就是说，它产生了较低的阈值对比度和较好的视觉敏锐度。另一个明显的事实是，对于高亮度，对比灵敏度函数的变化很小，但在约 $30cd/m^2$ 的自适应亮度以下，它变化迅速。这种退化表现为所有空间频率下的对比灵敏度降低，以及出现最大对比灵敏度时的空间频率的下降。对比灵敏度函数的另一个有趣的特征是，它显示了一个最大值。非常高和非常低的空间频率都会导致对比灵敏度降低，因此更不容易被看到。

偏心率对对比灵敏度函数的影响如图 2.22 所示。不出所料，随着偏心率的增加，视觉感受区域的大小增加；随着偏离中央凹的增加，对比灵敏度函数显示可见的最高空间频率显著降低，以及峰值对比灵敏度的降低。这意味着，在离中央凹几度以外的地方，不可能看到更多的细节。

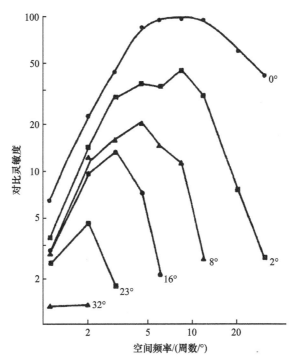

图 2.22　不同偏心率位置的 2.5° 刺激的对比度敏感度函数（来源：Hilz, R.and Cavonius, C.R., *Vision Res.*, 14, 1333, 1974）

对于不正确调焦的影响，Campbell 和 Green（1965）表示，离焦的影响在高空间频率时很大，但在低空间频率时有限。

2.4.4　时间阈值

时间视觉任务最简单的形式是侦测到在均匀亮度背景下短暂呈现的光点，也就是一束闪光。对于这样的目标，视觉系统显示出时间总和，即目标亮度与闪光持续时间的乘积为常数，这种关系被称为布洛赫定律（Bloch' s law）。这意味着，无论目标出现的时间长短，刺激视觉系统使目标能够被侦测到所需的总能量是相同的。时间总和在固定持续时间（称为临界持续时间）之上被破解。临界时间随自适应亮度的变化而变化，暗视觉亮度下为 0.1s，明视觉亮度下为 0.03s。对于超过临界持续时间的呈现时间，呈现时间没有影响，侦测闪光的能力取决于闪光和背景之间的亮度差异。当有多次闪光时，额外的因素，如闪光之间的时间间隔就变得很重要（Holmes，1971）。

虽然侦测闪光的能力的目的是为了获得信号（Bullough 等，2013），但是时间阈值与照明相关的一个更广泛的方面是侦测闪烁的能力。所有由交流电供电的光源在光输出中都会产生一些波动，其波形取决于光源的物理特性和光源的电特性。当光输出的波动可见时，称为光源闪烁。图 2.23 显示了在不同视网膜光照下，对于不同大小的视野，100% 调制的正弦波波动的最大频率（Hecht 和 Smith，1936）。这个最大频率称为临界融合频率（CFF）。从图 2.23 中可以明显看出，CFF 随视网膜照度和面积的增加而增加，虽然这种增加不是简单的线性函数。相反，对于大视场尺寸，例如使用间接光照时，CFF 在暗视觉状态下随视网膜照度线性增加，在中间视觉状态下变化不大，在明视觉状态下线性增加，直到饱和。

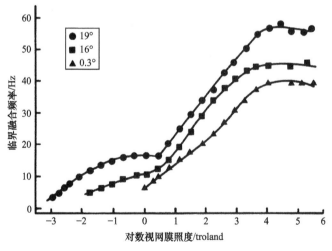

图 2.23　在三种不同的测试场尺寸下，CFF 与对数视网膜照度的关系（来源：Hecht, S.and Smith, E.L., *J. Gen. Physiol.*, 19, 979, 1936）

虽然 CFF 是一种有效的闪烁检测指标，但是它只能说明部分问题。它的局限性是它是基于一个 100% 调制的刺激。图 2.24 显示了一种处理视觉系统时间特性的更通用方法，即时间调制传递函数（Kelly，1961）。图 2.24 的左图显示调制幅度百分比与不同视网膜照度水平下的振荡频率的关系（见 4.2 节）。这些数据是在一个 60° 直径的视场里看到的，照明均匀、闪烁波形为正弦。左图显示，增加视网膜照度增加了调制的灵敏度，并将峰值灵敏度的频率从 5Hz 转移到 20Hz。另一个重点是，除了最低的视网膜照度外，所有其他视网膜照度的结果在低频下都有一个共同的曲线，但在高频下有不同的曲线。这意味着在低频率下，侦测闪烁的能力取决于调制百分比，但在高频率下则不是。图 2.24 的右图显示了相同的数据，但现在纵轴是根据视网膜照度的绝对调制幅度绘制的。随着视网膜照度的增加，峰值灵敏度的频率变化再次显现，但现在不同视网膜照度的高频响应端形成了一个共同的重叠。这意味着视觉系统的高频响应始终与波动的绝对值有关，而不是百分比调制。照明设备中的闪烁通常是高频的。

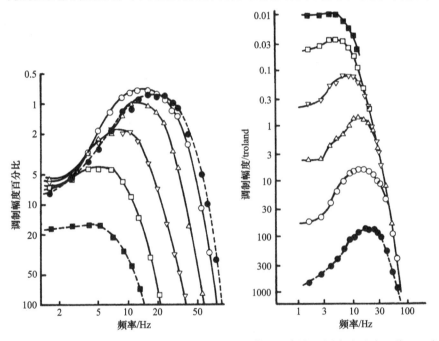

图 2.24　大视野在不同视网膜照度下的时间调制传递函数。调制在左图中表示为百分比，在右图中表示为绝对值。视网膜照度如下：● 为 9300 troland；○ 为 850 troland；△ 为 77 troland；▽ 为 7.1 troland；□ 为 0.65 troland；■ 为 0.06 troland（来源：Kelly, D.H., *J. Opt. Soc. Am.*, 51, 422, 1961）

　　图 2.24 可用于确定在大面积波动时是否可见光波动。对于正弦波振荡，如果给定频率的调制在适当的视网膜照度曲线之上，闪烁将不可见。如果低于曲线，它将是可见的。但是，如果波形不是正弦的该怎么办呢？图 2.24 的左图是对比度敏感度函数的时间等效值，可以以类似的方式使用。为了预测给定的波动波形是否可见，该波形应由不同频率和振幅的傅里叶级数表示。如果该系列的所有分量的调制位于适当的时间调制传递函数曲线之上，则波动不可见。如果其中任何一个分量低于曲线，则会以某种形式看到波动。虽然这些说法原则上是正确的，但应该永远记住的是，在对闪烁的敏感性上，人与人之间存在着相当大的个体差异。因此，为了确保不会看到闪烁，使

用振幅和频率与时域调制传递函数所代表的阈值区域相远离的波形是一个好主意。

2.4.5 颜色阈值

前面讨论的空间和时间阈值都是用白光照亮无色目标来测量的，但在明视觉状态下，人类的视觉系统有完善的辨别色彩的能力。图 2.25 显示的是绘制在 CIE 1931 年色度图上的 MacAdam 椭圆，放大了 10 倍（MacAdam，1942）。每个椭圆代表两个小视野之间的颜色匹配在色度坐标上的标准差，参考视野具有椭圆中心点的色度。照明行业使用 3～7 价 MacAdam 椭圆作为色差的质量控制标准。考虑到 3 阶 MacAdam 椭圆代表三个标准偏差，而三个标准偏差应该包括 99% 以上的人群所能辨认出来的颜色差异，这样的公差似乎太宽松了。在实践中这并不是一个问题，可能是因为 MacAdam 椭圆是在理想的比较条件下获得的（由一个经验丰富的观察者同时观察相邻的小场域）。在连续呈现的目标之间，或在呈现多种颜色和图案的目标之间，颜色区分更加困难（Narendran 等，2000）。虽然光源在理想的条件下进行颜色对比并不常见，但仍然需要小心。对于 LED 光源，7 阶 MacAdam 椭圆被广泛用于质量控制，产品通常在销售前被按照不同的阶数进行分类，以降低名义上相同的灯被视为颜色不同的风险。

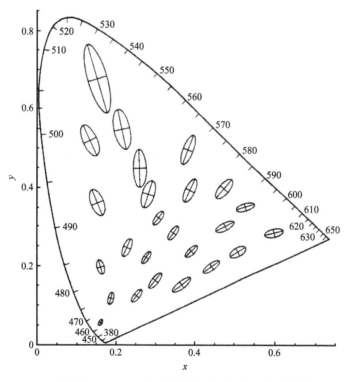

图 2.25　显示 MacAdam 椭圆的 CIE 1931 年色度图，放大了 10 倍（来源：MacAdam, D.L., *J. Opt. Soc. Am.*, 32, 247, 1942；Wyszecki, G.and Stiles, W.S., *Color Science: Concepts and Methods, Quantitative Data and Formulas*, John Wiley & Sons, New York, 1982）

　　图 2.25 针对的是具有正常色觉的人。有色觉缺陷的人不能对颜色做出如此细微的辨别。图 2.26 显示了在 CIE 1931 年色度图上三种类型的所谓二色视者的等色线。所有沿同一条线上的颜色，对二色视者呈现的色相和饱和度是相同的，尽管它们的亮度或明度可能不同。图 2.26 中线的方向表明，红色盲者和绿色盲者在区分红色和绿色方面有相似的问题，但绿色盲者比红色盲者更容易区分紫色。至于蓝色盲者，它们在区分红色和绿色方面没有什么困难，但在区分蓝色方面就有问题了。

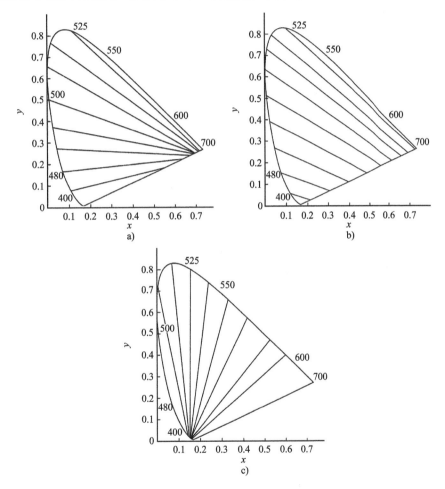

图 2.26　a）红色盲者、b）绿色盲者和 c）蓝色盲者的等色线。在色觉有缺陷的人看来，沿直线任何一点用色觉表示的表面都是相同的颜色，尽管它们的亮度或光度可能不同

2.4.6　交互作用

　　以上给出的信息仅代表了不同条件下视觉阈值相关数据中的微小部分。此外，它是基于一个有限的变量范围。空间阈值都是基于均匀亮度场上的消色差目标测得

的。时间阈值只考虑亮度的波动而不改变颜色。颜色阈值是在具有相同亮度的小而均匀的视场之间并排比较。然而，所提供的数据已经足以证明自适应亮度、视野位置和调焦状态等主要因素的影响。其他因素，如目标的移动，通过与这些主要因素的相互作用来影响阈值。图 2.27 显示了在背景亮度为 9.8cd/m^2 时，在不同的偏心率下，5° 线条图案的目标静止或以 24°/s 速度运动的阈值对比度变化（Rogers，1972）。中心凹内运动目标与静止目标的阈值对比度差异不大，但随着偏心率增加，阈值对比度显著增大，静止目标的阈值对比度越来越高，而运动目标的阈值对比度变化很小。

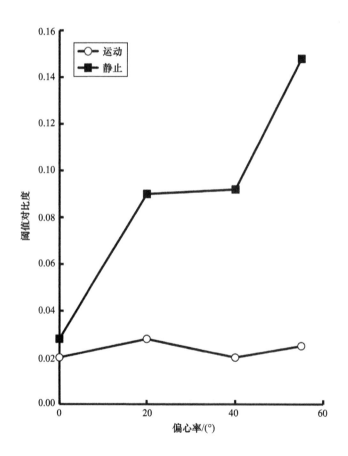

图 2.27　对静止和运动状态的目标，根据偏心率绘制的阈值对比度（来源：Rogers, J.G., *Hum. Factors*, 14, 199, 1972）

　　图 2.28 显示了不同速度下目标和观察者平滑相对运动条件下的视觉敏锐度（Miller 和 Ludvigh，1962）。当速度增加到 40°/s 之前，视觉敏锐度下降缓慢，但当速度进一步增加时，视觉敏锐度迅速下降。这一结果是可以理解的，如果速度低于 40°/s，人可

以通过移动眼球追踪运动，以保持目标接近中央凹。当然，如果目标以一种意想不到的方式移动，包括突然改变方向和速度，这是不可能的。

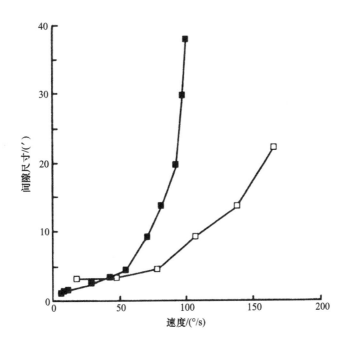

图 2.28　对于不同速度运动下的朗道环的视觉敏锐度（以间隙尺寸表示）。实心符号代表移动目标，空心符号代表观察者移动（来源：Miller, J.W.and Ludvigh, E., *Surv. Ophthalmol.*, 7, 83, 1962）

　　有许多其他因素相互作用会影响某个特定的阈值条件。其中一个因素是性别，男性对细节和快速移动的刺激明显比女性更敏感（Abramov 等，2012），而后者有色觉缺陷的概率更低。此外，男女个体在阈值测量上存在较大差异。图 2.29 显示了三种不同适应亮度下不同年龄人群的阈值对比度结果。阈值亮度对比度随自适应亮度增加的趋势明显，阈值亮度对比度随年龄增加的总体趋势也明显。然而，真正令人印象深刻的是个体之间阈值对比度的巨大差异，差异大到让 20 岁和 60 岁人群的阈值对比度分布之间存在一定的重叠（Blackwell 和 Blackwell，1971）。实际上，如果您想知道某个因素将如何影响特定人群的特定阈值结果，除了进行直接测量之外，几乎没有其他选择。但是，如果您只想得到目标是清晰可见还是不可见的结论，也就是说，您希望您的目标肯定高于或低于相关的阈值，那么您可以使用根据早先的条件派生出来的数据。在 Wyszecki 和 Stiles（1982）以及 Boff 和 Lincoln（1988）的研究中可以找到各种条件下许多不同阈值测量的细节。

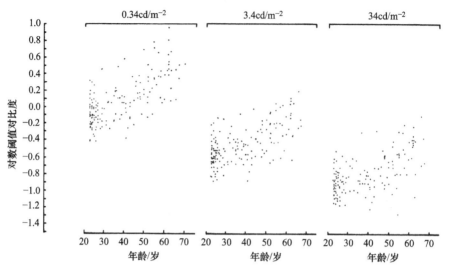

图 2.29　不同年龄段的人在三种不同的背景亮度下的对数阈值对比度（来源：Blackwell, H.R.and Blackwell, O.M., *J. Illum. Eng. Soc.*, 1, 3, 1971）

2.5　通过视觉系统的感知

　　虽然阈值定义了人类视觉系统观察能力的下限，但其实我们生活中大部分时间都在观察远高于阈值的事物，因此可以看得很清楚。本部分讨论的主题是我们如何感知这些复杂的刺激。视觉世界的感知不仅仅是由视网膜图像等物理刺激决定的，也不仅仅是由前面描述的视觉系统的特征决定的。相反，对视觉系统的刺激在视网膜中被分解成不同的元素；然后通过不同的视觉通道传递到视觉皮层，在那里真实世界在过往经验和来自其他感官的信息的引导下实现重构（Purves 和 Beau-Lotto，2003）。以下是过往经验影响力的一个例子，图 2.30 显示了有若干凹痕和凸痕的表面。如果把这张纸倒着放，原来的凹痕就会变成凸痕，反之亦然，因为以前的经验告诉我们，投射阴影的光线通常来自上方。显然，在我们对视觉系统的理解和它最终的输出——对视觉世界的感知之间存在着差距。这个差距可以用这样的类比来理解，将输出想象成一支管弦乐队，它由节奏、旋律和音调组成，以复杂而微妙的模式排列，当这些模式符合我们的文化期望时，可以产生愉快的情感反应。然而，我们的认知受限于每一个乐器是如何产生声音的。在视觉世界中，我们对每个工具的行为有一些了解，但不知道它们如何组合在一起，以及它们如何与其他信息交互以产生整体，即对视觉世界的感知。

　　当考虑我们如何感知世界时，首先想到的是如何在面对不断的变化时保持稳定。当眼睛随头部移动以及头部自身移动时，物体的视网膜图像就会在视网膜上移动，并根据物理光学定律改变它们的形状和大小。此外，在一天中，日光的光谱组成和分布随着太阳在天空中的移动和气象条件的变化而变化。尽管有这些变化，我们对物体的感知很少改变。这种感知的不变性称为感知的恒常性。在各种不同的光照条件下，始终能将老虎看出是老虎显然是种进化优势。

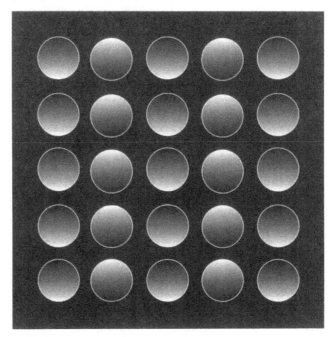

图 2.30　有圆形凹痕和凸痕的表面。光线在每个圆形区域的分布决定了它是被看作凹痕还是凸痕 [来源：北美照明工程学会（IESNA），*The Lighting Handbook*, 9th edn., IESNA, New York, 2000a]

2.5.1　感知恒常性

物体有四个基本属性，可以在各种不同光照条件下保持不变。具体如下：

明度：明度是与反射率这个物理量相关的感知属性。在大多数照明情况下，可以区分表面上的照度和它的反射，即感知低反射表面获得高照度和高反射表面接收低照度的区别，即使表面都有相同的亮度。正是这种将视网膜图像的亮度感知分解为照度和反射率的能力，确保了靠近窗户的一块煤总是被视为黑色，而远离窗户的一张纸总是被视为白色，虽然煤的表面亮度可能还高于纸张。在大多数照明条件下，这种分离照度和反射率的能力使得用照度作为照明设计标准的基础存在问题（Jay，1967，1971）。

颜色：物理上，一个表面呈现给视觉系统的刺激取决于照亮该表面的光的光谱成分和该表面的光谱反射率。然而，在光源的光谱组成发生相当大的变化时，可能不会引起表面感知颜色的任何变化，即发生颜色恒常性。颜色恒常性在许多方面与明度恒常性相似。有两个因素需要分离：入射光的光谱分布和表面的光谱反射率。只要能识别出入射光的光谱含量，那么表面的光谱反射率就会是稳定的，因此它的颜色也是稳定的。

　　尺寸：物体离得越远，其视网膜图像的尺寸就越小，但物体本身并没有变小。这是因为人的大脑会通过材质和前后关系等线索估算出距离，然后无意识地对距离变化进行补偿。图 2.31 展示了一个房间的插图，这个房间以发明者的名字命名为艾姆斯房间，在这个房间里，距离的提示被故意设计的具有误导性。站在房间两个角落里的人的尺寸明显扭曲了。

　　形状：当一个物体在空间中改变它的方向时，它的视网膜图像也会改变。尽管如此，在大多数光照条件下，物体表面的明暗分布让我们可以确定其在空间中的方向。这意味着在大多数光照条件下，倾斜的圆形平板仍会被视为圆形平板，即使它的视网膜图像是椭圆形的。

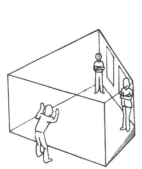

图 2.31　艾姆斯房间：提供误导性的距离线索将打破尺寸的恒常性 [来源：北美照明工程学会（IESNA），*The Lighting Handbook*, 9th edn., IESNA, New York, 2000a]

　　这些恒常性代表了日常经验的应用，以及视网膜图像中关于照明的所有可用信息的整合，对部分视网膜图像的解读。考虑到这一过程，通过限制可用信息与所查看的对象的一致性，可以打破恒常性，这不足为奇。例如，通过一个将视野限制在该表面有限部分的孔洞来观察亮度均匀的表面，往往会消除明度恒常性，即无法准确判断反射率。同样如果消除距离线索，如纹理的渐变、运动视差和物体的重叠，也会破坏尺寸恒常性；改变物体所在平面的线索会降低形状的恒常性；消除关于光源光谱含量的信息会降低颜色的恒常性。一般来说，当视野周围的信息不充分或有误导性时，恒常性很可能会失效。当有足够的光线让观察者清楚看到物体及其周围的表面时，这种恒常性最有可能被维持。我们还希望光源具有覆盖整个可见光谱的光谱功率分布，并且没有产生失能眩光。此外，当有多种表面颜色，包括一些小的白色表面和没有大的光滑区域时，最可能保持恒常性，这两个因素都有助于识别光源的光谱组成（Lynes，1971）。在展陈照明中使用的照明条件有时会打破恒常性，特别是亮度恒常性，以便给展陈一些戏剧性。

　　重要的是要认识到，即使在照明条件支持下，感知的恒常性也不是完美的。例如，如果照度发生很大变化，明度恒常性就会失效。图 2.32 显示了光谱中性表面相对于表面照度绘制的表征孟塞尔值。结果表明，随着亮度的降低，所有样本的表征孟塞尔值，即明度都降低了，直到在很低的照度下，所有的孟塞尔值都在深灰色到黑色的范围内（孟塞尔值 < 2）。还应该指出的是，这种明度恒常性的逐渐分解需要非常大的照度变化，相比而言室内照明（通常在 100 ~ 1000 lx 之间）的范围还比较小。

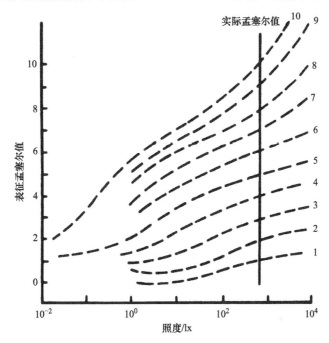

图 2.32 不同照度下的表面在反射系数为 0.2 的背景下的表征孟塞尔值。照度 786 lx 处的竖线表示参考条件。在这个照度下，表征孟塞尔值被归一化为它们的实际孟塞尔值（来源：Jay, P.A., *Lighting Res. Technol.*, 3, 133, 1971）

2.5.2 外观模式

照明除了在保持或消除恒常性方面发挥着重要作用，也在决定场景和其中物体的视觉属性方面发挥着作用。物体有 9 个不同的属性：明度、光度、色调、饱和度、闪烁、图案、纹理、光泽度和清晰度。感知到哪些属性取决于观察到的现象和它被照亮的方式（Cuttle，2008）。这些属性的定义如下：

明度：能看到或发出的光的多少程度的属性。

光度：能看到多少光线被反射的程度的属性。

色调：一种基于颜色分类的属性，如偏红、偏黄、偏绿、偏蓝或中间色或无颜色。

饱和度：一种基于颜色与别的相同亮度或明度的颜色的不同程度的属性。

闪烁：一种基于观察到的现象的稳定程度的属性。

图案：一种基于所观察的现象在外观上或多或少一致程度的属性。

纹理：一种基于物体表面光滑程度的属性。

光泽度：一种基于同一明度、色相、饱和度和清晰度的表面哑光程度的属性。

清晰度：一种基于物体内外颜色可见程度的属性。

并非在任何情况下所有这些属性都会出现。而是不同的属性组合以不同的形式出现。出现模式可以分为两个类别（Cuttle，2008）。表 2.2 总结了这些分类，并列举了每种类型的例子。第一个层次是定位模式和非定位模式的划分。定位模式意味着任何被感知的事物都有大小和形状，而非定位模式则没有。定位模式和非定位模式都有发光模式和照明模式。发光模式时，仅仅感知的是光。当被感知到的是被照明的表面时定义为照明模式。定位模式有与之关联的第三种模式，就是对象模式。该模式可以分为两种形式：表面和体积。表面模式是指通过反射光看到的不透明表面；体积模式是针对透明或半透明的物体。

表 2.2　外观模式

模式分级 1	模式分级 2	示例
非定位	发光	天空；雾
非定位	照明	房间的环境照明
定位	发光	灯具；计算机屏幕
定位	照明	一束光
定位	物体 - 表面	一面墙、一张纸
定位	物体 - 体积	一个玻璃瓶

来源：Cuttle, C., *Lighting by Design*, Architectural Press, Oxford, U.K., 2008。

不同的外观模式可以感知到不同的属性。表 2.3 显示了每种外观模式会与哪些属性相关联。对照明的感知特别关注的是在不同模式下外观的光度和明度属性之间的转换。自发光的物体，如计算机屏幕或灯具，被认为有明度而不是光度。在这个定位照明模式下，反射率表现的概念是没有感知意义的。然而，当相同的物体被关闭时，它们处于物体体积定位模式，没有明度属性，但有一个光度，因为它们的反射率可以被估计。明度和光度这两个属性是相互排斥的。

表 2.3　各种外观模式下牵涉到的视觉属性

属性	非定位 发光	非定位 照明	定位 发光	定位 照明	定位 物体 - 表面	定位 物体 - 体积
明度	×	×	×	×	—	—
光度	—	—	—	—	×	×
色调	×	×	×	×	×	×
饱和度	×	×	×	×	×	×
闪烁	×	×	×	×	—	—
图案	—	—	×	×	×	×
纹理	—	—	—	—	×	—
光泽度	—	—	—	—	×	—
清晰度	—	—	—	—	—	×

来源：Cuttle, C., *Lighting by Design*, Architectural Press, Oxford, U.K., 2008。

与恒常性一样，限制观察者可用的信息量会改变所感知的属性。例如，通过一个小的孔径来观察物体被照亮的表面，这样表面的边缘就看不到了，这个表面会被感知到明度而不是光度。当在物体模式下正常观看时，它将有一个光度而不是明度。这种感知属性的变化是很重要的，因为它意味着照明的主要用途之一是改变外观模式，从而改变感知属性。例如，挂在墙上的一幅画在被照亮时具有光度属性，这样画和墙都以物体 - 表面模式出现。然而，如果只用一个精确瞄准画框的射灯照亮画作，使光束的边缘与画作的边缘重合，那么画作就会呈现出一种带有明度属性的自发光性。无论是室内还是室外，外观模式的调整都是展陈照明的一项重要技术。

2.6 总结

关于视觉系统还有很多未解之谜，但可以确定的是，它涉及眼睛和大脑的共同工作。视觉系统由两部分组成：一套光学系统，负责在眼睛的视网膜上呈现图像；一套图像处理系统，负责提取图像从视网膜到视觉皮层的过程不同阶段的不同方面，同时保留位置信息。同样明确的是，视觉系统将其大部分资源用于分析视网膜的中央区域，特别是中央凹。这意味着周边视觉主要是通过转动头部和眼睛来识别需要侦测的东西，这样它的图像就会落在中央凹上。

视觉系统可以在从阳光到星光的各种亮度下工作。为了做到这一点，它会不断调整对光的敏感度，随着可用光量的减少，它的敏感度会增加。从白天到黑夜减少光的量会使视觉系统经历三种不同的工作状态：明视觉、中间视觉和暗视觉。在明视觉条件下，人眼可以对大小和颜色进行很好的鉴别。在中间视觉条件下，这种辨别能力减弱；当暗视觉出现时，颜色就看不见了，细节也看不见了，中央凹是盲的。室内照明通常允许视觉系统在明视觉状态下运行，而室外照明通常确保视觉系统在中间视觉状态下运行。任何一种现实的照明装置都不会产生如此少的光，以至于视觉系统处于暗视觉状态。

和其他生理系统一样，视觉系统的能力范围有限。这些限制用视觉阈值来表示。阈值定义是某种刺激被侦测到的概率达到特定百分比（通常是 50%）时候的数值。有许多不同的阈值，其中最常见的是视觉敏锐度，也就是可以分辨的最小细节尺寸。其他阈值量化可以被侦测到的最小亮度对比度、可以被侦测到的最小色差以及可以被侦测到的最低振荡频率。不同的阈值会在不同的光照和刺激呈现条件下出现，但一般来说，随着光线的减少，刺激发生在离中央凹更远的地方，离焦程度增加，视觉能力变得更加有限。阈值提供定义明确的、灵敏的指标来探索视觉系统的运作，因此被广泛用于视觉科学的领域，但对于照明实践，阈值测量关注的主要是确定看不见什么，而不是看得清什么。

假设某个场景的细节是清晰可见的，也就是说，它们远远高于视觉阈值，视觉系统的主要特征是在面对视网膜图像的连续变化时感知的稳定性。如果光照条件能够提供足够宽的光谱分布，从而使空间的照明方式易于理解，那么空间中物体的亮度、颜色、大小和形状就会保持不变，无论它们是如何被观察的。只有当关于空间的信息和它被照亮的方式被限制或被误导时，这些感知恒常性才会被打破。照明可以用来加强或破坏感知的恒常性。照明还可以用来显示物体的不同属性，如明度、光度、色调、饱和度、闪烁、图案、纹理、光泽度和清晰度。揭示这些属性中的哪一个将取决于被观察现象的特征和它被照亮的方式。

本章不打算对视觉系统进行详尽的回顾。还有许多其他的书更详细地探讨了这个主题。如果您有兴趣，建议去看 Purves 和 Beau-Lotto（2003）、Sekular 和 Blake（2005）及 Wolfe 等（2006）的著作。

第 3 章　非视觉成像系统

3.1　引言

光线进入人眼后的一个显著作用是让视觉系统运作，但除此之外光线还会对人体的许多其他方面产生影响。这些影响是通过所谓的非视觉成像系统驱动的，这个叫法比较直白，是为了强调其与视觉系统的区别。视觉系统本质上是一套图像处理系统，非视觉成像系统则不然，可能给人体生理机能带来很多复杂影响，从细胞分裂到激素产生，到促进人体行为变化等。本章将探讨目前我们对人类非视觉成像系统的理解。

3.2　生理学基础

人们很早就知道光除了刺激视觉外，还会对人类生理和行为产生影响，但是对具体机制了解不是很多。过去 20 多年里，相关的生理学基础被逐渐揭示，该领域的重要一步是发现了视网膜上一种新的光感受器（Berson 等，2002；Berson，2003）。这种光感受器被称为内在光敏视网膜神经节细胞（ipRGC），与视觉系统的锥状光感受器和杆状光感受器不属于同一体系。顾名思义，它是一种特殊的神经节细胞（见图 2.5）。ipRGC 中的感光色素是黑视蛋白（Kumbalasiri 和 Provencio，2005）。黑视蛋白在 480nm 波长处呈现出最强的吸收能力，这意味着它对短波光线最为敏感（Berson，2007）。每个 ipRGC 均有一个扩散的树突分支延展至视网膜的刺激信号收集层，这些树突本身对入射光线做出反应（Berson 等，2002）。根据对小鼠和大鼠等哺乳动物视网膜的测量，ipRGC 的数量比较稀少，仅占视网膜神经节细胞的 1%～2%（Hattar 等，2002）。此外，虽然 ipRGC 和其树突都没有出现在锥状光感受器集中的中央凹区域，但它们在视网膜上分布得相当均匀（见图 2.8）。ipRGC 的响应时间比杆状和锥状光感受器慢得多，并且由于它们自身的结构和稀少的数量，ipRGC 对光子的捕获概率远低于杆状和锥状光感受器（Do 等，2009）。这意味着要想 ipRGC 对进入视网膜的光线产生持续响应，就需要明亮的照明环境（Berson，2003）。起初人们认为所有 ipRGC 都是相同的，但在过去的几年中，人们发现 ipRGC 存在多种不同功能的亚型（Schmidt 等，2011）。

至于每个 ipRGC 的轴突通向何处，有学者认为它们像其他神经节细胞一样，直接向大脑中的多个位置传送信号（Hattar 等，2002）。图 3.1 显示了人眼和大脑之间连接通路的简化示意图。到目前为止，人们已经发现了两条主要的传导通道，其中原始视束（POT）接收来自锥状和杆状光感受器的信号并将其传导至视觉皮层（见图2.9），视网膜下丘脑束（RHT）接收来自 ipRGC 的信号并将其传导至视交叉上核（SCN）。SCN 被认为是哺乳动物（包括人类）生理上的时钟中枢（Klein 等，1991），负责同步人体许多生理机能的运作周期，包括 DNA 修复和激素分泌。因此，SCN 与大脑很多区域相连接。

　　图 3.1 简化了由锥状和杆状光感受器传导的视觉成像系统以及由 ipRGC 传导的非视觉成像系统，有观点认为这两个系统是完全分离的，但事实并非如此。有研究发现 ipRGC 也会接收来自锥状和杆状光感受器传递的信号（Belenky 等，2003；Perez-Leon 等，2006；Hatori 和 Panda，2010），并且人们已经了解到由 ipRGC 输出的信号会投射到控制瞳孔反应的大脑中枢（Dacey 等，2005；Gamlin 等，2007）。此外，有研究表明来自 POT 的 LGN 和 SCN 之间有信号的交换（Dacey 等，2005）。这意味着从视网膜传递的视觉成像系统和非视觉成像系统在某种程度上是混合作用的。这个发现让人们意识到要完全理解光照如何影响人类行为及其能力是一项十分复杂的任务，这种复杂性才刚刚开始受到人们的重视。

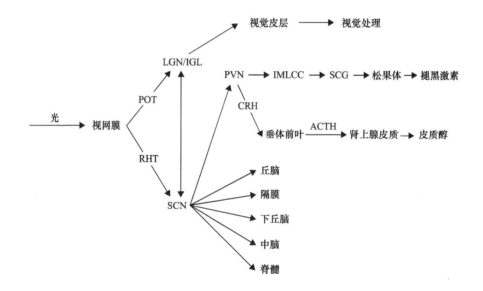

图3.1　眼-脑通路示意图。从眼睛接收到的光由视神经转换为神经信号，由两条通路进行传导。其中一条是视觉通路，另一条是非视觉通路。POT—原始视束；RHT—视网膜下丘脑束；LGN/IGL—外侧膝状体核／膝状体间小叶；SCN—视交叉上核；PVN—下丘脑室旁核；IMLCC—中间外侧细胞柱；SCG—颈上神经节；CRH—促肾上腺皮质素释放激素；ACTH—肾上腺 - 非皮质激素 [来源：国际照明委员会（CIE），*Ocular Lighting Effects on Human Physiology, Mood and Behaviour*, CIE Publication 158: 2004e and Erratum 2009, CIE, Vienna, Austria, 2004e]

3.3 昼夜节律系统

生物体的生命活动都表现出以 24h 为周期的节律，这些规律叫作昼夜节律，英文 circadian 来自于拉丁语 circa（关于）和 dies（天）。进入眼睛的光线是改变昼夜节律相位和幅度的有效手段。Jean-Jacques d'Ortous de Mairan 在 1729 年首次探索了昼夜节律的本质，当时他观察到天芥菜——一种在白天张开叶子并在晚上收合的植物，即使在持续的黑暗环境下也会保持这样的动作。这意味着他所观察到的植物行为不仅仅是其对外部环境的被动反应，必然还包含着内源性的自主成分。1866 年，William Ogle 在人体内观察到类似的现象，他注意到无论外部环境如何，人的体温都会在清晨上升并在晚上下降。但是直到 20 世纪 30 年代，Bunning（1936）才以我们对昼夜节律系统的理解作为基础，提出了这个概念，他认为昼夜节律是由内源性（内部）时钟所驱动的，该时钟由例如明暗交替的外源性（外部）信号所制约（Kleinhoonte，1929；Bunning 和 Stern，1930）。Bunning（1936）还假设这种节律特征意味着正常明暗循环的中断将会改变该时钟的相位、相移的幅度和方向由明暗循环发生中断的时间决定。特别是人体在晚上早些时候暴露在强光下会导致睡眠周期相位延迟，而在深夜暴露在强光下会导致睡眠周期相位提前。

在接下来的 30 年里，大量研究表明这个假设是正确的，并且内源/外源的基础模型出现在许多不同的生命形式中（Gwinner，1975；Pittendrigh，1981）。其中也包含人类（Sharp，1960；Lobban，1961；Aschoff，1969）。然而多年来，明暗循环作为人类外源性刺激的效力一直受到质疑，直到 Czeisler 等（1981）的研究证明，在光照周期阶段提供高照度光线并且保证黑暗周期阶段的环境足够暗的情况下，明暗循环是一个强有力的制约手段。之后许多研究表明，光照就算不是唯一的因素，也是昼夜节律主要的外源刺激（Dijk 等，1995）。还有研究表明，社会因素（Aschoff 等，1971）、夜间活动（van Reeth 等，1994）和锻炼（van Someren 等，1997a）也可能影响昼夜节律。但另一方面，一些以盲人为对象的实验却未能证明其中的关联性，即便受试者生活在传统的 24h 周期明暗循环中（Miles 等，1977；Klein 等，1993）。其他一些规律重复的刺激对昼夜节律的关联机制仍然悬而未决（Mistlberger 和 Skene，2005；van Someren 和 Riemersma-van der Lek，2007），但毫无疑问，明暗循环周期是一种有效的外源性刺激。

目前对于人体昼夜节律的研究中最为深入的是基于褪黑激素测量的人体节律时钟系统。与视觉系统一样，节律时钟系统也从人眼开始，但它不直接向视觉皮质层传递信息，这点又与视觉不同。通过人眼后，节律时钟系统继续沿视网膜下丘脑束（RHT）到达视交叉上核（SCN），然后通过下丘脑室旁核（PVN）、脊髓的中间外侧细胞柱（IMLCC）和颈上神经节（SCG）到达松果体（见图 3.2）。在黑暗的环境中，松果体将合成褪黑激素，然后通过血流在人体全身循环，其信号被身体其他组织生物钟所接收。下文接下来将依次讨论此过程中的每个元素。

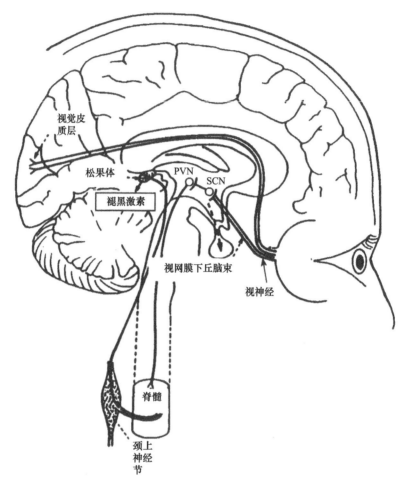

图 3.2　视网膜下丘脑束的简化图示 [来源：北美照明工程学会（IESNA），*The Lighting Handbook*, 9th edn., IESNA, New York, 2000a]

3.3.1　视网膜

　　第 2 章详细描述了人眼视网膜的结构。到达视网膜的光线通过不同的神经连接，同时向视觉系统和节律时钟系统提供信号。在视觉系统中，有四种光感受器：三种含有不同感光色素的锥状光感受器，以及一种杆状光感受器。影响人类节律时钟系统的光感受器主要是内在光敏视网膜神经节细胞（ipRGC），其中的感光色素与杆状或锥状光感受器的感光色素都不同。

3.3.2　视交叉上核

　　对大鼠和猫的视交叉上核（SCN）神经元光线反应的实验表明，它们拥有非常大的视野（20°～40°），并且没有开 / 关结构（Groos 和 Mason，1980）。其他实验还表明，大鼠的 SCN 输出具有高阈值和有限动态范围的特征，这些特征有助于其将昼夜之间的差异转换成较为简单的方波（Groos 和 Meijer，1985）。在有限的动态范围和较高的阈值下，这些实验结果呈现的是视网膜神经节细胞接收光信号的一个简化状态。除此之外，考虑到 ipRGC 树突结构上存在感光色素，并且在视网膜上的 ipRGC 分布相对均匀，结合 SCN 输出中没有任何中心 / 周围感受野以及无法维持从 SCN 不同亚型的 ipRGC 所发出信号的位置的事实，由此推断 ipRGC 与 SCN 的结合从本质上说是根据光线的变化生成了光刺激信号，传导至人体的其他部位，而其中的一个部位就是松果体。

3.3.3　松果体

　　无论是昼行动物还是夜行动物，它们的松果体都是在 24h 明暗周期里的黑暗时段合成和分泌褪黑激素。由于褪黑激素很容易被血液吸收，因此它成为贯通全身的化学信使（Menaker，1997）。褪黑激素受体遍布身体的许多部位，它所携带的光照时间信息是由中枢生物钟 SCN 所确定的。褪黑激素的关键作用是使许多生理机能与中枢生物钟保持同步，这种同步并不是指在同一时间进行激活，而是在 24h 周期中保持它们在应该发生的时间节点上展开活动（Cagnacci 等，1997）。通常，人体在夜间分泌的褪黑激素水平较高，白天分泌水平较低（见图 3.3）。然而，夜间的光照会抑制褪黑激素的合成，具体程度由视网膜接收的光照光谱分布、光照强度和曝光时长决定（Wood 等，2013）。例如，图 3.4 显示了 6 名受试对象从夜间 10 点至凌晨 5 点时间段，每隔 30min 测量的平均褪黑激素浓度。从午夜 0 点到凌晨 3 点，他们暴露在人眼照度水平分别为 200 lx、400 lx 和 600 lx 的环境下（McIntyre 等，1989）。显然在人眼接受光照的时间段，褪黑激素浓度降低；去除光照后，褪黑激素的浓度逐渐恢复。

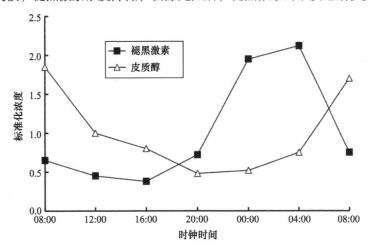

图 3.3　24h 内人体褪黑激素和皮质醇的浓度。这些数据的测量与收集环境为：整个时间段内受试对象全程清醒，同时保持人眼处始终为 3 lx 的低照度水平（来源：Figueiro, M.G.and Rea, M.S., *Int. J. Endocrinol.*, 2010, 829351, 2010）

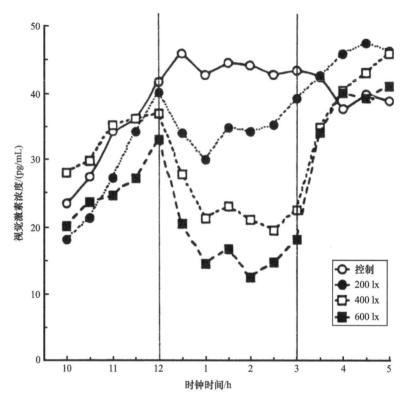

图 3.4   从夜间 10 点至凌晨 5 点不同时间段测量的受试对象褪黑激素的浓度。在控制场景下，受试对象始终处于低于 10 lx 的房间内。在其他场景下，受试对象在夜间 10 点至 0 点以及凌晨 3 ~ 5 点时间段处于低于 10 lx 的房间内，但在午夜 0 点至凌晨 3 点之间，受试对象暴露在人眼照度分别为 200 lx、400 lx 和 600 lx 的环境中（来源：McIntyre, I.A.et al., *Life Sci.*, 45, 327, 1989）

3.4   节律时钟系统的特征

节律时钟系统有许多特征，其中最显著的一点可能是即使在没有任何外部时间线索的情况下，它仍会继续运行。对人类来说，这种昼夜节律的平均周期略长于 24h（Czeisler 等，1999）。在没有外部时间线索的情况下，这种较长的周期将在几天内发生，此时节律时钟系统被称为自由运行的。图 3.5 显示了 20 天之中测量的受试对象的睡眠 - 觉醒周期。在前 5 天，时间线索以规律的明暗周期形式提供给受试对象。在这 5 天中，受试对象的睡眠 - 觉醒周期为 24h。在第 6 ~ 20 天，外部时间线索消失，受试对象的睡眠 - 觉醒周期开始自由运行，其结果是在 20 天之后，受试对象会在中午时入睡。

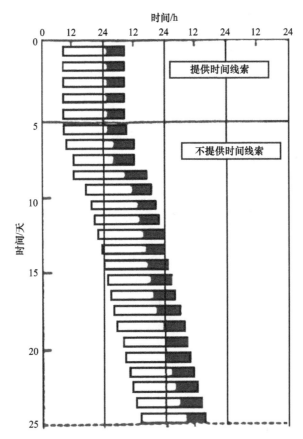

图 3.5　受试对象在 25 天之中的睡眠 - 觉醒周期表，其中睡眠时间段由黑色阴影表示。在前 5 天中，实验提供给受试对象恒定的明暗周期。从第 6 天开始，实验提供给受试对象全天 24h 恒定的昏暗光线环境。在前 5 天之中，受试对象的昼夜节律周期为 24h，但自第 6 天开始，昼夜节律周期增加至 25h 以上，昼夜节律系统开始自由运行，导致睡眠周期持续性漂移

毫无疑问，外部时间线索的存在，尤其是明暗周期，对于防止节律时钟系统发生自由运行十分必要。与此同时明暗周期还有另一个作用，反映季节的更替。根据人们居住地的纬度，白天和夜晚的长度会随着季节更替而变化。夜晚越长，褪黑激素分泌的时间就越长。在明显季节性行为的动物体内，有一些测量褪黑激素含量的细胞（Bartness 和 Goldman，1989）。这些细胞还能够调节动物行为的季节性变化。有趣的是，人类的受孕率也表现出季节性的变化（Roenneberg 和 Aschoff，1990a，b），而且这些季节性变化在工业革命之前要明显得多（Bronson，1995）。这表明电气照明会对人体昼夜节律系统的季节性调节产生影响。Wehr 等（1995）声称，大多数生活在温带的现代城市环境中的人，褪黑激素分泌持续时长方面没有表现出季节性变化。这意味着晚间长时间的电气照明会抑制褪黑激素的分泌，从而消除季节性的变化（Wehr，2001）。关于自然发生的昼夜时长季节性变化，人体究竟需要在天黑之后接受多少电气照明才能消除其所带来的影响，这是一个值得研究的问题，目前尚未得到解答。

3.4.1 相位移动

图 3.5 表明，明暗周期的主要作用是将节律时钟系统校准到 24h 的周期。如果明暗周期被打乱，比如人体在黑暗时间段中受到光照，身体机能会发生什么呢？答案是昼夜节律会产生相位移动。相位移动的方向由人体接受光刺激的时刻决定。图 3.6 显示了由男性和女性组成的不同年龄段受试组（18～31 岁的年轻组和 59～75 岁的年长组）的相位响应曲线（Kripke 等，2007）。这些相位响应曲线基于的光照模式是在昏暗环境下让受试者进行反复交替的行为：其中包括营造 30min 完全黑暗的环境，鼓励受试者在床上进行睡眠，然后下床 60min 并允许受试者开展正常的社交活动。在测试的昏暗时间段中，人眼直视前方时的照度始终不超过 50 lx。测试的光亮环境是在连续三天里的 8 个时间段中的某一个引入 3h 时长的光照刺激，保持人眼直视前方时的照度环境为 3000 lx。灯光由冷白色（4100K）荧光灯提供。这些相位响应曲线表明，在下午时间段暴露在强光环境中，对接下来 24h 的昼夜节律周期相位几乎没有影响。但是，在上半夜给予的强光刺激往往会延迟昼夜节律周期，而在下半夜给予的强光刺激往往会使昼夜节律周期提前。强光脉冲刺激的效应从相位延迟变为相位提前的临界时刻大约是在人体核心体温低谷前后出现，即在人体醒来前的 1～2h 出现。实验中，被试对象两个年龄组之间存在明显差异，年长组的昼夜节律周期从相位延迟到相位提前的时刻比年轻组要早。此外，同一年龄组中的男性和女性在实验数据上没有统计学上的显著差异。

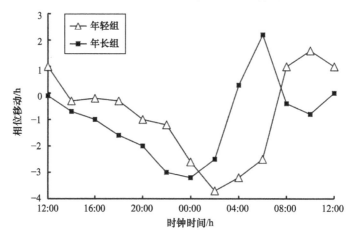

图 3.6　由男性和女性共同组成的不同年龄段受试组（18～31 岁的年轻组和 59～75 岁的年长组）的相位响应曲线（来源：Kripke, D.P.et al., *J. Circadian Rhythms*, 5, 4, 2007）

需要说明的是，上述结论是基于严格控制的光照条件得出的，但在日常生活中，人们在白天和夜晚的许多不同时间段都会受到光照。幸运的是，目前相关学者已研究出几种关于光照对节律时钟系统影响的数学模型。这些模型的目的是针对昼夜节律周期进行准确的预判，并得出可检验的预测数据。通过将光照与昼夜节律相位之间的联系视为一个控制理论问题，科学家们已经研发出适用于人类的多种计算模型（Kronauer，

1990；Forger 等，1999；Kronauer 等，1999；Antle 等，2007）。早期模型是基于人体暴露于单个明亮光刺激环境下的数据建立的。虽然这些模型能够预测人体受此类光照后的昼夜节律周期结果，但它们无法准确计算出被较长的黑暗时间段分割开的低照度光照（100～200 lx）或短时间（约 5min）极亮（约 10000 lx）光照对人体的影响。自此之后，经改进的计算模型已经可以准确预测在任何时间模式和明视范围内任意光照条件下昼夜节律应对光刺激的相位移动情况。然而有观点认为，人体接受的光照不仅会改变节律时钟系统的相位和振幅，还会改变其周期（Beersma 等，1999），科学家们基于这个观点也搭建了其他一些计算模型。目前尚不清楚这些计算方式中哪些是准确的。因此我们需要开展一些严谨的实验来验证这些模型的预测结果（Klerman 和 St Hilaire，2007）。由于有研究表明，持续暴露在一定光照环境中所引发的昼夜节律周期的相位移动，也可以通过间歇性的暴露在强光条件下所形成，所以严谨地开展上述实验是至关重要的（Rimmer 等，2000；Gron fier 等，2004）。这样的实验结果表明，正如现代化生活的典型特征，在户外间歇性且短暂地暴露在光照环境中对于人体节律时钟系统的调节十分重要。

3.4.2   褪黑激素抑制

人体接受光照后的昼夜节律相位移动效应只有在接受光照数小时后才能显现。在夜间接受光照后的更直接影响是人体褪黑激素的合成受到了抑制（见图 3.4），由此又导致人体清醒度增加，这些可以通过脑电图（EEG）变化、核心体温的升高以及主观描述进行衡量（Badia 等，1991；Cajochen 等，2000）。图 3.7 显示了从午夜开始，每 90min 交替于明亮光环境（5000 lx）和昏暗光环境（50 lx）对人体核心体温的影响。从图中可以明显看出人体核心体温在凌晨 5 点左右降至最低。此外同样明显的变化规律还包括在明亮和昏暗光环境交替条件下人体核心体温的变化。暴露在明亮光环境中会使核心体温升高，而处于昏暗光环境中会使核心体温降低。

3.4.3   光谱灵敏度

到目前为止，有关光照对昼夜节律以及人体褪黑激素的影响的研究主要采用的还是传统的光度学测量方法，例如对人眼处照度的测量。但是，对人体黑素蛋白的研究表明，其对光谱的吸收在大约 480nm 处达到灵敏度峰值，这意味着明视觉测量不是量化光照刺激对昼夜节律系统影响的正确方法。还需要建立一个新的基于昼夜节律系统光谱灵敏度的测量方式（Rea 等，2010a）。两项研究（Brainard 等，2001；Thapan 等，2001）分别独立测量了人体节律时钟系统的光谱灵敏度，研究采用非常窄谱的光线作为光照刺激源，通过褪黑激素浓度的降低，即褪黑激素的抑制效应，作为实验响应。实验通过确定持续水平下褪黑激素抑制所需的视网膜辐照度，推导计算出昼夜节律系统对光刺激的光谱灵敏度。图 3.8 显示了这两项研究所测量的相对光谱灵敏度数据。从图中很明显地看出，褪黑激素的抑制主要受可见光光谱范围内短波长的光辐射影响，光谱灵敏度峰值在 460nm 左右。

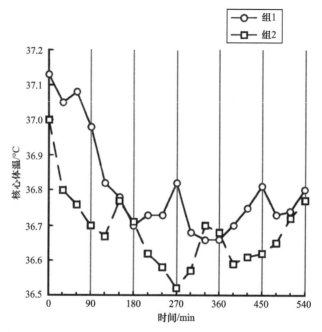

图 3.7　从午夜开始，每 90min 交替于昏暗和明亮光环境下的核心体温变化。组 1 的受试者从明亮的光环境开始，组 2 的受试者从昏暗的光环境开始（来源：Badia, P.et al., *Physiol. Behav.*, 50, 583, 1991）

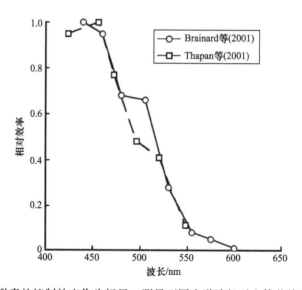

图 3.8　利用褪黑激素的抑制效应作为标尺，测量不同光谱波长对人体节律时钟系统的刺激相对效率（来源：Brainard, G.C.et al., *J. Neurosci.*, 21, 6405, 2001；Thapan, K.et al., *J. Physiol.*, 535, 261, 2001）

Brainard 等（2001）和 Thapan 等（2001）均采用光谱灵敏度曲线来拟合他们的数据，该曲线与在杆状和锥状光感受器中发现的一种视蛋白光色素的敏感度曲线相符。但遗憾的是，当这些曲线用于预测多色光对褪黑激素抑制的影响时，其预测结果与实测数据的匹配度并不好（Figueiro 等，2004，2008a；Revell 等，2012）。为了克服这个问题，科学家们研发了一种同时适用于窄谱和多色光、非线性昼夜节律的光转导量化模型（Rea 等，2005b，2012a）。该模型考虑到了包括晶状体在内的光谱吸收等视网膜生理学和已知光敏色素的特征，并拟合了 Brainard 等（2001，2008）和 Thapan 等（2001）的实验结果数据。图 3.9 显示了该模型模拟的昼夜节律系统的光谱灵敏度曲线。模型的非线性元素在 507nm 波长附近显示出光谱灵敏度曲线的转折点。它有两个分量，分别来自视觉系统中蓝黄光颜色通道的输入信号（见 2.2.7 节），以及只有在光线光谱中对 S 锥的刺激强于对 M 锥和 L-cones 锥的刺激时，通过一个类似二极管的分流器对 ipRGC 的输入信号。当光线光谱中对 M 锥和 L 锥的刺激强于 S 锥的刺激时，通往 ipRGC 的输入信号将被切断。在用于预测多色光对褪黑激素抑制的影响时，相比于 Gall（2002）和 Enizi 等（2011）所研发的更为简单的线性模型，该模型复杂性的价值仍然存疑。将该模型与相对简单的线性模型进行比较测试时，需要特别注意波长处于 470 ~ 510nm 之间的光谱灵敏度响应情况，因为在这个范围内不同模型的差异性最大（Rea 等，2012a）。

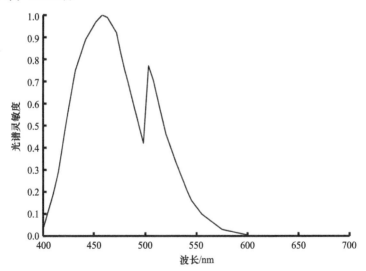

图 3.9　基于光谱波长绘制的昼夜节律系统光谱灵敏度的非线性模型（来源：Rea, M.S.et al., *Lighting Res. Technol.*, 44, 386, 2012a）

3.4.4　光照总量

根据已知的光谱灵敏度，我们可以使用 McIntyre 等（1989）、Brainard 等（2001）、Thapan 等（2001）、Rea 等（2002）和 Figueiro 等（2004）的实验数据，来预测抑制

褪黑激素所需的光照量。图 3.10 显示了受试对象在夜间分别暴露于白炽灯和 D65 荧光灯模拟的日光环境下，经历 1h 的光照后不同人眼照度条件下所预测的褪黑激素抑制百分比（Figueiro 等，2006）。光谱灵敏度数据是根据 Rea 等（2005b）研发的非线性模型得出的，被用于量化两种光源光谱所提供的昼夜节律刺激。由于两种光源具有不同的光谱能量分布，相比于白炽灯，D65 荧光灯在可见光范围内的短波长段具有更大的光谱能量，因此这两种光源所呈现的褪黑激素抑制百分比曲线有所不同。经过 1h 的曝光时长，褪黑激素抑制的饱和度变化似乎遵循着一种压缩非线性函数，在 1000 lx 人眼照度的条件下达到褪黑激素抑制的饱和相位，在 300 lx 人眼照度的条件下达到半饱和相位。因为当时白炽灯仍然广泛应用于居住空间的照明，所以 Figueiro 等（2006）建议使用白炽灯进行褪黑激素的抑制实验，并将其抑制褪黑激素的阈值限定为暴露在 30 lx 照度环境中 30min。

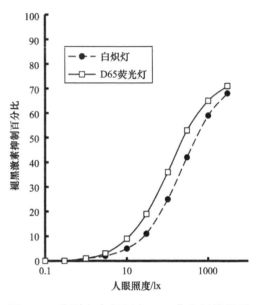

图 3.10　分别由白炽灯和 D65 荧光灯模拟日光环境，在夜间 1h 的光照时间内，不同人眼照度条件下所预测的褪黑激素抑制百分比（来源：Figueiro, M.G.et al., *J. Carcinog.*5, 20, 2006）

Zeitzer 等（2000）提供了光照对褪黑激素抑制作用的另一种测量方法。以核心体温达到最低值的前 3.5h 为时间中点，将受试者放在由冷白光荧光灯提供的固定照度水平环境下 6.5h，测量其褪黑激素浓度的相位移动和褪黑激素抑制率的变化情况。受光期间，人眼照度水平范围在 3 ~ 9100 lx 之间。图 3.11 显示了褪黑激素的相位移动和褪黑激素抑制率与人眼照度的关系。该实验发现在 200 lx 照度水平时褪黑激素抑制达到饱和相位，在 100 lx 时抑制达到半饱和相位。这些数值远低于 Figueiro 等（2006）预测的情况，但这不等于他们的预测是错误的。相反，它意味着人眼角膜的照度水平和曝光时长对节律时钟系统都有着重要的影响。此外，这些实验数据也暗示，如果曝光时间足够长，那么日常生活中的照明设备的光线也足以影响人体的昼夜节律系统，并且这可能是在长时间日照受限的高纬度地区以及在城市生活、较少接触自然光的人们调节昼夜节律系统的主要光线来源。

　　虽然这些结论和推测对于理解照明对人体节律时钟系统的影响很重要，但由于现实条件下测量光照参数的困难较大，因此实验结果所显示的照度水平不应被视为一种定量。即使现在已经有设备具有相对合适的光谱灵敏度，可用于测量人眼辐照度（Bierman 等，2005；Hubalek 等，2006；Figueiro 等，2013a），但测量角膜处接收到的光照只是问题研究的开始。真正影响昼夜节律系统的是到达视网膜的光辐射量，在

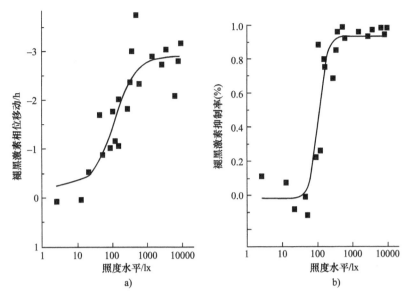

图 3.11　人眼照度水平对 a）昼夜节律褪黑激素浓度相位移动和 b）褪黑激素抑制率的影响，以受试对象核心体温达到最低值的前 3.5h 为受光时间中点，使受试对象接受 6.5h 时长的光照（来源：Zeitzer, J.M.et al., *J. Physiol.*, 526, 695, 2000）

忽略瞳孔大小和眼介质透光率影响的情况下，人眼角膜的辐照度充其量是视网膜辐照度的近似值。该结论从 Brainard 等（1997）的研究中可以明显看出，他们已经证明了在角膜辐照度水平相同的条件下，通过散瞳的光线对褪黑激素的抑制作用比通过自然变化的瞳孔要大，并且当两只眼睛同时暴露在光照环境下时，褪黑激素抑制的程度比一只眼睛暴露在光照环境下时褪黑激素抑制的程度要大。此外，Dawson 和 Campbell（1990）指出，在大多数光照空间中，到达视网膜的光照会因空间的光分布、空间表面的反射率和人眼注视方向的不同而发生显著变化。因此，无论是室内还是室外，甚至是在某一个具体时刻，在现实光环境情况下想要知道实际的视网膜辐照度是很困难的。鉴于受试对象在不同时刻朝向空间不同方向注视的多变性，因此产生测量误差的可能性变得非常大。此外，在完整 24h 周期中的光照模式决定了人体对昼夜节律的反应情况（Appleman 等，2013）。即使视网膜辐照度可以在较长的光照持续时间中进行准确测量，但是人体对光线的适应与调整问题仍然是存在的。有证据表明，用于抑制给定百分比的褪黑激素所需的光照辐射量受历史光照情况的影响（Smith 等，2004；Wong 等，2005）。例如，在一周内每天暴露在户外日光中 4h 的情况下，在夜间抑制褪黑激素所需的光照辐射量将会增加。最后，还包括不同个体对光照的敏感度因素，人体在黑暗中产生褪黑激素的最大浓度是因人而异的（Waldhauser 和 Dietzel，1985）。

　　虽然根据目前有关短时性褪黑激素抑制效果的数据，Figueiro 等（2006）提出了一个似乎合理的研究预测，即当采用白炽灯作为光源时，30min 曝光时长下抑制褪黑激素的光照阈值是 30 lx，但是鉴于所有上述不确定性因素，我们无法准确说明在给定的曝光时间内，需要多少光照辐射量才能对人体节律时钟系统产生影响。不过尽管存在种种不确定因素，很明确的一点是此类研究中进入视网膜的光照辐射能够对褪黑激素抑制效果产生影响。值得注意的是，虽然实际光线的光谱组成很重要，但无论是通过自然光源还是电光源生成这些光照辐射，光源的性质并不影响结果。另一个明确结论是，如果光照持续足够长时间，那么当下的照明实践活动往往会为人体节律时钟系统提供足够量的光照刺激，以对其产生影响。

3.5　唤醒系统

人体非视觉成像系统不仅仅只有节律时钟系统，还有一种系统受光照影响，那就是皮质醇激素的合成（见图3.1）。刺激皮质醇激素合成与分泌的一个路径是来自ipRGC的信号先传递到视交叉上核（SCN），随后传递到下丘脑室旁核（PVN），并通过垂体前叶传递到产生皮质醇的肾上腺皮质。皮质醇的作用是释放能量促使人们从困倦转为活跃，这是一种正常的生理反应，或是在压力状态下人体的应对机制。考虑到我们每天早上醒来时都会从困倦过渡到活跃状态，因此皮质醇的合成与分泌当然也具有明确的昼夜节律。图3.3显示了受试对象在昏暗灯光环境下24h内皮质醇浓度变化的周期（Figueiro和Rea，2010）。数据表明在人们逐渐从睡梦中醒来的时候皮质醇浓度达到峰值，之后皮质醇浓度缓慢下降，直到午夜左右达到最低谷，直至次日清晨。一直以来都有人认为皮质醇的分泌有助于身体为清醒后的活动做准备，因为人体苏醒前皮质醇浓度稳步上升，但这并不是全部事实。苏醒的过程也有可能触发皮质醇激素的释放，因为皮质醇浓度在人体醒来后约30min急剧增加，这种现象被称为皮质醇觉醒反应（Wust等，2000）。

鉴于产生皮质醇的肾上腺皮质接受来自SCN的刺激信号，且SCN本身在明暗交替的光照条件下进行调节适应，因此不难发现，人体在特定时间段暴露在光照下将会提前或延迟皮质醇合成与分泌的节律相位（Boivin和Czeisler，1998）。但是光照会像抑制人体褪黑激素一样对皮质醇产生影响吗？答案是肯定的，但其影响力大小和影响方向尚不确定。Leproult等（2001）发现，人体暴露在2000～4500 lx照度范围内的光环境中3h，即上午5～8点，会导致体内皮质醇浓度急速升高。Figueiro和Rea（2010）还发现，人体在夜间暴露在40 lx照度水平的短波长光线和较长波长的光线时，会导致皮质醇浓度增加。但是，Jung等（2010）测量了在夜间和早晨时段，即皮质醇浓度较高时，人眼持续6.7h接受10000 lx光照对皮质醇浓度的影响，结果发现皮质醇浓度受到急剧的抑制。显然，关于光照对皮质醇浓度的影响还有很多需要了解的因素，包括光谱分布、光照辐射量、光照持续时间和光照时刻等变量。

皮质醇的昼夜节律波动在过去一直被认为只是与褪黑激素的波动相反，但实际远不止于此。首先无论是昼行还是夜行生物，均在黑暗时段产生褪黑激素；但皮质醇的产生集中在生物活动开始时，对于像人类这样的昼行生物而言，皮质醇的分泌是在日出时分；而对于像老鼠这样的夜行生物而言，皮质醇的分泌是在日落时分。某种程度上这可以被认为是证明节律时钟系统能够根据相关生物的习性对其他激素的生成系统进行计时的一个例证。

此外，当令人焦虑的事件发生时，皮质醇浓度会显著升高（Baum 和 Grunberg，1997）。这些事件可能是生理上的，也可以是心理上的。当这些事件发生时，皮质醇浓度的升高可以在任何时刻发生，并且可以迅速发生。皮质醇如此快速的反应被认为是人体聚集必要能量来应对压力的一种方式。鉴于这种快速反应可以出现在任何时刻，并且可以通过所有感官而不仅仅是视觉进行驱动，这表明除了通过 SCN 传递刺激信号，一定还存在其他通路可以影响皮质醇的浓度。有研究表明，短波长（蓝光）和长波长（红光）光照环境都能提高人体皮质醇浓度，但是只有短波长的光照会抑制褪黑激素的生成（Figueiro 和 Rea，2010），该研究证明了上述可能性并引发了许多有趣的问题。这种快速反应发生的生理途径（一条或多条通路）是什么？由 SCN 驱动的皮质醇昼夜节律周期是否是对清醒状态下人们的活动体验施加影响的基础？皮质醇的抑制反应有怎样的光谱灵敏度？考虑到短波长和长波长的光线都会影响皮质醇的浓度，因此皮质醇的分泌与抑制条件并不会与节律时钟系统相同。改变皮质醇浓度需要多少光照总量？能否用类似传统室内照明的照度水平和光谱组成来实现对其浓度的影响？关于光照对人类神经内分泌系统的影响，这些只是大量有待回答的问题中的一部分，但事实上，能够提出这些问题也就表明了在过去的十年里，我们在对光的非视觉成像效应的研究道路上已经迈出了很大的步伐。

3.6　瞳孔大小

目前关于非视觉成像系统的讨论集中在光照对节律系统和唤醒系统的影响上，但有必要说明，在视觉系统中，一些 ipRGC 的细胞亚型与影响非视觉成像的大脑部分相连（Chen 等，2011）。其中一个被广泛研究的对象是瞳孔（Zele 等，2011）。眼睛的瞳孔大小根据视网膜接收的光量而变化，当到达视网膜的光量增加时，瞳孔的直径会减小；反之亦然。这是视觉适应过程的一部分，视觉系统据此调整其灵敏度，以适应当前的环境条件（见 2.3.1 节）。直到前不久，人们还一直认为这种视觉适应过程是根据来自杆状和锥状光感受器所发出的信号所单独驱动的，但现在人们认识到，一些 ipRGC 先投射到外侧膝状体核（LGN），接着又投射到参与瞳孔光反射的大脑部分，即橄榄顶盖前核（Dacey 等，2005）。这解释了为什么 Gamlin 等（2007）能够发现，当来自杆状和锥状光感受器的信号受阻断时，瞳孔反应在连续光照的情况下会保持不变，这一发现意味着 ipRGC 在确定瞳孔大小方面发挥着作用。但不应理解为瞳孔大小仅由 ipRGC 控制。相反，这意味杆状光感受器、锥状光感受器和 ipRGC 这三种光感受器均以某些不同的组合方式，根据光照总量和光照水平变化后的时间因素影响瞳孔大小的变化。如果在明视觉环境中突然关闭照明光源，那么瞳孔将会扩大，这一过程仅由锥状和杆状光感受器所驱动，ipRGC 由于响应时间过慢，无法对其做出即时响应。然而，大约 10s 后，ipRGC 开始运行，并影响所谓的照明后瞳孔反应（post-illumination pupil response）。随着时间的增加，锥状和杆状光感受器的活性降低，使 ipRGC 成为维持瞳孔大小的主要影响因素。这可能就是为什么 Bouma（1962）发现，基于瞳孔大小的人眼光谱灵敏度测量实验的结果产生了与 ipRGC 光谱灵敏度峰值接近的响应函数。

虽然从生理学的角度来看，该研究结果可能算是有价值的知识，但如果不是因为瞳孔大小的变化对视觉敏锐度有影响，这个研究的价值可能就不大了（Berman，2008）。有研究发现，在相同的亮度下，包含更多短波光谱成分的光线可以提高视觉敏锐度（Berman 等，2006）。提高视觉敏锐度的常规方法是提高环境照度，但该发现表明，通过改变光谱成分以提供给 ipRGC 更大的刺激，也可以达到同样的目的（见7.3.2.2 节）。

尽管瞳孔大小随视网膜辐照度的变化而变化的事实已得到充分理解，并且不同类型光感受器的作用也逐渐得到深入研究，但有必要指出，瞳孔大小对光线所产生的响应实际上是整体变化的基础，其他因素也有可能对其产生作用。影响瞳孔大小的情绪因素包括疼痛、惊讶、愉悦和压力。换句话说，大脑如何感知每时每刻正在发生的事件以及发生事件的意义都会影响瞳孔的大小。此外，产生疼痛、惊讶、愉悦和压力感知所需的信息可以通过身体任意感官系统或大脑内部活动产生。上述经验事实支持了一个重要的观点，即人体的非视觉表现受到多种因素的影响，并且其中许多因素与光线本身无关。

3.7 问题和潜力

虽然我们对非视觉成像系统的理解发展迅速，但仍有许多问题等待解决。一方面，刺激信号的传播还有许多可能的通路有待探索（见图 3.1）；另一方面，人体受光照的影响可以用许多不同的方式进行测量。对不同时间人体受光所导致结果的测量，从激素浓度的变化（Figueiro 和 Rea，2010），到大脑活动模式（Lockley 等，2006）、核心体温（Badia 等，1991）和瞳孔大小（Chen 等，2011）的变化，再到嗜睡和清醒状态的知觉，甚至对完成任务表现的影响（Figueiro 和 Rea，2011），都有所涉及。出现如此广泛的测量类型的原因是因为该领域所涉及的专业和研究方向多种多样。研究该领域的一部分是神经学家和生理学家，另一部分是人因工程学家和心理学家。他们中有些人关心的是非视觉成像系统的路径，另一些人关心的是如何更好地将光照条件应用于实际场景以达到实用目的。通常情况下，研究团队会将许多不同的测量方式进行综合考虑，采取趋同化的操作方式进行验证（见 17.6 节）。其中有一点是肯定的，对于非视觉成像系统中的不同路径，将在不同测量方式下显现出不同的特征。

目前来看，关于非视觉成像系统的研究仍然是一幅部分完成的拼图。部分研究领域已开始逐渐清晰，但其他部分仍是一个谜团，有许多零散的研究和问题尚未组合成整体。其中一个零散研究就是光照对血清素激素的影响，这是一种具有独特昼夜节律的激素，它的合成与分泌与人体的情绪有关。血清素具有昼夜节律这一事实意味着它可能会受到光照的影响。此外还值得注意的是，除了接收来自视网膜的刺激信号外，SCN 还接收从 LGN 以及生产血清素的脑干中缝传递的信号（de Pontes 等，2010）。在 SCN 中这三种输入信号是如何相互作用的尚不清楚。

另一个值得关注的领域是白天光照的影响。Viola 等（2008）发现，人们在白天暴露在短波长较为丰富的光线下会对清醒度产生影响，但长波长光线中也有类似的影响（Sahin 和 Figueiro，2013）。该现象不能归因于褪黑激素的抑制，因为褪黑激素浓度在白天均处于较低水平；那么其作用机制是什么呢？这可能是因为蓝光和红光是日常生活中不寻常的彩色光，所以对这种环境的新鲜感使人提高了清醒度，它可能是通过一条尚未发现的通路所产生的直接影响，这条通路可能与那些为抑制褪黑激素而建立的路径特征有所不同。

即使是节律时钟系统，也仍然有些特征等待进一步探究。例如，已知产生给定褪黑激素抑制所需的光辐射量受之前光照的影响（Hebert 等，2002），其所涉及的光感受器类型可随光照总量和持续时长的不同而变化（Gooley 等，2010），并且在 24h 周期内的光谱灵敏度有可能发生变化（Figueiro 等，2005），因此有理由怀疑 ipRGC 在视网膜的上下分布不均匀（Glickman 等，2003），并且存在相当大的个体差异性（Duffy 和 Wright，2005）。

在完全理解非视觉成像系统的这些基础要素之前，最好不要尝试广泛开展实际应用。对此谨慎的原因有许多。首先，对非视觉成像系统进行人为操纵可能会对人体产生长期不良的副作用。非视觉成像系统，特别是节律时钟系统，在人体生理机能相当基础的层面运行，并与生理机能的许多其他部分相互作用。我们对这些相互作用的自然性质和特征还有待了解。在夜间接受强光照射可能有很多副作用，例如对褪黑激素的抑制有可能会增加乳腺癌发生概率正是其中之一（见 14.5.1 节）。

尽管对人为操纵非视觉成像系统的应用保持谨慎的态度是明智的，但同时我们也不能忽视照明对提高人类健康和生理机能的潜力。一个有代表性的应用案例是利用照明对昼夜节律的移位能力来帮助人体快速适应在本该睡眠时间段的工作需要，例如夜班工作（Eastman，1990；Boivin 和 James，2002）或长途飞行（Houpt 等，1996）。此外，一个相对小众的应用是通过照明来治疗老年痴呆症（Riemersma-van der Lek 等，2008）。已有研究表明，通过在疗养空间安装高照度的灯具，可以使老年痴呆症的认知和非认知症状得到适度改善（见 14.4.3 节）。这种做法没有长期的风险，并且任何能让老年痴呆症患者有所好转的尝试都是值得的。

有可能带来实际益处的一种更为普遍的方法是，寻找出导致昼夜节律紊乱的现有工作和照明环境，然后对其进行改善。昼夜节律紊乱会对人类健康产生不利影响（Klerman，2005；Stevens 等，2007）。目前明确会导致昼夜节律紊乱并损害健康的例子是快速倒班工作（Miller 等，2010；Schernhammer 和 Thompson，2011）。识别昼夜节律紊乱并不需要掌握非视觉成像系统的详细知识。设计者只需要知道在白天明亮、夜晚昏暗的自然条件下，人体昼夜节律应该是怎样的。通过研究得出具体轮班系统的类型以及能够最大限度减少昼夜节律紊乱的光照模式，许多劳动者的健康问题就可以得到改善。

3.8　总结

除了视觉外，进入人眼的光线还会影响到人体的许多其他方面。这些影响由非视觉成像系统驱动，该系统的命名旨在强调其与视觉系统的区别，视觉系统本质上是一种图像处理系统。

关于非视觉成像系统的研究是从 21 世纪才开始的，起源于一种名为内在光敏视网膜神经节细胞（ipRGC）的光感受器的发现。ipRGC 中的光色素是黑视蛋白，它对于 480nm 处的光谱成分吸收最大。每个 ipRGC 都有一个扩散的树突分支，延伸至视网膜的刺激信号收集器上，这些树突本身对入射光做出反应。此外，ipRGC 的信道网络具有高阈值，当受到光刺激后，ipRGC 开始缓慢但持续地输出信号。这些特性使得 ipRGC 的信道网络非常适合向大脑发出受光信号。起初，人们认为所有的 ipRGC 都是相同的，但在过去几年里，越来越多的研究证实了 ipRGC 具有不同功能的亚型。

许多 ipRGC 向大脑下丘脑的视交叉上核（SCN）发送信号。SCN 被认为是包括人类在内的哺乳动物的生物钟中枢。SCN 负责同步生物体内许多不同生理活动的时钟，包括 DNA 修复和激素生成。因此 SCN 与大脑的许多部分相连，这些相互联系与影响尚未全部得到完全研究，目前已经展开研究的两个方面分别是节律时钟系统和唤醒系统。

节律时钟系统的作用是对外部的昼夜节律进行体内的复现。人类节律时钟系统包括三个组成部分：位于 SCN 的内部（内源性）时钟振荡器、可以重置（调节）SCN 的多个外部（外源性）时钟振荡器以及名为褪黑激素的信使激素，其通过血流将内源性的"夜间"信息传递给身体所有部位。在没有光线和其他信号的情况下，内源性振荡器继续工作，但其周期将略长于 24h。外部光刺激是必要的，用来将 SCN 校准至 24h 周期，并使 SCN 根据季节进行相应的生物钟调整。

明暗循环是用于调节生物节律最有效的外部刺激之一。通过改变光照总量和光照时刻，可以向前或向后改变节律时钟系统周期的相位。此外，通过抑制褪黑激素的合成，还有可能在夜间产生及时性的清醒效果。达到这些效果所需的光照总量处于目前室内照明实际使用的范围之内。昼夜节律系统的光谱灵敏度在 460nm 左右达到峰值，因此它与 CIE 标准明视觉观察者的特征（最广泛使用的光线定义）有很大不同。这意味着相比于正常光谱成分下的光线，对于在可见光光谱范围中的短波长端具有大量辐射能量的光线来说，其只需要营造相对较低的照度，就可以对人体节律时钟系统产生相同的效果。

　　关于唤醒系统的研究涉及皮质醇激素。皮质醇的作用是释放生物体从不活跃状态转变为活跃状态所需的能量。对人类来说，皮质醇具有昼夜节律，在人体刚醒来后皮质醇浓度达到峰值，然后缓缓下降，在凌晨左右到达最低谷。皮质醇激素由肾上腺产生，其分泌时间一部分由 SCN 所控制。褪黑激素对除光线之外的外部短暂影响具有一定的抗干扰力，而与褪黑激素不同，当外部焦虑事件发生时，皮质醇浓度会急剧增加。这些焦虑事件可以是感官上的，也可以是心理上的。这种生理机能的快速反应被认为是人体聚集处理压力所需必要能量的一种方式，这意味着除了通过 SCN，至少还存在另一条影响皮质醇浓度的信号通路。

　　尽管关于非视觉成像系统的许多方面仍有待研究，但其中的一个特征是清楚的，即该系统不与视觉系统相隔离。众所周知，ipRGC 接收来自杆状和锥状光感受器的输入信号，而 ipRGC 的输出信号会投射到大脑视觉系统中控制非视觉成像部分。这意味着视网膜所提供的视觉和非视觉成像系统的活动在某些程度上是混合的。

　　对非视觉成像系统来说，其能够改变昼夜节律相位的能力会对照明实践带来影响。这将使人们能够快速适应在本该正常睡眠时间段的工作需要，例如在夜班工作开始或结束时，或在长途跨时区飞行后。但是在考虑这样的应用实施时，还需谨慎处理。事实上，关于非视觉成像系统的形式和特征，还有很多有待学习和研究的地方。非视觉成像系统，特别是节律时钟系统，在人体生理机能相当基础的层面上运行。因此在了解系统各要素之间所有可能的相互作用，并确定任何不利的副作用之前，对试图利用光线来人为操纵我们生理机能中如此基础的部分，这还需要保持谨慎。目前唯一理性的方式是通过识别出导致节律时钟系统紊乱的工作环境条件（对其进行改善）。频繁的昼夜节律紊乱将导致健康状况低下，因此减少其发生的概率是对人体有益的。

第 2 部分　概　述

第 4 章　照明与工作

4.1　引言

绝大多数人把一生中大部分时间花在了工作上。工作场所的照明保证人们可以快速、准确、轻松地看见并完成他们的工作，因此照明的经济意义超出了灯具、安装及电力本身。此外，在许多国家，工作场所的照明成本相对于其他成本来说几乎可以忽略不计。例如在美国，$10m^2$办公室一年的照明开销还不到总办公成本的 0.1%（New Buildings Institute，2010）。这意味着即使是对任务表现进行微小的改变，也会对照明的实践产生巨大的影响。本章讲述照明和工作之间的关系。

4.2　概览

为了解照明与工作之间的关系，首先必须搞清照明影响人们表现的路径，具体来说有以下三种：视觉系统、昼夜节律系统、情绪和驱动力。图 4.1 给我们展示了一个各种路径的影响因素以及它们之间相互作用的概念框架图。

照明对视觉的影响是最显而易见的。有了光，我们可以看到事物；没有光，则不能。视觉系统是一套图像处理系统，眼睛的光学系统在视网膜上形成外部世界的影像。随后视网膜开始对图像进行处理，图像的各种信息通过不同的渠道送达大脑视觉皮层。M 细胞（magnocellular，意为"大细胞"）通道可以快速处理信息，但缺少细节或颜色信息；而 P 细胞（parvocellular，意为"小细胞"）和 K 细胞（koniocellular）通道提供亮度、颜色和纹理的细节信息，但速度较慢。此外，视觉系统在空间上分成两部分：视网膜中央凹（可获得精细细节），以及视网膜外围。当光照充足时，例如白天，整个视网膜都是活跃的；当光线很少时，例如有月亮的夜晚，中央凹是看不见的，只有视网膜外围在工作。第 2 章中对此有更详尽的讨论。

对视觉系统的任何刺激都可以通过 5 个参数来描述：视觉大小、亮度对比度、色差、视网膜图像质量和视网膜照度。这些参数对于确定视觉系统可以检测和识别刺激的程度起着至关重要的作用。

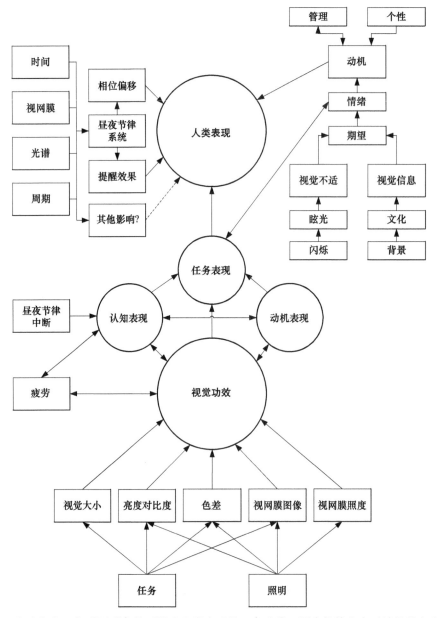

图 4.1　概念框架，阐明照明条件可影响人类表现的三条路线。图中的箭头表示效果的方向

视觉大小： 有几种不同的方式来表达对视觉系统刺激的大小，不过都是用角度来进行衡量。用于检测的视觉大小通常由刺激正对着眼睛的立体角给出。立体角是由对象物体的面积与被观察到的距离的平方之比所决定的。立体角越大，刺激越容易被检测到。

用于衡量分辨率的视觉大小通常由刺激的临界尺寸对眼睛的角度给出。临界尺寸取决于刺激。对于两个点，临界尺寸是它们之间的距离；对于两条平行线，临界尺寸是两条线之间的分隔距离；对于朗道环，临界尺寸是正方形一侧环中的缺口。刺激中细节的视觉尺寸越大，分辨细节就越容易。

对于复杂刺激，用于描述的度量是空间频率分布。空间频率指的是某个关键细节的对向角（angular subtense）的倒数，单位是周期每度。复杂的刺激具有许多空间频率，因此具有了空间频率分布。刺激在每个空间频率处的亮度对比度与视觉系统的对比敏感度的匹配程度共同决定了刺激能否被看见，以及什么样的细节能被看见（见2.4.3 节）。光照对改变二维物体的视觉尺寸几乎没有作用，但阴影可用于增强某些三维物体的有效视觉尺寸（见 8.5 节）。

亮度对比度：刺激的亮度对比度表示其自身亮度相对于其所处直接背景的亮度的关系。亮度对比度越高，刺激越容易被发现。亮度对比度存在几种不同形式（见2.4.1.1 节），因此我们始终需要知道正在使用哪种定义。照明可以通过改变其组件的亮度，并通过在眼睛中产生失能眩光，或者来自刺激的光幕反射来改变刺激的亮度对比度。

色差：亮度只考虑了来自刺激的光的量，而忽略了构成光线的波长组合，不同的波长会影响其颜色。某个刺激即使亮度对比度为零也仍然可被检测到，因为它的颜色和背景不同。目前对于色差缺乏一种广泛接受的衡量方法，不过有一些方法根据物体以及背景在 CIE 色彩空间中的对应位置来对色差进行描述（见 1.6.1 节）。当使用不同光谱的光源时，照明可以改变物体与其背景之间的色差。

视网膜图像质量：与所有图像处理系统一样，视觉系统在处理清晰图像时效果最佳。刺激的清晰度可以通过刺激的空间频率分布来量化：清晰的图像将具有高空间频率分量；模糊的图像则不会。

决定视网膜图像清晰度的因素包括刺激本身、光传播的介质对光的散射程度，以及视觉系统将图像聚焦在视网膜上的能力。照明几乎无法影响任何一种因素，虽然在相同亮度下，含有丰富短波长的光源比缺少短波长的光源会产生更小的瞳孔尺寸（见3.6 节）。较小的瞳孔尺寸会产生更高质量的视网膜图像，因为它意味着更大的景深及更弱的球面形变和色差。

视网膜照度：视网膜上的照度决定了视觉系统的适应状态，因而会影响视觉系统的能力（见第 2 章）。表面亮度产生的视网膜照度可由下式计算：

$$E_r = e_t t\left(\frac{\cos\theta}{k^2}\right)$$

式中，E_r 为视网膜照度（lx）；t 为眼球透射率；θ 为表面和视线的角位移（°）；k 为常数，$k = 15$；e_t 为进入眼睛的光量（troland），有

$$e_t = L\rho$$

式中，L 为表面亮度（cd/m²）；ρ 为瞳孔面积（mm²）。

进入眼睛的光量 e_t 的衡量单位是 troland，通常被称为视网膜照度，但它没有考虑光学介质的透射率，因此不能真正代表视网膜照度。进入眼睛的光量主要由视野中的亮度决定。对于室内环境，这些亮度由视野中所有表面上的照度以及表面的反射率所决定；对于室外环境，相关的亮度是那些反射表面（例如地面）和自发光源（例如天空）的亮度。

这 5 个参数意味着，是被看到的物体、被看到的背景，以及物体和背景的照明之间的相互作用，决定了物体对视觉系统的刺激以及视觉系统的运行状态。视觉系统和刺激的运行状态决定了可实现的视觉功效水平，但这还不是故事的结束。最明显的是视觉任务有三个组成部分：视觉、认知和驱动。视觉部分，是指利用视觉提取与任务相关信息的过程；认知部分，是指解释感官刺激并确定适当行为的过程；驱动部分，是指刺激被操控以提取信息和 / 或执行所决定的动作的过程。这三个部分相互作用，在刺激和响应之间产生复杂的模式，最终指向任务表现。此外，每项任务在视觉、认知和驱动部分之间的平衡方面都是独一无二的，因此照明条件对任务表现的影响也是独一无二的。正是这种独特性，使得照明无法从对一项任务表现的影响，推广到对另一项任务表现的影响。照明对特定任务表现的影响取决于其任务结构，特别是视觉部分相对于认知和驱动部分的地位。一般来说，视觉部分较大的任务对于光照条件的变化比视觉部分较小的任务更敏感。隐含的事实是视觉功效和任务表现不一定相同。任务表现是完成任务的表现，而视觉功效是任务的可视化组成部分的表现。任务表现是衡量生产率和建立成本 / 效益比所需要的，以比较提供照明装置的成本与改进任务表现的效益。视觉功效是照明条件可以直接影响的唯一因素。

照明条件影响工作的另一条途径是通过非成像系统（见第 3 章）。该系统有许多方面仍需要研究，但在充分研究之前，它们对人类表现的影响仍只是可能，而不是事实。非成像系统的一个方面是昼夜节律系统，会影响人类的表现。昼夜节律系统最明显的外部表现是睡眠 - 觉醒周期的发生，但这只是冰山一角。在 24h 的周期内，许多不同的激素节律变化就隐藏在表面之下。人类控制这些周期的器官就是视交叉上核（SCN）。SCN 直接与视网膜相连，当信号从视网膜传输到 SCN 时，不会试图保留其原始位置。相反，视网膜中提供 SCN 的内在光敏视网膜神经节细胞（ipRGC）的网络就像一个反应缓慢的光电池一样。这意味着影响 SCN 状态的照明因素包括到达视网膜的辐射光量和光谱，以及曝光的时间和持续时长。

光有两种不同的方式影响昼夜节律系统，从而改善任务表现：一种是相移效应，在特定的时间暴露于强光下，昼夜节律的相位可以提前或推迟（Dijk 等，1995）；一种是急性效应，具体来说就是抑制褪黑激素的分泌，从而提升夜间的清醒度（Campbell 等，1995）。研究人员还想知道，白天暴露在强光下是否会控制激素皮质醇，从而加强工作表现。有证据表明在起床后不久，接受高光照水平会提高皮质醇浓度（Scheer 和 Buijs，1999），但对于当天其他时间段的影响尚不清楚。Ruger 等（2006）让人们在中午和下午 4 时之间置身于 5000 lx 的光照下，发现对皮质醇浓度没有影响，但对清醒度有积极的影响。同样，Kaida 等（2007）发现，在下午的早些时候暴露于超过 2000 lx 的自然光照下，会提高清醒度。这些发现意味着生理和心理机制都会影响清醒度。弄清楚这两种途径中哪一种占主导地位，以及在什么时候占主导地位很重要，因为如果生理机制占主导地位，那么只需要高亮度水平就够了，但如果心理机制占主导地位，那么光照来自于人工光还是日光就很重要了。

这又引出了照明通过情绪和驱动力影响工作的第三条路径，视觉系统产生一个视觉世界的模型并且产生情绪响应。正是这种情绪响应，以及许多其他因素，可能影响个人的情绪和工作动力。照明影响情绪和驱动力的最简单方式是引起视觉不适。让人难以实现高视觉功效的照明是不舒适的；当出现眩光和闪烁，进而使人在工作中分心的照明也是不舒适的。不过感知要比产生视觉不适的感觉复杂得多。无论有没有视觉不适，每种照明布置都会对外传达出信息，关于设计者的信息、关于购买者的信息、关于在其中工作者的信息、关于维护者的信息以及关于位置的信息。观察者会根据信息的背景以及他们自己的文化背景来解读这些信息。这些信息的重要性有时足以盖过可能导致不适的条件，比如说在办公室中被认为极不舒适的照明可能在娱乐场所里却会受到欢迎。根据信息的不同，观察者的情绪和驱动力也会改变。每位照明设计师都理解这一信息的重要性，但主要是在零售和娱乐的背景下，照明装置所传递的信息被赋予了其影响行为潜力应用的重要性（Custers 等，2010）

虽然我们对这些路径分别做了讨论，但还是要记住它们之间是可以相互作用的。例如，被要求在睡眠不足的情况下工作的人会感到疲惫。同样任何试图在他们的昼夜节律系统中断时工作的人表现都不会太好。这两种情况都会通过其认知成分以及视觉和驱动部分影响任务表现。另一个例子是如果照明提供较差的任务可见性，那么视觉功效就差，工人的情绪也不会好。这种类型有多种交互可以发生。更复杂的是，虽然某项任务的视觉功效由照明条件决定，但工人的情绪和驱动力可能受到各种物理和社会因素的影响，照明条件是众多条件的其中之一（CIBSE，1999）。正是这种相互作用的复杂模式，使得对照明和工作之间关系的研究变得如此漫长和艰难。

4.3 照明、工作和视觉系统

关于照明条件对工作表现的影响，最广泛的研究是基于视觉系统的运作。这些研究可以大致分为两类：实际任务研究和抽象研究，这两组的差异基本上是表面效度和通用性之间的差异。实际任务研究涉及某项特定的任务，研究某人在不同照明条件下的工作表现差异，这些照明条件是容易改变的，例如照度、光源的光谱功率分布以及灯具的光分布。这些数据可以是在实际任务现场测得的，也可以是在实验室中的任务模拟中测得的。这种研究具有很高的表面效度，但几乎没有通用性。得到的结论很难推广到其他场所和任务中去。有一种论调说，如果实际任务研究的数量足够多，那就能找到某种总体性的模式，进而获得通用性的结论。但考虑到所涉及的因素的数量，这几乎是一种徒劳的希望。尽管如此，实际任务研究已经证明，改变照明条件可以改变任务表现，并且对于所研究的任务，这为决定适当的照明建议提供了定量基础。

抽象研究的特点是使用一种视觉上非常简单但在生活中没人做过的任务。这种研究的基本目标是了解简单视觉任务的表现（其中认知和驱动成分最小），如何受到照明条件的影响。这种研究的结果通常是一个数学模型，可以预测未研究的照明条件下的任务执行情况。通过检查任务呈现给视觉系统的每个有意义的刺激效果，应该可以预测照明条件对任何视觉任务表现的影响。因此，抽象研究遵循"分析 - 综合"以理解事物的经典途径。

虽然这两种方法明显不同，但两者是相互依存的。如果没有抽象研究的结论，实际任务研究的结果很难理解。另一方面，如果抽象研究要产生任何有价值的东西，它们必须预测实际任务研究的结果。

4.3.1 实地研究

关于光与工作之间关系的实地研究，首先要说的是"买者自负"。之前有很多照明对工人生产力的影响的说法其实是笼统的断言，缺乏充足的细节来评估这些说法。不过还是有一些实地研究是值得关注的，其中最早的研究包括丝织（Elton，1920）、亚麻编织（Weston，1922）和手工排版（Weston 和 Taylor，1926）等视觉任务，最后一项现在几乎已经消失了。所有这些任务都需要检测细小、低对比度的细节，因此提高照度就会改善任务表现。所有这些任务都需要检测小的、低对比度的细节，而使用者们普遍都有这样的经验，照明不足可能导致任务无法看清，因此他们认为提高照度就会改善任务表现。不过提升照度的改善效果是有上限的，具体取决于任务的性质。

这些早期研究开展的同时，民间也开始另一系列研究——霍桑（Hawthorne）实验（Snow，1927；Roethlisberger 和 Dickson，1939）。最初这些研究关注照明对生产力的影响，不过后来更加关注报酬系统、监督类型、休息时间以及总工作时间的影响。总部位于芝加哥霍桑市的西部电气公司（Western Electric Company），专注于生产机电电话设备。在研究开始时该公司对一组女工进行了三项实验，分别研究照明对检查零件、组装继电器以及缠绕线圈产量的影响。在第一个实验中，任务面上的照度按照一定的幅度变化，既有向上的也有向下的。所有三个部门的产出都发生了变化，但与照度没有明显的关系。第二个实验仅针对缠绕线圈的部门，工人被分成经验水平相同的两组。对照组接受 170 ~ 300 lx 的相对稳定的照度，而测试组处于 260 ~ 750 lx 范围的照度下。随着测试组照度的改变，两组的工作输出都增加到了相似的程度。第一和第二个实验涉及电气照明和日光，日光的存在解释了照度的一些变化。在第三个实验中，日光被消除了。第三个实验的对照组与测试组和第二个实验相同，但是这次对照组在 110 lx 的恒定照度下工作，而测试组的照度从 110 lx 开始，以 11 lx 为步长逐步递减。设定初始照度后，两组均显示出缓慢但稳定的产量提高。然而，当测试组的照度降低到 33 lx 时，测试组的成员纷纷抗议他们几乎什么都看不到，并且他们的输出下降了。

从这些研究中实验者得出结论：照明只是影响任务执行的其中一个因素，而且显然是作用很小的一个。有时候这个结论会被歪曲，认为照明对生产力没有影响，工人控制自己活动的程度，工人与管理层之间的关系以及工人对其产出的影响是唯一重要的因素。虽然对于驱动力和人际关系确实很重要，但是照明绝不是不会影响工作。没有光的情况下，无论任务有多大或多高的亮度对比度，我们都看不到任何东西。即使有一点亮光，完成工作所必需的任务细节也可能低于阈值。只有在足够的光照下能看到必要的细节才能完成任务。随着在任务上的光量增加，可以看到越来越多的细节，因此任务表现应该增加，直到受到可见性之外的因素限制。毫无疑问，照明会影响工作；问题是确定照明在什么条件下可能会改善工作。这里的关键词是可能，照明不能直接产生成果，只有工人可以。照明能做的只是让细节更容易看清，颜色更容易辨别，同时不会产生不适或分心。视觉条件的改善能让员工的积极性提高，如果没有其他非视觉因素的限制，员工的产出就会提高。在霍桑实验中，第二次实验里两组产量稳定增长的原因主要在于工人自我决心带来的动力变化（Landsberger，1968；Urwick和 Brech，1965），但是也有不同看法认为增长是因为产出的反馈频率更高了（Parsons，1974；Diaper，1990）。无论哪种解释是正确的，都无法解答这个问题：为什么照明条件没有统一的影响。一种可能的合理解释是，任务的视觉成分其实比想象的要少。工人们要把线圈缠绕在木轴上，这显然是一项视觉任务，但其实难度并不大。工人们已经如此熟练，以至于几乎不需要看就能完成工作。这种情况和有经验的打字员类似，打字当然需要依靠视觉看到按键，但经验丰富的打字员几乎很少看键盘，甚至可以在近乎黑暗的环境中正常工作。第三个实验的结果表明，直到照度降至 33 lx，任务的可见性才开始限制任务的表现。

最初的霍桑研究未能证明光照条件对工作输出有任何影响，但其他研究有所收获。Stenzel（1962）用 4 年的时间测量了皮革厂的产量，期间他引入了照明的改变。这项研究具体涉及用铁锤或木槌在皮革上打孔的工作。从 1957 年到 1959 年，照明由日光提供，局部用荧光灯辅助照明，照度为 350 lx。从 1959 年到 1961 年调查停止时，日光几乎没有了，全部用荧光灯提供统一的 1000 lx 照度。图 4.2 显示了整个 4 年中均参与的 12 位工人的平均月度表现。在更高的照度下，他们的任务表现有着统计意义上的显著改善。

尽管该研究得到了很好的控制，但还是反映出实地研究中常见的两个问题。首先，只对比了两种照明条件，而且这两种条件差别很大。因此结果只是证明照明的变化可以影响任务表现。由于只有两个照度，研究无法确定出最佳照明条件。其次，由于照明的变化同时改变了几项不同因素，因此无法确定哪方面因素最为重要。具体而言，新的照明改变了照度、光谱和光分布。仅仅将结果的改善归因于照度提高是错误的。

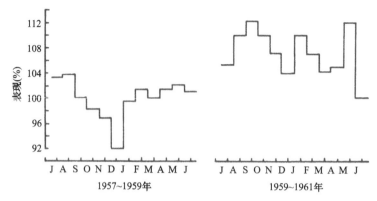

图 4.2　1957 ～ 1959 年和 1959 ～ 1961 年间皮革加工的月平均表现。1957 ～ 1959 年间的表现按平均表现做了归一化处理（来源：Stenzel, A.G., *Lichttechnik*, 14, 16, 1962）

　　同时发生的多项更改是困扰许多实地研究的问题。通常照明的变化与装饰、家具、设备、工作安排和人员变化会同时进行。这种情况下，把产出的任何变化仅归因于照明也是错误的。实地研究的另一个限制是工作性质和完成时间的多变性。组装不同的设备需要不同水平的视觉功效，并且在清晨或傍晚组装这些设备可能会涉及照明的非成像效果（Juslen 等，2007a，b；Canazei 等，2013）

　　实地研究的基本问题是实验需要的控制程度（Hartnett 和 Murrell，1973）。理想情况下，实验者能够控制照明装置的特性、使用方式、完成工作的类型、支付方式以及参与的人员。这种程度的控制很难做到，但如果做到了就能获得可信的实地研究。例如 Buchanan 等（1991）测量过增加药剂师工作区照度，对门诊药房配药错误率的影响。根据对 10888 张处方的检查，他们发现将照度从 485 lx 提高到 1570 lx 后，错误率从 3.9% 显著降低到 2.6%。

　　由此可以得出结论，有价值的实地研究是可能的但不太容易。所有的实地研究都应该仔细审查以确定结论的合理程度。如果没有提供关于所研究的条件、所完成的工作、收集数据的方式以及统计分析性质的充分信息，那么无论结果多么符合先入之见，都只能将结论作为一项事实，而不是结论。

4.3.2　模拟研究

　　由于实地研究缺乏控制，所以很多研究者又回到了实验室中，在受控条件下模拟现实任务。当然，这会破坏任务的表面效度，因为它现在是在不同的环境中完成的，和人们实际的行事方式不同。但只要研究的目的是通过改变任务可见性，来确定不同光照条件对任务表现的影响，那么通过良好的实验控制而获得灵敏度的提升，表面效度降低也值得了。

　　文献中有许多模拟任务研究。Lion 等（1968）研究了白炽灯和荧光灯照明对于检查传送带上的塑料盘或纽扣的效果，实验对象必须把所有损坏的塑料盘和有偏心孔的纽扣都拿掉。两种形式的照明在传送带上提供相同的 320 lx 照度。使用加长荧光灯管照明对断环圆盘进行分选时，其检测表现明显优于白炽灯照明下的表现；但对纽扣分选任务，则不同光照方式之间没有发现明显的区别。这两个任务的可能差异是视觉困难度，从而影响了对照明的相对敏感性。这两项任务都可以被视为分拣任务，但由于光照条件对这两项任务的影响不同，其结果不能被扩展应用于一般的分拣任务。

　　还有其他人做过类似的模拟工作研究。Stenzel 和 Sommer（1969）研究过将不同大小的螺钉和钩编的披肩进行分拣；Smith（1976）研究穿线；Bennett 等（1977）也研究了在 10～5000 lx 照度范围内的针的穿线，以及千分尺读数、地图读数、铅笔笔记读数、绘图、游标卡尺测量、裁剪和螺纹计数；还有 McGuiness 和 Boyce（1984）一起研究过厨房工作。大多数实验都表明在更高照度下工作表现有了提高，只是提高的幅度各不相同。这在 Smith 和 Rea（1978，1982）的两项研究中表现得最为明显。在他们 1978 年的研究中，少数受试者被要求校对文本中拼写错误的单词，具体来说是在 10～4885 lx 之间的 4 种不同照度下进行校对，然后统计他们所花费的时间和发现的错误百分比。图 4.3a 显示的是照度提高的效果——工作时间更少，而发现错误的百分比（点击数）得到提高。他们 1982 年的研究采用了相同的仪器和相同的照度范围，但这次要求受试者阅读文本，然后回答对文本理解的问题。随着照度提高，阅读速度或理解水平都发生了变化（见图 4.3b）。阅读理解相比于校对包含了更大的认知成分。

　　模拟工作研究针对的都是照明对于某种特定任务的影响，它们显然相比于实地研究能实现更精确的实验控制，但也因此有了局限性，因为结果仅适用于特定任务，不能推广到其他任务。打个比方，在通往对光与工作关系的一般理解的道路上，模拟工作任务是一条死胡同。除非你在那里有事可做，否则没有理由去那里。

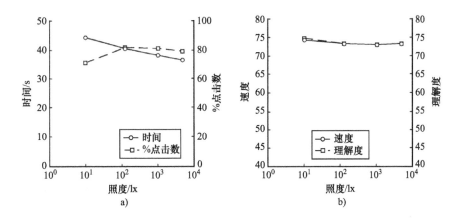

图 4.3　两种阅读任务的表现。a）校对一段文章所需的时间和错误点击数的百分比与照度的关系；b）速度和理解水平与照度的关系（来源：Smith, S.W.and Rea, M.S., *J. Illum. Eng. Soc.*, 8, 47, 1978; Smith, S.W.and Rea, M.S., *J. Illum. Eng. Soc.*, 12, 29, 1982）

4.3.3 分析方法

最早尝试建立有关照明对工作影响的通用研究模型的人是 Beutell（1934），他的方法的基础是先定义一项标准任务，然后把照明对这一标准任务的影响彻底研究透，能够明确各种工作表现所对应的照度。接下来其他任务的照度水平就可以通过引入一系列倍数因子而推导得到。倍数因子与视觉大小、任务关键细节的亮度对比度、观察者和任务之间的相对运动，以及任务的重要程度相关。

Beutell 的建议被 Weston（1935，1945）加以利用，Weston 将其发展为一套被广泛使用的研究方法。Weston 设计出一个非常简单的任务，其中的关键细节很容易识别和测量。这项任务通常被称为朗道环形图，基于视力测试的朗道环。图 4.4 显示了朗道环形图的示例。它由一系列朗道环组成，环中的缺口朝向四个不同方向。朗道环的关键细节是缺口间距，关键细节的大小是缺口的角度大小，临界对比度是朗道环和其背景亮度的对比度。朗道环形图作为标准任务的优点在于，它可以在许多不同的材质中大量复制，并且很容易改变临界大小和对比度。

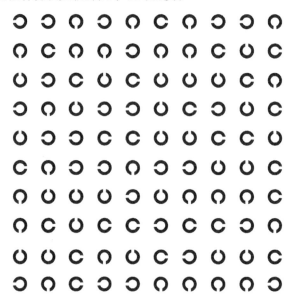

图 4.4　朗道环形图

在执行朗道环形图任务时，要求受试者读取图表，并标记出所有在指定方向上有缺口的朗道环。研究者测量执行此操作所花费的时间，以及在不同照明条件下的错误数量，就能算出工作速度和准确度。速度定义是正确标记的环数除以所花费的总时间，研究者还会减去受试者用红墨水做标记的操作时间，这是为了最小化任务的认知和动机成分，从而提取出视觉功效而非任务表现的测量结果。准确度的定义由正确标记的环数除以所有被标记的环总数。最后将速度和准确度相乘以形成所谓的表现得分。

　　图 4.5 显示了 Weston（1945）在他的第二项研究中所获得的结果，从中可以解读出许多结论。首先，增加照度的效果遵循收益递减规律，即同等的照度增幅带来的表现变化越来越小，直到饱和。其次，饱和发生的点在不同尺寸和亮度对比度的情况下是不同的，与小尺寸、低对比度任务相比，大尺寸、高对比度任务在低照度下更容易发生饱和。第三，通过改变任务，即改变关键细节的大小或对比度，而不是通过增加照度，可以实现视觉功效的更大改进。第四，一个视觉上困难的任务，即体积小、亮度对比度低的任务，几乎不可能仅仅通过提高照度就能达到视觉上容易的任务的表现水平的。虽然这些结论来自 Weston（1945），但后来又被大量不同的视觉任务多次证实（Khek 和 Krivohlavy，1967；Boyce，1973；Smith 和 Rea，1978，1982，1987；Rea，1981）。

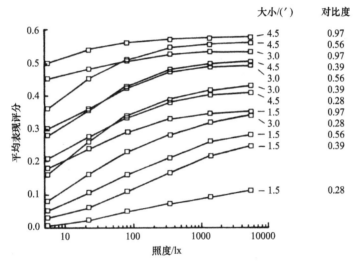

图4.5　不同临界尺寸及对比度的朗道环形图平均表现评分和照度的关系图（来源：Weston, H.C., The Relation between Illumination and Visual Efficiency: *The Effect of Brightness Contrast*, Industrial Health Research Board Report 87, HMSO, London, U.K., 1945）

　　以上这条关于照明和工作之间关系的一般理解，证明了基于关键细节概念的分析方法的价值。Boyce（1974）进一步证实了这一观点。在他的研究中，受试者基于环形图的两种形式工作，一种是复杂的，一种是简单的（见图 4.6）。简单和复杂环中间间隙的视觉大小和亮度对比度是相同的，但是任务的复杂性，就关键细节的可选位置的数量而言，复杂环要比简单环大得多。这里的问题是：照度的变化如何影响简单环和复杂环上的表现。结果正如预期的那样，寻找复杂的环形图比寻找简单的环形图花费的时间要长得多，但是对于简单环和复杂环，照度表现的变化是相似的。实际上，在每个照度下进行复杂环任务所花费的时间，是在相同照度下进行简单环任务所花费的时间的恒定倍数。该结果表明，这些复杂环并没有在视觉上更困难，因为间隙尺寸和对比度与简单环相同，但它们却花费了更长的时间寻找，因为间隙有了更多可能的位置。照度的影响由关键细节决定。

图 4.6　复杂和简单朗道环

　　Weston 采用的分析方法有助于证明照明条件、任务特征和视觉功效之间关系的一般形式。他还提出了如何量化任务的视觉难度，以及如何确定照明对任务的视觉成分表现的影响。但是正如 Weston 在（研究中）所使用的那样，结果确实存在一些局限性。Rea（1987）回顾了 Weston 在 1935 年和 1945 年的研究，并观察到两个研究之间相同视觉大小和相似亮度对比度的朗道环的照度表现得分趋势不一致。Rea（1987）也反对过表现评分指标。具体而言，他反对正确拒绝的数目，即检查并正确拒绝的朗道环的数目，因为它们在指定的方向上没有间隙，而被忽略了。在不考虑正确拒绝数目的情况下，速度和准确度的测量肯定是不精确的，对表现评分指标也存在更普遍的反对意见。虽然速度和准确度都是任务表现的重要方面，但最好将它们视为独立但相关的表现衡量指标，而不是将它们相乘。理想的方法是在恒定的准确度水平下，考虑照明对速度的影响；或者在恒定的速度水平下，考虑照明对准确度的影响。不幸的是，速度和准确度的相乘以获得任务表现的测量方法是常见的（Muck 和 Bodmann，1961；Waters 和 Loe，1973；Smith 和 Rea，1978，1979）。出于所有这些原因，Weston 的实验结果应被视为一般趋势的指导，但不应被用作视觉功效定量模型的基础。

4.3.4　可见度方法

　　在英国研究分析方法的同时，美国出现了另一种相当不同的方法：可见度方法。可见度方法背后的概念是，通过将任务呈现给视觉系统的刺激与其阈值的分离度，可以量化查看任务（例如打印页面）的容易程度。任务的特征距离阈值越远，任务的可见度就越大，然后可以假设任务的可见度始终与任务表现相关。可见度方法是经过多年研究发展起来的，最初由 Luckiesh 和 Moss（1937）提出，最终由 Blackwell（1959）完善（见 CIE 1972，1981），基于他对不同亮度的阈值对比度的广泛测量而成（Blackwell，1946；Blackwell 和 Blackwell，1980）。任务可见度的度量叫作可见度水平，定义公式为

$$可见度水平 = \frac{等效对比度}{阈值对比度}$$

阈值对比度的定义是可见度参考任务的亮度对比度，参考任务就是在 0.2s 时间内，在一个均匀亮度场中发现一个 4′ 直径发光圆盘的存在。等效对比度是可见度参考任务的亮度对比度与实验任务的可见度的比值。Blackwell 开发出一种称为可见度计的仪器，用于测量等效对比度以及倍数因子，以纠正有关任务的查看条件与可见度参考任务中条件的偏离。然后，他对其他视觉功效研究中使用的刺激进行了可见度测量。最初，这些测量结果使人们相信可见度水平与视觉功效之间存在普遍联系。但是，随着更多任务的更多数据被收集，这一说法不是事实变得愈发明显。具体来说缺失的因素是视野的搜索和扫描范围，以及需要在轴外收集的信息。这引发了另一个标准任务，被称为视觉功效参考任务的开发。这包括五个 4′ 朗道环，一个位于中心位置，而另外四个位于东西南北四个方向，与中心等距排列。通过改变朗道环的亮度或背景的亮度，环的可见度可以被改变。通过改变显示时间或中心环和外围环的间距，可以改变任务的难度。利用从视觉功效参考任务中获得的理解，一个模型被开发了出来，用来预测照明条件对各种任务的视觉功效的影响（CIE，1981）。该模型由两组连续运行的传递函数组成，第一组涉及照明条件如何影响可见度水平；第二组涉及可见度水平如何影响视觉功效。该模型有三个与可见度级别相关的组成部分，分别与从任务细节中提取信息、眼球注视的稳定性和眼球运动的准确性有关。该模型只需要改变四个分量的权重，即可拟合独立获得的实验结果集。随着越来越多的数据查验，为使模型拟合而必须引入的校正因子的数量增加到模型失去所有可信度的程度。

尽管可见度方法现今已经很少被提及，但应该明白这个概念本身并没有什么错误。任务呈现给视觉系统的刺激在多大程度上高于阈值，是量化这些细节可见度的有用方法。实际上它已经应用于其他照明领域，例如道路照明（Lipinski 和 Shelby，1993）。可见度概念的问题是，人们倾向于认为相等的可见度水平对应于相同水平的任务表现，事实却并非如此。根据任务的性质，不同的任务显示出任务表现和可见度级别之间的不同关系（Clear 和 Berman，1990；Bailey 等，1993）。Blackwell 开发的可见度方法中的错误之处在于：我们假设，像具有不同视觉和非视觉组件的任务的阈上表现（发生在轴上和轴外）这样复杂的事情，可以通过轴上阈值测量这样简单的事情来预测。从某种意义上说，可见度方法还是一个太理想化的东西。

4.3.5　相对视觉功效模型

在可视化方法失败后，现在需要一种更简单但更严谨的方法，这是通过相对视觉功效（RVP）模型来满足的。RVP 模型的开发原则是在任务的物理特征和任务的视觉表现之间建立定量关联。任务的可见性水平被认为是不必要的干预变量，任务的视觉特征由可以直接测量的物理量来定义。

RVP 模型起源来自于一项关于亮度对比度对数值验证任务表现的影响的研究（Rea，1981）。研究的视觉任务采用两张印有数字的页面，分别是参考页面和响应页面，每个页面上印有 20 个五位数字。参考页面上的五位数字是随机数字，响应页面上对应位置的数字是相同的，只是个别数中的有一位数字不同（见图 4.7）。这种差异出现的平均频率是每页三个。实验任务进行时两张打印页面上有 278 lx 的恒定照度，并且参考页面具有宽范围的亮度对比度。亮度对比度变化的实现方式包括改变打印墨水的反射率、改变提供照明的灯具、改变数值验证任务和观察者之间的几何关系或者通过改变入射光在数值验证任务上的垂直百分比。亮度对比度的定义为

$$C = \frac{L_t - L_b}{L_b}$$

式中，C 是亮度对比度；L_b 是背景亮度（cd/m^2）；L_t 是细节亮度（cd/m^2）。

58313	58313
51424	51424
26538	26538
10508	10508
35148	35148
53427	53427
99147	99147
54483	54483
39154	39155
39417	39417
52807	52807
55394	55394
32393	32393
83118	83118
31510	31510
53009	53009
01632	01632
29394	29394
49619	49619
54101	54101

图 4.7　数值验证任务

响应页面是用哑光墨水打印在哑光纸上，以获得高亮度对比度。实验者使用相同的字体和字号进行打印，并用腮托来控制受试者的头部位置，依次来保持数字的视觉

大小不变。收集的数据是比较两列数字所需的时间、遗漏的差异数（漏报数）和错误标记为差异的数目（误报数）。图 4.8 显示了降低亮度对比度后所需的平均时间、漏报数和误报数的变化。显然对于大部分范围的亮度对比度而言，几项测量数据表现都几乎没有变化。但随着亮度对比度降到约 0.4 以下，所花费的时间开始增加；随着亮度对比度进一步降低，时间增加的速度也开始加快。对于漏报和误报的数据，也可以看到类似的变化模式。这些数据表明，随着可见度的降低，表现的速度和准确性都会以非线性的方式加速恶化。另外也证明了亮度对比度是任务表现的主要决定因素，无论这种对比度是如何实现的。

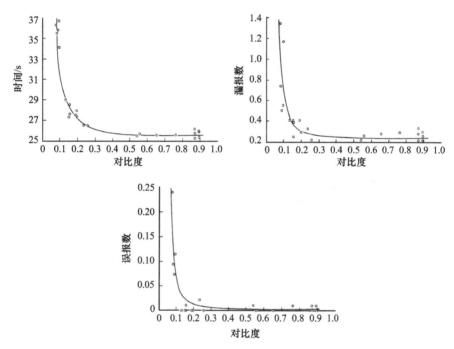

图 4.8　数值验证任务的平均时间、漏报数和误报数与亮度对比度的关系（来源：Rea, M.S., *J. Illum. Eng. Soc.*, 10, 164, 1981）

RVP 模型的第一个完整版本（Rea，1986）来自于使用与早期研究相同的实验材料、实验室和流程所收集到的数据（Rea，1981）。数据收集的范围为 50 ~ 700 lx（背景亮度范围为 12 ~ 169cd/m^2），亮度对比度范围为 0.092 ~ 0.894，亮度对比度的定义与 1981 年研究相同。比较 20 组五位数所用的时间、漏报数和误报数数据与早期研究（Rea，1981）和其他使用数值验证任务的人（Slater 等，1983）所获得的数据非常相似。在开发 RVP 模型时，Rea 决定只使用时间数据，这一决定出于多种原因，最重要的是漏报数和误报数很少，并且受到随机数波动的影响，导致漏报和误报没有时间这个衡量指标那么可靠，还有个原因是这三项数据的趋势非常相似。图 4.9 显示了在不同背景亮度下相对于亮度对比度绘制的时间倒数的变化。增加亮度有两个影响应该注意，第一，在相同的亮度对比度下，即使是非常高的亮度对比度，也是在更高的亮度下表现会更好；第二，表现趋于在较低亮度对比度下饱和，以获得更高的亮度。

图 4.9 中比较参考页面和响应页面的数值所花费的时间，是任务表现的一种度量，因为这个过程包括视觉和非视觉部分。为了让时间度量能够完全反映视觉功效，Rea 努力地从总时间中减去两个时间元素，第一个是做标记这个动作所花费的时间；第二个是读取响应列表中的数字所花费的时间。剩下的时间就是读取参考列表中的数字所花费的时间。这个时间的倒数被视为 RVP 模型中视觉功效的度量。图 4.10 显示了 RVP 模型的形式，其背景亮度为 12 ~ 169cd/m^2，亮度对比度为 0.08 ~ 1.0。值得注意的是，纵轴是从读取参考页所花费的时间的倒数经过计算后的相对值（RVP），具体是根据背景亮度为 169cd/m^2 并且亮度对比度为 1.0 时的数值进行归一化处理。令人印象深刻的是，这种模型的形状被描述为视觉功效的高原和悬崖（Boyce 和 Rea，1987），原因就在于在大部分任务和照明变量范围内，RVP 的变化很小；但到了某些数值，RVP 会迅速恶化。拥有一个能够在反应速度变化很小的情况下适应各种视觉条件的视觉系统，其发展的优势是显而易见的。

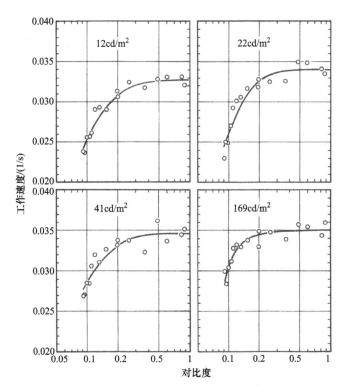

图 4.9　在四种背景亮度下，平均工作速度（执行数值验证任务所花费的时间的倒数）和亮度对比度的关系图（来源：Rea, M.S., *J. Illum. Eng. Soc.*, 15, 41, 1986）

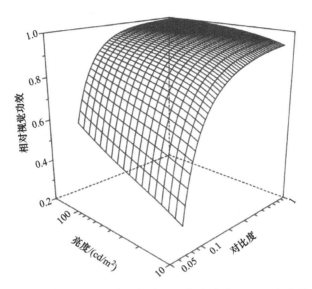

图 4.10 视觉功效的 RVP 模型，基于读取数值验证任务参考页面所花费的时间（来源：Rea, M.S., *J. Illum. Eng. Soc.*, 15, 41, 1986）

RVP 模型的第二种形式（Rea 和 Ouellette，1998）是使用一种非常不同的方法开发的。在第一种方法中，实验者选用了和日常工作比较相似的数值验证任务，并且调整表现测量以使其成为视觉功效的度量；而在第二种方法中，选用的任务是可以直接测量视觉功效速度的任务。具体而言表现测量仅仅是发现某种刺激的反应时间。发现事物的存在或不存在几乎是最简单的视觉任务了，几乎不需要什么认知成分，并且唯一的驱动成分就是在刺激出现时释放按钮。实验者在宽范围的亮度对比度、角度大小以及适应亮度条件下对刺激的反应时间做了测量。亮度对比度的定义如前，视觉大小的定义为刺激相对于眼睛的立体角。将与用于进行数值验证任务所用时间的倒数的形式相同的方程，应用于反应时间的倒数并且很好地拟合数据。为了将反应时间转换为相对测量，计算每个刺激条件与最短反应时间（获得的最大尺寸、最高对比度和最高适应亮度）之间的反应时间的差异。该测量显示出了在随着视觉尺寸、亮度对比度或进入眼睛的光量减少之后反应时间的预期增加。图 4.11 显示了针对这些不同反应时间的曲线，这些曲线根据进入眼睛的不同光量的亮度对比度绘制而成。

此时，RVP 模型有两种替代形式，一种是基于读取参考页面数字所花费的时间（Rea，1986），另一种是基于检测目标出现所需的反应时间的差异（Rea 和 Ouellette，1988）。为了简化，Rea 和 Ouellette（1991）开发出一种将反应时间差转换为 RVP 单位的方法。具体做法是确定一组常见的刺激条件，然后在两种测量方法之间开发出一种线性转换。这意味着反应时间的差异可以用 RVP 来表示。图 4.12 显示了根据四种不同视觉尺寸的检测目标的亮度对比度和视网膜照度绘制的反应时间测量值得出的 RVP 值。数值验证任务中使用的数字的平均视觉大小为 4.8μsr，因此图 4.12 的这部分与图 4.10 相当。这两组数字之间的相似性也是显而易见的。

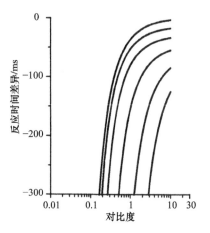

图 4.11 目标大小从 2μsr 处开始反应时间的差异，相对于亮度对比度关系的拟合曲线。每条曲线代表不同的视网膜照度。从左至右，视网膜照度分别为 801 troland、160 troland、31 troland、6.3 troland、1.6 troland 和 0.63 troland（来源：Rea, M.S.and Ouellette, M.J., *Lighting Res. Technol.*, 20, 139, 1988）

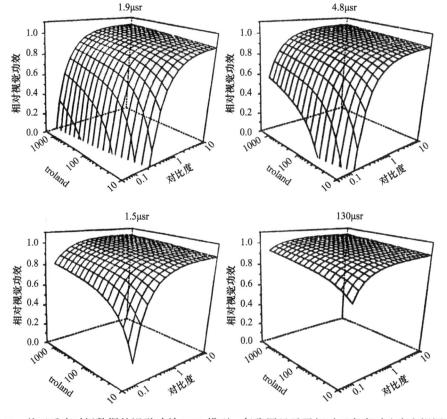

图 4.12 基于反应时间数据的视觉功效 RVP 模型。每张图显示了相对于亮度对比度和视网膜照度（单位：troland）的 RVP 值，目标物有固定尺寸（单位：μsr）（来源：Rea, M.S.and Ouellette, M.J., *Lighting Res. Technol.*, 23, 135, 1991）

这些讨论较为复杂，但是值得，因为了解 RVP 模型的发展很重要。RVP 模型代表了当前可用于预测任务和照明变量对视觉功效影响的最完整方法。它采用严谨的方法和谨慎的报告，经过精心开发。现在需要考虑的是 RVP 模型能多好地预测独立收集的数据的结果。

这个问题有两个答案。第一个来自 Bailey 等（1993）的研究。他们测量了不相关单词的读取速度，单词的字体大小范围为 2 ~ 20 磅，在三种不同的亮度对比度下（0.29、0.78 和 0.985）背景亮度范围为 11 ~ 5480cd/m²。根据读取每行单词所花费的时间以及每行中的单词数量，可以计算出阅读速度。根据读取期间对眼球运动的记录可以获得读取每行所花费的时间。图 4.13 显示了基于字母大小绘制的阅读速度。视觉功效的高原和悬崖形状再次显现。Bailey 等（1993）随后将他们得出的反应时间数据应用于 Rea 使用的公式中（Rea 和 Ouellette，1988），使其匹配他们实验中的刺激条件，以预测背景亮度、字母大小和亮度对比度的不同组合的反应时间。然后将读取速度计算为反应时间的线性函数，具有两个自由变量。对于 5 磅及以上大小的字体，对于所有亮度对比度和背景亮度，预测的读取速度与测量的读取速度的最终拟合是良好的。然而，随着字母大小降至 5 磅以下，预测变得越来越不好。这并非不合理，出于两个原因：第一，RVP 模型所基于的数据不包括相当于 5 磅打印字体或更小的刺激尺寸，因此这种较小的字母尺寸超出了模型的范围；第二，随着字母的减小，无论亮度对比度如何，读取单词的能力都会受到解析字母细节的能力的限制。RVP 模型中使用的基本公式可以用于阅读任务的独立数据收集，并在实际感兴趣的打印大小范围内给出准确的阅读速度预测，这一事实令人鼓舞，证明基本概念是正确的。然而，由于调整了两个自由参数以使拟合值最大化，因此它不是 RVP 模型有效性的决定性证明。

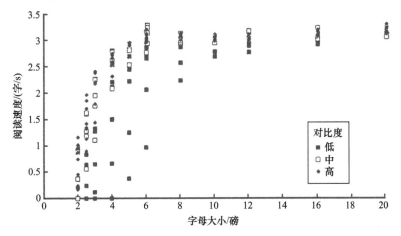

图 4.13 三种不同亮度对比度下，平均阅读速度与字母大小的关系图（来源：Bailey et al., *J. Illum. Eng. Soc.*, 22, 102, 1993）

第二个答案来自 Eklund 等（2001）的研究，他们测量了不同照明和打印条件下对于重复的、速度不限的数据输入任务的长期表现影响。具体来说，24 个人在三间相同的私人无窗办公室里进行将近 4h 的数据录入工作，所有三间办公室都使用了类似的荧光灯盘照明系统，并配有调光系统，使工作面照度可以调节为四档（29 lx、103 lx、308 lx 和 1035 lx）。在 4h 的工作时间里，受试者输入 5 组 10 个符号的字母数字代码，这些代码要有不同的字号（6 磅、8 磅、12 磅和 16 磅）和亮度对比度（0.10、0.22、0.47 和 0.93），这样总计就有 60 种照度、字号和亮度对比度的组合。所测量的任务表现度的指标是正确输入由 50 个字母数字组合所花费的时间。数据录入过程中出现的任何错误都会被实验软件检测到，必须纠正后才能继续进行，从而增加了花费的总时间。这样的结果是将准确率锁定在 100%。图 4.14 显示了每个亮度对比度和字号下对应的平均工作速度，根据工作时间的倒数得出，与照度相对应。这些数据可以用来检测基于 Rea 和 Ouellette（1991）给出的反应时间数据建立的 RVP 模型的精确度。纸面上打印区的亮度和空白区的亮度都被测量，以计算出亮度对比度和背景亮度。然后将这些值插入 RVP 模型中以推算出 RVP 值，再把得到的 RVP 值按最大字号（16 磅）、最高对比度（0.93）和最高照度（1035 lx）的值进行归一化。在相同条件下，数据录入任务的测量平均工作速度也做了归一化。图 4.15 显示归一化后预测数值与测量值之间的关系。很明显，RVP 模型与实测数据吻合较好，但并不完美。

这三个比较用于证明 RVP 模型的可靠性和有效性。Eklund 等（2001）的研究也消除了对其效用的疑问。其中一些疑问来自于收集用于形成 RVP 模型的反应时间数据的条件。例如，反应时间数据采用单眼人工瞳孔采集，并且使受试者的头部与刺激物保持固定距离。此外，唯一的任务是检测固定尺寸的方形目标的存在，这不需要考虑细节的问题。在 Eklund 等（2001）的实验中，受试者使用自然瞳孔，而且可以按照他们的意愿靠近或远离数据录入材料，并且他们需要阅读字母数字字符。由于相同标称印刷尺寸的不同字母和数字在油墨区域内的差异，也产生了其他疑问。在 Eklund 等（2001）的实验中，数据录入材料是一个随机的字母和数字，具有相同的标称尺寸，因此字母和数字的集合在墨水区域有所不同。RVP 模型与在实际情况下工作 4h 期间测量的平均工作速度一致的事实表明，这些怀疑是没有道理的。随着时间的推移，由于不同的观看距离，和不同的墨水区域所引起的视觉系统刺激的变化会被平均，因此可以忽略不计。

4.3.6 局限性

前面提供的信息可以得出结论，RVP 模型代表了一个闭环，从视觉功效的抽象模型，到现实条件下的任务表现的闭环。这样反过来表明 RVP 模型可以用来预测其他任务因照明或任务改变后导致的视觉功效变化。RVP 模型代表了一个可以应用于有限范围任务的概念。最适合的任务是那些主要由视觉成分组成的任务；不需要大规模使用周边视觉的任务；对视觉系统的刺激作用可以通过视觉大小、亮度对比度和背景亮度来完全表征的任务；并且这些变量的值都在用于开发 RVP 模型的范围内。

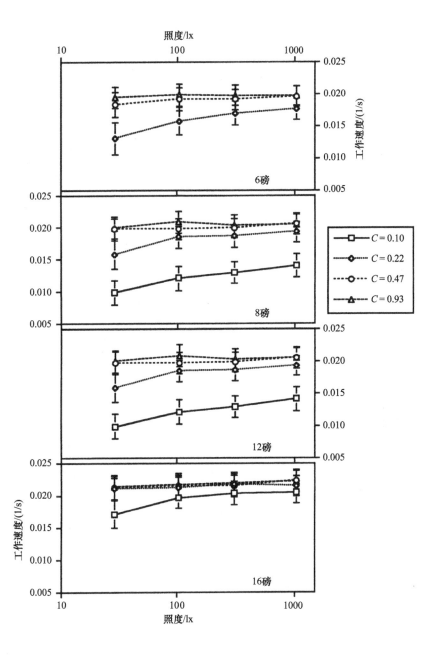

图 4.14　四种字号下数据录入任务的平均工作速度，四张图分别对应了四种亮度对比度下平均工作速度与照度（lx）之间的关系。误差条表示 95% 置信区间。注意，6 磅字体的图只包含三种亮度对比度数据。因为无论哪种照度，很多受试者都无法读取亮度对比度为 0.10 的 6 磅打印字体（来源：Eklund, N.H.et al., *J. Illum. Eng. Soc.*, 29, 116, 2000）

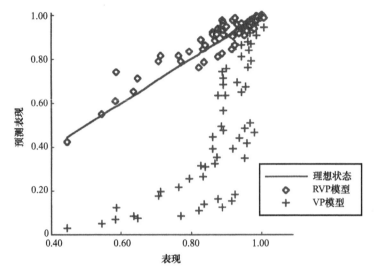

图 4.15　数据录入任务的 RVP 和 VP 模型预测的归一化 RVP 值与测量到的平均工作速度之间的关系（来源：Eklund, N.H.et al., *J. Illum. Eng. Soc.*, 30, 126, 2001）

　　小型非视觉成分的限制源于 RVP 测量视觉功效而非任务表现的事实。当非视觉成分相对较小或者可能发生信息的并行处理时，这两种类型的表现可能是一致的，这似乎可能发生在 Eklund 等（2001）的数据录入任务中。如果非视觉成分很大并且无法进行并行处理，那么 RVP 预测将高估视觉条件的变化对任务表现的影响。要将 RVP 模型的使用扩展到具有重要非视觉成分的任务，需要开发一个任务分析过程，用于确定视觉成分和非视觉成分对任务表现的相对影响。

　　研发 RVP 模型和验证 RVP 模型的视觉任务都让参与者知道从哪里可以获得必要的信息，因此相关任务都限定为仅使用中心凹的视觉。但并不是所有任务都符合这条标准。具体而言，那些需要广泛视觉搜索以找到信息的任务会使用周边视觉，而周边视觉与中央凹视觉非常不同（见第 2 章）。在任务是离轴检测和在轴上识别组合的情况下，特别是如果要搜索的区域有限，RVP 可以很好地提供照明条件对表现影响的合理估计。这一点在 Bullough 等（2012a）的工作中得到了证实，他表明 RVP 可以与在不同形式的照明下，识别人行横道上成人和儿童黑色剪影的明显运动方向所需的时间相关（见图 11.7）。

　　要求视觉任务的刺激可以完全用视觉大小、亮度对比度和背景亮度来表征是必要的，因为这些因素构建了 RVP 模型。视觉刺激的其他重要方面是：色差和视网膜图像质量。当应用于印刷时，Smith 和 Rea（1978）以及 Colombo 等（1987）已经表明，照度对碎片印刷的影响比对整体印刷的影响大得多。至于色差，O'Donell 等（2011）已经表明，即使在刺激和背景之间存在零亮度对比度，具有彩色的刺激和中性背景也可以维持视觉功效。更确切地说，这种色差对视觉功效的影响，取决于可用的亮度对比度以及色彩的色调和色彩饱和度。当刺激的亮度对比度小于 0.2 时，需要饱和色以维持高水平的 RVP，具体的饱和程度取决于特定颜色；如果亮度对比度在 0.2 ～ 0.6 的范围内，则激发纯度仅需 10% 即可实现高水平的 RVP；当亮度对比度高于 0.6 时，不需要存在色差就可以实现高水平的 RVP。

最后值得注意的是，其他的视觉功效模型也已经被构建出来了。其中一种称为 VP 模型，是基于 Weston（1945）的数据。Adrian 和 Gibbons（1994）利用这些数据进行了大量曲线拟合练习，得到一个定量模型，从测量的视觉大小、亮度对比度和背景亮度来预测朗道环任务表现的速度和准确性（CIE，2002a）。与 RVP 模型不同的是，VP 模型不能很好地适应 Eklund 等（2001）独立收集的任务表现数据（见图 4.15）。

Eklund 等（2001）对自己的数据进行了复杂的曲线拟合程序，以产生他们所谓的数据录入任务表现模型。预测的平均工作时间与实际测量到的平均工作时间之间存在着良好的拟合。Clear 和 Berman（1990）在提出任务表现模型时考虑了一个更为一般的目标，其中表现由两个组成部分确定，一个视觉成分可以与可见度水平相关联，另一个非视觉成分独立于可见度水平。他们表示，这种形式的模型能够很好地拟合 Rea（1986）的数值验证任务的表现数据，并且能够同时处理任务表现的速度和精度度量。Bailey 等（1993）使用类似的方法来拟合他们的阅读速度数据，但在这种情况下，可见度水平度量是基于视觉大小而不是亮度对比度。不同之处在于 RVP 模型是视觉功效的模型，并且可以从任务的视觉大小、亮度对比度和背景亮度的物理测量来获得进行 RVP 预测所需的所有测量。任务表现模型要么仅适用于特定任务，要么在使用之前需要其他信息。此外，除非通过测量任务的表现，否则无法获得必要的信息，这引发了一个问题，即为什么有必要预测视觉条件的变化对任务表现的影响，而在预测之前还必须直接测量表现。实际上，这些任务表现模型的价值在于它们所引入的概念。可能在未来的某个时间，将会收集到足够多的数据，使其能够根据可视化和非可视化组成部分的相对重要性对任务进行分类，并使用一些任务表现模型。在这光辉的一天到来之前，RVP 模型标志着探索光与使用视觉系统完成的工作之间关系的定量前沿。

4.4　照明、工作和非成像系统

到目前为止，有关照明与工作之间关系的讨论仍聚焦于照明条件对视觉系统的影响上。照明对任务可见性，即视觉功效的影响是显而易见的，但是如果考虑到非成像系统，工作在什么时间完成就变得很重要。

4.4.1　照明和夜间工作

人类是昼夜哺乳动物，白天活跃，晚上睡觉。如果人们被要求在违背昼夜节律系统的时间里工作，那么完成的难度将大大提高。图 4.16 显示的是在 24h 的不同时间段里读取燃气表读数时发生错误的百分比。错误率在夜间和 14 点左右显著增加，而后者被称为午饭后的沉寂（Minors 和 Waterhouse，1981）。类似这样的夜间任务表现恶化现象还有很多：比如晚间驾驶时打瞌睡的频率、纺织生产中加入线的速度、火车司机错过警告信号的发生率等（Folkard 和 Monk，1979）。过去人们认为只要在晚间提供更高照度的照明就能校正昼夜节律系统并克服这种现象，但却事与愿违（见 3.4节）。有两个原因导致这一点。首先，昼夜节律相移的程度和速度取决于在整个 24h内发生多少光照，以及何时发生的模式。在上下班途中接收到的日光照射，通常会决定昼夜节律系统的相位，并可能停止必要的相移，以重置夜班工作所需的昼夜节律。第二，即使仔细控制日光照射，要产生一个 180° 的相移也需要大约 15 天（Monk 等，1978）。这意味着连续两三个夜晚工作的轮班制不能提供足够的时间进行适应。Sack等（1992）证实了这一点，在连续夜班 3 ~ 5 天后的 24h 内测量了一组工人的褪黑激素浓度。图 4.17 显示夜班组工人和对照组（白天组工人）的平均褪黑激素浓度曲线。有证据表明有部分适应发生，夜间工人的最大褪黑激素浓度出现在 19 点左右，而白天组工人则出现在夜里 2 点。

　　这种缓慢适应的模式表明，有可能利用光照系统地、更快地将昼夜节律系统调节至所需的状态。Czeisler 等（1990）研究表明，即使受试者在回家的路上接受日光照射，也能在 4 天内形成明显的相移，使其进入一种适应的状态。这是通过在 0 : 15 到7 : 45 的夜班期间，让受试者暴露于 7000 ~ 12000 lx 的照度范围内实现的。Czeisler等（1990）还证明，由于这种适应，受试者在夜间轮班时的清醒度更高，算数成绩也比没有适应的对照组更好。

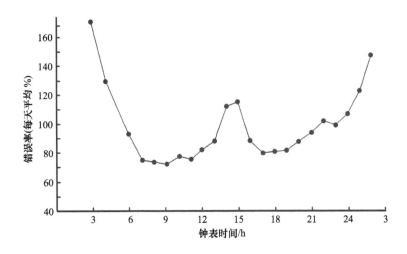

图 4.16　在 24h 的不同时间段内，读取燃气表时发生错误数的不同（来源：Minors, D.S.and Waterhouse, J.M., *Circadian Rhythms and the Human*, Wright, Bristol, U.K., 1981）

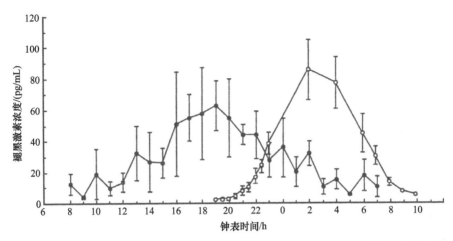

图 4.17　连续上了 4 个夜班后，夜间活动的工人（实心圆圈）和白天活动的工人（空心圆圈）褪黑激素平均浓度与钟表时间的关系（来源：Sack, R.L.et al., *Sleep*, 15, 434, 1992）

Eastman 等（1994）对夜班工作做了类似的研究，不过在这种情况下，光线照射和佩戴深色焊工护目镜以所有可能的方式结合在了一起。有些参与者在晚间暴露于 5000 lx 的照明环境下，但可以在不戴护目镜的情况下自由回家；其他人在工作时暴露于不到 500 lx 的照明环境，但在回家途中戴着黑色护目镜；还有一些人在晚上暴露于 5000 lx 照明环境，并且在回家的路上戴着焊工的护目镜，而其他人则在晚间暴露于 500 lx 照明环境，但在回家时没戴护目镜。所有参与者都睡在黑暗的卧室，白天房间内接收到的光不到 500 lx。结果晚间暴露于 5000 lx 的照明环境并且在白天佩戴护目镜的受试者出现了最大的相移，任何一种因素都会产生一些相移。这个结果强调了两点，第一个是传统室内照明的典型照度（即夜间 500 lx）在日光照射有限的情况下会产生相移；第二个是为了保证相位的偏移，有必要在整个 24h 内控制接收到的光照。

上述两项研究都是在实验室中进行的，为的是验证利用受控光照加速适应工作时间的可行性。这种方法的一项实际应用领域就是航天飞行。美国宇航局（NASA）的机组人员需要在凌晨 2 点左右开始准备发射。发射后机组人员分成两队，每队轮班工作 12h。早班飞行的机组人员常抱怨说，他们的睡眠支离破碎且受到干扰。1990 年，船员隔离区的会议室配有一个能够产生约 10000 lx 的发光天花板。工作人员在发射前一周进入隔离区，经历明亮光线和黑暗轮替的曝光模式，旨在使其适应预期的工作时间安排。返回地面的机组人员反馈他们在飞行中获得了更好的睡眠质量。褪黑激素样本表明适应性变化已经发生（Czeisler 等，1991）。利用光照来调节昼夜节律的方法在工业中的应用还比较少见，但已有的报告表明，这种方法的价值是有限的（Bjorvatn 等，1999）。事实上，尽管已经证明使用基于相位响应曲线的光照模式可以快速完全地使人适应夜班（Eastman，1990），但在实践中却很少有人使用。对照明实践缺乏影响的可能原因是，在传统的工业环境中很难确保符合 24h 的光照模式，以及夜班工人缺乏对更好东西的需求，可能是出于他们对于生活的低期望。Smith 等（2009）提出的折中提议可能会改变这种情况。这一方法是在夜间每小时中抽出 15min 接受强光照射（4100 lx），将最困的时间调整到早上 10 点。这仍然需要对超过 24h 的曝光照明保持谨慎，因为白天在室外必须戴太阳镜，并且必须在黑暗的房间里睡觉，但是在表现、疲劳和情绪方面的好处已经被发现。

鉴于将昼夜节律系统与夜班工作相匹配的尝试很少见，考虑不良适应对任务表现的影响就很有意义。首先，在昼夜节律的夜晚时段工作会影响所有类型的任务，不仅仅是视觉任务。这是因为昼夜节律系统影响我们整个身体的运转，进而影响大脑和身体的所有部分。Tilley 等（1982）研究了轮班工人的睡眠模式和工作表现，轮班工人每周轮流工作三次。上夜班的工人白天必须睡觉，睡眠时间较短，睡眠质量下降。至于表现、两者简单的反应时间和四个选择的反应时间，在夜班期间相对于白天和下午的班次都要长，并且显示出在班次天数上的恶化，可能是因为由于睡眠不足累积引起的，白天睡眠时间和睡眠质量都较差。

幸运的是，还有一种方法可以改善夜间任务的表现。睡意的产生和睡眠质量的下降与褪黑激素浓度的增加密切相关。而光照可以迅速抑制褪黑激素的分泌，这一点也已得到证实。所以有趣的可能性是，晚上暴露在强光下可能会提高某些任务的表现。有一些证据支持这种可能性。French 等（1990）测量了人们在 18:00 到 6:00 之间，在 3000 lx 或 100 lx 的光照条件下进行一系列认知测试的表现。在完成的 10 项认知任务中，有 6 项的表现在强光下得到了改善，其中影响最大的是连续减法和加法。Badia 等（1991）也得到了类似的结果，让夜间工作的受试者在 90min 的明亮光照条件（5000 ～ 10000 lx）和昏暗光照条件（50 lx）下，交替进行工作。在 6 项被测量的认知任务中，有 3 项在明亮的灯光下表现出了显著的提高，而所有的任务在夜间都表现出了下降。Boyce 等（1997）的研究，对连续三晚在同一照明装置下工作的人，也显示出了类似的模式。在完成的 7 项任务中，有 2 项显示出了统计意义上的显著改善，受试者在 2800 lx 的照度下工作时，从午夜到 8:00 或从午夜到 2:30，照度在 8:00 前呈稳定下降趋势。在相同的时间段内，在固定的 200 lx 照度下工作，或者在 5:30 点照度仅达到 2800 lx 的情况下增加照度，会产生较低的表现水平。

这些结果的一个共同特点是，有些任务比其他任务对夜间工作的影响会更敏感。夜班工作的研究表明，有两种类型工作对夜间时段最敏感。一种是认知复杂性，需要对信息进行心理操作的工作，例如分析一个复杂的物流问题并找到最佳解决方案（Boyce 等，1997)。另一种是需要清醒型的任务，在这种任务中，人们必须时刻留意不变的信息，以防某些意外发生，例如，在封闭工业现场的保安（Cajochen 等，1999)。在这种情况下，风险在于无聊和瞌睡，而不是无法应对。例如在核电站的控制室里，人们晚上可能整晚都没什么事可做，但一旦发生事情又必须迅速做出重大抉择，以避免严重后果。

总结这一讨论，夜间接受光照的影响可以分为生理和行为两部分。明亮的光线可以抑制褪黑激素，并改变昼夜节律的相位，这无疑是正确的。暴露在阳光下可以用来纠正由于夜班工作而导致的昼夜节律失调。晚上暴露于光线下对工作表现的影响尚不太清楚。褪黑激素的抑制和 / 或强光照射产生的昼夜节律的改变，是否足以克服夜间工作的负面影响，取决于任务的结构和执行任务的环境。这意味着，在预测夜间光照对任务表现的影响时，没有简单的答案，也无法保证（Figueiro 和 Rea，2011；Kretschmer 等，2011）。

4.4.2　照明和日间工作

人们可能会认为，对于那些白天工作，晚上睡觉的人来说，昼夜节律被打乱是没有问题的。然而还有其他非成像系统需要考虑，比如涉及激素皮质醇的觉醒系统（见 3.5 节）。早晨暴露在强光下会增加皮质醇浓度，而下午或晚上暴露在强光下则不会（Scheer 和 Buijs，1999；Ruger 等，2006）。由于皮质醇被认为参与集结资源以进行活动，白天暴露于强光（1000 lx）下 5h 已经被证明可以提高清醒度并且改善任务表现。特别是当天剩下的时间都是在比平时低得多的照度（5 lx）下度过的，被检查的人在前两晚的睡眠受到限制（Phipps-Nelson 等，2003）。有趣的是，Kaida 等（2007）检查了在午后持续 30min 暴露于 2000 lx 日光下的影响。他们发现清醒度显著提高，但对认知任务的表现没有影响。这种现象的具体原因仍然未知。其他研究检验了使用对 ipRGC 有更大刺激作用的光源对非成像系统的影响，即具有更高相关色温（CCT）的光源。Viola 等（2008）发现使用 CCT 为 17000K 的荧光灯，相比于使用 2900K 的光源，更能提高清醒度和主观表现。Mills 等（2007）也发现了使用高色温光源的类似效果，但使用较窄范围的 CCT 的其他研究，未能发现任何效果（Veitch 和 McColl，2001）。

值得注意的是，上述研究中使用的条件通常超出了照明实践的正常范围，即非常高的照度或色温。Smolders 等（2012）已经研究了一组更加真实的条件。测量了在不同时间段（上午和下午）的两次 1h 光照，在 CCT 为 4000K 的光源提供的两种照度（200 lx 和 1000 lx）下，对警戒型任务表现和清醒度与能见度的影响。结果表明，在更高的照度下，受试者感觉到更少的困意，在两个时间段都更有精神并且在警戒任务中（特别是在上午）有着更短的反应时间。

针对前面讨论的发现，人们提出了一天中不同时段的光量和光谱的照明计划。具体来说，应该在上午和午餐后提供较高色温（最大值为 4600K）的较高照度（最大值为 700 lx），并在其他时间逐渐过渡到较低色温（3000K）的较低照度（500 lx）。到目前为止，没有证据表明这样的照明计划对现实中的任务表现有任何影响，这可能是由于照明条件的差异被办公室中的大量日光所中和（de Kort 和 Smolders，2010）。

所有这一切都表明，无论照明是否对视力有影响，当昼夜节律系统与活动时间保持一致时，什么照明条件是必要的，需要更广泛和深入的研究，才能得出一些确定的结论。

4.4.3 处理睡眠不足

到目前为止，考虑到白天和晚上都要工作，人们认为不工作的时候就有机会睡觉。但在紧急情况或军事情况下，人们不得不比平时工作更长时间，并且睡眠的欲望也被压制了。本节将要讨论的问题是，在这种情况下人们工作表现如何，并且照明是如何提供帮助的。

Cajochen 等（1999）研究了 32h 不睡觉的人的睡眠和行为模式，这个时长已经超过了传统意义上的一天，从早上 8 点开始，一直持续到第二天 16 点。图 4.18 显示了核心体温和褪黑激素的模式，两者都是确认已久的昼夜节律指标；眨眼频率、缓慢眼球运动、第 1 阶段脑电图（EEG）模式以及 Karolinska 困意指数（Karolinska sleepines scale）评分，所有这些都与睡眠有关；反应时间、心算任务以及短期记忆任务的表现。在 32h 的清醒状态中，受试者被暴露在 15 lx 的恒定光照下。图 4.18 显示了夜间核心

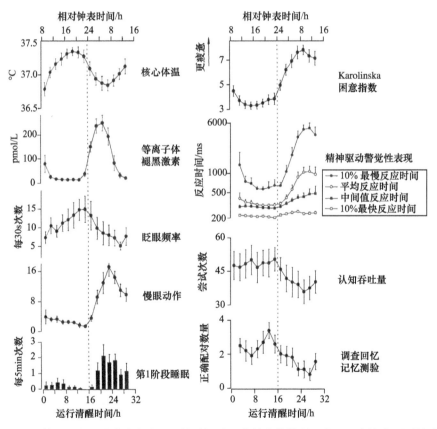

图 4.18　核心体温和褪黑激素浓度在 32h 的时间过程中的变化情况。在 32h 内的嗜睡测量时间过程中，即每 30s 的平均眨眼次数、缓慢眼球运动、第 1 阶段睡眠和嗜睡等级。在 32h 内完成需要保持清醒、心算（认知吞吐量）和短期记忆的高度可见任务的时间进程。虚线表示受试者的习惯性睡眠时间。误差条是平均值的标准误差（来源：Cajochen, C.et al., *Am. J. Physiol.*, 277, R640, 1999）

体温下降、褪黑激素浓度升高的预期规律。睡眠测量都显示出夜间睡眠倾向的增加，并在第二天有所恢复。所有的测试结果都显示，当晚的表现有所下降，第二天有所恢复，但不足以恢复到试验开始时的水平。特别有趣的是关于反应时间任务的结果。在这些数据中，明显可以看出的是夜间反应时间范围的增加。在夜间最快 10% 的反应时间和白天差不多，但是最慢 10% 的反应时间是白天的 1/20。这种反应时间上的延长，与连续工作而不睡觉最常见的影响是一致的，即出现了反应迟缓的现象（Wilkinson，1969)。有许多任务特征，它们决定了出现失误的可能性。持续时间长（即超过30min)、单调和外部节奏快的任务似乎更容易在睡眠不足期间出现失误。相反，那些被认为是短时间的、有趣的或有回报的、自我调节的任务不太可能出现失误，尽管自我调节的任务可能做得更慢，以保持相同水平上的准确性（Froberg，1985）。重要的是要认识到失误数量的变化是相对的。随着睡眠不足的增加，所有的任务表现都显示出一定程度的下降，但在短时间内，有趣的、有回报的、自我调节的任务中，下降的幅度较小。任务结构的一个特别有趣的方面是：短期记忆（瞬时记忆）的需求程度。需要使用短期记忆的任务对睡眠缺乏特别敏感，这一观察结果与 Cajoshen 等（1999）的发现一致，即大脑的额叶区域比枕叶区域更容易受到睡眠的影响。

　　Figueiro 和 Rea（2011）的一项研究中也发现了类似的昼夜节律模式。他们让一些参与者 27h 都醒着，从早上 7 点到第二天早上 10 点；而另一些人则被允许睡将近3h（从夜里 1 ：00 到夜里 3 ：45）或将近 7h（从夜里 1 ：00 到早上 7 ：45）。所有参与者清醒的时候都待在用红灯照亮、眼睛处不足 1 lx 照度的房间内，除了偶尔能接受到470nm 的发光二极管照亮的盒子所提供的一系列 50min 的蓝光照射，发光二极管在眼睛处产生 40 lx 的照度。这些 50min 的蓝光照射开始于 8 ：10，此后每隔 4h 发生一次，直至最后一次，第二天的曝光开始时间是 8 ：10。在接受蓝光照射的前 50min 和后50min，参与者分别进行了三个短期的行为测试，分别是简单的反应时间、强制选择反应时间和样本匹配测试。图 4.19 显示了那些在 27h 内保持清醒的参与者和那些晚上有机会睡近 7h 的参与者在完成这三个任务上的表现。所有这三个测试的表现都用吞吐量表示，这是一种精度和速度的度量，即更准确、更快的表现会导致更高的分数。图 4.19 显示了预期的表现在一天中的增长模式：夜间表现下降，第二天早上又有一定程度的恢复。然而蓝光照射的作用还不太清楚，人们认为蓝光对抑制褪黑激素非常有效。在夜晚即将结束的时候，即 25h 过去后，暴露于蓝光对于整夜不睡以及那些有机会入睡的人，对于他们所有执行的三种任务表现的提高均有关系，这种效应可能只是动作上的皮质醇醒觉反应（见 3.5 节）。晚上 21 点后，暴露于蓝光照射下处于清醒状态的组，似乎在简单反应时间任务中的表现有了提高，而在强制选择反应时间任务或样本匹配任务中都没有提高，这两者都需要使用短期记忆。从中午到午夜，继而忽略了第一次曝光的影响，暴露于蓝光的三种任务类型的表现有时提高，有时下降，尽管在午夜暴露于蓝光之后，即在 17h 之后（虽然在这之前，经过 13h 后，在 20 点表现出现下滑），所有三种任务类型有了改善。

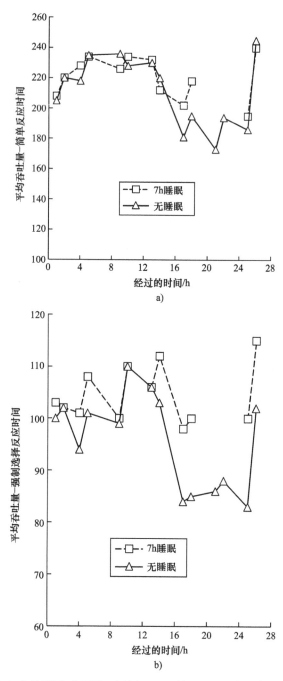

图 4.19　受试者在 27h 内的不同时间段，经历 50min 的 40 lx 蓝光照射，对任务表现的影响。a）简单反应时间和 b）强制选择反应时间：对于从夜里 1:00 开始可以睡 7h 或不允许睡觉的人。c）样本匹配测验：对于从夜里 1:00 开始可以睡 7h 或不允许睡觉的人。时间从早上 7 点开始（来源：Figueiro, M.G.and Rea, M.S., *Lighting Res. Technol.*, 43, 3439, 2011）

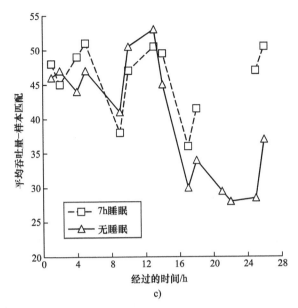

图 4.19 受试者在 27h 内的不同时间段，经历 50min 的 40 lx 蓝光照射，对任务表现的影响。a）简单反应时间和 b）强制选择反应时间：对于从夜里 1：00 开始可以睡 7h 或不允许睡觉的人。c）样本匹配测验：对于从夜里 1：00 开始可以睡 7h 或不允许睡觉的人。时间从早上 7 点开始（来源：Figueiro, M.G.and Rea, M.S., *Lighting Res. Technol.*, 43, 3439, 2011）（续）

至于能够睡觉的影响，值得注意的是第二天早上，有机会睡觉的参与者相比于整晚保持清醒的参与者，在更加复杂的强制选择反应时间和样本匹配任务上表现明显更好。这不是简单反应时间任务的情况。有趣的是，那些有机会睡觉的人，与那些没有机会睡觉的人，同时在午夜进行三种任务类型之间存在差异（在经过 17h 之后），尽管在那个阶段，两组人醒着的时间是相同的。这可能是动机的作用，而不是生理的作用，但它确实证明了光照和任务表现之间不同路径的相互作用，以及试图解决遇到的困难时，认知表现变化的多种可能原因。总的来说，对之前提出的问题的回答是，睡眠不足会导致夜间表现下降，而随着白天的到来，这种情况只会部分消除。晚上暴露于蓝光下可以提高一些任务的表现，但并不是全部。

也有一些证据表明，白天的光照会影响我们晚上的表现。Figueiro 等（2013b）测量了一个 54min 时长的追踪任务的表现，从 7 点开始的 26h 内，每 4h 间隔一次。有趣的结果是，从早上 7 点到下午 17 点，每 4h 暴露在 500 lx 以上的日光下，以及从早上 8 点开始每 4h 有 65min 暴露在短波长光下，在深夜的表现比在黑暗中度过整个 26h 要好。

值得注意的是，在之前描述的所有研究中，睡眠不足都是一个晚上积累起来的。然而很多情况下睡眠不足是很多夜晚慢慢积累的。Canazei 等（2013）研究了动态照明对电子装配线上长期早班的女工工作表现的影响。早班从早上 6 点开始，到下午 14 点左右结束，经常发现上早班的员工睡眠不足。动态照明由高色温（6500K）的光源提供，任务上的照度从 1000 lx 开始，在 2h 内增加到 2000 lx，从 8 点开始，保持较高照度，直到轮班结束。研究发现，在冬季，动态照明可以提高电子装配线工作的平均处理时间，而在夏季则不能。这一改进是相对于同一工人在 4000K 光源提供的 1000 lx 固定照度下的平均处理时间。冬季和夏季动态照明效果的差异，可能是由于冬季轮班前后日光的可用性有限。很明显，灯光在减轻睡眠不足对工作表现影响的方面发挥着一定的作用，但需要进行更仔细的研究才能放心使用。

4.5　照明、工作、情绪和驱动力

照明不产生工作，它只是让需要用到视觉系统的工作可以进行。要完成多少工作，完成质量如何取决于很多其他变量，其中最重要的一项是驱动力。工作的驱动力受到许多方面的影响，如回报、风险、需求、恐惧、乐趣、自豪感、强迫和野心等，不过毫无疑问工作环境也很重要。那么照明如果通过提升驱动力来提高任务表现呢？最简单的情况，如果照明不足或是闪烁等导致了视觉不适，那就很有可能会产生负面情绪。幸运的是，引起视觉不适的照明条件是众所周知的（见第 5 章），并且很容易避免。这意味着对于大多数工作，只要遵守当前的照明标准和实践，通常足以确保人们不会对照明产生负面情绪。然而照明有没有可能消除负面情绪并提升积极情绪呢？毫无疑问，照明可以改变观察者的情绪（Baron 等，1992；McCloughan 等，1999），至少短期内是可以的，只是这种情绪能否持续尚不清楚。积极的情绪可以通过两种方法产生：一种是提供必要的任务可视性，没有不适，并将照明与建筑相结合，使空间成为美好的事物和快乐的源泉（CIE，1998a）；另一种是让人们对自己工作场所的照明有一定的控制权，因为每个人对于光照量的偏好存在很大差异（Boyce 等，2006a）。值得注意的是，这两种方法并不是相互排斥的，前者更倾向于应用在人们喜欢去的地方，如餐馆等；而后者更常见于日常工作场所，如办公室等。

能够利用照明引发积极的感受很重要，因为日常事件或环境产生的愉悦感已经被证明会影响认知和社会行为。具体来说，积极影响已被证明能提高某些决策的效率，并促进创新。例如，研究表明积极影响改变了人们通过合作而不是回避来解决冲突的偏好，也改变了人们对所执行任务的看法（Isen 和 Baron，1991）。决定积极影响的因素都是细小且宽泛的：细小，是因为产生积极影响的刺激是低水平的刺激，例如一份意想不到的小礼物，或者得到表扬等；宽泛，是因为积极影响可以受到物理环境、组织结构乃至组织文化的影响。照明显然是物理环境的一部分，照明条件（如照度和照明的相关色温）已被证明可以以一种与积极影响相一致的方式改变情绪（McCloughan 等，1992）以及行为（Baron 等，1992）。但必须承认，照明只是影响情绪和动力的诸多因素之一，一旦视觉不适被消除，它可能变成第二阶或三阶的因素。

这就引发出一个问题：在白天当任务可见性保持不变时，有什么证据能够证明现有的照明能够影响任务表现。答案是很少。早期曾有实验试图证明照明质量对办公室任务的影响，结果是产生了若干小影响（Veitch 和 Newsham，1998a），这些小影响可能与可见性的差异有关，也可能无关。在另一项刻意控制任务可见性的研究中，不同的光分布对长时间的任务表现没有影响，尽管照明专家们认为照明的质量有很大不同（Eklund 等，2000）。类似地，Fostervold 和 Nersveen（2008）发现，不同比例的直接和间接照明对办公室员工的健康、幸福感和认知表现产生的有统计意义的影响非常小。为了证明更好品质的照明对任务表现的好处，Boyce 等（2006b）的尝试可能是最有趣的。研究人员在模拟办公室中进行了两项实验，让临时办公人员在不同的照明装置下工作 1 天。实验 1 设置了 4 种照明条件，分别是规则排列的嵌入式灯盘、没有控制的上下出光灯具、上下出光灯具加上可自行开关的台灯以及定制的上下出光灯具，其中下出光比例可以控制。实验 2 对比了两种没有单独照明控制的情况：一组规则阵列的嵌入式透镜灯具和一组悬挂式上下出光灯具。办公室里几乎没有阳光，研究对象每天按照相同的日程活动，具体包括一系列旨在测量他们的感知和感受、视觉能力、驱动力、清醒度、打字速度、认知任务表现、工作策略以及社会行为的活动。受试者能够区分不同的照明装置。大部分受试者认为上下出光灯具比直接下照灯具更舒适，带有单独控制的灯具让舒适度进一步提高（见表 5.2）。然而照明质量对任务表现都没有太大的影响，尽管发现了与任务可见性、练习和疲劳相关的预期表现变化。

对于那些相信高质量照明好处的人来说，这样的结果肯定令人失望，但不应该完全放弃希望。这些实验是围绕一系列假设建立的，这些假设形成了所谓的"连锁机制图"（Wyon，1996）。这是一种逻辑结构，试图设定自变量（如照明装置、工作面的反射率和对照明的单独控制程度）影响因变量（如健康和幸福感以及任务表现）的路径。图 4.20 显示的是假设的连锁机制图。光照条件的变化会影响视觉舒适度和视觉能力，后者直接影响视觉任务的表现，并可能影响人们对于自身能力的感受。改变照明条件也可能影响人们对灯光的评价，可能会改变心情。情绪的变化可能会影响健康和幸福感，以及完成任务的动机，后者反过来会影响任务表现。最后，给人们可以控制的照明会直接影响他们的情绪，从而影响健康和幸福感以及动机。使用方差分析和非参数检验（Boyce 等，2006b）对结果进行初步分析，然后使用中介回归分析（Veitch 等，2008）对结果进行更复杂的统计分析，得到由已验证步骤构成的连锁机制图（见图 4.21）。最初的分析表明，不同的照明装置在被感知时是不同的，改善任务可见性的条件导致更好的任务表现，个人对照明的控制会改善动机和幸福感。后面的分析证实了这些发现，影响最大的路径是从评估到健康和幸福感。那些认为办公室照明质量更高的参与者认为这个空间更有吸引力，他们感觉心情会更好，感觉更幸福。另一条路径是从视觉性能到任务表现。最初的分析没有揭示出这两条路径之间的任何联系，即评估路径和视觉路径之间的联系，但是后来的分析显示了这两条路径之间的联系，尽管对效果的影响很小。这些连接从偏好的照明条件上直接运行到任务表现或通过动机间接运行。对于这些连接的证据是薄弱的，从某种意义上说，这些链接是违反直觉的，因为它们是负面的，这意味着吸引力较低的灯光可能产生更好的任务表现。

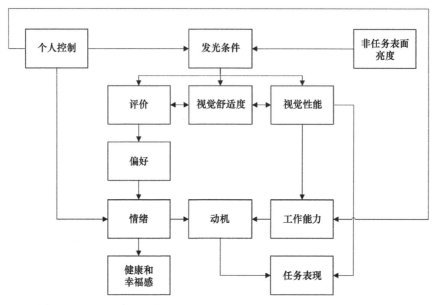

图 4.20 一个假设的连锁机制图（来源：Veitch, J.A.et al., *Lighting Res. Technol.*, 40, 133, 2008）

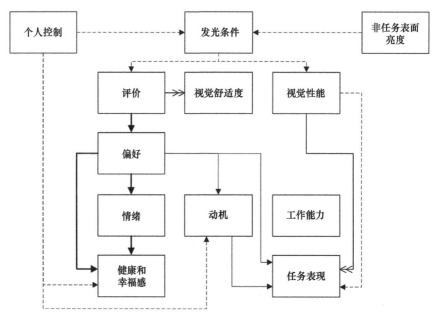

图 4.21 连锁机制图，用虚线显示照明条件测试结果，用实线显示回归测试结果。粗实线显示评价路径，带有双箭头的细黑线表示视觉路径（来源：Veitch, J.A. et al., *Lighting Res. Technol.*, 40, 133, 2008）

能从这项工作中确切得出的结论是：照明改变了空间感受，可以影响健康和幸福感，但只有在任务的可见性也发生变化时才会影响任务表现。未能在情绪、动机和表现之间找到预期的联系，有两个看似合理的原因。第一个是简单的照明条件和任务范围的研究，可能需要更极端的照明条件和任务才会显示出联系。其次，每种照明条件的体验都被限制在一天之内。这可能是因为，在一天当中会被忽略的照明条件，在人们连续几个月置身其中时就会变得更加重要。

鉴于研究中采用的照明装置和实验任务都在办公室里很有代表性，因此，使办公室照明变得更差或使任务变得更困难，在学术上是有趣的，但现实中无关紧要。对于办公室来说，唯一值得研究的问题就是如何应对日光。Kuller 等（2006）在阿根廷、沙特阿拉伯、瑞典和英国的工作场所针对照明和颜色对情绪的影响进行了广泛调研。有趣的是研究发现，灯光照度对情绪没有统计学上的显著影响，大多数受访者认为灯光提供的恰到好处。然而，从统计学上看，与窗户的距离对情绪有着显著的影响，至少在日光有限的 2 月份，人们接近窗口（< 5m）或远离窗口（10 ~ 100m）都要比离窗口不远不近（5 ~ 10m），获得更多的积极情绪。这符合人们喜欢尽可能在日光下工作的事实（见 7.3.1 节）。

考虑应用和任务的范围也是有益的。零售业和酒店业使用的照明条件比办公室种类丰富得多，对他们而言，客户行为就是最重要的评价指标。有一项研究支持了此观点，该研究证明了天窗的存在与超市销售额之间存在强相关性：天窗可以带来更高的销售额（Heschong 等，2002a）。目前尚不清楚这种效果是由于日光本身，还是因为日光部分的照度比人工照明的照度更高，让商品的可见性更好。尽管如此，这些领域的研究，比在办公室进行的进一步模拟研究更有可能产生有趣的结果。

至于第二个可能的原因——有限的曝光时间，这表明研究高质量灯光对表现影响的另一种方法是：进入实地研究。这有许多好处，首先，实地研究比模拟实验具有更高的真实性；第二，实地调查可以在较长时间内积累结果；第三，对工作人员的照明效果进行实地研究，将有可能衡量照明条件对组织而非个人层面的表现和行为方面的影响。例如，缺勤、招聘和留住工作人员是各组织的重要考虑因素。

当然，长期实地研究需要注意两个事实：第一，照明只是影响情绪和动机的众多因素之一，许多情况下可能只是次要的，甚至是微不足道的；第二，情绪、动机和任务表现之间的关系是一个概率问题，而不是确定的。如果接受了这些事实，那么我们就应该改变图 4.21 所示的定性关系，利用结构方程模型将其转化成定量关系（Beckstead 和 Boyce，1992)。Veitch 等（2007）报告过这样一项实地研究。他们对来自北美 9 个办公室的 714 名工作人员的调查问卷结果做了处理，并构建了一个结构方程模型，显示出对照明的满意度、对音响效果 / 隐私的满意度、对通风 / 温度的满意度，以及对环境和工作总体满意度之间的关系。工作满意度是一项重要指标，因为它与组织承诺、离职意愿和员工的实际流动率有着密切的联系（Carlopio，1996；Wells，2000)。此外，员工工作满意度越高的组织，客户满意度越高，财务表现越好（Harter

等，2002)。意料之中的是，该模型显示对照明的满意度并不是对整体环境满意度最重要的因素，而对环境的总体满意度对工作满意度的贡献较小，仅占工作满意度变化的9%。尽管如此，这类研究，以及涉及组织效率各个方面实际测量的更传统的长期研究，可以更清楚地说明照明质量在决定员工生产力方面的作用。

4.6 总结

照明条件可以通过三种途径影响任务表现：视觉系统、昼夜节律系统以及情绪和动机的变化。照明条件对视觉系统的影响，以及因此对视觉功效的影响，是由任务的大小、亮度对比度和颜色差异以及照明的数量、光谱和光分布决定的。照明对昼夜节律系统的影响取决于光照的数量、光谱、时间和持续时长。照明对情绪和动机的影响是由它所传递的信息决定的。

大多数关于照明对工作影响的研究，都聚焦在对视觉系统的影响上。早期研究都是实地研究。虽然这些研究具有较高的表面效度，并且经常显示出随着照度的增加，预期任务表现的提高，但从中得出的结论仅限于具体的特定任务。在实验室中也进行了模拟实验，实验控制比实地研究好，但在理解程度上几乎没有提高。

使用在大范围条件下测量的标准任务分析方法，定性地证明了增加照度对视觉功效的影响。它们是：照度的增加遵循收益递减的规律，即照度的等幅增加导致视觉功效的提升越来越小，直到饱和；饱和发生的点，对于关键细节的不同尺寸和对比度是不同的；通过改变任务比增加照度更能提高视觉功效；而且，仅仅通过在任何合理范围内增加照度，是不可能使视觉上困难的任务，达到视觉上容易任务的性能水平的。整体的概念就是视觉功效的大致形状，可以被看成是一个高原和一个陡坡，对于大部分任务和照度来说，视觉功效的变化是轻微的，但到了某个点上照度的下降，也会引发视觉功效迅速恶化。

虽然这种理解是有用的，但它还不足以定量地预测光照条件对所有任务的视觉功效的影响，尽管对某些任务是有效的。然而，视觉功效的 RVP 模型，已经被证明能够准确地预测由视觉组件控制的任务；在任何程度上都不需要使用周边视觉；对视觉系统产生的刺激只能通过其视觉大小、亮度对比度和背景亮度来完全表征；这些变量的值都在用于开发模型的范围内。另外两个影响视觉功效的变量是：视网膜图像质量，以及任务与其直接背景之间的颜色差异。视网膜图像质量差会降低视觉功效，但当亮度对比度较低时，明显的颜色差异可以维持高水平的视觉功效。

光照对任务可见性的影响，也就是视觉功效，在任何时候都是明显的，但是只要考虑昼夜节律系统，当工作完成的时候就变得很重要，其结果适用于所有类型的任务，而不仅仅是视觉任务。当人们试图在晚上工作时，他们会在执行各种任务时遇到困难，因为昼夜节律系统告诉他们要睡觉。有两种方法可以减少这些困难。第一种方法是通过控制光照来改变昼夜节律的相位，使清醒的时间与工作的时间相对应。原则上这是可能的，但在实践中作用却并不大，因为必须在整个 24h 内控制有效的光照。另一种方法是使用光照抑制荷尔蒙褪黑激素，因此晚上会增加清醒感，反过来，会使一些任务的表现得到改善。对于夜班工作的研究表明，对夜间工作最敏感，因此从光照中获益最多的任务有两种类型：一种是认知复杂性，需要对信息进行心理控制；另一种是警觉型任务，在这种任务中，必须把注意力放在一成不变的信息上，以防止小概率事件的发生。在这种情况下，风险存在于工作人员的无聊和睡眠，而不是无法应对的事情。

人们可能会认为，对于那些白天工作、晚上睡觉的人来说，打乱昼夜节律系统是没有问题的。然而，还有其他非成像系统的因素需要考虑，比如涉及激素皮质醇的唤醒系统。试图证明白天暴露于高光照水平和高相关色温下，除了通过可见性影响任务表现外，还会产生形形色色的结果。这表明，当昼夜节律系统正确地与活动保持一致时，照明是否在视觉影响之外发挥着重要作用，如果是这样的话，那么什么样的照明条件是必要的，需要更广泛和仔细的研究才有可能得出一些明确的结论。

在紧急情况或军事情况下，人们可能需要比平时更长时间不睡觉，但在这种情况下，工作表现会发生什么变化呢，又有什么是照明可以帮上忙的？在持续光照的 32h 内，人们表现出预期的昼夜节律模式：核心体温下降，夜间褪黑激素浓度增加，次日有所恢复。类似地，任务表现在夜间表现为性能下降，第二天会有一些恢复，但不足以恢复到原来的水平。晚上暴露于光线下可以改善睡眠不足的人员的表现，但仅限于某些任务和某些时候。

照明影响任务表现的另一个途径是通过情绪和动机。照明不生产工作，它只是使需要用到视觉系统的工作变得可见。完成的工作量和质量取决于许多其他变量，但最重要的是动机。那么，通过提升动机，照明在提高任务表现方面扮演了什么角色呢？简单来说，如果照明没有让需要看到的东西清晰可见，或者通过强光或闪烁带来不适，再或者只是没有达到预期，从而导致视觉不适，那么就很可能会产生负面情绪。幸运的是，引起视觉不适的照明条件是众所周知的，并且很容易避免，所以遵守当前的照明标准和实践，通常足以确保人们不会对照明产生负面情绪。但是照明能产生积极的感觉吗？毫无疑问，至少在短期内它是可以的，尽管这种情绪是否会在长时间的暴露中持续尚不清楚。积极的情绪可以通过两种方式产生：一是提供必要的任务可视性，没有不适，并将照明与建筑相结合，使空间成为美好的事物和快乐的源泉，即提供更好的照明质量；另一种认知是，人们对一项任务所提供的光照量的偏好存在很大差异，这让人们对自己工作场所的照明有了一定的掌控。能够对照明产生一种积极的反应是很重要的，因为由日常事件或环境产生的愉悦感，也就是所谓的积极反应，已经被证明会影响人们的认知和社会行为。不幸的是，许多尝试表明，在不改变任务可见性的情况下提供更有趣的空间照明，都没有发现照明对任务表现有任何影响。然而，另一组研究基于测试一系列光照条件、任务表现以及健康和幸福感之间的假设关系，已经表明的是：提高照明质量和给人们单独可控的照明，可以提高健康和幸福感，但这种感觉对任务表现影响甚微。这次失败有两个看似合理的原因：第一，研究的照明条件和任务范围（代表办公室照明和办公室工作）可能过于局限；第二，每种照明条件的体验都被限制在一天之内。第一个原因表明，考虑将正在被检测的应用范围扩大到办公室以外，以及扩展构成任务的定义，可能是富有成效的。零售行业和酒店业使用的照明条件比办公室要广泛得多，对他们来说，客户行为是最为相关的表现形式。这些领域的研究更有可能产生有趣的结果。第二个原因是建议转向长期的实地研究。这样的调查将比在传统实验室或模拟研究环境中具有更高的真实性，因为这两种研究都不能完全重现工作现场的环境。可见性对任务表现的影响与环境无关，但情绪和动机的影响与环境有关。之后相关的研究，需要真实组织中的真实人员来进行。实地研究还可以在很长一段时间内积累结果，并且可以衡量照明条件对组织而非个人层面上的表现和行为方面的影响。最后一点很有吸引力，因为已经有证据表明：对照明条件的更大满意度有助于更大的环境满意度，而环境满意度则反过来又会导致更大的工作满意度。工作满意度是一个重要的结果，因为它与组织承诺、离职意愿和员工的实际流动率紧密相关。

总的来说，这篇关于照明条件如何影响工作能力的综述从确定性到可能性均有涵盖。这种确定性与可见性对视觉功效的影响有关，也与光照对昼夜节律时间的相位变化和夜间清醒度的提高有关。不确定性的增加，随着我们从视觉功效转向任务表现，从提高夜间清醒度到不同类型任务的结果。当人们试图理解由情绪和动机的变化所驱动的空间照明对任务表现的影响时，不确定性也就达到了顶峰。尽管开发了一个经过验证的 RVP 模型，但是关于照明和工作之间的关系仍然有很多有待了解的地方。除非人们认识到，对于许多正在寻求的效果来说，照明只是众多变量中的一个，因此照明和工作之间的联系是一个概率问题，而不是一个确定性问题，否则不太可能取得很大的进展。

第 5 章　照明与视觉不适

5.1　引言

　　照明除了确保人们可以看到需要看到的内容之外，还要保障视觉舒适感。但什么是视觉舒适？有种观点认为只要没有视觉不适就是视觉舒适。这句话合乎逻辑，但没什么用。有一些照明会引起不适，当把所有引起不适的因素都消除后，是否还存在某种因素经过操作后能让人产生正向的舒适感呢？ Zhang 等（1996）以及 Helander 与 Zhang（1997）曾研究过座位舒适感和不适感的问题。他们发现，对舒适和不适的感知是相互独立的，而不是关联的。具体来说，坐着时的不适感主要来自于酸痛和麻木，其特点是这些感觉会随着时间加长而增加，并且可能和座位本身给人带来的生理压力有关。而舒适的感觉主要来自享受和美感，这些感觉受时间的影响不大，同时和奢侈、豪华这些感受相关联。把这个框架应用到照明上可以得出，大多数权威机构提出的关于优质照明的建议都是怎样消除视觉不适感的，而照明设计师的谋生之道则在于给人们提供视觉上的舒适感。本章将专门讨论照明和视觉不适的主题。

5.2　视觉不适的特征

　　视觉不适具有许多独特的特征。首先，其特点是个体差异性很大，以至于早期的一些关于不舒适眩光的研究在选择受试者时，优先考虑的是他们反应的可靠性而不是这些人的代表性（Hopkinson, 1963）。存在这么大的个体差异的部分原因在于，要求人们说出某个照明何时变得不舒适实际上包含两个过程：辨别和判断。也就是说个体必须先分辨出某种情况发生了变化，然后再判断这个变化是否属于不舒适。对于照明，这个过程中的辨别部分主要由视觉系统所决定，而视觉系统不可避免地存在个体差异。而接下来的判断部分又增加了另一个变化维度，判断过程的主要问题在于，什么样的照明被认为不舒适，或者换种说法，什么样的照明是可接受的，往往是基于每个人过去的经验而导致的期望和态度。人们对生活中的各种东西都抱有期望，从汽车和计算机等简单直接的对物质的期望，到对医疗保健和人际关系等复杂问题的期望，而且这些期望还随着时间在不断发生变化，对于照明也不例外。问题在于无论来自相同或不同文化背景的人，个人经历都是不同的，因此所持的期望也不一样。这种期望的差异有个很典型的案例：曾经有人组织全球的照明设计师来评估北美常见的隔断装修办公室的照明质量，结果来自北美的设计师和非北美地区的设计师之间的差异是如此之大，最终只能把他们分成两组才能达到一致意见（Veitch 与 Newsham,1996）。

其次，视觉不适和环境背景有关。在一种应用环境中被认为不舒适的照明可能在另一种环境中就不是了。例如，在办公室中闪烁光是不可接受的，但在娱乐场所里却能令人兴奋。

再次，视觉不适的决定因素覆盖整个视野。这将视觉不适与视觉功效区分开。与视觉功效相关的照明因素通常仅限于直接工作区域。而造成视觉不适的影响因素可能发生在空间内的任何地方。

5.3 视觉不适的一般原因

视觉不适可以从很多迹象上来识别，诸如照明相关的健康问题频繁发生，或者人们对照明的抱怨增多等。视觉不适引起的常见症状包括眼睛发红、发酸、发痒和常流泪；还有由于姿势不佳引起的身体酸痛。当然了，许多其他原因也可能导致这些症状。所以在通过旁证证实之前，不应认为这些症状都是由错误的照明引起的。这和处理人们对于灯光昏暗的抱怨一样。在受理抱怨之前，应先采取光度学手段对照明情况进行实地测量。如果测量结果与抱怨一致，则该抱怨可能是合理的。对于办公室和停车场照明，人们已经建立了综合人群感受和测量数据的系统化评价程序（Eklund 与 Boyce，1996；Boyce 与 Eklund,1998）。

在最一般意义上，照明旨在使视觉系统能够从视觉环境中提取信息。因此，对视觉不适原因的研究首先要考虑那些会影响信息提取的因素，具体包括：

视觉任务难度： 任何具有接近阈值的视觉刺激的视觉任务，都包含难以提取的信息。这本身就会导致头痛和疲劳，如果问题是视觉尺寸小，还可能产生额外的效果。通常人们对小尺寸的反应就是把视觉任务拉近，这个过程中人眼的距离适应（accommodation）机制（见 2.3.3 节）会让晶状体持续处于紧张状态，结果是导致肌肉疲劳，从而引起视觉不适。

欠刺激和过度刺激： 当没有或只有很少的信息可以被提取，或者存在过多的重复信息时，也会引发视觉不适。在现实生活中，视野中没有任何信息的情况很少发生，假如让人长时间戴着半透明护目镜，眼睛里只看到非常均匀的亮度环境，会导致严重的视觉紊乱，进而引发焦虑和恐慌（Corso，1967）。不那么极端的情况像是均匀照亮的全白房间，仍然会让人感到不舒服，相信任何操作过积分球的人都知道其中滋味。至于过度刺激，重要的不仅是视觉信息的总量，而且还和大面积的相同空间频率有关。Wilkins（1995）就曾发现，印刷文本中出现大面积的特别空间频率会导致头痛、偏头痛和阅读困难。

分散（分心）： 人类视觉系统中大部分的外围区域的功能是发现物体的存在，然后用面积比较小但是分辨力更强的中央凹（fovea）来仔细辨析（见 2.2.4 节）。为保证这套系统正常运转，出现在视野外围并且亮度突出背景的物体，人眼对其运动或闪烁非常敏感。如果经过仔细观察后发现这些明亮、运动或闪烁的物体没什么意义，它们就成为分散注意力的干扰源，因为它们仍然会不断地吸引注意力。人眼需要反复地有意识地去忽略这些物体的干扰，这会让人产生压力，并可能导致视觉不适。

　　感知混淆：视觉环境包含某种特定的亮度分布模式，是由于视野内不同反射率的表面以及这些表面上的照度共同形成的。当某种亮度模式只与照度分布相关，而与反射率相冲突时，就会导致感知混淆。

5.4　视觉不适的具体原因

　　照明有许多因素可能导致视觉不适。其中不充足的任务照明已经讨论过了（见第4章），此处不再进一步讨论。本节我们将把注意力集中在对均匀性、眩光、光幕反射、阴影和闪烁的讨论上。

5.4.1　均匀性

　　虽然视野内的照明完全均匀是不可接受的，但过于不均匀也不行。因此，有关照明设计的推荐标准通常都包括照度均匀度的要求（BSI，2011a）。

　　Saunders（1969）曾通过实验测量过人们对照度差异的接受程度。具体做法是在一个没有窗子的房间里，让若干受试者连续坐满两张桌子，然后让他们判断照度差异的合理性。其结果如图5.1所示。图中可见，当均匀度（最小照度/最大照度）降低到0.7以下时，认为照明不合理的人数比例显著增加。这一发现后来得到了证实（Slater等，1993），后者也在没有窗户的房间里做了这个实验。然而稍微想一下就会发现，这一结论可能仅适用于那些参与者预期照明设备会产生均匀分布的情况。比如在有大窗户的房间里，靠近窗户的桌子上的照度远远大于远离窗户的桌子，均匀度比值可能远低于0.7，但很少有人会因此而不满。类似地，针对那些灯具可以单独开关或调光的办公室的研究表明，这种情况下人们对办公桌上照度变化

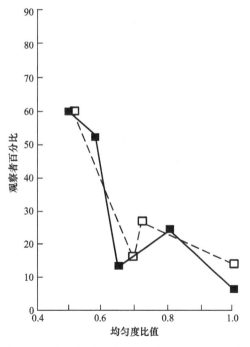

图5.1　认为照度均匀度不合理的观察者百分比和均匀度比值的关系。均匀度比值指的是低照度/高照度的比值。实线：通过调暗一个灯具来实现均匀性的变化。虚线：使用了不同间距的灯具来产生均匀度比值的变化（来源：Saunders, J.E., *Lighting Res. Technol.*, 1, 37, 1969）

的容忍度较高，很少抱怨（Boyce，1980；Moore 等，2002a，b，2003）。这意味着，当照度不均匀是可预见的或者这种不均匀能换回某些好处，例如可以看到窗外的风景或照明可单独控制的时候，人们会放松对照度均匀度的要求。这反过来又说明，我们规定在整个空间中的照度均匀度要求，更多是为确保没有人在工作中存在照度不足，而不是为了满足视觉系统固有的需求。

到目前为止，关于照度均匀度的讨论都是较大尺度的，例如桌子之间的对比或者整个空间的情况。然而还有另一尺度的情况需要考虑——单个工作表面的均匀性。工作场所照明视觉不适的两大潜在来源是分散和感知混淆。照度的不均匀不太可能引起感知混淆，除非照度分布具有锐利分界，导致观察者误认为是反射率的变化。至于分散，则可能发生在工作区附近存在高照度的地方。经过对办公桌几种不同的局部照明的研究表明，人们最喜欢的照明方式是在约 1m² 的工作区范围内提供均匀照明，而在此区域外提供较低的照度（Boyce，1979a）。最新的欧洲标准（BSI，2011a）对工作表面的相对照度分布做了规定，以避免分散注意力。他们建议任务区域内的照度均匀度（最小照度 / 平均照度）最小值可以在 0.4 ~ 0.7 之间变化，具体取决于应用形式。如果整个空间只安装了同一种照明系统，那么只需要遵守这一条均匀度规定。但是对于采用重点照明 / 环境照明组合的情况，还需要考虑其他标准。对于这种情况，假定任务区域周围有方圆 0.5m 的环绕区域，同时环绕区域还被方圆 10m 的背景区域包围，那么建议环绕区域的平均照度在任务区域平均照度的 0.5 ~ 0.7 之间变化，具体取决于应用；背景区域的平均照度应至少为环绕区域平均照度的三分之一。遵循这些建议将确保不容易因为照度不均导致注意力分散。

从上述讨论可以看出，与均匀性有关的照明推荐值都是规定了照度的分布，然而视觉系统实际看到的是亮度分布。幸运的是现实中这并不是个严重的问题，因为通常的办公室为了简便起见都是采用单一反射率的表面材质，只有在工作面上局部覆盖不同材质才会导致反射率个别不同。图 5.2 显示了人们对五种桌面情况下照度均匀度的接受水平，这五种情况分别是工作面上覆盖了四种不同材料以及空白桌面（Slater 和 Boyce，1990）。五种情况导致具体结果略有不同，但总体趋势是一致的：照度均匀度降低时，不满的人数比例会上升。而且很明显的是，大多数人可接受的照度均匀度最小值在 0.7 左右。

假定工作表面上提供一个均匀的照度，如果桌面的反射率相比工作对象的材质反射率选择不佳，仍然可能导致视觉不适。Touw（1951）通过实验研究过这个问题，他让人们坐在六张不同的灰色桌子前在白纸上抄写数字，每个灰色桌面都有不同的反射率。结果表明最受欢迎的亮度比（桌子 / 纸）为 0.4，尽管随着照度的增加这个数值略有下降。其他研究结果给出了不同的周围 / 任务区亮度比，根据具体情况从 0.1 ~ 1 不等（Rea 等，1990）。所有这些结果的中位数是 0.4。鉴于白纸的反射率约为 0.75，这意味着所需的桌面反射率约为 0.3。如果现有桌子无法满足这个反射率，那么最方便的做法就是铺上一层老式吸墨纸⊖。

⊖ 吸墨纸代表比较粗糙的表面，能够降低反射率。——译者注

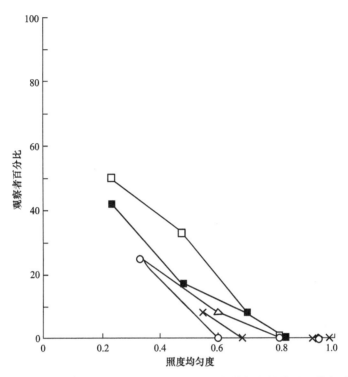

图 5.2　观察者对桌面照明均匀度不可接受的百分比和照度均匀度的关系。其中（□）表示任务覆盖整个桌面，（○和△）表示需要覆盖半个桌面，（×）表示需要桌面中心，还有（■）表示空桌面。均匀度是桌面照度最小值和最大值的比值（来源：Slater, A.I.and Boyce, P.R., *Lighting Res. Technol.*, 22, 165, 1990）

影响均匀性的另一个重要因素是，使用者需要将视线固定点从低亮度的表面移动到高亮度的表面并来回反复，比如在计算机屏幕和一张纸之间来回移动。Wibom 与 Carlsson（1987）针对这个问题对从事类似工作的近 400 名工人进行了实地调查。图 5.3 显示了其中 281 名每天要在计算机屏幕和纸质文档之间来回切换 5h 以上的女性受访者平均眼睛不舒评分（根据发生频率和强度得到的八类眼睛不适症状的组合加权）。可以看出，亮度比大于 15∶1 会明显增加眼睛的不适。

显然，照明推荐值中出现的均匀度要求只是一种设计指导，并不是性命攸关的事情。完全均匀的亮度对于视觉是不利的，视觉系统对于视野中的亮度变化容忍度非常高；事实上，也正是有了变化，人眼才能看到东西。但是在不同位置需要不同程度的均匀度。在紧急任务区域需要最均匀的照明。如果任务区域散布在整个空间中，比如多人办公室中，并且可能随时间移动，例如办公室会重新布置，则在整个工作面上需要高水平的照度均匀度。如果工作区域的位置固定，那么人们可以容忍在工作区以外更大程度的照度不均匀，甚至因为这样能让空间更有趣（见 6.3 节）。

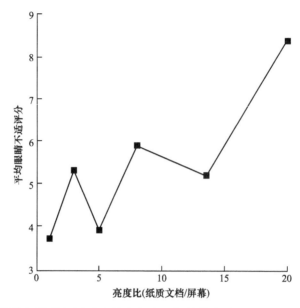

图 5.3 每天要在计算机屏幕和纸质文档之间来回切换数小时的女性受访者平均眼睛不适评分，与纸质文档和屏幕的亮度比的关系（来源：Wibom, R.I.and Carlsson, W., Work at visual display terminals among office employees: Visual ergonomics and lighting, in Knave, B.and Wideback, P.G.(eds.), *Work with Display Units*, Vol.86, North Holland, Amsterdam, the Netherlands, 1987）

　　任务区域需要均匀照明，但需要提醒一下，仅仅考虑最小 / 平均值的照度均匀度还不足够，还必须考虑最小和最大照度的具体位置以及它们之间的照度变化率。比如当架子的阴影投射到书页上时，任务区域的照度突然变化，这种情况通常都被认为是不舒服的。

　　所有上述内容都与工作照明有关，尤其是办公室照明，其目的是帮助人从二维表面上提取信息。对于工业环境中经常出现的三维物体，需要非均匀的照明以凸显物体的形状和纹理。这种手法在戏剧照明中被运用到极致，并被广泛应用于零售业，以突显展示的商品，改变人们的感受（Mangum，1998）。与其他引起不适的因素一样，非均匀照度分布是否会引起不适，还和其环境有关。

5.4.2　眩光

　　在错误的环境中使用非均匀照明导致的不适感会随着时间的推移而增加。眩光是非均匀照明的一种极端形式，通常其负面效果会立即显现出来。当在视野中出现非常高的亮度时，人们通常的反应是眨眼并看向远处，或者遮住眼睛防止刺眼。这种行为可以视作眩光存在的迹象。

　　Vos（1999）提出了八种不同形式的眩光，其中有四种很少发生。第一种是闪光盲（flash blindness），是由于突然爆发的极其明亮光源（例如核爆炸）而导致视网膜光色素完全漂白的状态。第二种是麻痹眩光（paralyzing glare），人们在夜间行走时如果突然被探照灯照射会短时间内停住失去反应，因此而得名。第三种情况是人眼暴露在足够明亮的光线下而导致视网膜损伤（见 14.2 节）。最后一种是分散眩光（distracting glare），由周边视野中明亮闪烁的灯光产生，例如晚上救护车的顶灯。这些都是传统照明很少出现的特殊情况，因此不再做进一步讨论。

其余四种形式的眩光更为常见。第一种情况是视野中的大部分都过于明亮，这称为炫目（dazzle）或饱和眩光（saturation glare）。其结果是痛苦的，通常的应对措施是想办法遮住眼睛，具体包括佩戴墨镜或是护目镜。这些装置常用于加利福尼亚州阳光灿烂的海滩以及北极的冰雪荒原，虽然居住在这两个地方的人的文化和生活方式非常不同，但是保护眼睛免受高亮度伤害的需求是相同的。饱和眩光在室内很少发生，在户外更为常见。其后果是虹膜括约肌的痉挛，引起疼痛感（Lebensohn，1951；Vos，2003）。

视野内大部分是高亮度就是饱和眩光。第二种常见眩光形式是适应眩光（adaptation glare），指的是视野中突然出现剧烈的、大规模的亮度上升，例如从漫长的公路隧道刚刚驶出到阳光下时会发生的情况。这种眩光是由于视觉系统已经适应了隧道里相对黑暗的环境，突然暴露于阳光的亮度下引发的过度敏感。适应性眩光是暂时的，因为人眼的亮度适应会调节视觉系统适应新条件。要避免这种眩光可以在照明设计时在隧道出口前增加一段亮度过渡区，这个过渡区需要足够长，让视觉系统有足够时间提前适应太阳光（IESNA，2011b）。

剩下的两种眩光都是视野中同时存在不同的亮度导致的，分别是失能眩光（disability glare）和不舒适眩光（discomfort glare）。

5.4.2.1　失能眩光

失能眩光，顾名思义是会在一定程度上使视觉系统丧失能力的眩光。这是光线进入人眼后散射引起的（Vos,2003）。散射光在场景相邻部分的视网膜图像上形成一道光幕。这有两个影响：首先它降低了视网膜图像的亮度对比度，从而降低了场景的能见度。其次增加的视网膜照度降低了阈值反差，这又能提高能见度。实际情况基本上都是第一个影响远大于第二个影响（Patterson 等，2012）。

失能眩光计算方法是，把某物体在有眩光下的能见度，和同一物体在均匀的光幕照射下的能见度进行比较。当能见度相同时，光幕的亮度就表示眩光光源的度量，叫作等效光幕亮度（equivalent veiling luminance）。许多研究已经开发出几种经验方法来预估等效光幕亮度（Holladay，1926；Stiles,1930；Stiles 和 Crawford，1937）。基于这些工作，我们总结出可以通过测量几个参数来预估等效光幕亮度的公式，如下：

$$L_v = 10\Sigma E_n \theta_n^{-2}$$

式中，L_v 为等效光幕亮度（cd/m^2）；E_n 为第 n 个眩光源在眼球处的照度（lx）；θ_n 为视线和第 n 个眩光源之间的夹角（°）。

等效光幕亮度对物体亮度对比度的影响，可以通过把前者叠加到物体及其直接背景的亮度上来估算（亮度对比公式见 2.4.1.1 节）。

上述公式适用于年轻人，且眩光源和视线夹角在 1°～30° 之间的情况。随后我们对公式做了一系列的修正，以便把适用范围扩展到 0.1°～100° 之间，年龄范围扩展到 80 岁，并且涵盖了多种眼球虹膜颜色（Vos,1999；CIE, 2002b）。年龄是个重要因素，因为随着眼睛老化，眼睛中的散射量会增加（见 13.2 节）。虹膜颜色仅在眩光源和视线的夹角大于 30° 时较为重要，因为在此视角以外，蓝色眼睛的人相比棕色和其他深色眼睛的人会感受到更多失能眩光[⊖]。

失能眩光来源可能是点光源，也可能是大面积光源。失能眩光公式可以直接应用于点光源的计算中；但对于大面积光源，光源必须先被分解成一个个小的单元分别计算，然后整合整体效果（Adrian 和 Eberbach,1969；Adrian,1976）。点光源造成失能眩光的一个常见案例是，晚上开车时迎面而来的车辆的前大灯（见 10.2.5 节）。至于大面积光源造成失能眩光的典型案例是在室外，当白天驶出隧道时，明亮的天空就是眩光光源。它也可以发生在室内，透过窗户看到的明亮天空也会是眩光。

5.4.2.2　不舒适眩光

失能眩光很好理解，它会对视力造成用传统的心理物理学方法可以测量得到的伤害；并且其形成机制很明确，是由于眼睛中的光散射导致的。而不舒适眩光还没被研究透彻。有种说法是，当人们因为明亮的光源、灯具或窗户而抱怨视觉不适时，就算有不舒适眩光。目前关于不舒适眩光的成因尚没有明确被证实的结论，存在各种假说：有些认为是瞳孔大小的波动（Fry 和 King, 1975），有些认为是注意力被分散（Lynes, 1977），还有些认为是眼睛周围的肌肉紧缩导致的（Berman 等，1994a）。失能和不舒适眩光是两个分开的概念，但这不意味着失能眩光不会引起视觉不适，反之不舒适眩光也不是不伤害视力。当失能眩光使得需要看到的东西更难以看到时，人们就会抱怨不舒适。通常我们认为不舒适眩光不会导致失能，更多原因是其伤害小到难以测量，而不是不存在。实质上这两种眩光——失能眩光和不舒适眩光，仅仅是同一种刺激模式带来的两种不同的反应，这种刺激模式即视野内的亮度落差很大。在考虑特定照明产生眩光的风险时，最明智的做法是同时考虑失能眩光和不舒适眩光。

人们对室内灯具的不舒适眩光研究已经持续了 60 多年，最早从 Luckiesh 与 Guth（1949）开始，继而是 Hopkinson（1963）、Bodmann 等（1966）、Einhorn（1969）、Manabe（1976）、Fischer（1991），直到 Eble-Hankins 和 Waters（2004），这里仅提及了其中一部分人。其结果是出现太多不同的方法来预测不同照明环境下的不舒适度。今天实际上只有两个系统还在被广泛使用。一个是北美采用的视觉舒适度概率（Visual Comfort Probability，VCP）系统，是基于 Guth（1963）的工作成果而来。对于单一眩光源，眩光感 M 的公式是

⊖　浅色眼睛的人相比深色眼睛的人对光更敏感，也更容易感到眩光，从夏天时欧美人酷爱戴墨镜可见一斑。——译者注

$$眩光感 = M = \frac{0.50 L_s \cdot Q}{P \cdot F^{0.44}}$$

式中，L_s 是眩光源的亮度（cd/m^2）；$Q = (20.4 W_s + 1.52 W_s^{0.2} - 0.075)$，其中 W_s 是眩光源正对眼睛的立体角（球面度）；P 是眩光源相对于视线位置的指数（Guth 位置指数）；F 是视场的平均亮度，包括眩光源（cd/m^2）。

由许多眩光源产生的眩光感叫作不舒适眩光等级（Discomfort Glare Rating，DGR），使用下式计算：

$$DGR = (\Sigma M_n)^a$$

式中，$a = n^{-0.0914}$；n 是眩光源的数量。

然后再将 DGR 值转换为 VCP 值，后者其实就是认为 DGR 所表示的眩光可以接受的人数的预期百分比。北美灯具制造商通常使用 VCP 系统对自己产品在几种标准装修的布灯方式下的不舒适眩光程度进行评测。VCP 系统是基于众多实验结果总结出来的，已有的结论是，5% 或更小的差异并不显著。换句话说，只有当两个照明系统的 VCP 相差超过 5% 时，才能判定它们之间的不舒适眩光程度存在差异。

另一种广泛使用的不舒适眩光评价体系是统一眩光值（Unified Glare Rating，UGR）系统（Sorensen, 1987；CIE, 2002b）。UGR 是几个不同国家的评价体系综合以后的结果。这些体系都用公式来计算某种排布下的灯具产生的眩光感。不同体系的公式不同，但对于单个小眩光源，它们都具有以下形式：

$$眩光感 = \frac{L_s^a \cdot \omega_s^b}{L_b^c \cdot p^d}$$

式中，L_s 是眩光源的亮度（cd/m^2）；ω_s 是眩光源正对眼睛的立体角（球面度）；L_b 是背景亮度（cd/m^2）；p 是眩光源与视线的偏角；a、b、c 和 d 是不同系统对应的指数。

公式的形式能反映出各个成分的作用，增加眩光源的亮度，增加眩光源所对应的立体角大小，降低背景亮度，或者减小眩光源与视线的偏角都会导致眩光感上升。每个组分相反的变化则会降低眩光感。理论上我们假定这四个组分是相互独立的，但实际上它们是相互关联的。比如说我们降低灯具在房间中的安装高度，其他一切保持不变，视线方向是沿着房间长边的水平方向，那么降低安装高度会减少光源与视线的偏角，但也可能会改变背景的亮度，后者和灯具的形状和发光强度分布有关；还可能改变灯具相对人眼的立体角大小和亮度。那么到底这个变化是会增加还是减少眩光只能通过完整的公式来计算。

UGR 的计算公式

$$UGR = 8\log_{10} \left(\frac{0.25}{L_b} \right) \Sigma \left(\frac{L_s^2 \cdot \omega}{p^2} \right)$$

式中，L_b 是背景亮度（cd/m^2），不包括眩光源的贡献（数值上等于观察者眼睛平面上

的间接照度除以 π）；L_s 是眩光源的亮度（cd/m²）；ω 是眩光源正对观察者眼睛的立体角（球面度）；p 是眩光源的 Guth 位置指数。

UGR 系统只适用于相对于人眼立体角在 0.0003 ~ 0.1 球面度之间的眩光源，所以不能用于间接照明或窗户的计算。UGR 系统的结果分级是基于已经废止的英国眩光指数来的，即 10 = 刚好可察觉的眩光，16 = 刚好可接受的眩光，22 = 开始觉得不舒服的眩光，28 = 开始难以忍受的眩光。在这个体系中，最小可察觉差异是一个单位（Collins，1962）。国际照明学会（CIE）采用 UGR 公式来预测灯具的不舒适眩光（CIE，2002b），并开发出一套方法让灯具制造商填写表格，给出其灯具在几种标准观察条件下的 UGR 值（CIE，2010b）。甚至有人提议将 UGR 值转换为 VCP 值以供北美地区使用（Sorensen，1991），这一操作是合理的，因为 UGR 和 VCP 之间高度相关（$r = 0.82$）。有人计算过荧光灯具（包括棱镜型和抛物线型）在 30 种常见排布方式下的 UGR 值和 VCP 值，结果证明两者具有高度相关性（Mistrick 和 Choi，1999）。

有了 UGR 并不代表我们已经把灯具的不舒适眩光完全吃透并能加以控制了，实际应用中仍然存在大量问题。对于现实中的灯具，在确定眩光源的亮度和立体角方面可能存在困难。例如许多灯具的亮度是不均匀的，特别是使用镜面反射器的灯具，或是采用多个小光源（例如 LED）的灯具。这导致眩光源的面积难以确定，因而难以计算立体角。至于眩光源亮度问题，传统的计算方法是灯具在给定方向上的发光强度除以该方向上的投影面积。如果眩光源的面积都不明确，那么其亮度必然也无法计算。即使眩光源面积明确了，对于非均匀亮度灯具来说平均亮度也不是其眩光源亮度的真实度量（Waters 等，1995）。CIE（2002b）就如何处理这类灯具提供过一些建议。

即使对于亮度均匀分布的灯具来说，其眩光源大小也是个问题。Einhorn（1991）指出，目前所有应用的眩光评价体系都认为非常小的光源会产生强到无法忍受的眩光，例如水晶吊灯上裸露的小灯泡，然而现实情况却是这些眩光完全可以接受，并没有很严重。大光源也有类似情况，当眩光光源的面积足够大时，其亮度反倒能够让人眼适应。CIE（2002b）建议了一个简单的分类方法，面积小于 0.005m² 和大于 1.5m² 的光源都不适用于前面的公式。Paul 和 Einhorn（1999）证明了，对于离轴 5° 以上的小光源，其不舒适眩光由射向人眼方向的发光强度决定，而和光源的亮度无关。这时候我们要把 UGR 公式中的（$L_s^2 \cdot \omega$）替换为（$200I^2/R^2$），其中 I 是眼睛方向上的发光强度（cd），R 是从眩光源到眼睛的距离（m）。对于大型光源，CIE（2002b）推荐了一种转化公式，适用于面积大于 1.5m² 的灯具，甚至于更大型的灯具。公式是

$$GGR = UGR + \left(1.18 - \left(\frac{0.18}{CC}\right)\right) 8\log\left(2.55 \frac{\left(1 + (E_d/220)\right)}{\left(1 + (E_d/E_i)\right)}\right)$$

式中，CC 是天花板覆盖范围，等于 A_0/A_1，其中 A_0 是眩光源朝向最低点方向的投影面积（m²），A_1 是一个眩光源照亮的面积（m²）= 房间面积 / 眩光源数量；E_d 是眩光源对眼睛的直接照度（lx）；E_i 是眼睛上的间接照度（lx）。

相同的 GGR 值和 UGR 值代表相同水平的不舒适眩光。如果采用发光天花板或均匀间接照明的照明方式，CIE（2002b）建议对所提供的平均照度进行限制。具体而言，如果希望 UGR 值为 13，则所提供的平均照度不应超过 300 lx；如果 UGR 值为 16，则平均照度不应超过 600 lx；如果 UGR 值为 19，则平均照度不应超过 1000 lx。

另一项要考虑的因素是，眩光源邻近周边的亮度的影响。在 Hopkinson（1963）最早的眩光感计算公式中，包含了邻近周边亮度的 5 次方，因为他发现，在眩光光源和背景之间如果存在一个过渡的中间亮度会显著降低眩光的感觉。目前没有眩光预测系统考虑过周边亮度，尽管有明确证据表明其亮度和颜色都会影响不舒适眩光的感受（Sweater-Hickcox 等，2013）。

最后还有一个视线偏离的问题。Clear（2013）将位置因子（Luckiesh 和 Guth，1949）的原始测量值和 Kim 等（2009）的最新结果进行了比较，这两组数据并不太吻合。

鉴于存在这么多不确定性，那么 UGR 无法准确预测人们对不舒适眩光的感知就不足为奇了。Akashi 等（1996）曾做过实验，他在一间模拟办公室中安装了 10 套简单的亮面灯具，创造出多种不同发光强度分布的照明场景，然后邀请 61 名观察者（5名照明专家和 56 名非专家）对房间的不舒适眩光做主观打分，再和计算得出的 UGR值进行比较。结果是 UGR 计算值和主观评分平均数之间的相关系数是 0.95。图 5.4显示了两者高度的相关性，但也可以看出存在明显的偏差，即主观评分的均值始终比 UGR 值要小。这可能有很多原因。Akashi 等（1996）认为问题在于现有方法对多个灯具共同效果的预测只是把它们各自的 UGR 值做简单的相加，并不准确。另一种可能原因是，大多数观察者对照明都缺少了解，因此相比照明专家对眩光的敏感度要低

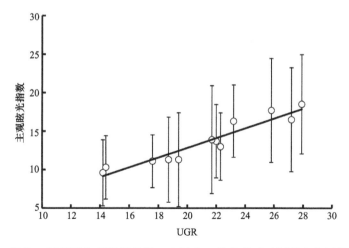

图 5.4　在同一视角，以不同方式照亮的同一房间中，观察者对不舒适眩光评价的主观眩光指数均值和同一房间同一视角下 UGR 值的关系。请注意对于眩光评级的个体差异很大（来源：Akashi, Y.et al., *Lighting Res. Technol.*, 28, 199, 1996）

很多，这也是 Hopkinson（1963）曾经提出过的现象。还有种可能是，由于在日本办公室里直接使用裸管荧光灯的情况比较普遍，日本观察者对眩光的耐受度比较高。同样中国的研究者 Cai 与 Chung（2013）也发现，中国观察者对于使用不均匀亮度灯具照亮的房间的眩光评分比计算得到的 UGR 值要低。如果在欧洲或北美进行类似的实验，那么两者差值要小一些，这是因为欧美的办公室中很少使用裸光源灯具。此外我们还需进一步了解，如果引进更复杂的灯具和房型，UGR 与主观评分之间的关系将如何改变。在此之前我们可以暂时下此结论：UGR 是目前最准确的预测不舒适眩光的评价体系，而且留有足够安全余量。

虽然 UGR 主要是为室内灯具开发的，但已经有相关研究怎么把这套体系推广到更大面积的光源上（例如窗户）。美国康奈尔大学和英国建筑研究站（Hopkinson，1963）开创出日光眩光指数（Daylight Glare Index，DGI），表达式如下：

$$DGI = \frac{10\log\Sigma 0.478(L_s^{1.6}\Omega^{0.8})}{\left(L_b + \left(0.07\omega^{0.5}L_s\right)\right)}$$

式中，L_s 是眩光源的亮度（cd/m^2）；Ω 是眩光源对着观察者眼睛的立体角，根据观察者与眩光的相对位置调整（sr）（Petherbridge 与 Longmore，1954）；L_b 是背景的亮度（cd/m^2）；ω 是眩光源对着观察者眼睛的立体角（sr）。

DGI 公式的分母中包括眩光源的大小和亮度，反映出对于大型光源，来自光源的光会影响视觉系统的适应状态。公式的结果是和 UGR 类似的一个评价值，具体来说 28 = 开始难以忍受的眩光，24 = 开始觉得不舒服的眩光，20 = 刚好可接受的眩光，16 = 刚好可察觉的眩光。

Fisekis 等（2003）经过研究已经证明了 DGI 计算值和人们对于窗户眩光的主观评价是一致的。然而 Inoue 与 Itoh（1989）发现当眩光源覆盖整个视野时，DGI 的表现并不如预期。这导致 Tokura 等（1996）尝试另一种方法。他们收集了 240 名观察者在 120 种不同照明条件下对于模拟窗口的眩光评价值。基于这些数据，他们研发出一套简单的经验公式叫作预测眩光感投票（Predicted Glare Sensation Vote, PGSV）。具体形式为

$$PGSV = 3.2\log L_s - 0.64\log\omega + (0.79\log\omega - 0.61)\log L_b$$

式中，L_s 是光源亮度（cd/m^2）；ω 是光源对着观察者眼睛的立体角（sr）；L_b 是背景的亮度（cd/m^2）。

应该注意的是，在 PGSV 公式中没有与视线偏离有关的项，因为该公式假设观察者都是直视窗口。PGSV 的结果量表是：0 = 刚好可察觉的眩光，1 = 刚好可接受的眩光，2 = 开始觉得不舒服的眩光，3 = 开始难以忍受的眩光。Iwata 与 Tokura（1998）表明，当眩光源充满整个视野时，PGSV 变得与背景亮度无关。

DGI 与 PGSV 方法都是基于均匀亮度的模拟窗口实验得到的，之所以不用实际的窗户是因为真实窗户表面的亮度变化太大了。Wienold 与 Christoffersen（2006）曾经

用高动态范围（HDR）摄影拍摄过真实窗口的亮度分布，并进行亮度测量（Inanici，2006）。他们还收集了 70 名观察者对于真实窗口眩光的主观评价值，其结果和 DGI 计算值之间的相关系数为 0.75，这意味着只有 56% 的不舒适眩光评分差异可由 DGI 解释。他们用所收集到的数据，开发出一种新的眩光预测方法，称为昼光眩光概率（Daylight Glare Probability, DGP）。DGP 的公式是

$$DGP = c_1 \cdot E_v + c_2 \cdot \left(\frac{\log\left(1 + \Sigma\left(L_s^2 \cdot \omega\right)\right)}{\left(E_v^{c_4} \cdot p\right)} \right) + c_3$$

式中，E_v 是眼睛上的垂直照度（lx）；L_s 是眩光源上某个单元的亮度（cd/m^2）；ω 是眩光源上某个单元对准眼睛的立体角（sr）；p 是眩光源的位置指数；c_1、c_2、c_3 和 c_4 是常数。

这个公式的有趣之处在于里面只考虑了一个简单的变量，即眼睛上的垂直照度。公式中没有考虑窗户上的亮度分布，以及其他更复杂的亮度计算。由于 DGP 公式是根据收集的数据反向推导出来的，Wienold 与 Christoffersen（2006）发现 DGP 的计算值与后来的测量数据之间的吻合度为 0.97。

这些试图量化窗口不舒适眩光的研发过程表明，测量数据非常重要，但是另一项研究又表明，对于不舒适眩光的评价不仅仅和可测量的客观数据有关。Tuaycharoen 和 Tregenza（2007）考虑了从窗口往外看到的风景特征对不舒适眩光评价的影响。图 5.5 给出了受试者在不同的风景下对于不舒适眩光的主观评价值和 DGI 计算值之间的关系。具体包括：无风景（窗户上安装了一层不透明玻璃）；难看的风景（混凝土墙）以及由房子和绿树组成的美景。他们的主观评价被称为眩光反应投票（glare response vote），其数值体系和 DGI 一致，16 = 刚好可察觉的眩光，20 = 刚好可接受的眩光，24 = 开始觉得不舒服的眩光，28 = 开始难以忍受的眩光。从图 5.5 中可以清楚地看到，同一个窗口当看到风景越好时，不舒适眩光的程度越小，两者之间的影响系数还不小。

到目前为止，有关灯具和窗户的不舒适眩光人们已经做了大量研究工作，但这个课题仍有一丝炼金术的味道。视野中的高亮度引起的不适就像黄金，真实存在但又难以捉摸；测量数据就像金属原料，单靠处理它们无法获得精确的结果。部分原因是因为对于不舒适眩光的成因还没有找到明确的生理或感知机制。在找到之前，对不舒适眩光的研究就只能长期依靠实验和经验总结，也许随着技术进步和设计趋势的发展还不断会有新问题暴露出来。即使某天这个生理或感知机制被研究出来了，仍然存在一个基本问题，那就是不舒适眩光涉及大量主观判断，个体评价标准差异很大。很多研究都证实了这一点（Stone 和 Harker，1973；Akashi 等，1996）。还有一点是，不舒适眩光在同一空间内随观察位置和观察方向不同的变化很大（Ashdown，2005）。但是技术进步可能会使最后一点无关紧要。借助 HDR 成像技术，现在可以快速收集大量的亮度数据（Inanici，2006）。此外现在的可视化软件让大量不同观察位置的 UGR 与 DGP 的快速计算成为可能（Jakubiec 和 Reinhart，2012）。只不过当基础公式本身还有诸多不确定性时，这种高效的计算是否有必要仍然值得怀疑。

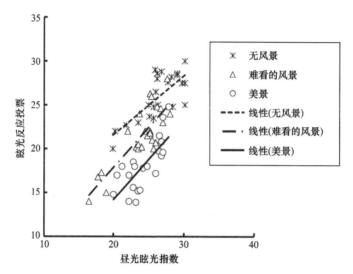

图 5.5 受试者在不同的风景下对于不舒适眩光的主观评价值和 DGI 计算值之间的关系，每种情况的数据点做了线性回归连线。三种风景是：无风景（窗户上安装了一层不透明玻璃）；难看的风景（混凝土墙）以及由房子和绿树组成的美景（来源：Tuaycharoen, N.and Tregenza, P.R., *Lighting Res. Technol.*, 39, 185, 2007）

最后要说的是，尽管本章主要在讨论室内灯具和窗户造成的不舒适眩光，但也有其他研究者一直致力于研究车辆前灯（见 10.2.5 节）和室外照明（见 11.6 节）的不舒适眩光。虽然对不舒适眩光的研究相当困难而且意义不明朗，但仍然有大量学者为之付出努力。

5.4.2.3 头顶眩光

高于水平视线的 Guth 位置指数通常被限制在 53° 以下，因为有假设是在更大的角度上没有眩光感。然而已经有研究证实，当亮度足够高时，即使在视野外的灯具也会造成视觉不适（Ngai 和 Boyce，2000；Boyce 等，2003a）。灯具在头顶且在视野之外仍能够引起不适的原因是：它在眼睛的周围区域造成高亮度，例如眉毛、鼻子、脸颊和眼镜上。此外每当头部移动时，这些高亮度就会移动，从而引起注意力分散。头顶眩光发生的亮度大约在 16500cd/m^2，这是一些光源很容易就会超过的值。

5.4.3 光幕反射

光幕反射是镜面或半哑光表面的光反射，它们在物理上改变了视觉任务的对比度，从而改变了对视觉系统的刺激（见图 5.6）。光幕反射和失能眩光类似，两者都改变了视网膜图像的亮度对比度，但不同之处在于光幕反射改变了任务本身的亮度对比度，而失能眩光改变的是任务投射到视网膜上的图像的亮度对比度。

决定光幕反射性质和大小的两个因素是：被观察表面的镜面反射率，以及观察者、反射表面和高亮度光源三者之间的几何关系。如果表面是完全漫反射 [即朗伯（L）]

反射面，则不会发生光幕反射，因为这时候反射光的分布与入射方向无关。如果表面具有镜面反射成分，则可能发生光幕反射。光幕反射发生要求观察者、反射表面和高亮度光源之间是这样的几何关系：入射角等于反射角，并且反射方向正好是从表面到观察者的眼睛。

a)

b)

图 5.6　一本纸面光滑的书：a）没有光幕反射；b）有光幕反射

　　光幕反射的大小可以通过对比表现因数（Contrast Rendering Factor，CRF）来量化。某个表面在特定位置从特定的方向上的 CRF，等于观察对象在特定照明条件下的亮度对比度和在完全漫反射照明下的亮度对比度的比值。完全漫反射照明仅产生微弱的光幕反射，因此 CRF 值越接近于 1，说明光幕反射越弱。遗憾的是，对于高亮度灯具周围被低亮度区域环绕的情况，例如天花板上安装的嵌入式下照灯具，在同一个照明场景内的 CRF 值变化会非常大（Boyce，1978）。因此对于某个照明场景，不存在单一的 CRF 值，而是一系列数值的分布。

要计算光幕反射对特定目标的亮度对比度的影响，可行的方法是把光幕反射的亮度代入到亮度对比度公式中（见 2.4.1.1 节），具体代入哪部分取决于所观察材料的反射特性。如果用高光墨水在亚光纸上书写，只需把光幕反射亮度代入墨水的亮度部分。对于高光的杂志页面或计算机屏幕，整个表面都有镜面反射的透明涂层，光幕反射发生在整个表面上。这种情况下应将光幕反射的亮度代入到亮度对比度公式中的所有项中[⊖]。

将光幕反射亮度添加到亮度对比度公式中后，通常计算结果是目标的亮度对比度降低了。然而情况并非总是如此。例如在亚光白纸上印刷非常高光的黑色墨水，光幕反射会增加墨水的亮度以至于高于纸张的亮度，也就是说印刷的极性被反转，亮度对比度反而又变大了。结果是 CRF 值提高了，尽管实际上光幕反射变多了。这种可能性意味着当材料既包含镜面反射也包含哑光反射时，CRF 值需要特别仔细的评估。

亮度对比度变化对视觉功效的影响可以用相对视觉功效（Relative Visual Performance，RVP）模型（见 4.3.5 节）来评估，但是对比度变化导致的不舒适程度却不然。Bjorset 和 Frederiksen（1979）研究了大量手写和印刷材料，并且对其中光幕反射导致的对比度降低的接纳程度进行了测量。如图 5.7 所示，其中横坐标是没有光幕反射时的材料表面对比度，而纵坐标是能被 90% 的受试者所接受的对比度降低百分比。很明显，90% 的受试者能够接受大约 25% 的对比度降低，无论材料在没有光幕反射时的亮度对比度如何。由这个结果得到了两个结论：第一，任何时候只要照明影响了视觉任务的可见度，就会引起不适，即使对实际视觉功效的影响很小；第二，很弱的光幕反射对于舒适度影响很小，这一结论得到 Reitmaier（1979）的支持，至少对于哑光和中等光泽纸上的铅笔、钢笔和印刷文本来说是这样。然而，对于非常光滑的纸张，人们对即便是轻微的光幕反射也非常敏感，de Boer（1977）证明了这一点。

虽然通常认为光幕反射是可能引起不适的负面效应，但也有正面的利用价值，只不过这时候它们通常被称为高光（highlights）。物理上来讲，光幕反射和高光是一回事。珠宝首饰等镜面反射物体的展示照明，都是通过产生高光来表现商品的高档、璀璨。

⊖ 这里提到的第 2 章中亮度对比度公式为：$C = \dfrac{L_t - L_b}{L_b}$，$C = \dfrac{L_{max} - L_{min}}{L_{max} + L_{min}}$。计算光幕反射的影响时，将光幕反射亮度加入到对应部分，进行公式变换即可。——译者注

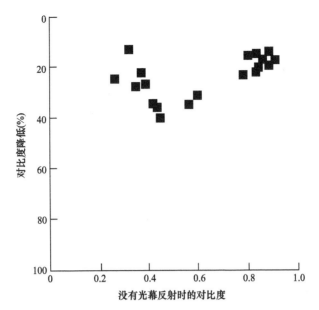

图 5.7　能被 90% 的受试者所接受的对比度降低百分比和没有光幕反射时的材料表面对比度关系
（来源：Bjorset, H.H.and Frederiksen, E.A., A proposal for recommendations for the limitation of the contrast reduction in office lighting, *Proceedings of the CIE 19th Session*, Kyoto, Japan, CIE, Paris, France, 1979）

5.4.4　阴影

　　当来自某个方向的光被不透明物体阻断时，就会产生阴影。如果遮挡物足够大，那么会降低大面积区域的照度。这在工业照明中是个普遍问题，例如大型机器会在相邻区域造成阴影。要克服阴影的影响，可以多采用高反射率的表面增加相互反射光，或者在阴影区域提供局部照明。如果遮挡物体较小，则投射的阴影面积也比较小，有可能引起感知混淆，尤其是当阴影移动时。这方面的例子是手影投射到文档上。这个问题也可以通过增加空间内的相互反射光，或提供局部照明来减少。

　　虽然阴影会引起视觉上的不适，但它们也是表现物体立体感的必要元素。展示照明的核心就在于创造高光和阴影的对比，以凸显对象的立体感。许多照明设计师坚持认为阴影的分布与光的分布一样重要，以创造有吸引力和有意义的视觉环境（Lam, 1977；Tregenza 和 Loe, 2014）。

　　照明产生的阴影的数量和性质取决于光源的大小和数量，以及光在空间内相互反射的程度。最强的阴影是由黑色房间中的单点光源产生的，当光源面积足够大并且相互反射程度高时，产生的阴影就较弱。

5.4.5　闪烁

　　所有使用交流电源的电光源发出的光的量和光谱都会产生有规律的波动，当这种波动可见时，就被称为闪烁（flicker）。通常产生闪烁的照明不受欢迎，除非是用于娱乐，而且只有在曝光时间很短的时候。对于部分人，闪烁光可能会对健康造成危害（见 14.3.3 节）。

决定光输出波动是否可见的主要因素是波动的频率和调制百分比（percentage modulation），波动发生的区域在视野中的比例以及适应亮度。适应亮度越高，面积越大，特定频率和调制百分比的波动被看到的可能性就越大。我们可以用时间调制传递函数（temporal modulation transfer function，见 2.4.4 节）来预测在给定的适应亮度下，某种频率和调制百分比的波动是否会在大面积上引起闪烁。需要特别提醒下，对于闪烁的敏感度存在广泛的个体差异（Hopkinson 和 Collins，1970）。此外，即使没有可见闪烁，也可以在视网膜中检测到与闪烁相关的电信号（Berman 等，1991），这意味着在设计时要留好足够的安全余量，以避免闪烁引起的不适。

照明设备产生闪烁被看到的可能性，取决于其电力供应的稳定性和所用光源的类型。使用白炽灯原理发光的光源相对来说对电流中的高频振荡不那么敏感，因为灯丝的热惯性限制了调制百分比；但它们对电源电压的缓慢波动非常敏感，因为这会影响灯丝的温度。当本地电网接入新设备（例如轧钢机的电动机）时，由于负载突然加大，供电电压会缓慢波动，导致白炽灯光源的光输出出现波动。这种情况可以通过在供电单位和光源之间增设稳压器来避免。

采用气体放电原理的光源对电源电压波动的敏感性低于白炽灯，因为这些光源自带电气设备[⊖]能够对电流进行过滤。气体放电光源是否会产生闪烁的主要决定因素在于其选用的镇流器的输出质量，以及荧光粉的持久性。老式电磁镇流器等装置的输出频率通常与供电频率相同，即 50Hz 或 60Hz，因此光输出的基础频率为 100Hz 或 120Hz。现代电子镇流设备通常输出频率为 25 ~ 50kHz。考虑到大多数气体放电光源发光过程中的时间常数，这种电源频率的增加不仅产生较高的光输出频率，而且产生较小的光输出调制百分比。Veitch 与 McColl（1995）发现，荧光灯在 120Hz 和 20 ~ 60kHz 下产生的闪烁，带给人的舒适水平没有差异。但是在荧光灯上使用高频镇流器，已经被证明能够降低头痛和眼睛疲劳等症状的发病概率（Wilkins 等，1989）。

随着气体放电光源电子镇流器的普及，这类照明的闪烁基本已经消失了，但 LED 的出现又重新引发了这个问题。这是因为固态光源具有固有的快速响应时间，大约为纳秒级，尽管荧光粉的使用会把这个时间延长（见 1.7.3.9 节）。Bullough 等（2011a）研究了闪烁频率和调制百分比对 LED 台灯闪烁感知的影响，该台灯在没有任何其他照明的情况下单独使用。图 5.8 显示了直视 LED 台灯反射器，以及从偏离 40° 角的方向看 LED 反射器这两种情况下，能够发现 100% 调制闪烁的观察者的人数百分比，以及看到闪烁的人中认为该闪烁水平可接受的人数百分比。显然在 50Hz 和 60Hz 时，闪烁很容易被看到并且是不可接受的，但是到 100Hz 和 120Hz 时很少看到它，而且可以

⊖ 即镇流器。——译者注

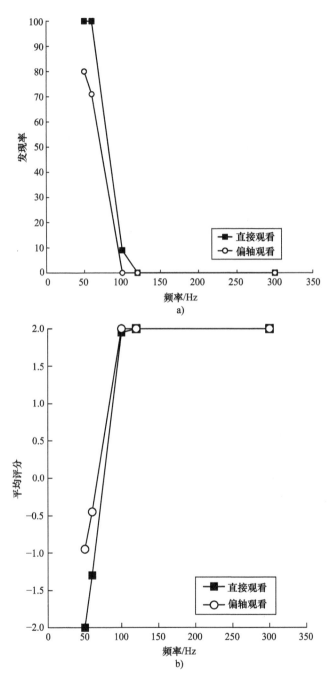

图 5.8 a）直视 LED 台灯反射器和从偏离 40° 角的方向看 LED 反射器这两种情况下，能够从不同频率中发现 100% 调制闪烁的观察者人数百分比；b）看到闪烁的观察者，对接受程度的平均评分，打分方法是 -2= 非常不可接受，-1= 不太能接受，0= 既可接受又不可接受，+1= 尚可接受，＋2= 非常可接受（来源：Bullough, J.D.et al., *Lighting Res. Technol.*, 43, 337, 2011a）

接受。对于舒适度问题，也发现了类似模式。100% 调制在 50Hz 时被认为非常不舒适；在 60Hz 时，被认为有点不舒适；但是到了 100Hz，它被认为是舒适的。这意味着只要是使用整流交流电源供电的正常的 LED 光源不会引起不适，但正如 Ruskin 所说："世界上没有东西是不能被某些人搞得劣质而又廉价的，在他们看来正常价格只是他们的合法猎物。"这句话同样适用于 LED 系统，正因如此，IEEE 正在致力于制定出固态照明系统闪烁的标准，目前的工作方向是制定新的评价指标。提出的指标是基于截断傅里叶级数，以便能够处理包含多个频率分量的光输出波形（Lehman 等，2011）。

上述所有内容讨论的都是直接看到的闪烁光，但还有种情况是因为频闪效应（stroboscopic effect）间接看到的闪烁。这种现象最著名的例子是：在 100% 调制的光源照射下，某些高速旋转的机械会让人产生错觉，看起来好像是静止的。另一个例子是当一个人伸展他的手指，并在光源下前后挥动时，也会看到频闪效应。我们用白色短棒代替手指以检测这种现象，结果表明频率和调制百分比都会影响看到闪烁的能力，并且即使频率高达 10000Hz 时也会发生（Bullough 等，2012b）。虽然有些人可能在高频下看到闪烁，但通常对于超过 1000Hz 的频率人们的接受程度就很高了，即使 100% 调制也是如此（见图 5.9）。

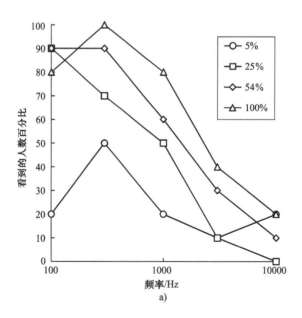

图 5.9　a）在 LED 台灯下左右挥动白色短棒，可以看到频闪效应的观察者的人数百分比和不同调制百分比频率的关系；b）看到频闪效应的观察者，对接受程度的平均评分，打分方法是：-2= 非常不可接受，-1= 不太能接受，0= 既可接受又不可接受，+1= 尚可接受，+2= 非常可接受（来源：Bullough, J.D.et al., *Lighting Res. Technol.*, 44, 477, 2012b）

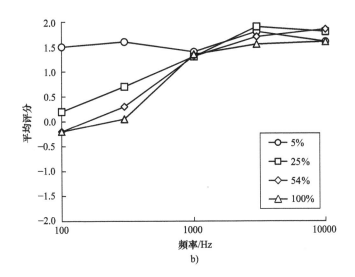

图 5.9　a）在 LED 台灯下左右挥动白色短棒，可以看到频闪效应的观察者的人数百分比和不同调制百分比频率的关系；b）看到频闪效应的观察者，对接受程度的平均评分，打分方法是：−2= 非常不可接受，−1= 不太能接受，0= 既可接受又不可接受，+1= 尚可接受，+2= 非常可接受（来源：Bullough, J.D.et al., *Lighting Res. Technol.*, 44, 477, 2012b）（续）

　　有趣的是，在没有外部运动的情况下也可以看到频闪效应。当光源的调制百分比很高同时人眼进行快速的扫视运动时，在扫视路径上也会看到一系列的亮点。这就是所谓的幻影阵列（phantom array），频率超过 2kHz 时可能发生（Roberts 和 Wilkins，2013）。幻影阵列很少见于光线充足的室内，扫视抑制增加阈值对比度，并且背景的高亮度降低了实际对比度。但是幻影阵列更容易出现在室外，尤其是夜晚，那时候背景暗淡，实际对比度更高，例如车辆的 LED 尾灯。无论室内还是室外，直接或间接，闪烁的解决方法都是使用高频率和低调制百分比波动的光源。

　　尽管大面积上发生的直接闪烁很令人讨厌，但是局部的直接闪烁却有一定的用途。它是吸引注意力的有效手段，因为人眼对光照的变化很敏感，无论是空间上还是时间上的变化。局部的闪烁被广泛用来发布重要信息，例如救护车的顶灯和超市里发优惠券的位置。

5.5　不适、功效和行为

　　影响视觉功效的照明几乎肯定是不舒适的，但是视觉功效高的照明也可能被认为是不舒适的。图 5.10 显示的是一组年龄在 20～30 岁之间的人，从 100 个数字中找出某个特定两位数的平均检视速度，这些数字是用黑色墨水打印在灰色纸上，并随机放在桌上某个位置。图 5.10 还显示了同一组人认为照明效果"良好"的人数百分比（Muck 和 Bodmann，1961）。正如预料的那样，增加桌面上的照度可以提高平均检视速度和认为照明良好的百分比。但是一旦照度超过了 2000lx，认为照明良好的百分比就会下降，即使平均检视速度是在不断提高的。

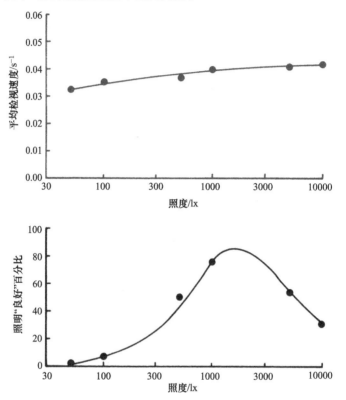

图 5.10　在不同照度下定位指定数字的平均检视速度，以及在每个照度下认为照明良好的人数百分比（来源：Muck, E.and Bodmann, H.W., *Lichttechnik*, 13, 502, 1961）

这些结果代表三个有趣的事实。第一，被认为不舒适的照明不一定会导致工作效率下降，背后的原因可能是人的动力。在这个实验室实验中，人们有足够的动力去取得成功，过程中会努力忽略任何的不适感。离开了实验室后人们是否还有如此的动力值得怀疑，那么不舒适的照明就可能导致工作效率下降。注意这里的关键词是"可能"。毫无疑问，动力会影响工作表现，而照明又会影响人的动力，但还有很多其他因素也有影响。这些其他因素的存在使得照明虽然有时可能通过刺激人的动力来影响表现，但不可能长时间保持相同的效果。

第二，要想让照明能被在其中工作的人们所喜爱，那就必须保证照明能够提高视觉功效并且避免不适。听起来很简单，实践起来可未必，因为视觉功效仅仅由视力决定，而视觉舒适度则和人的期望有关。任何达不到预期的照明都可能被认为是不舒适的，即使从视觉功效来说已经足够好了，此外人的期望还在随着时间不断变化。

第三，随着照明条件的变化，人们对视觉不适的感知将比对视觉功效的变化更敏感。反之，这意味着视觉舒适度是判定照明质量的最有效方式，Roufs 和 Boschman

（1991）也得出了这个结论。

最后值得注意的是，当视觉不适很严重时会引发行为后果。人们并不傻，如果环境中存在明显的视觉不适源，人们会采取行动将其移除或减弱其影响。在办公室窗户上贴几张纸的现象并不罕见，通常是为了防止清晨或午后的太阳光直接照在显示屏上。类似的，人们会在白天调节百叶帘的角度，以防止阳光直射到办公桌上（Maniccia 等，1999）。此外由于改变光源、材料和观察者之间的几何关系可以显著减少光幕反射，人们常常在看书时把书本倾斜或者把身子歪过去（Rea 等，1985a）。改变环境行为的存在，是视觉不适发生的明确迹象。

5.6 视觉不适和照明质量

照明设计师常说他们提供的是照明质量，而避免视觉不适显然是照明质量不可分割的一部分，但这就是全部吗？这个问题很难回答，因为对于照明质量并没有明确的定义。照明质量受到个人及其文化背景的影响很大。已经有很多人提出了许多不同的方法来定义照明质量：有纯从主观反应出发的纯数字的光度学指数（Bean 和 Bell，1992）；有基于照明模式的整体设计过程的结果（Loe 和 Rowlands，1996）；有根据工作表现、健康和行为来评价的（Veitch 和 Newsham，1998b）；还有根据是否增强了细节、颜色、形状、纹理和表面处理的辨别能力来判别的（Cuttle，2008）。目前最普遍适用的定义是，所谓照明质量，指的是灯具设备对于业主和设计师的目标及要求的实现程度。根据具体情况，目标可以包括促进理想的结果，例如增强相关任务的功效、创造特定的印象以及产生所需的行为模式，以及确保视觉舒适。而限定则通常是指最大可允许的成本和电力预算、工期，有时还会限制所使用的设计方法。

对很多人来说，这样的定义一定是令人失望的，因为它既平淡又浅显，没有用复杂的光度学概念来表达，而是用照明的结果和影响来描述。有以下三个论点支持这种结果导向的照明质量定义，而不是用照明变量来定义。首先，照明通常是达到某种目的的手段，而不是目的本身，因此目的达到的程度成为衡量成功的标准。零售商本身并不关心照明，而只关心照明这个工具能否增加销售额。第二，理想的照明取决于具体环境，对任何照明来说，在某种情况下被认为是不合需求的，但在另一种情况下就变成有吸引力的照明了。第三，有许多物理和心理过程会影响对照明质量的感知（Veitch，2001a,b）。正是这种固有的不确定性，导致不存在某几种光度学数据的组合就能成为好的照明。

那么视觉不适与照明质量有什么关系呢，可以从一个简单的角度来切入，照明装置按质量可以分为三类：劣质的、优质的和没有感情的（indifferent）。劣质的照明，是无法让您快速地、轻易地看到您需要看到的内容和 / 或会引起视觉不适的照明。没有感情的照明，是一种可以让您快速地、轻易地看到您需要看到的内容，也不会引起视觉上的不适，但却无法提振精神的照明。优质的照明是一种可以让您快速地、轻易地看到您需要看到的东西，也不会引起视觉上的不适，同时还能提振人的精神的照明。从这种意义上，当前大量的照明都只能归为没有感情的照明。

这又引发另一个问题，是什么导致照明被归类为劣质的、优质的或没有感情的？基于结果的对劣质照明的定义是，当照明不适合视觉系统要求时，就是劣质照明。例如，如果某项视觉任务需要满足特定的视觉大小和对比度，那么导致视觉任务和背景之间的亮度对比度偏低，或者无关信息与背景之间的亮度对比度偏高的照明就是糟糕的照明。前者使任务的可见度变差，后者则会导致观察者的分心。造成这些糟糕照明的原因包括光照不足、光照过多、过度不均匀、光幕反射、阴影、闪烁、失能眩光以及不舒适眩光等，即目前所有我们认为和视觉不适有关的现象。消除这些现象通常会产生没有感情的照明。这并不是很差的结果，事实上各种设计指南和量化指标的最终目的就是让人做出这样的照明。当劣质照明被避免时，没有感情的照明和优质的照明之间的距离就是背景环境、时尚和机遇的问题。首先背景环境很重要，因为对于办公室来说是有吸引力的照明，放到温馨浪漫的餐厅里似乎就不太可能仍然那么诱人。时尚也很重要，因为在其他领域我们经常渴望新鲜事物的刺激和多样性，照明领域也没有理由会例外。至于机遇，这在一定程度上取决于技术和"在正确的时间出现在正确的地方"。什么是正确的地方？杰出的照明设计师 J.M.Waldram 曾经说过："如果没有什么值得看的东西，那就没有什么是值得照亮的。"所以正确的地方基本可以认为是包含某种值得看的东西的地方。此外优质的照明必须在某种程度上是和其环境匹配的，因此每种照明方案都是独一无二的，无法通用。时尚和特定性结合在一起，优质的照明质量的充要条件是随着时间和空间不断变化的，无法用科学的方法来确定。目前，优质的照明案例，通常都依靠才华横溢的建筑师和富有创意的照明设计师的通力合作，他们都不会照本宣科地遵守数字化的照明标准。

但这是用乐观的眼光来看当前的照明实践。表 5.1 给出了目前办公室工作人员对其办公室照明现状的调查问卷。这些数据来自 1259 名在美国东北部地区 13 个不同办公室的人，各个办公室有不同类型和年限的照明设施。所使用的问卷已被证明是可靠和有效的（Eklund 和 Boyce，1996）。从表 5.1 可以看出，在消除工作中的视觉不适方面还有很长的路要走。只有 69% 的办公室工作人员认可他们办公室的照明很舒适，但是还可以做得更好。表 5.2 显示了办公室临时工作人员，在小隔间办公室一天中经历了多种不同类型照明装置，并认为照明舒适的百分比（Boyce 等，2006b）。我们采用了在北美办公室中应用最普遍的嵌入式格栅荧光灯盘阵列，和之前的调研结果类似，只有 71% 的人认为这种照明方式很舒适。悬挂式上下出光灯具的线性排列曾被认为是办公室照明的最佳手法，因为它既能在工位上产生均匀的照度，又能照亮墙壁和天花板，产生更少的光幕反射，认为这种照明方式很舒适的百分比是 85%。最后一种照明方式是在每个隔间的天花板中心悬挂上下出光灯具，并让每个工作者个人可以控制该灯具。结果有 91% 的人认为很舒适。

表 5.1 和表 5.2 还列出了各种照明方式引起不适的原因。对于 Eklund 和 Boyce

（1996）所采用的旧照明方式（见表 5.1），基本问题似乎是光分布和光幕反射。对于 Boyce 等（2006b）使用的比较新的照明方式，情况有所不同（见表 5.2）。对于这三种照明方式，光照不足、阴影和闪烁都不是问题；常出现的问题反而是光照过度、灯具亮度、光幕反射和皮肤的颜色呈现。显然目前的照明实践可能会做得更好，但要做到这一点必须注意引起照明不适的所有方面，而不仅仅是照度。

表 5.1　办公室工作人员对以下关于照明的描述表示认可的百分比

描述	平均认可百分比
总的来说，照明很舒适	69
对于我执行的任务，照明过亮很不舒服	16
对于我执行的任务，照明过暗很不舒服	14
这里的照明分布很差	25
照明会导致很深的阴影	15
照明的反射阻碍了我的工作	19
灯具太亮了	14
在光线照射下，我的皮肤色调不自然	9
灯光全天闪烁	4

注：数据来自在 13 个不同办公室工作的 1259 人。
来源：Eklund, N.H.and Boyce, P.R., *J. Illum. Eng. Soc.*, 25, 25, 1996。

表 5.2　办公室临时工作人员对以下不同类型照明的描述表示认可的百分比

描述	常规的嵌入式格栅灯具阵列	常规的悬吊式上下出光灯具排列	正对每个工位中心的照明，可以单独控制
总的来说，照明很舒适	71	85	91
对于我执行的任务，照明过亮很不舒服	33	21	11
对于我执行的任务，照明过暗很不舒服	4	8	13
这里的照明分布很差	16	18	15
照明会导致很深的阴影	12	10	7
照明的反射阻碍了我的工作	29	17	21
灯具太亮了	38	20	19
在光线照射下，我的皮肤色调不自然	22	13	30
灯光全天闪烁	4	0	2

来源：Boyce, P.R.et al., *Lighting Res. Technol.*, 38, 191, 2006b。

5.7　总结

如果照明旨在便于从视觉环境中提取信息，那么有四种情况可能导致视觉不适，如下所示：

1）视觉任务难度，即照明使得所需信息难以提取。

2）前刺激或过度刺激，即视觉环境使得呈现的信息过少或过多。

3）分散（分析），指观察者的注意力被吸引到不包含所寻求信息的物体上。

4）感知混淆，指在视觉环境中，照度分布会因为反射模式而混淆。

视觉不适的发生表现为眼睛发红、发痒、头痛，以及与不良姿势相关的疼痛。在照明方面可能引起视觉不适的是：光线过少、光线过多、工作面上的照度变化太大、失能眩光、不舒适眩光、光幕反射、阴影和闪烁。其中的一项或多项是否会引起视觉不适还取决于照明安装的环境。事实上以上这些在正确的背景下都可以被正面利用。例如光幕反射是不可取的，因为它们遮盖了你想要看到的东西；但是当它们被用于表现商品的闪亮品质时，就是人们想要的。

已经有很多设计指南教导人们如何避免常见的办公环境内的视觉不适（SLL，2009；IESNA，2011a）。其中一些是定性的，例如如何避免阴影和光幕反射；还有一些是定量的，例如如何限制不舒适眩光和照度不均匀。定量化的建议不需要严格遵守，提供视觉舒适度的量化指标只要近似（标准）就好。

消除视觉不适并不是获得优质照明的必要条件，而只是消除劣质照明并做到没有感情的照明的途径。能做到这样已经是不小的成就了。根据办公室使用者对于普通办公室照明方式的评价调研表明，只有大约 70% 的人认为现有的照明很舒适。显然即使是普及没有感情的照明也还有很长的路要走。

第 6 章　照明和空间及物体感知

6.1　引言

人类对周围光环境的感知过程是非常复杂的，正如 Cuttle（2008）所描述的，**照亮的环境产生视网膜图像**，后者刺激产生了**视觉过程**，视觉过程又给大脑提供信息并引发**视觉感知**，最终让大脑识别出物体和表面，进而构成被我们感知到的整个空间。

从这个流程来看，显然第 1 章中介绍的那些用于量化描述光环境的光度学和色度学物理量也能够用来衡量对视觉系统的刺激。从感知学角度来说，视觉系统的反应和所受到的刺激有关，但不是只和刺激相关。这有三个原因：首先，感知能力取决于视觉系统对亮暗的适应状态。例如，当视觉处于中间适应时，其颜色分辨能力相比于明适应状态要低，而暗适应状态下则完全无法区分颜色。此外，随着适应状态改变，视觉系统对光的敏感度也会变化。试想一下白天和夜晚看到的汽车前灯，两种情况下车灯本身的亮度是一样的，但是由于视觉系统在晚间对光更加敏感而导致晚上的车前灯看起来要比白天亮得多。

其次，现实世界中对感知的刺激很少是单独、孤立的，而是非常复杂的，所有物体都处于不同的背景和环境中。背景的变化也会影响人对物体的视觉感知，图 6.1 就是个例子。图中显示一个灰色环，分别处于黑色或白色的背景下。灰色环本身的反射率是不变的，但在黑色背景下看到的灰色比白色背景下显得更亮。如果沿着黑 / 白边界画一条分界线这种效果更加明显，证明感知也受到明暗对比的影响。Purves 和 Beau Lotto（2003）还给出很多能够证明类似效应的图片。总之视觉环境中的各个元素互相依存、互相联系，共同构成了视觉环境的感知。

第三，感知受到我们当下的知识和过去的经验双重影响，这决定了我们对

图 6.1　视觉元素互相影响的图例。灰色方环左右两边反射率相同，但由于背景的影响，看起来具有不同的亮度。在背景的黑 / 白边界处的环面上设置分界线会让效果更加明显

物体及其明暗程度的预期。图 2.30 证明了这种效应，随着图形方向的改变，图形凹凸也会发生变化。

　　毋庸置疑光环境的感知是一个复杂的过程，仅仅掌握照明知识还不足以准确预测人们的感受。尽管如此，照明是光环境感知的起点，并且可以通过照明来改变光环境。本章将致力于描述光照条件对简单和高阶感知的影响。

6.2　简单感知

　　考虑到光环境所提供的刺激与由此产生的感知之间关系的复杂性，有必要先研究出不同的人在多大程度上会对相同的光环境产生相同的感知。首先有个前提是感知的稳定性。知觉恒常性的发生（见 2.5.1 节）和每个人都能看到的视错觉的存在，证明了感知可以是稳定的，即使它会被误导。接下来的问题就是，什么条件下会产生稳定的感知。这个问题没有量化的答案，但可以找到一个基本的原则：当知识和经验等外界因素的干扰最少，并且感知完全来源于视觉信息时，感知能获得最大稳定性。因此对于暗背景下的小圆盘，我们可以比较容易地发现光谱和亮度变化之间的稳定关系。而当知识和经验等造成的干扰较多，或者感知不完全来自于视觉信息时，感知的稳定性最小。因此，光分布对于室内空间宽敞程度的影响要小得多，这是因为对于空间宽敞度的感知和很多因素有关，例如空间中家具的数量和摆放等。简单感知（例如某种刺激的亮度和彩度）比高阶感知（例如宽敞度和吸引力）更容易稳定。

6.2.1　视亮感

　　如 2.5.2 节所述，光照到各种表面上反射出来被人看到引发的感知叫视亮度（lightness），与反射率有关。而人们对发光光源的感知叫作明度（brightness），具体和亮度（luminance）有关。Lynes（1971）曾讨论过视亮度感知恒定的条件，他的结论是：大多数商业和工业建筑室内均匀的漫反射能够保证视亮度的恒定。尽管如此，应该注意视亮度恒定并不完美。在很宽的照度范围内，物体表面的视亮度会发生变化（见 2.5.1 节）。

6.2.2　明度

6.2.2.1　亮度和明度

　　关于亮度和明度之间基本关系的研究历史悠久，最早从 Fechner（1860）开始，直到 Stevens 在 1961 年的著作中取得成果。经过多年研究，Stevens 证明了人体许多知觉和刺激的强弱之间存在稳定的关系，例如响度、气味、重量、味道，以及明度。亮度和明度之间关系的研究方法是让观察者们对处在均匀亮度背景下的自发光目标的明度进行评判。对明度感知的度量采用直接数值打分法：所有观察者被要求给呈现出来的第一个亮度给出一个数值分，比如说 10 分，那么如果接下来第二个刺激源看起来是第一个的 2 倍亮，那就是 20 分；但如果看起来只有第一个亮度的十分之一，则打分是 1，依此类推。通过这种方式可以构建出明度感知的比例尺度。另一种方法是跨模态匹配，这种方法要求观察者调节某个感知维度的强弱，直到和另一维度的刺激感知强度相匹配。例如，让他们调整施加在手柄上的力，直到感觉上和刺激源的明度相匹配。两种测量方法都表明：明度和亮度之间不是线性关系，而是遵循以下形式的幂定律：

$$B = kL^n$$

式中，B 是明度的大小；k 是一个常数；L 是刺激源的亮度（cd/m^2）；n 是一个指数。

另一个发现是不同人之间的指数 n 大小存在很大差异，具体原因是由于不同人之间视觉系统的敏感性不同还是由于不同个体使用的测量方法不同还不清楚。他们同时还发现公式里指数 n 受到背景环境的大小和亮度的影响，还和观察者视觉系统的适应状态以及刺激源及其周围环境的颜色相关。Marsden 在 1969 年的报告中指出，对于在昏暗的背景环境中视角小于 2° 的小目标，不同观察者身上发现的指数范围在 0.23 ～ 0.31。

Bodmann 和 La Toison 在 1994 年提出了一种明度 / 亮度在多种背景亮度下的通用模型。他们使用了 Haubner（1977）模型

$$B = cL_t^n - B_0 \text{ 和 } B_0 = c\left(s_0 + s_1 L_u^n\right)$$

式中，B 是明度的大小，设定在 $L_t = L_u = 300\text{cd/m}^2$ 时，B 等于 100；L_t 是测试场的亮度（cd/m^2）；L_u 是均匀背景的亮度（cd/m^2）；n 是一个指数，等于 0.31；c、s_0、s_1 均为常数。

对于 2° 的测试场，$c = 22.969$，$s_0 = 0.07186$，$s_1 = 0.24481$。

当 L_t 远大于 L_u 时，这个公式会简化为 Stevens 幂定律[⊖]。随着 L_u 的增加，测试贴片的明度降低，最终达到零，即全黑。

这些简化条件下的研究已经让我们对明度和亮度之间的关系有了基本的理解，但对于实际室内复杂光环境下的关系人们还是有很多疑问。幸运的是，Marsden 在 1970 年研究了一个真实大小房间里的亮度感知，房间里有不透明的反射物体和半透明的自发光物体。室内各个表面的亮度范围为 3 ～ 4000cd/m^2，这是建筑室内表面亮度的典型范围。他的研究表明，房间内任何单个表面的明度感知随着其亮度值的提高符合指数为 0.35 的幂定律关系，但若是几个表面被同时看到，则明度感知符合指数为 0.6 的幂定律。通过假设房间中最亮的表面具有下式给出的明度，我们可以估算出亮度变化后房间内部表面明度的变化：

$$B_{max} = L_{max}^{0.35}$$

⊖　Stevens 效应：1963 年 Stevens 实验发现视明度与亮度之间的关系倾向于遵循一个幂函数，由此提出 Stevens 效应，即明度对比度随着适应场亮度的增加而增加。Stevens 效应与 Hunt 效应密切相关，前者描述视彩度，后者描述视明度，当明度增加时，色彩的对比也会随之增加。——译者注

然后，房间中的其他表面将具有下式中给出的明度：

$$B = aL^{0.6}, \quad 其中 \ a = \frac{B_{\max}}{L_{\max}^{0.6}} = L_{\max}^{-0.25}$$

这个简单的系统可以估算出一组观察者对明度的平均感知，但低估了高饱和彩色表面的明度，又高估了半透明表面的明度。需要注意这些关系最多只是近似的，仅具有指导作用。明度感知存在很大的个体差异。

6.2.2.2　光分布和明度

前述发现中还有个隐含知识点，房间内表面亮度和其感知明度之间的幂关系指数是由房间中所有表面的最大亮度决定的，也就是说，房间中的整体明度感受是由房间里的光分配决定的。因此不同类型的照明布局会产生不同的感知明度。直接照明是所有的光从灯具发出向下照射到工作面的照明方式；间接照明则相反，灯具发出的光都向上照射，经过天花反射后才到达工作面。Houser 等在 2002 年已经证明，同样照度下，间接照明照亮的房间比直接照明显得更亮（见图 6.2）。这意味着墙壁和天花板都对房间的整体明度有所贡献。

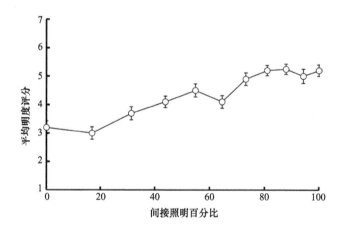

图 6.2　房间整体明度等级的平均值和标准误差与间接照明百分比的关系。明度等级范围从 1= 暗淡到 7= 明亮。所有光分布的水平工作面照度都固定为 538 lx（来源：Houser, K.W.et al., *Lighting Res. Technol.*, 34, 243, 2002）

Loe 等在 1994 年也研究了光分布对房间明度感知的影响。他们在会议室中设计了 18 种不同的照明布局，结果发现明度感知不仅取决于空间中存在的亮度范围，还取决于这些亮度的位置，某些位置比其他位置更重要。具体来说，似乎在水平视线上下 40° 角范围内的亮度对于明度感知是最重要的，房间需要至少 30cd/m² 的平均亮度才不会显得暗淡。对于查看房间的人来说，40° 的视野着重于墙面而不是天花板和地板。在一项类似的研究中，Loe 等于 2000 年发现水平视线上下 40°、左右 90° 范围内的平均亮度达到 40cd/m² ，是让人感觉这个房间看起来亮和暗的分界值。这种一致性是令人鼓舞的，但 Miller 等于 1995 年的研究结果并不支持上下 40° 、左右 90° 这个视野范围。他们进行了类似的研究，使用包含和不包含洗墙的直接照明以及间接照明等手法给工作面提供各种数值的照度。结果发现当墙面和天花板都有一定亮度时，房间照明的认可度最高。图 6.3 显示了照明的认可度与所谓的 "体明度" ——天花板和墙壁平均亮度之间的关系。本研究和 Loe 等（1994，2000）的研究的最大缺点就是，所有参与者都是照明设计或照明研究方面的专家，因此可能会对不同的照明场景产生偏见，以后有必要了解不懂照明的人的反应如何。目前两项研究都证明使用间接照明能够增强房间的明度感知，如果无法使用间接照明，那么采用洗墙方式的直接照明也能起到类似作用。

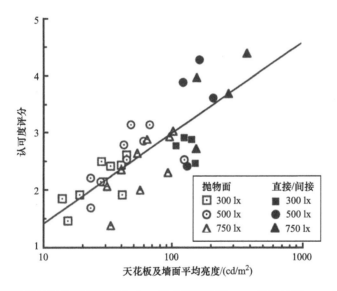

图 6.3　不同照明场景的平均认可度评分（1= 完全不可接受，3= 勉强接受，5= 完全可接受）与天花板和墙面平均亮度的关系。这些场景采用嵌入式抛物面荧光灯或者悬吊式直接 / 间接荧光灯具，分别在办公室的工作面上产生 300 lx、500 lx 或 750 lx 的照度（来源：Miller, N.J.et al., An approach to the measurement of lighting quality, *Proceedings of the IESNA Annual Conference*, New York, IESNA, New York, 1995）

　　尽管房间里不同表面之间的重要性区别尚未搞清楚，但有一点毫无疑问，房间里的光分布会改变人们对房间明度的感知。Shepherd 等（1989，1992）通过一系列研究证实了这一点，他的研究课题可以说是明度的反义词——昏暗。他们给测试者提供了一个词汇列表，让他们从中选择出最适合的单词来描述看到的空间。结果表明，以下几种情况会让人感觉到昏暗，Shepherd 等（1992）具体总结如下：

- 低环境亮度，无论工作面照度如何。
- 周边的小细节无法看清楚。

- 高工作面照度，同时周围表面低亮度。
- 中间视觉范围内的适应亮度。

这些结果再次表明，墙壁照明不好的直接照明将导致昏暗的感觉，也就是说通过洗墙来提高墙面照度能提升明度感知。有趣的是，这个结论无论是对照明学、建筑学的学生或是普通大众都成立，这表明也许受试者是否具备照明知识并没有关系。

以上的结论中混合采用了亮度和照度两个物理量，这引发了另一个有趣的问题：有没有可能用低反射率材料——如桃花心木镶板墙——装修一个房间，同时看起来比较明亮？答案是可行的，但前提是光的数量及分布能被充分理解（Cuttle，2004）。如2.5.1 节所述，假设某个房间内光的数量和分布被完全理解，感知系统就可以把视网膜接收到的亮度分布分解成反射模式和照度模式。这种情况下，明度和房间内光量的感知有关，因此低反射率的房间也可能看起来是明亮的，这是 Ishida 和 Ogiuchi（2002）曾经验证的结论。

6.2.2.3 灯具亮度和明度

另一项可以影响明度感知的因素是灯具的设计。这里的问题是灯具中的高亮度元件会否改变空间中的明度感知，还是只会引起不适眩光而让人觉得照明场景不舒服（见 5.4.2.2 节）。

Bernecker 和 Mier 在 1985 年研究过改变间接照明灯具中某个固定尺寸元件亮度的效果。他们发现提升元件的亮度会让房间感觉起来更亮。Akashi 等（2000）跟进了这项研究，同时增加了发光元件正对眼睛的面积以及背景亮度等变量。为了测量明度，他们安排一名测试人员去观察两个五分之一比例缩小的房间模型，里面配有一张桌子和一套灯具。两个房间唯一的区别就是其中一个房间，即测试室，灯具上多出一条狭缝，形成一个额外的发光元件。测试室中桌面上照度以及背景亮度都被设定为固定水平。然后受试者被要求调整另一个房间的光量，直到两个房间的整体明亮程度看起来相同。通过最终两个房间中的桌面上照度的比值来衡量灯具中发光元件对明度的影响。如果比值大于 1，就意味着发光元件的效果是增强明度感知。经过三种不同的背景亮度、五种不同的发光槽尺寸以及五种不同的发光槽亮度的测试，几位测试对象调整后给出的平均照度比为 0.8 ~ 1.3。这些数值说明灯具中的发光元件的存在可能增强也可能减弱室内的明度感知，视具体条件而变。照度比变化规律表明，减小发光元件的尺寸并增加其亮度将倾向于提升明度感知。然而，过度增加亮度或使发光元件变得太大将导致眩光产生，反而使得房间的其余部分看起来更加暗；而如果发光元件的亮度相对于背景太小，则没什么提升效果。比较明确的结论是，灯具中增加一定的发光元件来提升房间明度是需要小心处理的事情。

6.2.2.4 光谱和明度

除了对室内表面亮度和灯具亮度的影响之外，还有许多原因会导致光谱影响明度感知。要理解这一点，只需记住亮度是基于视网膜中心凹（fovea）的光谱灵敏度，该处主要由对中波和长波敏感的锥状光感受器组成。因此，增加被检测区域的大小，从而增加周围视网膜的感受区域，将增加短波锥状光感受器的介入，可能还会激发感光的视网膜神经节细胞（Berman，2008；Vidovszky-Nemeth 和 Schanda，2012）。此外，增加被检测区域的大小会减少覆盖视网膜中央区的黄斑的影响。降低适应亮度从而让视觉系统从明视觉转换到中间视觉，将使活跃的光感受器从只有锥状光感受器改变为杆状和锥状光感受器同时参与。观看稳定呈现的场景将确保视觉系统中的无色和色度通道都处于活动状态。所有这些效应都适用于由光圈和复杂场景组成的抽象对象，例如人们最常见的房间和街道。

光线中的光谱成分能够影响明度感知这一点已被发现多年，具体叫作 Helmholtz-Kohlrausch 效应（Wyszecki 和 Stiles，1982）。这种效应很简单，当两个不同颜色但亮度相同的平面并排放置时，色彩饱和度更大的平面看起来更亮。Helmholtz-Kohlrausch 效应因颜色而异，具体来说，黄色的效应要比红色、绿色或蓝色弱得多（Padgham 和 Saunders，1975）。

这种效应也在 Ware 和 Cowan 的 1983 年的著作中出现了，他们从 29 个有关小型自发光场（小于 2°）异色明度匹配的研究中提取了数据，总结出一个经验公式来计算颜色相对明度的转换因子。对于在 y 轴色度坐标大于 0.02 的颜色，转换因子可以通过下式计算：

$$C = 0.256 - 0.184y - 2.527xy + 4.656x^3y + 4.657xy^4$$

式中，C 是转换因子；x、y 是国际照明委员会（CIE）于 1931 年提出的刺激源色度坐标。

为了把亮度相同或是不同的光源的明度进行排序，只需要计算

$$\log(L) + C$$

式中，L 是亮度（cd/m²）；C 是转换因子。

对于等亮度的光源，具有最高转换因子的将显得最亮。图 6.4 展示了基于 Ware 和 Cowan 方程的等转换因子曲线。这个由 Ware 和 Cowan 总结以及其他作者（Nakano 等，1999）理论计算得出的等转换因子曲线，对照明实践有个有趣的影响。转换因子随着色彩饱和度的增加而增加，而不是朝向 CIE 1931（x，y）色度图的黄色部分。这意味着对于相同的亮度，通常相关色温（CCT）较高的白色光源应该比那些色温较低的光源看起来更亮，Harrington（1954）的研究也证实了这个结论。对此结论的一个疑问是：它所依据的数据是针对小光场的，因此推测这是由于色度通道的作用，而不是来自对中长波长敏感的锥状光感受器。这意味着这些数据对于信号灯更有价值，但对于一个真实的房间来说没有什么意义，原因有二：首先在真实的房间里，光线呈现出一个较大的视野，刺激视网膜上所有的光感受器；其次，房间表面的亮度模式可以在感知上分成照度和反射率模式，明度与前者有关，而与后者无关。

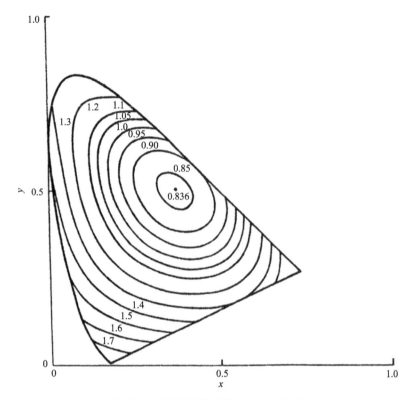

图 6.4　在 CIE 1931（*x*，*y*）色度图上绘制的等转换因子曲线（来源：Ware, C.and Cowan, W.B., Specification of heterochromatic brightness matches: A conversion factor for calculating luminances of small stimuli which are equal in brightness, Technical Report 26055, National Research Council Canada, Ottawa, Ontario, Canada, 1983）

　　Boyce 等在 2002 年的研究谈到了光谱对真实房间明度的影响。这项研究采用两间内部装修完全相同的办公室，采用配光相似的荧光灯具提供同样的照度水平，唯一的差别就是相对色温（CCT）和 CIE 一般显色指数（CRI）不同。具体来说，一个光源的 CCT 为 6500K，CRI 为 98；另一个光源的 CCT 为 3500K，CRI 为 82，也就是说两个光源的光谱分布非常不同。当两个办公室中照度分布相同时，CCT 为 6500K 且 CRI 为 98 的光源让人感知到的明度比另一种更高。该领域的另一项实验是 Boyce 和 Cuttle 在 1990 年所做的，他们让 15 名观察者在小办公室里进行颜色分辨的视觉任务，然后对照明进行评分。办公室采用荧光灯照明，光源的 CRI 值几乎相同（CRI = 82～85），但 CCT 差别很大（2700～6300K），在桌面上由相同的灯具产生四种不同的照度（30 lx、90 lx、225 lx 和 600 lx）。决定照明印象的主要因素是照度，增加照度使办公室看起来更愉悦、舒适、温暖、均匀、清晰、放松、明亮，以及更安全。在这项研究中，CCT 变化对观察者的印象几乎没有影响。类似地，Hu 等在 2006 年使用强制选择法和照度调整法来测试不同 CCT 的荧光灯在两个相同装修房间的相对明度。这两种方法都没有发现 CCT 的差异对房间明度产生影响。然而，Berman 等在 1990 年做过另一项实验，他让受试者观察由两组不同光谱但具有相同 CCT 的光源照射下的房间，分别持续 5s。结果显示，受试者始终认为两种光源的明度差异与明视觉亮度相反。以上结果表明在大视野中，不同光谱的光源会造成不同的明度感知，即使这些光谱有相同的颜色也就是有相同的 CCT。

以上研究结果反映出，目前广泛使用的反映光源色彩属性的单数值物理量，例如 CCT 和 CRI，还是有一定的局限性。从感知角度来说，真正重要的是光源光谱的差异，也就是经过各种表面反射后直接或间接进入人眼的混合波长的差异。鉴于这些单数值物理量不足以描述光源光谱对房间明度的影响，我们就有必要走向另一个极端，采用复杂的色彩显示模型（CIE，2004c；Fairchild，2005）。这些模型需要室内各表面和物体以及光源的光度学和色度学的详细信息，可以用来预测这些表面和物体的明度和颜色。不幸的是，只有最昂贵、最重大的照明设计项目才用得上这么复杂的模型。这给研究人员留下了很大的空间，去寻找能够比 CCT 和 CRI 更精确，同时又比显色模型更简便的预测房间明度的指标。

另一个需要解决的问题是："光谱对明度的直接影响是什么，通过它对空间中表面色彩饱和度的间接影响又是什么？"这个问题可以通过比较单色的和多色彩的室内空间的效果大小来回答。Berman 等（1990）让观察者观察一个均匀的单色的室内空间，发现不同光源造成的明度差异很大。这意味着即使对于没有表面颜色的场景光谱也会对明度产生影响。但表面颜色的存在是否会增强效果？ Boyce 和 Cuttle（1990）测量了分别在一个无色的房间和用单一颜色装饰的房间里，通过水果和鲜花的形式引入一系列鲜艳色彩后对于感知的效果。结果发现，引入水果和鲜花后，在相同照度下明度感知会加强。还有些人的研究得出了相反的结论（Fotios 和 Cheal，2011a；Bullough 等，2011b），在拥有多种色彩的场景里引入彩色物体对场景整体明度感知几乎没有影响，这就是符合一般预期的，因为毕竟场景明度主要和人眼感受到的空间光量有关。

还有一个值得考虑的因素是可用于色彩适应（chromatic adaptation）的时间。Fotios（2006）回顾了过去若干次使用不同呈现方法的相关研究，最终得出结论：色彩适应降低了光谱差异对明度的影响，但并未消除它。这意味着设计师在考虑光谱对明度的重要性时，有必要了解清楚这是初始印象还是在色彩适应之后的印象。

显然，关于不同光谱如何以及为什么会影响室内明度的感知还有很多需要研究，但它们的影响确实存在已经无可争议（Vidovszky-Nemeth 和 Schanda，2012）。同样没有争议的事实是，光谱对中间视觉条件下的明度感知有影响，这种情况在室外照明中比较常见。在中间视觉条件下，杆状和锥状光感受器都是活跃的。众所周知，杆状和锥状光感受器以高度非线性的方式相互作用导致对明度感知产生影响（Wyszecki 和 Stiles，1982），并且杆状和短波锥状光感受器不参与亮度感知。Fotios 和 Cheal（2007a）曾让观察者比较过两个小亭子的明度，一个由高压钠（HPS）灯照明，另一个由金卤（MH）灯照明且照度是 7.5 lx，观察者同时观看两者。当两个亭子看起来明度相等时的平均照度比是 MH/HPS=0.73。Fotios 和 Cheal（2010）还做了相似的实验，只是让观察者先后去看这两个亭子。结果是在等明度条件下，照度比为 MH/HPS=0.74。

Rea 等（2009a）曾对分别用高压钠灯和金卤灯照亮的部分道路的明度进行了现场测量，两种灯具具有相似的配光分布。在每个灯具下方放置了一张海报板，上面绘制有人物、风景以及一张视力表。观察者站在这两个灯具之间的中点位置，朝两个方向就可以分别看到两种照明情况。实验共进行三次。第一个实验，海报板上的垂直照度通过机械装置可以在 5 lx 和 15 lx 之间来回切换，观察者需要指出这两个场景中的哪一个街道和物体看起来更明亮。实验测试了六种照度和光源类型的组合。第二个实验采用了相同的程序，但设置了三种垂直照度：7.5 lx、10 lx 和 15 lx。第三个实验中，观察者在一个小亭子里，通过装有中性灰度镜（neutral density filter）的观察孔来看这两个场景，这样垂直照度可以做更细微的变化。图 6.5 显示这三个实验中观察者认为金卤灯比高压钠灯更亮的人数百分比，和两者垂直照度比值之间的关系。可以看出当明度相同时，即人数百分比为 50% 时，金卤灯只需要提供高压钠灯 79% 的照度。这项使用真实道路的研究与使用简单隔间的 Fotios 和 Cheal（2007a，2010）的研究结果高度一致令人振奋。

在这些实地测量之后，Rea 等（2011）回到实验室开发可应用于任何光源室外场景明度的临时模型。构建的模型基于 Wooten 等（1975）测量的周边视觉的光谱灵敏度数据。该模型形式如下：

$$B(\lambda) = V(\lambda) + gS(\lambda)$$

式中，$B(\lambda)$ 是明度；$V(\lambda)$ 是明视觉的发光效率；$S(\lambda)$ 是短波锥状光感受器的发光效率；g 是随锥状光感受器适应水平变化而变化的加权因数。

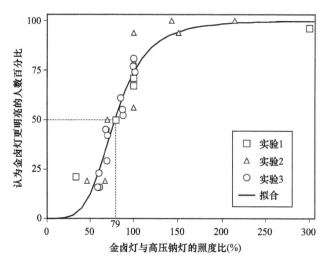

图 6.5　观察者认为金卤灯比高压钠灯照明更亮的人数百分比，和两者照度比之间的关系（来源：Rea, M.S.et al., *Lighting Res. Technol.*, 41, 297, 2009a）

g 大于零的事实意味着，对于大面积视场的明度感知，短波锥状光感受器的活动是很重要的。随着锥状光感受器适应水平降低，g 值随之减小，这意味着短波锥状光感受器对明度的相对贡献减小。使用不同光源的一系列小实验表明，模型场景地面照度为 2 lx 时合适的 g 值是 1.5，而照度为 20 lx 时合适的 g 值为 2.5，这两种照度均在室外照明常见范围内。不过这个方程的应用范围是有限的。在非常低的适应亮度下，杆状光感受器主导明度感知，这种情况的适应亮度为 0.01cd/m²，相当于道路上约 0.2 lx 的照度。至于高适应亮度，该模型在高明视亮度下适合大场的明度感知能力仍有待研究。

Bullough 等（2011b）采用与 Rea 等（2011）第二个实验相同的方法对该模型进行了测试，即高压钠灯和金卤灯提供等效于 2.7 lx 或 21 lx 的亮度。结果表明，该模型能够准确预测不同光源和照度产生的明度。然而，Fotios 和 Cheal（2011b）使用两个亭子并排检测的方法对更大范围的光源进行了测试，参考照度为 5 lx。这使得相同明度下的两个光源之间的照度比可以被测量。不幸的是，Rea 等（2011）预测的亮度模型和这个测试得出的照度比不太吻合。其结果和 Sagawa（2006）的明度模型比较符合，两个光源的 S/P 比值有着良好的拟合（分别是 r^2= 0.83 与 0.89）。

在这方面显然还有很多工作要做。Rea 等（2011）的模型试图研发出一种能和已知的视觉生理学吻合而又简单易用的明度模型。S/P 比值容易使用，但纯粹是经验性的。Sagawa（2006）明度模型符合视觉生理学基础，但又不方便使用。此外，CIE 最近加入了基于 Sagawa 模型的补光测光系统，旨在根据比较明度评估光源。该系统使用等效亮度的概念来描述明视觉、中间视觉和暗视觉条件下的灯具或物体的明度（CIE，2011）。如何在这些迥异的方法中找到易用性、适用范围和精度之间的平衡还需要做进一步工作，但毫无疑问，光谱对于中间视觉条件下的明度感知是很重要的。

6.2.2.5 闪光

有关明度还有个现象值得一提，就是闪光（sparkle）。闪光可以看作是一种"好"的眩光，之所以好就在于它可以令人兴奋而不是引起不适。所谓闪光就是光源给人造成类似星光感受的发光模式（Akashi，2005）。已知的有关闪光的重要变量是光源的大小、亮度和环境亮度，这些变量也都和眩光相关。Akashi 等（2006）试图找到会产生闪光的具体条件，方法是让受试者观察一个表面穿刺了 32 个圆孔阵列的黑色表面，这些圆孔共有 6 种不同的孔径、6 种不同的小孔亮度和 2 种背景亮度，一种背景亮度代表典型的室外照明，另一种代表典型的室内照明。要求受试者将所显示的图案归类为暗淡的、刺目的、明亮的或闪光的。图 6.6 显示了闪光感知的等概率曲线，两个维度是小孔相对于人眼的立体角大小和小孔的亮度。观察图 6.6 表明，要提高看到闪光的概率，光源相对人眼的立体角应为约 0.5μsr，并且室外照明的亮度约为 2000cd/m²，或者室内照明亮度为 4000cd/m²。该图还表明，增加小孔亮度或立体角可能增加刺激被描述为眩光的概率。而较低小孔亮度则提升场景被认为暗淡的概率。

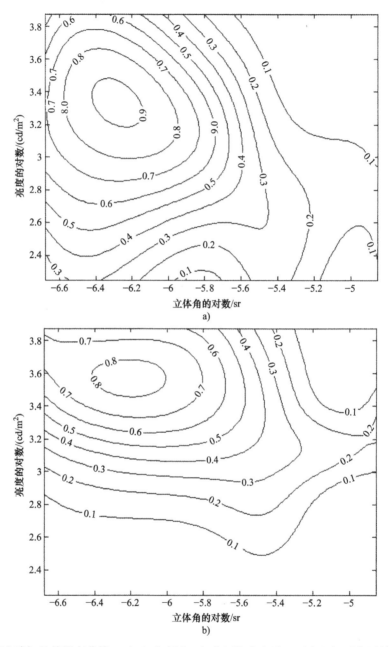

图 6.6 闪光感知的等概率曲线。对于 a）低和 b）高环境光水平，两个坐标系分别是亮度的对数和立体角的对数（来源：Akashi, Y.et al., *Lighting Res. Technol.*, 38, 325, 2006）

6.2.3 视觉清晰度

通常认为与光谱有关的另一种感知是视觉清晰度。该领域的第一篇论文是 Aston

和 Bellchambers 在 1969 年发表的，他们让人站在两个装修相同的小房间前面，分别用不同的荧光光源照亮，但是灯具是相同的，所以配光完全一致。其中一个房间工作面上的照度被设置为固定值，然后受试者被要求调节另一个房间的照度"以便使两个房间的整体清晰度看起来一致"。此外，整体清晰度被定义为"……完全按照个人满意度来评价，尽可能地排除任何颜色和明度上的差异的影响"。研究发现具有高CRI 的灯具所需要的照度始终比低 CRI 的灯具要低。随后，Bellchambers 和 Godby（1972）将这项研究扩展到全尺寸的房间并得到了相似的结论。平均而言，中等显色性（CRI=55 ~ 65）的灯具相比于显色性非常好（CRI= 92）的灯具，需要提供高出24% 的照度才会被视为清晰度相同，参考照度值为 500 lx。

这项研究发表多年以来，许多研究人员都遵循了同样的道路。比较数据结果的一个问题是，不同的研究要求观察者根据明显不同的标准来做调整。Boyce（1977）要求观察者调整两个并排放置的模型房的照度，以获得视觉上相同的满意度。Fotios 和Levermore（1977）要求观察者调节得到视觉上完全的一致。尽管这些术语含糊不清，但毫无疑问这种照度比，确实给评价不同光谱的整体印象方面提供了一种相对有效的度量手段，虽然这种印象到底是不是基于明度感知、清晰度还是其他因素仍未可知。在此问题解决之前，任何关于光谱会影响清晰度感知的说法都应该受到怀疑。

6.2.4　色彩外观

显然，照明影响场景或表面的色彩外观的最主要因素是光源选择。光源的选择对空间的色彩外观有两方面影响：第一是改变空间的整体色彩外观；第二是改变空间中各元素之间的颜色相对外观。

关于空间的整体色彩外观，常见的观察结论是 CCT 更高的光源让空间呈现一个冷色调的外观，而低 CCT 光源产生暖色调外观。这种差异刚走进空间时最为明显。然而随着时间的推移，人眼慢慢产生色彩适应，色彩外观的差异会变小。这种减少的幅度在 Boyce 和 Cuttle（1990）的研究中提到，他们发现在 20min 后，对于用 2700 ~6300K 范围内不同 CCT 的高显色荧光光源照射下的无色差房间，其明度和彩度的感知是相同的。空间中不同颜色的相对色彩外观效应更为重要，和色彩适应的时间无关。具有大色域（gamut area）的光源（见 1.6.4.2 节）能够提升表面颜色的饱和度，从而提高室内空间的彩度。

除了光源选择，还有其他因素会影响色彩外观，例如 Bezold-Brucke 效应。这种效应简单来说就是改变亮度可以改变颜色的色调（hue）。增加亮度会让红色显得黄而让紫色显得蓝。图 6.7 显示了 Bezold-Brucke 效应的方向和大小。纵轴表示亮度为7cd/m² 且颜色和同样尺寸的 120cd/m² 的颜色相匹配的单色波长，横轴是较高亮度场的单色波长（Boynton 和 Gordon，1965）。这些亮度涵盖了室内照明中常见的范围。图6.7 中特别有趣的一点是，有三个波长，大约在 475nm、507nm 和 570nm 处，没有色调上的偏移。

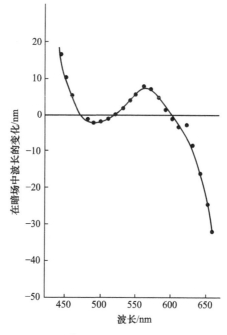

图 6.7 Bezold-Brucke 效应。一个 7cd/m² 的二部场的一半的波长变化，需要与另一半在 120cd/m² 的色调上匹配（来源：Boynton, R.M.and Gordon, J., *J. Opt. Soc. Am.*, 55, 78, 1965）

影响色彩外观的另一个因素是视野的大小，以至于 CIE 认为有必要在色度学定义中引入两种标准的观察者。CIE 标准色度观察者应用于视场角度小于 4° 的情况，而 CIE 10° 标准色度观察者则用于视场角度超过 4° 的情况（Wyszecki 和 Stiles，1982）。图 1.2 显示了这些观察者的光谱灵敏度。很明显当视场从 2° 增加到 10° 时，视觉系统会对 550nm 以下的可见光波段更为敏感。

从另一角度来说，视野大小会影响色彩外观是显而易见的。比如 10° 的大视场，均匀地用单色光照亮，整个视场的色彩外观不是一样的，而是在中心有一个直径约 4° 的斑点，边界模糊但颜色看起来与其余部分不一样。这个斑点叫作麦克斯韦斑（Maxwell spot），它会随着注视点的移动而移动。麦克斯韦斑的存在主要是由于视网膜黄斑的存在，这是覆盖在视网膜中央凹及其周围的黄色区域，并对到达视网膜的光线起着过滤作用。

这几个例子足以说明，和大多数其他感知一样，照明对色彩外观的影响并不是一件简单的事，尤其是考虑到光源颜色和装饰颜色之间存在相互作用的情况（Mizokami 等，2000）。然而这种复杂性并没有阻止人们尝试找到一个模型来反映对视觉系统的刺激最终是如何影响色彩的外观的，无论是单独观看还是和其他颜色组合观看。目前研究最深入的是 Hunt（1982,1987,1991）的模型。1982 年，Hunt 提出了一套锥状光感受器光谱灵敏度函数，该函数可以预测在中等明视觉照明水平下看到的色调、明度和彩度。1987 年，该模型被扩展为提供任何照明下的明度和色度的预测，无论视觉系统是处于明视觉、中间视觉还是暗视觉。1991 年，该模型进行了修订，使其更容易使用，并且包括一种颜色和其他颜色组合出现的情况。最终的模型提供了色调、明度和色度的相关性，亮度和彩度，饱和度，相对黄色 - 蓝色，相对红色 - 绿色，以及相对白色 - 黑色等。该模型已被证明和猴子在实验中的生理数据相一致，它还被证明符合人们对明度、色调、亮度和彩度的感知。该模型和其他模型的开发（Nayatani 等，1994）最终促使 CIE 推出了适用于色彩管理系统的色彩外观模型（CIE，2004c）。

色彩外观是个值得研究的课题，以后可能开发出一个或多个能更准确反映光源颜色属性的指标。此外随着发光二极管（LED）的出现，以后有可能制造出几乎任何光谱的光源。LED 光源的光谱可以通过特殊算法进行优化（Soltic 和 Chalmers，2012），但目前受到色彩评价指标太少的制约。所有这一切都迫切要求发明出一套更广泛、更准确的色彩外观评价标准体系，以替代现在有很多局限性的 CRI（Guo 和 Houser，2004）。

6.3　高阶感知

6.3.1　关联方法

绝大多数关于照明对于视亮度、明度以及色彩感知影响的研究都采用了所谓的关联方法。关联方法很简单，具体来说就是在有关照明的某个主观评价和客观物理量之间建立关系，例如在明度和亮度之间寻找关系。主观判断可以通过某种形式的打分直接进行，也可以通过调整变量以达到相互匹配来间接进行。虽然关联方法使用非常广泛，但也受到广泛的批评。这些批评主要集中于模拟的准确性、反应的可塑性以及结论的相关性和独立性。

对模拟准确性的批评源于这样的事实：很多测量照明对于感知效应的实验使用了抽象条件，即均匀的亮度场。这不可避免地使人们对相关结论在真实室内空间里的有效性产生怀疑，尤其是那些背景复杂的情况。

对反应可塑性的批评源于以下几个事实：受试者总是倾向于在打分时给出中庸的分数（Poulton，1977，1989；Fotios 和 Houser，2009；Logadottir 等，2011）；当受测者得到的指令有歧义时，他们的反应是特异的（Rea，1982）；还有就是当要检测的照明特征和主观评价之间没有明确联系时，受试者的反应是不可控的（Tiller 和 Rea，1992）。关联方法的基本问题是即使在没有意义的情况下，人们也愿意做出主观判断。这给实验者在选择测量方法时造成很大的负担。此外，如果人的反应要被限定于那些只和某个照明特征有关的部分，那么就很难找到对于所谓高阶感知的影响了。Tiller 和 Rea（1992）认为摆脱这种困境的一种方法是使用语义差分打分表，这不是某一种具体方法，而是作为开发关于高阶感知的假设的一种手段。比如说，如果通过打分得到某种照明设计相比于另一种显得更正式，则可以假设人们在这种环境下会表现得更正式。尽管这种两步法很有独创性，但几乎没人用过。

即使在仔细制定测量方法的情况下，对实验相关性和独立性的批评仍然存在。关键在于物理测量和主观判断之间的相关性并不能保证该实验中的心理属性和人们的日常经验相关，即使能够保证，当建立了许多这样的关系时，也没有理由认为它们代表了独立的维度。

所有这些批评似乎都显示关联方法能取得的成果不多，但这个表述是不公平的。关联方法已被用来找到很多被大量人群认为不舒适的照明条件。此外，该领域的经验表明，为表达这种理解而制定的标准是强有效的。这意味着关联方法对于识别视觉上不舒适的照明条件是有用的。对于该方法的批评表明，关联方法不适用于更高阶的感知。为了解更高阶的感知，有必要将人放在首位，而不是照明设备，并将它们放在特定的环境中，而不是放在抽象的环境里。

6.3.2 多维方法

Flynn 等（1973，1979）在真实的室内环境里做过一次开创性研究，在这项研究中，96 名受试者体验了用 6 种不同方式照亮的会议室，然后要求他们对房间进行评估，所有评分都被记录在 34 个评分表上，然后这些数据又被用来做因子分析。因子分析是一种对大量数据进行排序的统计技术，从而找到影响观察者回答的独立维度。因子分析还可以衡量出每个个体的评分表与这些维度之间的关系。图 6.8 显示了 Flynn 等为照亮会议室使用的 6 种照明布局，会议室的装修都一样，都配有相同的会议桌和椅子。图 6.9 显示出人们对照明评价主要基于 5 个独立维度，同时还给出了与每个维度最密切相关的个人评分表。这 5 个维度分别被命名为主观评价（evaluative）、感知清晰度（perceptual clarity）、空间复杂度（spatial complexity）、宽敞度（spaciousness）和形式感（formality）。每个维度上的数字表示某种照明方式在该维度上的平均得分。简单看一下图 6.9 就会发现，只有 3 个维度会在照明变化时发生很大区别，分别是主观评价、感知清晰度和宽敞度。

再仔细观察图 6.9 的结果就会发现很多有用信息。例如，令人愉悦 - 令人不悦这组最主观化的指标表明，最令人愉悦的照明布局（4 和 6）具有共同的特征，而两个最令人不悦的照明布局也很相似（3 和 5）。4 和 6 这两种照明布局在工作表面（即桌子）以及房间其他表面上都提供照明。而照明布局 3 和 5 仅在桌面上提供漫反射照明。这证明了高质量的照明必须同时照亮工作面和房间其他表面，这是照明设计从业者长期以来一直争论的问题。

第二个维度，感知清晰度，显然与桌面的照度有关。不出所料，照度更高的照明布局被认为可以提供更大的感知清晰度。此外，清晰 - 模糊的评分（图 6.9 维度 2 中第一个），在 320 lx（照明布局 6）到 1100 lx（照明布局 5）范围内的差异要远小于 110 lx（照明布局 1 ~ 4）到 320 lx（照明布局 6）之间的差异。这正是视觉性能对照度的非线性响应（见 4.3.5 节）以及人们对办公环境中照度偏好所导致的结果（见 7.2 节）。

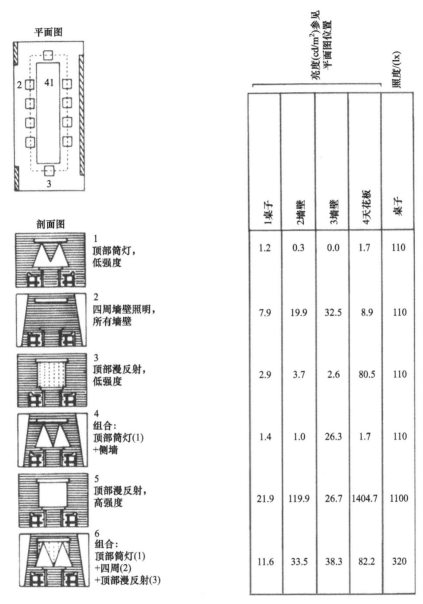

图6.8　会议室的平面图，六种照明布局的示意图及其对应的光度测量（来源：Flynn, J.E.et al., *J. Illum. Eng. Soc.*, 3, 87, 1973）

　　第三个维度，宽敞度，相对来说不太好理解。不同照明布局之间的区分度较小，并且该维度的评分指标也较少。难以理解的是，提供更大空间感的几种照明布局具有不同的特征。仅在桌面上提供光照的照明布局，特别是在低照度时，会让房间看起来狭小而拥挤。单独照亮墙面或是同时照亮墙面和桌面的照明布局会给人一种很大很宽敞的空间感。

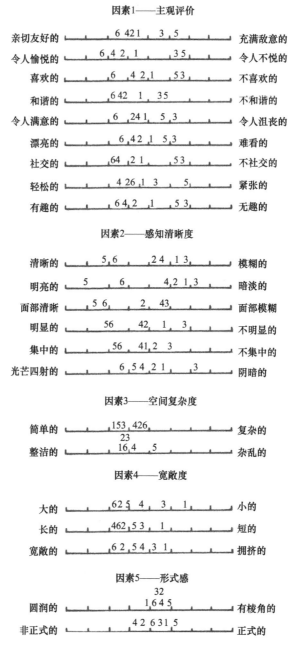

图 6.9　图 6.8 中 6 种方式照亮下的会议室评价，按照 5 个维度给出的评分。每个评分表上平均评分由对应的照明布局编号给出，例如照明布局 6 的评分最接近令人愉悦（来源：Flynn, J.E.et al., *J. Illum. Eng. Soc.*, 3, 87, 1973）

　　以上信息可以解答很多设计师感兴趣的问题。例如，设计师究竟是应该给会议桌提供很高的照度，还是应该只给桌面提供较低照度的同时也照亮墙面。从前面讨论的数据可以看出，前一种方法会让人感觉房间很干净但令人不悦，而后者将被评估为不太干净但更加舒适和宽敞。这样的结论并没有告诉设计师该做什么，但它们确实提供了一些设计依据。

可以得出结论，评分 / 因子分析方法产生了许多有用的信息。它还克服了对相关方法的一些批评。它确保所识别的维度是独立的，并且通过使用与房间印象相关的评分而不仅仅是照明，确保结果反映照明变量对特定环境的重要性。例如，对于会议室中使用的条件范围，很明显，改变照明对感知清晰度的感知比对宽敞度的感知具有更大的影响。

但是这种方法仍有很大的局限性：它仍然依赖于实验者选定的有限数量的评分项目来获取数据。如果针对视觉环境的某个要素没有设置评分项，那就无法得知该要素的影响。Flynn 等还研究了另一种多维方法以减少对于评分表的依赖。具体来说，他们把所有可能的照明布局两两分组，然后要求观察者评估两组之间的差异性。Flynn 等用此方法，对之前的照明布局重新进行了分析，但使用的是 46 名新观察者。通过多维尺度（Multi Dimensional Scaling ，MDS）分析法，可以找出影响照明布局之间差异所需的独立维度的数量。这 n 个维度可以构成一个 n 维空间，然后把每种照明布局在空间中标出来。Flynn 等发现，对于会议室中的 6 种照明布局，要解读其数据至少需要建立一个三维空间。图 6.10 就给出了这个三维空间以及各种照明布局对应的位置。根据几种照明布局的相对轴线位置，三个维度分别被命名为周边 / 顶部、均匀 / 不均匀以及明亮 / 暗淡。这些维度是根据照明布局的特征总结出来的，因此也无法直接评估每种维度的具体含义。我们能做的只是判别出不同的照明布局之间的差别有多少，并由此找出引起这些差异的独立维度。相对于巨大的投入来说，这似乎是相当微

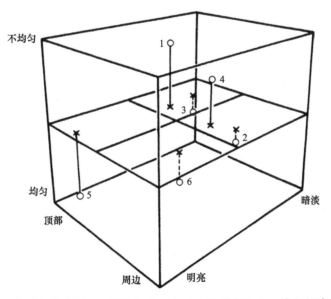

图 6.10　用 MDS 分析法得出图 6.8 所示会议室中 6 种照明布局在三维空间中的定位（来源：Flynn, J.E.et al., *J. Illum. Eng. Soc.*, 3, 87, 1973 ）

薄的回报，我们只有结合使用评分 / 因子分析法和差异 /MDS 法才能发挥最大功效。前面介绍的评分 / 因子分析法中，可以明确对照明布局做出区分的三个维度是主观评价、感知清晰度和宽敞度。选择某个与这些维度密切相关的评分项，可以定量得出三个 MDS 维度上的多元逐步回归方程。主观评价维度和 MDS 体系内的顶部 / 周边维度的相关系数是 0.83 ；感知清晰度维度和 MDS 体系下的明亮 / 暗淡维度的相关系数为 0.99 ；而宽敞度维度和 MDS 体系下的均匀 / 非均匀维度的相关系数是 0.69。以上相关性表明，通过两种方法获得的评价维度之间存在着良好但不算完美的一致性。这种一致性让我们可以用 MDS 维度来分析观察者对于不同照明布局的印象。例如，房间照明是否令人愉悦显然和周边照明正相关；均匀 / 非均匀的 MDS 维度和是否愉悦的相关性高达 0.92，因此适当不均匀分布的光照是有好处的。虽然这个结论仅通过评分 / 因子分析法就能得到，但现在得到了另一种方法的验证。

　　总结来说，评分 / 因子分析法和差异 / MDS 分析法都为我们研究空间照明感知提供了丰富的信息，尤其是两者结合使用的时候。但是在大规模应用之前，我们还是要考量一下这些方法的稳定性。Flynn 等（1975）分两个阶段审查了此问题。首先，他们将评分 / 因子分析法应用于三个不同大小房间中的五种不同的照明布局，这些房间都布置成会议室。三个房间的室形系数相同，并且每种照明布局在坐标系里的位置也相似，此外他们还用礼堂做了同样的实验。根据收集上来的评分，人们对于不同照明布局的印象是高度一致的。高照度会让人感觉更高的清晰度，周边照明和低照度产生令人愉悦的印象，高照度和周边照明的使用产生宽敞的印象。这些结果表明前面的结论是可靠的，并且支持了 Flynn 的概念，即照明会影响人们对空间的理解，并且这种影响和空间本身属性无关（Flynn，1977）。但所有这些结果都来自一个团队，要想彻底接受其结论，还需要得到其他团队的支持。

　　一个明显的对比是 Hawkes 等（1979）的结果。他们的评估对象是一个小型矩形办公室，用 18 种不同方式照亮（见表 6.1）。办公桌面的照度都是 500 lx，但办公室其他部分的光分布差别很大。在对收集到的数据进行分析时，他们去掉了主观评价表，只关注两个独立维度：明亮度维度，包括明亮 / 暗淡、强 / 弱和清晰 / 模糊等评分项；还有一个维度叫作喜好，因为这个维度的评分项是简单 / 复杂、神秘 / 明显、无趣 / 有趣和普通 / 特殊。按照这两个维度形成坐标系，把不同照明布局对应的位置画上去就得到图 6.11。从该图中可以看出，明亮度维度明显与房间内的光量有关，而喜好维度似乎主要与光分布有关。图 6.11 中还显示了等偏好曲线，表明平面上不同程度偏好的区域。右上角包含最受欢迎的照明布局，既明亮又有趣。需要注意明亮和喜好这两个维度是独立的。让一个无趣的场景变得有趣并不需要使其更加明亮；同理，让昏暗的场景更明亮也不会使它变得更有趣。图 6.11 中的数值表明最受欢迎和最不受欢迎的照明布局都具有某些共同特征：所有受欢迎的照明布局都包含射灯或是墙面照明等多样性效果，而最不受欢迎的照明布局都只有规则排列的灯盘，提供均匀的照明。有一点需要注意，以上的前提在于所有照明布局在办公桌上提供的照度是一样的。如果照度下降，那么多样化的照明未必能令人喜欢。这意味着图 6.11 中的结论只适用于工作所需的照度得到满足的情况。

表 6.1　Hawkes 等（1979）使用的照明布局

1	规则排列的天花板嵌入式荧光灯盘，带乳白柔光罩
2	规则排列的白炽筒灯，两端墙面上有荧光洗墙灯
3	规则排列的天花板嵌入式荧光灯盘，带透镜镜面板
4	两边侧墙设置荧光灯洗墙
5	每张桌子的一侧放置荧光台灯
6	房间末端和办公桌上设置白炽射灯
7	规则排列的白炽筒灯
8	侧墙上设置白炽射灯，同时右侧墙面上有荧光灯洗墙
9	规则排列的天花板嵌入式荧光灯盘，带透镜镜面板
10	每张桌子的一侧放置荧光台灯，同时左侧墙面上有荧光灯洗墙
11	规则排列的白炽筒灯，同时两侧墙面上有白炽射灯
12	规则排列的天花板嵌入式荧光灯盘，带镜面格栅，同时右侧墙面上有荧光灯洗墙
13	右侧墙面上的荧光灯洗墙
14	规则排列的天花板嵌入式荧光灯盘，带镜面格栅，同时两侧墙面上有白炽射灯
15	所有墙壁和桌子使用白炽射灯
16	规则排列的天花板嵌入式荧光灯盘，带镜面格栅
17	所有四面墙都有荧光灯洗墙
18	每张桌子的一侧放置荧光台灯，同时两侧墙面上有白炽射灯

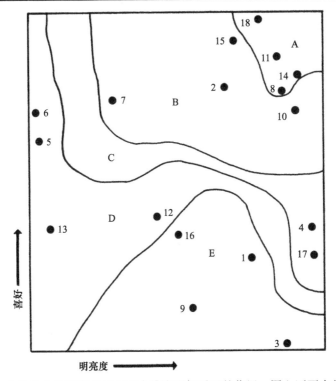

图 6.11　表 6.1 中各种办公照明布局在两个维度坐标系里的位置。图上还画出基于偏好程度的等偏好曲线，这些曲线定义了区域 A（最受欢迎）到区域 E（最不受欢迎）的等偏好区域（来源：Hawkes, R.J.et al., *J. Illum. Eng. Soc.*, 8, 111, 1979）

针对 Flynn 和 Hawkes 两个团队的研究有一种批评是，他们选择的测试者数量太少，难以获得可靠的结论。Veitch 和 Newsham（1998a）扩大了研究规模，他们找来 292 名观察者，研究的房间是配有小隔间的多人办公室，总共采用了 9 种不同的照明布局。测试者们要在一个小隔间里对着计算机和文件工作约 5h，然后对照明进行评估。这次的因子分析法采用三个维度的评分项，分别是明亮程度、视觉吸引度和复杂度。测试结果表明：使用直接照明相比间接照明能让人留下更亮的印象；采用抛物面灯具的照明布局不如使用透镜型灯具的那样复杂和明亮；使用工位照明的照明布局被认为不如使用直接照明的明亮。

这三组研究有个有趣的地方在于，它们之间相隔差不多有 30 年，并且都选用了功能性房间来研究，得到的结果却大同小异。几项研究都表明明亮度是影响人们评估视觉环境的重要维度。另一个维度似乎与多样性有关，也就是说工作面以外的地方光分布是否均匀，除此之外没有共同点了。Flynn 等（1973）的研究中还有一个宽敞度的维度，Veitch 和 Newsham（1998a）的研究中还有复杂度维度，而 Hawkes 等（1979）则没有第三个维度。明亮度这个维度应该没什么争议，因为明亮度直接决定了我们怎样看到这个空间。明亮度的重要性也和 Kaplan（1987）提出的用于环境评估的信息模型一致，这个模型得出以下观点，即场景中可获取到的信息对我们的评估至关重要，而明亮度正是决定能获取多少信息量的关键因素。至于光的多样性，毫无疑问人类需要一些变化，但不必太多。过于单调的环境在极端情况下会导致认知崩溃（Corso，1967）。另一方面，环境太多变也是不受欢迎的（Nasar，2000），极端时会导致混乱和抑郁。

多样性还有一个特点和明亮度不同，那就是除了照明以外的其他因素也会造成视觉环境多样性的增加。例如，改变装修、家具或是改变其中的人都可能增加多样性，零售业就经常有意识地采用这种手法进行营销。Custers 等（2010）做了一次实地试验，让一组实验者针对 57 家荷兰服装店的灯光进行评分，而让另外两组实验者针对服装店的装修进行评分。商店的感知氛围被划分为四个维度：舒适度、紧张度、生动度和疏离感。研究表明照明对这些维度中的三个有影响：明亮度与舒适度负相关，与紧张度正相关。也就是说商店中更高的照度使其不那么舒适而且更令人紧张。眩光和闪光与生动度有关，更多的眩光和闪光会使气氛生动有活力。对于室内装修来说，店铺的有序性与疏离感强烈正相关，与生动感负相关。显然，照明对空间的感知至关重要，但在现实世界中，视觉环境的许多其他方面也很重要。使用不均匀的光分布只是引入变化的一种方式，而且可能不是最有效的。

以上研究都表明，任何试图将某种特定光照条件与更高档次的感知相联系并推广使用的做法都是徒劳的。除了照明，还有太多因素会影响人的感知，而这些因素还会因文化背景不同而不同。对于特定文化中的特定情境，可能可以在照明和高阶感知之间建立某种联系，但受到很多条件的制约。当家具布置发生变化时，还去研究哪种照明能让会议室看起来更正式是没有意义的。

6.4　对物体的感知

前面关于照明对空间感知的影响的研究有些令人沮丧，不过照明对空间中的物体的感知有着显著的影响。事实上，人对物体的感知来自于物体本身的特性以及照明两方面的共同作用。这在 Mangum（1998）的著作中涉及了。他研究了在 6 种不同照明布局下，人们对于博物馆中 3 种展品的感知，当然这些展品都严格遵守了保护要求，其表面照度不超过 50 lx。观察者被要求从一个综合性的（兼具正面和负面）词汇表中选出所有能够表达他们感知的词汇。用漫射光照亮的玩偶，无论穿着什么质地、颜色和反射率的服装，最常被提到的词汇是缺乏吸引力、令人不悦、模糊、乏味、无聊、普通和平凡。而同一个玩偶被方向性照明照亮时，最常用的词汇是有趣的、吸引人的、引人注目的、清晰的、令人愉悦的、有启发性的、戏剧性的和美妙的。对于花瓶的照明评估也得到相似的结论。

显然，改变照明可以改变物体的高阶感知，那么如何描述照明的相关特征呢？假设物体上有足够的照度看清细节——这点在博物馆中并非总能满足，因为过多光照会导致展品受损——那么对物体的感知就和照明的两个方面有关：光谱和光分布。

照射到物体上的光的光谱与物体的光谱反射特性相互作用，共同产生最终传递到视觉系统的刺激信号。这种刺激影响了色彩感知。有两种通用指标用来评估光谱对物体色彩的表现能力。第一个指标是色域面积（gamut area），色域面积越大，色调就会变得越饱和。这点对我们设计很有帮助，但要记住色调过于饱和可能显得不自然，色调某种程度上也可能被扭曲。第二个指标是 CIE 一般显色指数（CRI），该指标用来衡量在相同 CCT 的参考光源下颜色的显示效果。对于美术馆这种需要看到正确颜色的地方，建议使用 90+ 的 CRI。

光源的色域面积和 CRI 属于通用指标，两者都是基于少量的样本色彩测量得出的，将复杂的色彩感知简化到用单一数值来描述。当若干不同物体放在同一照明系统下时，这两个指标有很好的效果，不过 1.6.4 节中讨论了一些更好的描述指标。然而，要想完全理解特定物体在特定光源照射下的色彩呈现，就必须采用 CIE 色彩显示模型（CIE，2004c）。给定所有必要输入条件的情况下，该模型能够预测表面颜色的明度、亮度、色调、色度和饱和度，从而预测该物体在特定光源照射时的显示效果。

对于光分布，一种方法是将方向性照明对物体的效果分为三种模式：阴影模式、高光模式和渐变模式。图 6.12 展示了三种模式的案例（Cuttle，2008）。中间带有圆筒的扁平圆盘用于显示阴影模式，中间的圆筒用来制造阴影。黑色光亮的球体用于显示高光模式，哑光白色球体用来展示渐变模式。在完全均匀漫反射的光照条件下，例如在积分球中，没有阴影模式、高光模式和渐变模式。图 6.12 显示了单个点光源（如窄光束聚光灯）和单个大面积漫射光源（如窗口）两种照明条件下的情况。当采用聚光灯时，可以看到强烈的阴影效果，高光清晰突出，并且有明显的渐变模式。当使用窗口照明时，阴影和高光模式都会柔化，而渐变模式几乎没有变化。和这些模式相关的照明特性被称为锐度（sharpness）和流度（flow）。从模型来看，聚光灯照明既有锐度又有流度；而窗户照明只有流度没有锐度。在积分球中，照明既没有锐度也没有流度。

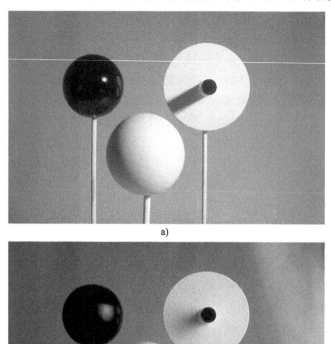

图 6.12　用来展示照明效果的模型，分别表现 a）窄光束聚光灯和 b）大窗口面光两种照明方式。中间带有圆筒的扁平圆盘用于显示阴影模式，中间的圆筒用来制造阴影。黑色光亮的球体用于显示高光模式，哑光白色球体用来展示渐变模式（来源：Cuttle, C., *Lighting by Design*, Architectural Press, Oxford, U.K., 2008）

聚光灯照明切换为窗口时，阴影和高光模式的差异表明，对于相同的光输出，重要的是光源的大小（Worthey，1990）。某个光源或灯具能否提供足够的锐度，可以用高光比（highlight ratio）来定量计算（Cuttle，2008）。具体公式如下：

$$H = \frac{0.04}{\sin^2\left(\cos^{-1}\left(1-(\Omega/2\pi)\right)\right)}$$

式中，H 是高光比率；Ω 是灯具在测量点所对的立体角（μsr）。

该等式意味着：当光源相对测量点的立体角最小时，有可能产生最大的锐度。注意这个词"有可能"。首先，单靠照明并不能产生高光和阴影模式，高光模式必须要有镜面反射的表面存在，而阴影模式必须要有能投下阴影的物体。其次，高光比是单个光源的函数，但是空间中照明可能由多个光源提供。如果这些光源提高了表面亮度，则锐度感知将下降。等式中的立体角也很重要，意味着即使是物理上尺度很大的光源也有可能在足够远的距离产生锐度。表6.2给出了一些光源和灯具在2m观察距离的高光比。这些数值解释了为什么蜡烛和钨丝灯泡能让传统的玻璃吊灯显得特别亮，而紧凑型荧光灯（CFL）却不行。

表6.2　各种光源和灯具在 2m 观察距离的高光比

光源	高光比
60W 透明白炽灯	25000
蜡烛火焰	6700
60W 乳白白炽灯	1600
MR11 卤素射灯	500
2 管 CFL	110
600mm × 600mm 荧光灯盘	1.4

来源：Worthey, J.A., *J. Illum. Eng. Soc.*, 19, 142, 1990。

　　至于光的流度，这个概念由 Lynes 等（1966）提出，当时是革命性的。他的文章指出，虽然每个孩子都知道光线是以直线传播的，但是通过侧窗和天花板灯具照亮的房间里，人对光的感知却是曲线的。我们可以通过测量空间上的若干个点上的照明矢量来描述光流。和所有矢量一样，照明矢量具有两个分量：大小和方向。具体可以这样测量，我们在空间里某个点放一个小圆盘，测量小圆盘正反两面的照度差，然后转动小圆盘，直至找到正反照度差最大的方向。那么这个最大的照度差代表照明矢量的大小，而圆盘的法线就是矢量的方向。通过在空间中各个点进行测量，可以画出类似于磁场的曲线（见图6.13）。不过对大小的描述还不全面，这张图反映的是照度差，

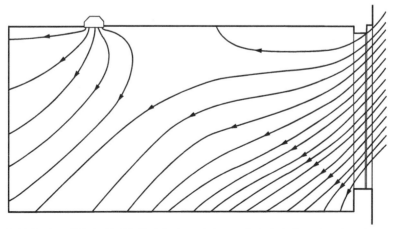

图6.13　通过侧窗和天花板灯具照亮的房间中，垂直面上的光的流度。光的流度由网格上各个点测到的照明矢量的方向指示（来源：Lynes, J.A. et al., *Trans. Illum. Eng. Soc.* (*Lond.*), 31, 65, 1966）

忽略了绝对照度值。为了克服这个问题，我们又测量了标量照度。标量照度是落在测量点处的小球体表面上的平均照度。然后，光的流度的大小就定义为照明矢量的大小与标量照度之间的比值，所谓的矢量 / 标量比。

矢量 / 标量比是评估某种照明方式能否产生强烈流度的有效工具。矢量 / 标量比数值范围可以从 0 到 4，在积分球中这个数值是 0，而当准直光束射进完全黑暗的房间时，出现接近 4 的值。表 6.3 给出了不同光束对应的矢量 / 标量比值。

表 6.3　不同矢量 / 标量比对光的流度的强度及物体外观的影响

矢量 / 标量比	流度强度	外观
3.5	非常剧烈	戏剧化的
3.0	非常强烈	强烈的对比，阴影中的细节无法辨别
2.5	强烈	适合用来展示，对面部过于刺目
2.0	中等强度	对远处人脸的表现较舒服
1.5	微弱	对近处人脸的表现较舒服
1.0	弱	柔和的灯光，优雅的效果
0.5	非常弱	平淡，无阴影的照明

来源：Cuttle, C., *Lighting by Design*, Architectural Press, Oxford, U.K., 2008。

矢量 / 标量比是一个有趣的指标，能够表达出光在三维空间中的分布。人们最关注的一个三维物体就是人脸。Cuttle 等（1967）已经表明，对于人脸最优的矢量 / 标量比在 1.2 ~ 1.8 的范围内，优选的矢量方向是和水平方向夹角 15° ~ 45° 的范围，而不是从头顶照下来（90°）。矢量 / 标量比这个指标虽然非常独创而且有设计价值，但是实际中却很少被人使用（Gongxia 和 Yun，1990；Cuttle 和 Brandston，1995）。部分原因可能是这个量的测量非常困难。不过，有一种简化方法是通过测量立方体 6 个表面的照度来计算（Cuttle，1997，2008），这对于现代计算软件来说并不是难事。希望矢量 / 标量比今后能得到更多推广。

通过改变空间中的光谱和阴影、高光和渐变模式，可以改变空间中物体的感知，无论好坏。物体如何被感知，由物体本身的性质以及物体如何被照亮两方面共同决定，这也是照明设计师们发挥身手的地方。当然物体的外形、肌理、颜色和反射特性差异很大，不过对于功能性房间的内部装修来说并非如此，这类房间通常表面多选用漫反射材料，肌理、颜色和形状变化较少。这意味着功能性房间最容易因为照明影响而提升高阶感知。

6.5　总结

光环境对视觉系统的刺激和人对该环境的感知之间的联系通常很弱。这是因为对光环境的感知取决于视觉系统的适应状态、环境中物体的背景以及观察者过去的经验和知识三方面的影响。尽管如此，光环境是感知的起点，并且可以通过照明来改变环境。因此，照明可以改变人对空间及其中的物体的感知。

稳定照明对空间感知的影响取决于感知与视觉系统的联系有多紧密，以及非照明因素和过往经验与知识。简单感知，例如视亮度、明度和色彩外观，与光环境有强烈的联系。而高阶感知，例如形式感、宽敞度和复杂度，和照明之间的关系则更为微妙。

视亮度这种简单感知只和反射率有关，不过当亮度变化范围非常大时，即使视亮度感知也会发生改变。具体来说，随着亮度降低，物体表面的视亮度也会降低。对于小型的均匀场来说，明度感知和亮度之间遵循幂定律，但在实际房间中，它还受到房间中的光分布、灯具的亮度和光谱的影响。该领域的研究结果表明，增加室内表面的亮度能够提升明度感知，采用对短波锥状光感受器更多刺激的光源也能提升。至于灯具亮度，关键在于灯具上所有明亮区域的亮度和面积。如果调节灯具上明亮区域的面积和亮度使其成为闪光，也能提升房间的明度感知。但如果亮度过高变成了眩光又会降低房间的明度感知。

色彩感知与光源的光谱和亮度有关。光源的影响有多大，取决于这个空间整体是无色的，还是包含有多种颜色表面。对于后一种情况，光源的影响将比前者大得多，因为色彩适应可以抵消由于无色差房间中不同光谱引起的一些差异，但不能抵消光谱对房间中色彩饱和度的影响。

照明环境对高阶感知的影响相对来说更为不确定。这是因为高阶感知受到整个环境的影响，不仅仅是光环境，还有空间环境和观察者的文化背景等因素。目前得到的唯一有效结论就是，几乎所有功能性房间的照明可以用明亮程度和视觉兴趣这两个维度来评估，前者与空间中的光量有关，后者可以通过在工作区以外提供不均匀照明得到增强。

虽然照明对于空间高阶感知的影响还未研究充分，但我们已经知道照明可以极大地影响人们对于物体的感知，让无聊的东西显得很吸引人。这在非功能性房间里尤为明显，例如餐馆、商店和剧院等。功能性空间的问题在于，这类空间需要非常好的可视性，不能采用夸张的装修手法。这种房间通常来说装修都比较平稳，这时候就可以通过照明的改变来创造视觉趣味点，增强高阶感知。

第 3 部分　实　例

第 7 章　办公室照明

7.1　引言

在过去 50 年里，越来越多的人在办公室中度过他们的职业生涯。由于发达国家的农业以及工业技术的发展，大量劳动力不再需要从事第一和第二产业。2012 年在美国这个全球最大的经济体，62% 的就业人口是在办公室里工作的。

而且在过去 30 年里，办公室工作的性质也发生了惊人的变化，主要是工作方式产生了改变。办公室工作的目的还是收集、记录以及传递信息，以及基于这些信息的决策及执行。这 30 年来飞速增长的是信息快速、远距离收集以及记录和发布的能力。这一进程的开启是由于个人计算机的出现，随后是电子邮件通信的迅猛发展，继而受益于互联网的即时信息渠道，现在人们的办公方式还在不断发展。

这些改变有深刻的社会历史意义，但是和照明有什么关系呢？答案是息息相关。在纸面工作为主的时代，人们的视觉对象主要是水平放置的，提高办公室内的光照能使纸面信息更加清晰可见。而在以计算机工作为主的时代，主要的观看面是倾斜放置的计算机屏幕，提高办公室的光照只会使自发光屏幕上的信息更不明显。因此计算机技术的普及使办公室照明的要求发生了根本性变化。只要办公室的工作是在纸面上进行的，桌面照明就是唯一的关键因素。而随着计算机技术的出现，我们就需要一种完全不同的照明方式，以减少对显示屏的影响。今天的办公环境里也很少有完全基于显示屏的情况，此外现代的显示屏对照明也不那么敏感了，但位置更为灵活。这意味着办公室照明应该满足计算机显示屏这类自发光材料的观看需求，同时还要满足纸张这类反光材料的观看需求，以及变化广泛的视线范围的要求。

本章主要讨论办公室照明，具体围绕相关参数进行展开，即照度、光源、灯具选型、布局以及照明控制等。本章只关心照明相关的环境效果，任何其他有关可见度和舒适度内容，都可以参考 Roufs（1991）的研究。

7.2 照度

多年以来，评判办公室照明质量好坏的最常用参数一直是工作面（位于办公桌高度的假想水平面）的平均照度。直到最近，许多国内和国际的照明推荐仍然关注于这个照度（SLL,1994；IESNA，2000a；BSI，2002）。对于大部分工作都是桌面纸上进行的办公室，这一方法是合理的。只要办公室内表面反射率不低，灯具产生一部分向上发散的光线，窗户能提供一些自然采光的话，这类办公室的光环境是可以接受的（Jay，1968）。不过，随着早期低亮度计算机显示器的出现，照明必须严控灯具和自然采光的发光强度分布，避免在屏幕上看到强光反射。结果是导致办公室里水平面上光线很充足，而墙面和天花板上几乎没有光，从而产生一种令人不适的洞穴效应。今天屏幕技术已经发展到很高的程度，其所显示的细节很少会受到室内光线的影响。这一点加上对现代办公室中信息出现的位置的多样性，导致最新的办公室照度建议涵盖了墙面、天花板，以及其他垂直面的要求（BSI，2011a；IESNA，2011a；SLL，2012a）。

不同国家的照度推荐值经历过相当大的变化（Mills 和 Borg，1999），从 20 世纪 30 ~ 70 年代早期，几乎所有国家的办公室照度推荐值都在提高，之后才趋于稳定或下降。这一趋势说明了照度值不是个简单的照明问题，还受到很多现实甚至政治考量的影响，此外还受到对照度如何影响工作以及视觉舒适度的认识的影响（Boyce，1996）。实践上的考量主要与技术相关，例如 20 世纪 30 ~ 70 年代，照度值普遍提升的驱动因素之一就是荧光灯与高强度气体放电（HID）灯的出现，其发光效率大大高于被替代的白炽灯。政治上的考量既有关经济，也有关环境。经济上的考量是提高照度的成本与收益之间的关系；环境上的考量指的是照明用电导致的全球变暖加剧和对国外能源的依赖加深。这些经济与环境的考量会导致照明实践的突变，因为对用户来说，主观的照明成本要比其收益重要得多。

既然照度的推荐值会随时间而变化，那么是否存在某种最受欢迎的办公室照度呢？ Veitch 和 Newsham（2000）利用一个没有窗户的办公室来研究这个问题，办公室里设置了 6 个格子间工位，并且安装了 4 套不同的照明设备，每套都能进行开关和调光。选择两位年龄与性别相匹配的受试者同时使用两个工位，但是只有一个人可以控制照明系统。开始时，这个人被要求选择自己喜欢的照明系统，并且调节到自己喜好的状态，然后一整天的照明都保持不变。这一天里两个人都进行一些基于纸面与计算机的办公室工作。当天结束时，另一位没有机会调节照明的受试者有一个根据自己的喜好调节照明的机会。图 7.1 显示的是 94 位受试者们最终选择的桌面照度分布。图中平均桌面照度为 423 lx，标准偏差为 152 lx。

Newsham 和 Veitch（2001）使用相同的数据来研究分别在一天的开始和结束时选择照度的人之间的区别。图 7.2 展示了 47 位实验对象在一天结束时所选桌面照度的线性回归关系，以他们白天所体验的照度作为 x 轴绘制。当 x 为 392 lx 时，y 的值为 0，也就是说，当白天经历的照度为这个值时，晚间的照度无需做任何改变。对于更高的照度值，一天结束时的改变是降低该照度；而对于更低的照度值，则是将其调高。许多受试者都报告说，他们曾将照明水平调低，以减少上方灯具在计算机屏幕上的反射。当 Newham 和 Veitch（2001）排除了这些干扰因素后，*y* 值为 0 时的照度则变成了 458 lx。这接近许多国家对办公室环境的推荐照度范围 300 ~ 500 lx。

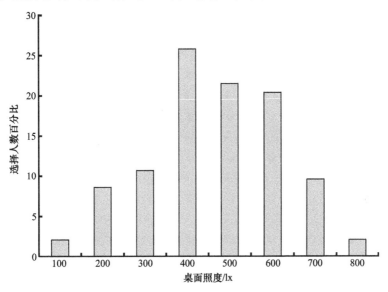

图 7.1　在无窗办公室中选择不同桌面照度的人数的百分比，其中一半选择是在一天开始时做出，另一半选择是在一天结束时做出。所采集的百分比由单位宽度为 100 lx 的柱状体表示（来源：Veitch, J.A.and Newsham, G.R., *Lighting Res. Technol.*, 32, 199, 2000）

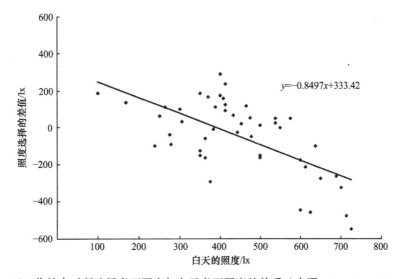

图 7.2　一天工作结束时所选择桌面照度与白天桌面照度的关系（来源：Newsham, G.and Veitch, J., *Lighting Res. Technol.*, 33, 97, 2001）

　　图 7.1 和图 7.2 有一个共同点，即各人对照度的偏好有着较宽的变化范围。这些个体差异是非常重要的，因为 Newham 和 Veitch（2001）还发现，受试者的照度偏好和白天实际照度之间的偏差在很大程度上是受试者的情绪与满意度的统计预测指标。能够自行调整工位上方照明的人在经过一天的工作后，最终选择的照度值也是有很大差异（Boyce 等，2006a）。具体数据来说，受试者们所选择的平均桌面照度是 458 lx，标准误差为 201 lx，他们选择的最小和最大桌面照度分别是 242 lx 和 1176 lx。

　　如果照度是决定视觉功效的重要参数，那么为什么受试者们偏好的照度存在这么大的个体差异呢？答案就是，由于大多数办公室工作的视觉尺寸和对比度都较高，足以保证视功能的有效饱和（Cuttle，2010；Rea，2012）。碳复写的时代已经过去，被复印机和激光打印机所取代。这意味着工位上的照度范围可以进一步扩大而不影响视功能，也暗示着办公室照度的偏好基础也有所不同。人们是根据要在办公室里完成的工作类型来判断办公室是否有充足的光线。正如之前所讨论的，人们评价照明效果的重要因素就是亮度（见 6.3.2 节）。所提供的照度与空间内总光量的感知程度有关，因此也与亮度有关。还有一个因素，如果人们没有感觉明显的不适或者可见度不足时，人们往往偏好自己所习惯的光照，对于新一代办公室职员来说，这一偏好照度大约为500 lx。还有不同的人对办公区域和周边环境的反差比有着不同的喜好，有些人喜欢均匀的照度分布，而另外一些人喜欢富有变化的照度分布。

　　尽管存在这种差异，照度仍然是办公室照明主要的设计指标。这是因为照度的计算和测量都很简便，而且能快速估算照明设施的成本。也有人曾尝试推广照度以外的照明指标（IESNA，2000a，2011a；SLL，2005），但成效甚微。此外，还有一种方法能显著提高办公室职员们对照度的满意度，就是给他们独立调光的控制权，但现实中非常少见。这意味着办公室照明的主导方式就是提供一个统一的照度。鉴于此，就必须考虑什么样的照度才是最合适的。图 7.3 显示了两项办公室照明研究中，偏好各种

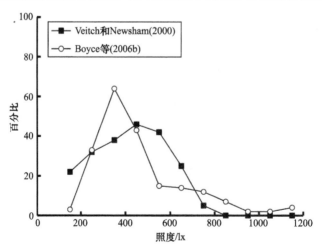

图 7.3　喜好每种照度（上下浮动 100 lx）的人数百分比分布（来源：Boyce, P.R.et al., *Lighting Res. Technol.*, 38, 358, 2006a）

照度（上下偏差在 100 lx 范围内）的受试者的比例。在一项研究中（Veitch 和 Newsham，2000），最大多数人偏好的照度值为 450 lx；而在另一项研究中（Boyce 等，2006b），这一数值大约是 350 lx。这说明了 400 lx 左右的照度值最有可能满足如今大多数办公室职员，尽管如图 7.3 所示，这只是一小部分人。

7.3 办公室照明的光源

通过选择光源，照明设计师们可以决定照亮办公室的光谱，从而影响到办公室的外观以及在其中工作的人们。光源选择上首要的抉择就是在自然光与人工光之间的平衡，第二个重要抉择就是电光源的类型。

7.3.1 自然采光

自然光总是值得我们考虑，因为人们渴望自然光。几乎所有对办公室职员们的调研都反馈出他们对自然光的强烈喜好（Markus，1967；Cuttle，1983；Veitch 和 Newsham，2000；Al Marwaee 和 Carter，2006）。现实生活中也可以观察到，通常公司中高层的办公室总是靠窗户更近，或者窗户更大。从广告的角度，经常会看到宣传说某种电光源很接近自然光，因为这是人们所想要的。最后从经济的角度，有自然采光条件的办公室租金要高于没有采光的办公室。但是为什么人们这么渴望自然光呢？这必须从物理学、生理学和心理学的角度来进行思考。

物理上来说，自然光是来自太阳的一种电磁辐射，经过大气层散射后再被人类视觉系统的光感受器所吸收，又叫昼光。昼光的实际波长随时都在随着气象条件、纬度以及季节而变化。正是这种光谱的变化性，和其在任何时候都是连续光谱的这一事实，将昼光和办公室常用的电光源区分开。尽管如此，还是有这样的电光源，例如氙灯、硫灯以及一些滤光白炽灯，它们的光谱分布与某些情况下的昼光类似。因此，并没有独一无二的物理特性能够将昼光与其他光源种类区分开来。

从生理学角度，人类视觉系统对光谱的反应是由三种锥状光感受器以及一种杆状光感受器的光谱敏感性决定的。所有这些光感受器都有较宽的光谱反应（见图 2.6 和图 2.7）。这意味着视觉系统能够在许多不同波长的组合条件下同样良好的运作。在不同种类光源下进行的视觉活跃性、反差敏感度以及其他视觉功能的测试都支持这一结论（Boff 和 Lincoln，1988）。唯一一个受到光源光谱影响强烈的功能是辨色能力，考虑到光源的光谱将改变对视觉系统的刺激，这一结论并不意外。同样地，超阈值视觉任务表现的测量结果在不同光源下几乎没有差异，只要不同光源所产生的照度相同，并且该视觉任务不需要辨别颜色或者解析细节（Smith 和 Rea，1979）。

通过这些观察得出的结论是，没有物理或者生理学的理由能够解释自然光更受欢迎的原因。这也就使得剩下的心理因素成为昼光需求的可能原因。昼光必须能够满足人类的一些基本需求，其中的一个就是清晰的视觉。昼光的特点是能够提供高照度，并且具有优秀的色彩辨别和显色能力。通过窗户获得的自然采光可以产生明亮的室内环境，让人们的视觉能力更佳，并且可以很好地看到细节和颜色。同样，透过窗户的自然光会在显示屏上产生不适眩光以及高亮反射，这两者都会妨害视觉。

人类的另一大需求是多样性。6.3.2 节的讨论表明，人们对于照明的喜好是基于两个相互独立的维度：亮度与趣味性。亮度维度与空间中感知到的光的量有关，而趣味性则与空间中的光线变化有关。最受欢迎的办公室照明既要能提供亮度又要能提供趣味性。而昼光正可以满足这两项需求。

人们追求的正是这种多样性，而引入自然光的窗户除了能提供室内光线的多样性之外，还能提供窗外视野的多样性。这就引发了一个问题，人们对昼光的偏好是否其实是对窗外视野的喜好。我认为不能简单地二元化看待这个问题，两方面因素都很重要。此外，拥有窗外景色同时也会产生心理上的成本，即隐私的损失。Heerwagen（1990）认为，人们从窗户中寻求的是没有视觉暴露的视觉接触。为了实现这一目标，便需要在窗外视野和窗内视觉之间进行细致的平衡。

由于绝大多数人都强烈渴望自然光，要求人们在无窗的条件下办公会产生相当统一的反应模式。举个例子，在一项大范围的实地调研中，Al Marwaee 和 Carter（2006）发现，在有窗环境中高达 65% 的职员对他们的视觉环境表示满意，而在无窗环境中，即使办公室中有通过导光管引入的昼光，也只有 45% 的职员表示了满意。此外，如果无窗空间较小，并且停留时间很长时，多样性的缺乏显而易见，缺少窗户也是不受欢迎的（Ruys，1970）。然而在大型空间中，例如学校教室（Larson，1973）或者厂房（Pritchard，1964），缺少窗户产生的影响更加多样。这也许是因为在大型空间中，同时还进行着许多其他的活动，并且人与人之间的交互更加丰富，因此环境中有大量的刺激。在小型办公室中，只有窗外的景色才是唯一的环境刺激来源。Heerwagen 和 Orians（1986）的工作对此观点提供了一些支持。他们观察到，和有窗办公室中的人相比，没有窗户的小型私人办公室中的人们使用了 2 倍的材料来装饰其办公室，而且这些装饰材料大多数都是表现自然景观。总的来说，有关人们对无窗建筑反应的研究支持了窗外景观很有价值这一观点，但是并不一定代表窗外景观就一定比自然采光更为重要。在无窗办公室中，电光源的光线替代了昼光，而缺少的则是窗外景观。

关于无窗建筑还有一个问题是，如果人们这么强烈渴望昼光，那么当有昼光的条件下，人们有多大意愿放弃昼光呢？根据对高层办公楼的观察，当自然光过强引起视觉或热量不适时，人们还是愿意放弃自然光的。具体有两种趋势：第一种是当阳光开始照射到窗户，产生眩光以及热辐射，放下百叶窗的概率就变高；第二种有点出乎意料，即使阳光不再直射到窗户上，百叶窗还是保持关闭状态，并且会几天、几个月、甚至几年都保持关闭（Rea，1984）。后一种趋势表明，在已知昼光会引起不适的情况下，人们对昼光的需求是有限的。

以上观察引发了另一个问题：人们对阳光和天光的反应是不一样的吗？ Wang 和 Boubekri（2011）进行了一项实验，让人们在有大窗户照亮的房间内坐在不同的位置，有些暴露在直射阳光下，另一些不是。人们坐着时进行了一项需要使用短期记忆的简单视觉认知任务。完成任务后，大家的积极情绪都有所下降，但是接近太阳光斑的人或者有良好视野的人比其他人情绪下降的更少。有趣的是，直接坐在阳光下或靠近窗户的人情绪却有较大的下降。这意味着，虽然人们喜欢阳光，但前提是阳光不会导致视觉不适或太热。阳光和天光都有可能导致视觉和热感的不适，但是阳光的可能性更大一些。

还有一个问题就是，如果人们对昼光有强烈需求，那么当中昼光充足的时候，人们会不会关闭或者调暗人工光以减少对昼光的影响。Moore 等（2003）对用户可控的办公室照明进行了长期的研究，发现每天早上电灯开启之后，无论全天的采光情况如何，电灯都会保持开启。Begeman 等（1994，1995）在一组进深较大的私人办公室内进行了长期的观测，这些办公室的窗户很大，并且可以对电灯调光。他们发现随着办公室内昼光量上升，人们往往会调亮电灯。这种行为表示人们希望窗户及周边区域的亮度与室内深处的亮度保持一致。这也意味着，房间内光线分布的整体模式比昼光的占比更加重要。

那么为什么还需要昼光呢？以上的观察结果表明，昼光作为一种照明手段如此受欢迎的原因在于，如果经过精心设计，穿过窗户的昼光可以满足清晰显示视觉任务与空间的要求，还可以满足通过空间光线变化以及窗外景色来提供环境刺激的需求。相比之下，设计良好的人工照明也可以满足良好的视觉任务，但是对空间塑造没有多少作用，并且缺乏变化性。即使通过设计让人工照明在空间和时间上产生一定变化，与昼光比起来仍然太简单。但是人们对昼光的渴望并不是无止境的，当昼光产生视觉或热感不适，或者造成隐私性下降时，人们往往通过某种方式遮盖窗户以减少昼光并且挡住窗外视野。

所有这些都表明，对昼光的偏好并不完全是因为其优点，而是因为人工照明的缺点。这一结论与 Cuttle（1983）研究的结果一致。他通过对英格兰和新西兰上班族的一系列问卷调查，得出结论认为，对昼光的喜好可以归结于这样一种观念，即在昼光下工作时比在电灯下工作时的压力和不适感更少。与其说昼光是有益的，倒不如说是他们认为电气照明对健康有害，特别是从长远角度来看。当然这也许是因为受调查的办公室中使用的电气照明在视觉上不太舒服。有趣的是，对 1991 年参加纽约州博览会的 2950 名观众的调查中，也发现了类似的荧光灯对人们有害的观念（Beckstead 和 Boyce，1992）。人们对一些使用广泛的电气照明的偏见可能导致了对昼光的渴望。

既然昼光如此受欢迎，那么在工作场所提供昼光而不是电灯，是不是可以对工作表现产生积极的影响呢？现有的知识无法证明昼光本身能够提高生产力的这一设想（Cuttle，1983；Norris 和 Tillett，1997）。不过还是有一个理论框架可以用来确定昼光是否以及如何提高生产率（见 4.2 节）。照明可以通过三种途径对工作表现产生影响。首先是改变工作任务对视觉系统的刺激，或改变视觉系统的运行状态。光的光谱以及分布改变了特定工作任务呈现给视觉系统的刺激，这是很好理解的。此外，这些变化对工作任务的视觉成分的影响往往可以通过视觉功效模型来预测（Rea 和 Ouellette，1991）。对于这种方式，昼光仅仅是另一种形式的照明，它可以产生具有已知光谱成分的特定总量的光线，并且根据传播的方式，便可得知光的分布。因此，根据昼光的不同形式，视觉表现可以得到增强或减弱。

第二种途径是通过情绪和驱动力。已经有证明当人们心情较好的时候，往往对工作更加积极，更具合作性和创造性（Isen 和 Baron，1991）。根据对加拿大和美国 15 个开放办公室实地调研收集到的数据，关系模型中，情绪对于环境特征满意度与工作满意度的作用也很明显（Veitch 等，2007）。所有的办公室装修都采用了当地常见的小隔间。根据调研的数据建立了一个三因素模型，这三个因素分别为照明满意度、隐私 / 声学满意度以及通风 / 温度满意度。这三个因素影响了对整体环境的满意度，反过来又直接影响到了工作的满意度，后者已经被证明会影响工作表现（Judge 等，2001）。此外，平均工作满意度较高的业务单位的员工离职率也较低，盈利能力也有所提高（Harter 等，2002）。

这种模式意味着，通过窗户引入昼光可以提高工作满意度，但这只是充分条件而不是必要条件。很多其他因素也会影响工作满意度，比如工作性质、同事关系以及薪酬水平等。Hedge（1994）测量了有窗户与无窗户条件下用不同电气照明系统照亮房间时，人们用计算机处理文字任务的表现。当有窗户时，他发现任务表现有小幅但明确的改善，原因可能是窗户改善了视觉系统的刺激，也可能是让受试者的情绪更好。Stone 和 Irvine（1991）还测量了有无窗户情况下，房间内管理任务的表现。结果没有发现有统计意义上显著的影响。很显然，通过窗户提供昼光并不是提升个人或组织工作绩效的一个明确方法。

昼光还有光生物效应（见第 3 章）。已知长期缺少昼光照射会导致叫作季节性情感障碍（SAD）的临床抑郁症（见 14.4.2 节），并可能导致缺乏维生素 D（见 14.5.2 节）。SAD 通常发生在冬季而不是夏季，发病率随着纬度变高而增加（Terman，1989）。SAD 的症状是悲伤、易怒、嗜睡以及暴饮暴食，会导致工作和人际关系方面的困难。这些症状已经可以通过模拟大量昼光照射（Terman 等，1989）或模拟日出（Avery 等，1994）的电灯照射治愈。前者或许还在意料之中，因为提供了所缺少的昼光照射量；后者则是预料不到的，但是有人提出清晨晒晒太阳是降低褪黑激素浓度的一种有效方法，而褪黑激素浓度与睡眠有关，因此晒太阳可以开始清醒的一天。昼光和一杯浓咖啡的提神效果比较仍有待确定。SAD 的症状是真实的，并且与缺少自然光有关，会对日常生活造成破坏。实际患有 SAD 的人数可能比已知的多得多，只是因为症状轻微而没被发现（Kasper 等，1989a）。如果是这样的话，那么缺乏昼光照射对生产力的影响可能还被低估了，尤其是在昼光缺乏的那几个月中。

对于昼光如何影响生产力的分析包括概念上和实践上两个层次。从概念上讲，要理解昼光对人们感受与行为的影响，就必须停止将引入昼光作为目的，而要将其视为达到目的的手段。这意味着要多关注生活中更深刻的心理层面，比如对知识、社会、隐私和刺激的渴望，而不是昼光本身的物理性质。

实践层面上，昼光传输系统的设计者们需要限制阳光产生的眩光和辐射热量，提供窗外的视野，也许还要限制从外往内的可见性，并且要关注空间照明以及工作任务的照明。电气照明系统的设计师们要记住，人们应该在尽可能多的昼光下工作，并同时认识到工作任务照明与空间照明的区别。

7.3.2 电光源

昼光作为光源，有个很大的缺点就是每天都会消失很长一段时间。因此所有的办公室设计都包含电气照明系统。目前办公室中最常使用的电光源仍然是荧光灯，虽然发光二极管（LED）很快就会实现超越。其他种类的电光源，如白炽灯或者金卤灯仍然可以使用，不过已经很少见了。白炽灯很少见的原因是其光效与寿命都远低于荧光灯，这两个因素都会提高使用成本（见 1.7.4 节）。金卤灯很少使用是因为通常办公室的天花板高度都很低（小于 3m），限制了灯具的最高亮度。如果不使用具有低光效的低功率型灯具，或在低光效灯具中使用更高功率，则很难满足金卤灯的限制。

不过幸运的是，荧光灯有许多不同的尺寸与形状，以及丰富的光谱选择。最后一个属性对于办公室职员尤为重要。我们必须要从四个层面上来考虑光谱对办公室工作的影响：第一是对色度相关工作表现的影响；第二是对色彩不相关工作的影响；第三是对清醒度与情绪的影响；第四是人们对不同光谱的偏好。

7.3.2.1 光谱与色度相关任务

色彩在办公室工作中主要有三个作用：第一，除了亮度对比度，任务对象与背景之间的颜色差别也能提高任务的可视性，比如彩色印刷材料就更为清晰明了；第二，用不同的颜色标记任务来提高任务的醒目性，从而提高视觉搜索的速度，例如用荧光笔标出修改的文字；第三，利用颜色本身的意义，例如警告标志或归档标签的颜色。对于第一和第二种作用，具体颜色并不重要，重要的是颜色与背景颜色的差异。对于第三种作用，色彩的准确判别非常重要。光源可以影响所有这些作用，因为光谱是决定色彩表现的重要因素之一。

关于可视性，O'Donell 等（2011）已经表明，任务与其背景之间的色彩差异可以提高相对视觉功效。具体而言，当亮度对比度低时，只有通过任务与背景之间的高色差才能获得较高水平的相对视觉功效。当背景为白色时，可以根据任务颜色的纯度来预估色差等级。图 7.4 显示了在不同亮度对比下，要获得大于等于 97% 的相对视觉功效所需的不同颜色的激发纯度。观察图 7.4 就可以发现以下两个重要事实。首先，当亮度对比度低于 0.40 时，色差仅对相对视觉性能很重要。其次是不同颜色需要不同级别的激发纯度才能达到相同的相对视觉功效。当激发纯度在 42% ～ 90% 范围内时，零亮度对比度的紫色、品红色、红色和绿蓝色可以实现 97% 或更高的相对视觉功效；但当亮度对比度小于 0.20 时，无论激发纯度有多高，石灰色、橙色和黄绿色都不能达到这种结果。光源的选择可以对激发纯度产生影响，这一能力应该与光源的色域面积指数密切相关。

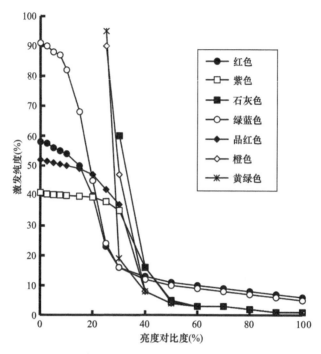

图 7.4　不同亮度对比度下，要达到 97% 或更高的相对视觉功效，不同颜色所需要的激发纯度。
自适应亮度为 40 cd/m²。目标物是圆形，与眼睛距离 83μsr（来源：O'Donell, B.M.et al., *Lighting
Res. Technol.*, 43, 423, 2011）

　　对于视觉搜索，Williams（1966）研究了从 100 个物体中找出指定物体的搜寻时间，
这些物体的大小、形状、颜色和包含的信息各不相同。具体来说每个物体上包含的信
息都是两位数字。要求观察者找到一个特定的数字，该数字有时单独指定，或与其所
在物品的大小、颜色和形状的各种组合一起指定。例如，观察者可能被要求**找到一个
大的蓝色方块中的数字 45**，或仅需**找到数字 45**。表 7.1 给出了不同搜寻目标规格情
况下的平均搜索时间。

　　从表 7.1 可以看出，当仅指定数字时，平均搜索时间最长；当同时指定了数字所
在物体的颜色和大小时，平均搜索时间最短。这并不意味着指定的要素越多，需要检
查的项目就越少。重点是这些要求中某些要求比其他的更为重要。表 7.1 显示，只要
指定了所需数字所在物体的颜色，就可以获得较短的平均搜索时间。指定颜色会将物
体范围缩小到总数的 20% 左右，指定形状的情况也一样，但后者对平均搜索时间的
影响要小很多。作为对视觉搜索的辅助，色彩的作用明显更大，这也符合我们的进化
优势，即迅速在斑驳背景中发现目标的能力（Mollon，1989）。如果 Williams（1966）
所使用的颜色之间差异很小，那么指定颜色的有效性就是有待商榷的。一个能更普遍
地确定哪个维度更加重要的方法是在每个维度上考量目标物与非目标物之间的信噪

比。特定维度上的信噪比越高，将该维度纳入物体搜索规范中的重要性便越大。值得注意的是：通过使用广色域的光源可以增强颜色的信噪比，这是因为不同的颜色在大色域空间中更易被区分开。

表 7.1 找到不同规格目标所用的平均时间

目标规格	平均时间 /s
仅有数字	22.8
数字和形状	20.7
数字和大小	16.4
数字、大小和形状	15.8
数字和颜色	7.6
数字、颜色和形状	7.1
数字、颜色、大小和形状	6.4
数字、颜色和大小	6.1

来源：Williams, L.G., *Percept. Psychophys.*, 1, 315, 1966。

接下来讨论颜色本身有意义的任务，光源的选择取决于所需的颜色辨别程度。如果只需要分辨颜色，例如从蓝色或绿色中找出红色，那么如果使用国际照明委员会（CIE）规定的低显色性光源，如高压钠灯或汞蒸气灯，就会导致颜色之间的混淆（Collins 等，1986）。在需要精细区分颜色的情况下，例如检查彩色印刷时，便需要更加高级的光源。目前照明行业已经针对不同行业对于颜色辨别的需求，给出了不同的推荐光源（IESNA，2000a）。如果没有具体的推荐光源，那么 CRI 值与色域面积指数越高，光源分辨颜色的能力就越好。可以使用 MacAdam 椭圆来估算不同光源下分辨颜色的程度（见图 2.25）。每个 MacAdam 椭圆都设定了一个边界，在此边界情况下，有固定比例的人能够区分两种颜色，一种颜色坐标位于椭圆中心，另一种颜色坐标位于椭圆上，两种颜色恰好能够看出区别（MacAdam，1942；Wyszecki 和 Stiles，1982）。MacAdam 椭圆是在色差敏感度最大的条件下确定的：并列对比、无限长观察时间、中央凹视觉观察、视觉系统的明视觉状态以及训练有素的观察者。改变任何这些条件并且增加分散注意力或者搅乱刺激的行为都有望增加分辨所需的颜色差别（Narendran 等，2000）。毫无疑问，随着颜色辨别的精细程度的提高，并且颜色精细分辨能力对成功完成工作任务越来越重要，所使用光源的光谱成分也变得越来越重要。

7.3.2.2 光谱与没有颜色需求的任务

乍听起来，要研究光谱对于无色彩需求任务的影响未免有些奇怪，尤其是在 Smith 和 Rea（1979）的研究之后（见 4.3.5 节）。在他们的研究中，将照度范围设置在 7 ~ 2000 lx，并且使用了冷白荧光灯、金卤灯与高压钠灯作为发光源。此外他们结合两个照明变量研究了无色差亮度对比度和视觉任务质量以及受试者年龄的影响。受试者被分为两组，分别是小于 30 岁组与 50 ~ 60 岁组。任务材料是以高亮度和低亮度对比度（0.8 和 0.3）印刷的数字表格，同时有打印（8 号字体；每英寸 12 个字符）和手写（数字大小和间距大致相同）两种。所有受试者被要求在不同光照条件下，从这些材料中发现错误。从完成任务表现和主观难度等级方面上，光照水平、受试者年龄、对比度和任务完成质量都具有统计学上显著的影响。结果显示光谱对两种测量均无统计学意义上的显著影响。

然而，Berman 等（1993）证明，光谱可以影响尺度较小、有短暂闪烁、低亮度对比度且无色彩的任务表现，具体来说就是辨别视力表上朗道环方向。图 7.5 展示的是四个亮度对比度等级，以及四种背景亮度等级下，参与者观察两种不同光源照射下缺口弧度约为 2′ 的朗道环方向正确的比例。其中一种光源为绿蓝色光线，暗视 / 明视比为 4.31。另一种光源是红色荧光灯和粉红色荧光灯的组合光源，其组合后具有 0.24 的暗视 / 明视比。所使用的明显非白色光源在现实中很少出现，但是这些光源却能造成视觉任务结果的不同。对于不同的亮度对比度和背景亮度，在任务表现达到最大可能程度之前，富含蓝色的蓝绿色光源始终比缺乏蓝色的红 - 粉色光源有更好的任务表现。在相同光源照射下的老年受试者的测试中，也发现了类似的结果模式（Berman等，1994b）。

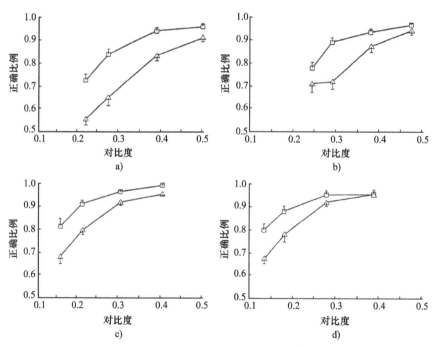

图 7.5　在四种不同背景亮度下，朗道环方向判断正确比例的平均值和亮度对比度关系。这四种背景亮度是 a）11.9cd/m²、b）27.7cd/m²、c）47.0cd/m² 和 d）73.4cd/m²。在四张图中，上面的曲线（□）代表富含蓝色的蓝绿色光源（周围环境暗视场亮度 = 228cd/m²），下面的曲线（△）代表缺乏蓝色的红 - 红色光源（周围场暗视亮度 =13cd/m²）。两种光源均产生 53cd/m² 的周围视场亮度（来源：Berman, S.M.et al., *J. Illum. Eng. Soc.*, 22, 150, 1993）

对这些发现的可能解释归结于瞳孔大小所起到的作用。具体而言，在大视野中，瞳孔的大小主要取决于杆状光感受器与 ipRGC 光感受器的响应，即使在明视觉条件下也是如此。这些光感受器的响应越强烈，瞳孔的面积就越小（Berman 等，1992；Gamlin 等，2007）。对于前面所述的光源，蓝绿色光源照射下的瞳孔面积比红粉色光源照射下的瞳孔面积小 40%。较小的瞳孔面积会产生三种效果：它减少了视网膜上的照度，增加了景深，并且减少了球面以及色差导致的视网膜图像失真。这三种效果的第一个，即视网膜照度的降低，会造成视觉供能的降低。另外增加景深与减少像差两项，被认为会提高视网膜图像的质量，从而改善视觉功能。所有这些效果都很小，它们产生的权衡取决于个人眼睛内光学系统的原本质量。眼球内能够完美折射的人将从景深增加中受益极少，因此在导致小瞳孔尺寸的光源下将表现出视觉功能的劣化。但是，大多数人没有完美的晶状体折射。对于这些人，有实验结果表明，促进小瞳孔尺寸的光源可以在一定程度上增加消色差分辨率任务的视觉功能，也就是说，任务条件使其接近阈值，例如，小尺寸、低亮度对比度和有限曝光时间。在前面描述的实验中，朗道环中的间隙在参与者的眼睛附近约为 2′，使用的最高亮度对比度为 0.4，朗道环的显示时间只有 200ms。

许多研究证实了瞳孔大小对视锐度的影响。Berman 等（1996）使用相同光谱但不同周边亮度的光源来调整瞳孔大小，以测量受试者阅读单词的准确程度。较高的环绕亮度使瞳孔变小，并产生较好的视锐度。Navvab（2001）测量了当两种不同荧光光源产生相同照度条件下的年轻成人的视力，其中一只光源具有低相关色温（CCT），另一只具有高 CCT，即两者光谱不同。结果在可见光谱的短波长端具有更多分布的高 CCT 光源能够产生更好的视锐度。Berman 等（2006）测量了在亮度相同但 CCT 不同的两种荧光灯下学龄儿童的视锐度，其中一只荧光灯的 CCT 为 3600K，另一只为 5500K。平均而言，参与研究的儿童在两种光源下的瞳孔面积差异为 2.18mm^2，CCT 较高的条件下瞳孔面积也较小。至于视锐度，27 名受试儿童中有 24 名在 CCT 较高的光源下具有更好的视锐度。

毫无疑问，选择能使瞳孔面积变小的光源会导致视锐度小幅提升。Leibel 等（2010）研究了光谱在视力阈值之外的影响。实验中，受试者们的任务是大声朗读两位数的数字，并测量在读取一定数量的数字组合时的速度与准确度。每个参与者所看到的数字的大小和亮度对比度都进行了单独调整，以使得他 / 她们的视力位于各自的视功能曲线周围，即受试者对视觉条件敏感。果不其然，该视觉任务的表现结果对照度和光源光谱都很敏感。能使瞳孔变小的高照度与光谱都提升了阅读时的视觉功能。

现在有趣的问题是，这一结论对于明确超阈值任务有什么影响，即当视觉任务的特征使得工作者必须在视功能表面的高点上操作的情况。如前所述，在 Smith 和 Rea（1979）关于超阈值视觉任务的研究中，光谱对视觉任务表现的影响并不明显。此外，Rea 等（1990）通过改变周围区域的反射率和大小来大幅度调节瞳孔尺寸（见 4.3.5 节）。他们发现周围区域的大小和反射率在统计学上没有显著的影响，因此，瞳孔大小对大尺寸、连续观看且亮度对比度分为高低两级（0.15 和 0.86）的视觉任务表现没有影响。最后，Boyce 等（2003b）测试了这样的假设：当在连续照明且头部可以自由移动的现实条件下完成视觉任务时，无论是在接近阈值还是超阈值的条件下，使瞳孔缩小的光源能够确保明视照度下更好的视觉任务性能。受试者进行了 8 种不同的缺口尺寸的朗道环任务，在 40cm 的视距范围内，缺口弧度为 1.5′ ~ 14′。其他实验条件有：高固定亮度对比度（0.80），两种不同照度（344 lx 和 500 lx）以及两种荧光光源（CCT 为 3000K 和 6500K）光谱。测试的速度和准确性主要由朗道环缺口大小决定，其次在较小程度上由照度决定。光源光谱对视觉任务表现没有统计学上的显著影响（见图 7.6）。

总而言之，毫无疑问，光谱通过调节瞳孔大小可以影响视觉表现表面边缘上的无色彩任务的视功能，但是当视觉任务位于曲线高位上时，几乎没有影响。这并不意味着光谱选择与办公室照明无关。如 7.2 节所述，办公室照明推荐的照度远远高于仅基于视功能的建议照度值。对这种过剩的一种解释是，办公室照明必须确保具有广泛但未知范围的任务的高水平视觉性能。鉴于这种情况，推荐的照度可视为提供安全余量。在这种情况下，可以认为通过选择产生较小瞳孔尺寸的光源来增强视锐度将允许安全余量保持在较低照度，从而减少电力消耗。美国能源部正在以光谱增强的照明口号宣传这一论点。该论点的问题在于照明装置必须满足许多不同的目标，视觉表现当然是其中之一，同时也为人和空间提供了令人满意的外观。另外有个问题是导致瞳孔变小的光谱往往具有冷色或冷色外观。办公室的可接受程度仍有待讨论（见 7.3.2.4 节）。

7.3.2.3 光谱与清醒度

保持清醒是执行许多任务的先决条件，尤其是对于长时间无事发生，一旦有事又需要快速响应的任务，例如购物中心的安全监控员。在这种情况下，光源的选择很重要，因为光谱会影响清醒度。多项研究表明，夜间暴露于明亮的光线下会提高清醒度，这可以通过对睡眠指数、脑活动的脑电图（EEG）记录和反应时间的测量得到证明（Campbell 等，1995；Cajochen 等，2000；Lavoie 等，2003）。对于作用机理的一种解释是灯光抑制了褪黑激素的分泌，而后者是与睡眠有关的激素。不同波长的光对于夜间清醒度影响的研究证实了这一解释。Lockley 等（2006）研究了从晚上 11 点开始，在 460nm 或 555nm 单色光下照射 6.5h 的效果。结果表明，460nm 的光比 555nm 在减少困倦感、改善反应时间以及提高清醒度方面有效得多。已知 460nm 的光比 555nm 的光更能有效地抑制褪黑激素。

但这结论并不全面，有两个原因：第一，夜间睡眠暴露于不抑制褪黑激素的红光（630nm）照射中，也可以提高清醒度（Plitnick 等，2010；Papamichael 等，2012）；第二，在褪黑激素浓度最低的白天暴露于强光下也能提高清醒度（Phipps-Nelson 等，2003）。究竟机制到底是什么，仍然是值得讨论的问题，但是这里会有很多涉及 ipRGC 光感受器的生理机制（Ruger 等，2005；Lockley 等，2006；Vandewalle 等，2007）。ipRGC 光感受器在可见光谱的短波长端具有峰值灵敏度（见 3.2 节）。

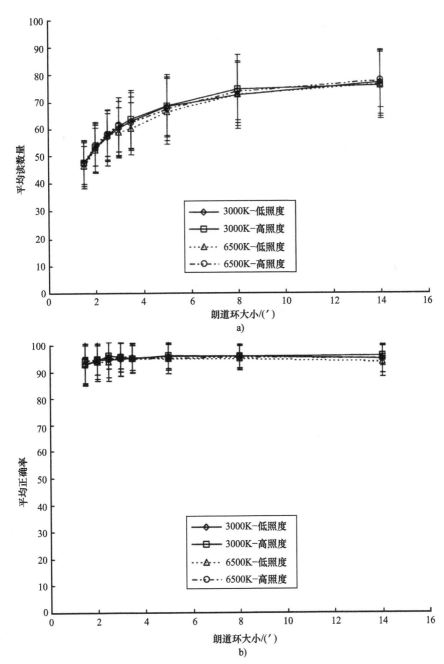

图 7.6　a）在 20s 内检查的朗道环数，以及 b）朗道环识别正确率的均值和标准偏差，分别在 CCT 为 3000K 和 6500K、照度为 344 lx 和 500 lx 条件下的结果（来源：Boyce, P.R.et al., *Lighting Res. Technol.*, 35, 141, 2003b）

尽管上述研究证明了特定光谱有助于提高清醒度，但它们使用的都是窄光谱光源，这在常规办公室中不太常见。尽管如此，此类研究还是启发了新的荧光光源的开发，旨在保持白色外观和合理水平的光效的同时，优化对锥状光感受器和 ipRGC 光感受器的刺激。这种光源的 CCT 为 17000K，光谱范围在 420 ~ 480nm，比通常的功率大得多，因此被称为富含蓝色的白光。Viola 等（2008）针对这种新型光源相比于传统 4000K 荧光灯光源的有效性做了研究。该研究在办公室的两层楼上进行，装修和布局都很相似，受试者在里面进行相似的工作，昼光水平也都类似。两层楼里分别采用 17000K 荧光灯和 4000K 荧光灯的光源，每种光源在同一楼层使用 4 周后会被换到另一层。两种光源在工作场所产生的平均照度分别为：17000K 荧光灯为 310 lx，4000K 荧光灯为 421 lx。研究者在每周的早上、午餐时间和午后收集一次关于清醒度、工作表现、困倦感和睡眠质量的调研问卷。此外，在开始暴露于两种光源之前，对受试者在原有照明下做了基线评估，该评估在两个楼层上都是相同的。图 7.7 显示了 94 个受试者，在暴露于两种光源 4 周后，清醒度、工作表现、夜间困倦感以及睡眠质量相比于基线的平均评分变化。尽管 17000K 荧光灯提供的照度较低，但显然其对于清醒度、工作表现，减少夜间困倦感以及更好的睡眠质量作用更大。虽然结果令人欣喜，但要注意这些变化都很小。对于清醒度、工作表现和夜间困倦感的评分范围是 1 ~ 9，而睡眠质量的评分范围是 0 ~ 21。这种影响的程度也可能是对 Iskra-Golec 等（2012）进行的实地研究发现的 17000K 荧光灯相对于 4000K 荧光灯影响相当有限的解释。在这项研究中，女职员发现富含蓝色的白光比白光显得更具活力，但仅限于早晨。

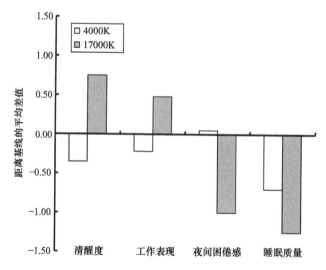

图 7.7 暴露于富含蓝色的白光（17000K）和常规白光（4000K）4 周后，清醒度、工作表现、夜间困倦感和睡眠质量距离基线的变化值（来源：Viola, A.U.et al., *Scand. J. Work Environ. Health*, 34, 297, 2008）

　　总而言之，毫无疑问短波光照射对保持夜间清醒度是有益的，但目前尚不清楚这是否是实现该目标的最有效手段。其他波长也可以提高夜间的清醒度，增加光照的量也可以。至于白天的光照，有证据表明富含蓝色的白光可以增强办公室员工的清醒度和工作表现，但是这种方法的唯一性也是存疑的。在了解影响清醒度的所有生理途径之前，为清醒度调整光谱的尝试似乎为时过早。

7.3.2.4　首选光谱

　　一个均匀照明的办公室的外观在很大程度上受到其配色方案的影响。不同颜色的表面处理会使办公室外观产生很大的变化，而光源选择只有轻微的影响，但是不可完全忽略。

　　办公室中最常用的光源是荧光灯，办公室照明的一般 CRI 范围是 50 ~ 98，CCT 范围是 2700 ~ 17000K。那么这些荧光灯的接受程度是否都相同呢？

　　这个问题最常见的答案是否定的，高 CCT 光源不应该在低照度下使用，而低 CCT 光源不应该在高照度下使用，这是基于 Kruithof（1941）的研究。图 7.8 显示了根据他的研究结果得出的示意图。位于下部阴影区域的照度和 CCT 组合被认为是冷淡且单调的，而位于上部阴影区域的组合被认为是过于鲜艳且不自然的。只有在空白区域中的照度和 CCT 组合才被认为是令人愉悦的。不幸的是该结论来源的具体研究工作缺少详细资料。已知的是，人们通过选用不同的光源——白炽灯、荧光灯或者昼

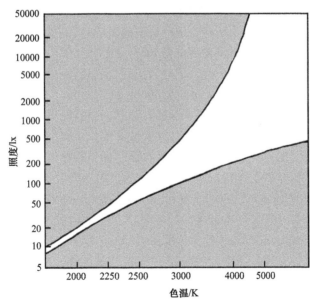

图 7.8　Kruithof 曲线（色温与照度曲线）：白色区域是光源色温和照度的优选组合。下部阴影区域的色温/照明组合被认为是冷淡、单调的环境，而上部阴影区域的色温/照明组合则被认为是过于鲜艳和不自然的环境 [来源：北美照明工程学会（IESNA），*The Lighting Handbook*, 9th edn., IESNA, New York, 2000a]

光来产生不同的色温，因此光分布和显色性也会随 CCT 而变化。由于已知光线的分布和灯的颜色特性都会影响人们对室内环境的感知，因此 Kruithof 边界条件的有效性是值得商榷的。

Boyce 和 Cuttle（1990）对 Kruithof 边界条件做了直接测试。他们请 15 位观察者在一个没有窗户的小型办公室中进行颜色辨别任务，随后对照明做了评估。办公室照明采用几乎相同 CRI 值（82~85）但 CCT 差别很大（2700~6500K）的荧光灯，在桌面形成四种不同的照度（30 lx、90 lx、225 lx 和 600 lx）。由图 7.8 可以看出，如果 Kruithof 的边界条件正确，则在此照度范围内，不同类型的光源应会产生明显的感知变化。然而事实并非如此。决定照明给人印象的主要因素是照度，CCT 实际上对观察者对于房间照明的印象没有影响。对于这种现象的一种似是而非的解释是色彩适应。在对照明做最终评估前，每名受试者在各种照明条件下都经历了大约 20min。在此期间，受试者的视觉系统将适应光源的颜色，这种适应弱化了光源之间的差异。这表明对于办公室来说，通常有足够的时间来进行色彩适应，基于 Kruithof 研究结果的建议是不必要的限制。

对于几乎没有适应时间的情况，Davis 和 Ginthner（1990）研究了人们在会议室的感知，会议室采用相似 CRI（89 和 90）但不同 CCT（2750K 和 5000K）的荧光灯照亮到三种不同的照度（250 lx、550 lx 和 1250 lx）。在该实验中，受试者在做评估之前只有 1min 的时间适应光源的色度。尽管如此，主观评价仍然仅受照度的影响，而不受 CCT 的影响。Han（2002）使用样板办公室检查了照度、CCT 以及装修色调对办公室照明感知的影响。不出所料，她也发现照度是决定办公室明度感知以及照明接受度的主要因素，不过她还发现使用更高 CCT 的光源会在办公室相同照度的情况下，产生更大的明度感知（见 6.2.2.4 节）。办公室照明接受度也会受到 CCT 的影响，办公室中最受欢迎的 CCT 是 4100K 而不是 3000K 或 6500K。Vienot 等（2009）还在样板办公室中的使用 LED 灯具检验了 Kruithof 边界，LED 灯具可以产生九种不同的连续光谱、三种不同的照度（150 lx、300 lx 和 600 lx）以及三种不同的 CCT（2700K、4000K 和 6500K）。所有光谱产生的 CRI 值均超过 90。在每种照度和 CCT 组合下照射超过 15min 后，受试者需要进行一些阈值和超阈值的视觉任务。完成任务后受试者需要回答有关照明感知的问卷。图 7.9 显示的是他们给出的愉悦度打分（7 分制，1= 令人不悦的，7= 令人愉悦的）。结果显示照度和 CCT 对照明愉悦感有统计学意义上的显著影响，但不符合 Kruithof 边界条件。根据 Kruithof 的理论，6500K 光源在 600 lx 时应该是最令人愉快的，而 2700K 光源在 150 lx 时应该是最令人愉快的。然而实验结果表明 6500K 光源在这三种照度下都是最不令人愉快的。2700K 光源在 150 lx 和 600 lx 时都是最舒适的。

Akashi 和 Boyce（2006）做的一项实地研究也发现了类似的结论。该研究的目的是测试能否在不引起抱怨的情况下，通过使用较高 CCT 的光源提高明度感知，从而将办公室的照度降低三分之一。结果是，当使用较低照度时，选择 CCT 为 6500K

而不是 3500K 的荧光灯可以避免产生昏暗的感觉，但是当照度保持在 500 lx 左右时，6500K 的荧光灯对于办公室来说就太冷清了。结论证明在照度超过 350 lx 的办公室中，最适合的 CCT 为 5000K。

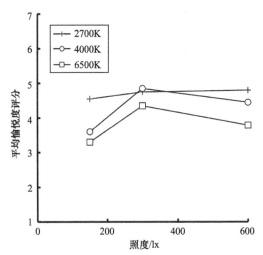

图 7.9　三种不同照度和三种不同色温下的照明平均愉悦度打分。评分采用 7 分制，1= 令人不悦的，7= 令人愉悦的（来源：Vienot, F.et al., *J. Mod. Opt.*, 56, 1433, 2009）

目前明确的是，人们对不同光谱的反应存在很多差异，从而导致了不同的 CCT。唯一统一的结论是，当使用高照度时，高 CCT 往往是令人不快的。这一发现是否适用于在办公室常规使用高 CCT（5000K 和 6500K）的国家，如日本，仍然是悬而未决的问题。其他问题涉及工作对于视觉的需求，例如工作是否需要精细的分辨率，这种情况下，较高的 CCT 可能有助于提高视锐度（见 7.3.2.2 节），以及受试者的肤色是怎样的？肤色的视觉效果很重要，因为它传递着健康的信息。Quellman 和 Boyce（2002）使用一盏白炽灯、五盏紧凑型荧光灯（CFL）和一盏金卤灯对不同肤色的人的首选 CCT 进行了研究。其中除了白炽灯的 CRI 为 100，其余的 CRI 都在 80～82 范围内，CCT 范围在 2700～5000K 之间。光源在手上的照度为 450 lx，这是办公室的典型照度。受试者根据种族分为四种皮肤类型：欧洲裔；中国、日本和泰国裔；印度和斯里兰卡裔；非裔美国人。研究发现没有一种光源可以让所有受试者都喜欢，但是相对最受欢迎的是 CCT 为 3500K 的 CFL。CCT 为 2780K 的白炽灯和 CCT 为 5000K 的 CFL 均不受欢迎，受试者希望避免过于花哨或苍白的外观。

上述研究已经检验了高达 6500K 的 CCT。然而现今市面上已经出现了 CCT 最高达到 17000K 的荧光光源。一项实地研究表明，其实验所使用的 17000K 光源非常受欢迎（Viola 等，2008），这似乎与前文的结论不太一致。然而 Iskra-Golec 等（2012）在实地研究中发现，在工作日，富含蓝色的白光被认为不如白光令人愉悦。这些发现表明，当没有规定明确的判断依据时，许多背景因素都可能会影响偏好。如果这种观点是正确的，则表明光源的 CCT 是确定办公室照明满意度的次要因素。光源所提供的照度更为重要。对于光源 CRI，毫无疑问，选择 CRI 高于 80 的光源能够产生更饱和的颜色外观，并且产生更大的明亮度和视觉清晰度（见 6.2.3 节）；同样毫无疑问的是，选择 CRI 低于 65 的光源是令人不满意的。只要避开 CRI 低于 65 的光源，那么实际可选择的光源范围很广。

尽管前面讨论的是关于光源的颜色属性，但还是要记住这些影响可能会因办公室装修的颜色而改变。这是因为进入眼睛的光谱成分，是由直接从灯具发出的光以及经过室内表面反射后的光组合形成的。Mizokami 等（2000）的研究表明，当墙壁、地板和家具的颜色为橙色时，受试者会感觉房间是被白炽灯照亮的，尽管实际上是由 CCT 较高的荧光灯照亮的。办公室的环境颜色也会影响人们对照明的满意度。Boyce 和 Cuttle（1990）指出，将水果和花朵形式的自然色彩引入本质上是消色差的空间，可以增强照明产生的积极印象，特别是在高照度下。

综上所述，如果光源的 CRI 高于 65，并且色度坐标接近普朗克轨迹，都可以被称为名义上的白色光源，都可以应用于办公室，最好根据具体应用进行选择。如果工作涉及准确的颜色判断，则需要具有高 CRI 的光源。如果不需要准确的颜色判断，则应在考虑照明对办公室装饰的影响，以及工作人员对办公室照明的经验和期望之后再做出选择。在需要关怀的地方，建议使用低照度，因为可以创造温馨的氛围（Han，2002）。

7.4 照明系统

通过选择照明系统，照明设计师可以决定办公室中的光线分布，从而避免眩光、光幕反射和阴影等视觉不适（见 5.4 节）。此外，光线分布还会影响到对办公室的感知（见 6.3 节）。感知方面的主要差异之一是办公室主要是通过自然光还是人工光照亮的。根据经验，任何办公室只要平均采光系数（daylight factor）大于 5% 都会将感知为有昼光照明，从而在白天里不需要电灯照明。相反，如果在白天平均采光系数明显小于 2% 的空间都将被视为人工光照明的（SLL，2009）。平均采光系数取决于空间的形态和所使用的采光系统。

7.4.1 采光系统

昼光可以通过传统的窗户、侧窗或天窗引入办公室内，也可以通过一些远程导光系统引入，如采光井、导光管等（Tregenza 和 Wilson，2011）。到目前为止，最常用的手段还是窗户。窗户的优点是既可以提供自然采光，又能提供窗外的视野。其缺点是引入的昼光会随着房间进深而急剧下降。侧窗本质上是安装在靠近天花板高处的窗户，是可以改善以上情况的一种方式，但其缺点是能看到的窗外景色仅限于天空。天窗可以保证整个办公室都能照到昼光，但同样有视野仅限于天空的缺点。此外天窗只能保证下方紧邻的几个楼层的日照，对于单层建筑来说这不是问题，但对于多层建筑来说，则需要在外墙增加窗户来补光，或者采用采光井或导光管，但众所周知的是后者效率低下。

　　人们关注的窗户参数包括窗户的尺寸、形状、光谱透射率和遮阳效果。Ne'eman 和 Hopkinson（1970）通过一个开放式办公室模型研究了窗户的最小可接受尺寸，受试者们可以通过窗户看到真实的风景，他们被要求调整窗口宽度以给出可接受的最小窗口尺寸。研究发现，对于常见的视野，最小可接受的窗口尺寸，是由视野提供的视觉信息量决定的，近视图需要比远视图更大的窗口大小。最小可接受窗口尺寸的判断受模型允许的日光量，室内照度或观察窗口的位置的影响不大。这些发现，加上观察者无法在窗口无特征时做出持续的调整这一事实，表明了是窗外的景色决定了窗口的最小尺寸。约 25% 的窗墙面积是 50% 观察者可接受的最小窗户尺寸，如果要使 85% 的人满意，则需增加到 32%。

　　Keighly（1973a）还测量了使用者对窗户尺寸的反响。他使用开放式办公室模型，向 40 位观察者展示了一系列尺寸不同（窗墙面积的 11% ~ 65%）、数量不同、布局不同的窗户，然后通过这些窗户呈现了许多不同风景的影片。受试者被要求按照五个等级对窗户的满意度做评分。图 7.10 显示不同尺寸的窗户对应于三种风景的平均满意度。图上可以看出透光的窗墙面积在 15% 或以下是令人不满意的，但超过 30% 时，几乎可以完全满足要求了。这些结果与 Ne'eman 和 Hopkinson（1970）的结论是一致的，尽管相比之下景色类型的重要性要小得多，这可能是因为 Keighly 使用的是静态照片所致。

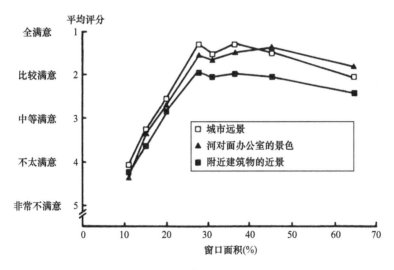

图 7.10　对于不同窗口尺寸和窗外景观满意度的平均评分。窗口面积表示为窗墙面积百分比
（来源：Keighly, E.C., *Build. Sci.*, 8, 321, 1973a）

　　Keighly（1973a）还研究了将与原有的窗户分解为若干不同大小的窗口的效果，差异非常明显。人们不喜欢大小不同的窗户，也不喜欢被宽大的竖框分割出来的大量窄窗。这些窗户的共同问题是：破坏了对景色的观赏。通常情况下，人们更喜欢大面积的、规则排列的横向窗户。

人们喜好横向窗户的结论与 Markus（1967）的研究不一致。Markus 发现人们偏好垂直方向的窗户。Keighly（1973b）再次使用开放式办公室模型来检测人们对窗户形状的偏好。具体来说，让受试者调节覆盖窗墙面积 20% 的矩形窗，直到该窗户的位置和形状都符合其偏好。结果最受欢迎的情况是水平居中的窗户，其安装高度由视野的天际线决定，直到天际线接近天花板高度为止。窗外的景色绝大多数都是水平向的，这表明窗口的形状实际是被看作是景色的画框。Ludlow（1976）得出了相同的结论。他使用与 Keighly 类似的装置，请 20 位观察者调整窗户以得到喜好的形状和尺寸。他总结到，特定的景观确实对偏好的尺寸和形状有很大的影响。

Ludlow（1976）还发现客户偏好的窗户尺寸在窗墙比的 50% ~ 80% 之间，远远高于 Keighly 研究中的值。这种差异可能只是令人满意和偏好之间的差异，也可能来自于窗外景观的不同。尽管如此，温带气候下通常的做法是将窗户的尺寸定在窗墙面积的 20% ~ 40% 之间。低于窗墙面积的 20% 会引起人们的不满，尤其是如果窗户过于集中，导致很多人看不到风景。当窗墙比超过 40% 时，用户的满意度会很高，但也要小心控制阳光的进入，否则会增加热量或引起视觉不适。

值得一提的是，这些结果都是从温带气候区收集得到的。要知道那些认为白天光线有限的人（例如芬兰的居民）和认为日光充足的人（例如印度的居民）会有不同的偏好。此外值得注意的是，这些结果是在办公室环境下获得的。窗口大小的偏好在其他环境下可能会不同（Butler 和 Biner，1989）。

至于光谱透射率，需要考虑两个方面：光的总透射率和透射光的颜色。Boyce 等（1995）用样板办公室，让使用者分别在晴天和阴天透过窗户观看室外的真实场景，以此检测了三种光谱透射率玻璃的透光率接受度，室内照度分别为 500 lx 或 1000 lx。窗户的大小固定为窗墙面积的 42%。图 7.11 显示的是各种玻璃接受人数的百分比和玻璃透射率之间的关系。图中可以得出两个结论：首先是透光率高于 50% 是高度受欢迎的，但随着透光率降低，接受度也会降低；第二是决定接受度的主要因素是可见光透射率，但与玻璃的光谱透射率、天空状态以及办公室照度也会有一定关联。

图 7.11 的结果还是有很多局限性。首先是每个窗户观看的时间很短，只有一两分钟；第二是所有测试都是一天的中午时段进行的；第三是没有在有阳光直射进入窗口的时候进行测试；第四是所有的测试都是在温带气候下进行的。观看时间太短意味着测试结果是受试者进入房间后的即刻反应，这一点很重要，因为人们在白天有昼光的办公室里是否要开灯往往取决于刚进入房间时的主观感受（Hunt，1979）。但不可否认的是，停留时间加长了以后会让人更容易接受低透光率的玻璃。在一天的中午时段进行测试之所以是一个局限性，是因为低透光率玻璃在黎明和黄昏时段影响最大，会让白天时间明显变短，特别是在阴天。在正午勉强可以接受的玻璃透光率在黎明或黄昏时段是不可接受的。只在没有阳光直射的情况下进行测试本身没有太大问题，只是通常有阳光直射时，用户会倾向于放下百叶帘进行遮阳（Rubin 等，1978；Rea，1984），这种情况下玻璃的透光率无关紧要了。最后在温带气候下进行测试的事实只代表了一类人群对于日光

的态度。在北半球和南半球的高纬度地区，一年中有部分时间日照不足，人们对于低透射率玻璃的接受度更高。而在靠近赤道的低纬度地区，尤其是在日光充足需要特别控制的地方，最低可接受的透射率可能会降低，高玻璃透射率的接受度可能会降低。这些关于纬度影响的预测是一种臆想，确定它们正确与否将会很有趣。

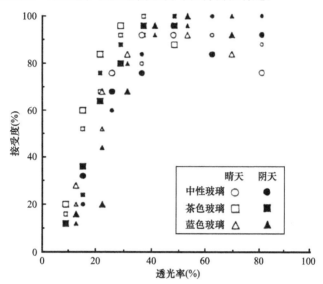

图 7.11　在晴天和阴天，观察者对于三种类型玻璃的接受度百分比和玻璃透光率之间的关系。实心符号代表阴天，空心符号代表晴天。每种类型较大的符号代表 1000 lx 室内照度，较小的符号代表 500 lx 室内照度（来源：Boyce, P.et al., *Lighting Res. Technol.*, 27, 145, 1995）

不可否认的是，要想让玻璃窗效果能被人接受，那么窗户玻璃的透光率必须有一个下限。对于玻璃的颜色也有个可接受的下限，常见的玻璃颜色有以下几种：黄铜色、绿色、蓝色和灰色，色彩的选择往往是出于建筑外观的考虑，而不是从室内往外观看的效果。Cuttle（1979）研究了窗户玻璃的颜色限值，图 7.12 显示了各种玻璃颜色的不满意度轮廓线，这是让人们坐在房间里实地感受测试得到的，这个房间采用特殊的液体玻璃，可以任意改变颜色。从图 7.12 可以看出，色度偏离普朗克轨迹中心部分的玻璃会被很多人认为是不满意的。

任何采光系统还要考虑遮阳效果，因为遮阳会同时影响光环境和热环境。对视觉环境的影响是通过阳光进入办公室产生的。对热环境的影响是通过整个建筑物的热量获得和热量损失，以及局部的影响是由于过度的热辐射（阳光）导致的过热，或者，由于冷窗的辐射热损失或气流产生导致的过冷，造成热不适的可能。Markus（1967）发现在他研究的 12 层楼办公室中，有 86% 的人喜欢办公室里全年有阳光，但是有一种趋势，就是离窗户最近的人相比离窗户远的人反而没那么喜欢阳光。Ne'eman 等（1976）得出了类似的结论，在他们研究的四栋不同办公楼中，人们非常强烈地渴望阳光，但也存在对于视觉和热不适的抱怨。在有百叶窗且空调充足的地方，很少听到抱怨。在没有有效遮阳或空调不足的地方，抱怨则很普遍。

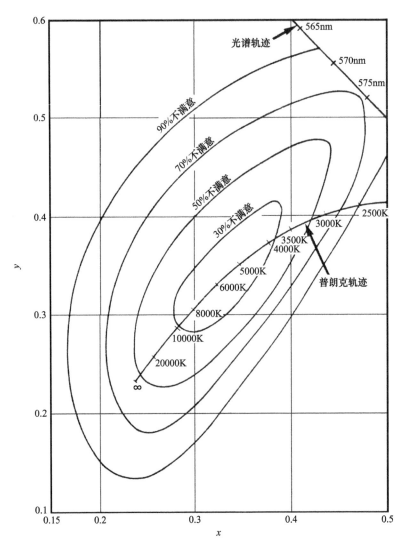

图 7.12　在 CIE 1931(x,y) 色度图上绘制的玻璃色度的不满意度轮廓百分比图（来源：Cuttle, C., *Lighting Res. Technol.*, 11, 140, 1979）

　　显然有诸多因素决定窗户作为采光系统的接受度，在设计窗户时应该考虑所有因素，但不能止步于此。Butler 和 Biner（1989）发现，最能预测人们对窗口大小偏好的因素是人们从视野中获得的即时信息，这一发现强调了需要从两个方向上评估窗户的设计：窗户对室内照明的影响以及对视野的影响。在这两个方向上都令人满意才能保证窗户的设计让人满意。

　　并非所有办公室都适合使用窗户。有些办公室在建筑物内部，不靠外墙，所以无法开窗；有些办公室楼层太低，即使有窗户，采光效果也很差。这种情况下可能需要采用导光管，又叫日光导管系统（CIE，2006a）。这套系统由三部分组成：采光系统、导光系统和分光系统。采光系统是安装在屋顶或墙上的光学系统，旨在收集来自天空和太阳的光。采光系统可以是主动的，也可以是被动的，主动式需要搭配某种形式的太阳跟踪系统。来自采光系统的光进入导光系统中，该系统通常是内壁衬有非常高反射率材料的空心导管，也可以使用全反射的固体光学材料（Zhang 和 Muneer，2002；Callow 和 Shao，2003）。导光系统将光引导到分光系统，分光系统将光发射到办公室里各个角落。整套系统的有效性可以用日光穿透系数来量化，日光穿透系数指的是办公室内某一点的照度和室外照度的百分比。由于三套系统的性能不同，日光穿透系数可能变化非常大，尤其是导光系统的长度和转折次数。Carter 和 Al Marwaee（2009）报告了一项针对 15 间多人办公室的调查，其中 7 间是没有窗户的办公室，而另外 4 间则是窗口非常偏远以至于没有阳光直射的办公室。所有办公室都配上了日光导管系统和电气照明系统。调查显示，尽管日光导管系统能够为工作场所提供大量的昼光，但办公室里的工作人员不会将其视为昼光。从表 7.2 中可以看出，日光导管系统不足以代替窗户。事实上，Carter 和 Al-Marwaee（2009）建议在使用日光导管系统的地方，还是应提供一些窗户，即使窗户无法提供有意义的昼光照明，也要尽可能地帮助他们与外界接触。这些结果还暗示着，日光导管系统的分光系统应设计成与电气照明灯具明显不同的外观。

表 7.2　配备导光管的大进深开放式办公室，有窗或无窗环境下，觉察到不同情况的人数百分比

采光	喜欢视觉环境	察觉到天气变化	察觉到大致时间	认为大部分光是昼光
有窗	60	75	58	37
无窗	27	22	29	6

来源：Carter, D.J.and Al Marwaee, M., *Lighting Res. Technol.*, 41, 71, 2009。

7.4.2　电气照明系统

办公室里的电气照明系统包括各种种类的灯具，用不同方式排列组成。到目前为止，最常见的布局是规则性排列，旨在水平工作面上提供均匀的照度。此类规则灯具排列之所以受欢迎，是因为办公室里的人可以随意布置（办公室）格局，而不用担心任何地方的照度不足。考虑到在一些快速扩张的行业中办公室布局调整的频率，没有必要在每次调整时重新排布照明，这是一项很大的优势。

办公照明系统的另一项限制是主管部门设置的最大照明功率密度（见 16.3 节）。这些限制或多或少地排除了某些潜在的照明系统，因为它们无法在满足功率密度的前提下提供所需的照度，典型的例子包括有装饰灯槽和发光天棚。无论是规范上还是财务上，大多数业主都不愿意支付比平常更多的照明成本。

常规排列中使用的灯具可以分为三种类型：直接照明、间接照明和直接/间接照明。直接照明灯具是指所有光都朝其所在水平面下方发射的一种灯具；间接照明灯具是指所有光都朝其所在水平面上方发射的一种灯具，这类灯具通常位于天花板下方一定距离；直接／间接照明灯具在其所在水平面上方和下方均会发光。当然，这种简单的划分并不绝对，通常灯具根据其大部分光线发射的方向进行划分。一些间接照明灯具底部采用穿孔金属板，因此在水平面以下也会有些出光。如果向下发射的光的量小于总输出的 10%，仍可将其归为间接照明，直接／间接照明灯具也类似。有一种天花板嵌入式照明灯具标称为嵌入式间接照明灯具，因为灯光并不是直接下照，而是在经过灯具内部反射后向下发出，将这种灯具称为间接照明灯具有一定误导性。这种灯具的光分布和安装了棱镜柔光片的常规灯具几乎是相同的。

常规排列的直接、间接和直接／间接照明灯具会让办公室呈现非常不同的效果。直接照明灯具的效果取决于灯具的发光强度分布及间距：发光强度分布越窄，灯具的间距就必须越近，光束就越在垂直方向上集中。这种方式会在水平工作面上聚集大量的光，但在垂直工作面上布光很少，尤其是墙面。此外，照到天花板的光只有通过房间中其他表面反射而来。这种方式有两个风险：首先，办公室会显得阴沉，有点像洞穴；其次是会导致不舒适的阴影和光幕反射。这提醒了我们一点，灯具是一个整体，而不仅仅是其外形，不能仅凭某一方面标准来选择灯具，灯具选择必须考虑任务可见度以及办公室外观的综合影响。

所谓间接照明，其实是把天花板当成了面积大、亮度低的大型灯具。为了避免灯具内部构造在天花板上形成倒影，采用间接照明方式的天花板几乎都是均匀的漫反射表面，这样反射出来的光是往各个方向均匀分布的，因此墙面和工作面都有良好的照明效果。此外漫反射意味着阴影很少，而且光幕反射非常微弱。根据 5.6 节中列出的照明品质分类，间接照明是实现无差别照明的可靠方法。

直接／间接照明是直接和间接照明之间的折中方案，因此避开了两者的缺点。间接部分可以弱化阴影和光幕反射并在墙面上提供一定的光照；直接部分则提供了较强的塑形效果，缓解了间接照明过于均匀的单调性。

当然避免直接或间接照明的弊端还有其他方法，比如任务／环境照明也是人们经常提倡的一种具有节能潜力的方案。具体来说，规则排布的灯具提供环境照明，同时每个工位都单独配置一套工作照明。工作照明可以有多种形式，从家居照明中常用的橱柜照明到灯头方向可调节的落地灯，工作照明都可以单独开关，有些还有调光功能。环境照明可以挖掘节能潜力，其目的是照亮空间而不是工作任务，因此可以设置一个比通常的办公室略低的照度值，如 200 lx，然后依靠任务照明将工作区域的照度提高到所需的水平。当环境照明单独提供工位上的推荐照度时，任何任务照明都被视为一种补充而不是替代，节能可能是微不足道的（Newsham 等，2005）。灵活的工作照明还具有其他优点，它可以单独控制，可以减少工作区域中的阴影或光幕反射（Japuntich, 2001）。解决直接照明在墙面上低照度的另一种方法是，使用洗墙灯或将灯具放在靠近墙面的位置。至于间接照明，在办公室里增加一些重点照明或装饰性灯具可以使空间更有趣一些。

7.4.2.1 偏好

现在应该思考一下，人们在不同类型的电气照明系统之间是否存在明显的偏好。Harvey 等（1984）让人们在不同的直接或者间接照明系统下进行一个小时的工作，然后让他们对照明的各方面质量进行评分。显然使用嵌入式抛物面反射器灯具的两种间接照明系统比直接照明系统更受欢迎。Leibig 和 Roll（1983）以及 Roll（1987）的研究，检测了人们在纸上和计算机屏幕上阅读文字时，对于直接、间接和直接 / 间接照明的反应。对于纸面工作，人们对于照明系统的评估没有出现有统计意义的显著差异。对于计算机工作，直接和直接 / 间接照明系统被认为比间接照明系统要好得多。Hedge 等（1995）研究过人们对采用不同照明系统进行翻新后的建筑的评价，结果显示间接照明普遍更受欢迎。此外，据观察，在照明系统安装一年后，很多工作人员对直接照明系统做了改造，而间接照明系统几乎没动过。Houser等（2002）做过一项研究，用规则排列的悬吊式灯具照亮同一房间，然后对使用者的反馈进行了调研，所采用的灯具包括有完全直接、完全间接以及几种形式的直接 / 间接照明组合，所有照明形式都为水平工作面提供 538 lx 的照度。结果是人们对各种形式的照明的评价差异很小，其中间接照明占比不小于 60% 的直接 / 间接照明系统最受青睐。Boyce 等（2006b）的研究让人们在模拟办公室里，在直接照明、直接 / 间接照明或者带开关台灯的直接 / 间接照明下分别工作一天。结果 71% 的受试者认为直接照明很舒适，81% 的人认为带开关台灯的直接 / 间接照明很舒适，而 85% 的人认为仅直接 / 间接照明很舒适。环境任务照明的其他研究产生了非常不同的满意度（Newsham 等，2005），这可能是因为可以实现任务照明的方式有很多。从这些研究中可以得出的结论是：首选直接 / 间接照明，因为此类照明可直接照亮任务面和空间，并柔化阴影和光幕反射。

7.4.2.2 任务表现

另外一种可能的影响因素是房间内的光分布会改变人们的任务表现，如果能证明这一点，那就有理由选择某一种照明系统而不选其他的。光分布对任务表现的影响可能有两个原因：首先是由于不同的照度、阴影、失能眩光或光幕反射，或多或少会影响工作任务的可见性，进而影响工作任务的表现；其次是房间中的光线会导致对空间的不同感知，进而影响工作者的情绪，从而影响执行任务的动力。

Harvey 等（1984）让人们在直接和间接照明条件下执行一项任务——将打印在纸上的数字列表与计算机屏幕上显示的数字进行核对。结果是在不同的照明条件下，该任务的表现没有差异。

Newsham 等（2005）让人们在一间无窗的，通过规则排列的直接照明灯具照亮的办公室里，完成一天的诸多工作。当有任务照明可用时，受试者向计算机中输入 3 篇 300 字文章的速度提高了 24%。这几乎可以肯定是由于任务照明产生了更高的照度，即提高了可见度。但是任务照明也提高了需要清醒度的工作表现，这表明是由于情绪影响造成的。

Veitch 和 Newsham（1998a）组织了大量临时工作人员，在一个没有窗户包括若干独立隔断的办公室里进行整天的计算机工作，并测量他们的表现。每天办公室里会用九种照明系统中的一种提供照明，这九种照明系统分为三种功率密度等级和三种可感知的照明品质。低品质照明系统由规则排列的直接下照棱镜灯具组成，中品质的照明系统由规则排列的直接下照抛物面反射器灯具组成，高品质照明系统采用各种间接或直接/间接照明灯具组合而成，有时会悬挂在天花板，有时会安装在家具上。低功率密度照明使用可调节的任务灯和橱柜式任务灯。中、高功率密度照明不包含任何形式的任务照明。当办公室由直接照明系统照亮时，受试者们认为比间接照明更明亮；并且与没有任务照明的情况相比，包括任务照明和低环境照度的照明条件被认为亮度较低、眩光更少。任务表现的结果比较复杂，不同的任务需要在不同的照明系统下才有最佳表现。大部分任务表现的差异都很小（不考虑 1% ~ 3% 的方差）。有趣的是，受视觉条件影响最大的是打字和校对任务时屏幕极性的改变。将屏幕显示从负极性（暗底亮字）调整为正极性（亮底暗字）导致了任务表现变化的 7% ~ 9%，这可能是因为正极性屏幕的高亮背景使显示器较少受到房间其余部分反射的干扰。这是照明对任务可见性的直接影响。

这项研究的局限性在于，不同的照明系统在书面上和计算机屏幕上产生的照度和光分布不同，这改变了任务的可见性。这使得我们无法判别任务表现的改变到底是来自于可视性的变化还是空间感知的变化。Eklund 等（2000）的一项研究避免了这个问题。他们让临时员工在三间装修和家具布置完全相同的无窗办公室中工作 8h，完成数据录入任务。办公室中分别采用了三种不同的照明装置，都提供相似的任务照度，没有光幕反射或失能眩光，因此对于同一任务，它们提供相似的任务可见性。不过这三种系统的光分布非常不同，从非常均匀的间接照明到非常集中的直接照明。结果在这三种照明下任务的表现没有差异，更加出乎意料的是，尽管照明专家们认为这三种照明的品质明显不同，但员工们的喜好没什么倾向性。但是，要录入材料的字体大小变化以及因此导致的任务可见性的变化确实在任务表现方面产生了统计学上的显著变化。

Eklund 等（2001）让人们执行 4h 相同的数据录入任务，采用相同的照明系统和相同的配光，但这次是两种不同的装修条件：一种办公室是光秃秃的、没有色彩；另一种在房间中添加了一些色彩缤纷的装饰。同样，两种房间的任务表现没有差异，尽管受试者们认为有色的房间装饰更加丰富、更具吸引力和趣味性。同样，通过改变书面材料字体大小、亮度对比度或任务照度所产生的任务可见性的变化确实在任务表现方面产生了统计学上的显著变化。

这些研究清楚表明，改变任务可见性也会改变视觉任务的表现，但是空间照明的影响没那么确定。这可能有几个原因：一，在不影响任务可见性或视觉舒适度的照明条件下，不懂照明的人远不如照明专家对此敏感，就像葡萄酒鉴赏家比不经常喝葡萄酒的人对酒的特性更敏感一样；二，人们在特定照明条件下停留足够长的时间，就会习惯它们，因此照明对他们的重要性越来越小，对情绪的影响也越来越小；三，照明条件的范围可能还不够极端，尽管 Eklund 等（2000）使用的三种照明装置被选为涵盖当前照明实践的极端情况；最后，数据录入任务是集中在一个小区域内完成的，执行该任务所需的信息都可以在小区域内获得，房间的其余部分不包含与任务相关的信息，因此房间其余部分的照明与受试者无关。毫无疑问，对于信息分布在房间许多位置的任务，整个房间的光线分布都很重要，但这是因为光线分布会影响人们提取信息的能力，即影响任务可见性。我们可以得出一个明确的结论，那就是不影响任务可见性或引起视觉不适的照明不一定会影响任务表现。光线分布也会影响上班族的心情和动力，或者它们可能会改变照明发出的信息，而此消息可能进而会改变行为（见 4.2 节）。不幸的是，除了照明之外，还有许多其他因素会影响情绪和信息，并且相对于其他因素而言，光的分布可能并不重要。我们还需要做更多的研究。

7.4.2.3　照明和电子显示器

在过去 30 年里，办公室工作已经从几乎完全基于书面的工作转变为高度依赖电子显示器。从单纯的书面工作到书面加电子显示器的形式变化，引发了人们对于特殊发光强度分布的灯具的设计。电子显示器与纸面工作有很多区别：首先，显示器通常是垂直或接近垂直放置；其次，显示器是自发光的，这意味着在没有光照的房间里也可以看到；第三，自发光意味着提高显示器表面的照度反而会降低显示器的可见度。因此，为了提高显示器的可见度，必须控制房间内照射到显示器的光线，这通常意味着降低显示器垂直面上的照度。以上分析得出了一些适合显示器的灯具设计的建议，具体包括两种形式：对于直接照明，建议将灯具的亮度限制在特定方向上，通常在与铅垂线方向成 55° 或 65° 角以上；对于间接照明，建议天花板采用最大平均亮度和最大峰值亮度。对于直接/间接照明，建议采用两种形式。这两种建议形式的目的都是为了控制显示器中看到的照明灯具或天花板的反射图像的亮度。对于直接照明的建议假设灯具安装在天花板上，显示器在垂直或几乎垂直的平面上。如果这两个假设中的任何一个不正确，那么将灯具的亮度限制在 55° 或 65° 以上也就没有什么价值了。

在接受任何建议之前，最好考虑一下它们背后的原因。这些建议的基础都是入射到显示器上的光对其可见性的影响。入射光可能会产生三种不良影响：降低显示器的对比度；分散用户的注意力；由于显示屏和反射图像的距离不同导致视觉调节发生变化（Boyce，1991；Rea，1991）。避免这些问题的关键是：降低反射图像相对于显示器画面的亮度。在已出版的指南里，没有一份明确阐释了该建议的基础，但是影响最为广泛的一组数据来自 Leibig 和 Roll（1983）的研究，他们通过改变灯具的亮度来改变显示屏里反射图像的亮度，然后要求人们在具有不同反射属性的显示器上，区分干扰反射和非干扰反射的界限。图 7.13 显示了针对各种显示器极性/屏幕反射率/照明组合的显示器满意度的百分比与反射出的灯具亮度的关系。通过比较相同的显示器的结果，在暗屏幕上的亮字符和在亮屏幕上的暗字符这两者均可以在主要由间接照明照亮的镜面反射表面的屏幕上看到。可以得出结论，负极性显示（亮背景上的暗字符）对反射的敏感性不如正极性显示（暗背景上的亮字符）。通过比较在最敏感的条件下（在间接照明下看到的镜面反射，正极性显示）的结果与在最不敏感的条件下（在直接照明下看到的漫反射，负极性显示）的结果，可以看出构成令人可以接受的灯具的亮度变化非常大，例如对于 80% 的观察者而言，范围是从 130 ~ 500cd/m² 。根据这些数据，Leibig 和 Roll 推荐在会导致视觉显示屏产生反射的任何方向上，使用最大亮度为 200cd/m² 的灯具。

以上结论引发两个后果。第一，为了满足建议的亮度限制而设计出的常规阵列直接照明灯具，导致许多室内环境非常暗淡，墙壁和天花板都显得照明不足。考虑到人们发现所谓的"干扰反射"其实对视觉任务表现没有很大影响（Kubota 和 Takahashi，1989），亮度限值变得更为灵活。事实证明，根据显示器的极性和屏幕的反射属性，最大灯具亮度限制可以在 200 ~ 1500cd/m² 的范围内变化（SLL，2005）。

第二，让人们以为只有通过改变照明才能克服显示器中的反射问题，尽管从图 7.13 可以明显看出，显示器的反射属性也很重要。这意味着可以通过改变屏幕类型来最大限度减少屏幕反射问题。所以后来轻微弯曲的 CRT 显示器开始普及，如今诸如液晶显示器（LCD）、LED 和等离子体的平面显示器已经很普遍，而 CRT 显示器已经基本消失了。不同的显示技术可能具有非常不同的反射属性（Howlett，2003）。Lloyd 等（1996）试图建立一个定量模型来预测观察者对于显示器反射干扰程度的评价，该模型对于灯具和显示器进行一系列的光度测量，从而解决了仅专注于照明显示的问题。用来衡量观察者反应的三个变量是：照明条件下显示器的亮度对比度、高亮度光源（如灯具或窗户）的反射图像的亮度对比度，以及模糊函数的宽度，即显示器反射的模糊程度。对于照明设备，必须测量的参数是：通过显示器反射看到的光源的亮度、该光源的背景亮度以及入射到显示屏上的照度。对于显示器，要测量的参数是：在没有任何室内照明的情况下

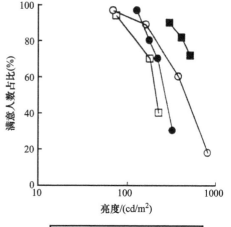

图 7.13 不同照明、不同反射属性、不同屏幕极性条件下，对显示屏满意的人数百分比与屏幕上反射的照明灯具亮度之间的关系（来源：Leibig, J. and Roll, R.F., Acceptable luminances reflected on VDU screens in relation to the level of contrast and illumination, *Proceedings of the CIE 20th Session*, Amsterdam, the Netherlands, CIE, Paris, France, 1983）

的最小和最大亮度、显示器的漫反射和镜面反射属性，最大亮度下的显示器比例和模糊宽度。这些参数是计算模型中的三个变量所需的全部信息。三个变量组合成一个方程式，该方程式解释了在 CRT 和 LCD 显示屏上看到反射的一组干扰额定值中 85% 的方差。

　　该模型的一个局限在于它没有考虑灯具的大小。Howlett（2003）指出，屏幕的模糊属性对于小型灯具的影响远大于大型灯具。对于小型灯具而言，模糊的图像会较大，但最大亮度和亮度梯度较低。对于大型灯具而言，模糊图像会更大，但最大亮度几乎不变。Ramasoot 和 Fotios（2012）对使用 CRT、LCD 和等离子显示屏使用者感受到的干扰水平进行了一系列测量。图 7.14 显示了当两个亮度不同的反射光源，正对着观察者眼睛 1° 和 10° 时，所检查的 7 种屏幕类型的平均干扰水平。结果表明，干扰水平受到显示器类型以及反射光源大小和亮度的影响，亮度越高，则干扰越可能发生。根据这些数据，Ramasoot 和 Fotios（2012）构建了一个关于光源亮度、大小以及屏幕属性的干扰水平模型。该模型由以下经验方程式表示：

$$\text{干扰水平（Rating）} = 10.277 - 22.263\rho_s - 1.515\log L_A + 0.083H + 0.0014L_B - 45.255\Omega$$

式中，ρ_s 是屏幕对于光源大小的镜面反射率；L_A 是光源亮度（cd/m^2）；H 是模糊的量度；L_B 是屏幕的背景亮度（cd/m^2）；Ω 是反射光源在观察位置对向的立体角（sr）。

　　除干扰水平评分，他们还直接测量了显示器上反射图像刚刚开始令人感到干扰时的光源亮度。通过这样的测量，可以建立起一个预测临界光源亮度的模型，定义为有 5% 的观察者发现反射图像引起干扰时候的光源亮度，也就是说，95% 的观察者认为它是可以接受的。该模型由以下经验方程式给出：

$$\log L_s = 3.013 - 10.668\rho_s + 0.043H + 0.001L_B - 4.550\Omega$$

式中，L_s 是临界光源的亮度（cd/m^2）；ρ_s 是屏幕对于光源大小的镜面反射率；H 是模糊的量度；L_B 是屏幕的背景亮度（cd/m^2）；Ω 是反射光源在观察位置对向的立体角（sr）。

　　这样的模型可用于判别特定照明灯具和屏幕组合可能发生的干扰水平，判别照明灯具相对于给定的屏幕的适用性，或确定可用于给定照明设备的屏幕类型。但是，为此需要进行一些细致的光度测量，这些测量仅可能在显示器和照明设备制造商的能力范围内。然而这些麻烦值得吗？技术极大地提高了可用的屏幕亮度以及显示器可放置的位置。此外，日常观察表明，许多办公室工作人员对屏幕反射无动于衷，如果反射确实造成问题，则可以调整屏幕的位置进行处理。这表明，对于大量使用显示器的办公室来说，已经没有必要使用特殊设备和标准了。如果需要更改照明，则可以使用前面描述的模型来确定临界光源的亮度，并在选择照明灯具时应用它。

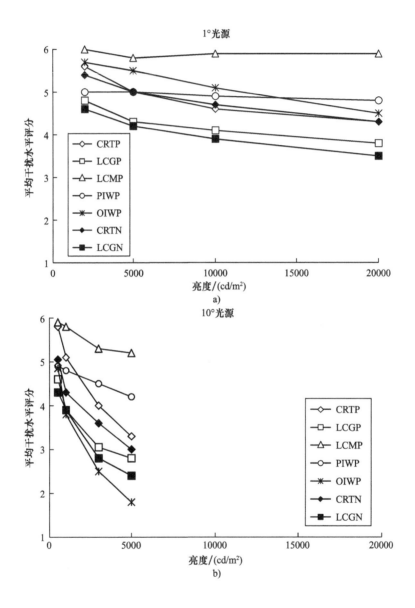

图 7.14　两种光源尺寸 a) 1° 和 b) 10° 的 7 种显示器的平均干扰水平与光源亮度的关系。这 7 种显示器类型为 CRTP（正极 CRT 屏幕）、LCGP（LCD 正极性光泽屏）、LCMP（LCD 正极性磨砂屏）、PIWP（正极性正投影白板）、OIWP（正极性等离子覆盖白板）、CRTN（负极性 CRT 屏幕）、LCGN（LCD 负极性光泽屏）。干扰水平按照从 1 ~ 6 打分，其中 1= 非常令人分心（饱受干扰），6= 根本没有令人分心（完全没有收到干扰）（来源：Ramasoot, T.and Fotios, S.A., *Lighting Res. Technol.*, 44, 197, 2012 ）

7.5　照明控制

在办公室中安装照明控制是为了减少能源消耗和确保人员舒适。昼光采用百叶窗进行控制，因此变化通常是连续的。对电气照明控制可以是离散的也可以是连续的，因为光源可以开关或调暗。控制可以是自动的，也可以由工位上的人手动控制。照明控制的有效性和实用性取决于其易用性和使用者的满意度。自动控制要想获得最佳效果，就要保证最少的人工干预。

7.5.1　窗户灯光控制

7.5.1.1　窗户手动控制

窗户上的手动控制部件通常是某种形式的窗帘：软百叶窗帘、竖条窗帘、卷帘等。提供窗帘的原因之一是，避免人们直接看到太阳或明亮天空而引起的不适。如果窗户没有配备窗帘，经常会看到有人在玻璃上粘上纸以遮挡太阳。百叶窗的使用不止简单的打开或者关闭。Maniccia 等（1999）经过对美国私人办公室的研究发现，人们会调整百叶帘的倾斜角度，遮挡太阳的同时保留对外的视野。换句话说，他们调整百叶帘以优化窗户的性能。此外，对于建筑的不同朝向，百叶帘的使用方式也不同。图 7.15 显示了位于建筑物中四个朝向的办公室，百叶帘的平均打开时间百分比。可以很明显看出，朝南和朝西的窗户百叶帘通常是关闭的，东面较少关闭，而北面则几乎不关闭。这种模式与工作日的日照是吻合的。

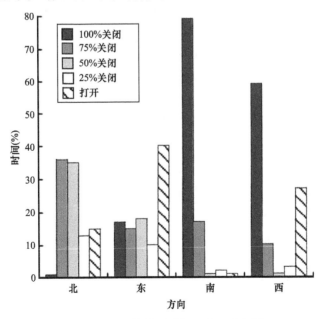

图 7.15　四种不同朝向的窗户，百叶帘平均使用时间百分比（来源：Maniccia, D.et al., *J. Illum. Eng. Soc.*, 28, 42, 1999）

手动百叶帘控制日光照射重要性的另一个方面也已经被发现。这就是百叶帘调整的频率和时间。Rubin 等（1978）在美国的 700 个私人和双人办公室中检查了百叶帘的使用情况。他们发现日常的操作很少，大多数办公室的百叶帘都长时间固定在特定位置上，该位置能够控制进入办公室的阳光。Rea（1984）在加拿大的办公楼中也发现了类似现象。但是，当 Lindsey 和 Littlefair（1993）在英格兰的五栋办公楼中检查窗帘使用情况时，发现在不同办公室中百叶帘的操作频率差别很大。显然，与工作的其他方面相比，每个人对日光和视野的需求程度截然不同。有些人对日光有强烈的偏好，愿意花时间调整百叶帘达到理想的效果。另一些人则不那么关心，他们知道太阳位置不断变化，因此宁愿将百叶帘留在一个综合最合适的位置。

这种观察不代表百叶帘是无关紧要的。百叶帘是窗户的重要组成部分，为控制窗户采光提供了必要的手段，使人们可以达到自己喜欢的状态。当然，人们对百叶帘的重视程度与窗户本身一样高（Maniccia 等，1999）。

7.5.1.2 自动窗户控制

自动窗户控制目前还很罕见，虽然电动变色玻璃、电动百叶帘等相关技术早已出现。自动窗户控制方面的研究，主要集中在其节能效果和控制系统的结构上，有关人们对其反应的研究还较少，其中之一就是 Reinhart 和 Voss（2003）的研究。他们用了大约 8 个月的时间，在德国的 6 个私人办公室和 4 个双人办公室里监测了使用者的行为和环境条件。每间办公室都采用可手动开关的间接照明灯具，并通过一扇大窗户提供自然采光，窗户配有两套水平方向的百叶帘，中间由一个采光架隔开。当建筑物立面照度超过 28000 lx 时，自动控制系统会放下两组百叶帘；等照度降到 28000 lx 以下时，系统又会收起百叶帘。当百叶帘放下时，采光架下方的百叶叶片会旋转关闭，但上方的百叶叶片会保持水平，以便让光线反射进入房间更深处。自动窗帘控制系统可以被手动控制所替代。使用手动控制时，自动系统将禁用 2h。这项研究的结果中最有趣的是，在测试的 174 个工作日里，百叶帘共被调节 6393 次。其中 3005 次（47%）是自动的，而 3388 次（53%）是手动的。在手动调节中，又有 1352 次发生在自动调节的 15min 之内，被归类为自动系统的校正。进一步分析表明，手动调节中的 88% 是在自动系统将百叶帘降下之后，受试者又重新手动升上去。显然人们非常不愿意在他们认为不必要时自动降低百叶帘。自动升高百叶帘的反响要少得多，因为只有在冬日午后微弱的阳光穿透到办公室深处时才会发生自动升高。这种结果的原因很可能是自动系统的照度阈值设置出现错误。Reinhart 和 Voss（2003）提出，如果采用两种不同的触发值，手动操作的次数将会减少，比如升起百叶帘的照度阈值为 28000 lx，降低百叶帘的亮度为 50000 lx。这种方法是否有效尚不得而知，但此项研究揭示出该问题的本质——自动降低百叶帘会夺走很多人珍视的阳光和视野。简单的用立面照度作为控制参数，而不考虑对使用者视觉环境的影响，相当于自找麻烦。我们需要的是一种更复杂的感知，即办公室的工作者何时想要放下百叶帘。这可能是通过某种形式的自适应控制系统来了解办公室工作者如何使用百叶帘，但这样的系统增加了费用和复杂性。除非将自动窗口控制系统与人们的愿望相匹配，否则这种系统不太可能得到广泛应用。

7.5.2 电气照明控制

7.5.2.1 手动控制

手动照明控制最常见的形式是门边的开关。理想情况下，手动开关是为了保证只有人在房间里而且日照不足时才打开电灯。不幸的是这种理想情况很难实现。Crisp（1978）对于英国办公室里照明开关情况做了大量实地调查，他发现人们只会在一天工作开始和结束时使用照明开关；而在过程中很少改变。Rubinstein 等（1999）在美国加利福尼亚州，Reinhart 和 Voss（2003）在德国也发现了类似情况。Crisp（1978）还发现，在教室里开关控制通常在每堂课开始和结束时被使用，一天里发生好几次。这表明开关的使用概率和空间里的社会组织有关。在多人办公室中，如果办公室里还有人，没人愿意承担关灯的责任；而在教室里，老师承担了开启和关闭照明的责任。这个观察可以看作是公共照明与私人照明之间的区别。公共照明是为多人服务的照明，开关将会影响到所有人；私人照明仅为一个人或一组人（其中有明确的负责人）提供照明，这种情况下，照明可能被视为私人财产。与公共照明相比，在私人照明中使用开关的频率要高很多。

但是，即使在私人办公室中，也无法保证手动开关可以正常使用。Love（1998）发现私人办公室中的开关行为差别很大，具体和使用者个人的性格关系更密切，而不是房间采光条件。在相同的日照采光条件下，有些人几乎不开灯，而有些人喜欢全天开着灯，还有人会根据日光变化来灵活开关。显然，开关行为受到许多因素的影响。

有一项因素对开关行为有明确影响，那就是让开关和灯具的对应关系清晰明了（Crisp，1978）。在开关设置和灯具布局没有明显对应关系的地方，或者在开关面板与受控灯具不在同一房间的情况下，开关使用的可能性很低。这个现象的结论很简单：要想让人们积极关灯，请简化开关。将开关面板放置在任何操作者都可以看到灯具状态的位置；在开关面板附近放上灯具和开关对应的平面图等；将灯具连接到开关面板，以便由单个开关控制的所有灯具接收到相似数量的日光。

鼓励多人空间内使用开关的方法之一，就是给每个灯具加上开关，将公共照明转换为私人照明。Boyce（1980）观察过这样的场景，每个灯具都装有拉绳开关，但却很少被使用。部分原因是有些拉绳距离较远不容易够到，还有原因是灯具通常不直接位于某人桌子上方。这又是公共和私人照明的问题。我们所谓的私人照明指的是灯具位置正对用户的工作空间。当灯具直接位于桌子上方时，拉伸开关的使用概率最高，当然我们可以改成更现代的变体，如无线或红外（IR）遥控器，使之成为私人照明。

考虑到当人刚进入办公室时最有可能打开电灯开关，那么是什么决定一个人是否会开灯呢？答案似乎是人刚走进办公室时的日光量。Hunt（1979）对大进深办公室的照明开关模式以及对应的光度条件做了一系列实地研究。他发现进入房间时开灯的概率与工作面上的最小照度（见图 7.16）有非常密切的关联。具体而言，两者数据拟合的概率曲线如下：

$$y = \frac{-0.0175 + 1.0361}{[1 + \exp(4.0835(x - 1.8223))]}$$

式中，y 是打开开关的概率（百分比）；$x = \log_{10}$（工作区域中的最低昼光照度，以 lx 为单位）。

　　根据此等式，当最小照度为 7 lx 时，开启照明的可能性为 100%；当照度为 658 lx 时，可能性为 0；当照度为 67 lx 时，可能性为 50%。Reinhart 和 Voss（2003）也发现了类似的结论，虽然研究对象个体差异很大，但开灯概率主要和桌面照度有关。以上信息可以用来估算有手动开关的房间里的开灯小时数（Lynes 和 Littlefair，1990）。它还为采光房间中的简易节能系统提供了机会，这样的系统包括一个简单的时间开关，该开关可以在日光充足的时候（例如：中午）关闭电灯（Hunt，1980）。这样的系统代表着对于人类习惯的积极利用。

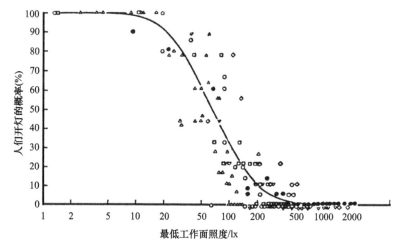

图 7.16　人们进入房间时，开灯概率与进入房间时工作面上最低照度的关系（来源：Hunt, D.R.G., *Build. Environ.*, 14, 21, 1979）

　　开关仍然是办公室照明控制的主流，新的技术也在涌现，调光和无线网络为办公室中的个人提供了更多控制其工作区域照明的方式。针对手动调光控制的使用情况已经有了很多研究。首先要说的是，人们对于此类控制系统的使用还是比较理性的。Boyce 等（2000a）对临时上班族在小型私人无窗办公室中工作时，如何使用手持式调光控件做了研究。测试发现，当人们在计算机上工作时，相比纸面工作会选择的照度更低。这是合理的，因为对于纸面工作增加照度会增加任务材料的可见性，而对于自发光的计算机屏幕，增加照度反而会降低显示器的亮度对比度。

　　第二点要说的是，在工作场所可以单独控制照度的情况下，人们会选择的照度范围非常广。图 7.17 显示了受试者在白天所选择的照度范围，图中可以看出四个事实：

首先，有些受试者经常使用调光控件，有些则很少使用；第二，不同的受试者对照度的偏好非常不同；第三，许多受试者更偏好比通常办公室（500 lx）更低的照度；第四，选择的照度取决于可用的照度范围。最后一点意味着，试图让人们通过控制照明来节约能源的希望，都取决于安装最大照度的选择。Boyce 等（2006a）为这些发现提供了一些支持，并为适宜的最大照度提供了一些依据。他们进行了一项研究，让工作人员在一个多人模拟办公室中工作 1 天，并且只有少量的自然光。小隔间中的使用者可在 250 ~ 1175 lx 的范围内调节桌面照度，在受试者对情况有了一些经验之后，他们所选择的照度范围很广，而且许多照度低于当前的办公室照明建议。进一步分析表明，如果需要一个固定的照度，那么 400 lx 的桌面照度就是喜欢的人百分比最高的数值（见图 7.3）。研究还表明，对于具有单独调光控件的装置，最大照度为 700 lx 将允许 90% 的人达到他们的首选照度。

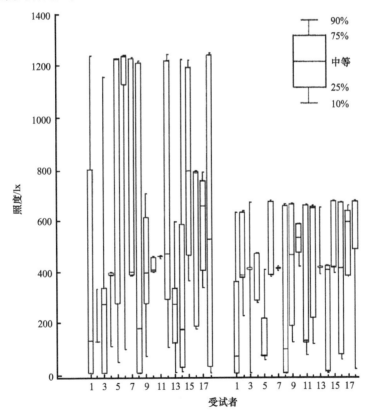

图 7.17　18 位受试者在私人办公室中执行一天不同的办公任务，并可以使用调光设备选择喜欢的照度。实验选择了两个不同的办公室，一间在工作面上的最大照度为 1240 lx，另一间最大照度为 680 lx（来源：Boyce, P.R.et al., *J. Illum. Eng. Soc.*, 29, 131, 2000a）

这些研究很有趣，但也有局限性，就是受试者在办公室工作时间短（1 天）。Maniccia 等（1999）在一栋私人办公室建筑做了关于照明控制的长期实地研究。其中调光设备使用上的最大差异就是使用频率。在 Boyce 等（2000a）的研究中，参与者每天使用调光控件 8～10 次。而在 Boyce 等（2006a）的研究中，大多数参与者只是在一天开始时调整了灯光。在 Maniccia 等（1999）的实地研究中，参与者平均每 3.9 天进行一次灯光调整。这些频率的差异性，可以归因于调光控件的新颖性，类似于拿到一个新玩具后必须玩一玩。另一个因素是所执行任务的视觉难度的范围，范围大时调节的频率就高。在这三项研究中，实地研究最可能反映人们在现实中使用个人调光控件的方式。这意味着在控件失去新颖性之后，人们会使用调光控件将照度调整到完成任务所需的水平，并且一旦确定，就很少再进行调节。尽管使用频率不高，但重要的是要认识到人们确实很重视拥有独立控制权。Boyce 等（2006b）表明，拥有独立控制权会使认为照明舒适的人的比例，从固定直接照明的 71% 增至 91%。

7.5.2.2　自动控制

自动照明控制有三种常见形式：定时控制、光电感应调光和占位感应器。定时控制易于安装和调试，其作用是在预设好的时间范围之间控制照明，最常用的手段是简单开关，有时也会有中间状态。定时控制是减少能源浪费的一种有效方法，适用前提是有明确的使用模式，可以预测何时不需要照明。

光电感应调光（也称为日光采集）是一套自动控制系统，由光电传感器、控制算法和调光镇流器组成，随着室内昼光照明的增加而将电灯调暗。原则上这套系统可以显著且可持续地降低电能消耗（Lynes 和 Littlefair，1990；Rubinstein 等，1999）。但是有四个因素使得实践中很难实现这些节约。首先是个人对照度的偏好存在很大差异。在多人共用的空间中，最喜欢光线的人可能会抱怨电灯变暗了。第二，人们有使用窗帘控制阳光直射和天空眩光的习惯，意味着可利用的昼光可能会低于预期。第三，控制系统的调试并不简单（Rubinstein 等，1997），部分原因是系统的控制算法非常复杂（Bierman 和 Conway，2000）。第四，光电感应调光系统并不便宜。一个有趣的悖论是，电力照明系统的效率越高，因此节省的能源就越少，就越难以证明控制系统的成本是合理的。所有这些意味着光电传感器调光系统要想成功，就需谨慎使用。

占位感应器（也称为运动检测器）可能是目前应用最广泛的自动控制手段。利用被动式红外感应或超声波技术，它们可以侦测空间里的运动。被动式红外传感器只能检测到其视线范围内的运动，超声波传感器可以检测到视线范围外的运动。这两种设备如果在固定时间内未检测到人员运动，就会关闭照明，或将照明调暗；相反，如果检测到运动，则将照明自动打开。占位感应器使用不同的技术，提供不同覆盖面积、不同的灵敏度，以及具有自动/手动和开/关动作的不同组合。人对照明状态的惰性在百叶帘使用中表现得很明显，这表明自动关闭/手动开启的组合，可能比其他任何组合更能节省能源。

这三种形式的自动控制都是在没人或有自然采光的情况下，将照明减到最少以消除能源浪费。Galasiu 等（2007）在加拿大的一间大型办公室进行了长达一年的研究，该办公室设有定时控制、占位传感器、日光采集和个人调光。照明由安装在每个隔断

中央的直接 / 间接照明灯具提供，全光输出时在工作面上提供 450 lx 的照度。他们发现，通过自动控制，照明设备消耗的能量约为原来全光输出的 45%。实验调查还表明人员的满意度更高了，并将其归因于个人调光的选择，尽管在进行初始设置后很少有人使用这种调光器。

不过上述成功不代表以后随意地使用照明控制，相反，自动控制更需要小心谨慎。人们期望办公室提供完成工作所需的环境条件，而适当的照明是其中最重要的条件之一。如果自动照明控制系统无法在需要时提供预期的照明，或者由于其操作特性而导致照明紊乱，都会导致投诉或破坏的风险。占位传感器对坐着不动的人不够敏感，因此可能在空间中有人时关闭电灯。为避免这种情况，有必要了解占位传感器的特性，将其放置在合适位置并进行调试，以使其具有适当的灵敏度和延迟时间。作为通用性原则，所有的自动照明控制都应配备手动操作装置，让空间中的工作者在必要时可以控制照明。另外，向人们解释自动控制系统的使用目的也是个好主意。Maniccia 等（1999）发现，人们调整办公室照度的主要考虑因素是正在进行的工作、需要补偿昼光并营造适当的工作氛围，而节约能源并不是一个考虑因素。鉴于大多数自动照明控制系统的目标是节能，因此有必要说明控制装置为何运行。减少负荷就减少了照明设备的电力需求，从而降低了建筑物对电源的最大需求。这样做会降低某些区域的照度，如果使用者认为这是为了普遍利益，并且是维护社区电力供应的必要条件，则可以接受，但如果这被视为公司降低工作条件以赚取更多钱来支付首席执行官的股票期权，则可能会遭到抵制。

7.6 总结

由于电子显示器的出现，如今的办公室照明比以前更加复杂。在显示器出现之前，照明设计师主要为桌面提供照明，因为办公室主要进行的是书面工作。今天，任何为办公室设计的照明，都必须同时考虑适用于计算机显示屏以及书面工作。本章专门介绍办公室的照明，并围绕照明设计师必须进行的选择进行组织，即所要提供的照度、所要使用的光源、灯具的类型和布局，以及任何照明属性的控制。

工作面上的照度是办公室照明是否令人满意的主要决定因素。目前北美和欧洲的对办公室工作面平均照度的建议值为 300 ~ 500 lx。但是必须注意，仅仅提供这样的照度不足以保证舒适的办公室照明。还必须考虑所有导致不舒适照明的条件，这些在第 5 章中进行了讨论。

有关办公室照明光源的第一个重要抉择是：昼光和电气照明之间的平衡。昼光始终值得考虑，因为人们喜欢它，只要不引起热感或视觉上的不适即可。人们喜欢昼光是因为可以充分表现任务和空间，并通过有意义的照明变化来提供环境刺激。相比之下，电气照明可以为任务提供良好的可见性，但很少提供环境刺激。从某种意义上说，电气照明总是在"追赶效仿"昼光。

然后昼光不可能全天存在，因此我们还是需要电气照明。但是电光源应选择什么光谱呢？问题答案取决于工作任务是什么。最通用的答案是高 CIE 一般 CRI(CRI>80) 的光源。这些灯具能确保那些需要精细色彩辨别的任务或那些注重颜色差异的任务，或那些注重颜色准确命名的任务都能轻松完成。如果是对色彩无要求的任务，则不需要选择除个人喜好之外的任何特定光谱。有证据表明，由于光谱引起的瞳孔尺寸减小，当任务接近阈值时，具有富蓝色光谱的光源可以增强消色差任务的表现，但在超阈值条件下该效果会消失。对于办公室的首选光谱，有迹象表明，如果 CRI 足够高（>65），并且相关色温（CCT）在 3000 ～ 5000K 范围内，则灯的颜色属性是决定对办公室照明满意度的一个次要因素，提供的照度更为重要。这个结论不应被认为是光源的颜色不重要，如果光源的颜色与人们期望的相差太远，则很可能会听到客户的抱怨。

光线的分布会影响办公室的感知。感知的差异之一是办公室主要被昼光照亮还是被电气照明照亮。根据经验，办公室的平均日照系数大于 5% 都将被视为主要有昼光照明。任何平均日照系数显著小于 2% 的空间都将被视为电气照明，即使在白天也是如此。昼光可以通过传统窗户、侧窗或天窗以及导光系统传送到办公室。目前最常见的形式是传统窗户。窗户的重要元素是尺寸、形状、光谱透射率和遮阳效果。在设计窗户时应考虑所有这些要素。

对于电气照明，办公室中最常见的布置是规则排列的直接、间接或直接 / 间接照明灯具，有些还配有某种形式的任务照明。首选显然是直接 / 间接照明，因为此类照明既可以直接照亮任务面和空间，又可以柔化任何阴影和光幕反射。然而，也没有证据表明这种光分布不会影响任务的可视性或引起视觉不适，但会改变空间的外观，从而影响任务的表现。

随着大量计算机进入办公室，人们对于直接照明灯具的设计开始受到亮度的限制。这些灯具旨在最大限度地减少显示器中看到的反射图像的数量和大小。简单地使用这些灯具会使办公室看起来像阴暗的洞穴。幸运的是对此类灯具的需求越来越少了。现代显示技术对环境照明条件的敏感度越来越低，尤其是当显示器具有高亮度背景，以及屏幕上显示有低漫反射和镜面反射时。

至于控制装置，可能直射阳光的窗户应始终装有某种类型的百叶帘。百叶帘用于优化窗户的性能，靠近窗户的人对窗户的重视程度与窗户本身一样重要。大多数窗帘系统是手动调节的，但可以使用自动系统。借助自动百叶帘系统，人们对不必要地降低百叶帘的接受程度远低于升高百叶帘的接受程度。电动照明控制也可以是自动或手动的。一旦投入使用，自动控制只需要最少的人工干预。手动控制需要人工干预。手动控制的使用频率取决于被控制的照明是公共照明还是私人照明。公共照明是为几个人服务的照明，改变照明将会影响到所有人。私人照明是仅为一个人或一组有明显负责的人服务的照明。与在公共照明情况下相比，在私人场合使用手动照明控制的频率会更高。另一个决定使用手动照明控制可能性的因素是其易用性。为确保人们使用手动照明控制，请使其简单并且处于使用控件的人可以看到其效果的位置。

　　自动照明控制有三种常见形式：定时控制、光电感应调光和占位传感器。这三种形式都是通过最大限度地减少电照明的使用来节约能源。所有自动控制系统的问题在于它们没有考虑到人性和办公室的变化。自动照明控制系统应该像完美的管家，在不被察觉的情况下，并且仅在需要时工作。任何特定的系统越接近于这一理想情形，办公室的使用者就越有可能接受它。

第 8 章 工业照明

8.1 引言

工业照明是照明研究中的"灰姑娘"。相比于办公照明，工业照明的研究一直较被忽视，颇为遗憾。会被忽视也不是因为照明对工业活动不够重要，而是因为要获得成果的难度太大。所有办公空间中的工作属性都高度相似，因此办公照明研究得到的结论可以适用于几乎所有办公环境。而工业照明则不然，对某种特定工业的最佳照明条件并不能适用于其他生产活动。因此很难针对工业做出任何有效的照明研究，只能解决一些具体的问题。

本章将梳理所有工业活动中需要考虑到的照明因素，有些因素的重要性仍要视具体情况而定。很多国家的行业标准（BSI，2007a，2011a）以及专业机构发布的指导性文件（IESNA，2011a；SLL，2012b）为众多工业门类的照明给出了推荐值。

8.2 工业照明面临的问题

工业照明设计面临的一个基本问题是，不同行业需要的视觉信息的量和质都存在很大差异。有些活动需要大量视觉信息，这类工作通常涉及针对细节、形状和表面光洁度的检测和识别；有些作业需要精确的手眼协调和颜色判断；但也有一些仅需要很少的视觉信息。其次，视觉信息的载体可能是二维的，也可能是三维的；其表面可能是哑光的，也可能是镜面的，又或者两者兼有；视觉信息还可能会出现在多个不同的载体上，这意味着工作者需要从多个视角来获取视觉信息。此外，视觉信息的载体可能是静止的，也可能是移动的。

以上这些需求对照明设计师来说都不是不可克服的，只需要了解具体条件下所需的视觉信息以及介质的属性和位置。不过工作所处的物理环境可能会对照明设备的安装有所限制，常见的一种情况就是灯光会受到很多遮挡。比如很多厂房里会有龙门吊架或起重机，它们运转时会遮挡高位灯具的光线。有些工厂的机械设备过大，甚至会妨碍其内部及周围的照明。即使在小型装配线上，工作人员自身造成的阴影都可能妨碍他们观察机器内的情况。针对易燃、易爆、高腐蚀性的工业环境，所使用的照明设备还有特殊要求。另外一个因素是环境清洁程度，在为洁净室提供照明时需要非常小心，因为为了让室内没有灯具出光的干扰，有时会采用导光管来提供照明。对于像铸造厂等污染严重的空间环境，必须要对灯具选型、安装和维护环节格外谨慎，否则灯具的寿命将大大缩短。市面上有可以应对以上这些情况的照明设备，只是作为灯光设计师，需要能发现这些空间特殊的照明需求。

不同的工业门类、环境条件、作业位置需要不同的视觉信息，这意味着工业照明设计必须要因地制宜。工业照明没有一种万能的、一劳永逸的解决方案。话虽如此，我们还是应该指出，不可能完全依靠定制化照明来解决所有问题。这是因为许多不同的作业可能发生在同一场地中、同一建筑内甚至在同一生产线上，而能提供照明的安装位置很有限。通常的照明方案是先为整个区域提供适合大多数作业的一般照明；然后给如装配线等工作集中的地方提供局部照明；再给如机械车床等需要精密细节的位置、在如液压机等有大量遮挡的位置、在圆锯等存在明显危险的位置额外提供任务照明。唯一不能采用这种一般 / 局部 / 任务照明方案的场所是像化工厂这样设备规模巨大以至于工作人员和照明设备都处于设备内部的情况。对于此类项目，照明设备需要集成在工业设备内。

8.3 一般照明

虽然工业照明设计的目标环境非常多样，但照明的目标都是相同的。具体是：
- 帮助工作人员快速而准确地开展工作。
- 保障工作人员的人身安全。
- 创造舒适的视觉环境。

第 4 章已经阐述了利用照明来加强视觉作业的原则。从相关讨论中我们已经知道，视觉功效的决定因素是：工作所需视觉信息的可视范围、亮度对比度和颜色对比度，以及作业者视网膜的成像质量和视觉系统的工作状态。其中可视范围、亮度对比度和颜色对比度由作业任务本身及其与照明的相互作用来决定。视网膜成像质量由工作者眼球的光学特性决定；而视觉系统的工作状态由亮度适应决定，因此受到照明设备提供的照度和被照物表面材质的反射特性所影响。设计师需要为作业区域提供的光照的量，即工作面上的照度，通常是由作业本身所要求的细节尺寸和亮度对比度决定。目标对象细节程度越高（尺寸越小）、亮度对比度越低，则所需的照度越高。这一点在各种工业照明相关的照度推荐值（BSI，2007a，2011a；IESNA，2011a；SLL，2012b）中也是显而易见的。当然，有些工作面可能不是水平的，也可能同时有多个工作面。例如在仓库中有些区域专门用于货物托盘的拆包和重新包装，在这些区域内水平面和垂直面都包含必要的视觉信息；但在仓储通道中，主要工作面是垂直的，而水平工作面包含的视觉信息较少（见图 8.1）。

工作面的位置对于确定灯具的位置和配光非常重要。Carlton（1982）认为，过去工业灯具的发展为了以最低成本满足照度要求，从而过分强调了对水平照度的贡献。这些灯具能效确实很高，但对许多工业场所来说并不适用，因为垂直面上的照度更为重要。人们已经意识到了这个问题。

图 8.1　在工厂里，所需要的视觉信息同时出现在几个不同的平面上是很常见的情况

　　毫无疑问，对于一个成功的工业照明设计来说，了解哪里需要照明至关重要，但仅仅是在正确的地方提供推荐要求的照度值并不意味着方案的成功。光线的投射方向也很重要，原因有二：首先是障碍物的影响，障碍物将造成遮挡阴影。当到达某一点的所有光线都来自同一个方向且边界表面的反射率较低时，其所形成的阴影最为浓重。因此，为了尽量减少阴影，最好让光线从不同的方向投射到一个目标点上。通过使用更多的小功率光源而不是采用少量的大功率光源，以及使用光束角较宽的灯具和在空间中使用高反射率的饰面，可以达到这种理想情况。图 8.2 所示为通过这种方法使阴影最小化的一个小型车间案例。为了尽可能减少阴影，灯具发出的光线至少应有一部分向上投射，从而被高反射率的天花板表面反射回空间环境中。空间中障碍物越多，这种方法越适用。值得注意的是，空间环境中的障碍物并不总是明显的。在对瑞典的一个信件分拣办公室进行的研究中，我们发现采用导光管的照明方案要优于采用一组单独灯具，部分原因是因为导光管所产生的分布较广的光线可以使人们更容易看到分拣机内部，从而便于设备维护（见图 8.3）（Boyce 和 Eklund，1997）。

　　光线分布如此重要的另一个原因是避免光幕反射。5.4.3 节详细讨论了光幕反射的定义和成因，简单来说，光幕反射就是高亮度物体，比如一盏灯或一扇窗，在视觉任务面上形成的镜面反射。在可能发生镜面反射的视觉作业中，光幕反射会大大降低作业对象的亮度对比度，从而导致视觉功效的下降。如今许多生产操作都要通过计算机进行控制，显示器屏幕上的光幕反射会使读取内容变得困难。7.4.2.3 节讨论了防止或减少显示器光幕反射的方法。光幕反射有时也可用来反映某些表面的特征，这种情况下它们被称为高光点。光幕反射是否有益取决于它们所应用的空间和任务场景。如果光幕反射是有益的，那么通过作业面附近的照明设备更容易形成所需的光幕反射效果。一般来说试图通过一般照明来形成光幕反射是不明智的。对于室内高反射率的表面，采用具有较广的发光强度分布的灯具进行照明，可以最大限度地减少阴影，这种方式也可以尽可能地减少光幕反射。

图 8.2 一个具有高反射率墙面的小型车间，由一组规则排列的、发光强度分布较广的灯具提供照明。由此得到的是一个没有阴影的车间光环境

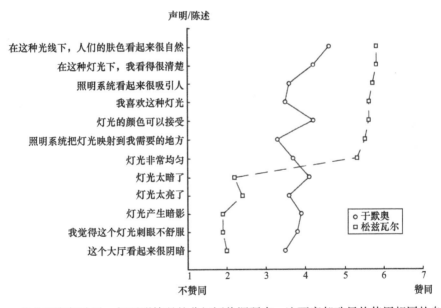

图 8.3 瑞典两家邮政局一般照明情况的分级评价调研表。这两家邮政局均使用相同的自动分拣设备。位于于默奥的邮局用一组常规的镜面格栅荧光灯盘提供照明。位于松兹瓦尔的邮局用几排连续的导光管提供照明（来源：Boyce, P.R.and Eklund, N.H., *Evaluations of Four Solar 1000 Sulfur Lamp Installations*, Lighting Research Center, Troy, NY, 1997）

设计一般照明时需要考虑的另一个因素是光源的光谱成分。视觉作业中色彩不重要的情况下，许多种类光源已应用于工业生产中。例如高压钠灯这类光源，显色性很差，而且呈现出非常明显的非白光倾向（见 1.7.3 节）。如果色彩代表一定的信息（例如

电气布线），或者颜色是重要的判定因素（例如钻石分级），又或者色彩匹配很重要时（例如高质量彩色打印），照明设计必须要注意光源的选择。Collins 和 Worthey（1985）在肉品和家禽的检验照明研究中证明了选用不完整光谱的光源进行照明的影响。他们发现在高压钠灯下工作时，检验员比在荧光灯或白炽灯下工作时更有可能将变质的肉类和禽类通过检验。一般来说，若要对颜色进行粗略辨别，只需选择一般显色指数（CRI）为 60 或以上的光源即可。对于更精细的颜色判断要求，例如区分电气色码，建议使用 CRI 大于或等于 80 的光源（SLL，2012b）。如果颜色判断对产品的价值和质量有重大影响，则应提出具体的照明建议，并在特定位置提供照明。例如，对于原棉分级作业，建议使用模拟日光光谱的光源来提供照度 600 ~ 800 lx 的照明（ASTM，1996a）。针对不透明对象颜色的检测，照明行业制定了相关的国家标准（ASTM，1996b）。

以上所述细节都是为了帮助工作人员快速且准确地完成工作，毋庸多言实现这个目标的唯一方法就是改善照明。不过我们还是应该记住，改变作业条件也可以使工作变得更容易。例如 Ruth 等（1979）对瑞典一些铸造厂的工作流程和照明条件进行了深入的分析研究。他们发现由于工作区的照度低、熔融金属和模具之间的对比度低以及使用的护目镜透光率低，导致手工铸造工人在非常差的视觉条件下工作。他们建议提高工作区域照度，同时也建议重新设计模具，以提高浇注熔融金属的模具与其余部分之间的视觉对比度。所以设计师在进行照明改善之前，首先应该考虑是否可以通过改变作业条件，使其在视觉上更容易操作。

工业照明的另一个目的是保障工作人员的人身安全。所有的照明应用都必须考虑人身安全，而这在工业环境中尤其重要。许多工厂布局复杂，一些制造过程存在危险，并且一些活动的机械也具有危险性。当空间被占用时，为了安全建议最小照度范围为 4 ~ 75 lx，具体视危险作业的性质、人员流动的活跃度以及作业表面的反射率（IESNA，2011a）而定。但是仅仅保证照度是不够的。失能眩光、强烈的阴影和低照度均匀度都会造成视觉困难，进而引发危险。设计师应注意避免这些状况。

用合适的颜色标记危险也有助于提高安全性（ANSI，1998），但如果使用的光源无法很好地呈现安全警示色，那么这个方法的作用将大大降低。Jerome（1977）在 5 lx 的照度条件下（这接近安全照明推荐值的下限）测试了人们识别安全警示色的能力。他指出在低显色性光源（如高压钠灯）照射下，人们难以正确识别某些安全警示色。这个实验结果多大程度上是由于低照度引起的，又在多大程度上是由于光源显色性造成的，仍有待商榷。众所周知随着照度提高，人们在低显色性光源照射下正确识别颜色的能力也会提高（Saalfield，1995），而且在照度超过 100 lx 时，如果光源光谱覆盖到较为广泛的色彩范围，人们有可能准确地识别颜色（Boynton，1987；Boynton 和 Purl，1989）。

另一个重要的安全因素是频闪现象，当作业环境存在旋转或往复式机械时容易发生。如果振荡中的运动物体在灯光下看起来在低速运转甚至几乎静止时，频闪现象就很明显了。所有用交流电源供电的光源都会产生振荡，只是不会直接被人眼察觉到。振荡是否足以产生频闪现象取决于振荡的频率和振幅。光振荡的基频与设备旋转的频率越接近，光振荡的振幅越大，越容易发生频闪。气体放电光源采用电子镇流器可以显著降低频闪发生的概率，因为电子镇流器可以大大提升光振荡的频率并降低光振荡的幅度。对于固态照明来说，频闪发生的概率取决于驱动器的性能以及光源是否采用了荧光粉。如果驱动器提供的是完美的直流电，那么就没有光振荡，因此也不会引起频闪现象。然而，对于接入交流供电的驱动器来说，其整流电路输出稳定直流电的能力参差不齐，一旦没有稳定的直流电输出，LED 光源会产生相当大的光振荡，特别是不含荧光粉的情况下。除此之外，常见的通过脉宽调制控制 LED 的调光方式会使这个问题更加复杂，因为这一过程涉及斩波。根据斩波频率的不同，当 LED 照明系统调暗时，频闪发生的概率会增加。

另一种降低频闪发生概率的方法是，将来自不同供电相位的光源所发出的光混合在一起。这种混合提高了光振荡的频率并降低了振幅。此外也可以使用光输出中携带小幅振荡的光源（如某些形式的白炽灯）作为重点照明，来补充对于机械的一般照明，以降低频闪现象的发生概率。

工业照明的最终目的是创造一个舒适的视觉环境，但这并不总能得到应有的重视。通常人们对工业照明的期待总是最大限度地提高系统效率，而往往忽略了其他方面。提高效率的常见做法就是减少灯具数量、采用最高瓦数的光源、增大灯具之间的间距，以及将大部分光线向下投射到水平工作面上。正是这些做法会造成深影、强光幕反射、不舒适眩光以及垂直面照明不足（Carlton，1982）。人们已开始意识到这些问题了，相比于没有或者少量上射光的灯具，工厂员工们更偏爱上射光通量占比较大的灯具提供照明（Subisak 和 Bernecker，1993）。这部分上射光线经过天花板反射后回到室内，如果天花板表面的反射率较高，那么漫反射光线可以弱化阴影和光幕反射，减少不舒适眩光，并将一部分光线投射在垂直工作面上。

目前在常用的行业照明指引中，工业照明对消除视觉不适的重视度仍然较低。例如，在办公照明中对不适眩光的标准要比工业照明中严格得多（SLL，2012b）。此外与办公照明相比，工业照明中可接受的光源种类更多，甚至包括一些显色性较差但发光效率高的气体放电光源。对此情况没有合理的解释，从事工业生产的人与在办公室工作的人拥有相同的视觉系统。当然这也与人们对不同环境的期望值有关。工业生产中许多环境条件都不如办公室那么令人舒适，照明只是其中一个方面。工业照明的设计人员如果考虑到了第 5 章中讨论的所有关于引起视觉不适的因素，工业照明的品质无疑会更好。

8.4 局部照明和任务照明

局部照明和任务照明有多种形式，可以服务于多种目的。最常见的形式就是在局部作业区域附加固定灯具提供额外的作业区照度，或者通过可调节角度的作业专用灯具使工作人员可以自行调节灯光。如果作业区处于阴影位置，增加固定的局部照明是常见解决方式。如果要完成的工作比常规任务需要更多光线，并且要在工作过程中需要自行控制灯光时，通常会采用可调节角度的任务照明（如台灯）。对于大规模生产活动，局部照明通过安装在灯轨框架上的灯具提供，这样它们的位置可以移动。固定式局部照明除了提供更高的照度外很少有其他功能，但可以有效地提高生产效率。Juslen 等（2005、2007a）在芬兰一个无窗的灯具组装车间做过一项长期的实地调研，他们使用固定但可调光的局部照明来提高组装车间的照度水平（照度范围在 270 ～ 3300 lx）。实验结果发现，在车间至少工作了 2 个月的 9 名员工所选的照度平均值为 1405 lx。据称这种局部照明方式可以将生产率提高 4.5%，不过尚不能确定这种提升是由于视觉功效、清醒度还是情绪的变化中的某一个或者某几个造成的。我们应该认识到，这种效果可能只适用于某种特定的作业活动。一份关于荷兰某家电子工厂的实地调研表明，夜间将作业面照度从 800 lx 提高到 1200 lx 可以缩短 5 种产品的生产时间，但同时也增加了另外 2 种产品的生产时间（Juslen 和 Fassian，2005）。不管是否可以带来绩效的提升，局部照明和个人可控的任务照明是受工作人员欢迎的，即便其使用率并不高（Juslen 和 Tenner，2007）。

8.5　目视检测

　　有一种局部照明可以采用多种形式，且每种形式都是为特定的作业功能而设计的，这就是用于目视检测的照明。目视检测工作包括两个独立但连续的环节：首先是查找和识别产品所有的缺陷；其次是决定如何处理这些识别出的缺陷。照明只对第一个环节有直接影响。

　　通过对寻找产品缺陷过程中观察者眼球运动的研究，我们找到了人眼通常的注视和扫视模式。观察者通过一系列注视停顿和快速的扫视来查找缺陷。图 8.4 显示了一位检查员在检查挂在衣架上的男士内裤时的眼球运动模式。这种视觉搜索的注视和扫视模式表明，有经验的检查员他们的目视检测路径通常是系统性的，而不是随机的，搜索路径是基于检查员对有可能存在缺陷位置的预期（Megaw 和 Richardson，1979）。因此，快速视觉搜索的基本要求是在明确残缺品的定义后，对目标对象展开视线离轴搜索。虽然照明在明确残缺品定义的前提下可以揭示缺陷处的视觉特征，但无法直接为检查员明确缺陷品的定义。对灯光设计的考量通常可以提高视线离轴搜索时发现缺陷对象的可能性。对于视觉上均匀统一的产品来说，任何与周边样貌不一致的地方都将被认为是缺陷，这种情况下视线离轴搜索缺陷的概率与缺陷处的可视性有关。图 8.5 显示了在检查一片玻璃的单一缺陷时，随着裂纹缺陷尺寸变化而变化的平均搜索时间数据信息（Drury，1975）。从中我们可以清楚地发现，裂纹尺寸越大，缺陷对象越明显，搜索时间越短。

　　有个概念模型用来描述光照条件对搜索时长的影响，叫作目视检测瓣（visual detection lobe），即一片位于中央凹中心的表面，定义了单次注视停顿中，中央凹不同视轴偏移的情况下发现缺陷的概率（Bloomfield，1975a）。图 8.6 显示了检测不同尺寸

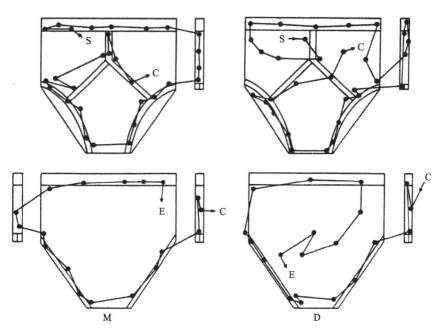

图 8.4　两名检查员检查挂在衣架上的男士内裤时的注视运动轨迹。S：扫视轨迹的起点；C：内裤正面和一侧的扫视轨迹终点，随后旋转衣架并继续扫描内裤背面；E：扫视轨迹结束点。检验员 M 只检查了内裤接缝处是否存在缺陷，检验员 D 还检查了内裤面料上是否存在缺陷（来源：Megaw, E.D.and Richardson, J., *Appl. Ergon.*, 10, 145, 1979）

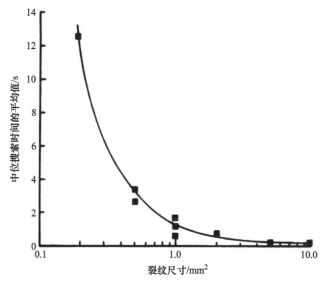

图 8.5　根据裂纹尺寸绘制的玻璃片单个缺陷检测时长中位数的平均值（来源：Drury, C.G., *Human. Factors*, 17, 257, 1975）

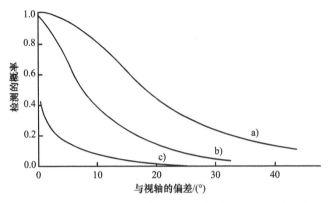

图 8.6　根据目标对象与视轴的偏差绘制的单次注视停顿时间内目标对象的检测概率，其中 a）对比度 = 0.058，尺寸 = 19′；b）对比度 = 0.08，尺寸 = 10′；c）对比度 = 0.044，尺寸 = 10′。假设观察者的视轴径向对称，那么每条曲线则可用于形成相对应目标对象的目视检测瓣

和亮度对比度的目标检测物的一些概率数据。根据这些数据，假设观察者的视轴径向对称，那么就能计算出每个目标检测物的目视检测瓣大小。不难猜到，目视检测瓣的大小相对于中央凹存在最大值——当缺陷对象的位置越偏离视轴，人眼检测到该缺陷的概率就越低。显然不同缺陷对象对应不同大小的目视检测瓣。在某些薄板材料中，一个大尺寸、高对比度的缺陷孔对应一个较大的目视检测瓣；而一个小尺寸、低对比度的缺陷孔则对应较小的目视检测瓣。目视检测瓣的尺寸很重要，因为在每个注视停顿点之间的距离与目视检测瓣尺寸相关且在总目标搜索面积固定的情况下，人眼对全部目标区域进行搜索所用的总时间与目视检测瓣的尺寸成反比。目视检测瓣的尺寸可以通过心理物理学相关程序直接进行测量，或根据周边视觉阈值性能数据进行估算（Boff 和 Lincoln，1988）。Howarth 和 Bloomfield（1969）提出一个基于随机搜索模式的简单方程式，用以预测对缺陷对象的搜索时长。其形式为

$$t_\mathrm{m} = t_\mathrm{f}\left(\frac{A}{a}\right)$$

式中，t_m 是平均搜索时长（s）；t_f 是平均注视停顿时间（s）；A 是总搜索面积（m²）；a 为视线周围的区域，是一次注视停顿就有可能检测到缺陷对象的区域范围，即在注视停顿时的目视检测瓣区域（m²）。

　　对于特定物品的检查，总搜索面积大致是固定的，每次注视停留的平均时间也基本是恒定的，因此平均搜索时长与目视检测瓣尺寸的倒数成正比。这意味着在搜索视野均匀且空旷的情况下，离轴缺陷对象的可视性决定了搜索时长。然而，对于许多类型的检查任务来说，缺陷对象并不是出现在均匀且空旷的视野内，而是处在一个杂乱的环境中，也就是说，在视野内有许多其他的视觉对象。这种情况下，单凭缺陷对象的可视性不足以预测搜索时长。另一个必须考虑的因素是缺陷对象的醒目性，即在搜索区域中区分缺陷对象与其他事物的难易程度。缺陷对象的高可视度并不足以保证

高醒目性。打个比方，假设我们需要在人群中搜索一个人。每个人都一样可见，但如果需要寻找的人戴着一顶红帽子，而其他人都没有戴帽子，那么需要寻找的人就会很显眼。为了使缺陷对象更醒目，应尽可能在多方面让缺陷对象与其他对象区别开来。图 8.7 显示的是两名观测者在一排正方形干扰项中找出矩形或正方形目标所用的平均搜索时间和辨别力指数的关系。辨别力指数由目标对象与非目标对象的面积平方根之差的平方得出（Bloomfield，1975b）。这一结论以及其他类似研究表明，通过目标对象和其周围非目标对象的特征应该可以估算出一个有效的目视检测瓣大小，也就是说目视检测瓣的大小不仅由缺陷对象的可视性决定，还取决于其醒目性。Engel（1971、1977）已提出了测量这种有效目视检测瓣大小的方法，并证明了它与在固定时间内找到目标的概率有关。

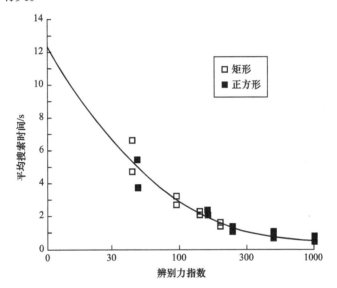

图 8.7　两名观测者在一排正方形干扰项中找出矩形或正方形目标所用的平均搜索时间和辨别力指数的关系。辨别力指数由 $(A_1^{0.5} - A_2^{0.5})^2$ 得出，其中 A_1 和 A_2 分别为目标和非目标对象的面积（来源：Bloomfield, J.R., Studies in visual search, in C.G.Drury and J.G.Fox（eds.），*Human Reliability in Quality Control*, Taylor & Francis, London, U.K., 1975b）

　　重要的是要认识到，除了尺寸之外还有许多其他因素可区分目标对象及其周围其他对象。正如在 7.3.2.1 节中所讨论的，Williams（1966）研究了观察者在 100 件不同大小、形状、颜色和印有两位数字的物品中寻找一件指定物品的搜索时间。观察者被要求从中找出一件指定物品，这件特定物品要么只指定了印在上面的数字，要么同时指定了数字以及物品的大小、颜色和形状特征的多种组合。实验结果表明，在搜索过程中某些特征会比其他一些特征更为重要。具体而言，如果指定的是颜色，平均搜索时长就会缩短；但附加指定物品的形状后，平均搜索时长与仅指定数字时相比几乎没有缩短（见表 7.1）。对这些实验结果的解释是，与形状差异相比，颜色上的差异可以形成更大的有效目视检测瓣。搜索过程中对观察者眼动模式的测量证实了这一解释。

如果指定了颜色，观察者就只会在这种特定颜色的物品上注视停顿。如果指定的是物品的形状，那么观察者的眼动模式与仅指定物品数字相比几乎没有变化。对于这种眼动模式的差异，一种可能的解释是，特定颜色的物体可以形成一个足够大的目视检测瓣，以至于当人眼注视到其中一件该颜色的物体时，它可以允许视线离轴搜索邻近的具有相同颜色的物体。另一种可能性是，对颜色信息的处理发生在神经反应过程的早期阶段，而识别形状发生时间较晚（Enns 和 Rensink，1990）。

鉴于视觉搜索的效率是由目视检测瓣尺寸决定的，因此照明在视觉搜索中的作用是尽可能增大目视检测瓣的尺寸。许多用于目视检测的照明技术旨在通过形成阴影（见图 8.8）或镜面反射（见图 8.9）来提高缺陷对象的视觉大小或亮度对比度。Faulkner 和 Murphy（1973）列出了用于目视检测的 17 种不同的照明方式。这些照明方式可分为 3 类：①基于光线分布的检测方法，如图 8.8 和图 8.9 所示；②利用特殊光谱与被检材料的相互作用进行检测，例如通过紫外线检测产品中的某些杂质；③通过将某个规则图像投影在被检材料表面或经折射穿过被检材料内部进行图案比较的方法。图 8.10 演示了上述最后一种检测方法。透过烧杯观察出的所有网格变形部分揭示了玻璃烧杯的缺陷位置。

用于辅助目视检测的最常用的照明手法大概就是提高搜索区域的照度。图 8.11 显示了在桌面不同照度条件下，受试者在桌子上随机排列的 100 组两位数字中搜索一个特定两位数的平均搜索时长。实验表明，增加桌面照度可以缩短搜索时长，特别是对于小尺寸、低对比度的搜索目标，这个趋势更为明显（Muck 和 Bodmann，1961）。

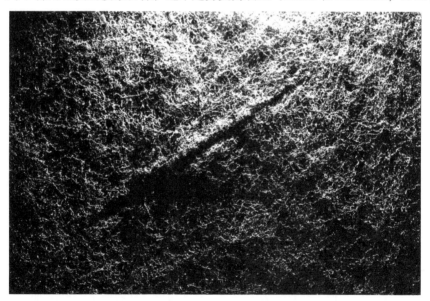

图 8.8　高度方向性的灯光掠过被照物表面，凸显出该材质表面上的切口。通过定向照明，被照物表面呈现较高的亮度对比度，因此这个切口清晰可见。高亮度对比度的产生是由于切口两侧边缘挡住了大部分光线，呈现高光效果，而切口内部呈现较深的阴影

图 8.9　带有十字划痕的镜面铝板表面，由位于摄像机上方和后侧的定向照明照亮。由于划痕刻入，从而改变了原材料该位置的反射特性，因此在光的作用下很容易看到十字划痕。通过定向照明，划痕表面形成了面向摄像机方向的高亮度反射

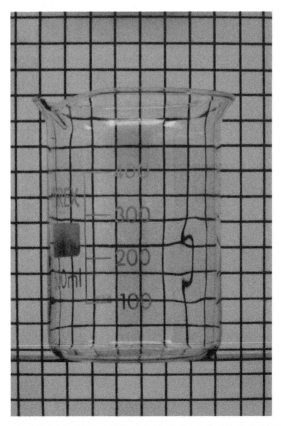

图 8.10　透过烧杯观察到的网格形变揭示出透明玻璃烧杯的缺陷位置

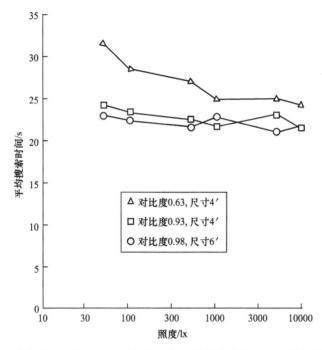

图 8.11　在不同照度条件下，从 100 组随机排列的两位数字中找到一组特定数字的平均搜索时长。研究针对 3 套不同数字尺寸和对比度的组合进行了实验（来源：Muck, E.and Bodmann, H.W., *Lichttechnik*, 13, 502, 1961）

虽然提高照度是一种有效的缩短搜索时长的方法，但我们也不能不假思索地任意使用。如果增加照度反而降低了缺陷目标与周边环境的亮度对比度或缩小了有效视觉尺寸，亦或是在搜索区域产生了易混淆的视觉信息，那么照度越高，视觉检测表现则越差。图 8.12 显示了关于该规律的一个早期案例，其中记录了冬季工作日的一个下午，操作员在开灯前和开灯后这两个相邻时间段内检查和包装 25 个猎枪弹壳所需时间的变化情况（Wyatt 和 Langdon，1932）。当操作员头顶上的白炽灯开始照明时，他的检查速度突然明显降低了。值得注意的是，此处照明的增加几乎肯定是提高了作业面的照度，但却导致了操作员工作表现的下降。操作员表示，增加的照明导致弹壳的黄铜盖产生反射眩光，并且照射到弹壳的光线也变得不太均匀。所以在这种情况下，提高作业面照度使缺陷对象变得更加难以察觉。这些实验结果表明，针对目视检测，我们需要了解照明装置对视觉搜索的整体影响，仅了解照度因素是不够的。

另一个例子是检查汽车车身喷漆的缺陷（Wiggle 等，1997）。汽车饰面喷漆有多种不同形式的缺陷，包括表面颜色混合不均匀、流挂、凹陷或者橘皮等。最难发现的缺陷就是油漆硬化前有灰尘颗粒落入油漆中。这种缺陷在工厂很难被发现，因为灰尘颗粒尺寸很小，且其浸入在油漆之中，所以颜色与油漆相同，与周围也没有亮度对比。然而消费者有时会在阳光下察觉出此类缺陷，由此引发索赔。因此如何通过照明

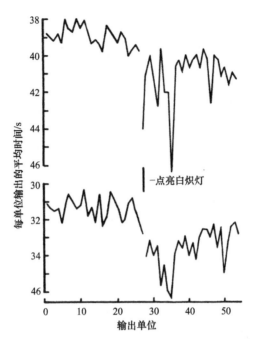

图 8.12　两名操作员在白炽灯开灯前后检查和包装 25 个猎枪弹壳所需的平均时间（来源：Wyatt, S.and Langdon, J.N., *Inspection Processes in Industry*, Medical Research Council Industrial Health Research Board Report 63, His Majesty's Stationary Office, London, U.K., 1932）

来使检查员更容易地检测并修缮此类缺陷引起了人们相当大的关注。为了设计出适合的照明环境，首先需要了解目标对象的物理特性。典型的汽车外壳都有多层油漆喷涂。就可视性而言，我们只需关注最外面的两层喷漆。这两层通常是赋予表面颜色的着色涂层和使油漆具有光泽感的透明密封涂层。油漆表面的入射光一部分在透明涂层发生镜面反射，另一部分穿过透明涂层到达着色层，在那里发生漫反射。这种光路反射结构是设计照明的关键。油漆中的一丝灰尘将使油漆表面发生局部变形。当最外层透明涂层表面的镜面反射增强，而底下一层着色表面的漫反射减弱时，这种变形最为明显。通过一组分散布置的、高亮度的点状灯具或条形灯具对涂漆表面照明可以突出这种变形，在这些发光点或线之间的区域应该是低亮度的。图 8.13 呈现了上述照明方式的一个案例。当检查员观察车辆时，他将看到这种照明布置在车身上形成的镜面反射图像，但除此之外，任何靠近该反射图像的油漆表面变形均将被其周围的高光照亮，因此在大多数情况下检查员可以较容易地在视线离轴处检测到变形。图 8.14 显示了一张荧光灯管在黑色喷漆的局部车身形成反射图像的特写。荧光灯管反射图像一侧的高光点正是由灰尘颗粒缺陷引起的。当灰尘颗粒缺陷位于灯具反射图像的正下方时，缺陷处的亮度则将比反射图像低得多。在这两种情况下，灰尘颗粒缺陷均具有高亮度对比度，因此更容易被视线离轴检测所察觉。但是很显然的是，这种方法仅在缺陷点处于灯具反射图像的短距离范围内的情况下才适用（Lloyd 等，1999）。为了克服

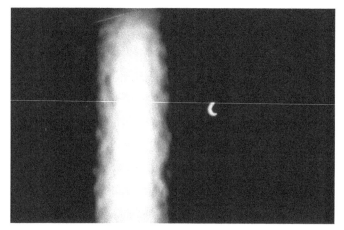

图 8.13　使喷漆车身外壳的灰尘颗粒缺陷更容易被检测到的照明装置（由佐治亚州亚特兰大的 Acuity Brand Lighting 公司提供）

图 8.14　汽车车身喷漆表面反射的荧光灯管图像的特写照片。图中大而亮的光斑是灯具反射的图像。在灯具反射图像的一侧有一个明亮的小月牙形图案，这是由于光源发出的光在油漆表面遇到一个小型凸起对象所产生的局部亮光

这个问题，通常的方法是将荧光灯具按某种间距均匀排布，使灯管反射图像覆盖整个车身（见图 8.13）。车辆在检查区域内的移动确保了灯具反射图像能够扫过整个车身外壳，为检查人员提供多次检测灰尘颗粒缺陷的机会。

　　上面详细阐述了如何为汽车行业的油漆检查区提供照明，目的是展现这类照明设计必需的思考过程。当考虑为目视检测设计照明方案时，我们必须对缺陷对象的物理特性、其与光线的相互作用以及工作条件引起的各类限制条件有清晰的理解。单纯

提供更多的照明，而不考虑缺陷对象的可视性和醒目性，结果可能会导致目视检测变得更加困难。此外还需要考虑为了更容易检测某类缺陷对象而设计的照明，是否会对其他缺陷的检测产生不利影响。图 8.13 所示的条纹图像虽然可以很好地揭示灰尘颗粒缺陷和其他油漆表面局部变形的缺陷，但可能导致检测车漆颜色细微变化和较大面积的缺陷（如螺旋纹）变得更加困难。最后，我们需要认识到人类的目视检测并不是工业生产领域缺陷检测的唯一方法。自动化检测可以用于许多较为简单的、重复性高的检测任务，并且其检测内容正变得越来越精细（Newman 和 Jain，1996；Pham 和 Alcock，2002）。自动化检测的主要优点是检测标准明确，并且自动化检测流水线上的检测员工作速度快，不会感到厌倦，也不会出现注意力不集中的情况。

整体上看，由于不同情境下用于视觉搜索的照明方案总是因情况而异的，因此很难定义用于视觉搜索的最佳照明条件。当照明增加了目标搜索对象的有效视觉尺寸、亮度对比度、色差，或者使检查员的视觉系统对视觉尺寸、亮度对比度或色差的差异更为敏感时，照明可以提高视觉检索的功效（Kokoschka 和 Bodmann，1986）。然而这种照明方案的细节设置在很大程度上取决于目标搜索区域本身的特征、该区域内其他对象的特征以及包括目标缺陷对象在内的搜索范围中各类对象的亮度和颜色特征。光与照明协会（Society of Light and Lighting）的照明指南 1（SLL，2012b）概述了目前目视检测常用的照明技术。

最后，非常重要的一点是我们需要意识到仅依靠发现缺陷的能力是不足以完成目视检测任务的。缺陷检查通常以一个预先设定的速度进行，这限制了可用于搜索的时间，一旦检测员发现了缺陷，就会涉及决定如何处理它，而这一决定将受到社会、组织和心理因素的影响。因此，尽管照明在目视检测中可以起到一定的作用，但其影响力是有限的。其他因素，例如允许的搜索时间以及展示方式对搜索任务的绩效也很重要。Megaw（1979）对这些因素进行了有趣的整理和回顾。

8.6　特殊情况

在工业照明中，有两点特殊情况需要照明设计师考虑，分别是工厂普遍采用轮班制，以及现代生产中越来越多地使用自发光显示器。

在美国，约 15% 的劳动力从事夜班或轮班制工作（美国劳工统计局，2005）。夜班工作的量和质都没有日间正常时段做得理想（Folkard 和 Tucker，2003），这大概是因为工作人员必须在他们生理机能需要休息的时间段始终保持专注和清醒。此外，长时间轮班工作可能对工作人员的健康产生不利影响（Arendt，2010），并且有可能扰乱他们正常的社交生活（Walker，1985）。照明不能全部解决这些问题，但至少理论上可以缓解夜班工作人员的主要困扰——由于白天睡眠质量差造成的不断累积的疲劳感。缓解这种疲劳感的一种方式是，通过一套适合的光照模式使人体昼夜节律周期发生相移，从而促进工作人员尽快适应在夜间开展工作的模式（见 4.4.1 节），但这种方式在实践中并不常见。这是因为要达到这个目的，需要在完整的一天 24h 内对光照进行控制，并且需要持续几天才能奏效。这些意味着只有在长时间保持夜班状态的情况下才值得采用这一方式。

遗憾的是，夜班最常见的模式是快速轮转的轮班制，即在转入到另一个班次或非工作日之前，同一班次一般仅持续 2 ~ 3 天的时间。遵循这套系统开展夜班工作的人大多会有生理上的不适应，导致工作中清醒度不够，并且在进行检测难度较大的工作时感到更加困难。这些问题可以通过在夜间使工作人员短时间暴露在明亮光线下来解决。例如 Figueiro 等（2001）已研究证明，当夜班医护人员在照顾新生儿重症监护室中的婴儿时，在休息室安装一套明亮的灯具会减少计算婴儿正确用药剂量时出现错误的概率。同时，Lowden 等（2004）已证明，在卡车生产车间，通过在休息室安装高照度的灯具，让每班次夜班人员在休息室内进行 20 ~ 41min 的强光照射，能够提高车间夜班工作人员的清醒度。在该研究中，研究人员以间接照明的形式产生整体明亮的光环境，在人眼处产生 2500 lx 的照度。这些发现的可能解释是，强光照射在一定程度上调节了人体的昼夜节律系统。为了达到该效果，Smith 等（2009）提出一个折中方案，通过延迟褪黑激素分泌的时间节点，使人体最困倦的时间段调整至早上 10 点。这个方案的优势是可以在提高工作人员夜班期间清醒度的同时，确保休息日的下午和晚上时间段也能保持机敏状态。该程序设计包括让受试者在凌晨 00：45 开始的 4h 或 5h 中，每小时内有 15min 暴露在强光照射下（用 5095K 色温的光源，在人眼处创造 4100 lx 的照度）。此外，受试者白天在室外时必须佩戴深色太阳镜，在轮班结束和休息日期间，需要在指定时间段在黑暗的卧室环境中睡觉。通过这一程序，昼夜节律被部分调节的实验对象组在一系列测试中的表现均得到提高，他们的情绪和疲劳感也得到了改善。

另一些学者测试了持续提高光照水平对夜班工作人员的影响。Juslen 等（2007b）在巧克力工厂的包装流水线上引入了局部照明，为工作人员提供 350 lx 或 2000 lx 的照度。负责监控和修复包装机械的工作人员采取快速轮班制，他们连续上两天的早班、晚班和夜班，然后休息 4 天。测试结果表明，总体上在较高照度条件下，工作人员修复机器的时间缩短了 3%。虽然该方法在一定程度上有助于提高生产力，但值得注意的是，轮班制下的维修时间模型十分复杂，只在部分修复类型中体现出不同照度条件对维修时间的影响，并且这些影响仅在早班和夜班中有所体现。实验结果中修复时间的缩短只发生在部分班次中，这表明工作效率的改变与工作人员昼夜节律失调有关；此外，只有部分修复类型的工作时间受到了照明环境的影响，这体现出不同任务下视觉性能的变化也影响着工作效率。由此看出，即便是进行了优质的实地研究，也很难解释清楚其中的原因。

工业生产中另一个明显特征是越来越多的机器采用自发光显示器作为控制系统的一部分。照明条件对这些显示器可视性的影响值得认真考虑。不恰当的照明环境会降低显示器各部分的亮度对比度，并且形成扰人的高亮度反射，导致工作人员的视觉不适。7.4.2.3 节关于办公室照明环境的阐述中讨论了避免这些问题所需的照明条件。在该章节所讨论的照明原则也适用于工业环境，但重要的是我们需要意识到，在工业环境中工作人员面对显示器的视角可能比在办公环境中要更加多变。

有一种场景同时涉及轮班制和大量显示器，这就是控制室。从社会、环境和经济方面来说，控制室发生错误的后果可能会很严重，比如切尔诺贝利灾难，因此我们有充分的理由改善控制室照明，提高工作人员在夜班的清醒度，并最大限度地减轻他们的压力和疲劳感。通过照明确保信息源良好可视性的原理已经很好理解了，尽管这些在实际应用中并不总是能够实现。4.4.1 节中讨论了在夜班期间利用照明实现对人体褪黑激素的快速抑制，进而提高清醒度的可能性。至于通过照明来减轻工作人员的压力和疲劳感，Sato 等（1989）进行了一项对控制室视觉环境感知的研究。通过改变控制室视觉环境要素，如照明系统、照度、天花板高度、地面颜色和控制面板颜色，以及有无窗户和装饰品（如盆栽植物），将其与无窗的标准化控制室设计进行对比。观察者从空间宽敞度和友好性两个方面对视觉环境进行评价。表 8.1 显示了改变这些不同要素对视觉环境感知的影响。显而易见的是，无论好坏，包括照明种类在内的许多视觉环境要素都会影响空间的宽敞感和友好感。通常情况下，控制室的照明设计主要是为了让视觉信息更容易被工作人员看到。虽然这一点很重要，但仅仅考虑到这一点是不够的。若想实现一个成功的控制室照明设计，还需要考虑到照明对人体的非视觉生物效应，以及视觉环境对情绪和行为的影响。

表 8.1　控制室视觉环境的各种变化对空间宽敞感和友好感的影响

新特征	变化	宽敞感	友好感
照明系统	百叶帘（40%）	−	−
	百叶帘（100%）	−	0
	发光天花板	+	−
	有槽口的发光天花板	0	+
照度	2000 lx，非均匀照明	+	+
窗户	内开窗	+	0
	外开窗	+	+
天花板高度	3.5m	+	+
	4.2m	+	+
地面颜色	亚光 N8	−	+
	亚光 N6	−	0
	米黄色	0	+
控制面板颜色	象牙色	+	+
装饰品	盆栽植物	0	++
	装饰件颜色		+

注：标准照明采用的是一组嵌入式灯具，配备具有 80% 反射率的百叶帘，提供 1000 lx 照度水平；标准控制室没有窗户；天花板高度为 2.8m；地面颜色为光泽感 N8；控制面板颜色为绿色；室内无装饰品。

++，明显改善；+，改善；0，无变化；−，更差。

来源：Sato, M.et al., *Lighting Res. Technol.*, 21, 99, 1989。

8.7 总结

工业生产活动的视觉要求存在很大差异。一些工业生产活动需要提取大量的视觉信息，通常涉及检测和识别细微的细节和颜色差异。相比于细节和颜色，另一些生产活动需要提取不同种类的视觉信息，例如形状和纹理。然而，有些类型的工业生产活动只需要很少的视觉信息就可以完成。需要提取的视觉信息所在介质可能是二维或三维的，可能是亚光或镜面反射的，可能是移动或静止的，视觉信息也可能同时出现在多个不同的平面上。此外，由于信息提取过程的自然属性，可使用的照明种类会受到限制，例如在障碍物较多或者工作环境较为危险、具有腐蚀性或仅仅是灰尘很大的环境中，可使用的照明种类也会十分受限。视觉条件的多样化意味着良好的工业照明不可避免地需要根据实际应用场合因地制宜。

尽管如此，工业照明的目标在任何情况下都是相同的。其目的在于促进工作人员快速且准确的工作，确保他们的人身安全，并创造舒适的视觉环境。第 4 章讨论了促进快速且准确的工作的照明设计原则。当把这些原则应用于工业照明中时，首先需要了解工业生产活动所依赖的信息内容、在哪里可能找到这些信息以及工作场所存在的限制因素。一旦收集到了这些信息，我们就可以确定所需照明的数量、分布和光谱构成条件。

为了移动性工业生产活动的安全，应尽可能使用最低照度进行照明，但要确保视觉安全，仅凭照度设计是不够的。我们还应注意避免失能眩光和强烈的阴影。光源需要谨慎选择以帮助工作人员较为容易地识别安全色。此外，当使用旋转或往复式机械时，照明应注意减少频闪现象。

关于视觉舒适性的话题，第 5 章讨论了可能引起视觉不适的照明因素。原则上，无论在何处，照明装置都应当以相同标准营造一个舒适的视觉环境。遗憾的是，在实际工业生产活动中有时并非如此。工业生产场所的物理环境在许多方面都不如商业办公环境那么舒适，照明通常只是其中的一个方面。

许多工业照明装置都是围绕一般/局部/任务照明方式进行设计的，在例如车间装配线区域等活动密集的地方采用局部照明；在工作任务十分关键或比一般工作更困难时采用任务照明。需要特别注意的一种任务照明形式是用于目视检测的灯光。快速的目视检测需要对缺陷目标进行离轴检测。检测任务做得好与坏将取决于缺陷对象的可视性，如果在搜索范围内还有其他对象，则将取决于缺陷目标的醒目性。用于目视检测的照明有多种方式，所有这些照明方式的目标都是提高缺陷目标的可视性，同时使其变得更加醒目。

在工业照明应用中，有两个需要照明设计师特别考虑的特征，它们分别是工厂普遍采用的轮班制工作模式，以及工业生产中使用的越来越多的自发光显示器。从原理上看，照明可以用来改变人体昼夜节律周期的相位，从而提高工作人员适应夜间工作的速度，尽管要做到这一点，需要在一天之中完整的 24h 内对照明进行精细化控制。

也有人提出了一种折中办法，即调整部分的昼夜节律周期以适应轮班制工作模式。第三种办法是放弃调整工作人员的昼夜节律周期，通过在夜间使其短时间暴露在高照度光环境之中以提高警觉性。至于越来越多地使用自发光显示器，需要引起重视的是照明引起的光幕反射有可能会降低屏幕可视性的问题。这个问题可以通过谨慎控制光线分布或通过给显示器增加遮光罩来解决。

第 9 章　疏散照明

9.1　引言

大多数国家的法律都强制规定在公共建筑中提供充足的疏散途径，其中应急照明是重要的组成部分。应急照明具体包括三大作用：逃生疏散、关闭设施和继续操作。疏散照明旨在确保人们能从建筑中安全快速地逃离，或转移到避难层。为实现这一点，疏散照明要能清晰定义出逃生路线，并且照亮逃生路线，从而使人们能够快速安全地逃离。第二种作用旨在确保处于高风险工作环境下的人员可以在离开前将相关设备进行关停。这类照明应在电源故障后的 0.5s 之内响应，并且提供不低于普通照明 10% 且不低于 15 lx 的照度，直到危险结束（SLL，2006a）。第三种应急照明又叫备用照明，旨在确保即使在紧急情况下，相关活动也能继续进行，例如医院的手术室。备用照明通常由应急发电机供电，并且提供和正常操作相似的照度。本章将重点讨论疏散照明。

9.2　疏散照明的场景

疏散照明是应急逃生系统的一部分，目前已经得到详尽研究的紧急情况是火灾。对于火灾中人员行为的研究（Bryan，1999；Kuligowski，2009；Kobos 等，2010）表明，人们存在一种统一的反应模式。第一阶段是识别；第二阶段是行动；第三阶段是逃生。识别通常伴随着高度认知模糊。对监狱、疗养院、医院和旅馆中火灾的调查都表明，当人们确认有严重火灾发生时，通常都为时已晚。例如在 911 袭击中，首次撞击发生后，76 层以下人员开始逃生的平均时间为 3min；而靠近撞击区的 92 层人员开始疏散的平均时间为 5min（Averill 等，2005 年）。

一旦确认有火灾发生，建筑中的人们就会采取许多行动：联系他人、灭火、避难或逃离建筑物。一个人倾向于根据个人在组织中扮演的角色来选择行动方案。例如，Best（1977）针对 164 人死亡的比弗利山庄晚餐俱乐部大火的报告中指出，女服务员们试图带人们从烟雾中走出来，但也只能照顾到她们通常负责的餐桌旁的人。影响行动选择的另一个因素是社会群体中其他成员的存在。在 50 人死亡的萨默兰休闲中心大火中，有证据表明，寻找孩子的父母更有可能逃脱，因为搜寻使他们远离了火灾（Sime 和 Kimura，1988）。

第三个阶段是在试图逃离、寻求庇护还是留在原地等待救援之间做出抉择

（Proulx，1999）。如果决定是试图逃离或寻求庇护，则必须确定逃生路线。疏散照明对于标示和照明逃生路线很重要，但单凭这一点还不足以确保逃生。逃生路线可以容纳的最大交通量和路线的复杂度也需要考虑。有几种疏散模型可用于评估建筑物的生命安全性能（Kuligowski 和 Peacock，2005）。

总而言之，建筑物内人员在紧急情况下疏散需要三种信息，具体如下：

- 有关危险存在的信息，包括其性质和位置。
- 有关建议措施的信息。
- 有关如何执行建议措施的信息。

9.2.1 有关危险存在的信息

理想情况下，有关危险存在的信息应该是即时且完整的。有时候，危险本身就足以提供必要的信息。比如对于做饭的人来说，家里的油火是显而易见的。而不明显的危险则发生在远离人群的地方。对于大多数建筑来说，突然的火灾警报声和突然的断电都应被视作立即离开建筑物的原因。然而，根据 Tong 和 Canter（1985）以及 Geyer 等（1988）的研究，只有 10% ~ 20% 的人会在听到火灾警报后选择立即离开建筑物。缺乏响应的一个合理原因是信息的模糊性（Proulx，2000a）。在没有其他任何火灾迹象的情况下，仅仅是火灾警报声可能被理解成是错误警报、计划外的消防演习、火灾报警系统的测试或者是距离很远不构成危险的火灾。除非有其他证据表明危险的严重性，例如烟雾，否则大多数人的反应要么是进一步观察，要么是继续活动，直到获得更多信息。

如果上述解释是正确的，那么提供更多信息就应当会增加火灾发生时的响应人数。Geyer 等（1988）研究了人们对于有关火灾劲爆的多种不同呈现方式的解读。具体的呈现方式包括 3D 和 2D 图形显示、文本显示、语音警告和常规的火灾警铃。3D 和 2D 图形显示给出了着火位置和出口位置。文本显示和语音信息给出了火灾的位置和请立即离开的指示。受试者从 3D 和 2D 图形显示中获取信息的时间是其中最长的，但是在总响应时间上没有差异。因此，接收信息和决定采取适当措施所花费的时间是相同的，无论显示信息的方式如何。区别在于受试者将显示信息理解为真正的火灾警告的百分比以及选择离开建筑物的百分比（见图 9.1）。这项研究表明，提供更多信息可能会增加所需响应的频率，听到火警响铃选择撤离的人数百分比远低于其他模式。

鉴于需要有关火灾的更多信息，下一个值得考虑的问题是谁应该获得该信息。有种建议认为，应当限制知道火灾情况的人员数量，以避免引起恐慌并可以有组织地进行疏散。但是 Fahy 等（2009）指出，恐慌在火灾中相当罕见。例如在比弗利山庄晚餐俱乐部大火中，在浓烟进入房间之前，疏散是有序进行的。除非出现明显的直接危害，否则恐慌不会发生，没有理由限制信息供给以避免恐慌。那些看不到直接危险的人不太可能会恐慌，并可能在有时间的时候采取合理的行动。那些面临直接被烧伤危险的人，也不会有机会听到这些消息。

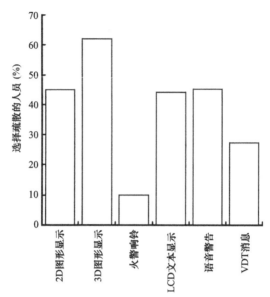

图 9.1　在不同火灾警报形式下，选择疏散的人员百分比（来源：Geyer, T.A.W.et al., An evalua-tion of the effectiveness of the components of informative fire warning systems, in J.Sime, ed., *Safety in the Built Environment*, E.& F.N.Spon, London, U.K., 1988）

这些有关人们对火灾警报反应方式的发现得出这样的结论，即向建筑物内人员提供的有关火灾的信息越多且呈现得越快，他们就越有可能采取合理的行动。当今的通信技术使得相比于火灾警铃，提供更多关于危险的信息变得更加容易。

9.2.2　有关建议措施的信息

一旦人们意识到实际情况，建筑物里的人员必须决定一个合适的行动路线，所做的决定可能受到许多不同的因素的影响，例如：
- 人员对危险的感知。
- 人员的关注。
- 人员在建筑内社会组织中的角色。

建筑物内人员对危险的感知包括：火灾在哪里、是否可能扩散以及还有多少时间等。有个数据是，911 袭击的幸存者中有 90% 是在两次撞击之间的 16min 里开始撤离的。这解释了为什么二号塔楼 78 层（撞击区域的最低楼层）以下的人员中只有 11 位没能幸免于难（Averill 等，2005）。

建筑物内人员要关注的内容很多，是要立即逃离眼前的危险，还是处理危险、警告他人、寻求帮助、保护财产以及确保亲人的安全。人员在社会中的角色将影响他 / 她的关注点。Canter 等（1980）表明，在医院火灾中，调查和协助者是由组织层次决定的。Wood（1980）表明，夫妻之间的角色往往在家庭火灾中保持不变。

Bryan（1977）和 Wood（1980）从火灾中收集了大量人们行为的数据。他们的结果表明，人们的行为具有多样性，正如前面给出的影响列表所预期的那样。

这些观察结果再次表明，提供更多的信息以使建筑物内人员可以选择适当的行动很有必要。目前的广泛做法是只教会人们疏散。不幸的是，这种做法的严谨性和信息的有效性因地而异。拥有内部通信系统的大型设施可以采用语音信息来指导人们采取适当的行动（Proulx 和 Koroluk，1997；Proulx，1998）。这套系统可以是自动的，也可以是手动的。自动化系统可以为建筑物内人员提供指导，但要想充分发挥作用，系统就需要被设计得足够成熟以应对各种紧急情况。手动系统允许紧急救援人员通过公共广播系统与建筑物内的人员交谈。这当然提供了灵活性，但其价值在很大程度上取决于控制通信网络的人所能获得的信息，如果他 / 她不知情或不确定该做什么，那么就会造成混乱。例如在美国世贸中心二号楼的袭击中，在大楼被撞前的 2min，建筑物内人员被指示返回办公室，但撞击发生 1 min 后，又要求他们赶紧疏散撤离，而后面的通知很多人没有听到（Averill 等，2005）。Proulx（2000b）回顾了这一系列决策，通过这些决策，可以引导大型建筑物内人员对火灾警报信号做出适当的反应。

9.2.3　有关如何执行建议措施的信息

假设给出的建议措施是撤离建筑物或转移到特定的避难区，那么建筑物内人员就需要两方面的信息：走哪条路以及如何在所选路线上安全移动。这是疏散照明发挥重要作用的地方。出口标识是提供行进路线信息的主要手段，而疏散照明则可以确保人们在逃生路线上能够看清楚。Willey（1971）、Lathrop（1975）、Bell（1979）和 Anon（1983）的研究揭示了如果疏散照明提供的信息不足或引起误导时，可能造成的生命损失。当然出口标识的存在只是传达了有一条通往建筑物外路线的信息。它并未表明该路线是否安全。要知道这些，需要向建筑物内人员提供更多有关危险所处位置和性质的信息，如前所述。

9.3　运行条件

疏散照明的运行条件可以从两个维度进行划分：是否有电力可用；是否存在浑浊介质（如烟雾）。这就产生了四种可能的组合：

- 通电 - 无烟，这和建筑物的常规运行状态相似。这种情况下，正常的电气照明都可用，并且能见度不受烟雾影响，因此无须运行疏散照明。
- 断电 - 无烟，通常对应于停电或在需要疏散的建筑物内断电的情况。这种情况下，传统的电气照明不可用，但能见度不受烟雾影响，疏散照明处于运行状态。
- 通电 - 有烟，这出现在发生火灾，但电路仍在运行的情况。这种情况下，正常的电气照明可用，但能见度受到烟雾影响，疏散照明应处于运行状态。
- 断电 - 有烟，这对应于电源失效或呈关闭状态的火灾。这种情况下，传统电气照明不可用，并且能见度进一步受到烟雾限制，疏散照明应处于运行状态。

以上对于可能的状况的简单分析表明，四种可能状态中的三种都需要疏散照明。

9.4　出口标识

出口标识的设计和摆放是为了给人们指明离开建筑物的通道。在许多国家和地区都有关于出口标识的详细规范。在美国，通常使用"EXIT"一词。出口标识规范明确了构成单词 EXIT 的字母的高度和宽度、字母之间的间距以及指示方向的大小、形状和位置等。详细信息可以在《生命安全法规》（NFPA，2012）中查到。而在欧盟，因为成员国里有多种不同语言，所以出口标识采用一种白色小人和矩形门组成的象形图，图中还有一个表示移动方向的白色箭头，整体都放在绿色背景上。具体形式和大小要求在 ISO 标准 7010 : 2011（ISO，2011）中给出。表 9.1 总结了英国使用的出口标识的光度要求。

但仅仅规定出口标识的几何特征是不够的。Schooley 和 Reagan（1980a，b）得出结论，为了保证出口标识的可见度，还必须规定读取标识所需的最远距离。《生命安全法规》（NFPA，2012）中明确了此要求，即在逃生路线上的任何点离出口标识的距离均不应超过 30m（100ft）。Collins（1991）研究了人们能够发现并正确识别出口标识上文字的距离，作为对其可见度研究的一部分。研究中采用的标识的照度为 54 lx，这是外部照明标识所规定的最小值。参与研究的 20 位观察者均能在超过 30m（100ft）的距离上正确识别出单词"EXIT"。这些结果表明《生命安全法规》中给出的出口标识的物理和光度规格与在逃生路线上任何人都不应距离出口标识超过 30m（100ft）的要求一致。

表 9.1　英国使用的出口标识的光度和时间要求

安全色的最小亮度：2cd/m^2
颜色的最大 / 最小亮度比：小于 10
白色和彩色之间亮度比范围：大于 5 但小于 15
最小响应时间：5s 内达到设计亮度的 50%，60s 内达到 100%
最短持续时间：60min

来源：Society of Light and Lighting, *Lighting Guide 12 : Emergency Lighting Design Guide*, SLL, London, U.K., 2006a。

现在需要考虑的问题是市售的出口标识的表现如何。Collins 等（1990）检验了13 种不同的内发光的出口标识，所有的标识均符合《生命安全法规》中的尺寸和对比度的规定，但它们的亮度差异很大。即使在一间黑暗的房间里，有些标识在 19m（63ft）的距离以外都难以看清。当房间里开灯时，情况更为糟糕。如果内发光标识表面叠加上 54 lx 的外部照度，一些出口标识的亮度对比度会降低到《生命安全法规》中规定的 0.5 以下。这就表明出现紧急情况时其可见度会下降。

这一结论得到了其他相关研究的支持（LRC，1994，1995）。在这些研究中，观察者看到了 60 种市售的内发光出口标识，采用 5 种不同的光源：紧凑型荧光灯（CFL）、白炽灯、电致发光灯、发光二极管（LED）和放射发光管（见 1.7.5 节）。出口标识有 4 种不同样式：面板、模板、矩阵阵列和边缘照明。在面板出口标识中，字母和背景都是发光的。在模板出口标识中，字母是透明的而背景是不透明的，因此只有字母是发光的。在矩阵出口标识中，字母由发光点阵组成，背景不透明。在边缘照明的出口标识中，边框中暗藏的光源发光穿过透明板，板上的字母是被蚀刻出来或附着在其表面上，字母背景的牌面是发光的。这 60 个出口标识分别在长走廊的尽头展示，一次一个，出现在镜盒中（见图 9.2）。通过将出口标识放置在镜盒中的不同位置，可以得到在 4 个不同方向上的单词 "EXIT"。对于每个出口标识，观察者开始从距离 50m（165ft）的地方向着出口标识走去，可以正确识别出口标识方向的距离被记录下来。图 9.3 显示了在走廊照明打开和关闭的情况下，在 30m（100ft）距离处正确识别出口标识的观察者所占的百分比和平均字母亮度的关系。走廊照明打开时在走廊地面上提供 340 lx 的平均照度。从图 9.3 可以清楚地看到，较低的字母亮度会导致难以读取 30m（100ft）处的出口标识。字母亮度可能与用于内部照明出口标识光源的特性密切相关。放射发光和电致发光出口标识在 30m（100ft）处难以阅读，因为它们的字母亮度较低。

至于由其他光源照亮的出口标识，在某种形式下，所有观察者都可以在 30m（100ft）处看到。但是在相同的字母亮度下，一些出口标识无法做到 100% 的可读性，而其他使用相同光源的标识却成功了。这意味着除了平均字母亮度之外的其他因素对可读性也很重要。对详细测量的检测表明，字母亮度的均匀性和字母与背景的亮度对比度等因素也影响了标识的可读性。对于不同的标识样式，即面板、模板、矩阵或边缘照明，可读性没有明显的差异。

需要注意的是，图 9.3 中显示的结果是几年前收集的。从那时起，LED 的发光效率和电致发光灯有了显著的发展。请注意，出口标识的可读性取决于它呈现给视觉系统的刺激，而不是用于创建该刺激的技术或样式。只有当特定技术或样式始终限制视觉的某些关键方面时，技术或设计应被视为不适合在出口标识中使用。

鉴于出口标识的功能是告诉观察者要走的路，那么出口标识还需要有一个或两个方向指示符。Collins（1991）研究了各种形式的方向指示符可以被正确检测到的距离。她发现，在垂直尺寸相同的 5 种不同形式的方向指示箭头中，V 形箭头通常能在距离最远的地方被正确识别。在进一步的研究中，她发现影响 V 形箭头正确识别距离的指标是 V 字形的面积和颜色：面积越大、使用红色或绿色而不是灰色可以增加正确识别的距离。Boyce 和 Mulder（1995）使用前面讨论的镜盒方法，证实了 V 字形作为方向指示的优越性，前提是它必须符合传统出口标识的尺寸。

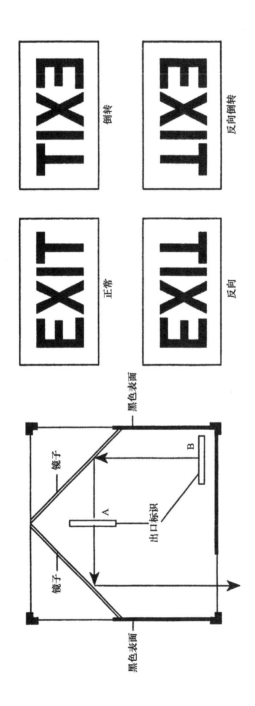

图 9.2 用于测试出口标识可读性的镜盒。通过将出口标识放在 A 或 B 位置的镜盒中正确摆放或颠倒，可以使 EXIT 字样出现在如图所示的 4 个不同方向（来源：Lighting Research Centre [LRC], Specifier Reports : Exit Signs, LRC, Troy, NY, 1994）

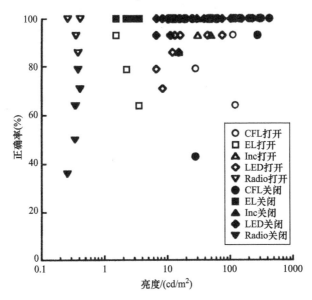

图 9.3　不同的出口标识平均亮度下，能够在 30m 处看清出口标识正确方向的观察者的百分比。出口标识中有 5 种不同光源：CFL、EL（电致发光灯）、Inc（白炽灯）、LED 和 Radio（放射发光管）。分别在走廊照明打开（空心符号）和关闭（实心符号）的情况下进行测量（来源：Lighting Research Centre [LRC], *Specifier Reports：Exit Signs*, LRC, Troy, NY, 1994；Lighting Research Centre [LRC], *Specifier Reports Supplements：Exit Signs*, LRC, Troy, NY, 1995）

　　虽然可读性是出口标识的重要功能，但如果无法在其他各种信息中率先找到该标识，则它的价值就很小。在大楼断电的情况下，这不是个大问题，因为那时出口标识是少数几个仍在发光的标识之一。然而当电力正常可用时，所有其他标识和灯具都在工作。Jin 等（1987）通过计算机图像检查了影响出口标识显著性的因素。不出所料，标识的位置和大小是其显著性的重要决定因素。同样重要的是有没有相同颜色的其他标识的存在，如果没有，则显著性会增强。这证明了出口标识应当使用独特但广为人知的颜色。Jin 等（1985）还研究了出口标识每秒闪烁两次对显著性的影响。参与研究的受试者需要对大型商场内闪烁标识相对于非闪烁标识的显著性进行评分。结果表明，闪烁对于原本不明显的标识能有效提升其显著性。闪烁对于大型标识作用不大，因为大型标识本身已经足够明显了；对小标识也没有影响，因为小标识太小，从观察位置上无法识别。这些数据都是在通电无烟条件下获得的。如果在断电有烟的条件下，灯光的散射可能会导致混乱而不是提供信息，那么了解闪烁在出口标识上的效果将会是很有趣的（Malven，1986）。《生命安全法规》（NFPA，2012）鼓励醒目出口标识，坚持"禁止任何装饰品、家具或设备影响出口标识的可见性。在所需出口的视线内或附近，不得有明亮照明的标志（用于出口目的除外）、展示或物体分散人们对出口标识的注意力"，并允许出口标识在火警系统启动时闪烁。

关于醒目性的简单讨论表明，彩色出口标识比无色出口标识更容易被发现，但哪种颜色最好呢？不同的国家采用不同的颜色。在美国，一些州要求在出口标识上使用红色字母，而另外一些州则坚持使用绿色。欧盟象形图是在绿色背景上有白色元素。对某种颜色的喜好会产生合理化的解释，比如红色表示停止，绿色表示前进，或者红色意味着危险，绿色意味着安全。没有证据支持这些合理化的解释。相反，似乎最重要的是熟悉出口标识的颜色。这是将通用出口标识样式应用于整个大陆的一个理由。

9.5　逃生路线照明

9.5.1　天花板及墙面安装灯具

逃生通道是指明确定义的、永久畅通无阻的可逃离建筑物的路线（SLL，2006a）。逃生路线照明旨在让人们快速安全地通过逃生路线。逃生路线照明通常是将一些普通照明灯具定义为应急灯具，并安排它们在正常电源故障时继续工作；或者提供一些仅在正常电源故障或检测到火灾时才工作的特殊灯具。这两种方式中，灯具的设计和间距都应保证提供逃生路线的最低照度。不同国家 / 地区对逃生路线照明有不同的标准。在美国，《生命安全法规》规定：走廊、坡道、楼梯、楼梯间、楼梯平台和自动扶梯，地面上的初始平均照度为 11 lx，在任何点的最低照度为 1.1 lx（NFPA，2012）。在英国，逃生路线中心线上的地面水平照度不应低于 0.2 lx（SLL，2006a）。这种差异引出了一个问题，即对于逃生路线来说合适的照度是多少。

Quellette 和 Rea（1989）在天花板上安装不同照度的灯具，对人们在逃生路线上移动的能力进行了一系列测量，出口标识指示要走的路。四位研究者的独立研究（Nikitin，1973；Simmons，1975；Jaschinski，1982；Boyce，1985）表明，逃生路线地面上的平均照度至少要 0.5 lx，足以确保在逃生路线上移动而不会发生碰撞。Simmons（1975）、Jaschinski（1982）和 Boyce（1985）的研究结果也可以通过逃生路线上的移动速度作为衡量指标来进行比较。图 9.4 显示了年轻和年长的受试者的移动速度与逃生路线地面平均照度之间的关系。Simmons（1975）实验设计的逃生路线实际上是一个走廊网络，其中有台阶，偶尔会有纸板箱做成的障碍物。Jaschinski（1982）设计的逃生路线需要穿过几个相互连接的小房间，房间之间有台阶。Boyce（1985）使用一个大型开放式办公室，受试者必须穿过家具找到通往门口的路。鉴于这三项研究采用的是三种不同的逃生路线，图 9.4 展现出的结论一致性非同寻常。从图 9.4 可以清楚地看出，随着照度值的降低，受试者的移动速度在加速下降。在《生命安全法规》规定的 1.1 lx 的最低照度下，年轻人的移动速度降低约 19%，老年人的移动速度降低 33%。在英国规定的最低照度为 0.2 lx 下，移动速度下降对于年轻人来说约是 32%，对于老年人来说约 50%。

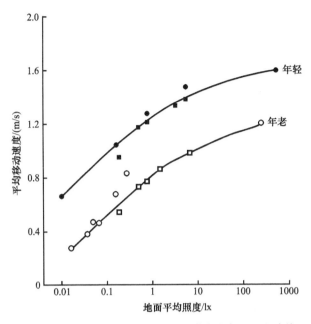

图 9.4　年轻人和老年人在杂乱或整齐的空间中的平均移动速度和逃生路线地面平均照度的关系
（来源：Ouellette, M.J.and Rea, M.S., *J. Illum. Eng. Soc.*, 18, 37, 1989）

　　Jaschinski（1982）和 Boyce（1985）还从受试者那里获得了对逃生路线照明满意度的主观评价。Jaschinski（1982）发现他的受试者对 3 lx 的平均照度感到满意，而Boyce（1985）发现当平均照度为 7 lx 时足以确保受试者有一个高的满意度。从这些研究可以得出结论，《生命安全法规》中推荐的初始平均照度（11 lx）足以确保人们在清晰的环境中安全快速地移动，前提是移动速度相比正常照明下减少 10%～20% 是可以接受的。虽然这是有用的信息，但并不能解释移动速度下降的原因。图 9.4 的曲线符合一般照度和移动速度关系的预期，但是什么决定了移动速度开始加速下降时的照度？一个看似合理的答案是，神经适应亮度的范围发生了变化（见 2.3.1 节）。神经适应亮度的突然变化是非常快的，大约为几分之一秒。对于适应亮度的较大变化，光化学适应是必要的，这需要几分钟时间，特别是当视觉依赖于杆状光感受器时。神经适应可以覆盖 2～3 个数量级的亮度，这意味着对于在地面上提供 400 lx 平均照度的普通照明，神经适应可以在平均照度为 0.4～4 lx 的情况下发生。在较低的照度下，由于视觉系统适应较低照度所花费的时间造成的延迟，人们移动速度会显著降低。这一解释意味着，在参与者已经适应低亮度的情况下（如在电影院和剧院），逃生路线照明可以采用较低的照度。

　　尽管上述讨论集中于逃生路线上的平均照度，但不应认为仅仅提供指定的平均照度就足以确保足够的逃生照明。还要考虑照度均匀性、失能眩光的可能性、光源的颜色属性、提供逃生路线照明的持续时间，以及正常电源故障与应急照明点亮之间的时间延迟。

SLL（2006a）用两种方式规定了照度均匀性问题。首先，它要求指定路线中间带（至少为路线宽度的 50%）上的最小照度不应小于 0.1 lx。其次，它规定指定逃生路线中心带上最大与最小照度的比值不应超过 40:1。

失能眩光可能导致难以看到逃生路线上的出口标识和障碍物。在 SLL（2006a）中，控制失能眩光的方法是，将逃生路线上照明灯具的最大发光强度设置在垂直向下 60° ~ 90° 范围内，以及在非水平逃生路线的所有下半球角度范围内（见表 9.2）。

表 9.2　应急照明灯具的最大发光强度（cd）

安装高度 h/m	逃生路线照明和开放区域照明的最大发光强度 /cd
$h < 2.5$	500
$2.5 < h < 3.0$	900
$3.0 < h < 3.5$	1600
$3.5 < h < 4.0$	2500
$4.0 < h < 4.5$	3500
$h > 4.5$	5000

来源：Society of Light and Lighting, *Lighting Guide 12: Emergency Lighting Design Guide*, SLL, London, U.K., 2006a。

为了确保准确识别安全色，SLL（2006a）要求任何用于应急照明的光源达到国际照明委员会（CIE）的最低一般显色指数（CRI）为 40 的要求。这不是光谱对在逃生路线上移动能力的唯一影响。虽然在建议照明逃生路线中使用的照度是明视照度，但在使用逃生路线时，撤离者的视觉系统很可能会受到影响，会处于中间视觉甚至暗视觉状态下。Mulder 和 Boyce（2005）通过测量当空间由不同的光源和不同的照度照亮时，人们通过黑色、受阻空间的能力来研究最坏的情况。使用的光源从传统荧光灯和白炽灯到窄带 LED。基于受试者移动速度和障碍物碰撞次数构建了表现指标。形式为

$$PM = \frac{V}{(C+k)}$$

式中，PM 是表现指标；V 是逃生路线上的移动速度（m/s）；C 是碰撞次数；k 是一个常数，由正常照明条件下逃生路线上的速度（1.474m/s）给出。该常数具有将表现标准化为发生最快移动且没有碰撞的环境照明的效果。图 9.5 显示了在不同光源下，地面上的平均明视照度和平均暗视照度的中值表现指标。显然，视觉功效与暗视照度的关系比明视照度更密切。这意味着在可见光谱的短波长端具有大量能量的光源比那些能量少的光源更适合应用于逃生路线照明。量化这一点的一种方法是考虑暗视照度以及所提

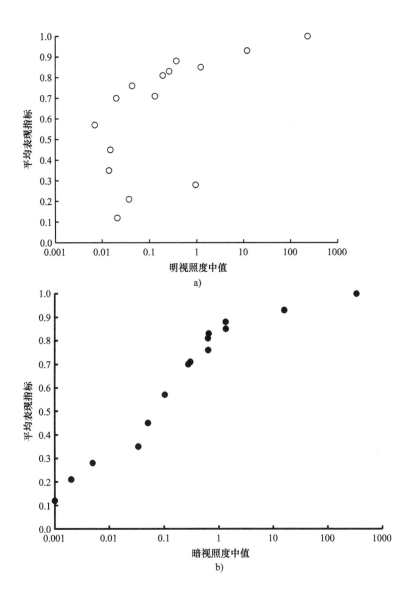

图 9.5　平均表现指标与 a）对数明视照度中值和 b）对数暗视照度中值（来源：Mulder, M.and Boyce, P.R., *Lighting Res. Technol.*, 37, 199, 2005）

供的明视照度。对于任何给定的光源，暗视照度的计算可以通过明视照度乘以该光源的暗 / 明比来得出（见 1.6.4.5 节）。

　　至于逃生路线照明的时间，为了确保建筑物内有足够的疏散时间，SLL（2006a）建议逃生路线照明应在 5s 内达到设计照度的 50%，并在 60s 内达到设计照度。然后，逃生路线上的照度应保持在最小规定值以上至少 60min。

《生命安全法规》（NFPA，2012）的相关要求是，逃生路线照明的最大与最小照度比不应超过 40∶1；在正常照明失效的情况下，应提供 90min 的逃生路线照明，在 90min 结束时，允许平均照度降低至 6.5 lx，任何点的最小照度可以为 0.65 lx。《生命安全法规》既没有提到失能眩光，也没有提到所使用的光源的颜色特性。它确实考虑了正常电源故障和逃生路线照明开始之间的延迟时间，即在转换到另一个电源期间不应有明显的照明中断。唯一值得注意的是，要求由发电机提供应急照明时，不超过 10s 的延迟是可以的。

Boyce（1986）在一个开放式办公室中研究了不同的时间延迟对人们通过逃生路线能力的影响。他发现，在逃生路线上平均 0.16 lx 的低照度下，将应急照明的启动延迟到正常照明熄灭后的 5s，可确保受试者在开始移动时，比从正常照明直接转换为逃生照明能更快速、更稳定、更少碰撞地移动。然而，离开房间所需的总时间比受试者在瞬间转换后立即移动的时间稍长。5s 延迟后受试者之所以会更快、更稳定的移动，是因为这种延迟让大家的视觉适应了黑暗。需要多少适应时间，取决于正常照明提供的亮度与逃生照明提供的适应亮度之间的差异。这种差异越小，需要的适应时间就越短，因此在受试者更顺畅和更快移动方面的好处就越少，而在正常照明故障和逃生照明开始之间存在的时间延迟，让更长的逃生时间缩短。虽然这种理解在学术上很有趣，但考虑到火灾中人们通常的行为是在响应应急信号之前犹豫不决，除非有明显的警报原因，担心延迟时间应该是 5s 还是更少，对于提高建筑物消防安全来说不是最重要的问题。

最后，有必要考虑居住者如何到达逃生路线。对于狭小的空间如酒店房间，外面的走廊就是逃生路线，这不是问题，因为覆盖的距离很短并且出口明显。对于有固定设施的大空间，如音乐厅，照明建议（SLL，2006a）座位区地面 1m 以上的水平面最小照度为 0.1 lx，座位区地面 1m 以上的最大 / 最小照度比小于 40，CIE 最小一般 CRI 为 40，在供电故障 5s 内即达到 100% 的最小照度，并且最短持续时间为 60min。对于空旷的大空间或装置可以轻松重新配置的地方，有许多不同的可移动方向，照明建议（SLL，2006a）空地地面上的最低照度为 0.5 lx，不包括 0.5m 宽的边界地带，整个空地地面的最大 / 最小照度比小于 40，CIE 一般最小 CRI 为 40，最短持续时间为 60min。启动时间在电源故障后 5s 内达到最低照度的 50%，在 60s 内达到 100%。逃生路线的出口标识应在两种类型的开放空间的所有点均可见。

9.5.2　路径标识

逃生路线照明的另一种方法是路径标识。这种方法是在较低的位置上安装密集的发光标识，标示出逃生路线，通常间隔只有几厘米，并依靠路径标识的光来照亮逃生路线（BSI，1998，1999）。

路径标识可以用电动设备来实现，但近来越来越受关注的技术是光致发光面板

（Tonikian 等，2006）。这些面板使用特殊的荧光粉材料，可以吸收光子的能量然后再慢慢辐射出去。荧光粉以粉末形式生产并应用于油漆、胶带、陶瓷或塑料。荧光粉受激发的入射光光谱由其化学性质决定，通常是紫外线和短波长可见光。当没有光入射时，光致发光面板继续发光，尽管其亮度会随着时间的推移指数下降（Webber 和 Hallman，1989）。幸运的是，这种在黑暗条件下亮度的下降与视觉灵敏度的增加是同步的。直到 20 世纪 90 年代末，常用的荧光粉是硫化锌，掺有铜和钴作为活化剂。今天有了更高效的碱土铝酸盐荧光粉，持续发光时间更长，亮度更高。这种路径标识系统很有吸引力，因为它不需要电源。这意味着它运行可靠，且易于安装于现有的建筑物中。2001 年 911 袭击事件的大量幸存者表示，他们看到了楼梯间的光致发光标识，并且在疏散过程有很大作用（Averill 等，2005）。这些标识是在 1993 年炸弹袭击后安装的。当时爆炸摧毁了正常电源和应急电源，导致人们要在黑暗中撤离塔楼，整个过程花费超过 6h。

Webber 等（1988）研究了人们沿着走廊行走和下楼梯的移动能力，分别采用传统天花板安装的逃生路线照明和基于硫化锌荧光粉的路径标识。他们发现，在光致发光路径标识下，人们在楼梯上的平均移动速度与传统逃生路线照明 0.2 ~ 0.3 lx 的照度下的移动速度相似，而在走廊上的移动速度与 0.05 ~ 0.10 lx 相当（见图 9.6）。逃生者们的主观评价表明，在楼梯上光致发光装置被认为比传统的逃生路线照明更容易，但在走廊上则要困难得多。两种逃生路线照明类型之间难以切换的原因是光致发光材料的密度和位置，这一点很重要。为了确保路径标识系统的有效性，它们必须完整且明确地标记整个路径。因此，光致发光材料的放置需要相当小心以确保引导的连续性。鉴于此，在路径标识系统中使用光致发光材料具有相当大的潜力（Proulx 等，2000）。事实上，现在纽约市所有 75ft（约 23m）高以上的建筑都要求在出口楼梯上做光致发光标记。

其他形式的路径标识已经使用了有源电致发光面板、微型白炽灯和 LED 作为光源。Aizlewood 和 Webber（1995）测量了人们在三种不同的路径标识装置和传统的天花板安装逃生照明下，在由走廊和楼梯组成的逃生路线上移动的能力。路径标识系统分别使用硫化锌基光致发光面板、电致发光轨道和微型白炽轨道，均安装在靠近走廊踢脚线的位置，并与楼梯上的间距线平行。图 9.7 和图 9.8 显示了不同照明系统下测量得到的平均移动速度，与地面平均照度之间的关系。可以看出，在平均照度为 1 lx 及以上的情况下，受试者在天花板安装的逃生路线照明与路径标识系统下的平均速度相差不大，但随着平均照度降低到约 0.2 lx 以下，路径标识系统的速度保持在一个比天花板照明更高的水平。至于路径标识系统之间，唯一一致的差异是无源光致发光路径标识相对于有源白炽灯和电致发光系统的速度略低。有一点要注意，就是这些结果是使用硫化锌基光致发光标识获得的，很有可能会出现更现代的光致发光面板产生更高的亮度来消除这一差异。

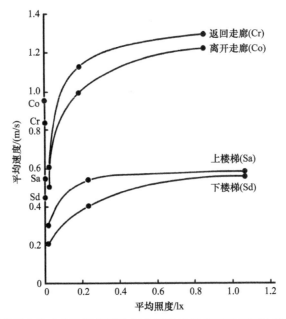

图 9.6 在传统的天花板安装逃生路线照明和仅使用光致发光路径标识的情况下，沿着走廊行走与上下楼梯的平均速度，和地面上平均照度的关系。光致发光路径标识的平均速度对应零照度（来源：Webber, G.M.B.et al., *Lighting Res. Technol.*, 20, 167, 1988）

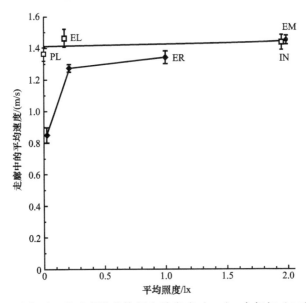

图 9.7 不同的地面照度下，受试者沿着使用电致发光（EL）、白炽灯（IN）、光致发光（PL）路径标识系统或传统天花板安装逃生路线照明（EM）的走廊中的平均移动速度和平均标准误差。为了进行比较，还显示了天花板安装的逃生路线（ER）灯具在较低的照度下，照亮同一走廊时的平均速度。这些平均速度来自于较早的实验中对不同组受试者的测量（Webber 等，1988）（来源：Aizlewood, C.E.and Webber, G.M.B., *Lighting Res. Technol.*, 27, 133, 1995）

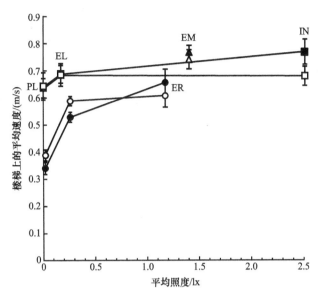

图 9.8　不同的地面照度下，受试者沿着使用电致发光（EL）、白炽灯（IN）、光致发光（PL）路径标识系统或传统天花板安装逃生路线照明（EM）的楼梯上的平均移动速度和平均标准误差。为了进行比较，还显示了天花板安装的逃生路线（ER）灯具在较低的照度下，照亮同一楼梯时的平均速度。这些平均速度来自于较早的实验中对不同组受试者的测量（Webber 等，1988）（来源：Aizlewood, C.E.and Webber, G.M.B., *Lighting Res. Technol.*, 27, 133, 1995）

受试者的逃生路线上还设置了四个障碍物，分别是真人大小的假人、木凳、废纸篓和浅黄色文件夹。受试者在逃生路线上的移动视频记录显示：在电致发光和白炽灯路径标识系统以及传统天花板照明系统下，许多受试者可以从远处看到障碍物并有意避开它们，但在光致发光系统中，许多受试者直到非常接近或真正触碰到障碍物时才看到它们。对于假人、凳子和垃圾箱，在微型白炽灯路径标识系统、天花板照明以及电致发光和光致发光路径标识系统中，受试者检测到这些障碍物的百分比分别为 88%、73%、69% 和 46%。从这些结果可以得出：低位安装的路径标记系统可以确保受试者的移动速度与在传统天花板照明一样好或更好。然而在光致发光路径标识系统下检测障碍物的困难程度表明，仅仅标记路径是不够的，逃生路线也需要照明。Aizlewood 和 Webber（1995）建议逃生路线地面上的最低照度为 0.1 lx。如果路径标识系统具有足够的光输出，这个照度可以由路径标识系统提供，可能会是现代光致发光材料。有关电致和非电致路径标识系统的信息可以查阅相关资料（Webber 和 Aizlewood，1993b；BSI，1998，1999；SLL，2006a；PSA/PSPA，2008）。

前文所述的路径标识相关研究都是每次单独测试一个人的表现。Proulx 和 Benichou（2009）报告了两项在办公楼中的楼梯井中利用光致发光标识进行大规模疏散的研究。第一项研究是在一栋 13 层楼的建筑中进行，每层楼分为四个单元，每个单元都有一个无窗楼梯井。楼梯 A 采用传统的应急照明，在楼梯上提供 57 lx 的平均照度。楼梯 B 采用正常的楼梯照明，在楼梯上提供 245 lx 的平均照度。楼梯 C 只有一套基于硫化锌的光致发光标识系统，楼梯 D 同时采用提供 74 lx 的应急照明和基于硫化锌的光致发光系统。光致发光面板在 60min 后的亮度仅为 3.2mcd/m²。研究者在大楼里组织了一次事先未通知的临时疏散演习，392 人离开了大楼。逃出大楼时，每个人都收到一份调查问卷，这 392 人中有 216 人返回了问卷。表 9.3 显示了下楼梯的平均速度、使用各个楼梯的人数、认为楼梯井的能见度非常好和可接受的人数百分比，以及能见度不佳和危险的人数百分比。显然，速度最快并且认为楼梯井照明非常好且可接受的人数百分比最高的都是光致发光系统（D）。相反，只有光致发光系统（C）的楼梯显示出最慢的速度，30% 的人认为照明不佳且危险。这些发现似乎证明了这样一种观点，即光致发光系统适用于补充普通逃生照明，但不应单独使用。然而结果中的另一数据表明，得出这一结论时要谨慎，这就是使用每个楼梯的人数。通过表 9.3 可以看出，使用楼梯的人越多，速度就越慢，三名消防员上楼梯 C 并迫使下楼梯的人排成一条直线，加剧了这种关系。

表 9.3　四种不同照明系统中，受试者下楼梯的平均速度、使用每个楼梯的人数、认为楼梯井能见度非常好和可接受的人数百分比，以及认为能见度不佳和危险的人数百分比

照明（楼梯）	平均速度/（m/s）	使用人数	非常好和可接受的百分比	不佳和危险的百分比
仅光致发光标识（C）	0.57	144	70	30
全普通照明（B）	0.61	101	100	0
逃生路线照明 57 lx（A）	0.70	82	93	7
逃生路线照明 74 lx 和光致发光标识（D）	0.72	65	100	0

来源：Proulx, G.and Benichou, N., *Photoluminescent Stairway Installation for Evacuation in Office Buildings*, Publication NRCC-52696, National Research Council Canada, Ottawa, Ontario, Canada, 2009。

第二项研究在另一栋13层的办公楼进行，同样使用四个无窗楼梯。其中一个（楼梯C）由应急照明提供 37 lx 的平均照度。其他三个楼梯具有三种不同布局的光致发光路径标识，均基于碱土金属铝酸盐荧光粉。这些光致发光材料在黑暗 60min 后产生的亮度为 7mcd/m²，是同等时间硫化锌基材料的 2 倍以上。研究者同样组织了一次未经通知的疏散，并测量了下楼梯所需的时间，但提出了一个不同的问题。这一次，该问题转为征求人们对所用楼梯间能见度的意见。表 9.4 显示了相关结果，其中最有趣的一点是，当使用光致发光系统的楼梯的人数较多时，其中一种光致发光标识（楼梯A）和传统的逃生路线照明（楼梯C）的平均速度是相似的。另外两种形式的发光标识的楼梯载有相似数量的人，但他们的速度较慢。这可能是由于标识的布局，但在得出这个结论之前需要再次保持谨慎。在速度最慢的楼梯间（楼梯E），据报道，由于有

一个肥胖者占据了楼梯的整个宽度，因此影响了所有人的速度。另一个影响速度的因素是 80% 的人倾向于在下楼梯的时候抓住扶手。这就导致人们只排成一列纵队行进，从而限制了移动速度。至于能见度的问题，四个楼梯之间没有统计学上的显著差异，没有一个是特别有效的，尽管这在多大程度上是由于发生的拥挤引起的还有待商榷。

表 9.4　四种不同照明系统中，受试者下楼梯的平均速度、使用每个楼梯的人数、认为楼梯井的能见度优秀和好的人数百分比，以及认为能见度不佳和差的人数百分比

照明（楼梯）	平均速度 /（m/s）	使用人数	优秀和好的百分比	不佳和差的百分比
光致发光标识，装在扶手和台阶边缘的 L 形上（A）	0.66	345	50	50
逃生路线照明 37 lx（C）	0.66	278	56	44
光致发光标识，装在扶手和每个台阶上都有 1in（2.54cm）的条带（E）	0.40	287	67	33
发光标识，装在扶手和每个台阶上都有 2in（5.08cm）的条带（G）	0.57	281	62	38

来源：Proulx, G.and Benichou, N., *Photoluminescent Stairway Installation for Evacuation in Office Buildings*, Publication NRCC-52696, National Research Council Canada, Ottawa, Ontario, Canada, 2009。

这两项实地研究支持三个观点：第一，只要注意布局，单独使用光致发光标识就几乎可以替代逃生路线照明。第二个观点认为，虽然能见度是快速从建筑物中疏散的必要条件，但它不是充分条件，还有许多其他因素，如路线的容量、人们的行动能力，以及路线上迂回曲折的数量。这些因素可能出现在实地试验中，并可能混淆对结果的解释。这引发了第三种观点，即只有在严格控制的实验室条件下测试了光致发光标识的有效性之后，才有可能就其相对于逃生路线照明的确切优点得出准确的结论。

9.6　特殊情况

到目前为止，对逃生路线照明的考虑忽略了许多不利情况，既包括物理上的，也包括生理上的。经常被忽视的物理情况是烟雾的存在，这在逃生时很常见。生理的情况包括色觉缺陷、视力不佳和行动不便者。这些情况将依次讨论。

9.6.1　烟雾

Watanabe 等（1973）研究了消防员在烟雾中的行动。不出意料，移动速度随着烟雾浓度的增加而降低，直到速度变得恒定，几乎等于在完全黑暗环境中的速度。

从物理上讲，烟雾的成分是悬浮在空气中的气溶胶。入射到这些粒子上的光会被

散射和吸收。衡量烟雾对光的影响的最简单方法是忽略散射和吸收之间的区别，并将它们对光损失的综合影响统一视为吸收。用数学术语来说可以表达为朗伯定律，即光在均匀介质中传播距离 d 时的发光强度 I 由下式给出：

$$I = I_0 e^{-Ad}$$

式中，I_0 是距离 $d(\mathrm{m})$ 为 0 时的未衰减发光强度（cd）；A 是吸收系数。

朗伯定律对于出口标识的效果就是：标识所有部分的亮度以相同比例降低，而不会出现任何模糊。

虽然朗伯定律应用起来很简单，但又过分简化了烟雾的影响（Rubini 和 Zhang，2007）。散射和吸收并不是一回事，被吸收的光等于被消除，而被散射的光其实是被移动到另一个位置。散射光可分为两种类型：大角度散射和小角度前向散射。大角度散射会将光从视野中移除，导致整体亮度下降。然而，在高粒子密度烟雾的情况下，多次大角度散射会导致一些散射光到达眼睛，从而在整个视网膜图像上形成一层光幕。当被观察的物体是唯一的照明源时，这种由大角度散射引起的光幕是轻微的，因为到达眼睛的光量只是在所有角度上均匀散射的光的一小部分。当存在其他光源时，如果其他光源的光输出与被观察物体的光输出相比较大，则大角度散射引起的光幕可能较大。这就是为什么逃生路线照明的存在会降低出口标识在烟雾中的能见度。

当散射角非常小时，散射被描述为小角度前向散射。小角度前向散射会稍微改变光的路径，但光通常仍能到达眼睛。这种前向散射光对光损失的贡献很小，但会因为弱化视网膜图像的亮度分布而降低图像质量。

光损失和视网膜图像质量对于出口标识的可见性都很重要，因为光损失会降低平均标识亮度，而图像质量会影响亮度对比度。Schooley 和 Reagan（1980a，b）研究了烟雾对两种出口标识可见距离的影响。这两种出口标识分别是内发光标识和自发光标识。这两种标识都符合当时的《生命安全法规》的要求。在一间没有照明的房间，标识的可见距离随着标识亮度的增加而增加。这与 Rea 等（1985b）和 Collins 等（1990）的研究结果一致。Rea 等（1985b）让受试者在固定的距离上隔着烟雾区观看 13 个不同的出口标识。实验室中的白烟浓度逐渐增加，直到标识达到两个阈值标准：可读性（刚刚可以读取标识）和可识别性（刚刚发现某种东西存在）。这 13 种标识都是当时加拿大通行使用的，具体包括 4 个配备白炽灯或荧光灯的内发光标识、3 个用白炽灯照亮的外打光出口标识和 2 个自发光标识。图 9.9 显示了这 13 种标识中每一个的临界烟雾浓度和标识总体亮度的关系。烟雾浓度的定义为逃生路径上每米长度的烟雾光密度。光密度定义为烟雾透过率的倒数的对数。标识的总体亮度是包围大部分字母及其直接背景的圆形区域的平均亮度。从图 9.9 可以看出，标识的总体亮度越高，标识可以被识别和读取的临界烟雾密度越大。

从图 9.9 中不同标识的临界烟雾密度的变化也可以明显看出，总体亮度并不是唯一重要的因素。其他可能重要的因素包括标识的颜色格式、对比度的正负极性以及字母亮度的均匀度。在 Rea 等（1985b）使用的标识中，有白色背景上的红色字母、黑色背景上的红色字母、白色背景上的绿色字母、黑色背景上的绿色字母、红色背景上的绿色字母、绿色背景上的黑色字母以及红色背景上的白色字母。颜色格式对于临界烟雾密度的影响并不一致。

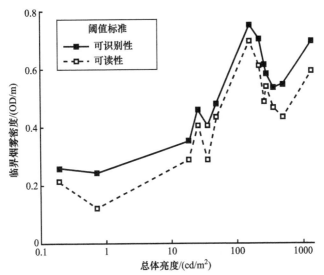

图 9.9　标识的总体亮度刚好可以使 13 个不同的出口标识可识别到和可读时的烟雾密度（来源：Rea, M.S.et al., *Photometric and Psycho-physical Measurements of Exit Signs through Smoke*, National Research Council of Canada, DBR Paper 1291, National Research Council Canada, Ottawa, Ontario, Canada, 1985b）

　　Ouellette（1988）研究了具有不同对比度极性的标识的可见性，即深色背景上的明亮字母或明亮背景上的深色字母。他发现不同的对比度极性导致可见度存在微小但具有统计学意义上的显著差异。平均而言，与具有低亮度背景的标识相比，具有高亮度背景的标识在相同密度的白烟中需要更高的亮度才能被看到。这种效应可以用标识在烟雾中发出的光的散射来解释。从高亮度背景散射的光往往会掩盖标识上的低亮度的字母，使标识不那么明显。Collins 等（1990）利用黑烟得出了类似的结论。具体而言，模板标识（不透明背景上的透光字母）被认为比面板标识（透光字母和背景）更明显。

　　至于亮度均匀度对可见性的影响，目前还没有系统地研究过。可以推测，一个非常不均匀的亮度标识可读性会更差，特别是在烟雾中，因为高亮度区域散射的光可能会掩盖较低亮度区域，从而使显示碎片化。这是标识设计中值得研究的一个方面。

　　Rea 等（1985b）还研究了环境照明对于烟雾中的影响，比如在普通照明打开时，透过烟雾区到达水平面上的环境照度范围为 170 ~ 1200 lx。落在出口标识表面的照度为 75 lx。图 9.10 显示了在环境照明打开和关闭的情况下，13 个出口标识可读性的临界烟雾密度与标识总体亮度的关系。很明显，打开环境照明会使所有标识变得不那么明显，尽管不同标识亮度的减少幅度不同。

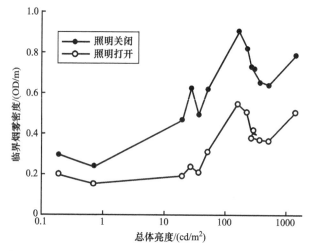

图 9.10　环境照明打开和关闭的情况下，标识的总体亮度刚好可以使 13 个不同的出口标识可读时的烟雾密度。环境照明打开且无烟的情况下，在标识立面提供的照度为 75 lx（来源：Rea, M.S.et al., *Photometric and Psycho-physical Measurements of Exit Signs through Smoke*, National Research Council of Canada, DBR Paper 1291, National Research Council Canada, Ottawa, Ontario, Canada, 1985b）

　　总之，这些研究为传统出口标识提供了一个定性的规范，以确保它们在烟雾中有效。理想情况下，最容易在烟雾中阅读的标识应该是大尺寸的、模板制作的、字体亮度高的。然而，还有一个重要的问题需要考虑：什么样的烟雾浓度，可以让人们在一定时间内生存？在浓烟中让出口标识清晰可见是没有意义的，因为烟太浓了会让在场的人直接死亡。不幸的是，这个问题没有简单的答案，因为它取决于相关的温度和烟雾成分。火灾中的死亡主要包括三种方式：热塌陷、吸入有毒气体或吸入刺激性气体。因此，在一种类型的烟雾中可能存活的光密度在另一种类型的烟雾中可能无法存活。Newman 和 Kahn（1984）建议短期暴露的临界烟雾密度为 $0.22 \mathrm{m}^{-1}$，而 Gross（1986）以及 Chittum 和 Rasmussen（1989）得出的可生存烟雾密度为 $1.64 \mathrm{m}^{-1}$。

　　考虑这些烟雾密度的影响是很有趣的。在 Collins 等（1990）的检测中，所有标识在距离 19m（62ft）、烟雾密度小于 $0.17 \mathrm{m}^{-1}$ 时，都会消失在黑烟中。烟雾密度、观察距离与标识发光强度的关系方程为

$$\log\left(\frac{I_0}{I_s}\right) = \mathrm{SD} \cdot d$$

式中，I_0 是标识在清晰环境中的发光强度（cd）；I_s 是标识在烟雾中的发光强度（cd）；SD 是烟雾密度，等于单位路径长度（m^{-1}）的光密度；d 是路径长度（m）。

　　通过这个等式，Collins 等（1990）的数据表明，黑烟中所有标识消失对应的对数值为 3.23。在这个比率和 $0.22 \mathrm{m}^{-1}$ 的可存活烟雾密度下，Collins 等（1990）检查的所有标识消失的距离为 14.7m（50ft）。如果可存活光密度为 $1.64 \mathrm{m}^{-1}$，则所有标识消失的

距离为 1.97m（6.5ft）。最后，英国健康与安全局（HSE，1998）的一份报告建议，应该对道路标记系统进行测试，以确保在光密度为 0.5m^{-1} 的烟雾中，3.5m 远处依然可见。这个烟雾密度是在可能的暴露时间内能够存活的密度。尽管可存活烟雾密度存在不确定性，但毫无疑问市面上可见的出口标识中，很少有能隔着可存活的烟雾密度在 30m（100ft）处被看见，即使在没有逃生通道照明的情况下。

这就引出了如何提高出口标识在烟雾中能见度的问题。一种方法是利用 Rubini 和 Zhang（2007）的方法，对充满烟雾的环境进行逼真的能见度模拟，这能检验各个不同变量的影响。然而，前面讨论的结果表明，最有效的方法可能是提高标识的亮度。如果烟雾对光的影响仅限于吸收，那么增加亮度就足够了。但是，烟雾会散射和吸收光，而散射的光往往会掩盖标识所承载的信息。因此，标识的最高亮度应该由标识中承载信息的部分决定。Gross（1986）描述了这样一种出口标识，它使用 LED 颗粒组成一个矩阵，拼出单词"EXIT"的字样。Gross（1988）声称，与传统的、内发光的出口标识相比，这种标识在浓烟中可读的距离显著增加。

与其尝试将出口标识的亮度提高到可以隔着 30m（100ft）的可存活烟雾看到，不如考虑使用低位安装的路径标识系统（见 9.5.2 节）。这个系统有两个优点：首先，与传统的出口标识或天花板上的逃生路线照明相比，路径标识系统提供的信息密度都要紧凑得多，这样就不需要在烟雾中看到远处的信息；第二个是低位安装，这很有价值，因为它将光源放置在更靠近逃生路线的表面，并且烟雾的分布并不总是均匀的。热烟雾最初往往会积聚在天花板上，然后逐渐向下蔓延到地面。这种分层结构在烟雾温度下降或喷淋头开始运行之前会很明显。分层烟雾结构意味着靠近火源的烟雾在地面上最薄，所以靠近地面的光的吸收和散射应该更少。Chesterfield 等（1981）比较了安装在天花板的照明和安装在扶手侧的照明，对于烟雾中客机疏散的有效性。结果表明，低位安装的照明装置可使疏散时间缩短 18%。Paulsen（1994）研究了人们在一个模拟船只内部走完路线所花费的时间，该路线包括走一段走廊、上一段楼梯，然后沿着另一条走廊移动到一扇通往露天甲板的门，整个空间内部充满了白烟。结果是，实现 100% 成功疏散的用时最短（68s）的逃生照明是一套连续的、平均亮度为 5.5cd/m^2 的低位安装路径标识系统。安装在头部高度的六个指示方向变化的出口标识逃生路线照明系统产生了更长的疏散时间，并且仅有三分之二的受试者成功找到通往露天甲板的路。

Webber 和 Aizlewood（1993a）做了一项实地研究，让人们测试他们必须离开多远才能看到烟雾弥漫的走廊尽头的门，具体条件有五种不同的出口标识、三种不同的路径标识和传统的天花板逃生路线照明。此外，他们还询问观察者是否愿意在他们刚刚能看到灯光的烟雾走廊中移动，并对紧急烟雾情况下照明的满意度进行评价。烟雾密度沿走廊长度变化，最靠近门的地方烟雾密度最大，平均值约为 0.4m^{-1}。在所有照明条件下，烟雾的分布都是相似的。图 9.11 显示了门第一次被检测到的距离和确定被识别的距离。正如前面讨论所预测的那样，距离随着标识亮度的增加大致呈对数增加。路径标识系统的距离在出口标识范围的中间。图 9.12 显示了愿意沿着走廊移动的

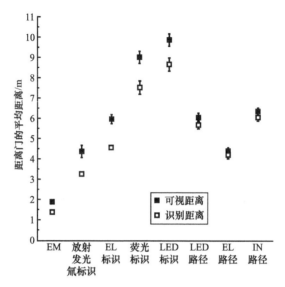

图 9.11　在烟雾密度为 0.4/m、烟雾弥漫走廊尽头的门首次被检测和识别的平均距离。被检测的照明方式是：放射发光（氚）、电致发光（EL）、荧光（Fluor）或单独的 LED 出口标识；天花板安装的逃生路线照明灯具（EM）；白炽灯（IN）、电致发光（EL）、LED 路径标识系统（来源：Webber, G.M.B.and Aizlewood, C.E., Investigation of emergency wayfinding lighting systems, *Proceedings of Lux Europa 1993*, CIBSE, London, U.K., 1993a）

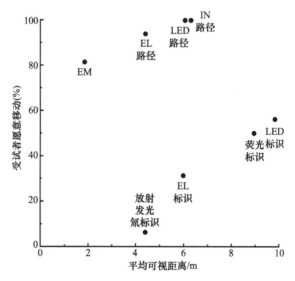

图 9.12　在各种照明方式下，愿意沿着充满烟雾（烟雾密度 = 0.4/m）的走廊移动的受试者的百分比，和出口标识或门标识首次被检测到的平均距离的关系。几种照明方式是：放射发光（氚）标识、电致发光（EL）、荧光（Fluor）或单独的 LED 出口标识；天花板安装的逃生路线照明灯具（EM）；白炽灯（IN）、电致发光（EL）、LED 路径标识系统（来源：Webber, G.M.B.and Aizlewood, C.E., Investigation of emergency wayfinding lighting systems, *Proceedings of Lux Europa 1993*, CIBSE, London, U.K., 1993a）

人的占比。显然，当走廊以某种方式被照明时，无论是通过天花板上的传统逃生路线照明还是通过路径标识系统，与单独使用出口标识相比，愿意沿着走廊逃生的人员比例都更高。图 9.13 显示了人们在烟雾报警情况下，对于不同照明系统的平均满意度。毫无疑问，在烟雾中，路径标识系统被认为比天花板逃生路线照明更令人满意，进而又比单独的出口标识更令人满意。

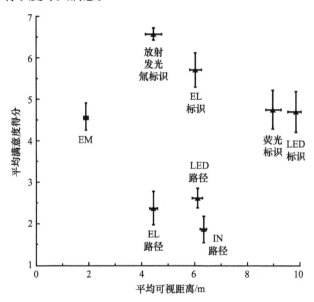

图 9.13　在紧急烟雾条件下（0.4/m 的烟雾密度），走廊和门的照明的平均满意度，与走廊尽头门的标识或路径标识可被识别的平均距离的关系。满意度评分采用七分制，1 = 非常满意，7 = 非常不满意。逃生路线照明包括放射发光（氚）、电致发光（EL）、荧光（Fluor）或单独的 LED 出口标识；天花板安装的逃生路线照明灯具（EM）；白炽灯（IN）、电致发光（EL）、LED 路径标识系统（来源：Webber, G.M.B.and Aizlewood, C.E., Investigation of emergency wayfinding lighting systems, *Proceedings of Lux Europa 1993*, CIBSE, London, U.K., 1993a）

　　Webber 和 Aizlewood（1994）提出了另一种方法来评估在烟雾中各种紧急出口信息的可见性。对于一位观察者，他们测量了逃生路线照明系统中不同组件在充满不同密度白烟的走廊中可以被看到时的距离，包括出口标识、门框标识和路径标识。他们发现，在所检查的距离范围内烟雾密度与观察者的观看距离的乘积，即烟雾的光密度，为一个常数，尽管每种组件都有不同的常数。表 9.5 给出了每种组件刚刚可见时的平均光密度。平均光密度越大，组件的可见性越强。表 9.5 还给出了出口标识、门框标识和路径标识中字母的平均亮度。组件的亮度和相关的光密度之间明显存在广泛的关系：亮度越高，平均光密度越高。表 9.5 中给出的平均光密度很重要，因为考虑到它对于给定的组件是恒定的，它可以用于在固定的观察距离，或者对于恒定的烟雾密度，在组件变得不可见之前预测烟雾密度，检测观察者可以走多远。图 9.14 是根据使用与路径标识相同材料的一系列出口标识和若干门框标识的烟雾密度得出的。从

图 9.14 可以清楚地看出，任何在 0.5m^{-1} 以上的烟雾密度都会严重限制这些组件中的任何一个可见的距离。烟雾的这种强烈的遮蔽效果表明，一套精心规划的路径标识系统，应当在短时间内提供前进方向的信息，在存在浓烟的情况下，逃生路线照明被认为是可行的。

表 9.5　逃生照明系统各组成部分刚好可见时烟雾的平均光密度和该组成部分的平均亮度

组成部分	平均光密度	组分亮度 /（cd/m²）
1min 后的光致发光出口标识	0.84	0.042
1min 后的光致发光门框标识	1.60	0.042
放射发光门框标识	1.65	0.61
放射发光出口标识	2.13	0.51
电致发光出口标识	2.61	0.33
电致发光门框标识	2.61	7.32
天花安装的逃生照明和荧光象形符号标识	3.00	935
LED 门框标识	3.01	562
荧光象形出口标识	3.19	935
微型白炽门框标识	3.23	1610
低位 LED 出口标识	3.60	1890
LED 出口标识	4.01	3280
LED 象形符号出口标识	4.15	2320

来源：Webber, G.M.B.and Aizlewood, C.E., Emergency lighting and wayfinding systems in smoke, *Proceedings of the CIBSE National Lighting Conference*, Cambridge, CIBSE, London, U.K., 1994。

　　Webber 等（2001）用另一种方式研究了烟雾的影响，他们测量了在一条由普通照明、天花板逃生路线照明和四种电子路径标识系统（电致发光、LED 和白炽灯光源）照明的路线上，受试者的移动速度。图 9.15 显示了 18 个受试者沿着充满白烟（平均光密度为 1.1m^{-1}）的 13m 走廊的移动速度，沿着充满白烟（平均光密度为 1.2m^{-1}）的楼梯的移动速度，和逃生路线上照度的关系。图 9.15 可以清楚地看出，无论是在走廊还是在楼梯，在天花板照明系统下，烟雾中行走的速度都比在电子路径标识系统下慢。此外，对于天花板照明和电子路径标识系统，烟雾中行走的速度比在相同设施中测量的没有烟雾的速度要慢（见图 9.15 及图 9.7 和图 9.8）。同样值得注意的是，当有烟雾存在时，从天花板提供更多的光线几乎没有什么好处。

　　毫无疑问，靠近地面的密集路径标识比传统的天花板逃生路线照明更能有效地引导人们在烟雾中沿着逃生路线逃走，但重要的是要记住为什么传统的逃生路线照明和出口标识安装在头顶，原因是为了减少路径标识被人、家具和设备阻挡的可能性。这意味着低位的逃生路线标识，顾名思义，对于标识明确的、没有障碍物的逃生路线是有价值的。这就引出了一个问题，当存在烟雾时，将人们从被阻塞的空间引导到逃生路线的最佳方法是什么。

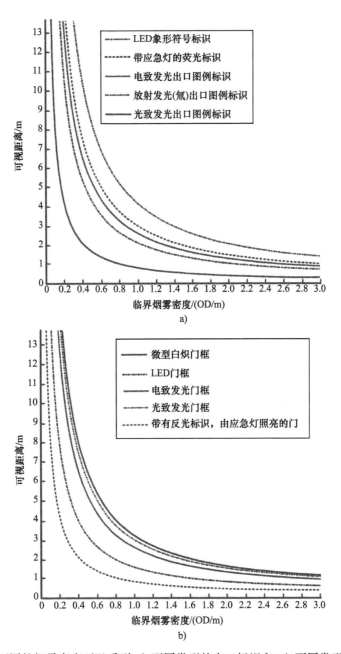

图 9.14　通过不同的烟雾密度可以看到 a）不同类型的出口标识和 b）不同类型的门标识的距离模型（来源：Webber, G.M.B.and Aizlewood, C.E., Emergency lighting and wayfinding systems in smoke, *Proceedings of the CIBSE National Lighting Conference, Cambridge,* CIBSE, London, U.K., 1994）

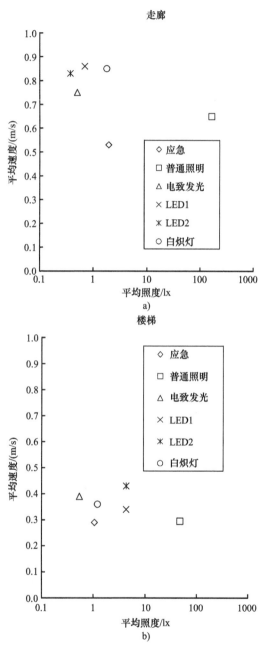

图 9.15　受试者沿着 a）走廊和 b）充满白烟的楼梯移动的平均行走速度与地面的平均照度的
关系。走廊和楼梯由普通的天花板安装照明、天花板安装的应急照明或四种形式的电致路径标
识系统照亮（来源：Webber, G.M.B.et al., The effects of smoke on people's walking speeds using
overhead lighting and wayguidance provision, *Human Behaviour in Fires, Proceedings of the 2nd In-
ternational Conference*, Interscience Communications, Greenwich, U.K., 2001）

　　在前面讨论的实验中，尚未讨论烟雾对眼睛的影响。Jin（1978）测量了在已知密度的刺激性和非刺激性烟雾存在的情况下，人们在走廊行走时可以看到出口标识的距离。结果表明，刺激性烟雾显著降低了可见度距离，因为受试者的眼睛大量流泪。Jin（1978）还研究了人们在刺激性和非刺激性烟雾中的行走速度。在刺激性烟雾中行走速度大大降低，提供更多的光照也不起作用。

9.6.2　色觉有缺陷的人

　　鉴于颜色是出口标识的重要组成部分，并且对于其识别很重要，因此有必要研究出口标识的各种颜色对于色觉有缺陷的人的信息传达效果。Eklund（1999）组织了色觉正常的人以及绿色觉异常和红色觉异常的观察者对此问题进行了研究（有关各类色觉缺陷的描述，见 2.2.7 节）。研究使用的设备能对出口标识上的单词"EXIT"提供字母和背景颜色及亮度的独立控制。"EXIT"这个词可以正常显示，也可以反向显示，并且其大小满足《生命安全法规》的要求，可以在 30m（100ft）处看清楚。设备中采用不同颜色的 LED 光源分别给字母和背景提供光源。观察者的任务仅仅是辨别标识的方向。由于只可能有两种方向，因此识别的成功率范围只会分布在 50% ~ 100%。图 9.16 分别显示了色觉正常、绿色觉异常和红色觉异常的观察者的识别表现，识别对象分别是白色背景上的绿色（峰值波长 530nm）和红色（峰值波长 660nm）字母，横坐标为亮度对比度。图 9.16 表明，识别表现大大降低的唯一情况是红色觉异常者观察白色背景上的绿色字母。这个结果引发了一个有趣的问题，为什么红色觉异常者对于红色字母的识别表现相对于绿色字母反而更好？ Eklund（1999）认为原因在于红色觉异常系统的光谱敏感性。具体来说，红色觉异常者没有对长波长敏感的锥状光感受器，因此在可见光谱的长波长区域的敏感性降低。这会改变标识提供给红色觉异常者

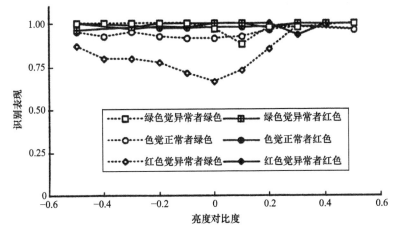

图 9.16　色觉正常、绿色觉异常和红色觉异常受试者，正确识别出口标识方向的比例与亮度对比度的关系。实验采用白色背景上的绿色 LED（峰值波长 530nm）或红色 LED（峰值波长 660nm）出口标示（来源：Eklund, N.H., *J. Illum. Eng. Soc.*, 28, 71, 1999）

的亮度对比度。图 9.17 基于红色觉异常和色觉正常的观察者的光谱灵敏度曲线，给出了红色觉异常者与相对于色觉正常的观察者相匹配的等效亮度（PEL）对比度估值（Wyszecki 和 Stiles，1982）。从图 9.17 可以看出，对于红色 LED，PEL 对比度在检查的亮度对比度范围内（−0.5 ~ +0.5）是高度负值，也就是说，白色背景上的红色字母在红色觉异常者看来是白底黑字。对于绿色 LED，由于亮度对比较低，PEL 对比度较低，有轻微的负偏，这解释了图 9.16 中观察者识别表现的模式。

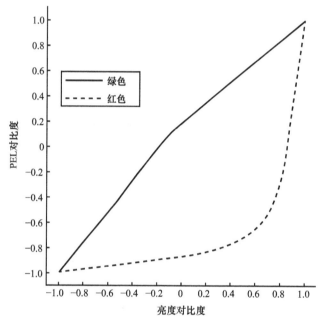

图 9.17　绿色和红色 LED 信号的 PEL 对比度与亮度对比度的关系。LED 的峰值波长为绿色 = 530nm 和红色 = 660nm（来源：Eklund, N.H., *J. Illum. Eng. Soc.*, 28, 71, 1999）

这些结果适用于面板型出口标识，其中字母和背景的亮度均高于零，即使在无电源条件下也是如此。但是模板型标识时又怎么样，在无电源情况下其背景亮度为零并且亮度对比度非常高？图 9.18 回答了这个问题。它显示了色觉正常者、绿色觉异常者和红色觉异常者对于四种不同颜色 LED 的识别表现。在这种情况下，对于红色 LED，红色觉异常者的识别表现比色觉正常者或绿色觉异常者差，但对于绿色 LED 则不然。同样，红色觉异常者对红色 LED 的较差识别表现，可以用红色觉异常者对长波的灵敏度降低来解释。降低的灵敏度意味着红色字母的等效亮度对于红色觉异常者来说较低，当与黑色背景结合时，会导致较低的 PEL 对比度信号。

从这些结果中可以得出两个结论和一个隐义。第一个结论是，影响识别表现的是标识的字母和背景之间的对比度。第二个结论是，对于色觉正常者很好的条件可能对于色觉有缺陷者就是很差的条件。例如，图 9.17 表明，亮度对比度在 +0.6 ~ +0.8 范围内，这可以确保色觉正常者的高水平识别表现，但会导致红色觉异常者对白色背景上的红色字母的识别表现较差。这意味着，对于色觉正常者及绿色觉异常者和红色觉异常者来说，最有效的出口标识是一个绿色的模板标识，即深色背景上的绿色字母。无论环境照度如何，这种格式都能提供高水平的识别表现（见图 9.16 和图 9.18）。这至少为选择出口标识的颜色提供了一个合理的理由。

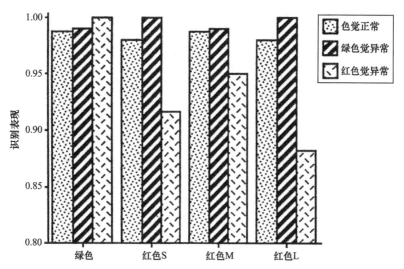

图 9.18　色觉正常者、绿色觉异常者和红色觉异常者对深色背景上的绿色和红色 LED 标识的识别表现（表示为使用绿色和红色 LED 标识的正确识别出口标识方向的比例）。LED 的峰值波长为绿色 = 530nm，红色 S = 622nm，红色 M = 632nm，红色 L = 660nm（来源：Eklund, N.H., *J. Illum. Eng. Soc.*, 28, 71, 1999）

9.6.3　低视力人群

以上所有讨论针对的都是视力正常和视野大小正常的人。然而，建筑疏散还要考虑视觉受损的人群。年龄是视力下降最常见的原因，到了 40 岁，大多数人都会经历眼睛对焦能力下降；到了 60 岁，眼内视介质的病理状况开始增加；到了 70 岁，视网膜病理状况迅速增加（见第 13 章）。这些变化导致分辨细节、辨别颜色、适应照度突变的能力下降，并且增加了对眩光的敏感度。这些变化中的许多会影响对于逃生路线照明信息的获取。

Pasini 和 Proulx（1988）研究了低视力人群在正常情况下在建筑内穿行的方式。他们发现，视觉障碍者通过踱步前进穿行过建筑物，也就是说，需要频繁、间歇地做出一系列决定。他们认为，低视力人群在建筑物中移动时，可以从规律出现的间隔信息中受益，这些信息要很容易被感知，而且具有独特的特征。这意味着上面讨论的路径标识系统，特别是如果也具有一些触觉特征，将对紧急状况下寻求逃离建筑物的低视力人群有帮助。《生命安全法规》（NFPA，2012）现在要求所有新建筑物的出口必须配有一个带"EXIT"字样的盲文标识。

　　Wright 等（1999）报告了一项研究，要求 30 名不同程度的低视力人群通过一条逃生路线，包括走廊和楼梯，另外有一组视力正常的人作为对照。逃生路线用天花板照明和路径标识的不同组合照亮。对两组人运动速度的测量结果表明，低视力人群组在走廊上逃生路线行走的速度一般为正常视力组的 45%～70%，在楼梯上的行走速度为 75%～80%。图 9.19 显示了低视力人群组在走廊和楼梯上的移动速度与逃生路线平均照度（包括普通照明的照度）之间的关系。正如预期，照度越高，移动速度就越快。图 9.20 显示了人们对于导向难易程度的评分和平均照度之间的对应关系。同样，随着照度增加，平均分数显出稳定的改善。关于不同系统之间的对比，光致发光路径标识系统下的移动速度最慢，难度最大；在类似的照度下，天花板照明比电致发光路径标识系统差；而常规照明则带来最快的速度和最低的困难评分。Cook 等（1999）进行的类似研究得到了相似的结果，只是天花板照明系统在逃生路线上提供的平均照度从大约 1.9 lx 增加到了大约 6.4 lx，从而使天花板照明系统得到最低难度评分。这再次证明，在没有烟雾的情况下，重要的因素不是使用的特定技术，也不是照明的位置，而是逃生路线上产生的光量。

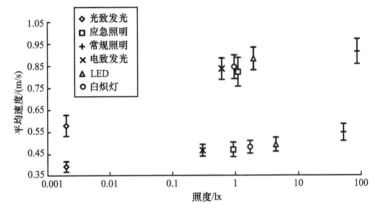

图 9.19　低视力人群走楼梯和走廊的平均移动速度，相对于逃生路线上平均照度（lx）的关系。较高、较快的一组是走廊；较低、较慢的一组是楼梯。逃生路线照明由光致发光路径标识系统、在地面上提供 70 lx 照度的普通天花板照明、LED 路径标识系统、天花板应急照明系统、电致发光路径标识系统和微型白炽灯路径标识系统组成。30 名低视力受试者包括 9 名色素性视网膜炎患者、8 名黄斑变性患者、4 名白内障患者、3 名青光眼患者、2 名糖尿病视网膜病变患者和 4 名其他原因视力丧失患者（来源：Wright, M.S.et al., *Lighting Res. Technol.*, 31, 35, 1999）

9.6.4　行动不便者

　　另一个值得考虑的特殊情况是：行动不便的人的疏散，典型场所是医院和疗养院。此类建筑物疏散难易程度已经有了很多研究（Canter，1980），但没有提及应急疏散信息的作用。这可能是因为行动不便者需要他人的帮助才能移动，并且假定这些帮助者具有正常的视觉能力。这是一个合理的假设，但这意味着疏散时间将比正常人移动的时间长得多。这种情况下，应急出口标识的持续时间要比通常的长得多。

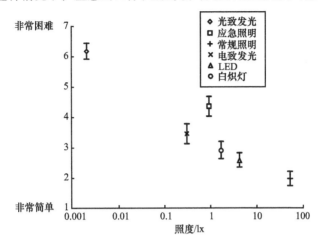

图 9.20　低视力人群走楼梯和走廊的难度平均打分，相对于逃生路线上平均照度（lx）的关系。逃生路线照明由光致发光路径标识系统、在地面上提供 70 lx 照度的普通天花板照明、LED 路径标识系统、天花板应急照明系统、电致发光路径标识系统和微型白炽灯路径标识系统组成。30 名低视力受试者包括 9 名色素性视网膜炎患者、8 名黄斑变性患者、4 名白内障患者、3 名青光眼患者、2 名糖尿病视网膜病变患者和 4 名其他原因视力丧失患者（来源：Wright, M.S.et al., *Lighting Res. Technol.*, 31, 35, 1999）

9.7　实际中的逃生路线照明

以上研究的主要是逃生路线照明的规范。但考虑所有规范在实际中的落地情况同样重要。Ouellette 等（1993）对加拿大 7 栋 20～30 年楼龄的大型办公楼的逃生路线照明系统进行了仔细全面的评估。其中 6 栋楼的逃生路线照明系统使用传统灯具与中央发电机相连，当停电时，中央发电机就会起动供电；另 1 栋大楼则使用壁挂式白炽灯，由可充电电池供电。对这些大楼的逃生路线照明进行目测后发现了一些令人不安的结果，在许多开放区域，逃生路线照明的设置和逃生路线不一致。常见的情况是，逃生通道的灯光会被高隔间的隔板遮挡。这些问题可能是由于办公室调整布局时，没有针对逃生路线对逃生路线照明进行调整所致。考虑到当今办公楼的流动率，这可能是一个普遍情况。更糟糕的是，出口标识也并不总是与逃生路线一致；甚至有些出口标识把人引向了锁着的门或死胡同。照度的测量是在离地面 1m 的水平面上进行的，沿逃生路线的中心线每隔 1m 测一次。测量结果显示，逃生路线上照度的数值分布范围很广。在每栋大楼中，最高照度均大于 100 lx，最低照度均小于 0.4 lx，很多甚至小于 0.1 lx，这是照度计可测量的最低照度。结果就是通道里形成黑暗区域里分隔开的几个光斑。作者评论说，"在一些办公区域，尤其是在夜间，在现有应急照明系统的情况下，人们很难找到安全的通路"。

鉴于类似的情况也发生在其他城市和国家，需要注意是如何改善这类情况。常规手段是通过更频繁地检查应急出口系统来改善。《生命安全法规》（NFPA，2012）要求对应急照明设备每 30 天进行一次功能检查，每次检查持续 30s，每年进行一次持续 90min 的检查。SLL（2006a）也要求定期进行月度和年度检查，该检查不仅需要观察逃生路线照明是否能开启，还需要测量逃生路线上提供的照度。Ouellette 等（1993）的照度测量形成了一个多模态分布。给定这样的分布，平均照度可能会是误导，特别是当测量点的数量是有限的。Ouellette 等（1993）建议检查人员应寻找逃生路线上最暗的位置，并测量那里的照度，即测量逃生路线上的最低照度。他们建议最低照度不能小于 0.5 lx。这种方法的优点是简单、快速，但是除非有一个具体的方法来比较，否则测量是没有什么用处的。幸运的是，《生命安全法规》（NFPA，2012）和其他指导文件（SLL，2006a；BSI，2011b）包括逃生通道上照明的最低照度规范。实际中提高逃生路线照明质量的另一种可能性是，在电致发光的出口标识和逃生路线照明的基础上，增设光致发光路径标识和出口标识。即使发电机起动不了或出口标识的电池没电了，这些也将保持运行。当家具需要重新摆放时，它们也可以很容易地被移动。当然，无论逃生路线照明多么可靠，如果不符合实际的逃生路线，把人送进死胡同，也就不起作用了。为避免这种情况，需要在检查系统时，着重检查逃生路线照明与逃生路线的匹配情况。

9.8　总结

提供从建筑物里逃生的手段是大多数国家法律法规的一部分，通常包括明确的逃生路线和告知居住者何时离开的方法。照明是紧急出口系统的重要组成部分，它可以告诉居住者该走哪条路，并照亮逃生路线，以便在没有电力和有烟雾的情况下，人们可以沿着逃生路线快速安全地撤离。

告知居住者从哪里逃离建筑物是出口标识的作用。这些标识可以由文字或符号组成。在任何一种情况下，出口标识的规格都是基于标识在指定距离上可见并且显眼的需求。出口标识的规格通常定义了标识元素的最小尺寸、它们的亮度和亮度均匀度，以及承载信息的元素与背景之间的亮度对比度。世界上不同地区使用不同颜色的出口标识。使用彩色出口标识的价值在于，它增强了标识相对于其他可能同时运行的白色灯具的显著性。通过颜色识别正常和有颜色识别缺陷的人对出口标识的识别测试表明，黑色不透明背景上的绿色发光字母或符号是出口标识最有效的颜色格式。这种模板标识格式在烟雾中也比其他格式更有效，尽管在可生存的烟雾浓度下，很少有商业上可用的出口标识能在最远距离下可见。

逃生路线照明系统的另一部分是逃生路线的照明。这可以通过特别供电的天花板或墙面安装灯具或某种形式的低位路径标识系统来实现，既可以是电致发光的，也可以是光致发光的。在晴朗的大气中，这些系统之间几乎没有选择的余地，特别是现在可以使用基于碱土铝酸盐荧光粉的更亮的光致发光系统。人们在逃生路线上移动的速度以及他们与障碍物接触的频率取决于逃生路线上产生的照度。光源的最低照度约为 0.5 lx，足以确保行人避开障碍物。更高的照度能带来更快的逃离速度。至于光谱，有证据表明，光谱有效地刺激杆状光感受器，对于逃生是有利的。系统之间的差异确实出现在烟雾中。在烟雾中，如果路径标识系统具有足够的光输出以在逃生路线上提供至少 0.1 lx 的照度，则低位安装路径标识系统比天花板或壁挂式安装系统更能有效地促进沿逃生路线上的移动。

　　虽然提供优质逃生路线照明所需的条件已广为人知，但在实践中提供的条件往往远远不够。这有两个原因。首先是一些负责疏散照明建议的组织可耻地假装虽然建筑物中可能出现烟雾，但它对逃生路线照明的有效性没有影响。这意味着，满足许多法律要求的逃生路线照明在快速逃生至关重要的情况下是无效的。第二，许多逃生路线照明系统维护不善，或者在建筑物内部发生变化时没有进行修改。这是因为普遍不愿意提供资源来执行与逃生路线照明有关的法律要求。在许多方面，目前的逃生路线照明实践提供了一种虚假的安全感。

第 10 章 驾驶照明

10.1 引言

驾驶是一项视觉任务，视觉条件中的认知部分及驱动部分已经在 4.2 节中讨论过，驾驶人的任务是从环境中获取信息，以确定需要采取什么样的动作并恰当地操控汽车。视觉的很多方面对于驾驶很重要，其中视锐度被广泛用来评估驾驶的可行性，而其实与驾驶表现关系甚微。更重要的参数是对比敏感度、视场的大小以及视觉信息的处理速度（Owsley 和 McGwin Jr.，2010）。视觉是驾驶的必要条件，但并不是充分条件。驾驶的质量还受到认知技巧的影响，比如学习能力、记忆能力、决断力等。另外，在驾驶过程中，我们不仅通过视觉，还会从其他感官获取信息。在行驶中，我们通过车辆本身以及周围环境的噪声来获取听觉信息，还有受肌肉反应和前庭机制所获得的各种反应的信息。

虽然有多种感知的输入，但不可否认视觉是驾驶中最重要的感知方式。驾驶照明的作用就是传递视觉信息，无论直接还是间接的。直接信息来自灯光本身，比如车辆的转向灯或者交通信号灯；而间接信息来自被光照亮的地方。白天，视觉对于驾驶人来说几乎没有什么困难，除了通过隧道时遇见的黑洞效应（Boyce，2009），但在夜里情况就不同了。长达数英里的路上，驾驶人唯一的光源就是车辆上配备的车灯。即使有道路照明，那也可能在数量和质量上差异很大。本章就探讨现有的车灯及道路照明如何改进道路安全以及驾驶舒适度。

10.2 车辆前照灯

车灯可以简单地分为两大类：让驾驶人在天黑后也能看到东西的照明用灯，以及主要用于指示车辆存在或提供有关车辆运动的信息的灯。前一种统称为前照灯（forward lighting），包括车头灯和雾灯。后一种类型称为信号灯，包括前进和后退灯、示廓灯、停车灯、转向灯、日间行进灯以及紧急闪烁灯。有一种不属于这种分类的例外是倒车灯。倒车灯同时提供倒车时的照明和给周围车辆发送车辆移动的信号。

10.2.1 技术

车辆前照灯中最常见的形式是车头灯，车头灯设计既要考虑光源，也要考虑光学控制。前照灯的光源必须有足够的光通量，以满足法规要求的最小发光强度。它们也必须满足客户所期望达到的开灯后立即能够获得的光通量。此外，它们还必须能够在各种天气条件下可靠地运行以及承受振动并且能够和车辆一样耐用。现代车辆的车头灯常用的是钨丝灯或者氙气放电（HID）光源，近年来发光二极管（LED）发展势头很猛（Sivak 等，2004）。这些光源的光谱、发光效率以及寿命（见 1.7 节）各不相同。它们都在传统建筑照明中有所应用，但如果用作车灯光源，就要经过一定的改造以适应严酷的车辆环境。对于钨丝光源的改造主要是提升了灯丝的强度。对于 HID 光源，主要的改造是在氙气里充入金属卤化物（MH）气体，这样能在开灯时立即产生大量光线并且大大缩短了从启动到全光输出之间的时间。至于 LED 车灯，为了获得足量的光通量需要使用多个 LED 组合并且要考虑冷却，特别是在炎热天气中使用时。

车头灯的配光通常都基于反射、投射以及多重光源原理中的一个或几个的组合。对于反射，配光取决于光源和反射器之间的相对位置、反射器的形状以及前方玻璃盖上是否有光学纹路。采用投射原理的车头灯至少具有三部分：一个光源、一个近似椭圆形的反射器以及一片聚光透镜。由于反射器接近椭圆形，它有两个焦点。光源被置于其中一个焦点，反射器会在第二个焦点处生成一个光源镜像。在第二个焦点后的配光是十分散乱的，因此要使用一片聚光透镜来校正光束。投射型车头灯通常采用 HID 光源。LED 光源可以采用反射原理或透镜结合 LED 独立调光控制来获得所需的配光。

10.2.2　规范

车头灯的发光强度、配光以及在车辆上的安装位置都是有严格规范的。这些规范的目的是使车头灯在让驾驶人看清路面的同时，不会影响对面的驾驶人。这些规范在不同的国家可能会有不同的形式，但是很多都是遵循美联邦机动车辆安全标准（FM-VSS）108 或欧洲经济委员会（ECE）标准。两套标准都要求车头灯必须产生两种不同的配光，称为远光和近光。远光灯是当路前方没有车辆时使用，因为这时候没必要限制眩光。近光灯在路前方来车或是近前方有车辆时使用。这些规范还要求车头灯发出的光色必须是白色，符合国际照明委员会（CIE）1931 年色度坐标规定区域下相同的色度坐标。

这些规范的结果是，车头灯的远光和近光在路面前方不同位置产生的照度分布都不同。图 10.1 展示了美国 2000 年前 20 种销量最高的客用车辆上车灯垂直照度平均值的等值线（Schoettle 等，2002）。图 10.2 展示了在欧洲 1999 年前 20 种销量最高的客用车辆上车灯垂直照度平均值的等值线（Schoettle 等，2002）。图 10.1 和图 10.2 的对比反映出美国标准和欧洲标准之间的一些相似和不同处。具体来说，欧洲的远光灯光束角更窄，因此比美国的远光灯照得更远；至于近光灯，美国和欧洲标准相似，都着重照射近处路面并且限制朝向对面车道的垂直照度。然而，欧洲的近光灯有比美国更尖锐的截光角，表现出对于眩光的控制更为重视。美国的近光灯照射路面以及路沿以提供更多灯光，表明更重视可视性。

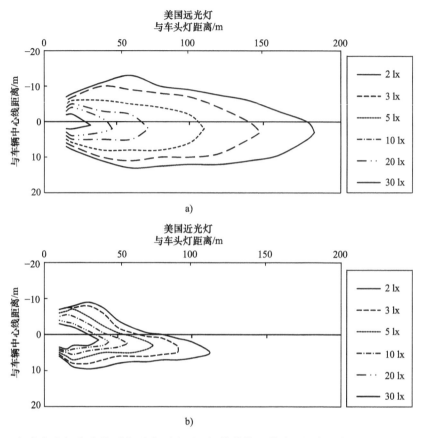

图 10.1　卤素车头灯发出的平均垂直照度（lx）等值线，其中 a）为远光而 b）为近光，数据来自 2000 年在美国销售前 20 名的客车（来源：Schoettle, B.et al., *High-Beam and Low-Beam Headlighting Patterns in the US and Europe at the Turn of the Millenium*, SAE Paper 2002-01-0262, Society of Automotive Engineers, Warrendale, PA, 2002）

10.2.3　车头灯实际应用

判定车头灯设计是否符合相关规范，需要经过实验室中特定条件下的仔细检测。然而，行驶在路上的车辆上的车头灯可能因为多种原因在重要方向上产生不同的发光强度。有些是因为道路的形状，又或者是由于车辆的特性。前者的一个例子是当攀山时，道路前方的亮度降低并且对面车道的眩光增加；后者的一个例子是当摩托车在右向行驶道路上右拐时因为机车的倾斜而造成道路前方亮度的降低以及对面车道的眩光增加（Konyukhov 等，2006）。另外的原因可能是长期的，比如车辆不够水平或是车头灯没有正确校准或是有污损。Yerrel（1976）报告过欧洲一组路边测量的车头灯发光强度数据，发现即使有共同标准但同方向上的发光强度也有很大不同。Alferdinck 和 Padmos（1988）在荷兰的测量发现近似的结果，他们还在一系列的实验室研究中

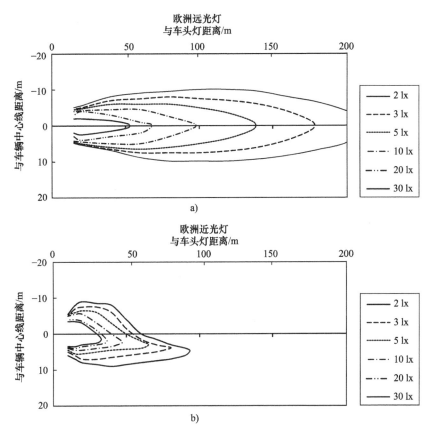

图 10.2　卤素车头灯发出的平均垂直照度（lx）等值线，其中 a）为远光而 b）为近光，数据来自 1999 年在欧洲销售前 20 名的客车（来源：Schoettle, B.et al., *High-Beam and Low-Beam Headlighting Patterns in the US and Europe at the Turn of the Millenium*, SAE Paper 2002-01-0262, Society of Automotive Engineers, Warrendale, PA, 2002）

检测了校准、污损及光源寿命对于发光强度的影响。图 10.3 展示了停车场里 50 辆车子的发光强度递增频率分布结果，包括前方照明的方向和对面驾驶人眩光的方向。实验室里的车头灯发光强度测量结果和道路上的测量值相符合。如图 10.3 所示，那些旧灯相较于新灯而言，前方的照度更低而眩光更多。向前的照度可以通过重新校准得到很大改善，另外对车灯进行清洁并且提供 12V 的供电也能略微提高其向前的照度，使其更接近新车灯。对于眩光方向，校准后会让情况稍微变差，但是清洁车头灯会降低眩光的发光强度，更接近新车灯。图 10.3 所示的发光强度范围显示出遵照美国推荐值的车头灯发光强度分布同那些遵照 ECE 推荐值国家的细微差异在实际使用中并不重要。

　　图 10.3 中显示的发光强度范围也表明即便车头灯校准正确、崭新并且干净，它们的效果如何还有很多变数。具体表现可以通过在一条没有路灯的道路上，使用近光灯时能够侦测到物体的距离来反映。Perel 等（1983）查阅了 19 项研究结果，其中受试

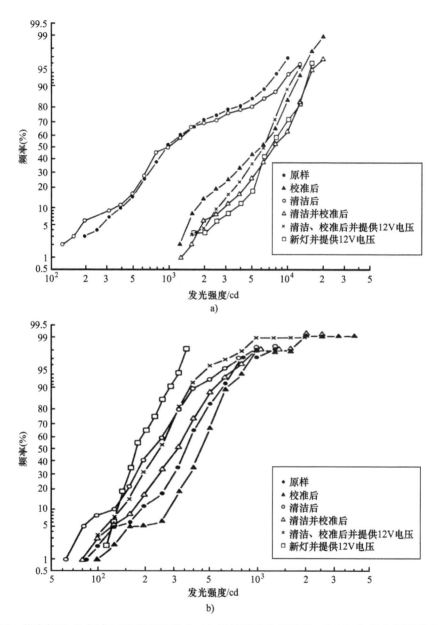

图 10.3　停车场里 50 辆车子的发光强度（cd）递增频率分布结果，包括 a）前方照明的方向以及 b）对面驾驶人眩光的方向，分为原样，校准后，清洁后，清洁并校准后，清洁、校准后并提供 12V 电压以及新灯并提供 12V 电压几种情况（来源：Alferdinck, J.W.A.M.and Padmos, P., *Lighting Res. Technol.*, 20, 195, 1988）

者驾驶车辆以恒定速度行驶在一条没有灯光的道路上，车辆分别安装 FMVSS 或者 ECE 标准的车头灯，受试者被要求侦测到路边的物体时就按下按钮，这个物体放置于道路边缘，可能是小的（0.5m²）或是大的（人形尺寸），低反射性、低反差的。结果对于大物体的可侦测距离平均在 51 ~ 122m，而对于小物体的平均可侦测距离在 45 ~ 100m。这些结果相比于实际情况可能还略有高估，因为观察员是事先被告知有这些物体的并且没有被驾驶分心。Roper 和 Howard（1938）证明了，无意识发现的物体被侦测到的距离是有意识时候的一半。

　　要知道侦测距离的重要性可以和制动距离来比较。Olson 等（1984）计算了使用旧轮胎的轿车及卡车在潮湿路面上在不同车速下做紧急制动时的制动距离，假设驾驶人的反应时间是 2.5s。该研究考虑到两种类型的紧急制动：一种是锁死车轮这样导致车辆失控；另一种是驾驶人对制动做了控制而避免车轮锁死（见图 10.4）。如果假设交通安全的理想情况是制动距离等于侦测距离，那就可以使用图 10.4 来计算安全行驶的最高车速。根据 Perel 等（1983）发现的侦测距离下限，计算建议仅使用近光灯驾驶时的安全车速大约是 30mile/h（48km/h）。

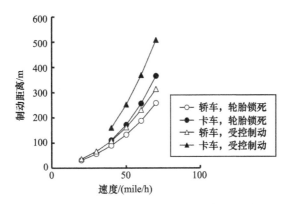

图 10.4　使用旧轮胎的轿车和卡车在潮湿路面上紧急制动的制动距离（m），包括锁死或非锁死车轮两种情况，横轴为车速（mile/h），假设驾驶人的反应时间是 2.5s（来源：Olson, P.L.et al., *Parameters Affecting Stopping Sight Distances*, Report UMTRI-84-15, University of Michigan Transportation Research Institute, Ann Arbor, MI, 1984）

　　根据上文可知，在没有路灯的道路上仅开近光灯以超过 48km/h 的车速行驶几乎是在赌命。Sullivan 等（2004）观察了驾驶人在没有路灯的道路上使用近光灯和远光灯的情况。图 10.5 显示了驾驶人在没有迎面车辆以及没有近前车辆的情况下使用远光灯的概率和交通密度的关系。如同预期，开远光灯的百分比随着交通密度增加而减小。幸运的是，这种情况即将得到改变，近 - 远光自动切换技术已经出现（Wordenweber 等，2007）。有了这项技术，默认状态是打开远光灯。当感应器侦测到迎面驶来车辆或是突然有车靠近时会自动切换近光灯，相关车辆驶离后再换回远光灯。这种技术的广泛应用将大大降低夜间在没有照明的道路上长时间使用近光灯所固有的风险。

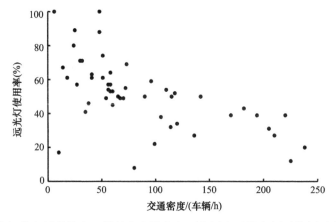

图 10.5　没有路灯的乡间道路上，驾驶人在没有迎面车辆和近前车辆时使用远光灯的概率和交通密度（车辆 /h）之间的关系（来源：Sullivan, J.M.et al., *Lighting Res. Technol.*, 36, 59, 2004）

10.2.4　车头灯及光谱

如今，卤素和氙气（HID）车头灯都普遍用于车辆。HID 车头灯和卤素车头灯有很多区别，但是对于可视性来说有三条重点区别，分别是光通量、发光强度分布以及光谱功率分布。HID 车头灯通常较卤素灯光通量要高出 2～3 倍。规范只对车灯的最小及最大发光强度有要求，对于何种光源没有要求，这导致了一个问题就是 HID 光源产生的额外光通量应该如何分配。规范中规定的最大发光强度主要是为了避免引起对面车辆的眩光。对于其他部分，规范只规定了最小值但是没有最大值。因此，HID 车头灯的光学设计将光源产生的额外光通量导向到没有最大值规定的方向上去。图 10.6 显示驾驶人使用 HID 或卤素车头灯侦测到一个 40cm^2 大小且反射率是 0.1 的目标物距离等

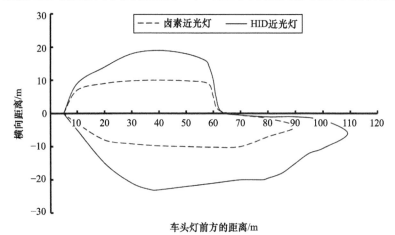

图 10.6　驾驶人使用 HID 或卤素近光车头灯时侦测到一个 40cm^2 大小且反射率是 0.1 的目标物的距离等值线（来源：Rosenhahn, E.O.and Hamm, M., *Measurements and Ratings of HID Headlamp Impact on Traffic Safety Aspects*, SAE Report, SP1595, Society of Automotive Engineers, Warrendale, PA, 2001）

值线，基于 ECE 对于近光灯的设定（Rosenhahn 和 Hamm，2001）。显然，同等规范下 HID 车头灯相比于卤素车头灯能让物体在更远和更大范围的角度内被侦测到。另外需要注意的是，两种车头灯的性能接近的位置也正是规范要求的最大发光强度的位置。

van Derlofske 等（2001）从另一个方面证明了 HID 车头灯优于卤素车头灯。他们测量了路面目标物反射性变化后的反应时间，分别采用一组 HID 车头灯和两组卤素车头灯照亮，且都是符合 ECE 规范的近光灯。图 10.7 显示该实验的大致方式，在一条没有照明的封闭沥青道路上。目标物被放置在以车头灯为圆心，直径为 60m 的圆弧上。每个目标物包含有一个边长 178mm 的方格子，里面有若干 12.7mm 直径的可翻转圆点，每个圆点实际是一面涂白一面涂黑的圆盘。通过给目标物供电，圆点可以在 20ms 内翻转，这样就将目标物从黑色方块转变为灰色方块，之所以呈现灰色是由于每个圆点周围都被黑框包围，在 60m 外看起来就像是灰色，平均反射率是 0.4。目标物的亮度随位置变化而变化。图 10.8 显示了由三组车头灯产生的物体表面照度。

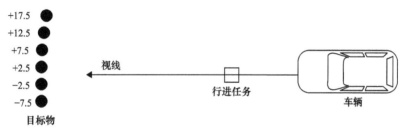

图 10.7 van Derlofske 等（2001）设计的实验的几何关系。受试者坐在测试车辆中完成连续行驶任务。车头灯被安装在车辆前方的灯架上。翻转圆点目标物被放置在以车头灯为圆心，直径为 60m 的圆弧上，相互间隔 5° 角

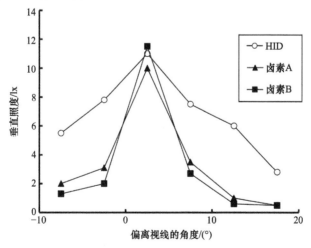

图 10.8 用一组 HID 车头灯以及两组不同的卤素车头灯（都是符合 ECE 规范的近光灯）产生的翻转圆点目标物的表面照度（lx），横坐标为偏离视线的角度（°）（来源：van Derlofske, J.et al., *Evaluation of High-Intensity Discharge Automotive Forward Lighting*, SAE Technical Paper 2001-01-0298, Society of Automotive Engineers, Warrendale, PA, 2001）

　　受试者要进行一项连续的行驶任务，专注于行进前方，一旦发现任何一个目标物的反射性有变化时就松开一个按钮，然后对他们的反应时间进行测量。任何超过 1s 的反应都被认为是错失，不过反应时间统一按照 1000ms 的结果用于计算平均反应时间。图 10.9 和图 10.10 显示了三组车头灯照射下对于目标物的平均反应时间以及错失的百

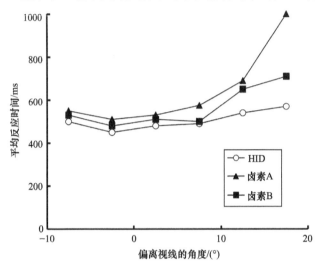

图 10.9　用一组 HID 车头灯以及两组不同的卤素车头灯（都是符合 ECE 规范的近光灯）照射所设置的目标物的平均反应时间（ms），横坐标为偏离视线的角度（°）（来源：van Derlofske, J.et al., *Evaluation of High-Intensity Discharge Automotive Forward Lighting*, SAE Technical Paper 2001-01-0298, Society of Automotive Engineers, Warrendale, PA, 2001）

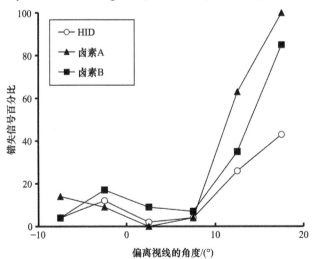

图 10.10　用一组 HID 车头灯以及两组不同的卤素车头灯（都是符合 ECE 规范的近光灯）照射的错失信号百分比，横坐标为偏离视线的角度（°）（来源：van Derlofske, J.et al., *Evaluation of High-Intensity Discharge Automotive Forward Lighting*, SAE Technical Paper 2001-01-0298, Society of Automotive Engineers, Warrendale, PA, 2001）

分数，分别根据偏离视线的角度绘制。观察图 10.9 和图 10.10 就可发现，在偏离视线 7.5° 范围内时三组车头灯之间的差别不大，但在此范围之外，HID 车头灯相比卤素车头灯让反应时间和错失百分比都有显著下降。

不同车头灯之间的区别主要来自于它们对被照目标物所产生的照度（见图 10.8）。然而，HID 车头灯除了照度方面不同，还有光谱功率分布上的不同。有证据表明在低照度水平时，给予杆状光感受器更多刺激的光源有更短的反应时间（详见 10.4.3 节）。这表明 HID 车头灯相较于卤素车头灯会有更短的反应时间，即使两者都产生相同的照度。van Derlofske 和 Bullough（2003）用之前相同的设备做了实验，只是在 HID 车头灯上加了滤镜，滤镜改变了灯具的光谱分布但不改变光通量或目标物上的照度。在每个位置设两个目标物，平均反射率分别为 0.4 和 0.2，具体是通过在其前方放置或者不放置一片中性密度滤镜来达成。随后实验测试了四种不同光谱功率分布，每种刺激用针对杆状和锥状光感受器刺激的相对效率数据 S/P 比例来衡量（见 1.6.4.5 节）。图 10.11 和图 10.12 分别展示针对每个光谱功率分布的 0.2 平均反射率的目标物的平均反应时间和错失信号百分比，横坐标为偏离视线的角度。

图 10.11 和图 10.12 反映出一个普遍模式，对于所有光谱功率分布，平均反应时间及错失信号百分比都会随着与视线偏离角度的增大而增加。这些增量当然是因为目标物上的照度降低同样还有偏离视线量的增加（见图 10.8）。然而在极限偏离下，同时目标物上的照度也最低，这时光谱功率分布的效果就显现出来了，特别是平均反应时间及错失信号百分比都会随着光源的 S/P 比例增加而降低。这些可以从已知的偏离视轴方向上的光谱灵敏度（见 2.3.2 节）推导而来，并且揭示出 HID 车头灯除了产生更多的照度外还对于视轴外的可视性拥有额外的优势。这种优势经过平均反射率为

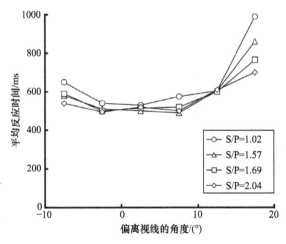

图 10.11　四种不同光谱分布（用 S/P 比例来区分）的车灯照射下，对于 0.2 平均反射率的目标物的平均反应时间（ms），横坐标为偏离视线的角度（°）（来源：van Derlofske, J.and Bullough, J.D., *Spectral Effects of High-Intensity Discharge Automotive Forward Lighting on Visual Performance*, SAE Technical Paper 2003-01-0559, Society of Automotive Engineers, Warrendale, PA, 2003）

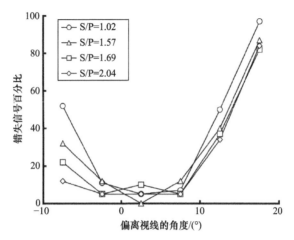

图 10.12 四种不同光谱分布（用 S/P 比例来区分）的车灯照射下，对于 0.2 平均反射率的目标物的错失信号百分比，横坐标为偏离视线的角度（°）（来源：van Derlofske, J.and Bullough, J.D., *Spectral Effects of High-Intensity Discharge Automotive Forward Lighting on Visual Performance*, SAE Technical Paper 2003-01-0559, Society of Automotive Engineers, Warrendale, PA, 2003）

0.4 的目标物测试后得到进一步证实。关于这些数据，平均反应时间和错失信号百分数随着偏离视线增加而增加被显示出来并且和平均反射率为 0.2 的目标物所得出的有相近数量级，但是统计学上对 S/P 比例并没有明显的影响。

10.2.5　车头灯的眩光

　　眩光有几种形式，其中最受关注的是车头灯的失能眩光（见 5.4.2.1 节）。CIE 针对车头灯给出了一个失能眩光的公式，该公式适用于从视线偏离 0.1° ~ 30° 范围内所有角度并且适合所有人群（CIE，2002b）。该公式如下：

$$L_\mathrm{v} = \sum \left(\frac{10E_n}{\varTheta_n^3} + \left(1 + \left(\frac{A}{62.5} \right)^4 \left(\frac{5E}{\varTheta_n^2} \right) \right) \right)$$

式中，L_v 是等效光幕亮度（cd/m²）；E_n 是第 n 个眩光光源给予观察者眼睛的照度（lx）；$\varTheta$ 是第 n 个眩光光源与视线的夹角（°）；A 是观察者的年龄（岁）。

　　等效光幕亮度对于物体上亮度对比度的效果可以通过将其与物体亮度以及最接近的背景亮度相加来估算（见 2.4.1.1 节）。

　　唯一和等效光幕亮度相关的光度学物理量是眼睛从眩光光源接收到的照度。鲜有证据表明还有别的方面公布，比如车头灯的照度区域和灯光光谱形成失能眩光。如之前所述（见图 10.7），van Derlofske 等（2004）使用相同的设备以及设定，但是采用另一组 HID 车头灯对准受试者左前方 5° 角 50m 远处，测试不同照度对于人眼发现偏轴目标物能力的影响。HID 车头灯组被稍稍调节使其在受试者眼睛产生三种不同照度：0.2 lx、1.0 lx 及 5.0 lx。每个可翻转圆点目标物前方放置或者不放置中性密度滤镜片，这样控制目标物的平均反射率为 0.4 或 0.2。受试者同样要完成连续追踪任务，当侦测到目标物有变化时松开按钮，如果在 1s 内没有发现变化就被认为是错失目标，不过反应时间统一按照 1000ms 的结果用于计算平均反应时间。图 10.13 和图 10.14 显示了基于三种眼部照度和两种目标物反射系数条件下的平均反应时间及错失信号百分比结果。图中还显示了没有眩光光源下的错失信号百分比预期结果，基于 Bullough（2002a）的模型。图 10.13 和图 10.14 中首先需要注意的一点是，在 −2.5° 和 17.5° 方向上时平均反应时间都集中在 1000ms，实际上说明在这两个位置所有目标物都被错失。在 −2.5° 的目标物离眩光光源最近，而 17.5° 则离眩光光源最远。在 −2.5° 方向目标物错失的原因是由于失能眩光所导致的亮度反差下降。即使入眼照度低至 0.2 lx 也会让处于 −2.5° 位置的目标物被错失。这对于准备在相向而行两车之间过马路的行人来讲是个坏消息。17.5° 方向上目标物错失不是因为失能眩光，反而是因为车头灯无法照亮目标物。对于别的位置，偏离视线 2.5°、7.5° 和 12.5° 夹角的情况，明显偏离角度越大，反应时间越长，错失百分数也越高，而且低反射率目标相比高反射率目标问题要更加严重。高低反射率目标之间的差别可以说是意料之中，因为视觉上受到的等效光幕亮度取决于目标物的亮度反差。在背景里没有眩光时，低反射率目标物的亮度反差更低，因此光幕亮度的增加会让低反射率目标物更接近视觉阈值。作用于眼睛的照度仅仅在低反射率（$p = 0.2$）目标物偏离视线 2.5°、7.5° 和 12.5° 时才比较明显。对于这个目标物，眩光照度为 0.2 lx 对于平均反应时间以及错失目标物的百分数几乎没有任何影响，但是当眩光照度在 1.0 和 5.0 lx 时都会导致平均反应时间以及错失目标物的百分数增加，5.0 lx 的增加比 1.0 lx 明显大得多。

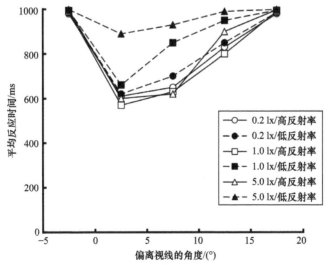

图 10.13　高反射率（0.4）和低反射率（0.2）目标物在三种眼睛失能眩光照度（lx）下的平均反应时间（ms），横轴为偏离视线的角度（°）（来源：van Derlofske, J.et al., *Headlamp Parameters and Glare*, SAE Technical Paper 2004-01-1280, Society of Automotive Engineers, Warrendale, PA, 2004）

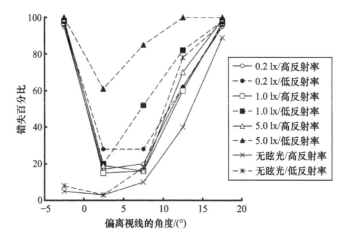

图 10.14　高反射率（0.4）和低反射率（0.2）目标物在三种眼睛失能眩光照度（lx）下的错失百分比，横轴为偏离视线的角度（°）。另外显示了由 Bullough（2002a）模型预测的没有眩光条件下的错失目标物百分比（来源：van Derlofske, J.et al., *Headlamp Parameters and Glare*, SAE Technical Paper 2004-01-1280, Society of Automotive Engineers, Warrendale, PA, 2004）

　　毫无疑问，如果一名驾驶人面对迎面而来的汽车车头灯会明显感受到可视性下降（见图 10.14）。然而，此结论的测量数据是在静止状态下得到的，但是通常来说眩光最常在车辆运动过程中感受到，比如两车交会时。Mortimer 和 Becker（1973）通过计算机模拟以及现场测量，得出的结论是反射率为 0.54 和 0.12 的目标物在两车接近时可见性逐渐变小，交会后又快速上升（见图 10.15）。可见性最小的临界点取决于车头灯的相对发光强度分布、两车相对位置、所见障碍物的特性等。

　　Hermers 和 Rumar（1975）测量了反射率为 0.045 的、深灰色 1.0m×0.4m 的平面矩形的可见距离。观察者驾车朝停着并打开车头灯的车辆行进并被要求当看到障碍物时做出反应。结果表明，对于深灰色的小障碍物，如果没有对面驶来的车辆时，最大远光灯发光强度的车头灯给予约 220m 的可见距离。这等于是一辆车速 110km/h 行驶在潮湿路面上车辆的制动距离（AASHTO, 2001）。然而，如果相向的两辆车都有相同的发光强度车头灯时，可见距离缩短为 60～80m，这比制动距离短多了，并且当对面车辆的车灯发光强度比观察者车辆大 3 倍时，可见距离缩短到 40～60m。再次证明，夜晚迎着车流高速行驶是非常危险的。

　　驾驶人面对迎面车辆的车头灯时会感受到视觉困难，当车辆过去后会立刻感受到一阵放松。不幸的是，这并不意味着其视觉能力可以马上恢复到眩光之前的状态。对面车辆的强光会改变视网膜的适应状态，因此对面的车辆过去后，驾驶人的视觉还不适应。这个适应性调节的过程被称为眩光恢复。van Derlofske 等（2005）测试了哪些因素决定了从眩光中恢复所需的时间。观察者被暴露在四种不同的眩光刺激下（见图 10.16），区别在于最大照度和灯光剂量，后者是照度和暴露时间的乘积。具体来说，照度轮廓 1 和 2 有不一样的最大照度，但是有一样的灯光剂量。照度轮廓 3 和 4

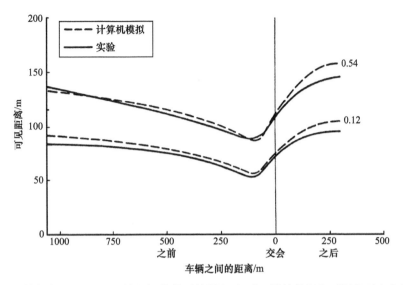

图 10.15　反射率为 0.54 和 0.12 的目标物的可见距离（m），横轴是相向而行的两车之间的距离（m），使用相同车头灯（来源：Mortimer, R.G.and Becker, J.M., *Development of a Computer Simulation to Predict the Visibility Distances Provided by Headlamp Beams*, Report UM-HSRI-IAF-73-15, University of Michigan, Ann Arbor, MI, 1973）

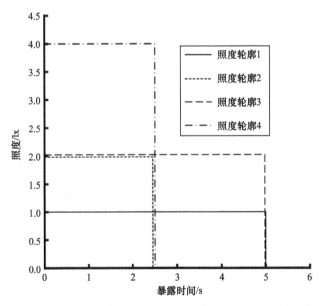

图 10.16　van Derlofske 等（2005）采用的四种眩光刺激表示为在眼睛的照度（lx）以及暴露持续时间（s）。这些刺激的效果是产生三种不同的最大照度值以及两种不同的灯光剂量

也是有不一样的最大照度，但是有一样的灯光剂量，并且是照度轮廓 1 和 2 的两倍。在刚刚暴露过后，向观察者展示了一个方形目标物，其可见等级固定。观察者的任务是第一时间表明他们能看到目标物。图 10.17 展示了对于不同反差比例目标物及不同眩光暴露的轮廓的平均侦测时间。从图 10.17 可以表明，对于高反差比例目标物的侦测时间更短并且侦测时间取决于灯光剂量而不是最大照度。

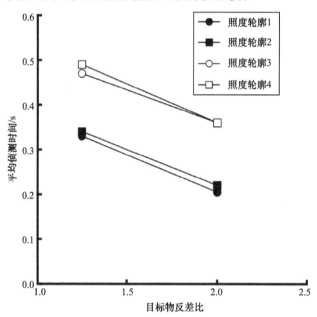

图 10.17　暴露于图 10.16 显示的四种眩光刺激后，对于目标物的平均侦测时间（s）和目标物反差比例的关系（来源：van Derlofske, J.et al., *Headlight Glare Exposure and Recovery*, SAE Paper 05B-269, Society of Automotive Engineers, Warrendale, PA, 2005）

　　视觉困难是对面车头灯造成的最重要的影响，此外还会引起不适的感觉。Schmidt-Clausen 和 Bindels（1974）给出一个等式来描述车头灯对于眼睛所造成的不适性等级，称为 de Boer 等级。等式如下：

$$W = 5.0 - 2\log\left(\frac{E}{0.003(1 + \sqrt{L/0.04})\phi^{0.46}}\right)$$

式中，W 是 de Boer 等级中的不适眩光等级；E 是观察者眼部的照度（lx）；L 是适应亮度（cd/m^2）；ϕ 是视线和眩光光源之间的夹角（'）。

　　de Boer 等级是把眩光的不适程度分为 9 分的打分体系，其中有 5 个基准标尺：1 = 无法忍受的，3 = 有干扰的，5 = 勉强可忍受的，7 = 可接受的，9 = 无法察觉的。注意在这个打分体系里，分值越低越不舒服，4 分以下通常被认为不舒服。

　　图 10.18 显示了 van Derlofske 等（2004）的研究中，根据 HID 车头灯对眼部的照度绘制的不适眩光平均打分图，此外还显示了根据 Schmidt-Clausen 和 Bindels 在相

同研究条件下用公式预测出来的不适眩光打分。可以看出公式预测的数值和 van Der-lofske 等（2004）的低反射率目标物的实验结果在很大程度上是吻合的。更有趣的发现是低反射率和高反射率目标物之间有明显的区别。这说明对于不适眩光的感受不仅仅在于眩光光源的刺激，还在于观察者想要做什么。这样清楚地知道同一个配光刺激基于所进行的活动而被认为是舒适的或者不舒适的也不会让人觉得太奇怪（Sivak 等，1991）。

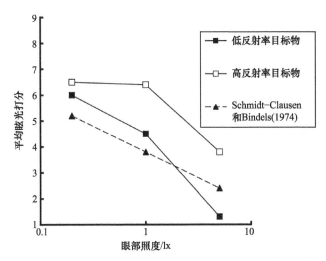

图 10.18　平均不适眩光（de Boer）打分和眼睛受到的照度（lx）的关系，来源于主题为试图侦测放置的低（0.2）和高（0.4）反射率偏离轴线目标物，对应眼睛受到的照度（lx）。还显示了从 Schmidt-Clausen 和 Bindels（1974）对于不适眩光等式衍生而来的眩光等级预测值（来源：van Derlofske, J.et al., *Headlamp Parameters and Glare*, SAE Technical Paper 2004-01-1280, Society of Automotive Engineers, Warrendale, PA, 2004）

　　Schmidt-Clausen 和 Bindels（1974）推导出的不适眩光公式涉及三个分量：眼部照度、适应亮度和眩光光源与视线之间的夹角。然而，有证据显示光谱（Flannagan 等，1989；van Derlofske 等，2004）、眩光光源尺寸（van Derlofske 等，2004）、背景亮度（Bullough，2011）和眩光光源最大亮度（Bullough 和 Sweater Hickcox，2012）都有影响。这些影响的方向就是对于相同的入眼照度，由较小尺寸的车头灯产生的在短波光谱端有更多能量的光谱往往引起稍微多一些的不适感，但是不适感会随着背景亮度增加而减小。至于眩光光源最大亮度，这取决于眩光光源尺寸。对于对边角小于 0.3° 的眩光光源，眩光光源最大亮度对不适的影响很小；但是对于大的光源，在相同入眼照度下，较高的最大光源亮度引起更大的不适感。
　　Bullough 等（2008）提出了另一套来自室外照明的不适眩光模型，基于眼睛从视觉环境的各个部分接收到的照度（见 11.4 节）。在正常驾驶中眼睛接收到的照度范围为 0 ~ 10 lx（Alferdinck 和 Varkevisser，1991）。照度超过 3 lx 大都被认为是十分不舒适的（Bullough 等，2002）。照度在 1 ~ 3 lx 完全足以让驾驶人需要迎面车辆把灯光调低（Rumar，2000）。假如迎面驶来车辆的驾驶人没有回应调低车灯的要求，提出要求的驾驶人会如何反应？ Theeuwes 和 Alferdinck（1996）让人在市区、住宅区和乡间道路上驾驶，使用眩光光源模拟装在迎面驶来车辆发动机舱盖上的车头灯。他们发现当眩光光源亮起时人们的驾驶速度会变慢，特别是在难以保持正常车道的黑暗弯道上。老年的驾驶人表现出更大的减速。

根据之前的论述，可以理解对于 HID 车头灯眩光的抱怨比卤素车头灯更严重。这主要是因为 HID 车头灯的配光通常比卤素车头灯有更高的最大发光强度并且向车辆侧面发出更多的光，而最大发光强度在现有的规范中没有受到控制。HID 和卤素车头灯光通量和配光之间的差别表明 HID 车头灯会产生更高的照度，照射更远距离。因此，面对 HID 车头灯车辆，可视性会降低、不适感增强，以及从眩光中恢复的时间通常会更长。

HID 和卤素车头灯之间的差别都在于对眼睛形成的照度差别，但是这两种光源之间还有一个差别——光谱。HID 车头灯的光谱功率分布在短波长端的能量大得多。这本身就会导致在相同的照度下 HID 车头灯形成的不适感更明显（Bullough 等，2003）。图 10.19 显示了 de Boer 对于放置于偏离视线 5° 和 10° 的卤素和 HID 车头灯对应入眼照度绘制的平均不适感打分等级（Bullough 等，2002）。不出所料，入眼照度、与视线的偏离量以及光谱分布都会影响不适感的程度。

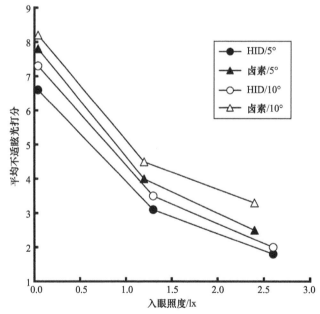

图 10.19　暴露于偏离视线 5° 和 10° 方向上的卤素和 HID 车头灯的平均不适眩光打分（de Boer）对应入眼照度（lx）的关系（来源：Bullough, J.D.et al., *Discomfort and Disability Glare from Halogen and HID Headlamp Systems*, SAE Paper 2002-01-1-0010, Society of Automotive Engineers, Warrendale, PA, 2002）

要评价任何一个特定的车头灯光谱对于不适眩光的影响，可参见以下光谱敏感度曲线（Bullough，2009）：

$$V_{dg}(\lambda) = V_{10}(\lambda) + k \cdot \text{SWC}(\lambda)$$

式中，$V_{dg}(\lambda)$ 是不适眩光光谱敏感度；$V_{10}(\lambda)$ 是 10° 视场明视光谱敏感度；k 是一个常量；$\text{SWC}(\lambda)$ 是短波长锥状光感受器光谱敏感度。

常量 k 被发现随着与视线间偏心距而变化，揭示出偏心距越大，对于短波长锥状光感受器的影响也越大。对于 5° 偏心距，$k = 0.19$；而对于 10° 偏心距，$k = 0.75$。这个模型指出当 LED 变得适用于车头灯时，如果不要不适眩光增加，则有必要小心地去选择它们的光谱。

10.2.6　雾灯

前照灯的一种补充形式就是雾灯，雾灯在车上的安装位置低，低于其余前照灯，并且发光强度分布又宽又平，这样可以更多照亮车辆正前方两侧的地面，减少投射到水平线上方的光线。安装位置低的好处是通常雾气在靠近道路表面的高度更稀薄，减少水平以上的出光是因为朝上照射的灯光会造成光幕反射，影响驾驶人的视线。

雾灯的视觉功效是让人更容易看清道路边缘和车道标记，以便驾驶人保持在车道上。雾灯没法让人看清更远处的物体。图 10.20 显示了在晴天、轻度雾天、中度雾天和重度雾天时，分别只打开雾灯、只打开近光灯以及同时打开雾灯和近光灯情况下，计算所得的车辆前方 10m、20m 和 40m 处路面标记的亮度反差（Folks 和 Kreysar，2000）。图 10.20 中可以明显看出雾气浓度对于可视性的影响，随着雾气浓度增加而亮度反差都明显减少。对于车灯的使用方式来说，在空气清澈时，开着近光灯时再打开雾灯会增加所有三个距离上的亮度对比度，尽管随着距离变大这种增加会减弱。在轻度、中度和重度雾天，在 10m 距离只打开雾灯可以产生最高的亮度反差，但是在 40m 距离只用近光灯来确保更高的亮度反差。明确的是，为了确保雾天的交通安全车辆仅仅使用前照灯是不够的（Flannagan，2001）。

10.2.7　创新

目前为止，我们讨论的重点还是集中在车头灯上，使用卤素或 HID 光源的车头灯有近光和远光两种出光，都符合 ECE 或美国规范的发光强度分布。然而，过去几年里已经出现大量车头灯的创新，其中进步最大的是自适应前照灯系统的出现，具体分为两个阶段。首先是折光（bendinglight）技术的引入提高了车辆四周圆弧上的可见性。折光技术有两种：动态的（车头灯可以旋转）和静态的（车头灯是固定的，但是可以通过打开额外的光源而改变发光强度分布）。这类车头灯系统已经开始应用于许多高档车辆上。灯具的移动和车头灯光束的开关是自动的，取决于来自传感器发出的综合信号。

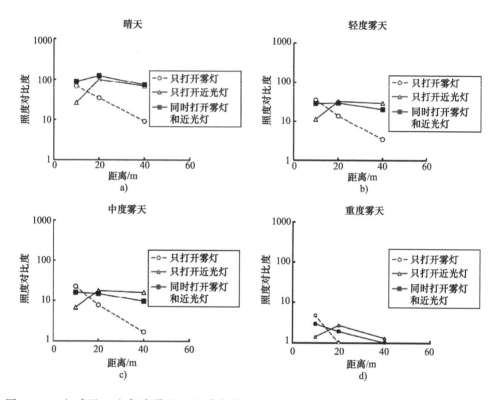

图 10.20　a）晴天、b）轻度雾天、c）中度雾天和 d）重度雾天时，分别只打开雾灯、只打开近光灯以及同时打开雾灯和近光灯情况下，计算所得反射率为 0.5 的道路标记的亮度反差。标记分别放置于车辆前方 10m、20m 和 40m 处。计算是针对安装在道路上方 0.4m 处的雾灯、眼睛高度在道路上方 1.42m 处以及背景亮度为 0.017cd/m² 晴朗的大气中进行的。四种大气的消光系数：晴天 = 0.00015m⁻¹，轻度雾天 = 0.003m⁻¹，中度雾天 = 0.006m⁻¹，重度雾天 = 0.03m⁻¹（来源：Folks, W.R.and Kreysar, D., *Front Fog Lamp Performance, Human Factors in 2000, Driving, Lighting, Seating Comfort and Harmony in Vehicle Systems*, Report SP-1539, Society of Automotive Engineers, Warrendale, PA, 2000）

　　自适应车灯发展的第二阶段是让车灯可以发出不同的发光强度分布以适应多种不同的驾驶情况。除了通常的近光和远光之外，还要有专为乡村定制的发光强度分布，那里车速慢；要有专为高速公路定制的发光强度分布，那里车速很快而且车道分隔明显；还要有专为潮湿路面设计的发光强度分布，路面的镜面反射会导致更多的眩光（Wordenweber 等，2007）。这些不同路况之间的过渡通过各种传感器来控制。这些传感器给出了车辆的速度和方向、环境光照水平、风窗玻璃刮水器的使用和方向盘的转向。

　　乡村道路光束要比传统的近光灯光束更宽一些，并且照射距离更远一些，以帮助看清行人、路牌和车道线，另外车头灯的光输出被减半。当车速低于 50km/h 或路面亮度高于 1cd/m² 时，会自动切换到这种乡村道路光束。高速路光束是把近光灯向上移动四分之一度以使光束在路上照射更远，这种光束在车辆行驶速度超过 110km/h 时启动。湿路光束既要减少车辆近前方的照度同时要增加车辆两侧的光，这种光束在侦测到路上下雨或者刮水器启动时被激活。驾驶人对于折光灯、高速公路灯和村镇照明灯的评价是折光灯最有价值，其次是高速公路灯，最没价值的是村镇照明灯（Hamm，2002）。Sullivan 和 Flannagan（2007）研究证明了自适应系统能明显降低行人事故，特别是在高速路上。

虽然自适应前照灯系统的技术进步令人惊艳，但这并没有解决前照灯系统最根本的问题，那就是可见性和眩光的矛盾。幸好有很多方案试图解决可见性最大化的同时减少眩光的问题（Mace 等，2001）。其中一种方案是使用非可见光来照射前方路面，常用的是红外线（IR）。

IR 夜视系统有主动式和被动式两种形式，主动夜视系统让车头灯发出波长范围在 800～1000nm 的 IR 辐射，搭配一个可以感应这些波长的红外摄像机并连接到驾驶人看到的显示器上（Holz 和 Weidel，1998；Wordenweber 等，2007）。因为波长在可见光范围之外，红外线即使用远光灯光束也不会对迎面车辆造成眩光。IR 辐射还有个好处就是许多材料对于可见光的反射率低而在近 IR 区域反射率高，这让主动 IR 夜视系统能在很远距离就看到人和动物。被动夜视系统可以侦测不同温度表面发出的 IR 辐射，通常在 8～14μm 波长范围。这种系统能有效发现温度不同于背景的物体，比如人或者动物，但不会发现温度接近于背景的物体，比如路标。

Tsimhoni 等（2005）曾找人做了模拟驾驶实验，受试者分别观看两段驾驶录像：一段是人眼看到的行人场景；另一段是用主动和被动夜视系统看到的行人。其中通过被动夜视系统发现行人的平均距离比主动夜视系统要远 3 倍。Hankey 等（2005）研究过驾驶人发现行人的距离，侦测对象是分别穿着黑色或者白色衣服的行人；有些在过马路，有些站在路边；车辆有些配备被动 IR 系统，有些没有。研究要求驾驶人分别去发现一名穿着白色衣服站在一辆开着车头灯的静止车辆旁边的行人，一名站在弯道防撞护栏后面的行人，还有在远处道路边缘的轮胎印。对于过马路或者站在路边的行人，驾驶人无法发现他们的位置，因为行人在眩光光源边上。站在弯道防撞护栏后面的行人超出了被动系统的可视范围而轮胎印和路面温度相近导致无法探测。表 10.1 给出了每种情况下侦测任务的平均侦测距离。此外，过马路或者站在路边的行人在少于 150m 距离被侦测的次数百分比也被记录下来，同时还有行人站在有眩光的车辆边或者站在防撞护栏后面或者轮胎胎面在 50m 内被侦测到的次数百分数。任何在少于 150m 被侦测到的过马路或站在路边的行人都被算作错失并且认为侦测距离为 0m。相似的，任何在少于 50m 被侦测到的站在有眩光车辆边或者站在防撞护栏后面行人或者轮胎胎印也被算作错失并且认定侦测距离为 0m。我们仔细看一下表10.1 就会发现，使用被动 IR 夜视系统以后对各种目标物的平均侦测距离都有了明显的提高，同时几乎保证零失误。在不用被动 IR 系统的情况下，穿着高反射率衣服的行人的平均侦测距离明显更远。另一个有趣点是对于站在弯道防撞护栏后面的行人的平均侦测距离明显更短，并且采用被动系统后反而有更多的失误。这是因为行人处于被动系统的视野区域之外，建议当使用被动系统时，注意力集中在它能覆盖的区域内。尽管如此，对于在道路上或者路边的行人的侦测距离被大大增加了，这一点对安全性提升很大。

表 10.1　夜间单独使用前大灯或带有被动红外夜视系统的前大灯检测行人和轮胎轨迹的平均侦测距离（m）和错失率

目标物	只有车头灯		车头灯结合被动 IR 夜视系统	
	平均距离 /m	错失率（%）	平均距离 /m	错失率（%）
穿黑衣服的过马路的行人	61	31	455	0
穿白衣服的过马路的行人	119	3	444	0
穿黑衣服的站在路边的行人	42	26	414	0
穿白衣服的站在路边的行人	137	0	409	0
穿白衣服的站在眩光车辆旁边的行人	87	0	379	0
穿白衣服的站在拐弯角防撞护栏后边的行人	50	12	36	29
远端路边的轮胎印	49	6	44	23

来源：Hankey, J.M.et al., *Quantifying the Pedestrian Detection Benefits of the General Motors Night Vision System*, SAE Technical Paper 2005-01-0443, Society of Automotive Engineers, Warrendale, PA, 2005.

　　显然这是一个令人振奋的技术进步，现在车头灯可以让驾驶人更容易看清道路前方，而不会给迎面车辆造成眩光。

10.3　车辆信号灯

　　信号灯的目的是用来显示存在或者给出车辆移动的信息。有些信号灯，例如前后示廓灯以及侧面示廓灯，只在夜晚使用，因为白天时效果不佳；而有些信号灯，比如转向灯和停车灯，必须在任何时间都能被看见，无论白天和夜晚。

10.3.1　技术

　　许多年来车辆信号灯的技术几乎没有什么变化，仅有的改进不过是钨丝灯表面覆盖一片透明或者彩色的滤片。但在过去十年里情况发生很大变化。如今信号灯使用的光源种类丰富，光学控制手法多样，并且融入整车的外观风格中（Wordenweber 等，2007）。钨丝灯的优点是简单便宜，但缺点是需要定期更换，现在这个问题被 LED 光源克服了。LED 比钨丝灯的寿命长得多，以至于在车辆寿命期内都不需要更换。LED还有别的优点，比如可以不用滤色片就能发出彩色光，这意味着 LED 信号灯需要比钨丝灯更少的功率就能达到相同的效果。LED 质量可靠，不怕振动，而且体积都很小，让设计师有更多发挥空间。所以 LED 正在快速成为车辆信号灯的主流光源。

信号灯的相关规范规定了每种信号功能的发光强度分布。为了满足这些规范，信号灯也需要光学控制，通常都基于反射、折射和完全内反射这三种原理（Wordenweber 等，2007）。对于反射，配光取决于光源和反射器的相对位置、反射器的形状，还有前端玻璃盖上的光学纹路。对于折射，需要使用菲涅尔（Fresnel）透镜盖玻片。完全内反射通常是应用于导光系统里，导光系统主要包括一种高折射率的透明材料。LED 是导光系统的推荐光源，它们温度低并且尺寸小。让人们更容易配合 LED 去满足照明规范。从照明规范来说配光很大程度上取决于用来汇聚光线的棱镜元件。近年来信号灯设计中的另一大改进方向是信号灯的集成化。与其使用单一的信号灯，现在更多的做法是把它们集中设置，叫作集束。只不过每种信号灯仍然要满足其对应的规范要求。

10.3.2　规范

信号灯的可见性取决于它的亮度、尺寸、颜色、所处的背景，还有驾驶人的视觉适应状态。人们已经做过许多努力来测量其中一些变量的最小值（Dunbar，1938；de Boer，1951；Moore，1952；Hills，1975；Sivak 等，1998）。图 10.21 显示了在没有路灯也没有眩光的条件下，红色尾灯、圆盘障碍物和行人假人刚刚能被看见时亮度和可视面积之间的关系（Hills，1976）。可以看出如果亮度和可视面积都取对数（log），那么两者的关系近似为一条直线；可视面积越小，阈值亮度越大。

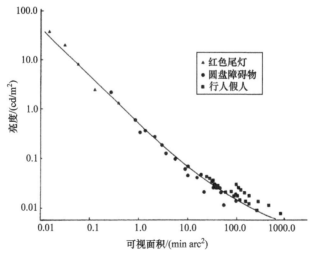

图 10.21　没有路灯且没有眩光的条件下，红色尾灯、圆盘障碍物和行人假人刚刚能被看见时亮度（cd/m²）和可视面积（min arc²）之间的关系（来源：Hills, B.L., *Lighting Res. Technol.*, 8, 11, 1976）

使用近似于图 10.21 所示的数据，Hills（1976）给出了用来预测亮度增量和不同背景亮度下小物体阈值面积之间关系的预测模型（见图 10.22）。此模型中小物体是视觉系统中出现的空间总和之一。对于视网膜视觉来说，空间总和完全是在直径为 6′ 的圆弧内。对于出现在偏离轴线 5° 的目标物，空间总和出现在大约 0.5° 圆周直径上 （Boff 和 Lincoln，1988）。鉴于信号灯的通常尺寸和所需要被看见的距离，得出了需要的空间总和。图 10.22 的纵坐标是物体在背景亮度下刚刚能被看到所必需的亮度增量的对数。背景亮度包括多种情况，从星光到路灯再到日光。Hills（1976）还揭示了通过使用此曲线，他能够近似地预估 Dunbar（1938）和 Moore（1952）等的实地测量结果。以上内容构成了信号灯规范的背景知识。

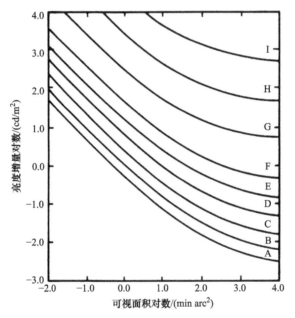

图 10.22　不同的背景亮度下，小型目标物刚刚能够被看见时亮度增量（cd/m²）和可视面积（min arc²）之间的关系。每条曲线对应背景亮度如下：A = 0.01cd/m²，B = 0.1cd/m²，C = 0.32cd/m²，D = 1.0cd/m²，E = 3.2cd/m²，F = 10cd/m²，G = 100cd/m²，H = 1000cd/m² 及 I = 10000 cd/m²（来源：Hills, B.L., *Lighting Res. Technol.*, 8, 11, 1976）

目前使用最广泛的车辆信号灯标准是美国 FMVSS 108 和 ECE 规范。其他国家的规范都是参照其中一种根据当地条件修订后得来的。在过去 30 年里，FMVSS 和 ECE 标准之间逐渐融合，让生产者可以生产单种信号灯就能满足两套要求，符合国际化的成本需求。FMVSS 和 ECE 标准都规定了在不同方向上所需要提供的最小和最大发光强度、信号的颜色、灯具点亮的面积、车辆上允许装灯的位置还有闪烁的频率等。

以上规范要求都是在车灯崭新并且清洁的条件下测量，都是优于现实情况的。Schmidt-Clausen（1985）测量了新车和旧车上车尾灯和制动灯的发光强度。他发现在旧车上的尾灯发光强度只有规范要求的最小值的一半。相近地，Cobb（1990）在英联邦进行了一次针对包括车尾信号灯在内的车灯的实地勘测，发现落灰通常会降低 30% ～ 50% 的车灯发光强度。

10.3.3 前位灯

在世界不同地方，前位灯也被称作停车灯、侧灯、示廓灯、停止灯或者城市灯。前位灯的主要目的是在制动或停车时让人看到车辆的存在。在美国，前位灯可以是白色或者黄色，但是在遵守 ECE 规范的国家，白色是唯一认可的颜色。前位灯要求在车头灯打开时也保持点亮。在许多国家，夜间开车时仅亮前位灯是违法的。

10.3.4 后位灯

后位灯，也叫尾灯或后灯，总是红色的。它们的作用是在移动或者停止时表示车辆的存在。在前位灯亮起的时候后位灯也必须点亮。

LED 后位灯可能会在夜间造成视错觉。通过 LED 后位灯的电流会采用高频削峰的方式来降低半导体结的温度，结果是让灯光输出呈现脉冲性。当眼睛注视不动的时候，这种脉动变化不会被察觉，但如果眼睛一扫而过，就可能偶尔看到单独的脉冲，这在夜间会造成一系列红点的幻觉，称为幻象阵列。Roberts 和 Wilkins（2013）证明了在黑暗中，这样的阵列如果频率超过 1 kHz 就会被看见。这种幻象是否会对驾驶人的操作造成影响还有待证实，但这肯定是有干扰性的。

10.3.5 侧面识别灯

侧面识别灯的基本功能是在车辆转弯时让移动方向的人看到车辆的存在，这点在岔路口非常重要。在美国，要求车辆必须安装侧面识别灯和侧面反光条，车辆前半部分要求是黄色，在后半部分是红色。侧面识别灯和前后位灯是相连的，这样它们在前位灯和后位灯亮起时也都是亮着的。另外前半部分的黄色侧面识别灯还会和转向信号灯相连，这样在转弯时也会一起闪烁，这样就增加了一个功能。

在遵循 ECE 规范的国家里，侧面识别灯没有强制要求。如果安装了侧面识别灯，它们的可视角要求比美国更宽。此外，当前位灯和后位灯亮起时侧面识别灯必须保持点亮状态，这意味着它们不能同转向信号灯连接。它们在车前方必须是黄色的，在车后方必须是红色的。

10.3.6 逆向反光镜

逆向反光镜是一种可以把来自各个方向的入射光线反射回去的装置。逆向反光镜有多种形式，最常见的是折角立方体并且集合了折射和反射。就像它的名字，立方体是由三个相互垂直的平面反射器形成折角，通常被制造成坚固的透明立方体。折角立方体完全依靠内部反射来改变光线方向。折射／反射组合具有反射元件与折射元件的像平面重合。与驾驶人相关联的一个特殊情况是透明球体，其折射率是空气的 2 倍。这将充当逆向反光镜，因为球体的后表面形成折射前表面的图像平面。

逆向反光镜放在漫反射表面时有利于提高可见性，因为它可以把光线集中反射回照来的方向，让其比周围背景亮得多，形成很高的亮度反差。当然，这仅仅对近处的观察者成立，例如夜间打开车头灯的车辆中的驾驶人。

逆向反光镜的主要功用是在车辆未启动的情况下仍然能显示其存在。FMVSS 和 ECE 规范都要求车辆尾部配有红色的逆向反光镜。美国规范还要求在车辆前部安装黄色的逆向反光镜，有些国家则要求车前部的逆向反光镜是白色的。

10.3.7　转向灯

目前为止所讨论的所有信号灯都是为了让车辆在夜晚行驶时更为显眼，并且要求在天黑后始终保持点亮。接下来我们要把注意力转到信息更丰富的信号灯上，这类灯通过闪烁传递信号，并且必须在白天和夜晚都能被看见。首先讨论的是转向灯，也被称作方向指示灯、闪灯或者跳灯，通常安装在车辆前角和尾角以及侧面，主要功能是告诉别的驾驶人车辆将要转弯或变道。规范规定了转向灯的最小和最大发光强度，信号能看见的角度，颜色和闪烁频率，以及给驾驶人的反馈。前转向灯在视轴线上的最小发光强度随转向灯与车头灯的间距而不尽相同。在美国，如果转向灯的中心距离车头灯边缘的间距小于 100mm，那么最小发光强度要求从 200cd 提高至 500cd。在遵循 ECE 规范的国家，如果转向灯的中心距离车头灯边缘的间距不超过 20mm，那么其最小发光强度要从 175cd 增加至 400cd。之所以在靠近车头灯时要提高转向灯的最小发光强度，是为了克服车头灯的眩光遮蔽效应（Sivak 等，2001）。转向灯以 1~2Hz 的频率闪烁，同侧的所有转向灯闪烁必须同步。在遵循 ECE 规范的国家，前、尾和侧面转向灯要求必须是黄色；而 FMVSS 规范允许尾部转向灯可以是红色的。侧装的转向灯可以有几种不同形式，在遵循 ECE 规范的国家，有一个指定的转向信号灯样式。在美国，侧面识别灯也可以用作转向灯。ECE 和 FMVSS 规范都要求操作转向灯给予驾驶人视觉和听觉上的反馈。通常让闪烁灯发出同频率的点击声。一个或多个转向灯上的故障通过点击声的频率增加来表示。

当前转向灯的实践应用中，出现了三个关于其有效性的考量。首先一个担忧是美国的尾部转向灯选择红色而不是黄色。考虑到制动灯和尾灯都是红色，这可能会削弱转向信号的显著性（Sivak 等，1999）。这或许解释了为什么 Taylor 和 Ng（1981）研究发现在欧洲（尾部转向灯是黄色的）和美国（尾部转向灯是红色或黄色的）的追尾事故发生率上没有显著差异。

第二条关注点是在侧视镜上加装转向灯。一项针对车辆间位置关系的分析表明，在相邻车道之间变道时，加装侧视镜转向灯更容易让被超越车辆看到，因为传统位置的转向灯容易被车体所遮挡（Reed 和 Flannagan，2003）。此外，安装在侧视镜上的转向灯离周围驾驶人的视线更近，这样就更加容易被看见，这点得到了 Schumann 等（2003）的证实。这对于变道 / 并道驾驶来说尤为重要，因为这时候想要变道的驾驶人不容易注意到相邻车道上的车辆，因为后者正处在驾驶人的视网膜周围，又恰好在侧视镜的盲点（Wang 和 Knipling，1994）。只要变道车辆使用转向灯，驾驶人在盲点看到它的能力更强，就可以让驾驶人提前采取规避行动。目前为止，这样改装的效果还没有在撞车数据上明显地反映出来（Sivak 等，2006a），但是这或许是由于只有样本数量太少，而不是没有效果。

第三个关注点在于是选择透明镜片和有色光源还是有色镜片加白色光源。这种差别在夜间并不明显，但在白天情况则不同，这是因为白色镜片会导致更多日光进入转向灯内部并被反射，从而增加了亮度。这种效应会弱化转向灯的点亮效果。此外日光的进出还会减淡转向灯的颜色。Sullivan 和 Flannagan（2001）测量了在白天使用有色镜片和透明镜片转向灯的反应时间，结果是有色镜片转向灯的平均反应时间要稍微短一些。Sivak 等（2006b）测量了转向灯亮起时，有阳光和没有阳光下的亮度反差。平均下来，透明镜片的转向灯在白天亮起和不亮时切换时有更低的亮度反差。Sivak 等（2006b）也指出了靠近车头灯的前位转向灯需要更高的发光强度意味着这类透明镜片转向灯将会更加能够抵抗明亮的日光造成的干扰。

10.3.8　制动灯

制动灯，通常安装在车辆尾部，颜色为红色，当驾驶人踩下制动板时亮起。制动灯的功能是告诉后方驾驶人车辆在减速，尽管不一定会完全停止。制动灯的发光强度更大，以和车尾灯区分开，不过究竟需要多大的差异还需要讨论。Rockwell 和 Safford（1968）发现当发光强度比例高达 5.3（制动灯 / 尾灯）时，反应时间会变短，也更不容易把两者看错。在美国，最小的发光强度比例（制动灯的最小值 / 尾灯的最大值）在 4.4 ~ 4.7 范围内，而在遵循 ECE 规范的国家里，最小发光强度比例为 5.0。

视觉上来说，在白天和夜晚观察制动灯所要应对的问题是不一样的。在白天因为有日光干扰所以观察制动灯相对困难一些。此外，有些设计师喜欢让车尾部的车灯在不亮时和车身颜色一致，这种同色设计会弱化制动灯和背景的差异。Chandra 等（1992）测量了模拟日光条件下同车身色制动灯的反应时间，选用的车身不是红色的，制动灯亮度和灯色可以变化。他们测试了由黑到白四种中性色的车灯还有四种同车身色的制动灯。他们发现对于红色车身的制动灯来说色彩差异最小。对于白色车身的制动灯来说亮度带来的变化最小。还揭示了亮度和色彩级数的增加对于缩短反应时间有作用，尽管这种作用较小。

另一大因素是制动灯的形式，制动灯可以是车尾信号灯槽的一部分，也可以是独立的。对于两种形式来说，制动灯的面积以及比例都不相同。Sayer 等（1996）发现发光强度和长宽比都会影响制动灯的反应时间。当发光强度是反应时间的主要因素时，制动灯的长宽比过高会进一步影响反应时间。

在夜间，发现制动面临的主要问题就是容易和其他灯混淆，毕竟晚间时车尾灯始终是亮着的，有时候甚至车尾转向灯也会亮。车尾灯和制动灯都是红色的，在美国车尾转向灯也可能是。此外，车尾转向灯可能和制动灯的发光强度也接近。Luoma 等（2006）用佛罗里达州和北卡罗来纳州的车祸数据分析了制动灯和其他车尾灯具组合在一起以及制动灯单独设置这两种情况的影响。他们的结论是独立制动灯可以减少追尾事故，不过具体原因很复杂还需要进一步研究。此发现同 Helliar-Symons 和 Irving（1981）所做的工作一致，他们发现制动灯和后置雾灯之间分得越开，制动灯的识别越准确，并且建议这个间距至少为 100mm。为了让制动灯更容易被识别所做的另一个努力是采用不同颜色的车尾转向灯。Luoma 等（1995）发现黄色车尾转向灯的反应时间更短，减少了大约 110ms。

除了通过间距、颜色来加强制动灯和车尾灯、车尾转向灯之间的区别外，还有一种方法能够将它们明确区分，那就是同时亮起的灯具数量。车尾灯都是成对出现，车尾转向灯每次只有一侧会亮起，除非是发生故障时会双闪。而制动灯每次都会有三个亮起，并且会根据驾驶人踩制动的力度而开或关，不会呈现节奏性闪烁。第三个制动灯是所谓的中间高位制动灯（CHMSL），又叫中间制动灯、第三制动灯、视线制动灯、安全制动灯或者高位制动灯。顾名思义，CHMSL 是安装在车辆中心线上且高度高于左右制动灯的位置。不同的车辆样式意味着 CHMSL 有时是装在车顶线，有时在保险杠顶部或者两者之间。

CHMSL 的引入有双重目的，首先是让紧跟着的后车能更明显地看到制动信号，其次是要让后面间隔一两辆的后车也能看见。这第二个目的是否能达到取决于中间所隔车辆的情况以及制动车辆上 CHMSL 的安装位置。如果中间车辆没有后窗（例如厢式货车），那么之后的车辆就看不到前车的制动情况。有证据表明，如果 CHMSL 可以被多辆后车看见，相比于没有 CHMSL 后车的反应时间会更短（Crosley 和 Allen，1966）。如果使用 CHMSL 会缩短制动灯启动的反应时间，那么假设这会影响追尾事故的数量似乎是合理的。追尾事故是最常见的事故类型之一，虽然它们很少致命，但它们经常会造成伤害，尤其是对于颈部。Kahane 和 Hertz（1998）通过分析事故数据估算出 CHMSL 的广泛使用使得追尾事故下降了 4.3%。

有一个因素对于所有位置的制动灯都很重要，无论白天和夜晚，那就是启动时间。制动灯里面光源的启动时间取决于其发光原理和电压供给。钨丝灯的启动时间较长，大约是 200ms，而 LED 本身的启动时间很快，只要几纳秒。制动灯的视觉反应时间是从制动灯接收到的光线在视网膜内转变为电信号并且通过视神经传递到视觉皮层所花的时间。不一样的输出灯光的亮起时间的作用可以被预计为看见信号，一个常量级数的能量，这就是光线作用时间，到达视网膜所需的时间（见 2.4.4 节）。给予制动灯一个固定的最大发光强度，灯光输出的点亮时间越短，反应时间就越短。这表明快速点亮的制动灯，例如使用 LED 的制动灯，会缩短启动反应时间，而这反过来可能有助于减少追尾事故的数量和严重程度（Sivak 和 Flannagan，1993）。

10.3.9 故障闪灯

从 20 世纪 60 年代以来，转向灯被开发出新功能，告知其他驾驶人车辆出了故障或是慢速行驶。具体来说是让所有前方、侧方和后方转向灯一起闪烁来表达。转向灯的配光与闪烁频率和它们表示转向时是一样的。

10.3.10 后置雾灯

后置雾灯的功能,顾名思义,是在天气条件差的时候增加车辆的可见性。后置雾灯是由驾驶人手动控制的,在天气条件只是有些差的情况下开启后置雾灯有时候会导致对后方驾驶人的眩光。之所以使用单个后置雾灯是为了容易地和制动灯区分开来,而成对的后置雾灯就不能,即便有 CHMSL(Akerboon 等,1993)。单个后置雾灯的缺点是它不能给予迎面车辆的驾驶人关于车距的线索。

10.3.11 后退灯

后退灯,也被称为倒车灯,在所有的车后部照明里比较特殊,因为这种灯的出光是白色的。倒车灯有两个功能:照亮车辆后方的道路让驾驶人能够看到障碍物,提醒其他驾驶人和行人车辆在后退。倒车灯随着将车辆换成倒车档而自动亮起。车辆上可以安装一个或者两个倒车灯,但是在美国,如果只装一个倒车灯,它必须提供两倍的最小发光强度。

倒车灯的颜色已经足以和其他后置信号灯区分开来,它们的主要问题是如何提供足够灯光让倒车的驾驶人看清楚后方,后车窗使用低透光率玻璃还会加重这个问题。在美国,客车玻璃的透光率要求不得低于 0.7。然而有些车型,比如微型货车以及运动型多功能车(SUV),被界定为轻型卡车从而对后车玻璃的透光率没有限制。许多微型货车和 SUV 可以选择私密性强的玻璃作为后车窗,其透光率大约是 0.18。Freedman 等(1993)发现,在倒车时低透光率玻璃会降低发现儿童或者垃圾箱的可能性。Sayer 等(2001)用美国的数据库来研究照明条件、驾驶人年龄以及车辆类型引发的倒车事故在所有事故中所占的比例。这个数据库,叫 General Estimates System(一般估计系统),包含全国警察报告事故中的典型案例。表 10.2 显示了轿车、微型货车及 SUV 的倒车事故占所有汽车事故的百分比,驾驶人年龄都低于 66 岁并且没有喝酒。可以看出微型货车和 SUV 发生的倒车事故在所有事故中的占比明显高于预期。表 10.3 显示了在不同环境照明条件下微型货车和 SUV 发生的倒车事故在所有事故中的占比,驾驶人年龄都低于 66 岁并且没有喝酒。在白天、有灯光的晚间和夜晚时间段倒车事故在所有事故中的占比是符合预期的,但是对于黎明和黄昏期间,倒车事故的百分比有显著提升。总体来看,这些结果说明了在黑暗条件下,驾驶人倒车时更为小心是因为他们意识到自己无法看清。但是在黎明和黄昏时,微型货车和 SUV 的驾驶人在倒车时高估了自己能看得多清楚。有很多方法可以解决这个问题,比如禁止使用低透光率玻璃,或者在使用低透光率玻璃时提高倒车灯的发光强度,以及在倒车时使用感应装置来侦测车辆后面的障碍物。最后一个办法的应用越来越广泛。

表 10.2　轿车、微型货车及 SUV 的倒车事故和所有汽车事故的占比，
驾驶人年龄都低于 66 岁并且没有喝酒

车辆类型	倒车事故（%）	所有事故（%）
轿车	82.1	88.3
微型货车 /SUV*	17.9	11.7

注：统计上显著的差异用 "*" 号标记。

来源：Sayer, J.R.et al, *The Effects of Rear-Window Transmittance and Back-Up Lamp Intensity on Backing Behavior*, Report UMTRI-2001-6, University of Michigan Transportation Research Institute, Ann Arbor, MI, 2001。

表 10.3　不同环境照明下微型货车和 SUV 的倒车事故和所有事故的占比，
驾驶人年龄都低于 66 岁并且没有喝酒

环境照明	倒车事故（%）	所有事故（%）
白天	66.6	76.1
晚间	7.2	7.6
晚间 / 有灯光	15.4	11.5
黄昏及黎明 *	9.3	3.7
未知	1.5	1.2

注：统计上显著的差异用 "*" 号标记。

来源：Sayer, J.R.et al, *The Effects of Rear-Window Transmittance and Back-Up Lamp Intensity on Backing Behavior*, Report UMTRI-2001-6, University of Michigan Transportation Research Institute, Ann Arbor, MI, 2001.

10.3.12　昼间行车灯

昼间行车灯是装在车辆前方用来提升车辆醒目度的信号灯，有很多种形式，有些使用多颗 LED 的阵列让车辆更醒目更显眼。但是为什么一辆车在白天能见度很高的时候还需要提高醒目度呢？这个问题有两个答案。第一个比较令人伤心，大约有一半的致命车祸发生在白天，这肯定是一个问题（Bergkvist，2001）。第二个是驾驶人最常犯的错误就是侦测不及时（Rumar，1990）。提高醒目度应该能让驾驶人更早发现别的车辆。但是为什么侦测不及时如此频繁地发生？这个问题的答案牵涉到认知和视觉两方面因素（Hughes 和 Cole，1984；Rumar，1990）。认知因素就是预判，以及如何分配有限的注意力。如果注意力被放在错误的地方，就会造成对迎面驶来车辆的侦测不及时。醒目度本质上来说就是能够引起注意力的程度。视觉因素就是一种轻微的刺激，特别是在视网膜周围区域。一辆高速迎面驶来或是接近的车辆在视网膜上的图像变化很小，使其难以侦测。昼间行车灯就是为了能够吸引其他驾驶人的注意并且使驾驶人使用视网膜中央凹来观察其他车辆的移动。

根据前面的讨论，似乎昼间行车灯就是减少白天车祸的方法，但或许并非如此。昼间行车灯也有潜在的缺点，已经有人担心昼间行车灯可能会造成眩光，可能会影响转向信号灯醒目度等（Rumar，2003）。昼间行车灯是否会导致眩光取决于环境亮度，

对于后视镜反射的不适眩光的研究表明，当环境照度低于 700 lx 时，发光强度 1000cd 刚刚可以被允许，但如果环境照度高达 90000 lx，那么 5000cd 的发光强度也是可以接受的（Kirkpatrick 等，1987；SAE，1990）。FMVSS 规范对于昼间行车灯的发光强度要求似乎会造成不适。至于对转向灯的弱化作用，SAE（1990）发现主要发生于昼间行车灯发光强度为 5000cd 或者更高并且观察距离很近的情况下，但是在远距离上，弱化作用可能在 1000cd 发光强度时就发生，特别是在转向灯和昼间行车灯之间的间距小的情况下，还同时发现有称为失能眩光的出现（见 10.2.5 节）。再一次证明，FMVSS 规范对于昼间行车灯发光强度的要求可能导致对转向灯的遮挡效应。

鉴于这些关切，似乎最简单的解决方法就是降低最大发光强度，但是这样做也有问题。简单地说环境照度越高，为了增加车辆醒目度所要求的昼间行车灯发光强度越大（Rumar，2003）。根据此规律，昼间行车灯会在高纬度国家造成更多事故，因为那里日照弱，导致环境照度更低（Koornstra，1993）。Elvik（1996）曾针对此做过实测，并证明猜测是正确的。

另外还有人对于不同类型车辆的相对醒目度不同表示担心。起因是如果昼间行车灯使得一辆车更加醒目而同时人的注意力是有限的，那么如果另一辆车没有装有昼间行车灯就会变得不醒目了。Attwood（1979）证明了一辆没有昼间行车灯的车辆处在两辆有昼间行车灯的车辆中间时要比大家都没有的情况下更加难以被侦测到。和这个情况相反的是对于摩托车手的担忧，因为摩托车在所有道路上都是很有可能遇害或者受伤的。即便在不需要昼间行车灯的地方，摩托车手也被鼓励在驾驶时亮起车头灯以增加他们的醒目度。Well 等（2004）证明那些在白天打开车头灯的摩托车手比那些不用的车手被撞身亡或受伤的风险降低了 27%。对于昼间行车灯，摩托车手的担忧是如果每辆车都开昼间行车灯，那么摩托车的醒目度就会被降低。这种下降的影响程度和车流量以及注意力集中度有关。当路上只有很少车辆时，驾驶人有足够的注意力去注意所有车辆；当路上有很多车辆时，可能就没有足够的注意力去注意所有车辆。如果在白天昼间行车灯被广泛使用并且摩托车使用车头灯，摩托车唯一的优势是车头灯的发光强度要比昼间行车灯高。这个矛盾表明摩托车手对于醒目度随着昼间行车灯的广泛普及而降低的担忧在车流量大的时候是有道理的。有一种可能性可以保持摩托车的醒目度优于汽车是让它们的车头灯在白天闪烁或者脉动。

至于那些没有昼间行车灯的道路使用者比如自行车手，Cobb（1992）测试了在装有不同发光强度昼间行车灯车辆附近的自行车的醒目度。他发现昼间行车灯增加了车辆的醒目度但是并没有降低自行车的醒目度，除非昼间行车灯的发光强度非常高以至于产生了失能眩光。这个意料之外的发现可能源自于昼间行车灯周围的光晕效应。如果昼间行车灯将注意力吸引到汽车上而汽车边上有自行车，那么自行车也更加容易被侦测到。如果自行车离开汽车较远，把注意力引向汽车可能会降低自行车被侦测到的机会。相似的矛盾也适用于路上的行人。昼间行车灯并不会使行人更容易被驾驶人发现，所以在其他车辆上的昼间行车灯可能会将驾驶人的注意力从行人身上吸引走，特别是在车流量大的时候。幸运的是，这个缺点或许会因为使装有昼间行车灯的车辆更容易被行人侦测到而被抵消，Thompson（2003）发现随着昼间行车灯的使用，下降幅度最大的是车辆和行人之间的事故，特别是儿童。

这些观察结果表明针对昼间行车灯的规范必然要平衡增加醒目度带来的积极作用和产生眩光引发的消极作用。Elvik（1996）针对 17 项研究进行了多元分析并且得出结论，昼间行车灯的有益效果是确定的。他进一步总结出可以将使用昼间行车灯的车辆的昼间多方事故减少 10% ~ 15%，并且可以将所有车辆的白天多方事故减少 3% ~ 12%。他还申明并没有证据表明使用昼间行车灯会造成更多多方事故。这种下降某种程度上要大于 Farmer 和 Williams（2002）的发现，他们发现在美国，装有自动昼间行车灯的车辆比没有昼间行车灯的车辆发生多方事故少 3.2%。并且在美国，Sivak 和 Schoettle（2011）声称在 2009 年，昼间行车灯的出现降低了 8% 的白天两车迎面相撞致死事故以及在黎明和黄昏降低了 28%。尽管有这个差异，大规模地使用昼间行车灯对于交通安全的好处是没有什么疑问的，特别是在高纬度国家。

10.3.13　应急车辆灯

最后一类信号灯是用在应急车辆比如救护车和警车上的，这些车辆通常装有规定颜色的闪烁灯来表明车辆的用途。Bullough 等（2001a）测量了在夜间跟随在一辆铲雪车后的驾驶人，在下雪天，能够多快侦测到铲雪车速度的变化。他们发现如果铲雪车尾部装两条竖直的常亮 LED 灯条，相比于装有两个琥珀色闪灯，被侦测到的速度可以快 20%。闪烁的标记灯对于将注意力吸引到车辆上的作用是无可否认的，特别是在白天；但是在夜晚，闪烁的灯会使得对于相对车速、车距和接近的预判变得更加困难（Croft，1971；Hanscom 和 Pain，1990）。任何在夜间路过车祸现场，看到三辆警车、一辆救护车和一辆消防车同时闪着灯的人，都会理解那种难以看清的体验。毫无疑问现场应该要引起接近者的注意，但是靠近的驾驶人所看见的并不清楚。这是因为闪烁的灯经常是现场仅有的照明并且每个闪烁的灯都产生眩光还有在不同时段闪烁，因此现场的情况一直在变化。一种解决方案是限制应急车辆上的闪烁灯数量并且降低每个闪烁灯的调制百分比。少量的闪烁灯足以在夜间将注意力吸引到车辆上，再增加更多的闪烁灯并没有什么作用反而会混淆注意力。

10.3.14　改进车辆信号灯

很多时候，对于车辆信号灯的改进都是随着需求产生而逐步添加或改进的。然而还有些改进信号灯功效的系统性建议，具体包括提升现有信号灯的可见性，降低模糊性，增加信号灯表达的信息总量和类型，以及将信号灯和传感器相结合使其对周围情况有更多响应。

第一类建议来自于 Mortimer（1977），他建议后置信号灯应该根据功能进行颜色编码。这个想法的来源是借助颜色编码，对于信号的反应速度会更快。另一个建议是改变所有信号灯的位置和数量，以减少它们被其他车辆遮挡的可能性。对于重型卡车，这种做法已经很普遍了，它们很多都装有额外的高位尾灯和制动灯以及多个侧面标记灯。类似的做法也可以应用到小型卡车和货车上。即使这样无法接受，把轿车上的 CHMSL 装在更高的位置而不是为了省事随便装在哪里也是一个好主意。还有一些学者提出，转向灯和制动灯应该有两档光输出，一种在白天使用而另一种在夜间使用（Moore 和 Rumar，1999）。这个方案背后的想法是白天和夜间的环境亮度差别很大，而现有的转向和制动信号灯只有一个固定的发光强度输出，无法同时保证白天足够醒目和在夜间不产生眩光。在白天和夜间有了不同发光强度，白天可以提高发光强度而在夜间可以降低发光强度。最后，Huhn 等（1997）曾建议通过让两者以不同频率闪烁使故障闪烁灯更容易同转向信号灯相区分。尽管这些方案都很有逻辑并且容易被实现，但大部分都被无情忽视了。

第二类建议要求让信号灯提供更多信息。有个关于制动灯的例子已经引起人们的注意，现在制动灯的亮起只是简单地告诉后方驾驶人前方车辆正在制动，但是没有标明制动力度有多大。Horowitz（1994）建议使用闪烁和颜色的组合来区分减速而不紧急制动、突然松开加速踏板、防抱死制动启动以及缓慢制动等情况。已经有人测试了不同信号的制动灯，包括亮度变化、亮灯面积增加或者闪烁等。不幸的是，对此的研究没有证明这种制动灯对于改进交通安全有价值（Rutley 和 Mace，1969；Voevodsky，1974；Mortimer，1981）。

另一项建议是通过排列信号灯让人们在夜间更容易识别车辆类型并且估算接近的速度。识别车辆类型是有用的，因为不同的车辆有不同的动量，估算接近的速度也有助于避免追尾事故。识别车辆类型的一种尝试是采用反光贴条勾勒车辆轮廓，有证据证明重型卡车的轮廓光有助于减少夜间追尾事故（Schmidt-Clausen 和 Finsterer，1989）。对于夜间估算接近的速度，主要方法是观察前车尾灯间距的角度变化，因此 Janssen 等（1976）建议应该将尾灯之间的间距标准化并且尽量分开。

第三类建议，是让信号灯和传感器结合，已经出现在新型车辆上。例如，现在许多车辆上都装有照度传感器，根据环境照度来开关车头灯和示廓灯。并不难想象类似的传感器可以用来调整后置雾灯和昼间行车灯的发光强度来确保不同环境条件下的醒目度。传感器的另一大作用是确保每当需要时都能发出正确的信号，这将避免驾驶人转向或者变道时忘记打开转向灯，或者直线行驶时忘记关闭转向灯这样的问题（Ponziani，2006）。应该可以开发出一套系统让驾驶人在试图变道或者转向时自动打开相关的信号灯，更有用的是使用更敏感的传感器在转向结束后自动关闭转向灯。最后，还有可能在车辆之间形成通信。比如，可能使用一种距离传感器，这样在从后方驶来的车辆太接近时尾灯会闪烁。

显然，改进现有信号灯的想法并不少（Bullough 等，2007）。让其中一些想法落地实现需要的是证明这些改进能够有效地改变驾驶人的习惯，确实能够减少事故和伤害的发生。不过技术研发需要时间和金钱。在拥有这些资源之前，车辆信号灯还将继续按照小修小补的方式发展，由市场去驱动。

10.4　道路照明

专门为了改善驾驶人的安全而做的道路照明设计起始于 20 世纪 30 年代，那时候三个因素的交集使得道路照明变得可行而且重要。首先是有了大面积电网的技术、合适的光源和灯具。其次是针对车辆和交通控制有了正式的管控体系。第三是路上车辆的数量和速度都大幅增加。不过起步阶段道路照明的发展依旧缓慢，直到 20 世纪 60 年代道路照明才成为道路规划的重要组成部分。情况到了过去几年里发生了变化，政府部门减少公共开支，发现减少道路照明是一个简单的方法，以至于在车流量低的时候一些道路照明被关闭或者撤销（ILP，2005）。

10.4.1　技术

道路照明涉及的技术包含光源的选择、路灯的排列方式以及控制方式。数十年以来，用于道路照明的光源主要包含汞灯、低压钠灯（LPS）、高压钠灯（HPS）和金卤灯（MH）（见 1.7.3 节）。对于道路照明光源来说，最重要的指标包括成本、发光效率（因为关系到能耗成本）、光源寿命（因为关系到维护成本）、显色性（因为关系到人们和周围环境的外观）。不同的国家在这些因素之间维持不同的平衡。在英国，多年以来广泛用于道路照明的光源是 LPS，主要强调发光效率而很少强调显色性。在东欧，汞灯依旧普遍使用。西欧和美国主要使用 HPS，不过 MH 越来越受欢迎。所有地区都对 LED 有浓厚兴趣，因为它们寿命长、容易控制并且可以调整光谱来最大化有效光输出（见 10.4.3 节）。

道路照明灯具可以从不同的维度进行分类。变化最多的特征是发光强度分布。目前市场上有很多种发光强度分布可供选择，有对称的，也有非对称的。此外，许多灯具允许现场调节内部的光源位置来改变发光强度分布。不同的发光强度分布之所以重要是因为不同宽度和布局的道路需要不同的配光确保灯光都照到路面上而不被浪费。不过有个例外就是高杆灯，灯具都安装在离地面 30m 或者更高的高度上。高杆灯用在复杂的道路交叉口上，这种位置大面积的灯光照明即使有些浪费也和减少的灯杆数量所节约的成本相抵消了。

其余的重要特征是出光率、IP 防护等级以及灯具尺寸。灯具出光率是指灯具发出的总光通量和光源总光通量的比值。道路照明灯具的出光率大约是 0.8。IP 等级表示的是灯具防异物侵入和防水的能力，表示为 IP 数值（SLL，2009）。道路照明灯具的典型防护等级是 IP65，意味着它们能强烈抵挡灰尘和大雨的侵入，就是说灯具内部应该是保持干净的，尽管外部仍旧需要定期清洁来避免明显的光衰减。至于灯具尺寸，这关系到在强风中灯杆受到的风荷载大小。灯具尺寸越小并且形状越符合空气动力原理，风荷载越小。

大部分路灯的安装采用灯杆形式，支撑一套或者多套灯具，也有采用在建筑之间悬拉索的方式。灯杆的高度和材质各不相同。通常灯杆头部离地面的高度范围在3.5～14m，常用材料有铝合金或钢材，过去也用过混凝土，未来有意向使用塑料聚合物。在乡村地区电网是架空分布的，架设电线的立柱通常也被用来安装灯具，不过有时候这并不符合配光需求。

常见的道路照明控制是基于时间或者是日照强弱，有些是单灯控制，也有成组控制。过去大多数路灯采用时间开关来控制，在从日落后半小时至日出前半小时里开启，有时候出于节能目的导致会在午夜关闭部分或者全部灯具。然而使用时间开关难以应对复杂多变的气象条件。如今最普遍的控制方式是基于光电控制，通过探测当时的自然光条件以确保路灯仅在需要时被打开。在未来，这种相对简单的控制系统可能会变得更加全能。光源技术和电子控制器的发展正在让气体放电光源和 LED 光源的调光变得可能。此外，通过高压电线和无线通信信号的计算机网络的发展使得远距离独立控制灯具变得可能。这些技术进步与现在根据车流量和天气条件来调节路灯的需求相一致（ILP，2005；Guo 等，2007）。

10.4.2 标准

国家和国家之间的道路照明标准在细节上有不同，但是大体上有共同的内容。一是路网被划分为不同等级，划分依据是使用者类型和道路的形式（Schreuder，1998；Boyce，2009；CIE，2010c）。美国的道路照明标准在州和州之间也不一样，但是大都采用 IESNA（2005a）规范作为各自标准的基础。这份文件为道路照明设计提供了三个度量指标：道路照度、驾驶人所看到的道路亮度以及驾驶人对于小型目标物的能见度。所有指标都规定了最小值，但必须在全寿命周期里保持。规范要求道路表面平均照度范围为 3～12 lx，实际的照度值取决于道路类型、平均车流量、车速限制以及和行人冲突的风险性。这些规范中有两点值得关注，首先是规定的最大照度值并不是出现在高速道路，那里车速最快并且限制进入，而是出现在经常有行人出现的主干道路。其次是任何等级的道路照度值会随着行人出现概率由高至低而降低。对于路面亮度值的要求也遵循相似模式，范围为 0.3～1.2cd/m²。小目标物可见度指标只在美国使用，因此这里不再进一步讨论。[见 Boyce（2009）对其价值的讨论]

道路照度值和路面亮度值指的都是平均值，所以两者都有最小均匀度要求。最小均匀度，定义为最小照度值和平均照度值的比值，范围为 0.17～0.33；均匀度随着车流量和行人出现量的减少而降低。

道路照明另一个需要控制的要素是失能眩光。在 IESNA（2005a）里，这个问题通过规范最大光幕亮度比值来解决，其定义是等效光幕亮度和路面平均亮度的比值（见 5.4.2.1 节关于计算等效光幕亮度的公式）。对于快速路、高速公路和主干道来说，最大光幕亮度比值是 0.3。对于交叉口和支路，不考虑行人冲突的等级，最大光幕亮度比值是 0.4。

英国的道路照明规范（BSI，2003，2013）明确了三种独立情况：机动车为主的交通道路，车流相互穿插或者车流和行人、自行车干扰的道路，以及以行人和自行车为主的居民区道路。交通道路还会进一步细分，根据道路类型、日平均车流量、车速限制、冲突区域出现频率、是否限制停车以及行人出现的情况。规定的光度学指标包括最低平均路面亮度以及总体和纵向亮度均匀值。总体亮度均匀值是最低和平均路面亮度的比值。纵向亮度均匀值是沿着单一车道中心线上测试点的最低和最高亮度的比值。平均路面亮度范围为 0.3 ~ 2.0cd/m²，总体亮度均匀值和纵向亮度均匀值范围分别为 0.35 ~ 0.40 和 0.40 ~ 0.70。对于速度最快、交通密度最高的高速公路，即使行人被排除在此类道路之外，建议使用最高平均路面亮度和最高亮度均匀值。关于失能眩光，是通过最大阈值增量（TI）百分比来限制的。TI 百分比可以通过下式获得：

$$TI = 65\left(\frac{L_v}{L^{0.8}}\right)$$

式中，L_v 是等效光幕亮度（cd/m²）；L 是平均路面亮度（cd/m²）。

允许的最大 TI 值范围为 10% ~ 15%，对于车流量大并且车速快的道路推荐更低的值。

除了衡量方式和道路等级不同，英国和美国的道路照明规范之间还有其他差别。对于平均路面亮度，英国规定的范围（0.3 ~ 2.0cd/m²）比美国规范（0.3 ~ 1.2cd/m²）更宽。事实上，在美国快速路平均路面亮度（0.6cd/m²）还不到英国规范（2cd/m²）的三分之一。英国标准中另一个更高的地方是对于交叉口的照度要求，在美国规范中，平均照度范围要求保持在 8 ~ 34 lx，但在英国对于冲突区域，包括交叉口，照度范围是 7.5 ~ 50 lx。另一个有差异的指标是总体亮度均匀值。英国和美国规范对于交通道路总体亮度均匀值的要求是前者为 0.35 ~ 0.40，而后者为 0.17 ~ 0.33。这些差异意味着英国规范相比美国规范对道路要求更高的均匀度。不过现实情况并不如此，因为路面亮度在不同地方的变化很大（Hargroves，1981）。这是因为实际的路面亮度取决于路面的反射特性，而这又随着道路的材料以及磨损情况而不断改变（Dumont 和 Paumier，2007）。为了简化，道路照明在设计时会假定路面的反射比值，但这无法真正地代表真实道路。

10.4.3 光谱效应

道路照明中有一个要素在各大规范中较少反映，就是光谱效应。路灯本身的光色差别就很大，从 LPS 的单一黄色，到 HPS 的橙色，还有 MH 和 LED 光源的白色。过去有很多研究检验车道上的物体在不同光源照射下的可见度，结果是没有清晰的证据证明光源之间有差别（Eastman 和 McNelis，1963；de Boer，1974；Buck 等，1975）。不过这些研究的一个普遍特点是都是注视物体，也就是视网膜图像都落在视网膜中央凹上。最近更多研究针对的是对于偏离视轴线的物体的侦测作用，结果反映路灯的出光颜色有显著的影响。具体来说，He 等（1997）在实验室中比较了 HPS 和 MH 光源对于一个直径 2′ 的圆盘分别出现在视线中心和偏离视轴线 15° 时候的反应时间，亮度范围为 0.003 ～ 10cd/m²。圆盘和背景亮度的亮度对比度保持在 0.7。背景亮度和刺激物都来自于同样的光源，这样它们之间没有色差。图 10.23 显示了对于视线中心和偏离视轴线的刺激物的反应时间中位数，针对两名有经验的观察者。图 10.23 里，可

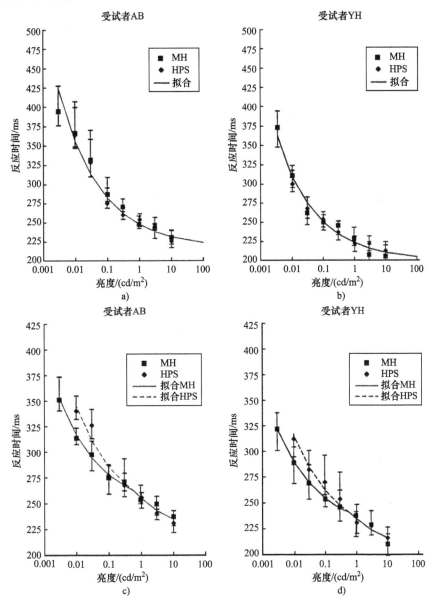

图 10.23　直径 2′ 的高反差目标物分别出现在视轴线上（图 a 和图 b）以及偏离视轴线 15°（图 c 和图 d）时的反应时间中位数（ms），光源为 HPS 或 MH，亮度范围为 0.003 ～ 10cd/m²（来源：He, Y.et al., *J. Illum. Eng. Soc.*, 26, 125, 1997）

以看出从亮视觉状态到中间视觉状态下反应时间随着亮度的降低而增加。两种光源对于轴线上亮度侦测反应时间的改变没有什么区别，但是对于偏离轴线的侦测，两种光源下的反应时间在中间视觉范畴时有偏离。特别是，在同样的适光亮度下用 MH 光源的反应时间更短，并且随着适光亮度的减少，两种光源之间差别的量级会增加。

这些发现可以用人类视觉系统的构造来解释。视轴线上的视觉主要落在视网膜中央凹上，这里锥状光感受器丰富，因此光谱灵敏度不会随着亮度下降而变化直到进入暗视觉状态，这时视网膜中央凹点功能关闭。视网膜的其他区域包含锥状和杆状光感受器。在明视觉状态下，锥状光感受器起支配作用，但是当进入中间视觉状态，杆状光感受器开始起作用，直到进入暗视觉状态，完全由杆状光感受器支配。在不同的光量下视网膜不同区域的杆状和锥状光感受器之间有不同的平衡，这就不奇怪 MH 光源相比于 HPS 光源在中间视觉状态下，对于偏离轴线物体的侦测产生更短的反应时间，因为这更匹配杆状光感受器的光谱敏感性。这也能解释为何两种光源在轴线视觉反应时间上没有区别。

Lewis（1999）获得了近似的结论。图 10.24 显示的是准确识别一个大型无色高反差的 13°×10° 格栅的垂直或者水平朝向的平均反应时间，格栅分别用 LPS、HPS、汞灯、钨丝灯和 MH 光源中的一种照亮。只要视觉系统处于明视觉范围，也就是亮度高于 3cd/m²，不同光源之间没有区别。然而，当视觉系统处于中间视觉状态，也就是亮度低于 3cd/m²，不同的光源产生不同的反应时间，对杆状光感受器刺激更多的光源（钨丝灯、汞灯和 MH）比刺激少的光源（LPS 和 HPS）带来更短的反应时间。

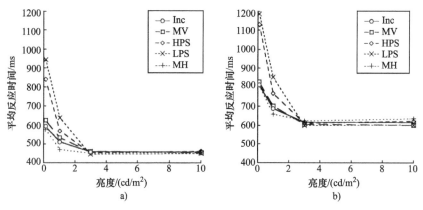

图 10.24　正确识别 a）格栅的垂直或者水平朝向，以及 b）一个站在路边的行人的朝向的平均反应时间（ms），分别由五种不同光源（Inc，钨丝灯；MV，汞灯；HPS，高压钠灯；LPS，低压钠灯；MH，金卤灯）照射，横坐标为亮度（cd/m²）（来源：Lewis, A.L., *J. Illum. Eng. Soc.*, 28, 37, 1999）

对于在不同光源下发现抽象目标物的反应时间的测量看起来和驾驶的任务关系不大，但事实上，驾驶时需要视觉系统在视野周边区域提取信息。Lewis（1999）证明了光源的光谱能量分布确实对驾驶信息的提取时间有影响，通过重复前面所述的试验，只是将格栅替换为一张女性行人站在道路右侧同时还有树木和木栅栏的幻灯片。在其中一张幻灯片里，这名女性面向道路；在另一张里，她背朝道路。观察者的任务是识别她面朝何方。图 10.24 显示了在明视觉亮度范围内，不同光源照射下这项任务的平均反应时间。同样，只要在明视觉，光源之间没有差别，但是当达到中间视觉状态时，对杆状光感受器刺激更大的光源有着更短的反应时间。

评估中间视觉状态下光谱的影响作用的另一项尝试是测量侦测到偏离轴线的目标物出现的概率。Akashi 和 Rea（2002）找人在一条短路上驾驶汽车，并测量他们对于偏离视轴线 15° 和 23° 方向上目标物的侦测反应时间。道路及其周边用 HPS 或 MH 路灯照亮，道路照度和光分布都一样，另外车辆的卤素车头灯有开启或关闭两种状态。结果 HPS 和 MH 光源照射下结果有明显差别。具体来说，MH 路灯下反应时间相对于在 HPS 路灯下更短（见图 10.25）。

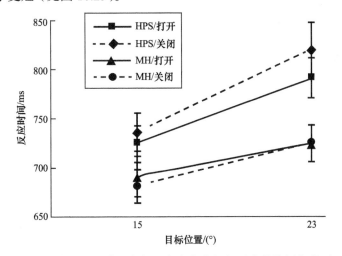

图 10.25　在 HPS 和 MH 路灯下，并且车辆上卤素车头灯打开或者关闭条件下，于驾驶中发现偏离视轴线 15° 和 23° 的目标物出现的平均反应时间（ms）（以及平均值的相关标准误差）。调整使用两种光源的道路照明以提供相似的照度和光分布。矩形目标物在偏离视轴线 15° 的对应立体弧度是 3.97×10^{-4} 并且在偏离视轴线 23° 的立体弧度是 3.60×10^{-4}。两个目标物和环境的亮度反差比值是 2.77（来源：Akashi, Y.and Rea, M.S., *J. Illum. Eng. Soc.*, 31, 85, 2002）

之前讨论的结果表明，光谱对于偏离视轴线方向上的视觉表现肯定有影响，但是具体有多重要呢？有人认为亮度对于反应时间的影响幅度不大，对于交通安全的影响很小。例如，增加 100ms 的反应时间对于以 80km/h 的速度行驶的车辆来说只是多前进了 2.2m。幸运的是有证据表明更长的反应时间会带来更多失误。Rea 等（1997）测量了人们对于偏离视轴线 15° 方向上信号的反应。这个实验在一条由 HPS 和 MH 光源照明的道路上进行，平均路面亮度为 $0.2cd/m^2$，然后要求受试者佩戴透光率为 0.1 的眼镜使得路面有效亮度变为 $0.02cd/m^2$ 的效果。图 10.26 显示的是侦测到目标物的变化的平均反应时间和错失目标物的百分比，对应与路面的不同亮度值。可以看出 HPS

灯具相比 MH 灯具会导致更长的反应时间和更多的信号错失，差距随着路面亮度降低而变大，直到进入中间视觉。别的实验获得了近似的结果（Bullough 和 Rea，2002；Lingard 和 Rea，2002）。虽然反应时间变长的意义尚未定论，但是错误率提高的严重性是毫无疑问的。

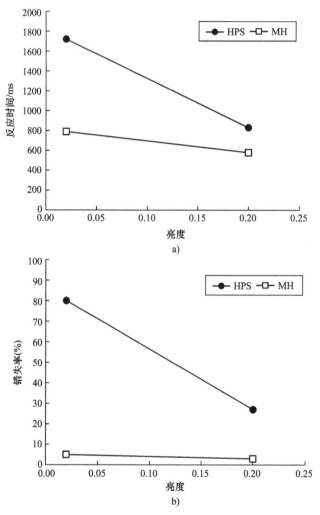

图 10.26 观察者在一条由 HPS 或 MH 灯具照亮的路面上，发现偏离视轴线 15° 的信息牌变化的 a）平均反应时间（ms）以及 b）错失百分比（来源：Rea, M.S.et al., A field study comparing the effectiveness of metal halide and high pressure sodium illuminants under mesopic conditions, *Proceedings of the CIE Symposium on Visual Scales: Photometric and Colourimetric Aspects*, Teddington, U.K., CIE, Vienna, Austria, 1997）

　　关于在中间视觉条件下光谱对于视觉表现的影响还有大量其他研究（IESNA，2006）。结果都相似，对于视轴线上的任务，例如视力测量（Eloholma 等，1999a，b）

和小目标的可见距离（Janoff 和 Havard，1997），不同光谱的结果差别不大；对于偏离视轴线的任务，例如测量有效视野大小（Lin 等，2004）和识别驾驶时离轴目标的运动方向（Akashi 等，2007）不同光谱会带来不同的反应时间（Akashi 等，2007）。结论是能对杆状光感受器产生更大刺激的光源，也就是有更高 S/P 比例的光源，能确保有更好的偏离轴线视觉表现。

　　接下来有必要考虑这一点与实际道路照明的关系。目前道路照明最普遍使用的光源是 HPS，但是 MH 和 LED 光源正在快速替代。前面的讨论基本确认了白色灯光比橙色灯光有更多好处，但是这个结论不能这么简单地表达，实际情况更加复杂。现实中，选择光源的好处更多地依赖于驾驶人的适光亮度、视轴线上和偏离视轴线视觉任务之间的平衡以及这些任务的类型。所谓的适应亮度指的是视觉系统在明视觉下工作的亮度，比如 $3cd/m^2$ 或者更高，这时光谱对于偏离视轴线的视觉表现没有影响。如果适应亮度处在中间视觉，比如说大约 $1cd/m^2$，光谱的影响比较轻微。仅仅当适应亮度远远低于 $1cd/m^2$ 时光源的选择可能会对于偏离视轴线视觉表现造成明显的差别。Mortimer 和 Jorgeson（1974）发现当在夜间驾驶时，视觉关注点倾向于固定在被照亮的区域，Stahl（2004）也有类似的结论。这表明当夜间驾驶在一条被照亮的道路上时，驾驶人所看见的路面平均亮度可以被用来衡量适应亮度。如果是这样，那么视网膜上接受来自道路上仅仅被路灯照亮的部分的光线的那部分将在中间视觉状态下运行，那么支路和过渡路将从选择可以对杆状光感受器产生更大刺激的光源得到最大的好处。

　　当然，所有这些亮度都是明视觉亮度，是采用 CIE 标准明视觉观察者计算得来的。毫无疑问，在中间视觉状态下，对杆状光感受器刺激更多的光源可以促进偏离视轴线的视觉表现，但是在什么亮度下人眼进入中间视觉是问题的关键。有一个基于反应时间的明视觉、暗视觉、中间视觉统一模型认为中间视觉从 $0.6cd/m^2$ 开始（Rea 等，2004a），同时另一个基于任务表现的模型认为对于驾驶来说，中间视觉从 $10cd/m^2$ 才开始起作用（Elohoma 和 Halonen，2006；Goodman 等，2007）。幸运的是，比较两个模型得出的估算值只有细微的偏差（Rea 和 Bullough，2007），这意味着这两个模型，甚至是最近 CIE 中间视觉模型（CIE，2010a），都可以用来评估光谱功率分布对道路照明的作用。

　　考虑到夜间驾驶时可能处于中间视觉状态，那就有必要去考虑驾驶人的任务类型以及在视轴线上和偏离视轴线的视觉任务之间的平衡。驾驶人的任务类型可以很宽泛，包括对于驾驶人的刺激和需要从中提取的信息。这一点必须考虑是因为任何光谱对于偏离视轴线视觉表现的作用大小都取决于具体任务（IESNA，2006）。对于接近阈值的刺激，光谱作用可能比较大，但是对于刚刚超过阈值的刺激，光谱作用可能不明显。可以说的是，在给定的明视亮度下使用能更好地刺激杆状光感受器的道路照明光源不会使偏离视轴线的视觉性能变差，反而可能会变得更好。

　　关于视轴线上和偏离视轴线任务之间的平衡，之所以重要是因为有人认为，使用对杆状光感受器有更大刺激的光源可以适当降低路面亮度而不会有负面后果。诚然，之前讨论的结果表明，在中间视觉环境下，使用 MH 光源相对于 HPS 光源可以在更低的明视觉亮度下达到同样的偏离视轴线的视觉表现。然而对于轴线上的目标物，两种光源在较低的适光亮度下都有较差的视觉表现力。由此，只有假设当偏离视轴线目标侦测是唯一的驾驶任务时，降低 MH 光源的路面亮度才是被允许的。同时提供视轴线上和偏离视轴线视觉对于驾驶人而言是重要的，把光谱作用引入实际道路照明的一个负责任的方式应该是使用 S/P 比值高的光源（见 1.6.4.5 节）而不是降低路面的建议亮度值。

10.4.4　道路照明的益处

既然道路照明的基本目的是通过提升道路前方的可见性来改善安全，那就有必要考虑一下有哪些证据可以证明道路照明能实现这个目的（Beyer 和 Ker，2009；Rea 等，2009b）。做到这一点有个方法是分别统计有照明和无照明的路段在夜晚和白天的事故数据。使用这个方法，Wanvik（2009）总结出道路照明使伤亡事故下降了约 30%。这个方法有两个问题：第一，必须假设有照明和无照明道路上车流量、疲劳程度和驾驶人的情况在白天和夜间是一样的，这显然不可能；第二，它无法告诉我们不同数量的灯光对于交通安全的作用是如何的。第二个局限性可以通过从大量类似的不同照明类型和等级的现场收集事故数据来克服。这种方法在英国被用于研究道路照明对于交通安全的影响（Scott，1980）。在此研究中，使用移动实验室对 89 个不同场地的照明条件做了光度测量（Green 和 Hargroves，1979）。场地长度均在 1km 以上，照明条件均匀，照明和道路特征至少 3 年未发生变化。所有场地都是双向的都市道路，限速为 48km/h。所有光度测量均是在路面干燥时进行的，并且统计的事故也都是在干燥路面上发生的。然后用多重回归分析方法对数据进行处理，确定各种灯光参数对于夜间/白天事故比例的影响。结果发现平均路面亮度对于夜间/白天事故比例影响最大。图 10.27 显示的是夜间/白天事故比例对应平均路面亮度的关系。图中还显示了经过指数拟合的曲线，还根据事故相对数量做了加权处理。拟合得出的曲线公式是：

$$N_R = 0.66e^{-0.42L}$$

式中，N_R 是夜间/白天事故比例；L 是平均路面亮度（cd/m²）。

从图 10.27 可以看出平均路面亮度的增加确实对降低夜间事故率有一些帮助，但是夜间/白天事故比例数据的高度离散也说明除了路面亮度外还有别的因素在起作用。假如我们想要搞清楚照明在交通安全里的作用，需要想办法来减少数据中的干扰点。一个巧妙的方法是在照明变化中引入夏令时（DST）（Tanner 和 Harris，1956；Ferguson 等，1995；Whittaker，1996）。在通常的 DST 系统里，时钟在春天被调快 1h 而在秋天调慢 1h。两种情况下，其作用是把驾驶从白天突然转变到夜间并且反之亦然。如果假设活动和交通形式都是受到时钟管理，那么似乎车流量、疲劳度、清醒程度和驾驶人情况等大致不会在 DST 转换前后有大的变化，这样事故率的变化可以合理地被认为是由于照明条件的改变。Sullivan 和 Flannagan（2002）使用从 1987～1997 年里死亡事故分析报告系统（Fatality Analysis Report System，FARS）数据库中的数据来核实在美国 50 个州中的 46 个州里涉及行人的致命撞车事故的总数量，在黄昏即将变黑的时间（太阳中心在地平线以下 6°）里表现出在 DST 转变时光线等级最大的变化。（亚利桑那州、夏威夷州和印第安纳州被排除在外，因为它们没有 DST，阿拉斯加州被排除在外，因为它的太阳周期与包括的其他州明显不同）。春季早晨 DST 变化的影响是将光照条件从黄昏移到夜晚，然后随着白天长度的增加，从黄昏回到白天。图 10.28a 显示了在春季 DST 转换前 9 周和后 9 周里黄昏时发生的行人致命事故的总数量。可以看出在转换前的数周内，致命事故数量有稳定的下降，但是在 DST，出现了事故数量的快速回升，随着白天时间的变长此程度有所下降。图 10.28b 显示了 DST 转换前和后的 9 周春季傍晚黄昏的类似数据。在傍晚，DST 转换的作用是改变了驾驶条件由夜间至白天。随着这种转换而来的行人致命事故数量的戏剧性下降是明显的。

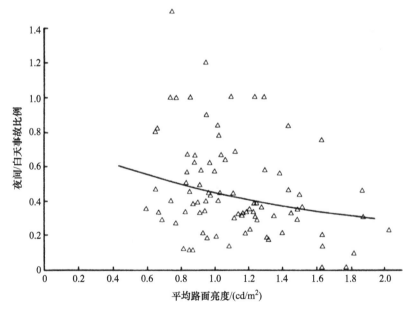

图 10.27 现场夜间/白天事故比例对应平均路面亮度（cd/m²）的关系。曲线经过指数拟合，还根据事故相对数量做了加权处理（来源：Hargroves, R.A.and Scott, P.P., *Public Lighting*, 44, 213, 1979）

最近有人用这种方法来检验白天到天黑的转变对于多种事故类型的影响，基于两个数据库（Sullivan 和 Flannagan，2007）。第一个是 FARS 数据库（NHTSA，2006），第二个是北卡罗来纳州交通厅（NCDOT）数据库。这两个数据库对几年里春季或秋季 DST 过渡期内，从夜晚转到白天或者从白天转到夜晚的那一小时窗口内的所有事故都有详细记录。FARS 数据库用来检查过去 18 年里（1987～2004 年）发生的致命事故的类型，NCDOT 数据库被用来研究在 9 年里（1991～1999 年）发生的致命的、

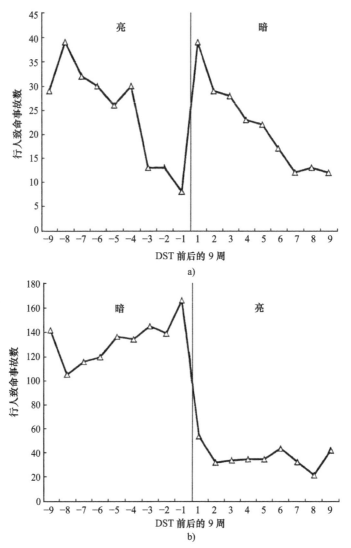

图 10.28 1987 ~ 1997 年间，春季 DST 转换前 9 周和后 9 周 a）上午和 b）傍晚前后美国 46 个州累计的行人致命事故数量（来源：Sullivan, J.M.and Flannagan, M.J., *Accid. Anal. Prev.*, 34, 487, 2002）

有人受伤的和仅有财产损失的事故类型。对于这两个数据库，事故发生的时间窗口开始于黄昏到夜间的界线根据标准时间以及延伸至提前 1h。在 DST 转换的前后 5 周内的傍晚发生的事故是相符合的并且在有光照和没光照条件下各类事故的发生比例被计算。如果在亮和暗的环境里事故数量没有区别，那么暗 / 亮比应该是统一的。暗 / 亮比超过统一值表明照明从日光降低到车灯和路灯，会导致更高的事故发生率。表 10.4 显示出不同类型致命事故的暗 / 亮比在统计学上是明显不同于统一值的（$p < 0.05$）。其中相对接近统一值的事故种类是同向行驶车辆之间的擦碰、相向行驶的车辆迎面相撞以及撞上路边固定物体。表 10.4 中有三点值得注意。第一，有些致命事故强烈地受

可见度降低影响,那么日光消失后事故率会大大提高。成年行人在晚间的受伤概率更高,有数据表明欧洲行人的致死事故在冬天会增加(ERSO,2007)。第二,有些事故似乎在晚间概率反而会更低,比如撞上路边的固定物体以及翻车。这类事故通常代表车辆为避让路面上的什么东西而脱离道路。或许由于黑暗里的可见性降低,驾驶人更为谨慎小心。第三,18 岁以下行人的事故率和成年行人之间有很大的差异。或许最大的原因是出现的概率不同。儿童,特别是小孩,通常被要求在天黑后留在室内,意味着他们很少出现在道路上,无论是否有 DST 转换。

表 10.4　FARS 数据库中,DST 过渡期内不同类型致命事故中的暗 / 亮分别占比

事故类型	黑暗环境事故数量	明亮环境事故数量	暗 / 亮比
行人 18 ~ 65 岁	1635	243	6.73
行人 > 65 岁	845	126	6.71
动物	61	11	5.55
追尾	440	198	2.22
迎面撞车	1058	748	1.41
撞上停放车辆	82	58	1.41
行人 < 18 岁	349	252	1.38
侧向碰撞	1507	1239	1.22
杂项	522	460	1.13
撞上路边固定物体	955	1088	0.88
翻车	492	691	0.71

来源: Sullivan, J.M. and Flannagan, M.J., *Accid.Anal.Prev.*, 39, 638, 2007。

　　不同于 FARS 数据库,NCDOT 数据库主要统计非致命事故。在 NCDOT 数据库提取的 DST 案例中,致命事故只占总数的 0.5%。60% 的事故仅仅是财产损失,其余包含轻度人身伤害。表 10.5 显示出和统一值有显著差别($p < 0.05$)的非致命事故对应的暗 / 亮比。和统一值没有显著区别的非致命事故类型有撞到老年行人、转向时的追尾碰撞、侧向碰撞、右转时的碰撞、侧面碰擦、撞到路边物体、驶出道路以及制动时的碰撞。

表 10.5　NCDOT 数据库中,DST 过渡期内不同类型非致命事故中的暗 / 亮分别占比

事故类型	黑暗环境事故数量	明亮环境事故数量	暗 / 亮比
动物	4656	560	8.31
行人 18 ~ 65 岁	292	115	2.54
驶出道路(车头超前)	205	96	2.14
追尾(慢速)	5466	3708	1.47
左转	2265	1819	1.25
撞上停放车辆	894	747	1.20
迎面撞车	205	162	1.18
右转穿越车流	362	310	1.17
左转穿越车流	1340	1167	1.15
行人 < 18 岁	80	117	0.68
翻车	52	98	0.53

来源: Sullivan, J.M. and Flannagan, M.J., *Accid.Anal.Prev.*, 39, 638, 2007。

表 10.4 和表 10.5 之间有很多不同。其中的一些区别是由于两个数据库对于事故的分类系统不一样，但是对于两个数据库中重合的事故类型，还是存在一定的一致性。到了晚间成年行人遇到的致命和非致命事故都大大增加，涉及动物的致命和非致命意外，涉及和停泊车辆相撞的致命和非致命事故，以及涉及翻车的致命和非致命事故都会更容易发生。

当然，会有一些差异。涉及 18 岁以下行人的非致命事故的暗 / 亮比值小于统一值，而致命事故的暗 / 亮比值高于统一值。这种差异也可能是因为儿童在被车辆撞击时更加脆弱。另一个异常现象涉及和动物有关的事故的暗 / 亮比值。涉及动物的非致命事故的暗 / 亮比值高于致命事故的暗 / 亮比值。涉及动物事故中造成人类死亡的数量是少的，但是造成人身伤害和财产损失的数量是大的。事故数量的不足使得暗 / 亮比值的估算不准确。

通过比较表 10.4 和表 10.5 会发现另一个有趣的点，对于同样的事故类型，致命事故的暗 / 亮比通常高于非致命事故。这似乎可以解释为是由于致命事故中通常车速比非致命事故中更高，更快的车速导致在撞击前更少的反应时间，可见性下降进一步缩短了时间限制。可见更好的道路照明或者车灯或许对于致命事故来说更为重要，因为能提供宝贵的反应时间。

表 10.4 和表 10.5 中数据的重要性有三个理由。第一，它们显示出某些类型的事故相比其他事故对于夜晚可见性的降低更加敏感。如果能够确定对于低可见度最为敏感的事故类型和位置，就可以更加有效地用照明来避免事故。第二，表 10.4 和表 10.5 中的数据表明，在美国，无论车灯和道路照明的标准是什么，它们都有促进作用。理想情况下，车灯和道路照明可以把暗 / 亮比降低到统一值。第三，事故暗 / 亮比值可以用来评估照明的改善作用。举例来说，Sullivan 和 Flannagan（2007）使用致命和非致命事故的暗 / 亮比值来评估车辆车头灯的一些创新形式是否有效（见 10.2.7 节）。对于道路照明，暗 / 亮比值结合每种事故类型发生的频率和造成的损失，可以被用来提供给道路照明带来的益处和它必需的成本之间金钱上的价值比对。

尽管如此，由 DST 转换法推导出的暗 / 亮比值并不是没有局限的。首先它们都来自于同一个国家的数据，对于驾驶习惯不同的国家，很可能出现不同的暗 / 亮比值。另外一个重要的局限性在于这些数据都是基于黄昏驾驶获取的，这可能会夸大动物在交通事故中扮演的角色，因为有些大型夜行动物，比如鹿，会在黄昏前后最为活跃。此外喜欢在夜间行车的驾驶人有些特殊特质，也可能导致数据出现偏差。在不同纬度的国家，以及在一年中不同的季节里，黄昏对应的时间范畴可能包括从下午直到深夜的不同时段。在黄昏驾驶的人相比于夜间驾驶的人通常清醒程度更好（NHTSA，2006），但是他们面临的车流量通常也更大，因此数据偏离的方向很难捉摸。

上述提到的这些局限性都还是显性的，还有一个问题更为关键。目前为止我们研究的仅仅是白天和夜晚之间的区别，也就是说是否提供道路照明可能会对降低各种事故有一定作用，但却无法告诉我们具体需要降低多少才能使暗 / 亮比值达到统一值。Rea 等（2010b）研发了解决此问题的方法，具体来说需要对道路进行光度学上准确的模拟，同时采用相对视觉功效（RVP）模型（见 4.3.5 节）来评估在不同环境照度和道路照明组合下，不同年龄驾驶人对处于不同位置上目标物的可见性。在给出的案例中，选取的道路是一条简单的四车道、直角交叉路口。目标物是一个边长 18cm、反射率 0.50 的正方形，安装于车辆正面距离地面垂直高度 76cm 处，研究车辆只打开近光灯，逐渐行驶靠近十字路口的情况。几处目标物周边的环境照度分别是 20 lx、2.0 lx、0.2 lx 或 0.02 lx，也对应了常见的城市、郊区和乡村地区道路上的照度。道路照明条件也有不同，有的是完全没有道路照明，有的是只在交叉口局部设置有道路照明，还有的是从交叉路口开始沿道路都有照明。道路照明给路面提供的平均照度从低照度（路面 6 lx，交叉路口 10 lx）到中照度（路面 9 lx，交叉路口 15 lx）到高照度（路面 18 lx，交叉路口 30 lx）。参加测试的驾驶人年龄包括 30 岁、45 岁和 60 岁，其中两人坐在停在交叉路口的两辆车里，而另外一人驾车驶向交叉口。以上所有情况的组合检测计算得到了大量 RVP 值，为了简化，计算所得的 RVP 值被划分为四组：RVP < 0.70 表示得分 = 0；0.70 < RVP < 0.80 表示得分 = 1；0.80 < RVP < 0.90 表示得分 = 2；还有 RVP > 0.9 表示得分 = 3。之所以这样划分是因为 RVP < 0.70 代表可见度处于 RVP 表面的悬崖，0.70 < RVP < 0.80 达到拐点，0.80 < RVP < 0.90 在拐点上方，RVP > 0.90 明显处在稳定阶段，此时照度的变化几乎对于表现力没什么改变。图 10.29 显示了无道路照明和有道路照明（低、中、高）条件下，停在路口的年龄为 30 岁和 60 岁的驾驶人所看到的目标物的平均 RVP 得分，目标物随着车辆朝路口驶来，该道路属于高速路，车速可能超过 64km/h（40mph）。从图 10.29 中可以看出三个明显的结论：首先，当环境照度为 20 lx 时，提供道路照明对增加 RVP 分值没什么作用；第二，当环境照度低于 2 lx 时，提供道路照明会显著提高平均 RVP 分值（道路照明产生的照度越高，平均 RVP 分值越高）；第三，年长的驾驶人相比于年轻的驾驶人从道路照明中获得更多的好处，至少从 RVP 分值上反映如此。

这是个有趣的方法，能获取大量的数据可用来做很多分析。不过在沉迷于数字分析之前，首先要承认这个方法仅仅是理论上的，其实际意义需要通过其他方式验证后才能证实。问题之一就是，为什么在研究道路照明对于交通安全的影响时，需要关注一个放在车辆正面的垂直小目标物的可见性。原因并不是为了验证车辆可否被发现，因为夜间路上的车辆都开着近光灯，不可能看不到。Rea 等（2010b）给出的解答是，道路照明的作用是让行驶中的车辆从其背景环境中分离出来，以及帮助看清一些有助于确定车辆位置、速度和移动方向的细节。之所以采用小的垂直目标物是因为其代表了这些细节，并且其可见性用来做计算。这些细节对应了视网膜中央凹的点视觉以及偏离视轴线的侦测能力，这些对于道路安全都至关重要。在明尼苏达州做的一项评价交叉路口局部照明的尝试与此有关（Rea，2012）。在这个研究中发现，交叉路口局部照明带来的 RVP 值提升能够减少 10% 的车 - 车相撞事故。我们还需要更多同类数据来支撑相关结论。

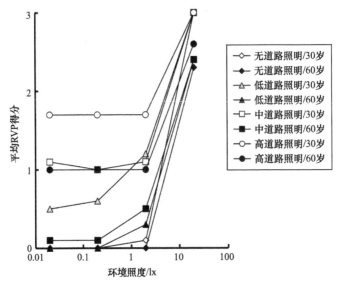

图 10.29　无道路照明和有道路照明（低、中、高）条件下，停在路口的年龄为 30 岁和 60 岁的驾驶人所看到的目标物的平均 RVP 得分。目标物是垂直放置在一辆开着近光灯车辆上的边长 18cm、反射率 0.50 的正方形，随着车辆朝路口驶来（来源：M.S.et al., *Lighting Res. Technol.*, 42, 215, 2010b）

　　除了通过提高对于细节的觉察能力从而提升道路安全，道路照明还能帮助驾驶人更好地控制自己的车辆。这是因为它能通过"光流"提供更多的信息。当沿着道路行驶时，视网膜处于一种叫作"光流"的移动模式中，这时候人视野中的不同部位以不同速度从不同方向围绕着观察者在运动。对光流的分析既能帮驾驶人辨识周围世界的结构，也能分辨出自己在这个世界里的方位以及移动速度（Gibson，1950）。然而，绝对速度无法仅仅通过光流获取，因为要判断速度，你必须能根据参照物估算出距离。在视网膜图像中对于速度还有许多别的视觉线索比如透视关系、熟悉物体的相对尺寸、纹理渐变、阴影以及物体之间的相互遮挡。这些信息中的很多只有在场景被照亮的情况下才能被看到。仅仅开着车前灯在夜间行驶限制了可获得的距离信息，进而使通过视觉判断绝对速度变得困难。

　　在没有其他车辆的空旷道路上行驶时，驾驶人需要关注绝对速度，而在有其他车辆的道路上，更需要关注相对速度。比如，如果你正跟随另一辆车，那么只要视网膜图像尺寸是不变的，就说明你们在以相同速度前进并且你不会增加也不会缩短你们之间的车距。如果视网膜图像开始变大，说明你正在靠近前车，而且你接近的速度和前面车辆的视网膜图像的扩大速度相关联。当你从后方接近一辆车时，这是一个简单的判断方法，即便是在夜间，因为此时你的车头灯会照亮前面车辆的尾部，这样就能够容易地估算距离了。

　　但是在一条没有照明的道路上，从远处迎面驶来的车辆的相对速度就很难判断了。此时，车头灯看起来是两个光点，随着车辆的接近，它们的间距变大。问题是除非你提前知道大致的距离，否则就无法通过车头灯间距的变大速度来估算车距。缺少了道路照明，你对于车距的估计或许只能依赖把车头灯间距当作常见的车辆或者依赖接近车辆上车头灯发出的光。对于只有一个车头灯的摩托车来说，这个情况更加困难。那么，如果你想要估计它的接近速度，你必须侦测单个车头灯尺寸的增加并且判断距离。这时候道路照明为判断接近车辆的速度提供了别的线索。

除了提供信息让你和对面车辆更容易判断位置、速度和移动方向，道路照明还给驾驶人提供其他视觉上的帮助。它们增加了驾驶人的反应时间，减少了对面车辆车头灯制造的不适和失能眩光，还提供了远处道路方向的指引。相信开车从没有路灯的区域过渡到有路灯的区域的驾驶人都会感觉到轻松，这种轻松感的原因是路上或者路边物体的侦测距离变远，可供反应的时间也变长了。道路照明带来的好处在高速公路上最能体现，在那里依靠道路照明显示的额外信息看起来并不多，但是一旦没有了道路照明，所需的反应时间都变短了。当道路照明所展示的额外信息变多时（比如说城市区域），轻松感可能会降低，因为需要的信息更多了。这一点对于年长的驾驶人尤为如此，他们无法快速处理视觉信息（Owsley 和 McGwin Jr，2010）。

道路照明本身也会产生不适和失能眩光，但是只要满足 10.4.2 节中讨论的标准，其产生的眩光就远远小于迎面车辆的车头灯的眩光。对于车头灯产生的不适眩光，道路照明能够提高适应亮度从而降低不适眩光。对于车头灯产生的失能眩光，道路照明不会改变其光幕亮度值，但是因为照亮了背景，光幕亮度对于亮度反差的作用会被减小。这样道路照明总是趋向于同时减少车头灯产生的失能和不适眩光，让驾驶变得更加舒服。

至于说指引作用，路灯沿着道路的延伸方向提供了容易理解的线索，再加上逆向反射的路牌可以看得更远。当道路照明采用中央双侧安装或者单侧安装时，路牌最容易被看见。双侧、交错或者混合灯具分布可能更加难以理解。

显然，道路照明在夜间行驶中起到了稳定感知和降低不适感的作用。但其对于交通安全性的重要程度还不明确。表 10.4 和表 10.5 显示的对于 DST 过渡期的研究结果表明，道路照明的最大安全作用是针对涉及行人和没有自身照明的物体的事故，比如行人和动物，因为他们不容易被看到。对于涉及其他使用车头灯和信号灯车辆的事故（相对更容易被看到），会少得多，但依旧是有作用的。道路照明对于人车交汇的安全性是明确的。对于仅有车辆交互作用的影响较少。

10.4.5　车灯和道路照明之间的关系

入夜后车灯总是会开启，其设计目的就是在没有道路照明的情况下提供可视性。道路照明的设计目的是提高可视性，无论有没有车灯。车辆前照灯和道路照明的设计目的都是让驾驶人可以看清前方的情况。要让前方的物体能被看到，它们就必须有超过视觉阈值的可见尺寸和亮度对比度或色彩差异。灯光难以改变物体的可见尺寸，而颜色差异仅仅在亮度对比度低的时候重要，所以要评估照明对于可见性的作用最适合的方法就是测算亮度对比度的变化。这个过程里的第一步是观察一个目标物在不同距离上分别从车辆前照灯和路灯获得的照度。图 10.30 显示了一个边长为 20cm 反射率是 0.2 的正方形物体，垂直放置在路面上离车辆不同距离时获得的照度，正方形的方向保证其法线方向是沿着道路中心线的（Bacelar, 2004）。车辆前照灯使用的是符合 ECE 规范的卤素灯，道路照明是在单侧安装五个路灯，相互间距 30m，每个灯具含有一个 150W 的 HPS 光源并且安装高度是 8m。道路照明的结果是平均路面亮度是 2.45cd/m^2，整体亮度均匀度是 0.6 并且径向亮度均匀度是 0.7。

从图 10.30 中，可以看出到车辆的距离被分为三个区间。从车辆到 40m 内，垂直目标物的照度主要取决于车辆前照灯。40 ~ 60m 之间，道路照明和车辆前照灯产生相似的垂直照度。超过 60m 以后，垂直目标物的照度主要由道路照明提供，特别是在使用近光灯的时候。当然，这些分界点也是可以变化的，取决于车辆前照灯和道路照明的类型。Bacelar（2004）使用的道路照明会产生高于正常推荐值的平均路面亮度（见 10.4.2 节）。对于道路照明贡献值较低的路面亮度但是配光相同的情况，可以预计三个区间的分界点会向更远离车辆的方向迁移。车辆装备 HID 车头灯的情况也是一样。虽然如此，还是会有三个区间，一个是车辆前照灯占主导，一个是道路照明占主导还有一个是两种灯光大致相同。

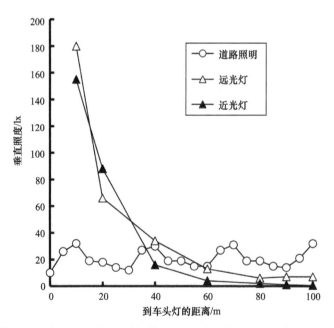

图 10.30　分别使用近光灯、远光灯和路灯情况下不同距离（m）的路面处的垂直照度（lx）。路灯杆之间的间距是 30m（来源：Bacelar, A., *Lighting Res. Technol.*, 36, 69, 2004）

对于最远的区间，车辆前照灯的光很少能照到目标物，主要依靠道路照明来增加目标物的可见性。可见性由可见性等级来衡量，后者是目标物实际亮度对比度和目标物亮度对比度阈值的比值。增加路面亮度可以增加适应亮度,这将会降低亮度反差阈值,由此增加目标物的可见性。虽然这大体上是正确的,但有一些目标物的可见性等级会降低。这是因为目标的实际亮度对比度可能会因为使用道路照明被降低。决定这一点是否会发生的是目标物和路面的相对反射特征。有些目标物需要在负亮度反差下才能被看到,也就是说,需要比路面更暗;它的亮度反差会随着道路照明的加入而增加,它的亮度反差可能会随着路面亮度的增加而降低。另外一个重要因素是道路照明的亮度均匀度。Guler 和 Onaygi(2003)提出了整体和径向亮度均匀比低于规范值的道路照明将会形成更大的可见性等级接近于零的区域。

这意味着,在最远的区间,加入符合规范的道路照明整体上会增加可见性,但是可能降低特定目标物的可见性。在这个区间内,目标物能够可见的范围取决于它们的视觉尺寸。亮度反差阈值随着视觉尺寸的降低而增加(见图 2.15),因此一个目标物的可见性等级会随着观察者和目标物之间的距离增加而降低直至实际亮度反差达到亮度反差阈值,那么目标物变得难以侦测。

在最近的那个区间,目标物的照度主要受车辆前照灯的支配,路面亮度也是如此。此时加入道路照明会增加适应亮度,同样也会降低亮度对比度阈值,尽管由于车辆前照灯占主导,这种作用很小。对于实际的亮度反差,加入道路照明的影响大小将取决于目标物和路面亮度增量的相对值。假设道路照明主要设计用于照亮路面,可能路面亮度的增加量要大于目标物亮度。这意味着对于在路面的正亮度反差下所看到的目标物当它仅仅被车辆前照灯照射时,实际亮度反差会下降。这种下降是否会导致可见性等级的降低将取决于实际亮度反差的降低被亮度反差阈值的降低所抵消的程度。对于在负亮度反差下才能看见的目标物来说,当它仅仅被车辆前照灯照射时,道路照明的加入最可能导致实际亮度反差的增加,伴随着亮度反差阈值的降低,从而造成可见性等级的增加。

在中间区间的情况才是真正有意思的。在这个区域里,道路照明和车辆前照灯起着近似的作用,尽管道路照明侧重在水平路面上,而车辆前照灯侧重在目标物垂直面上。Bacelar(2004)通过测量之前所描述的条件下目标物和背景亮度计算可见性等级,并且使用 Adrian(1989)建立的目标物可见性模型计算可见性等级。目标物在使用近光灯时距离车辆固定 40m,在使用远光灯时距离 90m 位置。制动距离假设在市内区域是 40m,因为那里的车速基本在 50km/h;而在郊区是 90m,因为那里的车速在 75 ~ 110km/h 范围内。目标物以 5m 为单位沿着道路在第二和第三根灯杆之间移动,路边灯杆之间间隔 30m。图 10.31 分别显示了只有车头灯、只有道路照明和车头灯及道路照明同时作用的时候不同的可见性等级。在只有车头灯照明时,可见性等级是恒定的,因为目标物和车辆之间有恒定的距离。在 90m 外仅用远光灯照射的可见性等级低于 40m 外仅用近光灯照射时的可见性,因为更远的距离上目标物的照度更低并且角尺寸更小。更低的照度意味着更低的适应亮度并且伴随更高的亮度反差阈值,更小的角尺寸也是如此。

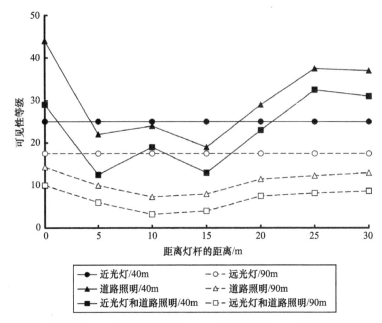

图 10.31　根据距离近光灯 40m 和距离远光灯 90m 的反射率为 0.2 的目标物测量得到的亮度值而计算得出的可见性等级，横坐标为距离灯杆的距离（m）。连续的道路灯杆相隔 30m。分别考虑只有车头灯、只有道路照明和车头灯及道路照明都有的情况下测量（来源：Bacelar, A., *Lighting Res. Technol.*, 36, 69, 2004）

　　在只有道路照明的时候，可见性等级有一些差异，因为路面上的照度有差异以及目标物和道路照明灯具相对位置的不同。90m 处的可见性等级低于 40m 处是因为目标物的可见尺寸更小。当目标物处于距离灯杆 5 ~ 20m 之间并且距离车辆 40m 时，近光车头灯和道路照明加在一起所产生的可见性等级低于各自单独起作用时。当目标物距离车辆 90m 并且车辆远光车头灯点亮时，远光车头灯和道路照明加在一起所产生的可见性等级低于各自单独起作用时，在所有位置都如此。还有别人也发现了相近的可见性等级在车头灯照明和道路照明不同组合下的变化模式（Guler 等，2005）。人们相信为了容易看清楚而能够高水平准确侦测所需要的可见性等级应该在 20 ~ 25（Blackwell 和 Blackwell，1977；Brusque 等，1999）。

　　到目前为止，对于可见性的讨论都集中在引入道路照明对于适应亮度和目标物亮度反差的作用上。但是道路照明还会产生失能眩光。幸运的是，Bacelar（2004）同样计算了目标物和路灯之间的相对位置固定时的可见性等级，目标物在开着近光灯的车辆前方 40m。图 10.32 显示，在这个位置上，引入道路照明会导致可见性等级从 25 增加到 33，表示引入道路照明造成的路面亮度和目标物的实际亮度反差的改变足以抵消额外造成的眩光影响。

　　当然，这还不是全部情况。道路照明和车灯之间的关系还涉及由迎面车辆上的车头灯所产生的失能眩光的影响。Bacelar（2004）也发表了位于一辆开着近光灯的车辆前方 40m 固定点处的目标物的可见性等级变化，分别在有或者没有道路照明、有一辆或者三辆迎面而来开着近光灯的车辆的情况下。图 10.32 显示了计算所得的可见性等级，针对不同的车辆间距离、有或没有道路照明。显然来自于对面车辆的失能眩光会降低可见性等级，三辆迎面而来的车辆所引起的可见性等级下降超过一辆迎面而来的车辆，并且在有道路照明的情况下迎面而来的车辆造成的可见性等级下降程度会变小。

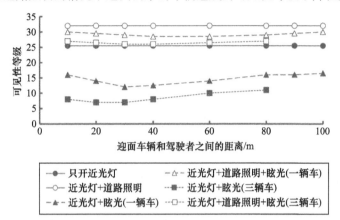

图 10.32　对于距离开着近光灯车辆 40m 的路面上的目标物，在有或者没有道路照明以及没有、有一辆或者有三辆迎面驶来的车辆时测量所得的亮度值而计算出来的可见性等级。横轴为迎面车辆和驾驶人之间的距离（m）（来源：Bacelar, A., *Lighting Res. Technol.*, 36, 69, 2004）

　　这些结果揭示了三个结论：第一，引入道路照明会增加大多数目标物的可见性，特别是当它们在远处时；第二，并不能保证增加所有目标物的可见性，有一些目标物由于和路面的反射特性可能会导致可见性下降；第三，有了道路照明可以缓解由迎面而来车辆造成的失能眩光。

10.5　标识、指示牌和交通信号灯

　　如今，驾驶人面对着太多用来提醒和规范他们行为的标识、路牌和信号灯，有些是固定的，有些是变化的，有些是不发光的，有些是发光的，但是都需要在白天和夜间能被看见。标识、指示牌和信号灯的形式和位置受到严格的控制，确保它们在路网上保持一致（FHWA，2003；DfT，2005）。在设计标识、指示牌和信号灯时需要考虑的因素包括需要在多远的距离外被看见；它们的形状和颜色；是使用象形图案还是使用文字；还有对于吸引注意力到符号或者信号上的方式的需求。

10.5.1　固定路面标识

　　固定路面标识主要是为了给驾驶人提供视觉指引以及明确车道，有些还被用于指示停车地点和速度限制等。驾驶人既需要长程的指引（大于 5s 的预示时间），也需

要短程的指引（小于 3s 的预示时间）（Rumar 和 Marsh II，1998）。长程的指引是间歇性出现并且有意识地看见的，使用视网膜中央凹视觉。短程的指引是连续且无意识的，使用视网膜周边视觉。路面标识可以同时提供短程和长程的指引。

路面标识通常采用涂料或热塑性材料，内部掺有逆向反射的小圆珠（见 10.3.6 节）。这种涂料或热塑性材料具有高反射率、漫反射特性，能够确保标识在白天相对于低反射性路面有正向的亮度反差可以被看见。而在夜间，白色涂层的亮度由两部分组成：道路照明的漫反射以及来自车灯的后向反射（CIE，1999）。在没有道路照明时，亮度几乎完全依靠后向反射材料。这些材料的反射特性意味着地面路标的亮度远远大于邻近路面的亮度，形成的亮度反差使得标识可以在远距离被看到。这种标识的主要缺点是随着使用它们会慢慢磨损丧失反射性并且可能在路面积水时难以被看见，水面在标识上方形成镜面反射器，将车辆前照灯的掠入射光沿远离驾驶人的道路反射，然后到达后向反射器。因此，视觉引导在最需要的时候大大减少。（Rumar 和 Marsh II，1998）。

为解决雨天和雾天里车道的划分和指引，出现了一种新的后向反射器，原本被称为猫眼但是现在普遍被称为反光路钉。所有反光路钉都把后向反射器放在离地面足够高的位置超出通常路上会达到的水位线。反光路钉还可以装备滤色片这样用彩色光来表达信息。比如说，白色的反光路钉被用来划分车道，而红色的路钉用来标识道路内侧边缘，而道路外侧是橙色的。在可变道的道路边缘，比如主干道离开到支路时，反射路钉的颜色是从红色到绿色。

反射路钉的可见性取决于来自车头灯的灯光，因此它们的可见距离不能超过100m。现在有一种替代方式是使用光电电池供能的反射路钉，其内部含有一个 LED，这样路钉就可以自发光。通过将这一类路钉间隔安装在道路上，可以从更远处获得视觉指引，通常可达到 1000m，并且包含弯道。已经有报道称这种装置大大降低了雾霾和雾天里的交通事故数。

路面标识对于驾驶人行为的作用是复杂的。在之前没有标识的道路边缘加上标识线的结果是车速的增加，车辆更加紧贴道路边缘行驶（Rumar 和 Marsh II，1998；Davidse 等，2004）。在已有中心线的道路上增加边缘线后，整体上车速没有变化，但如果中心线被边缘线所替代，趋势是车速会降低（Davidse 等，2004）。这种行为变化背后的逻辑在于驾驶人对于道路宽度和前方情况的信心。在一条原本没有标识的路上划出边缘线或中心线，将会增加视觉指引，进而增强道路走向的信心，由此会提高车速。在一条已经有中心线的道路上增加边缘标识几乎不会增加视觉指引，因此不太会改变车速。而去除中心线标识并替换为边缘标识反而会让道路看起来更窄，导致车速降低。这些例子共同表达的一个基本观点就是，给予驾驶人更好的视觉指引可能并不会导致驾驶更加安全。对于道路标识的价值有两种相反观点：一种观点坚持更好的视觉指引可以带来更加平稳和安全的驾驶；另一种观点是更好的道路指引会导致人们过度自信，从而降低了驾驶的专注度。这种矛盾暴露出来的问题是虽然视觉指引是必需的，但标识仅仅满足了驾驶人需求中的一部分。过分夸大视觉指引的作用但忽略驾驶人需求的其他方面可能会降低交通安全性而不是促进它。

10.5.2 固定指示牌

另一种常见的道路设施是固定指示牌，通常安装于道路旁边或者上方，提供方向、变道、速度限制等信息。这类指示牌的大小、形状、颜色和内容已经有过详细的研究了（Forbes，1972；Mace 等，1986）。这里要讨论的第一个问题是这种指示牌是否需要被照亮，如果需要的话应该怎么照亮？决定是否需要照亮一个指示牌首先并且最重要的因素就是，这个指示牌需要在多远的距离上被看见，以及需要在多远的距离被看懂。这些距离又取决于驶向指示牌的车辆速度、交通密度以及驾驶人看到后是否需要采取相应的动作。快车速、高车流密度以及需要做动作都会增加这个指示牌需要被看见以及看懂的距离。其他需要考虑的因素是指示牌的复杂性、指示牌的背景亮度、指示牌相对于驾驶人的位置以及指示牌的大小。背景越是复杂，环境光亮度越高，指示牌距离道路边缘或者上方越远以及指示牌越大，就越是需要提供独立的照明。之所以要提供独立的指示牌照明，是因为其他的光源如道路照明和车头灯是不够的。IESNA（2001）推荐指示牌上的平均维护照度是在乡村区域 140 lx、在郊区 280 lx 以及在市区 560 lx。符合这些维护照度推荐值的最大照度均匀度比（最大值 / 最小值）是 6∶1。

另一种可选方案是采用内部发光的指示牌来替代外部照明。这种指示牌实际上是一个内置光源的灯箱，箱体的正面提供信息。正面的反射率和透光率都很重要，因为指示牌必须在白天和夜晚都能被看清，并且视觉效果大致上保持一致。在白天主要靠反射性提供信息，而在晚间主要靠透光性。内部发光指示牌的显著优点是，相较于外部照明指示牌，它造成的光污染少得多。内部照明指示牌的主要风险在于夜间亮度太高以至于指示牌本身变成一个眩光光源。ISENA（2001）推荐了白色半透明材料（反射率是 0.45）的平均维护亮度值，在夜间，在乡村区域为 20cd/m^2、在郊区为 40cd/m^2 以及在市区为 80cd/m^2。最大亮度均匀度比（最大值 / 最小值）不能超过 6∶1。

当指示牌既没有外部照明也没有内部照明时，其夜间亮度取决于车辆车头灯产生的照度、指示牌材料的后向反射特性以及驾驶人和车头灯之间的夹角（Sivak 和 Olson，1985）。Olson 等（1989）检测了不同颜色的指示牌反射材料对应的侦测距离，具体指标是材料的特殊强度 / 单位面积的比值，特殊强度是指后向反射器上每接收到单位数值的照度而发出的发光强度。结果发现特殊强度 / 单位面积的对数和侦测距离之间有两种线性关系，一种是对于黄色、白色、蓝色和绿色材料；还有一种是红色和橙色材料。对于所有颜色，材料的特殊强度 / 单位面积值越高，侦测距离也越远（见图 10.33）。

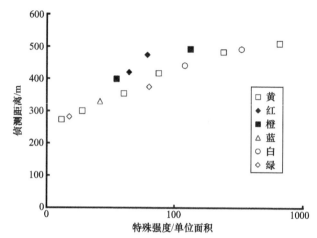

图 10.33　对于不同颜色的道路指示牌的平均侦测距离（m），对应后向反射性材料的效率，表示为材料的特殊强度 / 单位面积（d·m²/lx）（来源：Olson, P.L.et al., *The Detection Distance of Highway Signs as a Function of Color and Photometric Properties*, Report UMTRI-89-36, University of Michigan Transportation Research Institute, Ann Arbor, MI, 1989）

　　驾驶人和车头灯之间的夹角也是需要考虑的因素，因为指示牌使用的后向反射性材料会将入射光沿着原方向反射回去，也就是说，指示牌从车头灯获得的灯光会原路反射向车头灯。当然这些材料不是完美的，所以总会有一些逸散光。驾驶人相对于车头灯的位置通常对于轿车来说不会有问题，但是对于大型卡车可能会。Sivak 等（1993）发现了对于卡车驾驶人来说后向反射性指示牌上的亮度远远小于轿车驾驶人所看到的，而这将严重降低指示牌的侦测距离。

　　关于指示牌的另一大指标是其视觉背景。背景之所以重要有两个原因。第一，如果指示牌靠近一个非常明亮的光源，会产生足够的失能眩光致使指示牌无法被看见。对此有一个经典的例子是夕阳出现在指示牌旁边。解决方法通常是用一种低反射性的屏风来遮挡太阳光。第二，如果背景在视觉上过于复杂，也会干扰指示牌。这通常发生在市中心区域，那里有各种各样高亮度的广告牌和指示牌相互干扰。Schwab 和 Mace（1987）测算了在不同复杂度背景下侦测和看懂指示牌所需的距离。他们发现背景越复杂，侦测距离越短，但是对于看懂所需的距离几乎没有影响。这并不奇怪，因为当指示牌被固定时，易读性取决于指示牌内的细节，而指示牌通常是偏离视线轴侦测的。视觉搜索期间偏离视线轴的有效性将受到竞争视觉信息的影响。

10.5.3　可变信息指示牌

　　有一种新近涌现的指示牌——可变信息指示牌（CIE，1994b）。这些指示牌被用来提供关于临时路况（比如道路施工）、不同的车速限制或者交通拥堵等信息。可变信息指示牌通常使用发光点阵来显示文字消息或者图案。Padmos 等（1988）进行了实地调研来测量三种不同格式的自发光信息指示牌的可见性，这些指示牌都安装在道路上方，因此背景都是天空。图 10.34 显示了三种不同形式的数字 5 指示牌上的平均信息亮度，按照两种不同的视觉标准，对应水平面亮度绘制。该信息是从 100m 处观察。信息亮度为

$$L_{mes} = 10^6 \cdot \frac{I_{px}}{d^2}$$

式中，L_{mes} 是信息亮度（cd/m^2）；L_{px} 是像素点发光强度（cd）；d 是像素点间距（mm）。

图 10.34 表明，信息的可见性随着水平面亮度变化而变化；水平面亮度越高，所需的信息亮度越高。Padmos 等（1988）证明，在明亮的白天被认为是清晰可见的信息亮度到了夜间会被认为是眩光。这个发现意味着必须要有一定程度的亮度控制，以确保信息在白天和夜间都有舒适及有效的可见性。Padmos 等（1988）给出了可读而又不刺眼的信息亮度值，分为两档，白天为 4000cd/m^2，而在夜间是 100cd/m^2，当然如果分三档（4000cd/m^2、400cd/m^2 和 40cd/m^2）会更好。

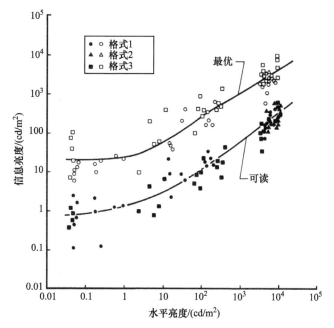

图 10.34　不同的受试者从 100m 外观察，在自发光的信息指示牌上对于三种不同格式的数字 5 设定的信息亮度（cd/m^2），对应不同水平亮度（cd/m^2）。亮度要求满足白天和夜间不同时段里的两档可视性标准。最优标准要求显示效果很清晰同时没有眩光，可读标准要求显示内容能面前辨认。数字 5 的三种格式其实就是用不同数量的像素点数来组成，具体来说，格式 1 = 23 个像素点，格式 2 = 50 个像素点，格式 3 = 141 个像素点（来源：Padmos, P.et al., *Lighting Res. Technol.*, 20, 55, 1988）

可变信息指示牌只有给驾驶人提供他们无法从其他渠道获得的信息时才有意义，比如说几千米外有交通事故引发的道路堵塞，或者根据车流量调整道路的限速。当信

息关系到事件、地点和时间时，可变信息指示牌能够对交通安全起到有利作用。Alm 和 Nilsson（2000）组织了一项实验来观察不同的信息内容对于驾驶行为的作用。在一项模拟驾驶中驾驶人前方面临三个事件：一队车辆以 30km/h 的速度缓慢移动，因为道路施工引起的改道，还有因为交通事故引起的改道。距离事件地点 1000m 处设置五种等级的信息牌（见表 10.6）。图 10.35 显示了到慢速车队不同距离处的平均车速。结果表明不论什么等级的警示都能让车辆接近车队的速度降低。事实上，就有一名驾驶人因为没有注意到警示而没有及时减速，结果撞到了车队尾部。图 10.36 显示的是靠近事故地点的平均速度。同样，无论什么形式的警示都能让车速降低。有趣的是，如果信息里包含推荐的行动，比如使用左侧车道，驾驶人会更快变道，经过事故点的车速也会更快。毫无疑问准确描述事件、地点和推荐的行动对于驾驶人是有帮助的。

表 10.6 驾驶人行为研究中提供给驾驶人的信息等级

信息等级	信息内容	示　例
0	无	——
1	警告（红灯闪烁）	警告
2	警告，事件性质	警告，有拥堵
3	警告，事件性质、事件距离	警告，前方 1km 处有施工
4	警告，事件性质、事件距离、推荐行动	警告，前方 1km 处有事故，改走左车道

来源：Alm, H. and Nilsson, L., *Transport. Human Fact.*, 2, 77, 2000。

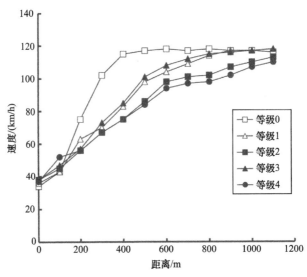

图 10.35　接收到表 10.6 所述的五种等级信息内容后，到慢速车队不同距离（m）时车辆的平均速度（km/h）（来源：Alm, H.and Nilsson, L., *Transport. Human Fact.*, 2, 77, 2000）

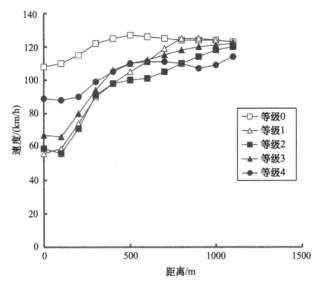

图 10.36　接收到表 10.6 所述的五种等级信息内容后，到事故地点不同距离（m）时车辆的平均速度（km/h）（来源：Alm, H.and Nilsson, L., *Transport. Human Fact.*, 2, 77, 2000）

10.5.4　交通信号灯

交通信号灯是在市区和郊区普遍存在的道路设施，通常设置在交叉路口来确定车辆以及行人的通行权。交通信号灯的配光和颜色都有严格规范（ITE，1985，2005；CIE，1994a；欧洲标准化委员会，2006）。这些规范是由委员会一致同意通过的决议，但是这些决议是基于，至少是一部分，对于针对信号灯出现的反应时间以及在不同条件下没有被侦测到的信号灯的数量的研究。Bullough 等（2000）做过针对信号灯反应时间和错失率的深度研究，具体方法是让观察者完成需要持续注视的追踪任务，并且模拟交通信号会偏离注视点一些角度，交通信号灯包括白炽灯光源和 LED 光源两种。对于三种颜色的信号灯，其反应时间随着信号灯亮度的增加而减少直到出现最小值，这种细小差别意义不大，更加重要的是完全被忽视了的信号灯。图 10.37 显示了 $5000cd/m^2$ 的大面积背景下（也就是模拟白天天空为背景）各种颜色信号灯在不同亮度下的信号灯错失百分比。所谓信号灯错失就是指一个信号灯亮起超过 1s 而主体还没有做出反应。有证据表明信号灯亮度的增加会减少信号灯错失百分比直至达到最低等级。这证明了发光强度越高，信号灯越好，但是有个限制是信号灯的发光强度在多远能被看到。交通信号灯必须在白天和夜间都被看见。更高的发光强度可能在白天是有用的，但是在夜间，高发光强度可能会变成不适甚至成为失能眩光。Bullough 等（2001b）测量了在直视不同亮度的交通信号灯时觉得不舒服的人所占的百分比（见图 10.38）。这些数据可以被用于设置夜间交通信号灯所需的最大亮度值，这可能会低于白天的最大亮度值。

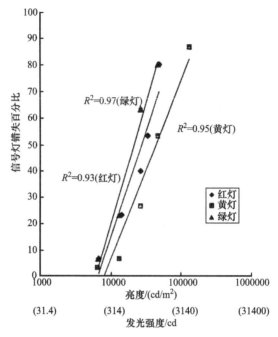

图 10.37　不同信号灯亮度（cd/m²）下各种颜色信号灯的信号灯错失百分比信号灯由 LED 或过滤的白炽灯光源提供。信号灯错失就是指一个信号灯亮起超过 1s 而主体还没有做出反应。第二个横轴是对应于 200mm 直径信号灯的信号灯亮度（cd/m²）下的发光强度（cd）（来源：Bullough, J.D.et al., *Transport. Res. Rec.*, 1724, 39, 2000）

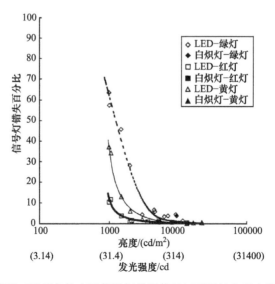

图 10.38　在黑暗中直视三种颜色的交通信号灯觉得信号灯不适的人所占的百分比，对应信号灯亮度（cd/m²）。信号灯模拟一个 200mm 直径的信号灯在 20m 距离被观察。第二条横轴是对应于 200mm 直径信号灯的信号灯亮度（cd/m²）下的发光强度（cd）（来源：Bullough et al., 2001b）

10.6　总结

驾驶照明由几部分组成。第一部分是车灯。车灯有两种形式：前照灯，用来使驾驶人在夜间可以看得见；信号灯，用来指示车辆状态或者给出车辆移动的信息。前照灯是为了看见，信号灯是要被看见。这两类车辆灯具都有严格规范控制。对于信号灯和指示灯，规范是基于灯具的可见性，换而言之就是基于灯具的发光强度、面积和颜色。关于前照灯，规范反映出对于照亮车辆前方物体的需求以及避免造成迎面驾驶人无法看见之间的平衡。这种妥协的结果通常是将明显的障碍物可以被看见的距离限制到小于安全所需。多种方法已经被提出来以增加向前的可见性而不增加眩光，举例来说，使用 IR 感应器或者可调节的车头灯系统。这些系统都开始出现于高档车市场。

驾驶照明的第二个组成部分是道路照明。道路照明背后的原则是把路面照射得足够亮使得路上的物体轮廓相对路面可以被看见。灯光避免事故的价值已经得到证明，体现在夜间涉及行人致命事故的数量。针对路面亮度，亮度均匀度以及失能眩光都已经有了完善的规范，但是还没有关于光谱的规范。最近的研究已经显示出能有效刺激视网膜上杆状光感受器的灯光光谱在中间视觉状态下会引发更短的反应时间以及更少的错失率。

驾驶照明的第三个组成部分是对于道路标识、指示牌和交通信号灯的可见性。道路标识被用来指示车道界线、道路的弯曲、不允许超车的区域等。道路标识通常包含涂层或者含有球形后向反射珠的热塑性塑料材料。另一种形式的道路标识包括后向反射性路钉。后向反射性材料把光线反射回它们来的方向，无视入射角度，因此当它们仅仅被车辆前照灯照射时是起作用的。指示牌提供关于车速限制、方向等的信息，或者自己能发光，通常在它们需要在远距离被看见时，或者是被车辆前照灯发出的光所照亮。在后面那种情况下，指示牌通常是用某种后向反射性材料喷涂的。

这些指示牌依靠反射的光线才能被看见。其他类型的指示牌能自发光。交通信号灯的发光特性受到严格管制。这些特性的基本点是对于信号灯出现的反应时间以及信号灯错失的比例。另一种越来越多地被用在道路上的指示牌是可变信息指示牌。不论是交通信号灯还是可变信息指示牌必须被设计成能够让它们在白天足够亮而醒目和可被阅读，但是在夜间不会太亮而变成眩光光源。

道路照明有大量的组成部分，但是它们之间的交互作用被很大程度地忽视了。最显著的是有关道路照明和车辆前照灯之间的关系。车辆前照灯主要照亮道路上物体的垂直面，而道路照明主要照亮道路的水平面。共同作用可能是反而消除一个物体相对于路面的反差。然而这种车灯和道路照明的共同作用只是很少被考虑到。使道路上或道路附近的物体可见所需的物理特性以及适用于快速简单地向驾驶员传递信息的方法是众所周知的。而被忽略的是把它们当作一个完整系统来思考的意愿。

第 11 章 　用于行人的照明

11.1 　引言

交通照明主要是为驾驶人设计的，但是驾驶人并不是晚间道路的唯一使用人，还会有人步行，而他们也需要照明。关于这类照明已经有了国家标准（BSI，2003）、指导文件（CIE，2010c）以及教材（Leslie 和 Rodgers，1996；ILE，2005）。晚间行人照明主要用在居民区道路和停车场，那里还可能会有车辆行驶，以及人行区域和公园，那边没有车辆。这种照明可以有多种形式，从传统的道路照明到区域泛光照明以及更加新奇的景观照明（Moyer，2005）。本章将回顾照明对能见度、安全性和行人舒适性等几个方面的影响。

11.2 　行人想从照明中获得什么

Davoudian 和 Raynham（2012）让人们配戴眼睛 - 追踪装置在晚间沿着多条伦敦居民区道路行走。他们被告知只需要简单地走遍在地图上标记出的一组街道路线，没有别的特殊任务。眼睛 - 追踪装置记录下全程中行人看向什么地方。结果分析显示，行人花费了 40%～50% 的时间去看前面的地面。而在其余时间里，他们的眼睛注视着吸引注意力的物体，比如说接近的人；还有个人感兴趣的物体、附近驶过的车辆以及信息指示牌。这说明行人希望路面足够安全，能辨识自己的位置，同时还能欣赏周围的环境。

辨识自己的位置是一个十分基本的需求。每一个体会过大雾天或者白雪茫茫的人都明白看不清周围的那种失去方向的感觉。照明通过展现附近事物的细节以及远处事物的轮廓来帮助找到方向感，这两点都很重要。对于一个正在寻找特定房屋的人来说，能够看到房子的门牌号很重要。对于正在寻找某个地标的人来说，能够从远处看到它的形状是有用的。

沿路行走的人需要踩踏地面。这意味着行走在崎岖不平的地面、湿滑的地面，以及有障碍物的地方会有危险，可能导致受伤。此外，还有一个特殊情况是穿越有车辆通行的道路。人行横道及其照明就是被设计来保障安全的。

识别自己的位置不仅仅是为了辨认方向。看到周围情况可以让你知道所处的环境是什么样的，有没有被袭击或是骚扰的风险。比如，看到蔬菜水果商店的橱窗在打烊后装有金属板意味着这个地区是混乱而且犯罪率高的。更直接的，看到一群青年在街角游荡或是醉汉沿着街道向你走来可能会让一名紧张的行人止步不前。如果行人决定要逃跑，那么他也必须能够看清地面并且找到安全通道。

但是日常经验告诉我们，上述例子并不是行人想要从照明中得到的全部。即便方向很容易辨识，并且没有被攻击或者骚扰的风险，也还是有需要去避免视觉不适性。所有形式的照明都会引发眩光从而造成不适，人行区域的照明也不例外，所以需要特别留意容易发生眩光的照明。

最后再次强调一下，某个区域的照明不仅仅可以提供方向感，更能增加安全感和消除不适感。照明有其积极的一面，比如说采用正确显色性的光源。不幸的是，许多用于行人的照明光源都不合适，比如低压钠灯（LPS），根本就没有什么显色能力，还有高压钠灯（HPS）的显色性也有限。但是如果选择金卤灯（MH）或者某些发光二极管（LED），就可以让很多材料包括人的皮肤变得吸引人。环境和人的外观会影响人们对于空间的反应，良好的行人照明本身就能成为一件美好的事。即便本身不是，照明也可以给建筑、公园、喷泉添色，有助于在晚间创造有吸引力的环境。

11.3　照明标准

从上文来看，行人照明的需求明显要比驾驶人的照明更高，因为其涉及的区域要比路面多得多。这就是为什么针对行人照明的推荐值多以照度给出，因为只有在明确了观察者视线方向的情况下，比如机动车道上的驾驶人，才能使用亮度。

在英国（BSI，2003），对于行人较多的居民区道路、自行车道和步行道，规范要求水平面平均维持照度最小值范围从 2 ~ 15 lx，分 6 个等级（见表 11.1）。等级的选择取决于交通流量、犯罪率和环境区域（见 15.6.3 节）。对于交通流量大并且犯罪率高的市区推荐照度值最高。为了保障一个合理的照度均匀度，针对每个等级的每个点位都有最小照度的规范。当然规范允许为了光源品质而牺牲部分照度。特别是如果光源拥有国际照明学会（CIE）认证的 60 或以上的显色指数（CRI），那么照度数值等级可以降低一级。这是为了在保证基本照度的同时，尽量降低能耗。在英国被广泛用于居民区道路的 LPS 和 HPS 光源，相比于显色性更好的光源比如 MH 和 LED，拥有更高的

表 11.1　英国居民区道路照度推荐值

照明等级	最小水平平均照度 /lx	最小水平点照度 /lx
S1	15	5.0
S2	10	3.0
S3	7.5	1.5
S4	5.0	1.0
S5	3.0	0.6
S6	2.0	0.6

来源：英国标准局（BSI），BS EN 13201-2: 2003, *Road Lighting-Part 2: Performance Requirements*, BSI, London, U.K., 2003。

发光效率。因此照度数值降低一级是否节能实际上取决于替换前后的光源。仅仅从视觉亮度来说，那些在可见光谱短波端辐射更多的光源能够在相同的照度下产生更亮的感知（见 6.2.2.4 节）。这意味着照度减低而导致的视觉亮度损失可以通过选择更多短波辐射的光源来抵消。最后，为了控制失能眩光，灯具每 1000lm 的最大发光强度应该在铅锤方向向上 80° 角的方向上不超过 200cd/klm，并且在 90° 角的方向上不超过 50cd/klm。

可能有人会觉得这些规范无法代表许多行人的需求。它们固然是提供了一个基础照明来保证安全，也提供了一些简单的指引，但是它们并没有告诉我们如何去照亮周围环境以及避免不适眩光。每一个编写照明规范的人都面临这个大问题，最好的照明设计都是要针对具体环境来定的，照明设计师由此而生。任何一个掌握基本照明知识并且会使用软件的人都可以设计出符合标准的照明，但是只有亲眼去看过现场并且具有一定审美的人才能创造有吸引力并且舒适的光环境。不幸的是，大多数的居民区道路照明并不是由这样的人设计的，仅仅是例行公事地满足了前面的照度标准。只有某些著名的公园或者道路上才会请优秀的照明设计师来表现现场的美。

其他国家的情况也类似。在澳大利亚，针对地区道路的照明推荐值被分为五个等级（Standards Australia，2005）。最小水平平均照度在 0.5 ~ 7.0 lx 范围内（见表 11.2），相同位置的照度值明显低于英国。等级的选择取决于行人活跃度、犯罪率以及道路的繁华程度。道路等级越高，则需要的照度越高。对于 P1 ~ P3 等级，照度要求仅仅针对人行道地面，但是对于 P4 和 P5 等级，这些照度是针对从房屋边界范围内的整个道路宽度。为了控制照度均匀度，规范提供了两个推荐值：第一个是在任意点上的最小水平照度，为 0.07 ~ 2 lx；第二个是规定了水平照度比值（最大值 / 平均值）的最大值为 10，适用于所有道路等级。此外针对最高等级的三种道路，还规定了最小垂直照度值范围为 0.3 ~ 2 lx（见表 11.2）。这是个重要的标准，因为垂直照度对于看清人脸很重要。还有针对灯光光谱的限定值，但是仅仅针对 P4 和 P5 等级：当视觉刚好进入中间视觉范围时的最小照度。在此情况下，调整措施是强行要求降低 LPS 和 HPS 光源的输出值。具体来说 LPS 光源的光输出被降低到额定值的 50%；HPS 光源降到 75%。这项措施是为了限制这些显色性差的光源的使用，在澳大利亚，大多数居民区照明已经改用白色光光源（比如荧光灯或汞灯）。

表 11.2　澳大利亚及新西兰照度及均匀度推荐值

照明等级	最小水平平均照度 /lx	最小水平点照度 /lx	最大水平照度均匀度（最大值 / 平均值）	最小垂直点照度 /lx
P1	7.0	2.0	10	2.0
P2	3.5	0.70	10	0.7
P3	1.75	0.30	10	0.3
P4	0.85	0.14	10	—
P5	0.50	0.07	10	—

来源：Standards Australia, *Lighting for Roads and Public Spaces. Part 3 Pedestrian Area(Category P) Lighting-Performance and Installation Design Requirements*, AS/NZS 1158.3.1：2005, Standards Australia, Sydney, Australia, 2005。

大多数欧盟国家使用和英国相同的照明标准（见表 11.1），但是不包含对于光谱的调整。在美国，当地道路的最小平均维持照度值，包含被设计用于通向居民区的道路，范围为 3～9 lx，在行人更容易和车辆发生冲突的地方使用更高的数值（IESNA，2005a）。这种情况下，最小照度均匀度表示为最小值 / 平均值，是 0.17。没有针对所用光源的调整。

这些国家都使用地面水平照度作为标准，但是具体数值明显不同，从澳大利亚规定的 0.5～7 lx 到欧盟国家规定的 2～15 lx。不同国家照明规范中的这些差别并不奇怪，因为它们本质上都是主观的，包括对于许多因素的考量（Boyce，1996），并且不同的国家强调不同的因素。还有重要的一点是这些规范都是最低值。最低值通常被各地官员用来保证绿色节能或者节省开支，但对商业企业来说不能这样做，因为对于商场来说，为了省钱就降低停车场照度是危险的。结果是，常见的商店和超市附近的停车场都用远高于最小值的照度。

11.4　用于安全行走的照明

11.4.1　碰撞、绊倒和摔倒

街道照亮最基本的需求是让人们看清路上的障碍物以避免撞到或者磕绊。经过研究发现这些是在停车场经常发生的事故。Box（1981）研究了美国的停车场事故，他发现大约三分之二的事故是移动的车撞到停着的车，只有 1% 事故是车辆撞行人。涉及行人的事故更多地来自于绊倒、滑倒和摔倒（Monahan，1995）。

有一个方法可以评测出让人安全行走需要多少光照，那就是测量人们通过一个放置家具的房间需要多少时间。Boyce（1985）在一项针对应急照明的研究中做了这个测试。他让人们坐在很大的开放式办公室里，里面摆着桌子、椅子和大型档案柜，房间中线上有一条开放的通向出口的走廊。当正常照明关闭只留下逃生路线照明时，参与者必须先找到路穿过家具走到走廊，再从走廊逃向出口。通常办公室照明在有家具的区域提供 580 lx 的平均照度，而在逃生走廊地面提供 485 lx。白炽灯光源的应急灯在这两个区域的地面上提供足够均匀的照明，平均照度为 0.012～6.67 lx。图 11.1 显示了在不同的照度下，穿过办公区域和从走廊到出口需要的平均时间。在地面平均照度超过 1 lx 时，从他们所坐的桌子行动到出口的时间趋向于饱和值，平均时间大约是 15.9s。

评估安全所需照度的另一个方法是检查运动的方式。在上面描述过的实验里，我们用红外摄像机拍下了人们穿过办公室过程的运动方式。他们的动作被分为四种：平稳顺畅的运动、犹豫不决的运动、非常迟疑的运动和非常困惑的运动。平稳顺畅的运动指的是他们运动时的速度稳定而且不会碰到物体；犹豫不决的运动表现为在转向时减速并且伸出一只手去触摸家具；非常迟疑的运动包括很大的速度变化并且一直触摸表面来感知路径；非常困惑的运动表现为找不到方向以及反复触摸来感知路径。在平均照度为 0.85 lx 时所有的参与者穿过办公室都表现出平稳顺畅的运动，这一发现支持了照度超过 1 lx 完全满足安全行动的结论。

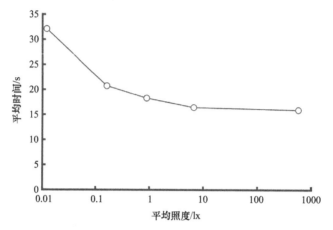

图 11.1　在不同的照度下，穿过办公区域和从走廊到出口需要的平均时间（Boyce, P.R., *Lighting Res. Technol.*, 17, 51, 1985）

可能会有人提出反对，因为这些结果是在办公室里获得的而不是在街道上。对这种反对观点的反驳是，有家具的大型开放办公室（30m×16m）里有若干条不同路径通向走廊，因此离开这个办公室就像走在一条步行街上。另外，研究所得的照度上限对于那些步行街道的规范值有代表性。另外一种更为严肃的反对意见是，这些人是在正常照明刚刚熄灭后就穿越这个空间，这时视觉还没完全适应（见 2.3.1 节）。如果有更多时间来适应，或许平稳的运动所需要的照度会更低。这意味着此研究得出的 1 lx 的结论是偏保守的估计。

还有一种反对观点是本实验中那些障碍物（桌子和椅子）体积都比较大，很容易发觉。然而实际街道上的情况并非如此。Fotios 和 Cheal（2009）进行了一项试验室研究，以测量不同光源形成的不同照度下，能被人眼简单一瞥就发现的路面突起的最小高度。首先观察者被要求盯着某个平面上方 120mm 高度的一个点，只用一只眼睛。然后地面上不同位置有六个圆柱形物体，会从地面升高到一个固定的位置，然后让观察者看 300ms，这是用一只眼睛注视的典型时间。这六个位置都偏离轴线，从注视点下方 10.7° 角到右方 42° 角不等。照明采用三种不同的照度：0.2 lx、2.0 lx 和 20 lx。另外，还采用三种不同的光源：一种 HPS，两种 MH。在每组测试中，参与者只要说出地面是否有升高，如果有，是哪个物体升高了。通过不同高度的测试，可以绘制出一张图，表示体块高度被发现的人数百分比，同时观察者分为年轻组（＜45 岁）和年老组（＞60 岁）。通过这些数据得到一个包含四个参数的公式，可以确定 50% 概率被侦测到的物体的高度，如图 11.2 所示。结果里有许多有趣地方。首先在视觉功效方面照度值呈现非线性的关系（见 4.3.5 节），具体来说就是从 2.0～20 lx 的范围相比从 0.2～2.0 lx 的斜率变化小得多。这意味着某些澳大利亚的照度推荐值可能太低了。其次，所用的光源也有影响，但是只在最低照度（0.2 lx）比较明显。在 20 lx 和 2.0 lx 下，不同光源之间没有显著的统计学上的差别。而光源真正产生影响时处于暗视觉 / 明视觉交界处（见 1.6.4.5 节）。这意味着只有视觉系统完全进入到中间视觉状态，光谱才会对于偏离轴线方向的视力有重要影响。此外，由于英国的居民区道路照明规范给出的最小值是 2 lx，这个发现意味着使用 CIE 一般 CRI 高于 60 的光源就可以降低一个照度等级的规定肯定有视觉能力以外的原因。（译者注：意思是 2 lx 以上光源显色性对视觉能力没有影响。）第三，在 0.2 lx 照度时，所有三种光源下年轻组员相比年老组员可以看到更小的物体；但是在 20 lx 照度下不同年龄组别之间没有统计学上显著的区别。再一次证明随着年龄增加眼睛对光线的吸收和扩散也会增加（见 13.2 节）。

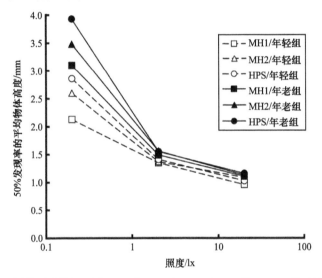

图 11.2　在三种不同类型光源 [两种 MH（MH1 和 MH2），一种 HPS] 下年轻组（＜45 岁）和年老组（＞60 岁）观察者 50% 概率能够发现四个物体的平均高度，和人行道上的照度的关系（来源：Fotios, S.and Cheal, C., *Lighting Res. Technol.*, 41, 321, 2009）

　　Fotios 和 Cheal（2013）跟进这项工作，采用了同样的仪器和方法进行实验，但是用更高的照度、只有年轻的参与者并且只用 HPS 光源。图 11.3 显示了 2013 年之前的研究的数据，以及 2013 年研究的数据。两次研究得到的结果基本一致，这点是令人振奋的，而且增加的照度数据点让曲线的形状更为清晰。然而，这些数据在实际运用上有两个局限性。首先，没有人关注无法被发现的那 50% 物体的高度。在实际运用中，物体的安全高度是要能让 95% 的人一眼就能看到的。幸运的是，这可以根据这些数据推导出来的四参数方程式来估算。另一个局限是物体的高度用毫米为单位来计算，但是物体的绝对高度并非决定因素，重要的是能见尺度，也就是物体相对人眼的视角。有了仪器提供的尺寸，可把物体的绝对高度转换成物体在观察者眼睛里对应的角度。图 11.4 显示了对于其出现的侦测率在 95% 的物体高度对应的角度（以弧分表示）。发现表现力在照度大约为 2 lx 时开始下降。

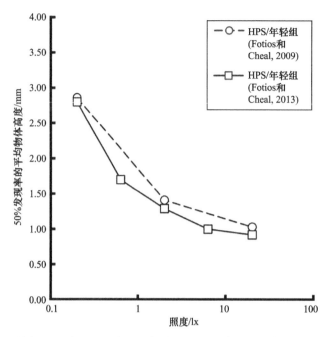

图 11.3　年轻的组员在 HPS 光源下观察偏离轴线的四个物体侦测概率为 50% 的平均物体高度，和人行道上的照度的关系。还显示了来自于图 11.2 的在 HPS 光源下年轻组员所看的平均物体高度（来源：Fotios, S.and Cheal, C., *Lighting Res. Technol.*, 44, 362, 2013）

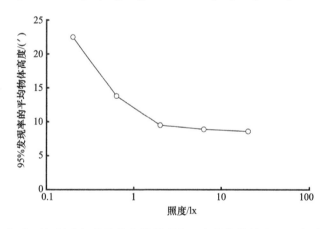

图 11.4　在 HPS 灯光下年轻参与者从偏离轴线观察四个物体能够有 95% 概率侦测到的物体平均高度，和人行道上的照度的关系。这里高度表示为相对人眼的以弧分（′）为单位的相对圆弧角度（来源：Fotios, S.and Cheal, C., *Lighting Res. Technol.*, 44, 362, 2013）

　　下一个问题是这些视觉角度是否重要。在英国，地方政府想要把路面铺装的高度误差控制在 25mm 左右，因为如果有人被绊倒而受伤就会面临被起诉赔偿的风险（Fotios 和 Cheal，2013），但是人在走路时会看到前方多远距离的地面呢？对此还没有明确答案，但我们可以假设一个人步长是 600mm，并且注视点在身前 2 ~ 10 步；Fotios

和 Cheal（2013）研究估算出地面上一个 25mm 的高差对应在行人眼中的角度范围在 28.2′ ~ 13.5′。图 11.4 分别显示出在 0.10 ~ 0.62 lx 照度下有 95% 概率能够侦测到的角度。这个研究中的适应性是没有争议的，结果表明最小照度值在 0.1 ~ 1.0 lx 范围内。这是符合同样的最低照度规范值顺序的，澳大利亚的标准在某些程度上是低于英国或者美国的。

需要提醒的是，上述讨论的结论只占到实际生活中很小的一部分。要知道在真实的世界里可能导致碰撞、磕绊和跌倒的障碍物情况非常复杂，所给定的照度值应该是指导性的而不是决定性的。

11.4.2　横穿道路

任何在街道上行走的人都会在某些地方需要过马路。过马路的行人有被车辆撞击而致命或者受伤的风险，特别是在夜晚时间更长的冬天（Papadimitrou 等，2009）。在英国，2005 年所有死于交通事故的人中有 21% 是行人（Eurotest，2008）。这就是为什么要设置专门的过路斑马线在那里给行人相对优先权。不走斑马线的行人面临的风险要高得多。在英国，2005 年行人在人行横道被撞死或者受重伤的数量只占行人伤亡总数的 11%（Eurotest，2008）。

人行横道有两种类型：带有交通信号灯的和没有交通信号灯的，对于没有信号灯的地方行人在任何时间里都优先于车辆。交通信号灯通常分布在交通通行量很大的地方，没有交通信号灯的人行横道在郊区更为常见，那里车流和人流通行量都低。为了人行横道的安全，需要让驾驶人及时看到行人同时让行人及时看到车辆，因此通常需要提前设置警示牌提醒车辆减速。

有些地方采用照明来突出人行横道的存在，并且增加对于行人的能见度。在英国和美国，人行横道被视作车辆和行人冲突的地方。在英国，这样区域的照明要求平均水平维持照度在 7.5 ~ 50 lx 范围，同时照度均匀度不低于 0.4（BSI，2003）。在美国，对于行人较多的交叉路口，照明规范值是平均水平维持照度为 20 lx，水平照度均匀度为 0.25，并且在 1.5m 高度位置最小垂直维持照度 10 lx（IESNA，2005a）。对于行人较少的交叉路口，规范值是平均水平维持照度为 2 lx，水平照度均匀度为 0.10 并且最小垂直维持照度是 0.6 lx。对于和交叉路口分离的人行横道，规范值是平均水平维持照度为 34 lx，水平照度均匀度为 0.33。奇怪的是，并没有针对这些人行横道最小垂直维持照度的规范。

在这两个国家里，当人行横道靠近道路交叉口或者环形交叉口时会专门为人行横道区域设计照明；但是当人行横道只是在某段道路中间独立出现时，照明可能有两种设置方式：一种是使用常规的道路照明但是专门对位置进行排列，让人行横道处于两盏路灯的中间；另一种是额外设置灯具做补充照明。当路面平均亮度不到 1cd/m² 或者人行横道位于弯道或者山脊上时，通常推荐设置补充照明。补充照明需要将人行横道处的水平照度提高，而不是把靠近人行横道的路面照度提高。补充照明还应当加强垂直照度，以确保行人被充分地照亮，这就是为什么在使用传统道路照明时推荐人行横道位于路灯的中间。

另一个要考虑的要素是灯光光谱。任何形式的补充照明都能通过提高人行横道相对于道路其他部分的亮度对比而增进其醒目度，但是使用不同颜色的光源效果会更好。这会让人行横道变得更加醒目，因为加入了另一个因素使其区分于周围的环境。Janoff 等（1977）发表了针对在道路上已有其他光源照明情况下给人行横道上方安装LPS 光源的研究报告。结果正如预期，人行横道上照度的增加使驾驶人能够在更远的地方就发现目标，同时结果也表明驾驶人以及行人的举动都更为安全。这种使用不同颜色光源的方法是 Freedman 等（1975）提出的优化人行横道照明的一部分。

即使使用的是和其他道路照明一样的光源，补充照明一样能提高安全性，原因是提高了人行横道的地面照度以及行人身上的垂直照度。Hasson 等（2002）的研究证实了这些好处。该研究的对象是一个美国城市里的两个不在交叉路口的人行横道，被测试的观察者坐在汽车里要观察 82m 距离以外人行横道附近放置的真人大小的剪板，看他们能否判断出正确数量，人形剪板的漫反射率是 0.18。人行横道分别用两种方式照亮：一种是由传统道路照明提供不到 $2cd/m^2$ 的路面亮度以及 8 ~ 11 lx 的垂直照度；另一种是用补充照明给人行横道提供 40 lx 的垂直照度。观察者所乘坐的汽车只开近光灯。表 11.3 显示的是观察者在 2s 内发现的人形剪板少于、多于或等于真实数量的百分比。很明显，补充照明能够提升快速发现行人数量的能力。不过这种提升到底是由于提升了垂直照度，还是只是由于整个人行横道的平均照度提高了还不得而知，这还需要了解了具体机理后才能得出结论。亮度对比度对于能见度有多么重要可以从Edwards 和 Gibbons（2007）的一项研究中看出。在这项研究中，参与者被要求在一条封闭赛道上驾驶一辆装有卤素车灯的车辆，当在人行横道上发现有行人时做出报告。测试用的赛道照明能够在人行横道上产生四种不同的垂直照度。行人穿着白色、牛仔蓝或者黑色的医院工作服。图 11.5 显示了对于穿着三种不同反射率服装的行人在四种不同垂直照度下被侦测到的平均距离。这项测试清楚表明衣服的反射性相比于垂直照度对于侦测距离的影响大得多。这发现有两个含义：第一是那些担忧行人安全的人应该努力劝说行人多穿浅色的衣服；第二是最好的人行横道照明只有在评估了对于视觉系统的刺激以后才能获得。

表 11.3 观察者在 2s 内发现的人形剪板少于、多于或等于真实数量的百分比，分别在有补充照明和没有补充照明的两条人行横道上

位置	照明类型	少于（%）	多于（%）	等于（%）
1	传统	50	17	33
1	传统 + 补充	10	10	80
2	传统	20	7	73
2	传统 + 补充	13	0	87

来源：Hasson, P. et al., Field test for lighting to improve safety at pedestrian crosswalks, *Proceedings of the 16th Biennial Symposium on Visibility and Simulation*, Transportation Research Board, Washington, DC, 2002。

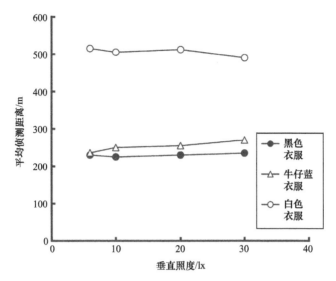

图 11.5　人行横道上身着黑色、牛仔蓝色或白色衣服的行人的平均侦测距离（m），和垂直照度的关系（来源：Edwards, C.S.and Gibbons, R.B., *The Relationship of Vertical Illuminance to Pedestrian Visibility in Crosswalks, TRB Visibility Symposium*, Transportation Research Board, College Station, TX, 2007）

　　曾经有人尝试做到这点，他们做了一项研究，看四种不同人行横道照明方式下观察者识别成人以及儿童剪板方向的速度和准确度的作用（Bullough 等，2012a）。剪板被涂抹成哑光黑色，反射率为 0.08。观察者坐在一组近光车灯后面，距离人行横道 30.5m。四种照明条件是①只有近光车灯；②人行横道两端各有一根 5.5m 灯杆上面有 60W 金卤灯，外加近光车灯；③人行横道两端同样有灯杆和路灯，不过离观察者距离要近 6.1m，外加近光车灯；④在人行横道两端靠近观察者的方向 2.1m 处各设置两条矮柱灯，外加近光灯。照明条件②提供最高的人行横道水平照度；照明条件③提供最高的人行横道垂直照度，和现有的实际情况基本一致；照明条件④采用两个类似荧光洗墙灯具的矮柱灯，投射方向对准人行横道中间，其理念是在人行横道上提供充足的垂直照度，但是在人行横道前后的路面上照度很少（Bullough 等，2010）。这种配光能够最大化行人相对于路面的亮度对比度。观察者们对于人形剪板所面对的方向的判断准确率是很高的，成人剪板的正确率有 99%，而儿童剪板有 96%。但是不同照明条件下识别方向所用的时间存在统计学上的显著差别。图 11.6 显示了在四种照明条件下对于看到的成人和儿童目标物进行识别所用的平均时间。可以看到在剪板尺寸和照明条件之间有一个统计学上显著的相互作用。特别是在所有照明条件下，对于成人剪板面朝方向的识别要比儿童剪板的识别要快，除了照明条件④没有统计学上显著的区别。有趣的是照明条件③基本符合现实情况，和只开近光车灯的照明条件①没有统计学上的显著区别，但是照明条件④是特别针对儿童的。

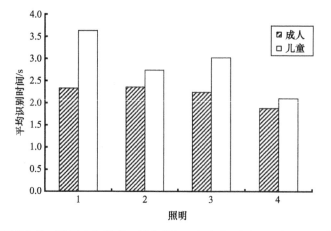

图 11.6 在不同照明条件下识别人行横道上黑色剪板面朝方向所用的平均时间：①只有近光车灯；②人行横道两端各有一根 5.5m 灯杆上面有 60W 金卤灯，外加近光车灯；③人行横道两端同样有灯杆和路灯，不过离观察者距离要近 6.1m，外加近光车灯；④在人行横道两端靠近观察者的方向 2.1m 处各设置两条矮柱灯，外加近光灯（来源：Bullough, J.D.et al., Evaluation of visual performance from pedestrian crosswalk lighting, *Annual Meeting of the Transportation Research Board*, TRB, Washington, DC, 2012a）

对这个结果一个相对合理的解释就是，人们是借助剪板上最大的亮度对比度来辨别方向。而最大的亮度对比度出现在人形剪板的手臂或脚上。我们用手臂或脚的尺寸以及不同照明条件下的亮度对比度来计算两种剪板的相对视觉功效（Relative Visual Performance，RVP），理论基础是 RVP 模型（见 4.3.5 节）。图 11.7 是计算所得的 RVP 值与平均识别时间的关系。通过数据得到最吻合线的相关系数是 0.88。

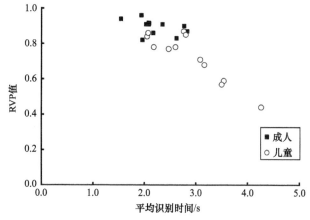

图 11.7 识别在人行横道上的黑色成人和儿童剪板面朝方向的 RVP 值，和平均识别时间的关系。RVP 值基于手臂和腿的能见度（来源：Bullough, J.D.et al., Evaluation of visual performance from pedestrian crosswalk lighting, *Annual Meeting of the Transportation Research Board*, TRB, Washington, DC, 2012a）

显然，要找到最佳的人行横道照明还有很多东西要学。这包括要考虑视觉系统的各种刺激比如视觉尺寸、亮度对比度、颜色反差和适应亮度。照明对于视觉尺寸没什么作用，但是可以影响其他三个因素。配光影响亮度对比度，光谱影响颜色差异，还有光通量决定适应亮度。此外，Bullough 等（2012a）得出的结论表明可以用 RVP 模型（Rea 和 Ouellette，1991）来整合所有三种刺激的作用。研究这些刺激单独或者综合对视觉系统的作用，相比研究照度这些光度学数据要更有意义。虽然最终照明规范值都必须通过这些光度参数来表达，但是这些参数的设定和测量都需要先搞懂视觉系统的刺激以及它们对于视觉功效的影响。

毫无疑问，人行横道补充照明可以增加人行横道的能见度和醒目度，但是这并不是完整答案。驾驶人真正需要知道的不仅仅是前方有人行横道，更重要的是人行横道上是否有人。Van Houten 等（1998）测试了道路指示牌对于驾驶人行为的影响力。他发现一个简单的指示牌显示前方有人行横道对于驾驶人没什么影响，但如果加上"闪烁时停车"的信号或者有行人时闪烁的指示灯对于降低交通事故作用明显。在此之前或之后还有很多研究显示出类似的结论，这些信号对于驾驶人有着更加明显的作用（Arnold，2004）。最明显的表现就是，在人行横道停车等待行人的驾驶人变多了，还有司机提前制动的距离也增加了，车速更慢了。最终结果是行人等候过马路的时间以及行人在横道上为了躲避接近的车辆而返回的百分比也下降了。

这些信息很明确——照明对于人行横道安全有重要的作用，但同时又很有限。通过特殊的照明方式提高人行横道的醒目度和能见度很重要，但是更重要的是让驾驶人提前发现人行横道。要提高白天和晚间人行横道上行人的安全，还必须要在有人通过时给出明确的信号，这可以通过手动控制或者自动感应的信号指示灯来实现。这样的系统能够提前警告接近的驾驶人，因此更有效。

11.5 安全照明

安全包含许多含义，大到国家安全，小到个体的安全感。对于行人照明这个领域，安全的含义主要指后者。晚上在路上感觉不安全的人不会出门，事实上，相当多的女人和老人在天黑后尽可能避免出门（Heber，2005）。这种情况会带来经济和社会的后果并且会降低这些人的生活品质。照明能让人们在晚上出门时感觉安全，具体就是让周围的环境变得可见。照明可以增加人们发现威胁的距离并且增加正确应对的时间（见 12.4 节更多延伸的讨论）。但是照度并不是人们感知晚间照明的唯一因素。Johannson 等（2011）做了一项实地调研，他们选择了一个瑞典小镇里面的一条有绿树成荫、灯火通明的人行道及自行车道，然后采访了三组对照明敏感的人群：视力较差的人、年轻女性以及老年人。人行道用金卤灯具照明，平均水平照度为 5.6 lx。在走过这条人行道后，81 名参与者都被要求填写一份问卷打分表，让他们对危险感知度、明亮程度、环境信赖感和愉悦度进行打分。表 11.4 显示了对于每一个指数相关的定义和描述。分级回馈显示对于危险的感知与亮度、性别、愉悦感和环境信赖感有关。如果照明是令人不愉快的、不自然的并且单调的以及昏暗的，那么人们特别是女性更有可能会觉得人行道很危险。这些发现展示出人们对于照明的评价不仅仅取决于灯光还取决于他们的个性和态度。照明设计时无法改变个性和态度，但是他们可以改变亮度和愉悦感，尽管前者比后者更加容易处理。

表 11.4　关于人行道照明感受的描述

指数	描述
危险	我愿意没人陪伴时走这条路 我愿意绕远路而不走这条路，我感觉不舒服 我会考虑避开这里，我有不愉快的感觉
明亮程度	亮 明亮 很亮
环境信赖感	我会避免走我不熟悉的地方 我单独走路会不舒服 当外面天黑时我希望有人陪伴 走在狭窄的小路上我感到不舒服
愉悦度	不愉快 不自然 单调

来源：Johansson, M.et al., *Lighting Res. Technol.*, 43, 31, 2011。

11.5.1　空间亮度

　　如 2.5 节所述，亮度严格来讲是对于发光物体的感知，比如光源。然而，人们还是习惯用亮度来描述某个照明设备，尽管它是间接照明并且光源藏在看不见的地方。这是因为在正常视觉条件下，视觉系统能够从感知上把视网膜接收到的亮度分布进行分解：照度和反射。当人们谈论某个照明设施产生的亮度时，他们说的是空间中光的数量，也就是照度模式。为了区分这一点，我们引入一个新概念——空间亮度（Fotios 和 Alti，2012）。空间亮度指的是"在一个环境下由于环境照明强度而引起的视觉感知。这种亮度感知不仅包含视网膜除中央凹，还有其周围大部分区域的整体感受。这是人沉浸在该空间里或者该空间充满了视野里大部分时候的情况。空间亮度不被视野里某个具体物体或表面的亮度所决定，但是和它们整体有关。"照明设施有三个方面可能会影响空间亮度感知：照度水平和分布，以及灯光光谱。

　　Boyce 等（2000b）测试了照度在安全感知上的作用。室外停车场是个合适的评估场地，因为那里常常有行人，并且停车场很常见，场地很大，照明很均匀。他们一共走访了 24 个不同的停车场，12 个在市区，12 个在郊区。每个停车场都安排一组人四处走动，然后回答问卷。具体问题是"你觉得在这个停车场里走动有多安全？"答案分为 7 个分值：1 = 非常危险以及 7 = 非常安全。图 11.8 显示了针对市区和郊区停车场白天和晚间的平均得分。很显然白天独自在停车场走动的安全感郊区要高于市区。市区只有两个停车场在白天的安全感能接近郊区，而且这是仅有的两个有服务人员的停车场。而对于晚间独自行走的安全感，图 11.8 显示无论市区还是郊区停车场，照明都可以让安全感接近白天但是不能超越。现在有意思的问题是照度是如何让晚间的安全感接近白天的。图 11.9 显示了白天和晚间独自行走时安全打分的差值。这些结果显示在照度足够高的情况下，白天和晚间安全感等级的差别接近于零。然而对于零差别的接近是渐进的。在 10 lx 以上，差别小于一个单位；在 30 lx 以上，差别小于半个单位；总数是 7 个单位。

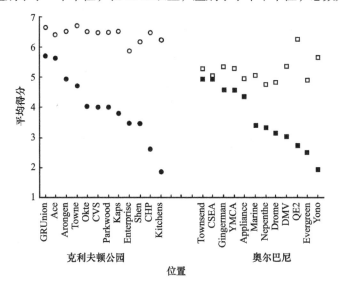

图 11.8　对于独自行走在一个开放的停车场的安全感的平均得分，在白天和晚间，在纽约奥尔巴尼（市区）停车场，以及纽约克利夫顿公园（郊区）。停车场按照晚间安全感的下降排列（1 = 非常危险；7 = 非常安全；●，■ = 晚间，○，□ = 白天）（来源：Boyce, P.R.et al., *Lighting Res. Technol.*, 32, 79, 2000b）

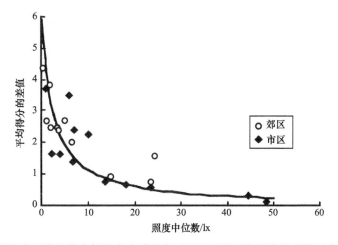

图 11.9　独自行走在开放的停车场的安全感在白天和晚间的平均得分的差值（白天 - 晚间），对应纽约奥尔巴尼（市区）停车场，以及纽约克利夫顿公园（郊区）停车场，横轴是地面照度中位数（来源：Boyce, P.R.et al., *Lighting Res. Technol.*, 32, 79, 2000b）

　　这项研究有很多局限性，最重要的一点就是不同停车场所用的照明系统不同。有些光源不同，还有的光分布也不同。尽管有这些区别，毫无疑问的是停车场的照度是一个影响人们安全感的重要因素，但是光分布和光谱的作用又如何呢？目前还没有系统的研究分析光分布对于夜间行走安全感的影响，不过对光谱的作用已经有了部分研究。首先光谱会影响空间亮度感知的结论是确定的，因为这涉及不同色彩通道对视觉亮度感知的影响，以及中间视觉下杆状光感受器的活跃度（见 6.2.2.4 节）。Fotios 和 Cheal（2011b）组织了实验以预测相同的空间亮度下多少照度可以牺牲换来好的光谱分布，具体方法是在两个装了不同光源的小亭子之间进行并排比较。最准确的指标是两种光源的暗视觉 / 明视觉（S/P）比值系数。图 11.10 显示了 S/P 比值系数和相同亮度的照度比值的关系。为了使用这个信息，有必要选择两种光源来比较。现在对于室外照明，市场上主要是 HPS 和 MH 光源，尽管 LED 发展很快。对于 Fotios 和 Cheal（2011b）使用的 HPS 和 MH 光源，S/P 比值系数是 3.46。对于这个系数，图 11.10 显示出相同的空间亮度的照度比值是 0.80。在 HPS 和 LED 光源之间的比较显示出 S/P 比值系数更大而相同空间亮度的照度比值更小，这说明了 LED 灯具的潜力。但是需要注意这是因为 LED 可以被生产成包含很多不同光谱，因此具有许多不同的 S/P 比值。

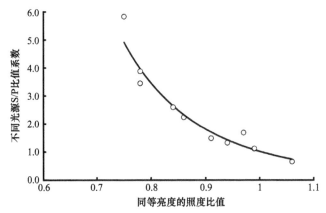

图 11.10　两种光源的 S/P 比值系数与两种光源相同亮度的照度比值的关系（来源：Fotios, S.A.and Cheal, C., *Lighting Res. Technol.*, 43, 143, 2011b）

　　现在已知照度和光谱都会影响空间亮度，有理由相信它们都会影响安全感。Rea 等（2009a）组织了一次实地实验，让参与者俯视停车场里的车道，一条由 HPS 光源照亮，另一条由 MH 光源照亮。两种灯具光源不同，但是水平照度分布是一样的。观察者被要求在两个方向上交替观察并且回答以下三个问题：

- 在哪种灯光下物体和道路看起来更亮？
- 在哪种灯光下你在晚间行走时感到更加安全？
- 在哪种灯光下当你在一个街边咖啡店里时更加愿意坐下来、社交和交谈？

这两种光源在 5 ~ 15 lx 范围内比对了很多不同照度，最后发现相同空间亮度下的照度比值是 0.79，十分接近于 Fotios 和 Cheal（2011b）的结论。关于对安全感的影响，图 11.11 显示出相对而言 MH 提供的安全感更高。要获得同样的安全感，MH 需要的水平照度只有 HPS 的 0.66。

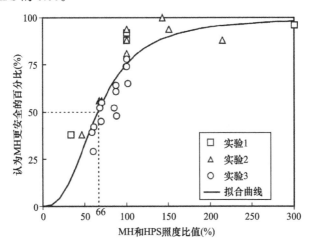

图 11.11　认为 MH 能让晚间行走更加安全的人数百分比，和 MH 与 HPS 水平照度比值的关系（来源：Rea, M.S.et al., *Lighting Res. Technol.*, 41, 297, 2009a）

要想把这个结论推广到实际，有个重要问题就是，实验室里严格控制条件下的结论在真实世界里还有多少能成立。幸运的是，Knight（2010）针对光谱对于空间亮度感知以及安全感的作用做过一系列现场调研，他观察了西班牙、荷兰埃因霍温以及英国圣海伦等地的街道照明。在西班牙和荷兰，HPS 路灯被替换为 MH，平均水平照度是在西班牙 82 lx（HPS）和 81 lx（MH），在荷兰是 16.5 lx（HPS）和 14 lx（MH）。在英国，光源的更换是双向的，有的 HPS 被替换为 MH，也有的反过来。HPS 平均水平照度是在 9.1 ~ 12.7 lx 范围，而 MH 在 8.9 ~ 12.6 lx 范围。在相同的地方不同光源给出的平均水平照度相似，那么人们会预计 MH 会比 HPS 看起来更亮并且更有安全感。这正是我们观察得到的结果。前面的结论得到证实还是很令人振奋的。

11.5.2　视觉功效

目前为止，增加行人安全感的手段都是围绕着提高空间亮度的感知来展开，但这足够了么？空间亮度能够提高安全感的原因是能够提供更好的视觉功效，这样让人可以在更远的距离看清细小的细节，也就有更多的时间去识别威胁并做出反应。因此，评价照明的安全感可以有另一种方法，就是看什么样的照明条件下可以获得更好的视觉功效。但是视觉任务又是什么呢？一种手段是采用基本的检测视觉分辨能力的方法，例如明锐度，随着适应亮度增加到远高于传统室外照明的亮度时会而变得更好（见图 2.17）。各种不同光源下的测量表明，视觉敏锐度随着亮度提高而明显提升，但是灯光光谱的影响很小（Boyce 和 Bruno，1999；Fotios 等，2005）。这个结论并不意外，因为视觉敏锐度是在直视目标物时检测的，因此视网膜主要被使用的部分是中央凹。中央凹几乎不含杆状光感受器，因此在中间视觉条件下没有光谱敏感度的转变。确实当灯光光谱导致瞳孔缩小时视觉敏锐度能有提高（Berman 等，2006），但是要出现这种情况，必须要激活视野里的大部分区域（见 7.3.2.2 节）。参考在前面讨论过的测量结果，有可能敏锐度图的背景亮度将会比路面高得多，但是这只能包含视觉区域的小部分，因此瞳孔大小的作用是小的。

另一种方法是研究简单的实际的视觉任务的表现。这个方法已经被用来测量对于偏离轴线的刺激的侦测能力。这样的研究得出一致的模式，显示出照度和灯光光谱对于偏离轴线的物体的侦测能力都很重要：照度越高以及对于杆状光感受器的刺激越大，偏离轴线视觉功效越好（见 10.4.3 节）。

被广泛地用作室外安全感研究的一项视觉任务就是对于人脸的识别。Rombouts 等（1989）研究了从不同的距离对于人脸的识别能力。根据 Camindada 和 van Bommel（1980）的研究，将半圆柱面照度作为对照明条件的评价指标。半圆柱面照度指的是一个竖立的半圆柱体表面上的平均照度。图 11.12 显示出观察者认为完全有把握能识别出人脸的距离，和人脸半圆柱面照度之间的关系。Rombouts 等（1989）声称在 17m 以外就不可能有把握能够识别人脸了，在这个距离上识别需要的半圆柱面照度达到 25 lx。显然在更短的距离上可以有更低的半圆柱面照度。Hall（1966）认为 4m 接近于个人公共空间的界线，在此范围内任何突然出现的人会引发警觉。Rombouts 等（1989）确定了在 4m 距离能够辨认出人脸所必需的最小半圆柱面照度是 0.6 lx。这个结论很有趣但却没什么用，因为半圆柱面照度很少被用到。幸运的是，Rombouts 等还发现了人们认为当垂直面 / 半圆柱面照度比值在 1.1 ~ 1.5 范围内时人脸上的照明是平衡的。假设需要的垂直面 / 半圆柱面照度比值是 1.3，其结果转换成能够完全识别人脸所需的垂直照度是在 17m 处为 33 lx，而在 4m 处为 0.8 lx。

Boyce 和 Rea（1990）测试了人们在不同的安全照明下辨别身边走过的人

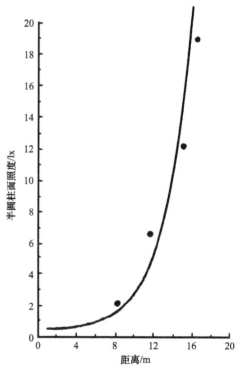

图 11.12　完全有把握识别人脸时所必需的半圆柱面照度与距离的关系（来源：Rombouts, P.et al., *Lighting Res. Technol.*, 21, 49, 1989）

的能力，然后让测试者从四张黑白照片中找出之前路过的那个。结果显示当接近的人身上的垂直照度在4~10 lx时被发现的概率是90%，在熟悉的小道上需要的照度更低，而当接近的人出现的方向不确定时需要的照度更高。要使侦测率达到100%，则需要更高的照度。要想获得90%的识别率，垂直照度大约需要10 lx。更高垂直照度能够带来更高的识别率，但这种增长是有限的。有趣的是，并没有发现在LPS和HPS光源下的人脸识别率有明显的差别。这并不奇怪，因为两种光源的颜色特性在观察者使用黑白照片时影响不大。

　　Rea等（2009a）还组织了一项面孔辨识实验来克服这些限制。他们隔离出一条街道，让一个人站在HPS或者MH灯具后面，这样脸上有8 lx的照度。从25m外的地方一名观察者走向这个人，并且拿着一个DVD播放器，里面显示8张年轻男性的数码照片，其中就有一张是前方的男子。观察者被要求找出那张照片时停下，然后继续向前走直到他能确定自己的判断。观察者能够猜出照片是谁的平均距离是20m，但是要确定判断需要12m。这和Rombouts等（1989）的结果基本一致。此外，在两种光源下做出猜测和得到确定之间没有统计学上的显著区别。

　　这些结果显示出色彩信息对于人脸识别并不重要。然而，Knight（2010）发现了人们在不同光源下辨认出照片里的该国名人以及能够确认的距离明显不同。不幸的是，哪种光源产生更好的识别性并不一致。由此，灯光光谱在人脸识别上起到的作用还不明确。这也许并不重要，因为其他研究已经表明人脸识别能力对于行人来说并不是重要因素（Fotios和Raynham，2011）。大部分时间人们在街上遇见的是陌生人，因此不可能识别并且就算有熟人，人脸识别也不重要。Fotios和Raynham（2011）提出，对于晚间的行人来说，重要的是能识别出接近者的意图。有观点认为辨识人脸的细节的主要用途是辨识到表情背后的内容，但是如果是这样，对面的人必须要离得很近，已经来不及做出反应了。也许，人们在远距离上是使用肢体语言和视觉还有听觉线索来识别意图。有一个研究让观察者在一个大型的长方形停车场完成一些任务，分别采用HPS或者MH光源照明，以找到面部表情以外的线索（Boyce和Bruno，1999）。在做任务时，观察者坐在汽车里沿着车道方向向前看，分别戴着或不戴灰色的包围式眼镜，透光率为0.10。图11.13显示的是让观察者在停车场识别出某个人手上所拿物体的结果。在各个照明条件下，观察者被要求辨识出10m外的一个人手里拿的东西，有金属尺、锤子、扳手、喷罐、螺丝刀、手电筒、啤酒瓶、枪、伞、刀或者是剪刀。被准确识别出的物体平均数量和停车场的照度有关，和光谱无关。从图11.13可以看出，为了能够准确辨认出这样的物体需要有比居民区道路照明规范值更高的照度，即便离它们只有10m远。

　　从先前的讨论可知，需要明确的是不同的任务需要不同的行人照明条件。由此，也许只有当人们对于行人需要在什么条件下才能看清以至于能够评价一个地方和一个情况达成了共识以后，才能够在确定安全感所需的照明条件上取得进展。

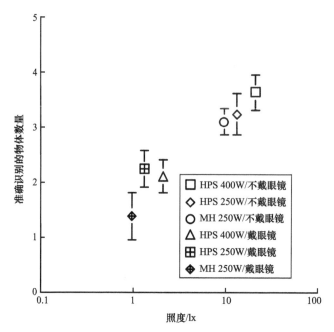

图 11.13　准确识别的物体平均数量与路面平均照度的关系。采用标准平均误差。数据是在不同的 HPS 和 MH 光源组合下用裸眼（不戴眼镜）和通过低透光率眼镜（戴眼镜）观察得到（来源：Boyce, P.R.and Bruno, L.D., *J. Illum. Eng. Soc.*, 28, 16, 1999）

11.6　照明、舒适感和吸引力

晚间在街道上行走的行人需要感到舒适。不幸的是，直接问行人是否感到舒适得到的回答很模糊。对有些人来说，舒适可能就代表放松和安全；但对于另一些人来说，舒适可能代表没有东西遮挡他们的眼睛或视线。在一系列的实地研究中，Knight（2010）将舒适感定义为放松 / 不放松，在相似的照度下由 MH 光源照明给人的感觉比由 HPS 光源照明更加舒服，也许是由于空间亮度更好。

Boyce 等（2000b）换了一种方法，他专门研究造成不适感的原因——眩光。在这项研究中，安排两组人分别去到位于美国纽约市的 12 条街道和纽约州首府奥尔巴尼市的 15 条街道。走过每条街道后，参与者被要求对于街道的照明进行评级，打分是从 1 ~ 5 分，分别衡量差的 / 好的、明亮的 / 暗的、不均匀的 / 均匀的、舒适的 / 不舒适的、有眩光的 / 没有眩光的、面积感觉被拓宽的 / 面积感觉被局限的，以及与现场不相符的 / 与现场相符的这几个方面。对于明亮的 / 暗的、舒适的 / 不舒适的以及面积感觉被拓宽的 / 面积感觉被局限的，打分是 5 分对应好的、明亮的、均匀的、舒适的、没有眩光的、面积感觉被拓宽的以及与现场相符的。相反的，1 分代表对于照明的感受是差的、暗的、不均匀的、不舒适的、有眩光的、面积感觉被局限的以及与现场不相符的。图 11.14 显示了对于所有 27 条街道在这些方面得到的评分。显然在两个

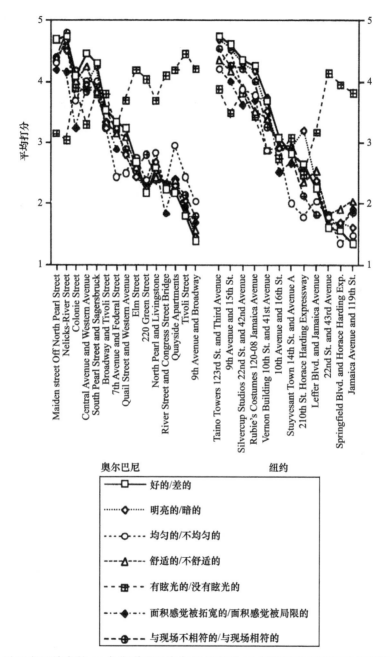

图 11.14 对于在纽约市的 12 条街道以及奥尔巴尼市的 15 条街道的照明评价的平均得分。分值为 5 分对应着对于照明的感受是好的、明亮的、均匀的、舒适的、没有眩光的、面积感觉被拓宽的以及与现场相符的。1 分代表对于照明的感受是差的、暗的、不均匀的、不舒适的、有眩光的、面积感觉被局限的以及与现场不相符的（来源：Boyce, P.R.et al., *Lighting Res. Technol.*, 32, 79, 2000b）

地方都有一些街道是照明良好的，也有的不好。这并不奇怪，因为这些街道都是经过仔细挑选的，能够覆盖各种条件。更加有意思的是，对于有眩光 / 没有眩光的评价显示出和其他方面非常不同的趋势。其他评分的变化趋势基本相同，表明人们对于城市街道优秀的照明的感受是相似的，要求明亮、均匀、面积感觉被拓宽并且与现场相符。而对于有眩光 / 没有眩光的评分与其他有很大差别。没有任何一条街道被认为是非常有眩光的，但有趋势是那些被认为照明是暗的、不均匀的、面积感觉被局限的并且与现场不相符的街道也被认为是没有眩光的。基本上，这反映了一个事实就是当没有什么灯光时很难把一个照明做的有眩光。至于舒适性，舒适的 / 不舒适的项目上都有一致的共识，除了有眩光 / 没有眩光以外的其他所有项目都显示出观察者趋向于宁可把这解释为他们有多放松 / 不放松而不是视觉不舒适的程度。

虽然图 11.14 中的结果显示在美国眩光对于街道照明是否优秀关系不大，但是在其他地方可能并非如此。在设计行人照明时眩光总是存在，必须要作为考虑因素。其中一种做法就是为驾驶人设计防眩光系统，避免对面车辆的大灯（Schmidt-Clausen 和 Bindels，1974，见 10.2.5 节），但是这在实际操作上并不容易，因为它包含适应亮度，而这在实验室以外是难以测量的。并且当直视眩光光源时，这个系统会得出一个极高的不适眩光等级。Bullough 等（2008）基于一系列的实验观察建立了一个替代模型用于测量室外照明的不适眩光。这个模型使用观察者眼睛在视觉环境不同部分下所获得的三个照度。这三个照度是直接从眩光光源处得到的照度、眩光光源关闭后获得的照度以及眩光光源亮着时的总照度。其中第一个照度表示为眩光光源照度（E_L），第二个照度表示为环境照度（E_A），然后第三个照度减去前两个照度的和的差值叫作环绕照度（E_S）。模型采用以下方程：

$$DG = \log(E_L + E_S) + 0.6\log\left(\frac{E_L}{E_S}\right) - 0.5\log E_A$$

式中，DG 是不适眩光的度量，DG 值可以通过下式被换算为 de Boer 值：

$$W = 6.6 - 6.41\log(DG)$$

式中，W 是 de Boer 眩光等级。de Boer 等级是一个满分 9 分的眩光评价体系，有 5 个参考点：1 = 无法忍受的，3 = 有干扰的，5 = 刚刚能容忍的，7 = 可接受的以及 9 = 察觉不到的。注意在这个体系中，分数越低表示越不舒适。低于 4 分通常被认为是不舒适的。

图 11.5 显示的是 Bullough 等（2008）所主持的实验中的观察者给出的 de Boer 打分，和相同条件下模型的推算值之间的关系。这个模型还不完美，但是它预测出来的数值和实验测量值之间存在合理的修正因数（$r = 0.77$）。后续的研究确定了这个等式适用于对应角度小于 0.3° 的眩光光源，但是对于更大的光源，Bullough 和 Sweater-Hickcox（2012）提出一个不同的换算等式，把眩光光源最大亮度的影响量化，就是

$$W = 6.6\log(DG) + 1.4\log\frac{50000}{L_{S}}$$

式中，W 代表 de Boer 体系的眩光分值；DG 代表先前的等式所得的不适眩光测量值；L_{S} 代表眩光光源的最大亮度（cd/m^2）。

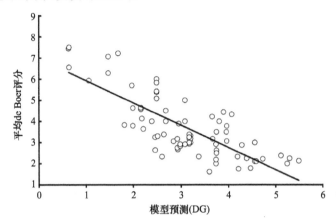

图 11.15　按照 de Boer 体系给出的不适眩光平均分数，和 Bullough 等（2008）室外照明模型预测值的关系（来源：Bullough, J.D.et al., *Lighting Res. Technol.*, 40, 225, 2008）

不论使用哪个换算等式，这个方法对于实际应用有一个很大的优势：由于只需要照度值，可以方便地应用到现有的照明设计软件中去。

控制眩光对于限制视觉不舒适是必要的，但是对于产生一个吸引人的照明环境没什么作用。Rea 等（2009a）曾经尝试找到后者具体需要什么，他们让人观察光分布相同但光源不同的两种灯具照亮的道路，想象他们正坐在一个街边咖啡店里，问哪种灯光能让他们更愿意社交和交谈。得到的答案很混乱，对于照度（5～15 lx）或光源（MH 和 HPS）没有清晰的倾向性。或许由于测试的照明都属于传统的道路照明，离正常的街边咖啡店相差太远。当然，他们的意见显示出人们更偏爱温暖的照明效果，因此光源的相关色温（CCT）很重要。

这并不意味着亮度和显色性可以忽略。Fotios 和 Cheal（2011c）使用分组对比的方式来比较五种光源所有的组合可能。这五种光源里有两种 MH、一种 HPS、一种紧凑型荧光灯以及一种双峰 LED。对于每一组光源，观察者被要求说出更加偏爱哪个光源下看到的手部皮肤，更加偏爱在哪个光源下看到的 24 色图以及更加偏爱在哪个光源下看到的房间。这些测试是在相同的房间水平照度（5 lx）并且在相同的空间亮度下得到的。对于这些偏好的分析显示出在相同的照度下，MH 最受偏爱，而 HPS 最不受欢迎，别的光源在两者之间。对于相同的空间亮度，同样是 MH 光源最受偏好，但是最不受欢迎的肤色是紧凑型荧光灯，对于色彩表是高压钠灯，而对于整个房间是双峰 LED。结合所有三种刺激对于每种光源的偏好，并根据许多光源光谱指标绘图，即 CIE 一般 CRI、CCT、色域面积指数、暗视觉/明视觉比值和 CIE 中间视觉系统

（见 1.6 节），显示出 CIE 一般 CRI 与表现偏好最相关。

　　总结来说，要创造视觉上舒适并吸引人的照明，仅仅满足水平照度规范值还是不够的。需要注意所用光源的 CCT、显色性以及暗视觉 / 明视觉比值。另外，灯具需要经过挑选和调校以避免失能和不适眩光，并且足够均匀以获得安全感，但是又要多样化而有趣。要想使得行人的照明达到这个目标还有一段路要走。

11.7　完成画面

　　根据前面的论述，有一点是明确的，就是我们对行人对于照明的需求的了解是远远不够的。事实上至今在这方面的研究还像是在做拼图而且还不知道画面的内容是什么，并且还缺少几块拼图。我们用已有的知识能够把画面勾勒出轮廓，我们知道行人大概需要什么，但是并不详细。细节的缺失又因为不同地方的侧重点不同而更为严重。所以对于一个典型的居民区街道，重点是步行安全；在一个公园里，重点是呈现空间的安全感和面貌；在一个步行商业街上，步行安全、安全感和面貌都很重要。不幸的是，要满足这三项需求对应的照明是什么还没有完全被搞清楚。

　　如何能够在街道上安全地行走或者过马路已经被系统地研究了。结果可以理解为那本质上就是和视觉功效以及达到视觉功效的距离有关。当障碍物的视觉尺寸、亮度对比度以及色彩差异确定时，照度和灯光光谱的效果可以被推算出来。一般的规则是，照度越高并且光源的暗视觉 / 明视觉比值越高，在轴线上和偏离轴线上对于障碍物的侦测性越好。

　　对安全照明的理解还不够，这是由于安全感是一种心理现象，而人们对于周围环境的理解也不相同。有些人敢于在晚间外出，可能不会在意是否能看到远处，而那些紧张的人可能需要能够向前看得远。这意味着光分布可能对于确保安全是重要的：光线越是均匀，就可以看得更远。已发现的一个对于安全感来说很重要的因素是空间亮度。照度和灯光光谱对于空间亮度的影响已经被弄清了：更高的照度以及暗视觉 / 明视觉比值较高的光源能够产生更高的空间亮度感知。目前还没完全弄明白的是对于道路周边的照明有多重要。在街道上或者公园里感到安全需要能够看清周围环境，不仅仅是前方。当然，有时候一个人的视觉受到周围建筑物的遮挡，但是当没有发生这个情况时，就应该考虑道路周边的区域。

　　在保障舒适以及美观方面情况更不明朗。照明规范通过限制由灯具产生的眩光来处理身体不适，但仅此而已。没有什么东西能够指导设计师去创造一个有吸引力的并且美丽的场景，并且只明确了有局限性的照明指标，例如照度、照度均匀度、暗视觉 / 明视觉比值以及眩光值，而对于环境中的某个方面从什么距离看会影响美观，看起来可能永远都不会有。鉴于这种情况，最好是把研究集中在光分布上。这个因素被认为对于安全感的获得是重要的并且可以在规范中实施，但是至今还没有被研究。这是因为过去研究光分布是困难的，因为大规模的逻辑运算需要在实地操作光分布。现在用软件可以精确地完成对于室外照明的配光模拟（Rea 等，2010b），而且还有各种办法把画面呈现在宽屏幕上。如果可以模拟驾驶，为何不模拟行走呢？使用这些技术就能够完成针对光分布和安全感知的系统性研究，这个研究可以带来更多更加合理的针对行人的照明规范。

11.8　总结

行人照明在晚间被用在居民区街道、停车场、步行区以及公园里。这种照明包括多种形式，从传统的道路照明到区域泛光灯的照明再到景观照明。基本上来说，行人想要从这些照明中得到的是能够辨识自己的位置，能够安全地行走，能够觉察到个人安全的风险以及避免视觉不适感。进一步来说，人们也会意识到照明积极的一面。照明对于行人的作用可以和美观有关。就算不是，取决于周围可见的事物，对于建筑、公园、喷泉等的照明，可以给人们呈现一个激动人心的并且吸引人的夜景。

可以看到有各种国家性的规范被用于步行区域的照明。这些规范使用地面上的平均水平照度作为一个指标，但是对于数值的选择明显不一致，澳大利亚的范围值是 0.5～7 lx，美国的范围值是 3～9 lx，还有欧盟国家的范围值是 2～15 lx。一些国家会根据所使用的灯光光谱对规范值做一些调整。重要的是需要注意这些规范值都是最小值。许多应用中，比如商场，用高得多的数值。

可能有人会觉得，无可非议的，那个简单的水平照度规范无法更多地保证达成吸引人的晚间环境，但是它们和避免被绊倒或者摔倒而导致的受伤有关联。对不同照度的大型开放式办公室行动的速度和方式的研究表明，在 0.10～0.62 lx 照度下要有平稳的行动所需的路上平均照度为 1 lx。其他的研究表明，在 0.10～0.62 lx 照度下地面上明显的抬高可以被侦测出的概率为 95%，取决于此人看向身前的距离。这种平均照度和澳大利亚推荐用于住宅道路的最低照度相同，略低于英国和美国使用的最低照度。

任何行走在街上的人总可能在某个地方需要穿过道路。不使用有标记的人行横道的行人比那些使用的行人面临大得多的致命或者受伤的风险。照明有时候被用来强调人行横道的存在并且增加人行横道上的行人的能见度。不同国家都有针对行人的照明规范，但它们仅包含水平或垂直照度。需要一种更全面的方法来评估照明对于向接近的驾驶人强调有行人正在通过人行横道的作用，特别是亮度对比度。

对于行人的另一个担心是安全性。照明在让人们晚间外出有安全感方面起着重要的作用。这个作用是使得周围可见。通过让周围可见，照明可以增加威胁被侦测到的距离并且增加可以用来决定恰当的反应的时间。两种方法已经被用来确定应该使用什么形式的照明来确保安全感知。一个涉及对于空间亮度的感知，一个明亮的场景被认为是要比昏暗的场景更加安全。照明设施有三个方面可能对于空间亮度的感知有影响：照度的等级和分布以及光谱。对于这些，只有两项被深入研究：照度和光谱。对于市区和郊区的停车场的研究测试了照度的作用并且得出结论，照度在 10～30 lx 是必需的。不论是实验室还是现场实验都被用来探索光谱的作用。它们的结果显示使用更高的照度和具有高暗视觉 / 明视觉比值的光源可以增加空间亮度。

用于确定适合行人安全性的照明条件的另一个方法是确定在不同照度和光谱下所能达到的视觉功效等级。许多不同的任务被使用从简单的视觉功能到实际任务。视觉敏锐度清楚地显示出照度的作用，但是没有包括光谱。偏离轴线的侦测性会随着照度的增加或者使用高暗视觉 / 明视觉比值的光源来改善。在更多实际任务中被使用的是人脸识别度。人脸上的照度对于增加可识别距离很重要，但是对于光谱的结果并不一致。这种不一致可能会发生是因为还有别的比光谱更加重要的因素。光分布看起来明显是一种可能性，由于它会改变人脸的明暗模式。然而，这是有争议的，就是人脸的识别度也许对于行人安全来说不是重要的并且需要的是能够识别接近者的意图。在不同的照明条件下能把这一点做得更好还没有被系统地研究。

晚间在街道上行走的行人需要感觉舒适，但这是不明确的，一些人将它理解为感到放松，而另一些人把它当作对于视觉不舒适性的感受。一项使用多个不同标尺来评价城市街道照明的研究表明，良好的照明是被认为是明亮的、均匀的、面积感觉被拓宽的并且与现场相符的，这表明由现有的照明设备和设施产生的眩光等级并不重要。更加重要的是灯光量和分布。

从之前的讨论中可知，有一点是明确的，就是对于行人想要的照明条件的确认还远远没有完成。对于如何才能安全地行走以及过马路已经被系统地研究了。这些结果很容易被理解就是这本质上与视觉功效和能够达到这样视觉功效的距离限制有关。行人安全性的情况还没有被完全弄清楚。这是因为对于安全的感受是一种心理作用而人们对于身边环境的认知不同。那些敢于在晚间外出的人可能对于是否能看得远并不在乎，而那些感到紧张的人希望能够把周围都看清楚。这意味着也许光分布对于确保安全是重要的。

在保障舒适性和美观性上的情况甚至会更加模糊。照明规范通过限制由灯具产生的眩光来处理身体不适，但仅此而已。没有什么可以引导设计师去创造一个吸引人的和漂亮的场景，并且确定了有限的照明规范可以使用以及从距离环境的哪一个方面去看会影响美感，看起来可能永远不会有。确定了这种情况，最好能够把精力集中在对于光分布的研究上。人们相信对于安全感来说这是一个重要的因素，它可以被应用在规范中但是还没有被研究。在过去，研究光分布是困难的，因为大规模的逻辑运算需要在实地操作光分布。现在，可能并不需要那样了。用软件可以精确地完成对于室外照明的配光模拟，而且还有各种办法把画面呈现在宽屏幕上。使用这些技术就能够完成针对光分布和安全感知的系统性研究，这个研究可以带来更多更加合理的针对行人的照明规范。

第 12 章　照明与犯罪

12.1　引言

从亚当和夏娃时代开始犯罪就伴随着我们，犯罪有很多种形式，有些严重，有些很轻；有侵害人身的，有侵害财产的。犯罪对于社会的影响很严重，会破坏人们之间的信任，影响人们相互对待的方式。本章致力于讨论照明在预防和发现犯罪活动中发挥的作用。

12.2　一些历史

人们从 15 世纪起就开始使用照明作为打击犯罪的手段（Painter，1999，2000）。1415 年，伦敦所有的私有房主都被要求每年万圣节（11 月 1 日）至圣烛节（2 月 2 日）之间的冬夜里在自家屋外悬挂灯具，满月前及满月后的 7 天除外，因为满月时的月光已经足够亮了。由于这些稀疏的灯光之间还存在很多暗区，那些必须在夜间出行的市民还要雇佣执火把的人护送他们在黑暗的城区穿梭。这种依靠私有房主和火把人共同提供照明的情况一直持续到 18 世纪，不过始终有人怀疑部分执火把的人私下里和抢劫犯有勾结（Brox，2010）。

巴黎状况曾经和伦敦很相似，但他们更快地发展出一套公共照明系统。在 15 世纪，法令规定"11 月、12 月到 1 月的这几个月里，每间房屋的二楼窗台下面必须在每晚 6 点前挂出照明灯具，悬挂位置必须保证街道上拥有足够有效的照明"（Schivebusch，1988）。1677 年，法国政府决定在街道上空拉上悬索以吊挂灯具而不是装在街道两侧的房屋上，由此创造出一套由警察控制的公共照明系统。这种由警察控制的照明被很多人看作是压迫的工具，而不是公共安全的保障，结果导致在后来的政治动荡时期，打碎路灯成了反抗的重要手段（Brox，2010）。

随着城市的发展以及社会的进步，公共照明的需求日益增长。这种需求首次得到大面积满足是因为煤气灯的出现，一套供气系统将煤气源源不断地从中央气源输送到各个灯具里。1823 年的伦敦，煤气灯系统已经发展到超过 39000 盏路灯，总计为 215mile（346km）的道路提供了照明（Chandler，1949）。煤气灯系统快速推广到其他欧洲城市，但也不是没遇到阻力。在科隆，很多市民算是最早的"黑暗夜空"支持者，认为夜晚的黑暗也是上帝的安排，任何试图在夜间照亮道路的行为都是对神圣的宇宙秩序的侵犯（Roberts，1997）。虽然遇到一些保守人士的阻力，但煤气公共照明系统仍然势不可挡，几乎发展到了全世界所有的主要城市。煤气灯作为室外照明的主要形式持续了将近 100 年，尽管 1850 年就出现了第一套室外电灯，使用的是电弧光源。新出现的电灯的亮度被认为对打击犯罪很有帮助，当时纽约市的警察局长就说："每亮起一盏电灯，就意味着一个警员的下岗"（O'Dea，1958）。但是电弧灯需要不断的维护，因此从来没有被广泛使用过，只有底特律市曾在 19 世纪末建立一座 50m 高的灯塔，用上面的电弧灯照亮了 54km² 的城市。30 年后，这个灯塔也被拆除了，人们批评它在整个区域形成昏暗的光，但在任何地方都不够亮（Schivelbusch，1988）。直到白炽灯面世结合配电系统的发展，电气照明才正式取代了煤气灯在夜间照明的地位。从此，室外照明所用的电光源不断演进，从白炽灯到一系列气体放电光源，如低压钠灯（LPS）、汞灯和荧光灯，直到今天最为广泛使用的光源——高压钠灯（HPS）和金卤灯（MH），此外 LED 也在快速发展。

12.3 照明作为预防犯罪的手段

当夜间的室外照明建设基本完成之后，已经几乎没有人关心它们对于犯罪的影响，转而更多关注照明对于行车安全的影响。直到 20 世纪 60 年代的美国，人们重新开始重视照明对抑制犯罪的潜力，因为当时的犯罪率发生激增。美国各地的城市纷纷改善了他们的道路照明以预防犯罪，而结果也是令人振奋的（Wright 等，1974）。然而，在 1979 年，Tien 等（1979）发表了一份有关照明工程对于美国犯罪率影响的深入研究报告。此次研究对于研究对象的选取标准非常严格，限定在那些已经完工的被认为对于犯罪有抑制作用的街道照明，高速公路照明不包括在其中，因为高速公路上的路灯被认为主要关注行车安全而不是行人安全。按照这两条标准，能够从 1953～1977 年期间完工的美国道路照明工程中选取出 103 个样本。接下来又有两条标准做进一步筛选：城市人口必须超过 25000，并且项目要在 1970 年后完工。人口限制标准是为了确保样本之间可以做类比，1970 年的标准是因为太久远的工程数据难以获取。经过这两条标准筛选后，还剩下 45 个样本，最终第 5 条标准来了：项目必须拥有道路照明安装数据、人们的态度以及犯罪率的相关数据。最终只选出 15 个项目做详细分析。

Tien 等（1979）经过详细分析后得出结论，从统计学意义上来说，并没有明确证据表明街道照明的改进对于街头犯罪率有显著影响。然而，有部分迹象显示街道照明的改进能减少人们对于犯罪的恐惧。

同时期进行的一些针对街道照明和犯罪率的具体案例研究也难以证明两者之间存在必然关联。例如一个案例（Griswold，1984）中，街道照明改善的影响无法和同时期安全巡逻加强相区分。在另外两个案例（Krause，1977；Lewis 和 Sullivan，1979）中，针对财产的犯罪下降趋势其实在街道照明改善之前就开始了。

Tien 等（1979）的研究给用照明来抑制犯罪的热情泼了冷水，并且持续了近十年时间。随后，Painter（1988）重启了这个问题。她从三个方面鉴定了 Tien 等（1979）

的研究，指出其中的问题。首先是这些研究基本都针对的是较大的地区，大区域要求对数据做平均处理，这就无法区分出照明对于犯罪水平和类型等特定因素的影响。其次是对于警方提供的犯罪数据的使用。有关犯罪的统计，传统上都是很粗放的，将所有犯罪混在一起计算，而且还有很多犯罪并没有报警。结果就是无法搞清楚街道照明的改进是否导致了犯罪水平或者模式上的改变。第三点是没有针对不同类型的照明对于各种犯罪的影响进行分析。其实不同的照明设备对于不同类型的犯罪有不同的影响，因此简单地将它们合并分析会掩盖很多结论。

Painter 认为的解决方案是在伦敦的外围地区进行一次实地实验（Painter，1988）。实验聚焦于照明在局部区域内对特定类型犯罪的作用。实验区域选择了一条道路，其中还包含一段穿越铁路的地道，这条道路非常繁忙，因为连接了住宅区和商业、交通和休闲设施。研究的犯罪类型是常见的街头犯罪：针对人身的暴力行为（抢劫、盗窃、肢体侵害），针对车辆的犯罪（盗窃和破坏）以及其他骚扰行为。研究被设定为前后对比型实验。道路原先使用的是 LPS 灯具，地面照度在 0.6 ~ 4.5 lx，经过提升后的道路采用 HPS 灯具，地面照度提高到 6 ~ 25 lx。天黑后对路上行人进行问卷调查收集数据，调研的问题包括人们在该地区经历过的犯罪、他们对该地区犯罪的恐惧以及他们采取的预防措施。调研人员还记录下了他们观察到或经历到的任何犯罪及骚扰。表12.1 给出了 207 名受访者在照明改变前的 6 个星期内在街道上所经历的罪案数量，以及 153 名受访者在照明改变后的 6 个星期内在街道上所经历的罪案数量。表 12.2 显示的是发现了照明有所改变的受访者的百分比，以及他们认为发生了哪些变化的百分比。调查结果还显示，受访者对犯罪的恐惧程度随着灯光的变化而变化。本次研究表明，增加照度和使用更好显色性的光源来改善街道照明，确实可以降低某些类型的犯罪和人们对犯罪的恐惧。

表 12.1　照明改善前后的 6 周内，受访者遭遇的犯罪数量

犯罪类型	遭遇犯罪的受访者数量	
	照明改善前（ n = 207 ）	照明改善后（ n = 153 ）
抢劫	2	0
性侵害	1	0
身体伤害	2	1
威胁	4	0
车辆失窃	4	1
摩托车失窃	4	0
自行车失窃	1	0
汽车破坏	2	1
摩托车破坏	2	0
总计	22	3

来源：Painter, K., *Lighting and Crime Prevention : The Edmonton Project*, Middlesex Polytechnic, Hatfield, U.K., 1988。

表 12.2　感受到照明改善的 153 名受访者的问卷反馈

问题	正面反馈的人数百分比		
	全部	男性	女性
你是否注意到街道照明变化了？	69	63	82
如果注意到了，那么在哪些方面变了呢？			
灯光更亮了	99	—	—
看人更清楚了	97	—	—
照明提升了	96	—	—
照明维护更好了	82	—	—
阴影更少了	65	—	—
照明更有吸引力了	58	—	—
照明让景色更好了	47	—	—
在过去 6 周里，在路上走时你觉得你的个人安全感：			
加强了	62	61	63
变差了	3	4	2
没变化	31	29	33
不知道	4	5	2

来源：Painter, K., *Lighting and Crime Prevention：The Edmonton Project*, Middlesex Polytechnic, Hatfield, U.K., 1988。

　　显然，这项研究由于研究范围有限且研究时间有限，无法最终证明街道照明改善可以减少犯罪发生。尽管如此，在 Tien（1979）的宏观研究之后，Painter（1988）的微观研究至少结果是清晰的。随后英国类似的研究有了爆发性增长。一些是 Painter 自己完成的（Painter，1989，1991a，1994，1996），一些是其他人完成的（Barr 和 Lawes，1991；Burden 和 Murphy，1991；Davidson 和 Goodey，1991； 格拉斯哥犯罪调查小组，1991；Herbert 和 Moore，1991；Nair 等，1993；Ditton 和 Nair，1994；Shaftoe，1994；Crdland，1995）。这些研究的结果喜忧参半。几乎所有研究都表明，街道照明改善以后人们对犯罪的恐惧有所降低，尤其是妇女和老人（Painter，1991b）。然而街道照明的改善对犯罪率影响有限，确实有些地方犯罪率有所下降，但也有地方几乎没有影响，甚至还有地方发现某些类型的犯罪有所增加（Painter，1996）。此外至少有一项后续研究发现，街道照明改善后犯罪水平短期内有明显下降，但这并没有持续很长时间（Nair 和 Ditton，1994）。显然在照明条件和犯罪率之间并没有简单的关联。我们可以用在英格兰西北部 Ashton-under-Lyne 进行的一项研究作为例子来审视街道照明效果的多变性（Painter，1991a）。这项研究观察了一个公共住宅区里 12 个月的犯罪率，这个住宅区包括三座公寓楼，周围有一些小区景观。表 12.3 显示的是在照明改善前后各住户报告的不同类型犯罪的发生数字。首先有必要指出一点，无论是改善前还是改善后的数据，犯罪水平都比警方统计的要高得多。除此之外，总体而言随着照明的改善，犯罪率有明显降低，尽管有些犯罪如车内财物被盗和人身袭击有所增

加。至于对犯罪的恐惧，照明系统的改善使天黑后在居住区感到不安全的人数减少了
41%，而害怕被抢劫（减少 25%）、害怕破坏（减少 14%）和害怕被侵犯（减少 10%）
的人数都有所下降。

表 12.3　住宅区居民在照明改善前后经历的犯罪数据

犯罪类型	经历犯罪的受访者数量	
	照明改善前（$n = 197$）	照明改善后（$n = 197$）
入室盗窃	46	25
入室盗窃未遂	53	51
户外财物失窃	35	10
扒窃	6	1
街头抢劫	15	3
公开人身袭击	9	19
破坏房屋	25	27
车辆被盗	5	5
车内财物被盗	5	15
破坏车辆	25	13
侮辱	81	64
侵犯（仅限女性）	2	0
骚扰（仅限女性）	42	35
总计	349	268

来源：Painter, K., *Lighting J.*, 56, 228, 1991a。

　　和这个研究同步，另一项更大规模的研究覆盖了一整片城区，研究的是伦敦
Wandsworth 区所有街道照明改善后的情况。研究人员对照明改善前后各 12 个月的警
方接到报警的犯罪水平进行了跟踪（Atkins 等，1991）。作者的结论是，改善街道照
明对犯罪率没有影响。然而人们后来重新审阅了这项研究（Pease，1999），得出了不
同的结论：照明改善后犯罪水平总体下降了 15%，但是是白天晚上都下降了，其中白
天下降了 11%，晚上下降 17%。对数据的解读如此不同的原因在于这样一个问题：只
在晚上发挥作用的街道照明会对白天的犯罪率产生影响吗？如果认为街道照明只能在
夜间产生作用，那么原作者的结论就是正确的，犯罪率的下降和照明没有关系；但如
果街道照明可以在白天影响犯罪，那么后来者的解读是正确的。这个问题可能的解释
将在 12.4 节中讨论。

　　有关 Atkins 等（1991）研究的争论仍在继续，人们做了更多实验，采集更多数
据，其中最复杂的就是在英格兰中北部的 Stoke-on-Trent 进行的研究（Painter 和 Far-
rington，1999）。研究人员选定了三个住宅区，每个区的人口都很稳定。其中一个住宅
区被设定为实验区，第二个住宅区被设定为相邻区，而第三个住宅区被设定为单独的
控制区。在实验区的街道照明改善前，研究人员先对这三个地区的家庭进行访谈调

研，了解他们在过去 12 个月内经历的犯罪、对该地区的认知以及他们的行为。然后对实验区的道路照明进行提升，从稀疏的白炽灯路灯和几乎没有光的人行道提升为车行道和人行道上都安装更密集的 HPS 路灯。而相邻区和控制区的照明保持不变。照明改善 12 个月后，三个地区的许多家庭再次接受采访，了解他们在过去 12 个月里经历的犯罪以及他们的看法和行为。设定实验区是为了直接测量照明改善的效果，设定控制区的目的是提供一个数据基准用来对照，而设定相邻区则是为了检验是否有发生扩散的可能性，在照明领域，这意味着在一个地区照明的改善是否会影响周边区域的犯罪率。例如，为了减少大学停车场的偷车情况而安装的闭路电视（CCTV）系统也减少了周围没有安装监控的停车场偷车事件的发生（Poyner，1991）。扩散也有可能产生反效果，即一个区域减少的犯罪转移到了其他地区。扩散出现在采取预防犯罪措施后（Gabor，1990），尽管这绝不是不可避免的（Clarke，1995），这可能是因为有些犯罪是机会主义的，而不是系统性的。

表 12.4 显示的是实验区照明改善前后的 12 个月里，三个地区的犯罪率情况，以犯罪受害者占该区域家庭数量的百分比表示。犯罪分为四类：入室盗窃，包括未遂的情况；室外盗窃、破坏住宅或偷自行车；车辆被盗或损坏车辆；针对家庭成员的人身犯罪，包括街头抢劫、扒窃、袭击、威胁和对女性的骚扰。观察表 12.4 会发现，在试验区照明改善后，试验区的四种犯罪类型中有三种显著下降，但是相邻区和控制区内犯罪率没有任何统计意义上的变化。

表 12.4 照明改善前后三个住宅区居民经历不同类型犯罪的百分比

犯罪类型	实验区		相邻区		控制区	
	改善前（n = 317）（%）	改善后（n = 278）（%）	改善前（n = 135）（%）	改善后（n = 121）（%）	改善前（n = 88）（%）	改善后（n = 81）（%）
入室盗窃	24	21	20	18	13	16
室外盗窃 / 破坏财物	*21*	*12*	30	22	17	16
汽车犯罪	*26*	*16*	19	12	11	9
人身犯罪	*13*	*6*	16	11	7	5

注：斜体的百分比表示该数据有统计学意义（$p < 0.05$）。
来源：Painter, K. and Farrington, D.P., Street lighting and crime : Diffusion of benefits in the Stoke-on-Trent project, in K. Painter and N. Tilley（eds.），*Crime Prevention Studies*, Criminal Justice Press, Monsey, NY, 1999。

用经历某一类型犯罪的家庭的百分比来衡量犯罪率有一个局限性，即一个家庭可能经历不止一次犯罪。表 12.5 显示的是实验区照明改善后，三个地区里每 100 户家庭经历过的各类型犯罪平均数量。同样可以看出，有两类犯罪在照明改善后有统计意义上的显著下降。有趣的是用这种方式来统计，相邻区的同类别犯罪也有显著减少，表明扩散已经发生。不过控制区的统计数据没有明显变化。

表 12.5 照明改善前后三个住宅区每 100 户居民经历的不同类型犯罪的平均数量

犯罪类型	实验区		相邻区		控制区	
	改善前 ($n=317$)	改善后 ($n=278$)	改善前 ($n=135$)	改善后 ($n=121$)	改善前 ($n=88$)	改善后 ($n=81$)
入室盗窃	38.5	32.7	31.1	24.8	15.9	16.0
室外盗窃/破坏财物	43.8	27.0	65.2	38.8	26.1	34.6
汽车犯罪	*47.6*	*25.5*	*34.8*	*18.2*	17.0	11.1
人身犯罪	*43.8*	*14.0*	*48.9*	*16.5*	10.2	6.2

注：斜体的数字表示该数据有统计学意义（$p<0.05$）。

来源：Painter, K. and Farrington, D.P., Street lighting and crime : Diffusion of benefits in the Stoke-on-Trent project, in K. Painter and N. Tilley（eds.）, *Crime Prevention Studies*, Criminal Justice Press, Monsey, NY, 1999。

至于感知方面，实验区内认为他们的小区在照明改善后安全性提升（39%～57%）并且生活质量有所改善的家庭数量明显提升（4%～23%）。这说明照明的改善确实被居民注意到了，只有 4% 的家庭认为改善后的小区照明很差（之前是 74%）。在行为方面，通过计算天黑后街道上的行人数量，可以发现实验区内的男性行人数量增加了 70%，而相邻区和控制区分别增加了 29% 和 25%；实验区的女性行人增加了 70%，而相邻区和控制区分别增加了 42% 和 41%。显然提高照度使得更多的人在夜间出来活动，尽管新的照明系统的显色性更差。

就在 Stoke-on-Trent 研究进行的同时，Painter 和 Farrington（1997）在英格兰中西部的 Dudley 完成了一项类似研究：有一处住宅小区的照明得到了改善，而一个附近的相似小区没有。本次研究的有趣之处在于，改善照明的前后，两个小区犯罪率的细节是通过两种不同信息来源获得的。第一种来源和 Stoke-on-Trent 的来源类似，也是这两个小区里的成年居民。对这些成年人的调研显示，他们觉得照明改善后小区的犯罪率下降了（减少了 23%），但在照明没有变化的控制区却没有（减少了 3%）。第二个数据来源是从当地 12～17 岁的青少年那里收集到的自报犯罪数据（Painter 和 Farrington，2001a）。这些数据显示，照明改善的小区里自己承认的违法行为比控制区下降得更多。

此后，Farrington 和 Welsh（2002）对有关照明预防犯罪的文献进行了系统回顾。能被承认有效的研究需要满足以下条件：照明是主要变化因素并且犯罪下降是成果，实验需要有实验区和控制区并且有照明改善前后的犯罪率数据，还有一点是照明改善前该区域的犯罪数量不少于 20。结果总共有 8 项美国的研究和 5 项英国的研究符合条件。这 13 项研究的结论是，平均而言，照明的改善使实验区的犯罪率比控制区降低了 20%。

这一结论在两个统计基础上受到质疑（Marchant，2004）：一是在研究中使用的数据低估了犯罪发生的多变性，所以看起来有统计学意义的差异实际上并没有那么明显；另一个是这些研究受到了均值回归的影响（Bland 和 Altman，1994）。具体来说就是被选来改善照明的实验区原本相对于控制区犯罪就更为严重。因此实验区的犯罪下降就会显得比控制区更为明显，但这可能只是犯罪率的正常波动。Marchant（2004）的结论是，没有证据确定更明亮的照明能减少犯罪。自然 Farrington 和 Welsh（2004）不同意这种观点，并声称即使方差大大增加，他们的结论仍然成立。Farrington 和 Welsh（2006）又专门调研了英格兰和威尔士警察总部的数据，并得出结论均值回归可能导致犯罪率统计误差 4%，但并不足以抹杀街道照明改善对犯罪大幅下降的全部贡献。

毫无疑问，这种争论还会持续很多年（Welsh 和 Farrington，2008；Marchant，2011），但值得注意的是，目前照明改善对减少犯罪的影响程度的关键字是平均水平。平均值是对分布集中趋势的一种度量，它总是与数值的分散程度有关。这意味着照明改善中某些因素的影响作用要比平均值更大，而有些因素作用则更小。这也许可以解释为什么有些研究会发现改善照明能减少犯罪率，而另一些研究却没有发现任何影响，甚至有的还会上升。平均值可能对于政府决策有参考价值，但对于那些判断如何减少特定领域的犯罪的人来说，平均值的作用是有限的。尤其是在研究中，用什么标准来改善照明往往没有明确的定义。

有两项未包括在综述中的研究证实了简单笼统地将照明作为一种犯罪预防手段的错误。第一个是芝加哥小巷照明项目（Morrow 和 Hutton，2000），芝加哥两个非常贫困落后地区的照明得到改善，光源的瓦数从 90W 增加到 250W，照度大大提高。结果是在照明更明亮后，这两个地区的犯罪都增加了，特别是毒品滥用行为增加了。第二个是 Loomis 等（2002）的研究，他们用流行病学里的对照研究方法分析了北卡罗来纳州各种安全措施对于减少工作场所凶杀案的影响效果。在 1994～1998 年间至少发生过一起工人被杀案件的 105 个工作场所被选为案件组，而另外随机选取了 210 个行业相似、风险性高的工作场所作为控制组进行对照。研究人员考虑的安全措施包括环境措施，如室内外的照明、监控摄像头和现金箱，也包括行政措施，如限制外人联系、筛选员工、绝不让员工单独工作等。结果显示，工人在工作中被谋杀的风险有显著降低，具体影响因素是明亮的室外照明（比值比 = 0.5）和不让人在夜间单独工作（比值比 = 0.4）。

12.4 原因

早期研究中各种证据已经基本证明照明在预防犯罪方面有一定作用。改善照明可以减少犯罪，但并不绝对。毕竟，如果充足的照明就能预防犯罪，那么白天就不会有任何犯罪发生了。这一结论表明在某些情况下，照明可以有效地遏止犯罪，但某些情况下没用。为了确定具体情况是什么，我们就必须找出照明可能影响犯罪的作用机制。

Anderson（1981）断言，几乎所有的人类思想和行为都有多个原因，是多种因素共同作用的结果。犯罪行为和对犯罪的恐惧也不例外，照明只是影响犯罪发生的众多因素之一。于是问题就产生了：为什么照明有时候可以减少犯罪和对犯罪的恐惧？

这个问题可以从照明影响能见度和信息路径从而影响人类表现的角度来解答（见4.2节）。从功能上说，更好的照明能产生的最明显也是唯一确定的效果就是提高能见度。众所周知，增加照度可以提高视觉处理的速度，改善对细节的辨别，使对颜色的判断更加准确（见2.4节）。降低照度会产生相反的效果。不同的光谱对视觉系统提供不同的刺激，从而影响其能力，特别是在中间视觉状态下（见2.3.2节）。不同类型的路灯有不同的配光，如果配光造成了阴影和失能眩光，能见度可能会受损。

既然道路照明会影响我们的视力，下一个问题就是为什么这又会影响犯罪的发生率和对犯罪的恐惧。毕竟，改善后的照明让犯罪者和守法者的能见度都提高了。一个可能的答案是，更好的照明增加了可疑人物被发现的距离。侦测到威胁的距离越远，对细节的辨别能力越好，可供反应的时间就越长。远距离的高能见度使得可疑人物更容易被识别，更容易被描述。这种远距离的观察对遵纪守法的人是有利的，对罪犯则是不利的。

从战略上讲，改善照明是预防犯罪场景的几种手段之一。预防犯罪场景指的是通过对环境的改变，使得犯罪更加难以实施，带来更多风险和产生更低回报（Clarke，1995；Pease，1997；Welsh 和 Farrington，2006）。更好的照明使得对街道的监控更方便，无论是警察巡逻、社区联防还是视频监控都更方便，从而降低风险。更好的照明使潜在的受害者在一定的距离之外就能进行躲避，也让受害者可能被突然袭击的地点大大减少。不过更好的照明也让罪犯更容易找到易得手、有价值的目标从而提高收获。因此更好的照明是否能减少犯罪将取决于罪犯预估的风险/回报比的多少，取决于照明是有助于还是有碍于犯罪的实施，以及监控转化为逮捕行动的概率。当然，它不会消除犯罪，街道照明的改善无法阻止职业罪犯。Weaver 和 Carroll（1985）让一组有经验的和没有经验的扒手穿过零售商店，让他们评估机会。结果显示有经验的商店扒手认为传统的防盗威慑，如商店人员和安保设备，是需要克服的障碍，在他们的评估中更具有战略性。而初犯者在有任何威慑力的情况下都决定不入店行窃。对于街头犯罪来说，街道照明可能改善会吓阻那些初犯者，但不大可能会吓阻更有经验的罪犯。

以上讨论的都是照明提高能见度对犯罪率的影响。照明可能影响犯罪的另一个机制是改变行为和社区的信心。大多数研究表明，街道照明改善有助于减少人们对犯罪的恐惧。研究者们分析了与校园外部环境相关的犯罪恐惧，他们发现对犯罪的恐惧程度最高的三种地方是容易为罪犯提供藏身之地的、视野受限的、几乎没有逃跑途径的地方。而良好的照明正好会减少罪犯可以躲藏的地方，增加人们看到的距离，可能还会提供逃跑的机会，因此良好的照明有助于减少对犯罪的恐惧。结果就是，有更多的人愿意在晚上上街（Painter，1994；Painter 和 Farrington，1999），而街上的人越多，监视的眼睛也就越多，进一步提高了犯罪被发现的概率（Bennett 和 Wright，1984）。

当然，改善街道照明只会提高天黑后的能见度，但这并不意味着良好的照明只会影响天黑后的犯罪。改善街道照明有很强的象征意义，表明有人重视社区安全（Taylor 和 Gottfredson，1986）。这样的观念可以增强社区信心、凝聚力，而这些又会反过来促进居民们更多地参与到社会监督中，帮助政府打击犯罪。这在白天和晚上都会发生。值得注意的是，同样的照明条件可能会给不同的人传递不同的信息。对居民来说，有了新的照明就可以看到更多东西，所以晚上出去是安全的。但对于开车经过的人来说，他们可能认为这里是个高危险的地区，否则不会需要这么亮的灯。这种非常不同的解读表明，在预测照明改善的影响之前，我们有必要明确信息的接收者是谁。

综上所述，照明并不会对犯罪水平造成直接影响，照明通过两种间接机制来影响犯罪。第一种较为明显，让天黑后的行人、社区和政府都更容易发现犯罪的发生，从而提高了犯罪活动的难度和风险，减少了犯罪活动的回报，从而降低了犯罪率。但如果这些对罪犯没有威慑作用时，照明改善也无法降低犯罪。第二种是通过增强社区信心，从而增加社会监督的程度。这种机制在白天和晚上都有效，但除了照明以外还受许多因素影响。Farrington 和 Welsh（2002）声称，他们综述中的研究表明，第二种机制在两者中更为重要。

12.5　照明的基本特性

12.3 节中描述的许多研究的一个特点是，关于照明装置的细节都非常少，无论是改善前还是改善后。通常对照明改善的描述就是大量新照明设备的使用，包括使用更多高光通、高显色性的光源，并且灯具密度增加。但很少会定量地对照明效果进行描述，这一点可以理解，因为前述的所有研究都是由犯罪学家而不是照明设计师做的。犯罪学家对犯罪了解很多，但对照明知之甚少。虽然可以理解，但上述研究中缺少照明的信息是令人失望的，可以明确的是改善照明会对犯罪水平产生影响。现在有必要调整研究方向，到底什么特征的照明有助于减少犯罪。鉴于前面讨论的减少犯罪的基础都是提高能见度，那么可能的照明特性是平均照度、照度均匀度、眩光和光谱。

12.5.1　照度

大多数照明问题中，与能见度直接相关的因素是人眼视觉系统适应的亮度，而亮度又由表面上的照度和反射率决定。道路照明中通常会忽略相互反射，只考虑直接入射的光。这在实践中是合理的。不过要记住高反射率、漫反射特性的表面产生更多的漫反射照明，能增加适应亮度，降低任何阴影的强度并减少失能眩光的影响。

但是具体什么样的适应亮度，或者说照度，能够提供充分的能见度呢？有两种方法可以获得定量数据：第一种是进行实地测试，看在不同的照度下，在多远的距离可以看到不同层次的细节，这在 11.5.2 节中已经讨论过了；第二种是测试人们在不同照度下对某个地点的安全感程度。Simons 等（1987）曾经对伦敦 12 个街道的照明情况做了实地检测，他们要求观察者从行人的视角对照明进行感受。其结论是平均水平照度 5 lx 被认为是足够的，11 lx 左右是良好的。后来他们又在一个小城市做了类似的实验，所选用的观察者经验还要更少，结果再次显示平均水平照度 5 lx 是足够的，10 lx 是良好的。

Boyce 和 Bruno（1999）做过实验，要求人们评估大型室外停车场灯光带来的安全感，照明采用 250W/400W 的高压钠灯（HPS），或 250W 的金卤灯（MH）光源。参与测试人员分两组，分别佩戴或者不戴透光率 0.11 的光谱中性眼镜。图 12.1 显示的是停车场平均安全评分和地面平均照度的关系。由图可知感知安全性显然与路面的平均照度有关，而与灯的光谱无关，需要大约 30 lx 的照度才能达到非常安全的等级。照度小于 5 lx 就会导致一半的评分归为危险。

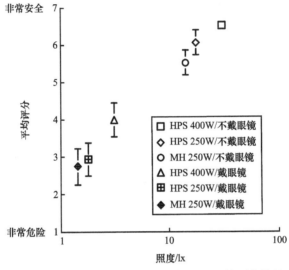

图 12.1　照明提供的平均安全评分和大型开放式停车场地面平均照度的关系误差值都在标准范围内。给出了用人眼（不戴眼镜）和通过低透射率眼镜（戴眼镜）看到的 HPS 和 MH 照明的不同组合的数据（来源：Boyce, P.R.and Bruno, L.D., *J. Illum. Eng. Soc.*, 28, 16, 1999）

Boyce 等（2000b）继续对街道照明的安全性做了一系列更深入调研。第一组研究包括两次实地调查，分别在纽约市和纽约州首府奥尔巴尼市。他们在这两个城市中选取了很多住宅小区、商业街和工业建筑周边的公共地带，安排事先不了解当地照明情况的人去现场体验。然后让实验人员根据自己的感受对 "这是安全照明的优秀案例" 这一陈述进行打分，其中 +5 表示非常赞同，–5 表示非常不赞同。图 12.2 显示平均得分和地面上方 1.5m 处的水平照度之间的关系。认可 "这是安全照明的优秀案例" 的人和认可 "我能清楚看到四周环境" 的人高度重合（$r = 0.90$），也和认可 "我能看到足够远" 的人高度重合（$r = 0.89$）。图 12.3 给出的是根据男性和女性分别统计的数据图，显然，要获得同等的安全感，女性比男性需要更高的照度。根据图 12.2 和图 12.3，我们可以确定出要达到良好安全感所需要的照度。如果我们的目标安全值是 +3 的平均分，图 12.2 建议照度需要 40 lx。同样从图 12.3 可以看出，男性照度要求为 35 lx，女性照度要求为 60 lx。

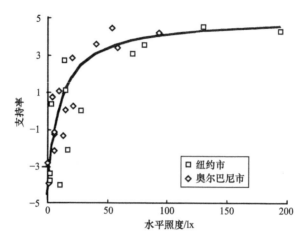

图 12.2　在纽约市和纽约州奥尔巴尼市，对"这是安全照明的优秀案例"这一观点的平均支持率和水平照度的关系。+5 表示非常赞同，−5 表示非常不赞同（来源：Boyce, P.R.et al., *Lighting Res. Technol.*, 32, 79, 2000b）

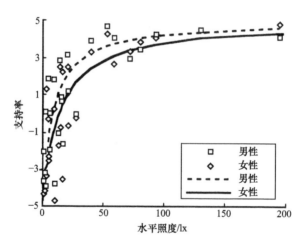

图 12.3　在纽约市和纽约州奥尔巴尼市，对"这是安全照明的优秀案例"这一观点的平均支持率和水平照度的关系，男女分别统计。+5 表示非常赞同，−5 表示非常不赞同（来源：Boyce, P.R.et al., *Lighting Res. Technol.*, 32, 79, 2000b）

　　这些实地调研都是在城市进行的，相关的结论未必适用于郊区，因为郊区的犯罪率相对较低，同时环境亮度也比较低，对亮度感知的影响较小。我们分别对城市里和郊区的户外停车场照明做了另一项实地研究，具体方法和前述研究近似。图 12.4 显示了"这是安全照明的优秀案例"的平均支持率，图中还对数据点做了双曲线拟合。结果表明，在郊区停车场使用较低的照度就可以产生与市区停车场相同的安全感。进一步对比两地停车场夜间和白天的安全感表明，照明可以使夜间的安全感接近白天，但不能超过白天。他们还指出在足够高的照度下，白天和夜晚的安全感差别接近于零。然而，接近零差异是渐进的，因此在 10 lx 以上，差异小于 7 分制上的一个刻度单位，而在 30 lx 以上，差异小于 7 分制上的半个刻度单位（见 11.5.1 节）。

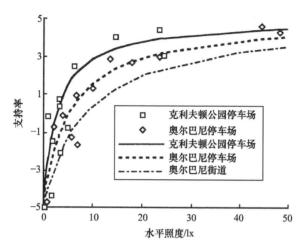

图 12.4　在纽约州奥尔巴尼（城市）和纽约州克利夫顿公园（郊区）的室外停车场，对"这是安全照明的优秀案例"这一观点的平均支持率和水平照度的关系。+5 表示非常赞同，−5 表示非常不赞同。对奥尔巴尼和克利夫顿公园的数据分别做了双曲线拟合（来源：Boyce, P.R, et al., *Lighting Res. Technol.*, 32, 79, 2000b）

　　这些实地调研是由不同的人、在不同的地点、使用相似的方法进行的，结果表现出一定的相似性。具体来说，夜间照度增加对于安全性感知的提高都呈现非线性变化。对于在 0 ~ 10 lx 范围内的照度，照度的小幅增加会产生安全感的大幅增加。对于 50 lx 以上的照度，照度的增加对安全性感知的影响不大。对于在 10 ~ 50 lx 范围内的照度，照度的增加表现出增益递减的规律。这些结果表明，安装安全照明所需的平均照度至少为 10 lx。根据交通量的不同，英国户外停车场建议的最低维护平均照度为 5 ~ 20 lx（SLL，2012a）。

12.5.2　照度均匀度

　　前面花了大量篇幅对照度进行讨论，但照度不是影响夜间安全感知的唯一因素，特别是在低照度下（见图 12.2 ~ 图 12.4），还有其他因素在起作用。例如，人们普遍认为照度均匀度和失能眩光的存在也关系到对安全的感知。对照度均匀度的关注是合理的，因为如果照明预防犯罪的主要原因是提高了监控的效果，那么如果存在一个照度很低的区域，罪犯可以潜伏在那里不被发现，这反而对安全是有害的。不过现在照度均匀度的推荐值仍然是根据经验提出的。例如英国户外停车场建议的最小照度均匀度比（最小值 / 平均值）为 0.25（SLL，2012a）。

　　照度均匀度差的主要原因是灯具间距过大以及建筑和植物造成的阴影。植物的阴影可以通过合理选择灯具位置和定期修剪树枝得到解决，不过间距过大就是照明设计的问题了。优秀的制造商会在其产品上给出特定安装高度对应的最大间距，必须严格遵守。

Haans 和 de Kort（2012）曾经利用动态户外照明对照明不均匀度做了研究。所谓动态户外照明指的是采用 LED 光源作为节能手段，灯具会根据行人的多少和距离自动调节亮度。当行人沿着街道行走时，其周围的灯具会被调至全光输出，而在行人经过后调回昏暗状态。Haans 和 de Kort（2012）研究了人们在这种照明下行走时的安全观。他们发现，当行人周围的照度较低（0.5 lx）时，即便街道较远的部分照明较好（12.5 lx），安全性被认为是最低的。当距离行人 30m 以内的街道被照明到高照度（9.5 ~ 12.5 lx）时，人们对安全的感知要好得多。这意味着照度均匀度很重要，并且行人周围的区域是最重要的。

12.5.3 眩光

没有直接信息表明，街道照明的眩光会影响人们侦测和识别靠近自己的人的能力。Rombouts 等（1989）利用驾驶人常用的失能眩光测量方法——阈值增量法（见10.4.2 节）计算了街道照明的眩光效应。他们发现当街道照明灯具产生 15% 的阈值增加时，能在 4m 距离以外可靠识别出人脸的最小半圆柱形照度从 0.4 lx 增加到了 0.6 lx。这一非常有限的证据表明，只要按照现有的标准设计，失能眩光不太可能对守法行人造成影响。

不过，Simons 等（1987）质疑阈值增量对于行人来说是否是一个合适的方法，因为驾驶人的视觉适应状态和行人不同，同时驾驶人的视野受到车顶等结构限制，不会直接看到一些灯具。Simons 等（1987）建议要限制失能眩光，必须把路灯在垂直向下方向夹角 80° 和 90° 的最大发光强度分别限制在 175cd/klm 和 100cd/klm。具体效果还取决于灯具的安装高度。

另一种方法是使用针对体育照明的 CIE 眩光等级（CIE，1994c）。具体计算公式是

$$GR = 27 + 24\log_{10}\left(\frac{L_{VL}}{L_{VE}}\right)$$

式中，GR 表示眩光等级；L_{VL} 是灯具对应的等效光幕亮度（cd/m^2）；L_{VE} 是视觉环境其余部分对应的等效光幕亮度（cd/m^2）。

眩光等级随着视线的位置和方向的变化而变化，因此有必要计算所有重要位置的眩光等级。这种方法的问题是估算 L_{VE} 可能很复杂。CIE（1994c）提出了一种简化方法，其中 $L_{VE} = 0.035L_{AV}$，而 L_{AV} 是观察者看到的水平区域的平均亮度（cd/m^2）。照明的 SLL 规范（SLL，2012a）建议停车场的眩光等级不应超过 50 ~ 55。

12.5.4　光源颜色

光源的颜色特性对于监控照明的有效性很重要，具体有三个原因。首先，在中间视觉状态下，这可能发生在户外照明中，光源能更有效地刺激杆状光感受器产生更好的偏轴识别能力（见 10.4.3 节）。第二，在有色场景下，显色性更好的光源能创造更大的色彩差异。当亮度对比度较低时，这种色彩差异可以改善视觉表现（O'Donell 等，2011）。第三，色彩在证人描述中是一个重要因素。良好显色性的光源有利于更准确的色彩指认（Boyce 和 Bruno，1999）。

虽然以上理论都认为光源的颜色属性对于监控很重要，但很难找到明确的证据。例如，Boyce 和 Rea（1990）证明在垂直照度相同时，低压钠灯（LPS）和高压钠灯（HPS）照射下人们对于人脸的探测和识别能力是相同的。LPS 基本上是单色光源，无法表达任何色彩信息；而 HPS 虽然并不完美，但确实能给予更清晰的颜色感知。这些结果似乎暗示光源的颜色对于侦测和识别接近的人并不重要。

Boyce 和 Bruno（1999）的另一项研究检验了不同光源的光色对安全感知的影响。该研究在一个大型户外停车场进行，该停车场可以大致划分为三个 $1000m^2$ 的区域，每个区域由相同数量的新灯具照亮，光源可能是高压钠灯（HPS）或者是金卤灯（MH）。在每个片区里选出两个位置，分别用固定亮度对比度下的 Landolt 环来测试参与者的视觉敏锐度，以及用降低亮度对比度下的字母大小来测量对比度阈值。此外，参与者还从不同维度对照明做出评价。在做这些任务和回答问题时，参与者们都坐在一辆车参与任务，有人不戴眼镜，有些人戴着透光率为 0.11 的灰色眼镜。当戴上眼镜时，参与者的适应状态为中间视觉。

图 12.5 显示了 Landolt 环被正确识别出方向的数量和被正确辨认的字母数量如何随着光照条件而变化。显然，这些黑白视觉任务的主导因素是图上的亮度，光谱没有明显的影响。Eloholma 等（1999a）在 $0.19 \sim 5.2cd/m^2$ 的亮度范围内发现了高对比度和低对比度视觉敏锐度的相似结果。

另一项任务要求观察者识别出停车场中某人携带的物体。在各种照明条件下，受试者被要求辨认出大约 10m 外的人是否携带了一把金属尺子、一把锤子、一把扳手、一个喷雾器、一把螺丝刀、一只手电筒、一只啤酒瓶、一把枪、一把伞、一把刀或一把剪刀。成功率最高的 5 种物体表明，被正确识别的物体的平均数量与停车场的照度密切相关，而与光谱无关（见图 11.13）。

唯一显示出光谱影响的任务是颜色指认。研究人员向参与者展示 9 张 Munsell 色盘，这 9 种颜色是 Boynton 和 Olson（1987）确定的基本颜色。图 12.6 显示了被正确识别的颜色的平均百分比。MH 光源比 HPS 光源产生更高的正确率，即使前者产生较低的照度。然而增加照度又能提高 HPS 光源下的颜色识别正确率，因此在低光照水平下正确的颜色命名是光谱和照度的问题。

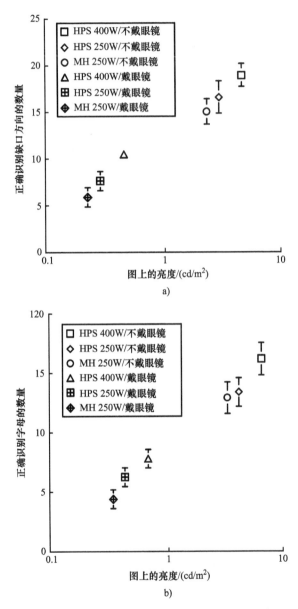

图 12.5　a）正确识别 Landolt 环缺口方向的平均数量和背景亮度的关系；b）正确识别字母的平均数量和背景亮度的关系。两幅图里的误差值都在标准范围内。图中包括不同光源（HPS 和 MH）照射下，戴或者不戴眼镜等多种情况下的各种数据（来源：Boyce, P.R.and Bruno, L.D., *J. Illum. Eng. Soc.*, 28, 16, 1999）

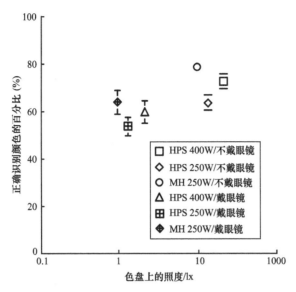

图 12.6　正确识别颜色的平均百分比和平均照度的关系。误差值都在标准范围内。图中包括不同光源（HPS 和 MH）照射下，戴或者不戴眼镜等多种情况下的各种数据（来源：Boyce, P.R.and Bruno, L.D., *J. Illum. Eng. Soc.*, 28, 16, 1999）

　　但是颜色辨识有多重要呢？一种可能的应用场景是让目击者对犯罪场景进行描述。Rea 等（2009a）研究了照度和光谱对人们回忆场景能力的影响。在这个实验中，一个观察者看到两组 7 个人站在一条被 HPS 或 MH 灯具照明为 5 lx 或 15 lx 的孤立道路的两边。这两组人的夹克上都有双色的标记，背上都有一个黑白数字。这两组人反复地过马路。其中一个人手里拿着一个蓝黄相间的美式足球。经过 30 ~ 40s 的过马路后，要求携带足球的人把它举起来，并把它传给另一个人。在此之后，观察者被要求转移视线，并通过一份问卷来描述传递足球的人和收到足球的人。调查问卷询问性别、种族、身高、体型、头发颜色、头发长度、衣服的类型和颜色、标记的颜色和数字、面部毛发和是否戴有头巾等。在 13 条信息中，只有 5 条显示出照度或光谱在统计学上有显著影响。除了性别之外，虽然对于场景中有些什么的记忆并不好，但是在 15 lx 下的记忆比 5 lx 下的记忆更准确，在 MH 照明下的记忆比 HPS 照明下的记忆更好。只有当颜色与中央凹任务的表现有关时，光谱才发挥作用。这一结论并不意味着光谱完全无关紧要。毫无疑问，光谱对偏离轴侦测有显著影响（见 10.4.3 节），当亮度对比度较低时，色差对视觉性能很重要（见 4.3.6 节）。不幸的是，通常发生在停车场和街道上的情况并不总是有利于这样的效果。虽然低亮度对比度在街道上和停车场都很常见，却并不需要饱和的颜色产生大的颜色差异。光谱可能经常出现的一个效应是空间亮度。如 11.5.1 节所述，具有高的暗视觉 / 明视觉（S/P）比值的灯光光谱比相同照度下 S/P 比值较低的产生更大的空间亮度感知，空间亮度感知与安全感知密切相关（Rea 等，2009a）。这意味着使用高 S/P 比值的光源来提供推荐的照度将是确保安全性感知的最佳方法。当使用高 S/P 比值的光源时，降低照度可以保持对空间亮度的感知和可能的安全性，但会有看到细节和识别接近的人的能力下降的风险。

这些结果的意义很清楚；为了看到细节，识别接近的人，看到他们携带的东西，光谱影响不大，重要的是照度。这可能是因为这些任务主要使用中央凹视觉。

12.5.5 设计方法

前面的讨论我们确定了哪些光度学指标能够决定有利于监控的良好照明。人行道上的平均照度应该在 10 ~ 50 lx 的范围，整体均匀度应该不小于 0.25，眩光等级应小于 50，并且要选用显色性良好的光源。很多设计方法可以满足这些要素，但也有些设计效果不好。首先要避免的就是使用矮柱灯（bollard），这类灯具通常不到 1m 高，直接照射在地面上。如果照明的目的是照亮路面，保证行人不会摔倒，那是恰当的；但从安全角度来说，有必要让人们看清对面走近的人的全貌，而不仅仅是他们的膝盖。在人行区域更合适的做法是使用柱顶灯，通常光源高度在 3 ~ 6m。柱顶灯具必须小心限制光源的亮度，以避免眩光；灯具的间距必须足够近，保证灯具之间不会有很重的阴影。

还有一种方法经常应用于建筑周围的公共区域，就是壁灯。通常它们安装在建筑墙面上，高度 3 ~ 6m。这种安装高度使壁灯成为潜在的眩光光源，要避免眩光，可以采用不能直接看到光源的壁灯。常用的照明手法还有阵列排布的停车场高杆灯，通常光源高度在 6 ~ 15m。安装高度越高，出现眩光的可能性就越小，获得所需照度均匀度的可能性就越大。对于较低的安装高度，必须注意限制正下方周边角度方向上的发光强度分布。在 Leslie 和 Rodgers（1996）的作品中，我们可以看到很多为打击犯罪而设计的室外照明的细节。这些设计表明，可以有效减少犯罪的照明并不需要丑陋，也可以很有吸引力。

12.6 特殊情况

上述讨论主要集中在向公众开放的区域，在这类地方发现犯罪主要依靠人眼观察。接下来有必要考虑在有一定防护措施、采用监控摄像头的区域里，如何利用照明对抗犯罪。

12.6.1 围护区域

要保护重要财产，最通常的做法就是架设围栏进行防护，同时定期在围栏内外进行巡逻。照明是提供给巡逻的人使用的。如果巡逻是在围栏内进行的，那么照明应被设计为可以照亮围栏两侧，以便能看到任何接近围栏的人或是发现任何围栏的损坏，而场地其余部分可能被照亮，也可能没有。如果是警察在围栏外面巡逻，那么通常要把整个场地，包括围栏都照亮。照亮围栏的问题是如何让巡逻的警卫更容易透过围栏观察。相比警卫要观察的区域，围栏通常离光源更近，这意味着围栏的亮度可能要更高。Boyce（1979b）研究表明，当围栏的亮度等于或小于需要观察的区域时，通过围栏发现可疑人物的概率最大。围栏亮度太高时，会降低透过围栏的能见度，而且围栏网眼越小，降低越多。因此，如果我们希望提高围栏外面的能见度，围栏的亮度应尽量低一些。这可以通过采用低反射率的围栏材料来实现。

12.6.2　门房

围栏区域都会有进出口，通常会在旁边设置门房，里面安排警卫看守。警卫的职责是检查进出的人和车辆，确保无关者不能入内。门房照明的主要目的是帮助看清人员和车辆，包括车底（Lyons，1980）。紧邻门房周围的区域的照度建议值要比场地内其他区域高得多，一般为 100 lx。门房照明最常见的错误是天黑后门房室内过亮，这使得任何潜在的入侵者都能看清警卫在做什么。为避免此问题，有必要在门房室内只使用最少的光。还可以通过在窗户外表面加装高反射率的纱网罩住窗户，从而使窥视警卫室变得困难；内表面应具有低反射率。

12.6.3　无护栏区域

有时，人们希望保护一大片开放区域，但是全部装上围栏的成本又太高。解决方案之一是采用眩光照明（Lyons，1980）。眩光照明旨在为接近眩光光源的任何人提供最大量的失能眩光。灯具通常安装在人眼高度，并且保证在人眼视线方向上有最大的失能眩光。不过这种方法还是很少使用，因为不受邻居们的欢迎，并且只在眩光灯具后方完全黑暗时才有效。

12.6.4　立面照明

无论是有围栏的地方还是没有围栏的地方，建筑物上都会有门锁、窗户栏杆以及警报器等保护措施，建筑立面的照明有时也被用来提供保护。立面照明的目的是让任何试图破坏门窗的人很远就能被发现。立面照明只有在非常全面的情况下才有效，也就是说必须均匀覆盖整个立面，没有眩光。有时也会使用完全相反的方法，即消除建筑内部和周围的所有照明，这样整个建筑物暗淡无光，任何亮光的存在都表明是非法活动。设计师必须根据预期的非法活动类型、风险水平和拟用的保护制度来选择最佳的方法。

12.6.5　闭路电视

近年来，监控摄像头已经几乎无处不在。随着照明的改善，闭路电视系统在减少犯罪方面的效果也因情况而异（Welsh 和 Farrington，2002）。照明的作用是让摄像机拍到清晰的画面，究竟需要多少光照以及什么样的光谱取决于摄像头自身特性。现有的监控设备灵敏度差异很大，从不低于 10 lx 照度到仅靠星光提供超低照度都可以。至于光谱灵敏度，大多数摄像机的光谱灵敏度与人眼不同，通常对红外辐射的灵敏度要高得多。在选择摄像头之前，必须要检查所建议的光源是否能提供足够的光照以满足摄像头正常运行。

摄像头所需的照明的量和光谱确定后，下一步就要确定光分布。之所以要关注光分布，是因为所有监控摄像头都有一个共同点：动态范围非常有限。这意味着如果画面中局部出现很高的亮度时，会导致图像的部分区域是黑色，而其他区域是白色。在黑和白区域里看不到任何细节。限制亮度范围的第一个原则就是保证所有摄像头的视场内不能有任何光源直射。对于室外，这意味着要避免太阳和其他光源；对于室内，这意味着要避免窗户和灯具。第二是提供均匀的照明，避免脸部阴影。Hargroves 等（1996）研究了不同的光分布对监控画面里人脸的影响，找到能让监控画面的人脸可看清的两个关键比例。第一个是头顶的照度和人脸所在的平面的平均照度的比例，该平面的法线正对摄像头方向。这个照度比的最大值为 5.0，当照度比大于 5.0 时，眼睛、鼻子、嘴巴和下巴下面会产生强烈的阴影，使脸部显得扭曲。第二个是人脸的平均亮度与相机拍到人脸时的背景平均亮度的比值，这个比率的取值范围是 0.3 ~ 3.0。当亮度比小于 0.3 时，人脸图像会非常暗；如果亮度比大于 3.0，人脸又会过曝。对于室内，满足这两个比例的最简单方法是采用间接照明，同时保证摄像头避开窗口。选用中等反射率的墙面和反射率 0.20 的地板能进一步保证画面质量。在低反射率的房间内，使用发光强度分布狭窄的直接照明灯具的照明装置，一定会产生较差的画面质量。对于室外，间接照明是不可能的，但适用同样的标准。幸运的是，方便人们在该地区进行视觉监控的照明也应该有效地满足良好的画面质量的标准，即在大面积上提供均匀照度且无眩光的照明。

12.7　推广和价值

有关照明对犯罪影响的研究有个最大特点，那就是大多数研究都是在英国和美国进行的。由此自然会产生这样的问题：相关结论能否推广到其他国家。答案是有可能。关键一点是，照明本身对犯罪没有直接影响，照明是通过促进监控、社区信心和社会控制从而对犯罪产生间接影响。如果犯罪分子认为加强监控会使犯罪活动风险更大、回报更少，那么改善照明确实可以减少犯罪活动。在那些罪犯不怕被发现，社会对罪犯的威慑不足的地方，改善照明以加强监控将是无效的。

另一个需要考虑的问题是改善照明的性价比。Painter 和 Farrington（2001b）考虑了这个问题，他们分别在 Dudley（Painter 和 Farrington，1997）和 Stoke-on-Trent（Painter 和 Farrington，1999）做了两项实地调研，估算了犯罪对个体受害者造成的损失、对政府造成的损失以及改善照明的成本。研究结论是通过改善街道照明而减少犯罪所带来的经济收益，大大超过照明改造的经济成本。具体来说，他们估算减少犯罪带来的经济效益在一年内就可抵消照明改造的资本投入。当然，这一结论是基于英国的情况，但总的来说，这一发现对所有相信照明价值的人来说是个好消息。

12.8 总结

利用照明来减少或至少限制犯罪的尝试由来已久。从 15 世纪开始，欧洲的主要城市就试图在夜间提供某种形式的室外照明，有的要求住户在房屋外面安装灯具，有的发展出一套由政府控制的公共照明系统。从那时起，公共照明就变得更加复杂、广泛和集中，直到今天，几乎所有发达国家的城市、城镇和村庄都有公共照明。这些公共照明可以发挥许多作用，本章探讨的是预防犯罪。

一系列越来越复杂的研究表明，照明在预防犯罪方面可以发挥作用，但并不总是有效的。这是因为照明本身对犯罪没有直接影响，照明是通过两种间接机制影响犯罪：第一种是照明提升了能见度，便于天黑后街上的行人、社区和政府进行监控。如果犯罪分子认为这样提高了犯罪的难度和风险，减少了犯罪的收益，那么犯罪率很可能会降低。第二种是改善的照明提升了社区信心，从而增加非正式社会控制的力度，这种机制在白天和晚上都有效，但除了照明以外还受许多因素影响。

不幸的是，许多证明照明能够降低犯罪的研究没有具体分析出要达到效果需要什么条件的照明。在这些研究中，更好的照明通常是指更多的光源、更高的光输出和更好的显色性、更紧密的间距。根据这些信息，可以得出重要的因素是照度、照度均匀度、眩光控制和光谱。在公共步行区域，人行道上的平均照度应该在 10 ~ 50 lx 的范围，整体均匀度应该不小于 0.25，眩光等级应小于 50 并且选用良好显色性的光源。满足这些条件的照明能让街上的人更好地侦测和识别威胁，并有时间及时做出反应，这将反过来有助于减少对犯罪的恐惧。

本章大部分内容讨论的是向公众开放的区域，不过私人区域也可以利用照明来提供保护。例如，照明可以用来增加或减少透过围栏的能见度。当围栏的亮度等于或低于围栏外面的区域时，能见度会提高；当围栏的亮度远远高于围栏外面的区域时，能见度会降低。照明也可以用来提高监控摄像头的拍摄效果，具体照明的数量和光谱选择取决于所使用摄像头的特性，但所有摄像头都需要注意光分布。因为监控摄像头的动态范围都是非常有限的，因此必须在重要部位（如人脸）上避免阴影，才能提供最好的图像。

在不同的国家，照明在减少犯罪方面需要什么条件还有待进一步了解，但有一件事是明确的，那就是照明是有效的。

第 13 章　老年人照明

13.1　引言

所有人都会变老，随着年龄的增长，人的生理和心理机能都在下降，最终导致不能自理、痴呆和死亡。本章研究的是随着年龄增长导致的视觉和昼夜节律系统变化及其后果，以及如何利用照明来抵消这些变化，从而维持老年人的生活质量。

13.2　随年龄变化的视觉光学系统

人类的视觉系统可以看作是一套图像处理系统。和所有同类系统一样，视觉在合适的灵敏度下对清晰的视网膜图像进行处理是最高效的。决定视觉系统工作状态的因素是到达视网膜的光的量及其波长构成。影响视网膜图像清晰度的因素包括把图像聚焦到视网膜的能力，光线穿过眼球时的散射损失，以及眼睛内部组织反射形成的杂散光等（Boynton 和 Clarke，1964；van den Berg 等，1991；van den Berg，1993）。而以上这些因素都会随着年龄增长而变化（Weale，1992；Werner 等，2010）。

用简单的光学术语来说，眼睛有固定的像距和可变的物距。为了使不同距离上的物体聚焦在视网膜上，眼睛必须具有光学变焦能力。这种能力是由固定的角膜曲率和可变的晶状体厚度决定的。如果视网膜和晶状体之间的距离与角膜和晶状体的综合光学能力不匹配，外部世界的图像就不会聚焦在视网膜上，导致图像模糊。而模糊已经被证明是视觉性能下降的一个重要原因（Johnson 和 Casson，1995）。随着年龄的增长，晶状体硬度不断升高，可聚焦于视网膜上的物距范围缩小。大约 60 岁后，人眼实际上已经是一个固定焦距的光学系统（见图 13.1）。这时候通常需要佩戴眼镜或隐形眼镜来矫正眼睛的聚光能力，随着晶状体进一步硬化，眼镜的度数也会进一步加深。

决定多少光能到达视网膜的因素是瞳孔的大小和眼球各部分对光谱的吸收能力。瞳孔面积会随着光的多少而变化，当光线不足时，瞳孔扩张以吸收更多的光；当光线充足时，则会收缩。瞳孔最大面积与最小面积之比会随着年龄增长而减小，最大值的减小幅度远大于最小值（见图 13.2）。这意味着老年人通过瞳孔来弥补光线不足的能力远不如年轻人。

至于眼睛的光谱吸收，大部分吸收发生在光通过晶状体时（Murata，1987）。人体晶状体的吸光度从出生起就呈指数级增长，遵循公式（Weale，1992）

$$D = D_0 e^{\beta A}$$

式中，D 是吸收率；D_0 是出生时的吸收率；β 是随波长变化的常量；A 是岁数。

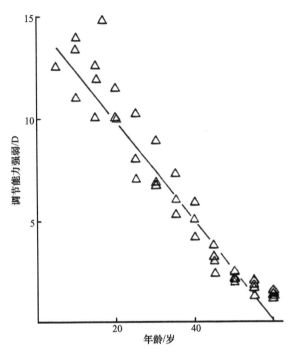

图 13.1　人眼球的调节能力随年龄的变化。调节能力用屈光度来测量，屈光度是距离眼睛的最短距离和最长距离之间的差，在这个距离上可以获得清晰的视网膜图像，距离用米（m）为单位（来源：Weale, R.A., *Mech. Ageing Dev.*, 53, 85, 1990）

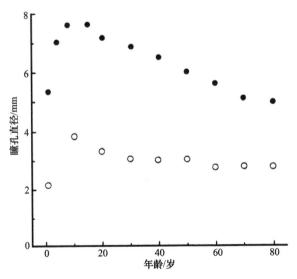

图 13.2　瞳孔的最大和最小直径随年龄的变化（来源：Weale, R.A., *A Biography of the Eye : Development, Growth, Age*, H.K.Lewis, London, U.K., 1982）

　　根据这个公式和 Weale（1988）中给出的 D_0 和 β 的值，可以计算出晶状体在不同年龄段对于可见光波长的吸光度（见图 13.3）。由图 13.3 可以看出，对于短波长光的吸收，随着年龄的增长急剧增加。这在一定程度上解释了老年人色觉能力的下降。进一步研究表明，老年人眼睛的变化主要发生在晶状体的核心（Mellerio，1987）。这意味着晶状体的光谱吸光度也会随着瞳孔的大小而变化，瞳孔越小，吸光度就越大（Weale，1991）。毫无疑问，瞳孔缩小和光线通过晶状体时被吸收的增加减少了老年人视网膜上的照度，尤其是在短波长的情况下。

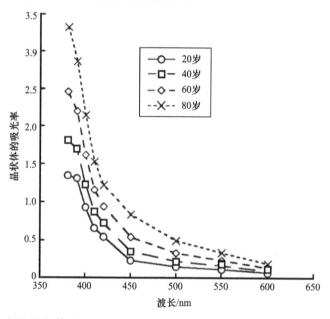

图 13.3　不同年龄的晶状体对于不同波长的光谱吸光率（来源：Weale, R.A., *J. Physiol.*, 395, 577, 1988）

　　除了吸收，光线在穿过晶状体和眼睛其他部位时会造成光的散射。这一点很重要，因为光的吸收可以通过提供更多的光照来补偿，但散光却无法通过更多的光照来缓解。散射光通过减少物体边界两边的亮度差异导致视网膜图像弱化，从而降低其更高空间频率的幅度。散射光还会通过将一个区域的波长叠加到另一个区域，从而减少了边缘的色差，进而弱化了视网膜图像的颜色。眼内的散射主要是大粒子散射，所以很大程度上与波长无关。测量表明大约 30% 的散射发生在角膜上（Vos 和 Boogaard，1963），其余的大部分发生在晶状体、玻璃体和眼底（Boettner 和 Wolter，1962）。散射的数量随着年龄的增长而增加，这主要是由于晶状体的变化（Wolf 和 Gardiner，1965）。

　　散射可以通过点扩散函数来量化计算，通常表明散射光的量随着被散射光的光束偏离增加而减少（Vos 和 Boogaard，1963）。杂散光的特征是整个视网膜图像的亮度单一分布。眼内杂散光的成因包括视网膜和色素上皮的反射光，穿过虹膜和眼壁的透射光，以及晶状体的荧光。杂散光很重要，因为它均匀地落在视网膜图像上，从而降低了图像中所有边缘的亮度对比度和所有颜色的饱和度。杂散光随着年龄的增长而增加，晶状体的荧光尤其如此。晶状体的荧光效应在年轻人的眼睛中是可以忽略的，但是随着年龄的增长，荧光引起的杂散光越来越多，并在视觉光谱最敏感的波长上形成荧光效应。晶状体的荧光效果类似于视觉场景中的烟雾（Jacobs 和 Krohn，1976；Weale，1985）。为了尽可能地提高视网膜图像的质量，照明必须提供足够的光线和正确的光谱，但对于杂散光这类视觉变化作用有限。

昼夜节律系统只是非成像系统中的一种，但是是被研究得最广泛的一种（见 3.3 节）。作为非成像系统，它不受视网膜图像质量的影响，但受光照量、光谱、时机和曝光时间的影响。这反过来又意味着，对昼夜节律系统有影响的变化是光吸收的增加，尤其是可见光波段末端的短波长光。视网膜图像是否失焦或有光散射或有过多的杂散光对于昼夜节律系统影响很小。就昼夜节律计时系统而言，利用照明来增加对可见光波段末端短波长光的照射应该是克服年龄变化的有效手段。

13.3　随年龄增长的视觉神经变化

随着年龄增长而发生的视觉光学系统变化会影响视网膜图像的质量，但是视觉系统除了接收图像，还要经过视网膜和视觉皮层的处理。没有理由认为衰老仅仅会影响视觉系统的光学部分。事实上已经有报道发现老年人的杆状和锥状光感受器发生形态变化（Marshall 等，1979），而且锥状和杆状光感受器的密度已被证明会随着年龄增长而降低（Curcio 等，1993）。至于视觉皮层，通过对猴子的研究表明，老年猴子皮层神经元的对比敏感度和空间分辨率降低（Zhang 等，2008）。这些变化意味着年龄增长引起的视觉下降既和光学系统有关，也和神经因素有关。Owsley（2011）曾总结过，对于不同视觉功能来说，光学因素和神经因素的影响大小不同。例如，在亮视觉条件下，对比敏感度随年龄的变化主要是由于光学因素；但在中间视觉和暗视觉条件下，神经因素更为重要。因此，照明可以通过提供足够的光线使神经影响最小化，从而克服随之带来的视觉下降。

年龄增长引起的神经系统变化也会影响发生非图像视觉。视网膜神经节细胞的密度会随着年龄增长而下降（Curcio 等，1993），视交叉上核也有退化的迹象（Weinart，2000）。这些变化不可避免地会影响昼夜节律计时系统的性能。

13.4　视力丧失

上述讨论的光学和神经变化都是正常的衰老过程中的一部分，年龄较大的人都会经历这些变化。但随着年龄的增长，眼睛发生病变的可能性也会增加。这些病变会导致视力丧失，最终导致失明。在讨论这些病变之前，有必要先定义什么是视力丧失和失明。目前国际公认的定义是基于世界卫生组织（WHO，1977）制定的视力分类（见表 13.1）。这套分类系统是利用眼睛经过光学矫正屈光误差后的视力，以及中央视野的大小来区分不同程度的视力丧失。视觉敏锐度表示为两段距离的比值，如 20/200 或 6/60。分子固定为 20 或 6，表示的都是被测试者能看到视力表里最小细节时到视力表的距离，只是单位分别为 ft 或 m；而分母的数字表示的是一个视力正常的人可以看清同样细节时到视力表的距离。经过最佳矫正后视力敏锐度为 20/200（6/60）的人有严重的视力障碍，即视力丧失。最佳矫正视力敏锐度为 20/20（6/6）的人视力正常。根据这一分类系统，世界卫生组织将失明定义为最佳矫正视力低于 20/400（6/120）或较好的一只眼睛的最宽子午线中心视野直径小于 10°。尽管有这一国际定义，各国对于视力丧失和失明的标准仍存在显著差异。例如，在美国，对于失明的法律定义是最佳矫正视力为 20/200，视野小于 20°。在此讨论中有两点值得注意：第一，正常视力、视力丧失和失明不是离散的状态，而是连续的状态，这些状态之间的边界有些随意；第二，有些被归类为盲人的人实际上可能还存在一些微弱的视力。

表 13.1　世界卫生组织视力分类

类　　别	等级	标　　准
正常视力	0	20/25 或更佳
近似正常视力	0	20/30 ~ 20/60
弱视		
中等视力障碍	1	20/70 ~ 20/160
严重视力障碍	2	20/200 ~ 20/400
失明		
恶性视力障碍	3	20/50 ~ 20/1000 或者视野只有 5° ~ 10°
几乎完全视力障碍	4	差于 20/1000 或者视野小于 5°
完全视力障碍	5	没有光感

来源：世界卫生组织（WHO），*Manual of the International Classification of Diseases, Injuries and Causes of Death*, WHO, Geneva, Switzerland, 1977。

人们曾多次试图量化不同人群中视力丧失和失明的患病率（Tielsch，2000；Evans 等，2002；Bunce 和 Wormald，2006）。其中最有趣的是巴尔的摩眼科调查。这项研究调查了 5308 名美国城市地区 40 岁以上的居民。表 13.2 显示了不同年龄和种族群体的失明和视力丧失的患病率。从表 13.2 可以看出，失明和视力丧失的患病率与年龄密切相关，而与种族的联系较为松散。具体来说，大约 70 岁之后，视力丧失的患病率急剧上升，而且这种增长似乎在黑人身上出现得比白人更早。至于失明和视力丧失的原因，表 13.3 显示不同种族的人被分类为盲人和由于各种病理条件而失去视力的百分比。从表 13.3 可以看出，最常见的致盲和视力丧失的原因是白内障、黄斑变性、青光眼和糖尿病视网膜病变。白内障和青光眼是黑人失明和视力丧失的最常见原因，而黄斑变性在白人中更为常见。种族之间的这些差异的具体原因仍待研究。

表 13.2　不同年龄组和种族中每百人的失明和视力丧失的患病率

年龄范围 / 岁	失明		视力丧失	
	白人	黑人	白人	黑人
40 ~ 49	0.6	0.6	0.2	0.6
50 ~ 59	0.5	0.7	0.7	1.3
60 ~ 69	0.2	1.6	1.1	3.4
70 ~ 79	0.6	2.9	5.2	8.1
> 80	7.3	8.0	14.6	18.0

注：盲人的最佳矫正视力为 20/200 或更差。视力丧失被定义为最佳矫正视力在 20/40 ~ 20/200 之间。
来源：Tielsch, J.M. et al., *Arch. Ophthalmol-chic.*, 108, 286, 1990。

表 13.3　巴尔的摩眼科调查中不同种族失明和视力丧失的患病原因百分比

原因	失明		视力丧失	
	白人	黑人	白人	黑人
白内障	13	27	38	34
黄斑变性	30	0	22	6
青光眼	11	26	3	7
糖尿病视网膜病变	6	5	3	11
其他视网膜疾病	7	15	10	5
视神经问题	2	5	3	7
其他	28	22	10	16
未知	4	0	13	15

注：盲人的最佳矫正视力为 20/200 或更差。视力丧失被定义为最佳矫正视力在 20/40 ~ 20/200 之间。
来源：Sommer, A. et al., *New Engl. J. Med.*, 325, 1412, 1991；Rahmani, B. et al., *Ophthalmology*, 103, 1721, 1996。

这种病因分布模式对于美国来说是典型的、经过屈光不正矫正之后的情况。全球来看情况有所不同，目前屈光不正（42%）和白内障（33%）是导致视力丧失或失明的主要原因。如果只考虑失明，白内障（51%）是主要原因，其次是青光眼（8%）和黄斑变性（5%）（Mariotti，2012）。屈光不正导致视力丧失是如此的普遍，以至于世界卫生组织在分类时选择将视觉敏锐度作为标准，将失明的界限从 20/400（6/120）改为 20/200（6/60）。此外还将弱视细分为两档，分别叫作中度和轻度视觉障碍，分界标准分别是 20/60（6/18）~ 20/200（6/60）和 20/40（6/12）~ 20/60（6/18）（Dandona 和 Dandona，2006）。据估计，这种标准变化将使世界范围内的盲人人数从 3700 万增加到 5700 万，中度视力障碍被定为视力丧失的人数从 1.24 亿增加到 2.02 亿。

现在有必要考虑这些病因的性质。屈光不正仅仅意味着视网膜上接收到的外部图像是失焦的，可以通过戴眼镜、隐形眼镜或手术得到矫正。白内障是晶状体中出现的浑浊，具体来说有四种主要类型：皮质性白内障、后囊下白内障、核性白内障和混合性白内障（也就是另外三种白内障的组合）（Chylack，2000）。所有类型的白内障都会导致光线通过晶状体时被吸收和散射，进而导致整个视野的视力下降、对比敏感度下降、颜色辨别能力下降，还有对眩光更加敏感。更多的光线对白内障患者的帮助程度取决于吸收和散射之间的平衡。更多的光线能够抵消吸收的增加，但如果存在较高程度的散射，随之引起的亮度对比度弱化将降低视觉能力。

有两种形式的黄斑变性与年龄有关，即湿性和干性。两者都涉及黄斑下视网膜色素上皮的恶化。湿性黄斑变性表现为视网膜上的小血管增生；而干性黄斑变性是视网膜色素上皮下细胞废物的累积，导致视网膜部分变薄和退化。干性和湿性黄斑变性都会造成视网膜中心凹及其周围的损害，导致中心凹视力严重下降，最终使日常活动，如阅读和分辨人脸变得不可能。然而黄斑以外的周边视觉不受影响，所以自己在空间的定位能力和找路的能力几乎没有改变。提供更多的光线，例如设置专门的任务照明，会对黄斑变性患者有帮助（Haymes 和 Lee，2006），放大图像或靠近看以增大视网膜图像也有帮助。黄斑变性在欧美国家是导致失明的一个主要因素，与年龄密切相关。Klein 等（2007）发现 75 岁及以上的白人中 24% 有黄斑变性的早期症状。不幸的是，只有湿性黄斑变性可以通过激光照射来治疗。遗憾的是即使这样做，效果也很有限，只有不到 10% 的病例的视力下降能得到缓解（Schwartz，2000）。鉴于发达国家人口中老年人的数目越来越多，我们热切希望对付黄斑变性的治疗方法能够尽快取得成果。

青光眼被认为是影响眼睛的众多疾病中最严重的一种，其危害是导致视野缩小（Ritch，2000）。大多数青光眼都遵循以下模式：眼球里的房水循环受到阻碍，导致眼压升高，造成视神经头部损伤，进而导致视野丧失，最终导致失明（Shields 等，1996）。随着青光眼的发展，还会导致对比敏感度降低、夜视能力差和瞬时适应减慢，但视轴上所见的细节分辨率直到最后阶段才会受到影响。改善照明对有青光眼症状的人没有什么价值，因为在受损的地方，视网膜已经被破坏了。青光眼的发病率与年龄密切相关。青光眼的治疗是以降低眼压为基础的，可以通过药物或手术来治疗。

糖尿病视网膜病变是慢性糖尿病的后果（Leonard 和 Charles，2000）。慢性糖尿病会影响给视网膜的供血，进而破坏部分视网膜。具体来说，糖尿病视网膜病变可通过微动脉瘤、出血、硬渗出物、视网膜动脉和静脉的改变，有时还可通过新生血管形成来确诊。这些变化对视觉能力的影响取决于出血、渗出等在视网膜上发生的位置和它们进展的速度。糖尿病视网膜病变的终点是明确的，就是失明。糖尿病患者失明的概率是非糖尿病人群的 25 倍（Ferris，1993）。糖尿病视网膜病变的内科治疗是以严密控制血糖及使用激光凝固术和玻璃体手术来控制损伤为基础的。

为了让大家对这些疾病的症状有个直观印象，图 13.4 展示了五种模拟场景，分辨显示了视力正常，患有白内障、黄斑变性、糖尿病视网膜病变和青光眼的人看到的情况。有上述任何一种病症的人在日常生活中经历的困难是显而易见的。

视力正常

白内障

黄斑变性

糖尿病视网膜病变

青光眼

图 13.4　不同情况的人看到的模拟场景
（来源：美国国家眼科学院、国家卫生学院）

　　虽然屈光不正、白内障、黄斑变性、青光眼和糖尿病视网膜病变已经被单独讨论过，但重要的是要认识到，患上其中任何一种都不能保证对其他病症免疫。事实上，一个人越老，导致视力丧失的原因就越有可能不止一种。此外，治疗一种病症可能会增加患上另一种的风险。例如，用于治疗白内障的塑料人工晶状体将比它们替代的天然晶状体向视网膜传输更多的短波长光。而长时间暴露于短波长的光与黄斑变性有关（Fletcher 等，2008），尽管这是一个有争议的问题（Turner 等，2010）。为了限制潜在的损害，人工晶状体有时被设计为可以过滤短波长的光线。虽然这可以防止黄斑变性，但也会对视觉及昼夜节律时钟系统产生不良后果，因为这会减少杆状光感受器和视网膜神经节细胞所接收到的刺激。这种减弱的影响应该是使在弱光水平下看东西更加困难，并导致睡眠模式中断（Cuthbertson 等，2009）。和所有的医学治疗一样，既要考虑好处，也要考虑是否有副作用。

13.5　年龄对于视力的影响

正如预期的那样，随着年龄的增长，视觉系统中光学和神经两部分的变化会对视觉系统的功能产生影响。最明显的地方是在阈值，即视觉系统极限运行的情况下。由 Haegerstrom-Portnoy 等（1999）进行的一组视觉功能测量显示了年龄对于视力影响的显著性。该研究采用一个 900 人的样本，他们都生活在加利福尼亚州并且年龄范围为 58 ~ 102 岁（平均为 75.5 岁，标准差为 9.3 岁），他们测量了高和低对比度的目标在高亮度下的远距离视觉灵敏度，低对比度的目标在低亮度下的近距离视觉灵敏度，对比敏感度，彩色视觉，视野大小、眩光敏感度和恢复力等指标。值得注意的是，所有被测量的人都是他们自然的状态，也就是说，都继续佩戴平时戴的眼镜或隐形眼镜，并且用双目进行测试。这意味着样本中肯定包括各种形式的视力丧失的人。这使得它比那些不同类别的样本，比如不包含那些视力丧失的样本，更能代表现有的人群。然而，它不能完全具有代表性，因为所有被测试的人都是志愿者。一些被邀请参加测量的人拒绝了。这些人通常年龄较大、视力较差，所以得到的结果很可能低估了年龄对人群视觉功能的影响。

图 13.5 显示了 2 岁差年龄组的平均远距离视锐度，年龄段从 58 岁开始，采用方法是 Bailey-Lovie 图（Bailey 和 Lovie，1976），测量结果用最小可分辨角度（′）来衡量，背景亮度为 150cd/m²，有 0.90 和 0.17 的高低两种亮度对比度。结果很明显，随着年龄的增长，尤其是在低对比度下，远距离视力会急剧恶化。

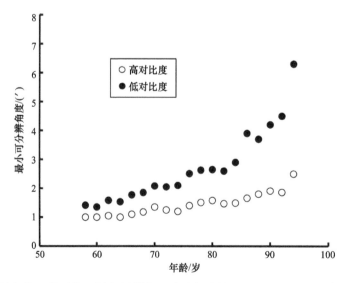

图 13.5　2 岁差年龄组的平均远距离视锐度，采用方法是 Bailey-Lovie 图，测量结果用最小可分辨角度（′）来衡量，背景亮度为 150cd/m²，有 0.90 和 0.17 的高低两种亮度对比度（来源：Haegerstrom-Portnoy, G.et al., *Optom. Vis. Sci.*, 76, 141, 1999）

　　图 13.6 显示了 2 岁差年龄组的平均近距离视锐度，年龄段从 58 岁开始，测量方法使用暗面 SKILL 测试卡（Haegerstrom-Portnoy 等，1997），测量结果用最小可分辨角度（′）来衡量，背景亮度为 150cd/m²，亮度对比度为 0.15。同样，随着年龄的增长，视力表现也会恶化。

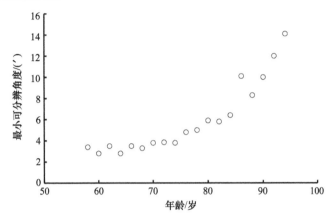

图 13.6　2 岁差年龄组的平均近距离视锐度，采用方法是暗面 SKILL 测试卡，测量结果用最小可分辨角度（′）来衡量，背景亮度为 150cd/m²，亮度对比度为 0.15（来源：Haegerstrom-Portnoy, G.et al., *Optom. Vis. Sci.*, 76, 141, 1999）

　　图 13.7 显示了用 Pelli-Robson 图（Pelli 等，1988）测量的 2 岁差年龄组在亮度为 150cd/m² 时的对比敏感度中值。在普通视锐度测试中，亮度对比度不变而字母大小变化不同，Pelli-Robson 图中的字母尺寸不变，都很大，但是亮度对比度变化。结果显示对比敏感度在 58 岁后随着年龄增长呈稳定下降趋势。将这些数据与年轻人的数据进行比较，发现对比敏感度与 58 岁的人相比几乎没有改善（Haegerstrom-Portnoy 等，1999）。

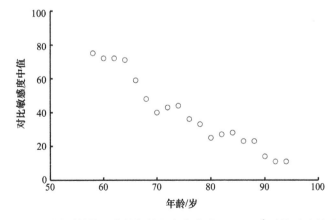

图 13.7　用 Pelli-Robson 图测量的 2 岁差年龄组在亮度为 150cd/m² 时的对比敏感度中值（来源：Haegerstrom-Portnoy, G.et al., *Optom. Vis. Sci.*, 76, 141, 1999）

　　图13.8显示了5岁差年龄组的平均色彩混淆分数，采用的是Farnsworth Panel D-15颜色排列测试（Farnsworth，1947），测量光源用的是CIEC类光源，照度大约100 lx。在这项测试中，有色觉缺陷的男性被排除在外。这个测试要求人们将15张相同明度和色度但色调不同的色盘按顺序排列，让相邻色盘的色相差异最小。测试的表现由连接相邻光盘的一条线覆盖的颜色空间的距离来评分。完美排列的得分为零，当距离是完美排列的2倍时，得分为100。从图13.8可以看出，颜色区分能力随着年龄的增长会变差。此外，Farnsworth Panel D-15测试被设计成对微小的颜色差异不敏感，以识别日常生活中有颜色辨别困难的人。似乎有相当数量的75岁以上的人可能有这样的问题。

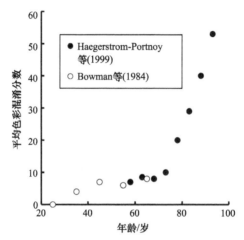

图13.8　5岁差年龄组的平均色彩混淆分数，采用的是 Farnsworth Panel D-15 颜色排列测试（Farnsworth, 1947），测量光源用的是 CIE C 类光源，照度大约 100 lx（来源：Haegerstrom-Portnoy, G.et al., *Optom. Vis. Sci.*, 76, 141, 1999）还显示了相同测试但使用年轻人的平均数据（来源：Bowman, K.J.et al., The effect of age on performance on the panel D-15 and desaturated D-15：A quantitative evaluation, in G.Verriest, ed., *Colour Vision Deficiencies VII*, W.Junk Publishers, The Hague, the Netherlands, 1984）

　　图13.9显示了5岁差年龄组的平均视野半径（°），测量的注视点为红色发光二极管（LED），而另有绿色LED作为侦测目标。视野里的背景亮度为13cd/m²。绿色LED目标沿5条不同的子午线从8个不同的方向出现。观察者必须盯着红色LED，每当看到视野里出现绿色LED时就按下按钮。各个方向上的视野半径定义为两个相邻目标点正确检测率至少为60%的最外围目标点位置。图13.9所示的平均半径是5个子午线方向半径的平均值。实验测量了两种观测条件：在第一个条件中，唯一的任务是在注视红色LED的同时侦测到绿色LED的闪光；在另一个条件中，观察者必须在注视红色LED的同时计数它关闭的次数，同事侦测绿色LED。这两种情况的区别在于，后者在两个任务之间分散注意力。从图13.9中可以看出，只要将注意力单独用于侦测，视野大小的下降幅度不大，而当注意力分散时，随着年龄的增长，视野大小的

下降幅度较大。这种差异是由于老年人的认知能力的局限，而不是由于视力的改变产生的。

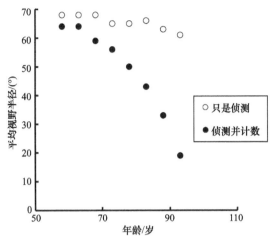

图 13.9　5 岁差年龄组的平均视野半径（°），仅在偏离轴线侦测和注视点闪光计数的两种情况下。视野里的背景亮度为 13 cd/m² （来源：Haegerstrom-Portnoy, G.et al., *Optom. Vis. Sci.*, 76, 141, 1999 ）

　　图 13.10 显示了 2 岁差年龄组由于失能眩光而看漏的字母数的中位数。用来量化失能眩光效果的测试是 Berkeley 眩光测试（Bailey 和 Bullimore，1991 ）。具体组成包括一个不透明的三角形字母图，从正面照亮到 80cd/m²，周围被亮度为 3300cd/m² 的半透明面板包围，作为眩光源。图上的字母具有低亮度对比（0.10 ）。有眩光源和没有眩光源时正确读取的字母数之间的差值就是因为眩光而看漏的字母数。从图 13.10 可以看出，随着年龄的增长，60 岁以上的人看不到的字母数量几乎呈指数级增长。这是可以预料到的，因为年老时眼睛对光线的吸收和散射增加了。Vos（1995 ）和 CIE（2002b ）适当地对失能眩光公式进行了修改，增加了年龄的因数（见 5.4.2.1 节未修改的失能眩光公式）。修正公式为

$$L_{\mathrm{V}} = 10\left(1 + \left(\frac{A}{70}\right)^4\right)\sum\left(E_n\theta_n^{-2}\right)$$

式中，L_{V} 为等效光幕亮度（cd/m² ）；A 为年龄（岁）；E_n 为第 n 个眩光源对眼睛的照度（lx ）；θ_n 为视线与第 n 个眩光源的夹角（° ）。该公式表明，等效光幕亮度随着年龄的增长而增加。

　　图 13.11 显示了 5 岁差年龄组从眩光照射中恢复所需的时间中位数。测量采用 SKILL 近距离视敏度测试（Haegerstrom-Portnoy 等，1997 ），亮度对比度为 0.15，背景亮度为 15cd/m²。观察者被要求直视 Berkeley 眩光测试所需的亮度为 3300cd/m² 的眩光源 1min。随后眩光源被关闭，观察者恢复到正常视力所花费的时间被记录。图 13.11 显示从眩光恢复的时间随年龄变大而显著增加。

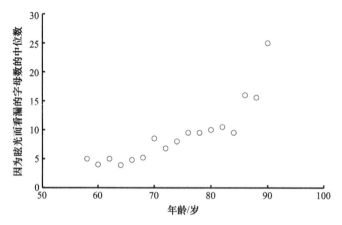

图 13.10　2 岁差年龄组由于失能眩光而看漏的字母数的中位数，用 Berkeley 眩光测试（来源：Haegerstrom-Portnoy, G.et al., *Optom. Vis. Sci.*, 76, 141, 1999）

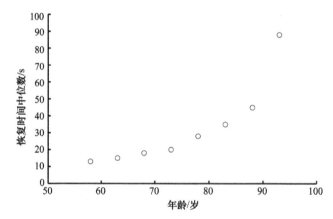

图 13.11　5 岁差年龄组从眩光照射（暴露于 3300cd/m² 亮度的眩光源 1min）中恢复所需的时间中位数（s）。测量采用 SKILL 近距离视敏度测试，亮度对比度为 0.15，背景亮度为 15cd/m²（来源：Haegerstrom-Portnoy, G.et al., *Optom. Vis. Sci.*, 76, 141, 1999）

到目前为止，许多视觉功能在进入老年阶段后有一个显著的退化，但必须注意到也存在广泛的个体差异（Johnson 和 Choy，1987；Haegerstrom-Portnoy 等，1999）。同样需要认识到有几个方面的视觉功能，几乎没有随着老龄化而变化。具体来说是游标视敏度，即检测两条线是直接在一条直线上还是相互偏移的能力，不会随着年龄的增长而退化（Enoch 等，1995），色觉的几个方面也不会随着年龄的增长而恶化，比如独特色调的波长（Werner 和 Kraft，1995）。这两个非常不同的视觉方面有共同之处，而将它们从许多其他视觉功能中区分出来的是神经对于不同信号数据处理的结果，而不同信号对于影响相同信号同一部分的变化不敏感。

图 13.5～图 13.11 所示的这些视觉功能随年龄的变化，是从一个具有代表性的人群样本中获得的，其中包括那些有视力丧失的人。当然，与同龄视力正常的人相比，

视力丧失的人可能会表现出更差的阈值表现。事实上，正如 13.4 节中所讨论的，视觉敏锐度差是将某人归类为视力丧失的标准之一。阈值性能的急剧下降如图 13.12 所示（Paulsson 和 Sjostrand，1980）。这张图显示了不同空间频率的光栅的阈值对比度，测试者有两个人，一个有白内障，另一个没有白内障，分别经历高亮度和非高亮度两种环境。显然，即使在没有高亮度的环境下白内障的存在也会增加阈值对比度，但当周围环境明亮时，两个人之间的差异大大增加，因为高亮度环境中的光线被白内障散射超过了视网膜图像中包含阈值对比度的目标部分。

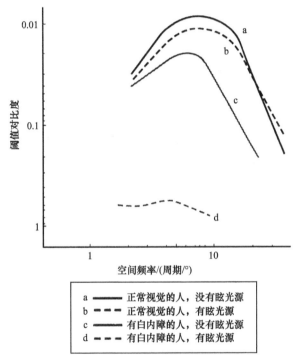

图 13.12　不同空间频率的光栅的阈值对比度，测试者有两个人，一个视觉正常，另一个有白内障，分别经历有和没有眩光源两种环境（来源：Paulsson, L.and Sjostrand, J., *Invest. Ophthalmol. Vis. Sci.*, 19, 401, 1980）

13.6　年龄对于实际视觉任务的影响

随着年龄的增长，视锐度、对比敏感度、颜色分辨力、视野大小和眩光敏感度等阈值能力的恶化会对许多实际生活中的视觉任务造成影响。Kosnik 等（1988）在对数百名年龄在 18～100 岁之间的人做过调查后证实了这一点。调查的目的是找出人们在日常生活中会遇到哪些视觉问题。结果发现有五种视觉问题会随着年龄增长而越来越困难，它们是在昏暗的灯光下看东西、阅读小号字体、分辨暗色、阅读动态信息和视觉搜索。这些问题可以分为两大类：一种是需要寻找的信息是明确的，但是其位置是固定的，比如阅读就是这样；另一种是需要阅读多种信息，并且出现的位置也不明确，例如驾驶。

Whittaker 和 Lovie-Kitchin（1993）回顾了阅读率方面的文献，发现有四个因素对提高阅读率至关重要。四个因素分别是视锐度储备（打印尺寸相对于视力阈值的比例）、对比度储备（打印亮度对比度相对于阈值对比度的比例）、可见字母数量和中心场损失大小。可见，若视锐度和阈值对比度随年龄增长而恶化，则视锐度储备和对比度储备会减少，从而导致阅读率下降。一般来说，任务提供的刺激越接近观察者对该刺激的阈值，任务的表现就越差，虽然按照4.3.5节的内容，任务表现和视觉刺激之间不是简单的线性关系。对于一个特定的任务，视觉对任务表现随年龄变化的重要性取决于两个因素：任务中视觉成分的地位和任务的视觉刺激与阈值的接近程度。如果视觉成分不重要，那么任务表现的变化将是轻微的；如果任务以视觉为主导，那么随着年龄的增长，视觉的变化将对任务表现产生重要影响。当视觉刺激接近阈值时，视觉功效会呈现"高原和悬崖"的形状（Boyce 和 Rea，1987），这种形状的意思是年龄对视觉功效的影响在视觉刺激接近阈值时会存在断崖式下跌。例如 Bailey 等（1993）表明，阅读速度随着视锐度储备的增加而提高，直到打印尺寸大约是阈值大小的4倍，之后就无法进一步提高。

在驾驶方面，Wood（2002）测量了不同年龄、不同视力丧失程度的驾驶人的驾驶表现。研究人员将 139 名持有澳大利亚昆士兰驾照、身体健康良好的驾驶人分为五组，标记为年轻人、中年人和老年人，最后一组再分为视力正常、轻度视力丧失和中度或重度视力丧失。这三个年龄组的平均年龄分别为年轻人 27 岁、中年人 52 岁和老年人 70 岁。老年组中视力正常、轻度视力丧失和中度视力丧失的平均年龄分别为 69 岁、71 岁和 71 岁。正常视力的定义是视锐度达到 20/25（6/7.5）或更好。轻度视力丧失定义为晶状体轻度混浊、早期青光眼、单眼或双眼早期黄斑变性。中度至重度视力丧失定义为双眼白内障或有一只眼睛晚期青光眼或黄斑变性。让这些驾驶人行驶大约 5.1km 的封闭环线道路，没有其他车辆。在环线开车时，驾驶人们被要求报告他们看到的任何路标；报告他们在路上看到的任何大的、低对比度的危险物，并避开它们；判断两个锥形路障之间的间隙是否足够宽到可以穿过，如果可以就穿过去，如果不能就绕过去；对安装在驾驶人前方汽车上的五个 LED 发光做出反应。在环道上开过一圈后，再对驾驶人操控车辆的能力进行测试，方法是让他们操纵车辆进出一排低对比度的锥形路障，然后倒车进入一个停车位。表 13.4 给出了各组间具有统计学差异的驾驶表现指标。正如预期的那样，年龄增长和视力下降都会导致驾驶表现变差，但这两个因素之间的平衡会随着任务的性质而改变。对于涉及分散注意力的任务，如侦测 LED 亮起的刺激，年龄是主导因素。对于能见度有限的任务，如侦测和避免低对比度的道路危险物，视力丧失程度更为重要。对于其他任务，比如倒车，年龄和视力下降都有影响。

表 13.4 年轻、中年和老年驾驶人的平均表现，老年驾驶人又细分为视力正常、
轻度视力丧失和中度或重度视力丧失

驾驶表现指标	最大可能值	年轻驾驶人	中年驾驶人	视力正常的老年驾驶人	轻度视力丧失的老年驾驶人	中度或重度视力丧失的老年驾驶人
看到路标	65	51.3	50.0	46.4	46.9	40.7
看到道路危险物	9	8.7	8.7	8.7	8.4	8.0
撞到道路危险物	9	0.3	0.3	0.5	0.6	1.8
看到 LED	15	11.5	10.2	7.3	8.2	7.8
正确的障碍操作	9	8.0	7.7	7.3	7.2	6.5
操作时撞到锥形路障	9	0.5	0.2	0.3	0.7	0.4
环路时间 /s	—	428	434	468	482	478
操控时间 /s	—	38.1	38.7	41.5	49.1	48.8
倒车时间 /s	—	30.9	39.0	48.5	62.6	62.8

注：这些测量值是在封闭道路上获得的。

来源：Wood, J.M., *Hum. Factors*, 44, 482, 2002。

既然明确了视觉功能会随着年龄的增长而衰退，那么有必要考虑什么形式的视觉功能对开车来说最重要。Owsley 和 McGwin Jr.（2010）回顾了视觉功能与驾驶两个方面的关系：表现和安全。驾驶表现通常由操控车辆在真实或模拟行程中的能力来衡量（Wood，2002）。驾驶安全是通过在道路上发生的碰撞数量来衡量（Rubin 等，2007）。奇怪的是，人们最常用来检测驾驶人的视力测试——视锐度，其实与安全性的关系非常微弱，只与那些需要驾驶人分辨细节的任务有关，如看清道路标志。对于驾驶人来说，更重要的是对比敏感度降低、视野丧失和视觉处理速度变慢，尤其是在需要分散注意力的时候。在这三种视觉功能中，只有最后一种被切实证明与驾驶安全相关（Owsley 等，1998）。驾驶表现和安全性之间的差异可以解释为，年长的驾驶人往往意识到他们的局限性，并相应调整他们的行为，例如，避免在夜间驾驶或只在他们熟悉的路线上驾驶。

本章对于视觉任务的讨论集中于两种常见的任务——阅读和开车，具体方法都是对执行任务所需的视觉能力进行分析，以确定要完成任务需要调用哪些方面的视觉能力，用来评估视觉和认知成分的相对重要性。在阅读熟悉的语言和词汇时，视觉成分占主导地位，而视觉功能是影响对细节的轴向感知的。反过来，这表明照明条件对于快速准确的阅读非常重要。对于驾驶来说，处理视觉信息的速度对于驾驶人表现和安全的重要性显而易见，表面认知成分占主导地位。人们可能会认为，这意味着照明条件对驾驶并不重要，但事实并非如此。如果上了年纪的驾驶人需要更长的时间来处理呈现给他的所有视觉信息，那么照明在确保重要信息高度可见方面起着至关重要的作用。这也为驾驶人老龄化的地区提供了良好的道路照明的理由。良好的道路照明可确保在比仅使用车前灯更远的距离上可以看到前面的道路、道路上及其附近的车辆和物体（见 10.4.4 节）。这给了驾驶人更多时间来处理接收到的信息。

13.7　年龄对于昼夜节律系统的影响

随着年龄的增长，昼夜节律的幅度衰减（Brock，1991；Copinschi 和 van Cauter，1995），周期缩短，阶段提前（Renfrew 等，1987；Czeisler 等，1988a）。其总体影响是降低昼夜节律与外部环境同步的能力，并对许多基本生理功能造成影响（Turner 等，2010）。视交叉上核没有清晰的信号，身体的各种器官会变得不协调，从而导致生物化学紊乱。这种紊乱在短期和长期都很明显。昼夜节律的短期紊乱会导致警觉性下降、认知功能下降、情绪和睡眠问题（Turner 等，2010）。昼夜节律的长期紊乱与心血管疾病和短寿有关（Knutsson 等，2004）。照明可以在避免昼夜节律干扰的这些后果方面发挥作用（见 14.4 节）。

13.8　可以做些什么来抵消年龄的影响

鉴于视觉和昼夜节律系统都会随着年龄的增长而退化，我们能做些什么来抵消这些变化呢？对于视觉，有四种可能的方法：改善眼睛的光学系统提供清晰的视网膜图像，改变活动任务从而让视觉刺激远高于阈值，改善照明提高视觉系统的能力或将活动任务中的刺激远离阈值甚至取消任务。接下来我们将依次讨论每个问题。就昼夜节律而言，改善的可能更为有限，基本上就是适当增加短波长光照射，以增加对视网膜神经节细胞的刺激。

13.8.1　改变光学系统

老龄化对视觉系统的第一个和最常见的影响是晶状体变硬，导致近视点调节能力衰退，最终无法将正常距离的物体聚焦到视网膜上，例如，无法阅读报纸，即使是放在一臂远的距离。这个问题可以通过佩戴适当度数的眼镜或隐形眼镜来矫正。图 13.13 显示了不同年龄人群佩戴眼镜矫正屈光不正对视力的影响，包括近视和远视。佩戴眼镜帮助视网膜图像重新聚焦，对于老年人视力有明显改善，尽管不能完全恢复到年轻时候的视力，因为仅仅戴眼镜并不能抵消其他光学和神经系统的衰退。

眼睛的光学性能变化的另一大病因是白内障，这在老年人中越来越常见。今天，用塑料晶状体代替变深的晶状体已经成为常规疗法。人们以前认为摘除白内障并用清晰的人工晶状体替代，有可能使视网膜成像比白内障发病前更好，但情况并非总是如此。具体效果取决于晶状体摘除的方式和人工晶状体的光学特性（Nadler，1990）。摘除白内障当然会减少光线的吸收、散射和晶状体荧光，但可能会引入新的光散射源，对已经发生的神经退化也没有帮助。尽管如此，对许多人来说，摘除白内障可以显著提高视锐度、对比敏感度和色觉，并减少失能眩光（Rubin 等，1993）。

对于昼夜节律系统，Asplund 和 Lindblad（2002，2004）研究表明，白内障手术可以改善夜间睡眠并减少白天的嗜睡。这是因为到达视网膜的短波长光量增加了，昼夜调节系统工作更有效。

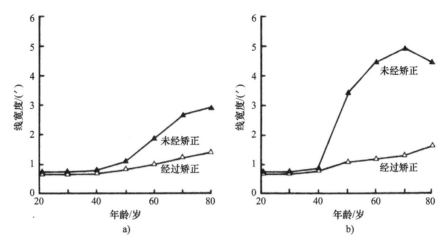

图 13.13 不同年龄能被 50% 的观察者看清楚的字母线宽度，a）为远视，b）为近视，分别佩戴矫正眼镜和不佩戴矫正眼镜。对于远视，测试字母距离观察者 6m；对于近视，它们距离观察者 0.36m（来源：美国卫生、教育和福利部（VSDHEW），*Binocular Visual Acuity of Adults-US 1960-1962*, USDHEW, Washington, DC, 1964）

13.8.2 改变活动任务

另一种抵消年龄对任务表现影响的方法是改变任务的视觉刺激。相对视觉功效（RVP）模型（见 4.3.5 节）表明，增加任务对象的大小或提高对比度，让视觉刺激远离阈值，可以提高年轻人的视觉功效。有理由相信，增大尺寸对老年人和视力丧失的人也会有很大益处。图 13.14 显示了对两个年龄组进行的高对比度朗道（Landolt）环（见图 4.4）观察速度和准确率的测试结果，一组 18 ~ 28 岁，另一组 61 ~ 78 岁（Boyce 等，2003b）。速度的衡量标准是 20s 时间内能看到的朗道环，精度的测量标准是 20s 内侦测到的指定方向的朗道环的数量占实际数量的百分比。不出所料，图 13.14 显示增大朗道环间隙的大小，会带来更快的侦测速度和更高的精度，这对两个年龄组都适用。然而，增大尺寸的影响在年龄较大的人群中更明显，特别是在间隙很小的时候对于提高准确性帮助很大。这是因为最小的间隙尺寸更接近于年龄较大的人的视力阈值，38 个年龄较大的参与者中有 9 个不能完成最小尺寸的任务。从图 13.14 还可以看出，增强视觉刺激并不能使年长受试者的表现水平达到年轻受试者的水平。即使是最大的间隙，两个年龄组在速度和准确性方面也存在差异。这是因为增加视觉刺激的大小并不能解决眼睛的光学和神经变化，以及随着年龄增长而出现的认知功能的普遍衰退。

要增大任务对象的视网膜图像大小可以有三种方法：增加任务对象的尺寸，例如用更大字体印刷；或者把对象放得更近；还有就是放大图像。放大可以通过光学或电子两种方式实现，但都需要针对个人和任务进行优化。这是因为放大率越大，视场就越小。如果任务涉及某种形式的扫描，例如阅读文本，那么优化放大率和视野是必不

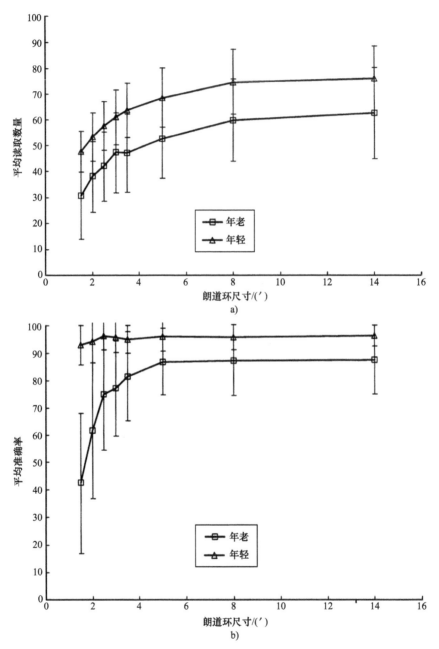

图 13.14　对两个年龄组进行的高对比度朗道环 a）观察速度和 b）准确率的测试结果，一组 18 ~ 28 岁，另一组 61 ~ 78 岁。速度以 20s 内检测的朗道环平均数量来衡量；准确率以 20s 内发现指定间隙方向的朗道环平均数量占检测指定间隙方向的朗道环数量的百分比来衡量。误差线是标准差（来源：Boyce, P.R.et al., *Lighting Res. Technol.*, 35, 141, 2003b）

可少的。Legge 等（1985a）发现，对于视力正常的人来说，一旦字符宽度所对应的角度超过 2°，阅读速度就会下降。

在一种情况下，放大可能被认为是很有价值的，就是对那些失去中央凹视力的人，例如，黄斑变性的人。不幸的是，放大的好处并不像预期的那么大。Legge 等（1985b）发现，即使文字尺寸非常大，失去中央凹视力的人的阅读速度永远不能超过 70 个单词 /min，而中央凹视力完好的人的阅读速度可以接近 200 ~ 300 单词 /min。放大产生效果是因为放大后的视网膜图像使它延伸到视网膜的近边缘，不受黄斑变性影响的区域。不幸的是，视网膜偏心会降低视力（Westheimer，1987）。

尺寸只是用来简化任务的一个因素，另一种是亮度对比度。同样，视觉功效的 RVP 模型（见 4.3.5 节）表明，增加亮度对比度会使年轻人的视觉功效更好。我们有理由认为，增加亮度对比度对老年人和视力丧失的人有更大的益处。当然，如何增加亮度对比度方面已经有很多实用建议了，例如，Sicurella（1977）建议视力丧失的人应该在厨房的墙上放一张黑纸和一张白纸。这样透明容器中的浅色或深色液体的液位通过背景衬托更容易看出来。还有一种类似方法可以用来帮助患有白内障和其他形式的视力丧失的人在一个空间中为自己定位。具体来说，地板与墙壁之间、墙壁与门之间、门与门把手之间的高亮度对比度可以帮助这些人找到门并打开它。虽然这种类型的高亮度对比度是有用的，但它们应该只附加在空间的突出方面。为了增强一个空间内的安全感和自信的运动，理想的方法是创造场景的图像线条化，其中场景突出部分之间的高亮度对比度代表了绘画的线条。太多不同的亮度对比度会让视力丧失的人难以理解。

在试图提高亮度对比度时还有一个因素需要考虑，那就是眼睛里散射光的量，光的散射会导致视网膜图像的亮度对比度降低。减少散射的一个简单方法是降低任务周围区域的亮度。Legge 等（1985b）发现，患有白内障和其他会导致大量散射的疾病的人，在黑色背景下阅读白色字母要比在白色背景下阅读黑色字母容易得多。有一种设备依靠黑色背景来减少其发出的散射光，这种设备被白内障患者广泛使用，使阅读更容易。该设备就是一张在上面开了一个槽的黑色卡片，开槽位于页面上方，以便一次只能看到一行或两行字体。背景对印刷字体的低亮度使散射光对印刷字体的亮度对比度降低到最低。

对于视野更大的情况下减少散射光和杂散光有几种不同的方法，具体包括佩戴不透明的遮阳镜或遮阳帽，以及佩戴感光变色、偏光、光谱选择性的太阳镜。户外日光在强度上会有很大变化，同时是偏振的，是最常见的高强度紫外线照射源。太阳镜的感光变色组件根据环境的光照强度自动调整眼镜的透光率，偏振镜片还能消除垂直偏振光。这些高光通过两种方式降低物体的亮度对比度：作用于物体本身和造成眼睛中的光散射。最后，太阳眼镜被设计成能够遮挡波长低于 550nm 的光线。因此，它们切断了大多数产生晶状体荧光的入射辐射，并增加了以蓝色或绿色为主的表面与以黄色或红色为主的表面之间的亮度对比度。阻止短波长辐射进入眼睛的眼镜已经被证明可以改善白内障和黄斑变性患者的视力（Tupper 等，1985；Rutkowsky，1987；Zigman，1992）。

另一个可用于增强视觉功效的因素是表面颜色。颜色可以通过三种不同的方式来增强视觉效果。第一是识别对象。Wurm 等（1993）发现，颜色确实能帮助视力正常和视力丧失的人提高对熟悉的食物的识别率。第二是使目标更加显眼，从而改进了视觉搜索（见 8.5 节）。第三是作为亮度对比度的替代。在没有亮度对比度的情况下，目标物与其背景之间的颜色差异是唯一能看到目标物的途径。然而，这是一个相当极端的情况。只有当亮度对比度较低时，色差才变得重要（见 4.3.6 节）。当亮度对比度高时，通过增强颜色差异在可见性方面收效甚微，举个例子，为文本添加颜色不会显著提高阅读速度（Knoblauch 等，1991）。

最后，可以把需要看的东西呈现在显示器上，有可能通过图像增强来帮助视力丧失的人。Peli 和 Peli（1984）推荐一种自适应图像增强技术，基于图像的个别特征让每一个像素有各自的显示频率。具体来说，将图像划分为低空间频率分量和高空间频率分量，模拟为对应对比度。高频分量被放大，低频分量被移向中频，其效果是增强了图像元素的对比度和锐度，从而使其细节更加可见。

13.8.3 改变照明

能改善视觉功效的照明特性是光的数量、光的光谱和光的空间分布。每一个都将被依次考虑。

视觉功效的 RVP 模型（见 4.3.5 节）表明，增加视网膜照度将改善视觉功效，只是改进的程度会随目标物的大小和对比度与各自阈值的差别而不同：差别越大，增加视网膜照度的影响越小。RVP 模型在设计时已经考虑了年龄在 65 岁以上的人群，针对他们缩小的瞳孔和眼球内吸光的增加而调高了视网膜照度，以及根据眼睛中的光散射调整阈值对比（Rea 和 Ouellette，1991）。

不幸的是，对于视力丧失的人，目前还没有一个与 RVP 模型等价的模型，鉴于个体差异巨大，也不可能有这样的模型。我们能说的是，如果视力下降只是因为视网膜照度下降而视网膜图像清晰度没有损失，那么增加照度很可能是有益的。这一观点得到了 Sloan 等（1973）的观察结果的支持，他们测量了黄斑变性患者在正常房间照明和高强度阅读灯下的阅读能力。有了阅读灯，许多患者能够在没有放大的情况下连续阅读文本，或者在比正常房间照明下需要的放大倍数小得多的情况下阅读文本。Eldred（1992）也报告说黄斑变性患者在高照度下阅读速度更快。Cornelissen 等（1995）在模拟实验中研究了人们在起居室的照明条件下（1.6 ~ 5000 lx 之间）对于物体的感知，所有物体在 1.6 lx 照度下都能被视力正常的人识别。所有的参与者都有不同程度的视力丧失，当照度增加时，他们对于物体的侦测和辨识能力出现改善，只是改善的程度存在很大的个体差异。类似地，Evans 等（2010）测量了白内障或黄斑变性患者在四项日常活动中的表现：在有坡度的走廊上行走、将插头插入插座、分拣药片和阅读，所有这些都是在 50 lx、200 lx 和 800 lx 的照度下进行。他们发现，虽然较高的照度通常会提高视力，但存在很大的个体差异，以至于他们得出结论：为视力丧失的人确定最佳光照条件的最佳方法是对他们的表现和偏好进行个体评估。其他人认为，因为有太多重要的经验规则，可以有效地知道如何为视力丧失的人设计照明，要求完美更加难以做好（Brodrick 和 Barrett，2008）。两种观点都是正确的，它们之间的差异是实用性问题，而不是准确性问题。当然，对于视力丧失的人如何改善家里的照明，很多简单的建议都很有效（RNIB 和 Thomas Pocklington Trust，2009）。

到目前为止，关于增加照度对视力丧失者的好处的讨论还只是定性的。为了定量，Lindner 等（1989）测量了阅读高对比度印刷品时的首选照度。每个参与者都可以通过一个调光系统调节天花板上荧光灯所提供的照度。表 13.5 给出了三种色温荧光灯的中值照度，以及视力正常和各种视力丧失组的第 10 百分位和第 90 百分位的数值。这些结果中最明显的特征是每一组中偏好照度的巨大个体差异，第二个最明显的特征是意想不到的：正常视力的年轻组偏爱的中值照度比任何其他组都要高。

表 13.5　在三种色温的荧光灯照射下，不同组人群在 30cm 处阅读 4.4′ 线亮度的
高对比度印刷品所需照度的中位数、第 10 百分位和第 90 百分位数值

视力情况	人数	荧光灯类型	中值照 /lx	第 10 和第 90 百分位照度 /lx
正常视力 20~30 岁	50	白光	900	329~2072
		暖白	1000	600~2127
		日光色	1055	426~2090
正常视力 40~79 岁	50	白光	268	75~817
		暖白	260	105~1527
		日光色	315	162~1753
白内障手术前 40~80 岁	75	白光	325	98~1800
		暖白	300	45~1496
		日光色	448	52~1450
白内障手术更换人工晶体	50	白光	121	70~1162
		暖白	123	50~939
		日光色	140	60~1197
白内障手术矫正后	25	白光	119	75~439
		暖白	128	39~629
		日光色	195	54~656
青光眼 40~82 岁	50	白光	596	100~1071
		暖白	480	85~1278
		日光色	675	67~1866

来源：Lindner, H.et al., *Lighting Res. Technol.*, 21, 1, 1989。

考虑到年轻人有较清晰的晶状体，原本预期他们会比其他组更倾向于使用较低的照度，事实是他们没有。原因可能是年轻人习惯于暴露在高照度下，也可能只是因为

其他组的老年人不喜欢高照度，因为他们的眼睛中产生了更多的散射光和杂散光。这些结果的其他三个方面值得一提：一是术前白内障患者比青光眼患者选择的照度要低，这是预料之中的，因为白内障患者的眼睛中有更大的光线散射；二是术后白内障患者首选的照度降低了，这是可以预料到的，因为当用透明塑料晶状体代替深色晶状体时，会增加透光率，减少光的吸收和散射；三是荧光灯的种类差异比较小，这表明光谱上的差异是不重要的。

增加视网膜照度的另一个效果是提高辨别颜色的能力。图 13.15 显示了不同年龄和照度下，人们对于 Farnsworth-Munsell 100 测试的色相样本的分析能力（Knoblauch 等，1987）。Farnsworth-Munsell 100 测试是一种对于色相区分能力的测试，需要参与者把 85 个相同明度和饱和度的色盘按照色相排成一个连续的圆，让相邻色盘之间的色相差异最小。测试的表现是由色盘在摆放位置偏差多少来评分的。在图 13.15 中，平滑的圆形表示零误差，随着错误数量的增加，圆变得更大、更粗糙。在给定的径向方向上，从中心点到色相的距离表示的是该方向特定色相的误差大小。图 13.15 表明，老年人在色相辨别上会犯更多错误，特别是在低照度时。增加视网膜照度可以使老年人有更好的色相辨别能力。

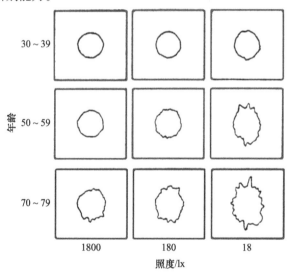

图 13.15　不同年龄和照度下 Farnsworth-Munsell 100 测试的平均错误分布（来源：Knoblauch, K.et al., *Appl. Opt.*, 26, 1441, 1987）

另一种增强颜色辨别的方法是改变照明的光谱。对色空间中分布较远的颜色进行区分要比分辨相近的颜色容易得多。光源在色彩空间中分离颜色的程度与其色域大小相关。因此，对于老年人使用的照明场所，最简单的建议是使用大色域的光源。如果要达到预期的色彩表现，光源也应具有较高的 CIE 一般显色指数（见 1.6.3.2 节）。

照明影响老年人和视力丧失人群视力的另一个重要因素是光分布，具体来说可以分为两大部分：室内外的视觉任务，以及任务的周边空间。在这两种情况下，都希望光线能够均匀分布在所有表面上，而不造成阴影（Julian，1983）。在一个房间里，决定照度均匀度的主要指标是灯具的发光强度分布、灯具之间的间距和房间表面的反射率。不同灯具会有不同的发光强度分布，所以要达到均匀照明必须选择合适的灯具。间接光源在产生均匀而无阴影的照明方面特别有效。此外，在需要均匀照明的情况下，不应超过制造商推荐的灯具之间最大间距。至于表面反射率，当房间表面反射率高时，更容易获得均匀的光分布。同样的因素也适用于室外，尽管表面反射率的作用可能有限。维持均匀的照度分布对视力丧失的人尤其重要，因为他们在弱光下会遇到问题，而且他们可能难以区分物体是自发光的还是反射光的。这种相互冲突的模式很可能引起混淆，特别是照明模式差异产生比反射光模式更高的亮度对比度时。

任务区域的光分布也很重要。Sanford（1996）研究了一组黄斑变性患者在阅读任务中对于照度和被照亮区域面积之间的权衡。如果照亮区域的边界落在阅读区域的边界之前，他们优先选择较高的照度。这是照度模式与反射模式冲突的另一个例子，它强调了均匀照亮活动区域的必要性。

在使用电视机和计算机显示器等自发光显示器时，光分布尤其重要。有两种照明方式会使房间里的自发光显示器不容易看清：第一，屏幕反射的环境光降低了屏幕表面的亮度对比度，并且降低了显示器的颜色饱和度；第二，当屏幕是镜面的，光线在屏幕表面反射倒映房间的图像，屏幕成了一个低反射率的镜子（Boyce，1991；Lloyd等，1996）。如果房间里有高亮度的灯具或窗户，就可以看到两种不同的世界影像：一种是由显示器产生的，另一种是由镜面反射产生的。对于视力丧失的人来说，区分这两种世界影像是很困难的。在一个小空间，如私人办公室或家里，可以通过屏幕的定位来避免屏幕反射。在包含许多屏幕的大空间中，应使用专门为这种空间设计的发光强度分布有限制的灯具（见 7.4.2.3 节）。

光分布的一个不利效果是眩光的产生。眩光包括几种形式（Vos，2003），其中两种重要的是不适和失能眩光。随着年龄的增长，眼睛中光线散射增加，可以预期到特定灯具产生的失能眩光会增加，失能眩光主要是由光线散射到眼睛造成的（Vos，1984）。在 13.5 节中讨论了失能眩光的计算公式以及根据观察者年龄对其进行修正的方法。失能眩光降低视觉功能的程度取决于所看到物体的亮度对比度、与眩光源的角度偏离以及视野其余部分的亮度。老年人的眼睛通常有更多的光散射，因此比年轻人更容易受到失能眩光的影响，而白内障患者这样视力丧失的人会受到更严重的影响（Storch 和 Bodis-Wollner，1990；de Waard 等，1992）。失能眩光公式表明，眩光源与视线的偏离越大，失能眩光的强度越小。由于散射光的亮度是叠加在目标及其背景的亮度上的，因此目标物和视野其余部分的亮度对比度是很重要的。在目标和背景的亮度对比度高的情况下，可以减小散射光的影响。

减少电气照明的失能眩光最简单的方法是使用看不到光源的灯具，而灯具的位置也尽可能避免放在普遍的视线上。通过限制直视光源，降低灯具的最大亮度；通过将灯具放置在远离普遍视线的地方，散射到视网膜上的光量也会减少。至于窗户，窗户的亮度可以通过使用有色玻璃、电动变色玻璃或各种类型的百叶帘来降低。但是，如果太阳可以通过窗户，那么除了使用不透明的遮挡外别无选择。增加视线偏差通常是把必须看到的东西从窗口移开。这些方法也将有效地减少不适眩光。

上述方法都与减轻视力丧失有关，但需要注意的是，昼夜节律系统也会随着年龄增长而衰退。对抗这种衰退的合理方法是更多的光照，特别是短波长的光，以提高刺激水平。可惜很多老年人做不到这一点，特别那些缺乏自理能力的老人（Cambell 等，1988；Shochat 等，2000）。许多老年人得到的光照比他们应该得到的要少得多，最简单的解决方法是更多的接触阳光。如果接受不到太多阳光，也可以采用 Mishima 等（2001）研究的电灯疗法补充。用全波段光谱荧光灯光源产生 2500 lx 的照度，每天照射两次，每次 2h，可以恢复褪黑激素水平和减少老年患者的失眠。如果采用可见光谱短波长的丰富光谱波段，使用低得多的照度也能产生这种效果。

理想情况下，单个照明装置应该能够同时为视觉系统和昼夜节律系统提供必要的刺激。Figueiro（2008b）提出了一项针对老年人的 24h 照明计划，旨在白天时提供高水平的昼夜节律刺激，在夜间提供低刺激，在醒着的时候提供良好的视觉条件，以及确保夜间安全移动而不干扰睡眠的夜灯。具体时间建议在白天为角膜提供作用于节律系统的不少于 400 lx 照度的光，在傍晚为角膜提供作用于节律系统不超过 100 lx 照度的光，在夜间为角膜提供作用于节律系统不超过 5 lx 照度的光。对节律系统起作用的光具有丰富的短波功率（见 3.4.3 节）；对节律系统不起作用的光则没有。

当然，这些推荐的照度必须能在眼睛上提供足够的光线，而同时又没有眩光且有良好的显色性。不幸的是，几乎没有人考虑如何做到这一点。相反，设计建议集中在提供增强老年人的视觉功效的照明。国际和国家照明主管部门（CIE，1997；IESNA，2008）和致力于老年人（包括视力丧失者）福利的组织提供了具体建议（Figueiro，2001；Thomas Pocklington Trust，2010）。遵循这一建议可以改善老年人和许多视力丧失者的视觉功效。此外，提供这种照明后，年轻人不会经历任何视觉功能的丧失。同样重要的是要注意，即使光线适合老年人，随着年龄增长而发生的视网膜和皮质衰退，意味着任何视觉功效的增强都很可能是有限的。即便十分有限，任何增强都是受欢迎的，因为这可能让他们的生活质量有极大提高（Sorensen 和 Brunnstrom，1995）。现在应该注意为老年人设计照明的问题，以增强他们的昼夜节律功能，而不影响他们的视力。

13.8.4 减少视觉任务

抵消年龄对视力影响的最后一种方法就是减少某些视觉任务的需要。这和我们的生活经验相符，比如年长的驾驶人在晚间会放弃驾驶，而在白天仍然觉得可以安全驾驶。能够开车对老年人的生活质量有重要作用（Jette 和 Branch，1992）。许多人不愿意放弃驾驶，直到他们视力无法支持（Campbell 等，1993）。在达到这一阶段之前，许多老年人就会认识到夜间驾驶的压力，具体包括低亮度的危险和对面的车灯的眩光。通常的应对方法是安排好旅程的时间，以便在天黑前到达。

决定不在夜间开车就是应对视觉困难的一种行为改变。这个问题的另一面是减少出现视觉困难的环境。一个典型例子就是在照明差异很大的区域之间设置过渡区域。患有青光眼和其他视力丧失的患者，经常经历黑暗适应的延迟和减弱（CIE，1997）。这使得他们很难安全地从明亮的空间移动到昏暗的空间。照明可以克服这个问题，因为它消除了对黑暗适应的过程。如果是使用这种方法，需要注意的是，室内和室外之间适应亮度的范围，室内和室外之间的亮度分级，以避免在亮度上的突然改变，当然，还有眩光的控制。

13.9 总结

随着年龄的增长，眼睛会发生很多变化：近距离聚焦的能力减弱；到达视网膜的光量减少，特别是短波长的光；到达视网膜的光线更多被散射；眼睛内部产生更多的杂散光。这些变化开始于成年早期，并随着年龄的增长而有所增加。随着年龄的增长，这些变化对视觉系统能力的影响是多种多样的。在阈值水平上，老年人的特征是对光线的绝对敏感度降低，视锐度降低，对比敏感度降低，颜色辨别能力减弱，视野变小，对眩光的敏感度更高。在实验室外，老年人在昏暗的光线环境中视物，在突然从明亮的环境转到黑暗的环境中时，阅读小字体和辨别深色都有困难。

随着年龄的增长，眼睛的变化也会影响昼夜节律生物钟。本质上视网膜神经节细胞向视交叉上核提供信号，这些细胞对短波长的光最敏感，所以到达视网膜的短波长的光减少，对于昼夜节律系统是有害的。这意味着老年人更有可能遭受昼夜节律紊乱，从而影响许多生理和心理功能。

以上这些变化是最容易预料到的变化。随着年龄的增长，眼睛发生病变的可能性也越来越大，从而导致视力丧失，最终导致失明。视力丧失是介于正常视力和失明之间的一种状态。全球范围内，视力丧失的五大最常见原因是屈光不正、白内障、黄斑变性、青光眼和糖尿病视网膜病变。这些原因涉及眼睛的不同部位，对于如何利用照明帮助视力丧失的人有不同的含义。屈光不正意味着外界的影像没有聚焦在视网膜上。白内障是晶状体的一种浑浊发展。白内障的作用是在光线通过晶状体时吸收和散射更多的光线。这导致视力下降，对比敏感度降低和色觉退化，以及对眩光更敏感和昼夜节律系统的刺激减少。黄斑变性的原因是覆盖中央凹的黄斑变得不透明。中央凹前方的不透明意味着在高空间频率的视力和对比敏感度严重下降。通常这些变化会使看到细节变得困难，甚至不可能。不过周围视觉不受影响，所以个体在空间中的定位能力和找路的能力几乎没有影响。青光眼表现为视野的逐渐缩小。青光眼是由于眼压的增加，破坏了供应视网膜的血管。除非眼压降低，否则青光眼将持续恶化直至完全失明。糖尿病性视网膜病变是慢性糖尿病的一种结果，由于影响了视网膜的供血，破坏了部分视网膜。这些变化对视觉能力的影响取决于视网膜损伤发生的位置和损伤的发展速度，但每个人之间都有很大的差异。

这些变化能在一定程度上得到补偿。老年人的远视问题可以通过佩戴眼镜或隐形眼镜来克服。对他们来说有困难的任务可以被重新设计，使视觉上更容易。这通常包括增加任务细节的亮度对比度，使任务细节更大并使用更饱和的颜色。照明也可以用来弥补视力老化。老年人比年轻人从高照度中受益更多，但仅仅提供更多的照度可能还不够。灯光必须保证控制好失能眩光以及不适眩光，并且避免光幕反射。视力丧失的人能否从这种照明变化中获益取决于造成视力丧失的具体原因。然而，有一种方法通常是有用的。这种方法是通过简化视觉环境，并通过仅仅对这些特征细节加上高亮度对比度，使这些特征细节更加可见。

对于昼夜节律系统，可以通过增加白天的光照、限制夜晚的光照在一定程度上抵消年龄的影响。多照射阳光，无论是在户外还是在阳光房都是理想的，如果无法做到这一点，可以用大量短波长可见辐射的电气照明作为适当的替代品。

国际和国家照明主管部门以及其他老年人福利组织就老年人不同活动的照明提供了具体建议。遵循这一建议可以改善老年人和许多视力丧失的人的视觉功效，而不会对年轻人造成问题。对于老年人和视力丧失的人来说，任何视觉功效的改善都是值得欢迎的，而且能极大地改善他们的生活质量。现在应该注意的是，如何提供既能有效维持昼夜节律功能又不会对视力造成负面影响的照明建议。

第 14 章　光与健康

14.1　引言

暴露在光照下对人类健康既有积极影响，也有消极影响，这些影响可能在不久后显现，也可能多年后才显现出来。不幸的是，健康是一个有弹性的定义，具体所指可大可小，可以指个人，也可能延伸到大众。本章讨论的照明对健康的影响被限制在以下四个方面：首先，我们只考虑对个体的影响而不是整个人群；第二，我们只考虑那些可能影响很多人的情况；第三，这里讨论的健康问题指的是涉及医学治疗的问题；第四，本章讨论的影响都是在光照和健康之间找到明确医学联系的情况。换句话说，本章专门讨论已被医学证实的光照对许多人健康的影响。其他类似信仰问题、颜色疗法等不在本章讨论，也不涉及更模糊的幸福感的问题。

14.2　光作为一种辐射

人们经常会在紫外线（UV）、可见光和红外线（IR）的电磁辐射下度过许多小时。这些辐射本身就会对人体健康产生影响，无论它们是否刺激了视觉系统或非图像视觉系统。

14.2.1　组织损伤

人体组织会因为很多原因受到损伤，具体原因可大致分为机械、热、化学和生物损伤。这里所关注的组织损伤类型是受到紫外线、可见光和红外线电磁辐射所造成的（见图 1.1）。在一本专门讨论光照的书中加入紫外线和红外线内容似乎有些奇怪，不过想一下就可以理解，很多光源在产生可见光的同时也会发出红外线和紫外线辐射，甚至某些光源是故意被设计成紫外线和红外线辐射源，例如日光浴灯和用于工业干燥的卤素灯。因此，任何使用光源的人都应该关注它们对人体组织的潜在伤害，这意味着要综合考虑紫外线和红外线辐射以及可见光辐射。

14.2.1.1　紫外线辐射引起的组织损伤

国际照明委员会（CIE）将电磁波谱的紫外线成分分为三个区域，即 UV-A（400～315nm）、UV-B（315～280nm）和 UV-C（280～100nm），其中一部分 UV-A 辐射（400～380nm）会刺激视觉系统。紫外线辐射会伤害眼睛和皮肤。对眼睛来说，紫外线辐射会引起光致角膜炎（photokeratitis）。这是一种非常难受但短暂的病症，会导致暴露后数小时开始的剧烈疼痛，并持续 24h 或更长时间（Pitts 和 Tredici，1971）。光致角膜炎的症状是角膜混浊、眼睛发红、流泪、畏光、眼皮抽搐和眼睛有沙砾感。通常所有这些症状在 48h 内就会消失。光致角膜炎是电弧焊工（电焊闪光）和极地探险者（雪盲症）的职业病，前者是因为电弧会产生大量的紫外线辐射，后者是因为雪地会有效地反射紫外线。决定一个人暴露在紫外线辐射下是否会患上光致角膜炎的因素是剂量，即角膜暴露于辐射照度的类型和暴露的时间，以及实际暴露的光谱。在 200～400nm 波长范围内的辐照度是引起光致角膜炎的原因，270nm 左右的辐照度影响最大（Zuclich，1998）。

光致角膜炎的发生是因为紫外线在角膜上引发的光化学反应，但并不是所有照射到眼睛的紫外线都被角膜吸收，大量的紫外线会被晶状体吸收。晶状体长时间暴露在 250～280nm 范围的紫外线辐射下会引起白内障（见 13.4 节），晶状体的不透明度会吸收和散射光线，从而严重损害视网膜图像，导致视力丧失（Collman 等，1988；Okuno 等，2012）。

紫外线辐射也会对皮肤产生伤害。曝光几个小时后，皮肤会变红。这种变红叫作红斑（erythema），红斑在曝光后 8～12h 达到最严重，几天后消退。高剂量的照射可能导致水肿、疼痛、起泡，几天后皮肤脱皮，即晒伤。对引起红斑的光谱的研究由来已久，形成了国际公认的作用光谱（CIE，1998b）（见图 14.1）。这一作用光谱表明，造成红斑的最有效波长在 UV-B 范围内。除了国际性的 CIE 标准，还有其他几个版本的红斑作用光谱在被使用，所以在评估数据时，需要知道使用的是哪种版本（Webb 等，2011）。

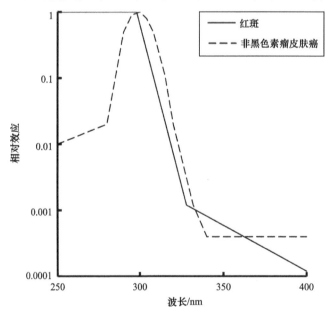

图 14.1　引起红斑和非黑色素瘤皮肤癌的作用光谱 [来源：国际照明委员会（CIE），*Erythema Reference Action Spectrum and Standard Erythemal Dose*, CIE Publication S 007：Joint ISO/CIE Standard, CIE, Vienna, Austria, 1998b；国际照明委员会（CIE），*Photocarcinogenesis Action Spectrum*（*Non-Melanoma Skin Cancers*），CIE Publication S 019, Joint ISO/CIE Standard, CIE, Vienna, Austria, 2006b]

　　长期暴露于这种紫外线辐射下会导致皮肤产生保护反应。具体来说，随着反复暴露，色素会迁移到皮肤表面，形成一种新的深色色素。与此同时，皮肤的外层变厚，产生了所谓的黝黑色，黝黑的程度取决于皮肤类型。这些变化的效果是降低皮肤对紫外线的敏感性。这其实是皮肤的自我保护机制，因为皮肤长期频繁地暴露在紫外线辐射之下会导致皮肤老化，并增加患某些皮肤癌的风险（Freeman 等，1970）。皮肤癌有三种类型：基底细胞癌、鳞状细胞癌和恶性黑色素瘤。CIE 确定了引起基底细胞癌和鳞状细胞癌的作用光谱（CIE，2006b）（见图 14.1）。研究结果都显示出与太阳紫外线辐射的正相关性（Moan 和 Dahlback，1993），这就是为什么世界卫生组织建议减少暴露在正午太阳下的时间，以及在强烈的阳光下应穿防护服、涂防晒霜。传统的电光源会产生非常小的紫外线辐射，但是日光浴床会产生大量的紫外线辐射，这是为了让使用者快速晒黑。世界卫生组织建议，应该规范日光浴床的使用，并限制 18 岁以下的人使用。

14.2.1.2　可见光和近红外线辐射引起的组织损伤

　　波长范围在 400～1400nm 的电磁辐射会损害视网膜，因为这个范围的辐射，不像紫外线，是可以穿过眼介质到达视网膜的。到达视网膜时，大多数光子被光感受器吸收，但也有一些被色素上皮细胞吸收，从而提高了它们的温度。如果有足够的能量，色素上皮细胞的温度可以升高到足以损伤组织的程度。这种效应被称为绒毛膜视网膜损伤。这种伤害通常是长期效应，大部分是由于长时间直视太阳造成的。绒毛膜视网膜损伤的主要症状是在吸收区出现盲点或暗区。受伤的位置很重要，如果发生在中央凹就会严重影响视力。如果受伤位置很小并且发生在远外围，则可能会被忽略。在过度暴露后 5min～24h 时间内可以通过眼科检查发现暗点。绒毛膜视网膜损伤康复的程度从部分康复到痊愈不等。

　　可见光和近红外线辐射引起绒毛膜视网膜损伤的概率主要取决于视网膜辐射的照射量，由适当的作用光谱加权。根据恒河猴的绒毛膜视网膜损伤的作用光谱（Lund，1998）显示，最敏感的波长区域为 400～1000nm（见图 14.2）。当然，猴子不是人类，但是对比研究表明，猴子、兔子和人类的视网膜受到的辐射损害是一致的（Geeraets 和 Nooney，1973）。

　　绒毛膜视网膜损伤的另一个重要因素是视网膜图像的大小。具体的相关性很简单，对于较小的视网膜图像，比如直径小于 50μm 的，视网膜组织更容易将热量从吸收点传导走；而对于较大的视网膜图像，比如直径为 1000μm 的，则更难。因此，较大的视网膜图像比具有相同视网膜辐照度的小图像更容易损伤视网膜。另一个因素是暴露于辐射的持续时间。这可分为两个部分：长于 150ms 和短于 150ms。这段时间具有重要的实际意义，因为它接近于保护眼睛的简单机制的作用时间，即厌恶反应。当看到非常明亮的波长在 380～780nm 的高亮光线时，通常的反应是眨眼并看向别处。这个动作的反应时间为 150～300ms。如果暴露时间低于 150ms，人不可能采取任何

避免措施。幸运的是，要在如此短的时间内产生破坏性的辐射照射，需要非常高的辐

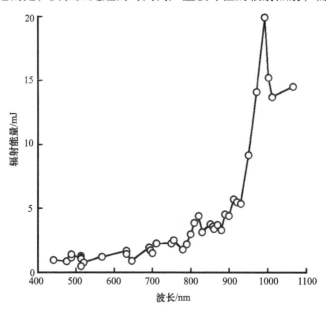

图 14.2　恒河猴患上绒毛膜视网膜损伤的作用光谱表示为在 100ms 暴露后 1h 产生 50% 概率的视网膜外观改变所必需的辐射能量，相对于波长绘制（来源：Lund, D.J., Action spectrum for retinal thermal injury, in R.Matthes and D.Sliney(eds.), *Measurements of Optical Radiation Hazards*, International Commission on Non-Ionizing Radiation Protection, Oberschleißheim, Germany, 1998）

照度，这比任何形式的传统照明产生的辐射都要高得多。例如，对于 100ms 的曝光，视网膜照射量为 50 ~ 1000W/cm^2，才足够造成损伤。当照射时间超过 150ms 时，较低的视网膜辐照度也会造成伤害，但采取规避动作的自然反应会降低伤害发生的概率。最危险的情况是，如果光源在近红外线上产生大量辐射，即波长在 780 ~ 1400nm 之间，而在可见光范围内很少有辐射，则在这种情况下，不会有高亮光线激发人体做出保护性的厌恶反应。

　　上述关于绒毛膜视网膜损伤的讨论都与视网膜的热损伤有关。不幸的是，在这之后还有快速光化学损伤的可能性，这被称为光致视网膜炎（photoretinitis）。光致视网膜炎发生的确切化学过程尚不清楚，但已知的是，它可以在低于热损伤阈值辐射水平下发生。最有效的波长范围在 400 ~ 500nm（见图 14.3），这解释了它最初的名字"蓝光危害"（Bullough，2000）。在实践中，视网膜炎很少见，因为人们对强光的厌恶会导致他们在伤害发生前遮住眼睛或转移视线。然而，如果暴露时间足以引起视网膜炎，损害通常在大约 12h 后才显现出来。从损害中恢复一些是可能的。

14.2.1.3　红外线辐射引起的组织损伤

　　CIE 对红外线部分的电磁波谱的处理方式与紫外线相同，即将其分为三个部分：

IR-A（780~1400nm）、IR-B（1400~3000nm）和 IR-C（3000~1000000nm）。对眼球介质的光谱透射率的测量表明，能够到达视网膜的波长不超过 1400nm。在 1400~1900nm 之间，几乎所有的入射辐射都被角膜和眼房水吸收。在 1900nm 以上，角膜是唯一的吸收体。IR-A 区域的影响已经在绒毛膜-视网膜损伤中讨论过了。然而在眼介质或角膜以及晶状体中被吸收的红外线能量也要被考虑，因为这会提高吸收组织的温度，并通过传导提高邻近区域的温度。幸运的是，通常的厌恶反应时间很短，要使晶状体发生变化需要极高的角膜辐照度（100W/cm^2）。此外，只要 10W/cm^2 被角膜吸收，就会产生强烈的疼痛感，引发厌恶反应。一般认为这种厌恶反应为眼睛提供了保护，使其不受红外线热效应的影响，其灵敏程度甚至超过了皮肤躲避闪光灼伤的程度。

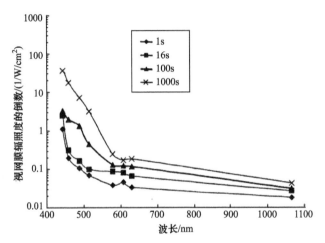

图 14.3　光致视网膜炎的阈值光谱，定义为暴露后 48h 的最小可见视网膜病变，暴露持续时间 1~1000s。数据来自 Ham 等对非人灵长类动物的研究。（来源：Stuck, B.E., The retina and action spectrum for photoretinitis（'blue light hazard'）, in R.Matthes and D.Sliney(eds.), *Measurements of Optical Radiation Hazards*, International Commission on Non-Ionizing Radiation Protection, Ober-schleißheim, Germany）

　　到目前为止我们只考虑了红外线辐射的急性效果，但长期慢性暴露在红外线辐射下肯定也会产生不良影响。Lydahl 和 Philipson（1984a，b）的研究表明，多年接触熔融玻璃或金属的工人白内障发病率有所增加，这被认为是吸收了 IR-A 和 IR-B 辐射引起的热效应（ICNIRP, 2006）。目前已经制定出了限制暴露在红外线辐射下的建议（见 14.2.2 节）。在实践中需要注意的是，当在光源下皮肤产生明显的温暖感觉时，就应该考虑到长期红外线辐射对眼睛造成损害的可能性。

　　至于皮肤本身，可见光和红外线辐射的作用只是提高温度。如果温度升到足够高，通常超过 45℃时，就会引起灼伤。重要的是要意识到眼睛的聚焦作用会让眼睛相比于皮肤对于可见光和红外线辐射的伤害更加敏感。然而皮肤和眼睛受到 IR-B 和 IR-C 辐射的风险是一样的，因为眼内介质对这些波长几乎不透明，而急性损伤的机制是热效应。某种辐照度提高皮肤温度的效率取决于暴露面积、皮肤的反射率和暴露时间。皮肤热损伤的阈值辐照度大于 $1W/cm^2$。这种辐照度不太可能由阳光或传统的室内照明产生，所以这些光源不太可能对皮肤产生任何程度的热损伤。在任何情况下，除了极短的暴露时间外，在热损伤发生之前，热应力都是相关的。

14.2.2 阈限值

考虑到紫外线、可见光和红外线辐射对于人体组织的潜在损伤，那么对于这些辐射的暴露值提出限制应该也不足为奇，而且有很多机构或团体给出这样的建议。第一个提出暴露限制的机构是美国政府工业卫生学家联合会（ACGIH），这是一个独立的专业协会，致力于促进职业健康和环境健康。它对保护健康最著名的贡献是公布了接触化学和物理药剂的阈限值。阈限值是指根据现有的最佳科学证据表明，几乎所有健康工作者都可日复一日反复接触而不会对健康造成不利影响的接触水平和条件。ACGIH 公布了暴露于紫外线辐射的阈限值，以避免光致角膜炎；暴露于可见光辐射下的阈限值，避免光致视网膜炎；可见光和红外线辐射的阈限值，以避免长时间暴露后白内障和低亮度红外线照射源对绒毛膜视网膜的损伤。阈限值根据辐射源的大小和照射时间的不同而有不同的形式。在某些情况下，阈限值是基于眼睛接受的总辐照度，而在其他情况下阈限值是基于眼睛的光谱辐照度或光源的光谱辐照度，乘以作用光谱的加权函数。IESNA 通过了 ACGIH 的建议，国际非电离辐射防护委员会、CIE 和欧盟各国也在略加修改后采用了该建议。遵循这些建议将会减少紫外线、可见光和红外线辐射造成组织损伤的可能性。阈限值和相关最大允许照射量的详细资料可从上述组织的出版物中获得（ICNIRP，1997，2004，2006；CIE 2002c；IESNA，2005b；BSI，2008）。

14.2.3 有害光源

《IESNA 推荐规范 27》已被接纳为美国国家标准（IESNA，2005b，2007a，2009）。该规范建立了一套系统，用以根据光源辐射所包含的危害来度量、分类和标记光源。该系统分为四档：豁免组及风险组 1、2 和 3。豁免光源是指那些不会造成任何紫外线、可见光或红外线辐射等生物危害的光源。被分配到风险组 1、2 或 3 的任何光源必定超过豁免组的一个或多个标准。风险组 1（低风险）的基础定义是，这一组的光源超过了为豁免组规定的限度，但正常行为的暴露限值不会对人体构成危害。风险组 2（中度风险）的基础定义是，这一组的光源超过了豁免组和风险组 1 的限值，但由于人体的厌恶反应而不会构成危害。任何属于风险组 3（高风险）的光源都被认为会造成危害，即使是短暂的照射。定义风险组 1、2 和 3 的标准与豁免组相同，但最大允许接触时间减少了。归属于较高危险组别的灯应附有警告标签，说明危险的性质及应采取的预防措施。欧盟在其标准中采用了类似的方法（BSI，2008）。

大多数用于普通照明的光源，如荧光灯、高压钠灯（HPS）和 LED，都属于豁免组或风险组 1。一些高瓦数的卤钨灯和金卤灯（MH）光源可以归入风险组 2 或 3。在所有的光源中，大多数人可能遭受组织损伤的最大可能是太阳。正午时分的太阳会发出大量的紫外线、可见光和红外线辐射，很容易就归入第三类风险组。正是由于认识到暴露于太阳光辐射所带来的危害，才促使人们开发了用于保护皮肤的更有效的防晒霜（Forestier，1998）和保护眼睛的太阳镜（Sliney，1995；Mellerio，1998）。

有必要提示一点，以上这些关于各种光源造成组织损伤的可能性的观察只是总体性的概括。对特定光源进行分类的测量是在所谓的正常预期条件下进行的。对于豁免组，正常预期条件被定义为光源发出的光落在角膜上产生 500 lx 的照度，或者灯具在表面以外 20cm 处产生 500 lx 的照度。照射时间按类别和强度以及所涉及的光谱可能造成的损害而定。例如，如果一个普通照明荧光灯被评估，它要进入豁免组需要满足的条件是，紫外线照射限制在 8h 内不超标，近紫外线或近红外线对于角膜/晶状体的危险在 1000s 之内不超标，并且对视网膜的热损伤在 10s 内不超标，还有蓝光伤害在 2.8h 内不超标。

此外，这种分类不应适用于某一类型的所有灯具。例如，虽然用于普通照明的荧光灯属于豁免组，但也有用于日光浴床的荧光灯，它们被设计为发出相当大的紫外线辐射，这些也不属于豁免组。类似地，一些汞灯不是作为照明光源而设计的，而是用作杀菌的紫外线辐射源。对于太阳，造成的危害取决于穿过大气的路径长度和个人的皮肤色素沉着。当太阳处于天空低位时，这种危险是很小的，而且皮肤色素越深，危险就越小。

在评估任何特定光源对于组织的潜在损伤需要遵循的最安全原则是依照一个可用的标准测试，评估该标准与拟议光源测试申请的相关性，并在适当情况下，遵循对已分配风险组的建议来操作。如果标准不适合此申请，那么就有必要回到基本原理，对组织损伤的风险进行单独评估。

14.2.4　实践中的思考

在讨论不同光源的光辐射危害时，最重要的关键词是"潜在的"。各种光源风险分类中所定义的潜在组织损伤是否会真实发生，取决于光源的使用方式。光源安装于灯具中后，可能会显著改变观看者所接收到的辐射光谱。例如，使用玻璃罩可大大减少卤钨灯的紫外线辐射，并可使用二向色反射器在反射可见光的同时集中红外线辐射。大多数情况下光源安装到灯具中可以降低相关辐射造成的危害，但在过滤不充分的情况下，也可能会造成危险程度的辐射暴露（O'Hagan 等，2011）。这意味着对于豁免等级之外的任何光源，都有必要了解灯具材料的光谱特性，尤其是塑料和玻璃的紫外透射率（McKinlay 等，1988；Lambrechts 和 Rothwell，1996）。

另一个会改变观察者所收到的辐射光谱的因素是，入射的辐射中有多少比例直接来自光源。经反射后的辐射比例越大，光谱发生变化的可能性就越大，因为不能保证反射表面均等地反射紫外线、可见光和红外线辐射。例如，雪面可以反射 88% 的 UV-B 辐射乘以 ACGIH 光化紫外线加权函数，而草面则反射不到 2%。这种多样性意味着，如果对光源辐射造成组织损伤的风险有疑问，就必须对实际光谱辐射或辐照度进行实地测量。如果测量结果表明危险是实际存在的，那就应该采取行动来减少危险。理想情况下可采取的形式有，减少光源的输出使其低于危险量或减少暴露时间。如果不能减少，那就需要一定程度的保护措施。具体可以采用适当的材料对光源进行遮挡，即对有害辐射不透明的材料和滤镜、头盔以及衣服等个人防护措施。

14.2.5 特殊群体

所有对光源造成组织损伤的评估都是基于成年人对紫外线、可见光和红外线辐射的平均作用光谱来进行。但是有些人群明显偏离了平均灵敏度，使他们对这些辐射敏感得多。

其中一组是早产儿，特别是那些出生时体重不足 1000g 的早产儿。这些婴儿的眼睛还在发育，暴露在光线下可能会造成早产儿视网膜病，这种视觉障碍可能会对婴儿的视网膜造成永久性损害。现在已经有人提出了限制新生儿重症监护病房光照水平的建议（Bullough 和 Rea，1996）。即使是在正常妊娠期后出生的婴儿，也必须谨慎对待光照，因为这类婴儿的晶状体在波长范围为 300 ~ 350nm，也就是在 UV-B 和 UV-A 区域具有很高的透光率（Barker 和 Brainard，1991）。这意味着应该避免新生儿眼睛接触大量紫外线辐射的光源，比如午间的太阳（Sanford 等，1996），鉴于有证据表明增强的紫外线透光率在幼儿中仍然很明显，这种护理应持续数年。

儿童保育中心使用的 LED 光源在 440 ~ 460nm 范围内的峰值也令人担忧（Zak 和 Ostrovsky，2012）。大多数基于蓝色 LED 和荧光粉组成的白光 LED 都有这样的辐射（见图 1.13）。这种担忧是基于这样一个事实，即儿童的眼介质对于这种波长的透光率要比成人大得多，因此视网膜受到光化学损伤的风险更大。

另一种敏感群体是手术后摘除晶状体的白内障患者，即无晶体患者。这类患者比原生物晶状体完好的人更容易因暴露于短波长可见光和紫外线辐射而造成光化学视网膜损伤，除非他们安装了吸收紫外线的人工晶状体（Werner 和 Hardenbergh，1983；Werner 等，1990；CIE，1997）。ACGIH 意识到对于无晶状体人群的危害情况，专门引入了危险加权函数。

需要特别注意暴露在紫外线辐射下的其他三个群体是那些患有增强光敏性疾病的人，例如患有红斑狼疮的人（Rihner 和 McGrath，1992）；正在服用增加光敏性药物的人；那些暴露于某些化学制剂环境中的人，例如家用产品中使用的增白剂（Harber 等，1985）。不像新生儿和无晶状体症患者辐射的危害仅限于视网膜，对这些光敏效应加重的人来说，辐射主要危害在于皮肤。暴露于紫外线辐射所造成的风险会增加多少，将取决于医疗状况或特定的药物或化学品以及所摄取的剂量或暴露水平。

14.2.6　积极影响

目前为止讨论的都是光辐射对于健康的负面影响，但其实也有正面的影响。

14.2.6.1　空气净化

UV-C 辐射会破坏 DNA，使这个范围内的灯具能有效杀死微生物。如果用于净化空气、水和牛奶等液体以及糖等颗粒物质时，可对人类健康提供益处。UV-C 辐射通过灭活病原体，如真菌孢子和杆菌来起到杀菌净化效果（Brickner 等，2003；First 等，2007a）。紫外线辐射作为一种空气消毒技术有悠久的历史，沉寂一段时间后，近年来作为一种控制耐药结核病传播的有效技术又重新被人们所重视（Reed，2010）。杀菌灯的工作原理是让电流通过密封在特殊玻璃或石英管里的低压汞蒸气，汞蒸气被激发发出紫外线，发出的大部分能量集中在 254nm。这种灯可用于需要限制疾病在空气中传播的任何场所，包括医院、学校和无家可归者的庇护所。但是由于 UV-C 辐射对眼睛和皮肤都有危险，在使用的地方需要采取保护措施。安全使用的前提是空间的居住者不能直接看到灯源，并且房间表面最小限度地反射 UV-C 波长（Nardell 等，2008）。关于如何成功安装这种空气净化系统的技术指导正在走向成熟，新的技术正在开发中（First 等，2007b；Rudnick 等，2009）。

14.2.6.2　光照疗法：高胆红素血症

还有其他的一些医疗问题可以通过特定的光辐射进行治疗（Parrish 等，1985）。高胆红素血症，也就是俗称的新生儿黄疸是常见病，美国有 7% ~ 10% 的新生儿患有此症需要接受医疗护理。严重的病例可能导致脑损伤和死亡。这种情况的光疗包括将婴儿赤身裸体地暴露在短波长可见光辐射下，眼睛需要被遮挡（Bullough 和 Rea，1996）。

14.2.6.3　光照疗法：皮肤病

紫外线辐射也被用于治疗牛皮癣和湿疹等皮肤病。患者接受多次全身照射，接受亚 - 红斑剂量的 UV-B 辐射。有一种治疗严重牛皮癣、湿疹、白癜风和其他皮肤病的方法将 UV-A 辐射和补骨脂素配合使用。这种联合治疗称为光化学疗法（简称化疗）。所谓化疗的工作原理是杀死特定的细胞，化疗的一般问题是如何将这种破坏限制在想要的细胞上。补骨脂素有杀死细胞的能力，但它需要暴露在 UV-A 下才能触发效果。幸运的是，UV-A 辐射能穿透皮肤但不能到达内部器官，所以补骨脂素和 UV-A 辐射的结合将细胞毒杀作用限制在皮肤上。这并不意味着化疗是没有风险的。在接受化疗的病人中发现了基底细胞和鳞状细胞皮肤癌。就像许多医学问题一样，决定是否使用化疗是一个权衡两边风险的问题。

14.2.6.4　光照疗法：内部肿瘤

化疗也可以用来治疗内部肿瘤。当一种化学物质被注射到血液中时，它会与肿瘤细胞结合，在 630nm 的可见光辐射下触发，通过内窥镜来杀死肿瘤细胞。这个过程也被称为光动力疗法，已经被证明对多种肿瘤有效（Epstein，1989）。

14.2.6.5　光照疗法：免疫系统

紫外线辐射的另一种用途是抑制免疫系统（Noonan 和 de Fabo，1994）。这种抑制可能有助于治疗自身免疫性疾病，如多发性硬化症，这类疾病是由于免疫系统过度活跃引起的。当然，对于那些免疫系统已经被抑制的人来说，这种疗法是危险的。治疗性的紫外线照射只能在咨询合格的医生之后进行。

14.2.7　老化效应

除了前面讨论过的危害和好处之外，紫外线、可见光和红外线辐射也可能会对衰老进程的速度产生影响。其中一个例子是，在全生命周期中接收的总光照照射量与视网膜损伤之间建立联系。此观点的机制是，暴露在光线下会对视网膜造成损害。这种损伤可以修复，但随着年龄的增长，修复机制逐渐变得不那么有效，导致视网膜暴露在光线下的时间越长，损伤越迅速累积（Marshall，1987）。毫无疑问，视网膜退化的概率随年龄增长而增长，并且视网膜上随着衰老的变化和随着暴露于高水平照明的变化有着密切的相似之处（WHO，1982），但在视网膜上的衰老进程是否真的和光照射有关或是因为其他机制造成的，还有待商榷（Weale，1992）。这需要全面的流行病学研究，在光暴露史和视网膜恶化之间建立因果关系。在这些实验完成之前，长时间暴露在高强度光线下对视网膜老化速率的影响还有待证实。

长期暴露在辐射下的另一种老化效应已得到证实，就是影响皮肤。严重光照老化皮肤最显著的特征是存在大量增厚、退化的弹性纤维，并退化为无定形团块。其结果是像硬壳一样更厚的皮肤。光老化最常见于那些通常没有衣服保护的身体部位。光老化的作用光谱还没有明确的定义，但很明显，主要的辐射是在紫外线区域（Cesarini，1998）。在户外涂抹防晒霜，尤其是在阳光充足的地区，可以防止光老化进程。

14.3　光线对视觉系统的影响

视觉系统的功能是帮助我们认识周围的环境。视力的好坏会影响我们对环境的理解，进而影响我们的健康。

14.3.1　视觉疲劳

光是视觉系统运作的必要条件，但如果使用不当，就会对健康造成伤害。光对视觉系统健康最常见的影响就是眼疲劳，或更正式地称为视疲劳（asthenopia）。眼疲劳是由于长期处于不适的光照条件下引起的，这些条件在第 5 章中有充分的讨论。眼疲劳的症状是眼睛有刺痛感，如眼睛和眼睑发炎；视力下降，如模糊或重影；通常表现为头痛、消化不良、头晕等。经常眼疲劳的人很难说身体健康。

当视觉系统面临困难的视觉任务、刺激不足或过度刺激、注意力分散或知觉混乱时，就可能出现眼疲劳症状（见 5.3 节）。这些条件可能是由光线不足、任务及其环境的固有特征、个人视觉系统的限制或这些因素的某种组合所造成的。引起眼疲劳的机制有两种：一种是生理上的；另一种是感知上的。生理疲劳有两种形式，眼睛表面的干燥和动眼肌系统中的肌肉紧张，即控制眼睛调节和聚合的肌肉系统（Sheedy等，2003；Sheedy，2007）。感知上的疲劳是当视觉系统难以实现其主要目标，即理解我们周围的世界时所感受到的压力。需要长时间近距离观看的情况，或者需要眼球运动系统长时间保持固定姿势，或者频繁进行相同类型的运动，都有可能由于肌肉疲劳而引起眼睛疲劳，使人们很难看到需要看到的东西，或使人们的注意力从需要看到的东西上分散的情况，很可能通过压力造成眼疲劳。以下照明条件已被证明会导致眼疲劳：照度不足（Simonson 和 Bozek，1948），不同任务元素之间过多的亮度比率（Wibom 和 Carlsson，1987），眩光（Sheedy 和 Bailey，1995）和灯光闪烁，即使它是不可见的（Wilkins 等，1989）。重要的是要认识到，在视觉上容易、没有分心或知觉混乱的情况下，视觉系统可以在没有眼疲劳的情况下工作好几个小时。Carmichael和 Dearborn（1947）测量了人们在 160 lx 的照度下，连续 6h 阅读高对比度印刷的 10号字体书籍的眼球运动模式，希望发现眼疲劳的迹象，但没有发现。显然，在适当的条件下，视觉系统完全有能力在没有压力的情况下进行长时间的活动。即使条件不合适，视力也不会变差；相反，它会抗议，但会在休息中迅速恢复。

14.3.2 跌倒

跌倒是外伤的主要原因，也是老年人死亡的常见原因。为了避免跌倒，人们必须有良好的姿势控制。来自视觉、本体感受和前庭系统的信息都会影响姿势控制。随着年龄的增长，这些系统的退化会导致姿势控制受损（Black 和 Wood，2005）。闭上眼睛使视觉信息无法获得会减弱姿势控制，表现为身体晃动增加（Turano 等，1994）。即使眼睛是睁开的，视力丧失的人也表现出姿势稳定性下降（Anand 等，2003；Lee和 Scudds，2003）。更通俗地说，姿势稳定性与视力和对比敏感度有关（Lord 等，1991）。因此人们可能认为，解决老年人摔倒的一个办法是鼓励使用适合老年人的照明和装饰（见 13.8 节）。虽然这在大部分时间里是正确的，但有一种情况下是不合适的——在晚上，高亮度会干扰睡眠。但是老年人在晚上还要经常起夜，通常处理这种困境的方法是提供一个夜灯，以提供低水平的环境照明。Figueiro 等（2008b）研究了安装在浴室门框周围的线性 LED 灯具提供的增强视觉信息的效果。参与者年龄都在 65 岁以上，他们坐在面向门的椅子上。线性 LED 灯对参与者的眼睛产生四种不同的照度：0.3 lx、1.0 lx、3.0 lx 和 10 lx。另外还有一组夜灯提供统一的环境照明，给参与者的眼睛 0.3 lx 照度。门和线性 LED 灯在垂直方向上对齐，向左或向右有 4.3° 的斜角。参与者被要求站起来看着门。然后通过两种方式来测量他们的姿势控制：一是通过左右脚的重量对称；二是通过摇摆速度（°/s）。在左右的重量分布上，垂直方向的线性 LED 和夜灯没有统计学上的显著差异；但 LED 系统向左倾斜时，参与者向左倾斜，向右倾斜时，参与者会向右倾斜。在摇摆速度方面，门的倾斜与测量时间之间存在交互作用，表明门倾斜时，摇摆速度更快，但仅在运动的前 2s。在一个类似的实验中，Figueiro 等（2011）测量了老年人沿常规夜灯照明的水平路径行走的步行特征，分别在有和没有两束水平激光束标出路径两种情况下。研究发现，水平激光束的存在导致高风险人群走得更快，步幅变化更小，这些特征意味着更安全的运动。

以上结果有两层含义：首先，视觉信息对姿势稳定性很重要；第二，当视觉信号加强了来自其他感觉系统的信号而不是与它们相冲突时，姿势的稳定性就会提高。在某种意义上，门框上的垂直照明和沿路径的水平激光束的使用，都是为视力丧失的人提供突出细节高对比度原则的例子（见 13.8 节）。

14.3.3 偏头痛

在光线不好时，每个人都可能会感到眼疲劳，但有些人对照明特别敏感，其中就有患光癫痫的人（Fisher 等，2005）。如果出现某种频率的抖动光，并且覆盖大面积且调制率高，这些人就会出现癫痫发作。光癫痫患者最敏感的频率约为 15Hz，还有约 50% 的患者在 50Hz 时仍表现出光痉挛反应的迹象（Harding 和 Jeavons，1995）。当正常的生理兴奋碰到一个超过皮质区域的限值时，癫痫就会于视觉皮层发作（Wilkins，1995）。

有一个更大的群体会受到灯光不稳定的影响，那就是偏头痛患者。偏头痛其实是神经血管对个体内外环境变化的反应，偏头痛不仅仅是严重的头痛，还可能包括恶心、呕吐、气味耐受不良和畏光。偏头痛的确切原因尚不清楚，但 Wilkins（1995）推测，与大细胞通路相关的皮质过度兴奋是引发偏头痛的原因。目前已知光线和照明是偏头痛的常见诱因之一（Shepherd，2010），偏头痛患者比没有偏头痛的人对光线更敏感（Main 等，1997）。这意味着偏头痛患者对眩光更敏感，并抱怨光线太亮。此外偏头痛患者可能对视觉不稳定过敏，无论是由光源输出光的波动引起的，还是由大面积有规律的亮度模式引起的（Marcus 和 Soso，1989；Wilkins，1995）。一个环境中是否存在大面积、高对比度的规则亮度模式通常是建筑师或室内设计师的责任，因为他们决定装修，但光输出波动的存在是照明设计师的责任。确保光输出波动不会造成麻烦的一种方法是使用本身调制率较低的光源，如白炽灯。如果要使用高调制率的气体放电光源，则应使用高频镇流器。如果使用 LED 光源，则应该搭配非常稳定的直流驱动器操作。Wilkins 等（1989）在一间办公室里做过一项现场研究，采用 32kHz 的电子镇流器取代工作在 50Hz 交流电的电感镇流器，检查对头痛和眼疲劳的影响。搭配电感镇流器的荧光灯在 100Hz 的基频下有大约 45% 的调制率。而同样的灯具在电子镇流器下的调幅率小于 7%。图 14.4 显示的是在两种荧光灯下工作的不同年龄的用户每周出现头痛的频率百分比，分布情况非常不平衡。这意味着办公室里的每个人都会因为各种各样的原因偶尔感到头痛，但有些人每周会头痛两次。从图 14.4 可以看出，将电感镇流器转换为电子镇流器对大多数人没有什么帮助，但对经常头痛的人确实有帮助。有了电子镇流器，没有人每周头痛超过 1.3 次。每周眼疲劳频率的分布也发生了类似的变化。Kuller 和 Laike（1998）发布了一个类似的模式，即那些具有高临界闪烁频率的人，在由常规电感（50Hz）镇流器的灯光下工作时，中枢神经系统的兴奋度增强。

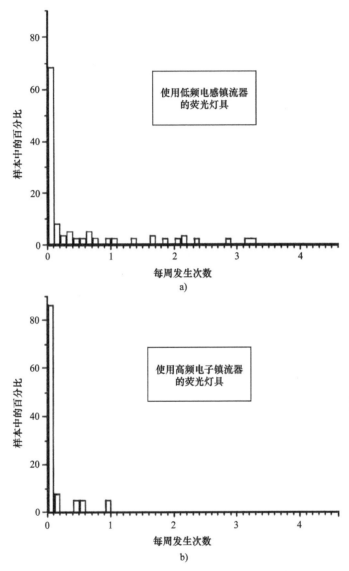

图 14.4　办公室人群在不同的荧光灯具下工作每周感受到的头疼频率百分比：a）电感（50Hz）镇流器；b）电子（32kHz）镇流器（来源：Wilkins, A.J.et al., *Lighting Res. Technol.*, 21, 11, 1989）

14.3.4　自闭症

还有一大群体对光输出的波动敏感，即自闭症患者。自闭症是一种影响儿童交流、理解语言、玩耍和与他人沟通能力的神经紊乱。症状是重复的活动、刻板的动作、对环境变化的抗拒以及对感官体验的过激反应。自闭症儿童的应激反应很强，而重复动作被认为是引发他们反应的诱因之一（Hutt 等，1964）。光输出的重复波动也是环境刺激的一种形式。对自闭症儿童的观察表明，在荧光灯下重复行为确实比在白炽灯下出现得更频繁（Colman 等，1976；Fenton 和 Penney，1985）。这表明为荧光灯配备电子镇流器和为 LED 配备稳定的驱动器，自闭症患者也会从中受益。还应注意避免照明控制系统突然改变灯光亮度。

14.4 照明对昼夜节律系统的影响

昼夜节律系统是许多生命活动的基础，规律性的光照、夜晚转换是维持这个系统的关键。因此，光照会通过影响昼夜节律系统，从而影响人类健康也就不足为奇了。这在经常从事夜班工作的人身上表现得最为明显，尤其是那些快速轮班的人，他们无法完全调节好自己的昼夜节律周期（Schernhammer 和 Thompson，2011）。这种轮班工作会导致频繁的昼夜节律中断，而昼夜节律中断又与心脏病、癌症和糖尿病等重大健康风险增加有关（Knutsson，2003），频率过高会导致早逝（Knutsson 等，2004）。

14.4.1 睡眠

睡眠—觉醒周期是最明显和最重要的昼夜节律之一。睡眠质量差和睡眠不足会导致记忆力减退、协调性差和认知功能退化，这些都会导致事故增多和生产力下降（Lockley 等，2007；Rosekind 等，2010）。睡眠障碍有很多种情况，对光照敏感的人主要有睡眠时间和时长问题。睡眠时间问题主要是入睡太晚或者太早睡引起的紊乱。晚睡的特点是晚睡晚起，以年轻人居多。如果睡眠时长是正常的，而且个人可以根据自己的睡眠模式调整自己的工作和生活的时间表，晚睡紊乱不一定会造成很大问题。然而，如果睡眠时长缩短，并且睡眠时间不符合工作等社会要求，那么就可能患上慢性睡眠缺乏，得了这种病的人会一直感到疲倦。

早睡紊乱的特征是早睡和早醒，主要是老年人。只要睡眠时长是正常的，而且个人的生活方式可以适应这种情况，早睡紊乱就不会造成问题。

接受光照已被证明是治疗这类睡眠障碍的有效方法。Czeisler 等（1988b）已经证明，在适当的时间内接受 10000 lx 的光照，可以让有晚睡障碍的人显著提前入睡，而那些有早睡障碍的人显著推迟睡眠。从人体时段反应曲线（见 3.4.1 节）可以看出，对于晚睡时间障碍者的适宜光照时间为刚睡醒时，对于早睡时间障碍者的适宜光照时间为晚上。

而对于睡眠时长紊乱，典型的问题是无法正常入睡但可以正常醒来的睡眠始发型失眠，以及可以正常入睡但睡眠难以维持的睡眠维持型失眠。这两种病症在老年人中都很常见（Campbell 和 Dawson，1991；Foley 等，1995）。Lack 和 Schumacher（1993）已经证明，夜晚接受明亮的灯光照射，会使睡眠维持型失眠的人睡眠时间更长、质量更好。

　　毫无疑问，在充足的光照下照射适当的时间有助于促进睡眠，但是什么是充足的光照，照射时间应该持续多久，光线应该有什么样的光谱呢？不幸的是，这些问题没有明确的答案。眼睛照度从 2500 ~ 10000 lx 的宽范围，以及从标准荧光灯到蓝光 LED 的各种电气光源，都已被证明对睡眠障碍的治疗是有效的（Terman 等，1995；Gooley，2008）。这样高的照度对于传统的建筑照明是不现实的，不过希望以后可以达到以保证有益的效果。我们实际需要的其实是能够刺激褪黑激素的有效光刺激，似乎可以合理地假设，通过将光源光谱和昼夜节律系统的敏感光谱相匹配，并且在最敏感的时段照射，如在黎明和黄昏，可以使用更低的照度达到同样效果。其实所有这些操作都是不必要的。日光的光谱组成就非常适合刺激昼夜节律系统。毕竟这套系统就是在白天、黑夜的自然转换规律下进化出来的。更深入地理解光照对昼夜节律系统的作用，可能会使人们重新关注建筑物更好的自然采光（CIE，2004e）。

14.4.2　季节性情绪紊乱

　　抑郁症是目前最常见的精神疾病之一，终生患病率约为 17%（Kessler 等，1994）。季节性情绪紊乱（SAD）是一种抑郁症亚型，其特征是抑郁的发作与康复都和一年中的时间密切相关，并且这种关联在过去 2 年中都有所重复。在这些患病者的一生中，季节性抑郁症的发作率远远高过非季节性抑郁症（美国精神医师协会，2000）。SAD 有两种形式，即冬季 SAD 和夏季 SAD，前者比后者更常见。冬季 SAD 的典型症状是抑郁情绪增加、对所有或大部分活动兴趣降低，还有一些非典型症状，如嗜睡、易怒、对碳水化合物的食欲增加、体重随之上升。这些症状到了夏天就会消失。夏季 SAD 也有抑郁情绪的增加和对活动缺乏兴趣，但伴随的症状是睡眠减少、食欲不振和体重减轻（Wehr 等，1991）。美国约 5% 的人口患有冬季 SAD，10% ~ 20% 有亚综合征症状，这一比例随纬度的增加而增加（Kasper 等，1989b；Wehr 和 Rosenthal，1989；Rosen 等，1990）。冬季 SAD 发病率随着年龄的增长而增加，直到 60 岁左右，之后急剧下降。

　　目前推测 SAD 的病理基础是昼夜节律失调，症状会随着昼夜节律失调的减轻而得到缓解（Lewy 等，2006，2007），因此在明亮光线照射下通常是治疗 SAD 的有效方式（Golden 等，2005；Lam 等，2006；Ravindran 等，2009）。强光的意思是，对于眼睛产生的照度在 2500 ~ 10000 lx 之间。光线下照射的时间从 30min（10000 lx）~ 2h（2500 lx）不等，通常在早晨进行，尽管什么时间照射相对不重要（Wirz-Justice 等，1993）。在这种照度下，具体的光谱也不重要，尽管显然更短的波长比波长更有效（Lee 等，1997）。荧光灯是灯箱中最常用的光源，主要是因为其发光效率高、表面积大，比用一个点光源来提供相同照度，视觉上更加舒适。一个好的灯箱也会有一个过滤器来阻止紫外线。

　　对强光的反应通常在 2 ~ 4 天内出现，一周内就会出现明显的改善，但如果光照治疗停止，症状将立刻重现。一般来说抑郁症的非典型症状是那些对光治疗反应最明显的症状，也就是嗜睡、食欲增加和对碳水的渴求。与大多数医学治疗一样，长时间的灯箱高照度也会有副作用。典型症状是轻微的视力障碍和头痛，随着时间的推移会逐渐消失。但是，对于有躁狂倾向、皮肤光敏、已经有视网膜损伤或潜在危险的患者应谨慎采用（Levitt 等，1993；Gallin 等，1995；Kogan 和 Guilford，1998）。治疗 SAD 中使用灯光的指导资料有很多（Lam，1998；Saeed 和 Bruce，1998；Lam 和 Levitt，1999）。对于通常用于治疗 SAD 的灯具的光辐射安全性测量表明，它们不会构成危险（Baczynska 和 Price，2013）。

14.4.3 阿尔茨海默病

阿尔茨海默病是一种脑部退化性疾病，是导致老年痴呆的最常见原因。照明可以通过影响视觉系统和昼夜节律系统来改善阿尔茨海默病患者的能力和行为。阿尔茨海默患者与同龄健康人群相比，对比敏感度功能降低（Gilmore 和 Whitehouse，1995）（见图 14.5）。这种变化模式与阿尔茨海默病中视网膜和皮质层细胞丢失的报道一致，尤其是视觉的大细胞通道（Blanks 等，1991；Hof 和 Morrison，1991；Kurylo 等，1991）。有人认为，这种视觉能力的降低可能会加剧阿尔茨海默病患者其他认知损失的影响，增加思维混乱和社会孤立（Mendez 等，1990；Uhlman 等，1991）。这表明增强亮度对比度刺激可以改善老年痴呆症患者的功能。Gilmore 等（1996）研究表明，增加亮度对比度确实能提高阿尔茨海默病患者识别字母的速度（见图 14.6）。这一发现也暗示着，阿尔茨海默病患者也在努力通过衰退的视觉和认知能力来理解世界，通过照明来改善患者视力可以有效地帮助患者提高生活质量（见 13.8 节）。这是一个值得深入研究的方向。

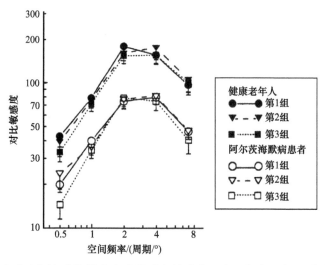

图 14.5 健康老年人和阿尔茨海默病患者的对比敏感度，在一年中 3 个不同时段检测（来源：Gilmore, G.C. and Whitehouse, P.J., *Optom. Vis. Sci.*, 72, 83, 1995）

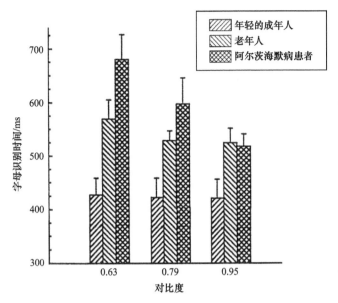

图 14.6　年轻的成年人、健康老年人以及老年阿尔茨海默病患者分别在三种亮度对比度（0.63、0.79 和 0.95）下对字母的平均识别时间（来源：Gilmore, G.C.et al., *J. Clin. Geropsychol.*, 2, 307, 1996）

　　至于昼夜节律系统，阿尔茨海默病和其他形式的痴呆症患者经常表现出全天和夜间的碎片化休息 / 活动模式（Aharon-Peretz 等，1991；van Someren 等，1996）。这使得这样的病人难以被照顾，这也是亲属们将他们送进看护机构的主要原因之一（Pollak 和 Perlick，1991）。昼夜节律系统由视交叉上核（SCN）控制，而视交叉上核又会因为周期性的亮暗变化而校正（见 3.3.2 节）。阿尔茨海默病患者的视交叉上核明显退化（Swaab 等，1985），而他们得到的光照也很少（Campbell 等，1988）。这意味着如果让阿尔茨海默病患者白天接受明亮光线照射，晚上减少光照，能够加强校正效果，从而帮助他们得到更稳定的休息 - 活动模式。最近有研究采用治疗 SAD 的灯箱来给阿尔茨海默病患者提供治疗，并且证明了有益处（Lovell 等，1995）。具体来说，患者面前摆上一个灯箱，白天在眼睛上产生 1500 ~ 3000 lx 照度，照射 2h。结果是夜间的躁动和游荡减少，以及更稳定的休息 / 活动节奏。不幸的是，阿尔茨海默病患者不太容易坐得住，因此需要专人持续监督他们坐在灯箱前。更实际的替代方案是提高病人白天所在房间的照度到一个高水平。van Someren 等（1997b）针对 22 名不同程度的痴呆症患者做了测试，他们所在的客厅平均照度由 436 lx 增加到 1136 lx。4 周后，照度恢复到原来的状态，平均为 372 lx（数值不同，因为照明包含日光部分）。图 14.7 显示了一位阿尔茨海默病患者每小时的原始活动数据。图中还给出了三种光照条件下所有患者 24h 活动水平的平均值和相关标准偏差值的两个周期。病人白天接受强光照射后，平均活动时间明显更长但水平明显变低，并且夜间的活跃度明显下降。此外，对数据仔细地回归分析显示，严重视力丧失的患者接受照射后并没有获益，这表明强

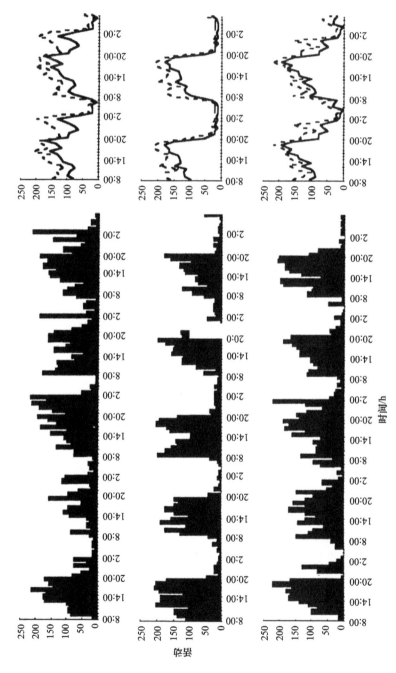

图 14.7 　左图显示的是阿尔茨海默病患者 5 天内每小时的原始活动数据，上图是强光照射前，中图是接受照射期间，下图是接受照射以后；右图显示的是两个周期内的平均活动水平（实线）和相关标准偏差值（虚线）（来源：van Someren, E.J.W.et al., *Biol. Psychiary*, 41, 955, 1997b）

光照射并不是安慰剂。毫无疑问照明在阿尔茨海默病的治疗中发挥重要作用，也许对其他痴呆症患者也是如此。有趣的是，Riemersma-van der Lek 等（2008）的一项大规模研究表明，白天接受强光照射可以减缓痴呆症患者病情恶化的速度。同样，Royer 等（2012）已经证明，白天暴露在 400 lx 的短波长光线下 30min 可以改善长期护理中的老年人的认知功能。这些改善是由于白天的高光照增加了警觉性的直接结果，还是由于晚上睡得更好的间接结果，或者两者都有，还有待确定。尽管如此，人们已经建议了对痴呆症患者的家庭照明进行改善（Torrington 和 Tregenza，2007）。

14.5 尚未解决的问题

光与人类健康的关系之间还有一些问题尚待解决。具体包括夜间光照是否会引起多种癌症，光照和维生素 D 缺乏的关系，人们是否需要每天最低限度的光照以获得良好的心理健康，日光在手术康复中的效果，以及接触短波长光与黄斑变性的相关性。这些问题仍未解决主要有三个原因：第一，尽管有很多医疗证据表明光照的正面作用，但确切的机制还不清楚；第二，不同的观点之间有冲突，可能治疗一种疾病的方法会导致另一种疾病恶化；第三，相比实实在在的成本来说，治疗的好处不够明确。

14.5.1 癌症

一个尚未解决的健康问题是光照与癌症和神经退化性疾病的发展之间的可能联系（Reiter，2002；Stevens 等，2007；Stevens，2009）。乳腺癌是其中研究最广的一种。20 世纪初，发达国家的乳腺癌发病率不断上升，这也确实和人工照明的大幅增长相一致（Chu 等，1996）。1987 年的研究表明，乳腺癌发病率上升可能部分归因于褪黑激素的分泌被抑制，而这又是因为晚间接受的光照增加（Stevens，1987）。这有两方面的证据：流行病学的和基础生理学的。流行病学研究表明，夜班女性比白天工作的女性患乳腺癌的风险更大（Megdal 等，2005）。还有证据表明，失明女性患乳腺癌的概率较低（Flynn-Evans 等，2009）。基本生理学的研究表明，光照射对褪黑激素的抑制会增加肿瘤的生长速率（Jasser 等，2006）。越来越多的人接受这样的假设，长期反复的光照会抑制褪黑激素偏离正常的浓度，而这又与乳腺癌的发病和发展有一定关系，但可能还有其他条件才能成立（Figueiro 等，2006；Schernhammer 等，2006）。不过，光照的作用具体是对褪黑激素的急性抑制还是慢性昼夜节律紊乱仍然有待考证。

建筑夜间照明和癌症之间的关系比较复杂。假设褪黑激素抑制是任何不良反应发生的必要条件，抑制褪黑激素的阈值是对于眼睛产生大约 30 lx 的照度并持续 30min（Figueiro 等，2006），那么当人们在晚上入睡前或者短暂去卫生间过程中所接受到的光照不应该有什么问题。然而商业和工业场所提供的照度，以及人们长时间工作且褪黑激素水平受到抑制的地方，应该引起关注。上夜班的人经常出现这种情况。降低夜晚光照风险的一种方法是使用短波长少而长波长多的光谱，这一光谱不会抑制褪黑激素，还可能会提高警觉性。同样值得注意的是，除了照明之外，还有许多光源可能会构成危害。例如，计算机屏幕、电视和其他显示屏可以发射大量的短波长光。重要的是要考虑到所有光源，以及眼睛暴露在光线下的强度、光谱、时间和时长。

14.5.2 维生素 D 缺乏

维生素 D 是调节钙吸收的必要营养素。充足的维生素 D 对于保持强健的骨骼和牙齿是必要的。维生素 D 不足会导致骨骼软化疾病，如儿童佝偻病和成人骨软化症。最近维生素 D 在调节免疫系统以及预防某些癌症、糖尿病和高血压方面所起的作用也得到了确认（Webb，2006；Holick，2007）。维生素 D 水平不足也与几种精神疾病有关，最明显的是抑郁、焦虑和精神分裂症（Berk 等，2009）。

当皮肤暴露在 290～330nm 的紫外线辐射中时，就会合成维生素 D。这个范围与红斑的作用光谱重叠（见图 14.1）。因此，关于接受紫外线辐射的必要性争议很大，一方有人强调维生素 D 的好处，另一方则强调红斑的风险（Vieth 等，2007；McKenzie 等，2009）。不过没人建议在室内光源的光谱中增加紫外线成分，只是建议增加户外活动，接受日光里的紫外线辐射。浅色皮肤的人需要在正午时分（没有涂防晒霜的情况下）让脸和胳膊接受 15min 的日照，才能获得健康的维生素 D 水平；而深色皮肤的人则需要更长时间。然而，并非所有国家都能采取这种行动。由于阳光会被大气层吸收，只有当太阳角度足够高时，阳光才能促成维生素 D 合成。因此生活在高纬度地区的人们无论在户外待多长时间，冬季都无法通过日照合成维生素 D。此外其他纬度地区的人很多时候也待在室内，所以维生素 D 缺乏的高流行也就不足为奇了（Hyppönen 和 Power，2007；Gozdzik 等，2008）。根据一项计算，10% 的加拿大人因为缺乏维生素 D 而无法保持骨骼健康（Langlois 等，2010）。加拿大癌症协会建议成年人在冬天的几个月里，每天都服用维生素 D 补充剂。

14.5.3 充足的光照量

日光照射数据表明，许多人的日常光照总量很低。在圣地亚哥进行的一项研究表明，即使在气候温和、阳光充足的时候，人们大部分时间也待在室内（Espiritu 等，1994）。醒着时，平均有 50% 的时间待在照度不足 100 lx 的环境里，而在每 24h 中平均只有 4% 的时间照度高于 1000 lx 以上。在蒙特利尔高纬度地区也发现了类似的情况，人们在夏天接受的光照甚至比在冬季还要少（Hébert 等，1998）。光照很重要，因为有证据表明增加光照可以改善情绪。在圣地亚哥的研究中，每天强光照射时间最短的人的情绪最低落（Espiritu 等，1994）。在芬兰的一项大型研究发现，健康质量更高的人的室内光照水平更高（Grimaldi 等，2008）；而在加利福尼亚州，有 200 名办公室工作人员参与的一项研究发现，那些桌面上日光照射最多或有着最大的窗外视野的人员，最少发生头痛和疲劳，并且最少抱怨其他的环境不适（HeschongMahone Group，2003a）。

这类研究揭示的还只是相关性而不是因果性；他们不能确定是低光照导致的情绪低落，还是原本就有抑郁症状的人不太愿意暴露在高光照下。不过芬兰的一系列实验研究为证明光照的好处提供了更有力的证据。在其中的三个实验中，一些参与者每周三次在健身房进行 1h 的补充照明，从而增加每天的光照。辅助照明将水平照度提高到 2400 ~ 4000 lx。其余的健身房照明保持在通常的 400 ~ 600 lx。所有的参与者在健身锻炼之后都提高了身体素质，但是那些在更明亮的健身房的参与者报告说他们的活力得到了改善，非典型抑郁症状也减少了（Partonen 等，1998；Leppämäki 等，2002a，b）。另一项实验是给参与者一个灯箱，让他们每天在工作场所使用 1h。在使用灯箱的几周内，人们的情绪得到了改善，但在不使用灯箱的几周内，这种效果就消失了（Partonen 和 Lönnqvist，2000）。

这些发现使 CIE 得出结论，认为工业化社会中人们每天接受的光照剂量可能太低，不利于良好的精神健康（CIE，2004e），这里的关键词是可能，因为血清素会影响情绪，研究发现接触 2000 lx 的光照会增加色氨酸的吸收，色氨酸是人体制造血清素的一种氨基酸（aan het Rot 等，2007）。然而目前这还停留在可能性上，而不是确切答案（Brainard 和 Veitch，2007）。我们要知道达到预期效果所需要的光线强度，以及光照的时间和时长，还有很长的路要走。

关于增加日常光照的建议有两点值得关注。一是如果使用电力照明，这样做会产生能源和环境成本。幸运的是，将更多的自然光引入建筑是一种手段，可以增加光照而不增加成本（CIE，2004e；Noell-Waggoner，2006）。另一种观点认为，长时间光照，特别是短波长光线，对眼睛有累积毒性作用，可能导致在老年时患黄斑变性的风险增加（Margrain 等，2004）。反对观点认为，为了保持昼夜节律系统的有效运行，老年人需要更多的短波长光照来抵消晶状体日益变黄的影响（Turner 等，2010）。这些不同的光照结果之间的平衡还没有定论。

14.5.4　手术后的恢复

在光和健康领域，人们越来越感兴趣的一个方面是日光照射对手术后恢复的影响。关于心肌梗死住院治疗的效果（Beauchemin 和 Hays，1998）、脊柱手术后止痛药的使用（Walch 等，2005）和各种医疗程序后的住院时间（Choi 等，2012；Joarder 和 Price，2013）等方面已经有人做过很多工作。在上述情况中，报告的效果是接受更多日光照射有时会让恢复更快、更容易。这些研究的问题在于对结果没有确定的解释。日光照射可能是也可能不是更快恢复的真正原因。日光通常是通过窗户传递的，这意味着接受日照也能看到窗外的风景。有些人就认为，宽敞视野的心理影响才是最重要的；另一些人则认为，日光或阳光的生理影响才是最重要的。如果视野是重要的，那么什么样的视野起作用呢？我们似乎有理由认为，与医院的抑郁景象相比，令人愉快的自然景观会产生更积极的影响。当然，Moore（1981）发现能通过窗户眺望山坡和农田的囚犯生病的次数明显少于那些窗户对着监狱内部院子的囚犯，并且 Ulrich

（1984）发现，窗户能看到自然景观的病人比那些窗户外被其他建筑挡住的病人更早出院。如果日光照射确实是重要的，那么需要多少日光以及如何计时还有待确定。当然，可能使用日光只是一个方便的方式，可以在适当的时间提供足够的光照量。这当然是商业照明系统背后的信念，可以在病房使用电子照明模拟光的自然变化。

14.5.5　短波长光和黄斑变性

人们早就知道，光照尤其是短波长光线，会损害视网膜（Ham 等，1976）。眼睛有许多限制这种损害的机制，但随着眼睛的老化，这些防护机制逐渐失效，导致晶状体逐渐变黄，当然有些人认为这种变黄提供了一定的保护（Blackmore-Wright 和 Eperjesi，2012）。患有白内障的老年人通常会摘除晶状体，换上透明的塑料晶状体。虽然这在视力上有巨大的改善，但也有人担心，随之而来的短波长光的增加会增加黄斑变性的风险。因此现在又发明出可以过滤大约 500nm 以下的光线的人工晶状体，也就是滤蓝光的人工晶状体。这样做的价值仍有争议。有些人认为，没有医学证据表明光照与黄斑变性有关，并且使用滤蓝光人工晶状体，风险是减少了对昼夜节律系统的刺激，以及低光照水平下视觉功能的恶化（Turner 等，2010）。另一些人认为，比较带和不带蓝光过滤功能的人工晶状体的研究显示，视觉功能几乎没有差异（Davison 等，2011）。还有一些人研究了滤蓝光人工晶状体对睡眠质量的影响，并没有发现不良影响（Landers 等，2009）。毫无疑问，这种争论将持续一段时间，但这可能分散人们对真正问题的注意力。Berman 和 Clear（2013）计算得出，虽然很多短波长光的光源比短波长光少的光源更危险，但是即使人们只是短时间内外出，光谱功率分布的影响也被日光量掩盖了，因为日光含有丰富的短波长光，对眼睛提供了很多光照。这表明，那些希望在普通人群中降低黄斑变性风险的人应该集中注意力来限制暴露在强光照水平的日光下。

14.6　总结

接受光照对人类健康既有积极的影响，也有消极的影响，这些影响可能是短期的，也可能要多年后才会显现。光对健康的影响可以大致分为四个类别。第一类是作为一种辐射。此时光的定义被扩展到包括紫外线辐射、红外线辐射以及可见光在内的电磁辐射，因为许多光源都会产生这三种类型的辐射。在足够的剂量下，热和光化学效应会对眼睛和皮肤造成损害。短期内，紫外线辐射会导致光致角膜炎和皮肤红斑。长时间暴露在紫外线辐射下会导致晶状体白内障、皮肤老化和皮肤癌。可见光会引起视网膜的光致视网膜炎。可见光和短波长红外线辐射会对视网膜造成热损伤和皮肤灼伤。长期暴露在红外线辐射下会导致白内障和灼伤。目前世界上已经规定了为避免对健康造成损害而必须遵循的最大允许接触时间的相关阈限值，以及基于这些阈限值的光源危害分类系统。使用这些方法进行评估时，大多数用于普通照明的光源不会对健康造成危害，但有少数会。大多数人接触到的最危险的光源是太阳。

阈限值都是基于普通人的身体情况设定的，但有一些群体对光辐射的敏感度远比正常人群要高。这些群体包括新生儿、无晶状体者和服用某些药物的人。以上讨论的光和辐射的影响都是负面的，但光辐射也可以对健康产生积极的影响。具体来说，控制特定波长的光线照射可用于治疗高胆红素血症、一些皮肤疾病、一些肿瘤和过度活跃的免疫系统疾病。它还可以对病原体灭活，因此可以用作控制空气传播疾病（如结核病）的手段。

第二类是光对于视觉系统的影响。使视觉不舒适的照明条件很可能导致眼疲劳，而经常眼疲劳的人不是最健康的人。照明条件引起视觉不适是众所周知的，也很容易避免。有些人的身体状况使他们对照明条件特别敏感。偏头痛患者和自闭症患者就是这样的两组人群。两者都对光的频繁变化很敏感。照明对健康的间接影响也需要考虑。一个常见的问题是老年人在夜间活动时有跌倒的风险。能强化其他感官信号的光线已被证明能带来更好的平衡感。

第三类是照明于昼夜节律系统的影响。睡眠 - 觉醒周期是最明显的昼夜节律之一，因此在适当的时间接受强光照射可以用于治疗一些睡眠障碍，这一点也不奇怪，包括睡眠的时间和持续时长。暴露在明亮的光线下对于稳定阿尔茨海默病患者休息 - 活动周期和缓解季节性情绪紊乱症状也很有效。

第四类是一些尚未解决的问题。这些问题还没有解决，因为人们对观察到的光照的正面效益仍存在疑问，也因为对观察到的效果没有得到公认的解释，或者因为达到预期效果所必需的条件与其他一些要求相冲突。未解决的问题包括夜间光照和癌症发病率的关系，光照与维生素 D 的合成，最小的光照剂量，日光照射对于手术康复的好处和蓝光对于黄斑变性的作用。

显然，关于光对人类健康的影响，还有很多需要了解，但已知的情况足以表明，建筑物的照明不应再仅仅考虑对视觉的影响。在许多方面，光都像火，是好帮手，但却不能放纵。光照对视觉系统的运行至关重要，需要被引入昼夜节律系统，对某些医学情况的治疗也有价值，但使用错误的波长和过长的照射时间可能会造成损害。任何参与照明系统设计和规范的人都应该了解光对人类健康的这些影响。

第 15 章　光污染

15.1　引言

电气照明会对环境造成一定的后果，比如发电机就会导致环境污染，其中有些是直接的，例如燃烧化石燃料引起的空气污染；有些是间接的，例如发电和输配电设备的废弃。但是光线本身也可能被认为是一种污染。事实上，在过去 20 年里，公众对于室外夜景照明的担忧日益增长，出现了很多反对声音，比如"我们的孩子将再也不能看到星星"这样的口号。许多国家的政府部门开始采取行动，制定规范和法规来限制晚间室外照明。本章集中讨论光污染的起因、后果、对策以及测量。

15.2　光污染的形式

光污染（light pollution），委婉的说法叫作干扰光（obstructive light），有三种形式：天空辉光（sky glow）、光侵扰（light trespass）以及眩光（glare）。天空辉光指的是晚间天空亮度增加超过了自然光源比如月亮的亮度。天空辉光在大多数城镇的表现是在天空中笼罩一层发光穹顶（见图 15.1）。

与天空辉光不同，光侵扰是一种局部现象，主要导致对个体的干扰。典型的光侵扰现象就是附近灯具的灯光照入了卧室窗户（见图 15.2）。这种情况是如此普遍以至于路灯厂家通常会提供一个挡板，叫作屋侧挡板，作为额外的光学配件。界定光侵扰的条件是，如果相当数量的灯光穿越房屋边界⊖并且对房屋主人在其房屋范围内的舒适生活造成了影响，就叫光侵扰。

眩光有两种主要形式——失能眩光和不适眩光（见 5.4.2 节）（见图 15.3）。失能眩光指的是会对人眼的视觉能力造成用传统心理生理学方法可以测量到的影响的眩光，主要是由于高亮度的光散射进入眼球造成的。而不适眩光的概念不那么好理解，当人们因为一个明亮的灯具或者窗子的存在而产生视觉不适感觉时就是不适眩光。眩光和光侵扰之间的主要区别就是，眩光引起不舒适，而光侵扰造成打扰感。并且，很远距离以外的高亮度灯具可以引起眩光，但其穿越房屋边界的侵扰光通常小到可以忽略不计。

⊖　房屋边界和后文中的场地边界类似于国内常见的"用地红线"概念。——译者注

图 15.1　英国坎特伯雷上空的天空辉光，人口 149000

图 15.2　一个典型的光侵扰情况。在本例中，可以通过房屋邻近的灯具上安装屋侧挡板来消除光侵扰。我们可以从卧室窗子上的倒影里看到屋侧挡板

图 15.3　安装在建筑上的泛光灯在一个开放式停车场里产生的失能眩光和不适眩光

15.3　光污染的起因

15.3.1　天空辉光

天空辉光代表了晚间由人类活动，通常指电气照明，引起的天空亮度的增加。测量天空辉光的基准线是太阳、月亮等星体的光经过宇宙间的尘埃、地球大气层的分子和悬浮微粒散射后形成的天空亮度。此外，太阳发出的紫外线与大气层上层发生化学反应所产生的光线也对天空亮度有少量贡献。晚间，天顶位置（Zenith）自然的天空亮度，应该是 $0.0002cd/m^2$ 这个数量级。

当光线穿过大气层，它会被其中的空气分子和悬浮微粒散射。悬浮微粒是悬浮着的小水珠和尘埃微粒。空气分子主要在向前和向后两个方向上将光线散射，还有少量向侧面散射。这种现象叫作瑞利（Rayleigh）散射，其规律是波长越短，散射越强，所以白天天空看起来是蓝色的。悬浮微粒主要向前方散射光线。这种现象叫作米氏（Mie）散射，其散射强度与可见光的波长无关，所以云在白天看起来是白色的。当悬浮微粒和大气分子很少时，天空辉光就很少，这就是为什么大多数新式光学望远镜被建造在诸如智利安第斯山区这样的地方，因为那里人口稀少，污染少并且空气稀薄且干燥。

天空辉光的一种评价指标是波特尔暗空分级（Bortle Dark-Sky Scale）（Bortle，2001）。这是一种基于实验的分级方法，根据观察者在某处地平线和地上所能看到的天空亮度情况划分为 9 个等级，从第 1 级（优秀的黑暗夜）到第 9 级（市中心天空）。

这种分级法和用来划分风速的蒲福风级（Beaufort scale）类似，是一种可以方便地标示出天空辉光分布情况的方法，借此人们可以选择出适合进行天文观测的地点。然而，这对于预测照明设施对于天空辉光具体影响的作用不大。要做到这一点，需要有一个关于天空亮度的量化模型。这种模型也有很多，其中最早出现的并且最简单的一种是沃克法则（Walker's law）（Walker，1977）。其形式如下：

$$I = 0.01Pd^{-2.5}$$

式中，I 是视线面朝城镇时，与地平线仰角为 45° 方向上的天空亮度相比于自然天空亮度的增长比值；P 是城镇的人口数量；d 是观察位置到城镇之间的距离（km）。

这个公式假定人均使用的灯光数量是一定的。根据经验，这个假定对于城市来说是合理的，通常城市人均拥有的光通量值是 500 ~ 1000 lm。还有更加复杂的计算模型，是基于光散射的物理原理来计算天空辉光（Baddiley 和 Webster，2007；Kocifaj，2007）。这些模型能够用来推算在不同海拔和方位角上以及不同大气环境下的情况。

天空辉光中目前最被声讨的一种是灯具发出的接近水平方向的光。这对于那些在城镇之外的天文观测台观看星空的人来说很正确，但是对实际居住在城镇里的人却并非如此。对于某个固定观察点来说，只有那些出现在观察点到星星之间连线方向上的散射光才会造成星光能见度降低。如果观察点位于光源数英里以外的地方，那么显然接近水平方向的光线相比直接向上的光造成的干扰更大。另外，水平方向的光必须穿过的大气层相比高空的大气层含有的空气分子和悬浮微粒要多得多，形成的散射光也更厉害。然而，对于那些在城镇里的人来说，水平方向的光大概率会被周围的建筑物吸收掉，相比直接上照的光影响小得多，尽管前者会造成光侵扰。水平方向的光对于城镇里的人无影响的观点得到了一种天空辉光模型的承认，该模型认为，城镇发出的光相对于城外的天文观测站来说可以抽象为一个巨大的漫射光源（Soardo 等，2008）。

即使没有光线向上直射，天空辉光依旧可能产生。这是因为只要有光线照射到一个表面，就会有一些被反射。因此，在目前普遍追求高照度的照明设计环境下，被照亮表面的反射率越高，被反射的量就越多，而其中大部分是射向天空。某种意义上，这种广泛分布的光线是我们过度追求明亮效果的代价。漫反射的光线不会导致眩光，也不会引发光侵扰，但是会导致天空辉光。

15.3.2　光侵扰

侵扰的意思是一种侵占或者干扰。大多数的建筑物都有窗户或者天窗，给室外光线侵入室内提供了途径。在晚间照射进入房屋的灯光到底算不算侵扰属于个人主观的感受。大多数人是希望晚上有一些灯光照进室内的，只有进入房间的灯光明显超过预期或者灯光过于频繁的变化才会引起不满。因此对于光侵扰的抱怨既取决于光侵扰本身，也取决于个体的心理因素。干扰睡眠的灯光比起其他灯光更加可能引起抱怨。邻居家里安防照明的灯光比起自家安防照明的灯光更加令人难受。

15.3.3　眩光

眩光既是生理学，也是心理学现象。从生理学来讲，眩光是由于视野内亮度过高的光线散射进入眼球造成的（见 5.4.2 节）。从心理学来说，眩光会引起视觉能力下降，以及造成不舒适感和厌恶感。发出散射光导致视觉能力下降的光源是令人厌恶并且不舒适的。即便散射光并不强烈，也会被觉察到并且令人难受。类似地，在视野内出现额外的亮度会引起不适感，即使高亮度物体对于观察者视觉能力的伤害很小，这更多是心理学现象。还有些与照明无关的因素也会增加不适感和愤怒感，比如说，如果眩光源来自一个不受欢迎的邻居，其伤害会加深。

15.4　光污染的后果

天空辉光最显著的后果是导致星星以及其他天文景观的能见度下降。产生下降是因为光线不仅仅在大气中散射，也在眼睛中散射，导致天空仿佛笼罩上一层光幕。光幕的结果是降低了视野中不同元素间的亮度对比，从而不可避免地导致能见度下降。许多星星很小并且亮度反差接近阈值，所以天空辉光会极大地降低我们看清银河等星系中天体的能力。

天空辉光会导致夜空能见度的下降，除此之外，光污染还会影响人类的健康。人类是昼行动物，白天需要光线明亮而在晚间不需要。这种白天明亮而晚间黑暗的交替模式是调节人体昼夜节律的最重要因素之一（见 3.3 节）。频繁地干扰节律系统被认为是对健康不利的。多年的快速昼夜颠倒引发的节律紊乱，被认为会导致健康不良（Schernhammer 和 Thompson，2011）。不幸的是，究竟晚间多少光会导致节律紊乱还不得而知，目前发现的阈值是 30 lx 的光照入人眼超过 30min 就会抑制褪黑激素的分泌（Figueiro 等，2006）。如果以上数据正确，那么现在常见的夜景照明对于人体健康有普遍的负面作用（Rea 等，2012b）。

光污染影响人类健康的一个更明显的案例是光侵扰会影响睡眠。睡眠被打断或者缩短会导致睡眠不足，进一步的后果是感到疲倦、恍惚和焦躁。通常晚间灯光进入卧室，特别是灯光频繁变化时最容易导致睡眠被打断或者缩短，这可能发生在由路灯照亮的树投射的阴影图案随着风的吹动而移动或安全灯间歇性触发时。

受到光污染影响的生物不仅仅是人类（Rich 和 Longcore，2006）。许多植物的生长受到白昼长度以及照射到植物表面的辐射能量的多少的影响。光污染会改变白昼的长度并且提供额外能量，导致植物过度生长和在不恰当的时节开花。有许多动物，比如蝙蝠和猫头鹰，是在晚间活跃而在白天睡眠。对于这些动物，光污染会导致它们对于白昼长度认知紊乱从而限制它们觅食的机会。其他动物会在晚间被灯光吸引（Bruce-White 和 Shardlow，2011）。飞蛾是一个明显的例子，此外还有燕雀目的鸟类撞上被泛光照亮的高楼的例子，导致其大量死亡（Gauthreaux 和 Belser，2006）。因此一些大楼的业主同意在鸟类迁徙期间关闭外立面泛光灯。还有其他动物，比如海龟，会被灯光误导而爬向附近被照亮的路面而不是大海。不过有动物因为晚间灯光受苦，就有其他动物受益。比如，在晚间一个光源吸引昆虫和飞蛾的时候，可能旁边就有蟾蜍蹲在下面吃得饱饱的。

15.5　针对光污染的对策

我们已经知道了室外照明和部分透出窗外的室内照明会引起光污染，那就有必要考虑人们应如何去应对这种污染。答案有多种方式，包括个人提出投诉、公益团队组织宣传活动，直至政府立法。

天空辉光已经成为众多公益团体的焦点（Mizon，2002），其中最有影响力的是国际暗夜协会（International Dark-Sky Association）。和所有的公益团体一样，他们的行动不仅包括提升人们对于天空辉光的认识，也会向个人和社区建议解决方案（IDA，2012）。通过展示卫星照片显示地球发出光的量来唤醒人们的意识，有时也会曝光那些照明做的不好的建筑物的照片。他们的行动中最成功的一项动议就是建议成立暗夜公园和保护区。这些地方在晚间仅仅允许使用经过特别批准的室外灯具，以最小化天空辉光。这么做是为了保证那些天文研究者，不论专业还是业余，都可以看清夜空。在英国，有一片 300mile^2（777km^2）的暗夜公园位于苏格兰盖洛威森林（Galloway Forest），此外在英格兰埃克斯穆尔国家公园（Exmoor National Park）有一块暗夜保护区。英属海峡群岛（Channel Islands）中的萨克（Sark）岛也被宣布成为暗夜岛。这些地方人烟稀少，很多地方还没有通公路。但那里不是完全没有人居住，仍然还有少量村庄，里面有学校和商业设施需要室外照明来保障安全或生产。不过他们为了暗夜所做的牺牲带来了经济上的回报。由于能够看到星空，那里的游客越来越多。

当然，许多地方人口太多而不适合建立暗夜保护区，但是人们还是可以在规划中做些事情。在美国，IESNA 和国际暗夜协会合作完成了一套模范照明条例（IESNA 和 IDA，2011c）。在美国城市规划大都针对城市、镇和郡。这套模范照明条例为那些想要限制室外照明的数量和类型的立法当局提供了基本框架。

在英国，政府已经意识到照明和噪声一样是环境健康的一部分，并且在 2005 年的《清洁社区和环境法案》（Clean Neighbourhoods and Environment Act，2005）中将其认定为潜在的非法妨害的一种。这让任何受到光污染困扰的个人可以用法律武器向当局提起诉讼，并且如果当局认为投诉正当合理，那么受害人有权要求获得赔偿。当然，有些设施是豁免的，例如公路、机场、港口、军事设施、铁路沿线、有轨电车、公交车站、公共车辆运营中心、货运中心、灯塔以及监狱。一份英国环境、食品和农村事务部的报告曾提出可以用来测算安保和装饰照明光侵扰的方法，并且统计了各种补偿措施的效果（Temple/NEP Lighting Consultancy，2006）。

尽管这样的行动在很多方面是值得称赞的，但有必要意识到由公益团体推动的法规或者规范可能会偏向于那个团体的利益。这可能会造成抵制，因为那些对于天文学家来说是光污染的灯光通常对商业业主们来说是经营的必需品，有时也是居民们喜好的。城市和乡镇的居民喜欢把街道在晚间照亮从而获得安全感。类似的许多道路被照亮是为了提高交通安全性。商店在晚间用灯光来凸显自身并且吸引客户。此外，建筑的泛光照明和景观照明是为了在晚间营造吸引人的环境（见图 15.4）。光污染的问题是如何在这些相互矛盾的需求中间找到一个平衡点。

图 15.4　立面照明用来加强多佛城堡的戏剧张力（由英国利兹 LPA Lighting and Photography 提供）

不同的国家采用不用的方法来解决问题，但是大家共同的需求就是定量地研究光污染的影响。Vos 和 van Bergem-Jansen（1995）曾针对一项特定活动进行了研究——用来在晚间促进植物生长的花房照明。这种照明从每年 9 月到次年 5 月中旬在荷兰被广泛使用，并且花房通常分布在居住区附近。植物上的照度通常达到 3000 ~ 4000 lx，多采用高压钠灯（HPS）。为了确定社区对此的反应，两位学者在这些灯光花房周围选择了 10 个区域，从居民中选出 391 名受访者进行调研。他们测量周围房屋立面上的照度，并且咨询居民是否对于花房照明感到厌恶来确定光侵扰。居民房屋立面上的照度为 0.003 ~ 2 lx，低于职业照明学院（Institution of Lighting Professionals）（ILP，2011）推荐的非暗夜保护区最大规范值（见表 15.2）。受访者中对于他们的房间或者花园被花房灯光照亮回答至少"有一些厌恶"的百分比是 7%，而只有大约 3% 回答"高度厌恶"。在厌恶程度和立面照度之间没有直接的关联。

对于天空辉光，两位学者测量了花房视线方向向上 15° 角位置上天空的亮度来定量分析。测得的亮度范围为 0.09 ~ 0.67cd/m²。有 15% ~ 45% 的受访者对于天空辉光的增加表示至少"有一些厌恶"；0% ~ 18% 的受访者表示"非常厌恶"。这两种人的比例都会随着亮度的增加而增加，尤其是和没有被花房灯光照亮的自然天空对比时，这更加证明了亮度反差对于视觉感知的重要性（见图 15.5）。当然，这些数据只是来自一个国家的一种情况，但是它们确实证明了我们可以定量地研究光污染的影响。

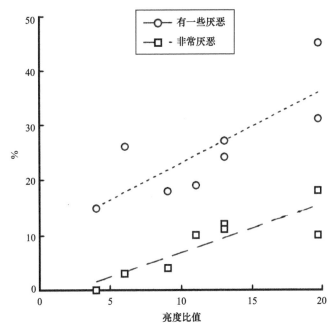

图 15.5　调查受访者对于晚间被花房照亮的天空辉光的评价"有一些厌恶"和"非常厌恶"的百分比。横坐标是花房上方 15° 的天空亮度和没有被花房灯光照亮的黑暗天空亮度的比值（来源：Vos, J.J.and van Bergen-Jansen, P.M., *Lighting Res. Technol.*, 27, 45, 1995）

　　另外有一组数据可以让我们了解英国对于光污染的关注程度，就是《清洁社区和环境法案》颁布后向当局递交的非法伤害投诉数量报告（DEFRA，2010）。该法案实施后的 3 年里，共有 4309 起针对照明的投诉被递交给 114 个地方当局并被立案调查，也就是说平均每年每个地方有 12 起投诉。其中，大约有三分之二是关于家庭安防照明的。这些投诉中常见的情况是邻里之间在之前就有了矛盾，然后照明问题就会被拿来当作另一种斗争武器。对于非家庭照明，商业和工业的安防照明是最常见的投诉原因。所有这些投诉，不管是家用的还是非家用的，都和光侵扰有关，常见的后果是失眠或者头疼还有干扰正常的生活。在这 4309 起投诉中，最后获得证实并被要求消除的不到 1%。这就说明其中很多投诉是虚假的，或者可以通过当事方之间的沟通来解决而不用诉诸法律。

　　这两项研究表明，普通民众并不像某些倡导者们说的那样严肃看待光污染。近期欧洲委员会（European Commission）组织的全欧洲范围的一次调查结果也证明了该观点，这次调查调研了人们对于环境的态度，最终没有将光污染列入 15 项潜在污染源中（EC，2008）。然而，尽管很多调查显示光污染尚未受到广泛关注，这并不是忽视光污染的理由，因为限制光污染还有别的好处。直射天空的灯光是一种浪费，除非像高楼泛光照明和某些景观照明这种是无法避免的；此外光侵扰和眩光是视觉不舒适的来源。因此，避免光污染的照明设计可以被视作更加高效、优质的照明。

15.6 限制光污染

有多种途径来限制光污染，从需求到技术再到设计，接下来会依次进行讨论。

15.6.1 需求

限制光污染最直接、最有效的方法就是完全没有光。这意味着仔细思考室外照明是否有必要。室外照明的原因通常有这么几项：为了保证活动的安全，例如道路照明；为了提供信息，例如道路指示牌；为了保障作业完成，例如集装箱码头照明；为了提供某区域安全监控必要的照明，例如停车场照明；为了延长室外设施的使用时间，例如网球场照明；为了给产品销售做广告，例如汽车零售商的场地照明；还有为了提升一个地区的吸引度，例如历史建筑的泛光照明。

当考虑这些室外照明的需求时，必须明确照明设计的基本原则。这个原则就是要考虑好预期收益是什么，应该满足什么样的照明标准，还有应该在什么地方什么时间提供照明。在半夜时分把整个超市的停车场都照亮没什么好处，因为那时候几乎没有顾客；即使有顾客，他们也会把车子直接停在超市门口而不是停车场。通常新建的商业、零售、体育和大型住宅在申请规划许可时，都会被要求出具这样的室外照明需求评估报告。SLL 曾发布过这类评估报告的基本框架文件（SLL，2011）。

15.6.2 技术

设计师选用的光源和灯具对光污染量有很大的影响。最早用来减少天空辉光的手段之一就是在天文台附近的城市道路照明中使用低压钠灯（LPS）光源。之所以有效是因为天文学家可以方便地过滤掉 LPS 光源的单色光谱。但是如今，这方法已经被抛弃，因为两个原因：首先 LPS 的低显色性使得城镇的景致没有吸引力；其次是由于商业和住宅建筑越来越多采用室外照明，而且使用的光源种类很多，既增加了灯光总量，又把 LPS 的单色效果抵消了。

不过仍然有三个原因让我们在选择室外照明的光源时需要考虑其光谱：光波在大气中的波长散射特性、中间视觉和亮度感知。空气分子引起的瑞利散射的特征是，波长越短，散射越强。所以我们应该尽量避免使用光谱中短波辐射较多的光源。Bierman（2012）估算了两种光源在散射性上的差别：一个 2050K 的 HPS 光源和一个 6500K 的荧光粉转化发光二极管（LED），前者是在美国最广泛使用的道路照明光源，而后者是它的替代品。当大气中只有空气分子而没有悬浮微粒时，LED 光源的散射相较于 HPS 光源要高 22%。然而，这种大气条件是不合理的，有人居住的地方大气中总是含有悬浮微粒，并且由悬浮微粒导致的米氏散射在可见光范围内与波长无关。由此，把悬浮微粒考虑进来后两者差距会降低，在 10% ~ 20% 之间。

中间视觉是介于锥状光感受器起主导作用的明视觉和杆状光感受器活跃的暗视觉之间的状态（见 2.3.2 节）。大多数室外照明的亮度处于中间视觉范围。这一点很重要是因为在照明设计中，我们使用的照度数据都是假设在明视觉状态下；但是在中间视觉状态下，视网膜除了中央凹以外区域的光谱感知性更偏向于短波光。这意味着选择那些在短波长范围内功率更大的光源，也就是更蓝的光，可以在较低的亮度下提供近似偏轴的视觉能力，尽管在较低的亮度下视网膜中央凹的视觉能力会下降。是否接受这一点取决于设计师。

至于灯光光谱对于亮度感知的作用，之所以要考虑在内是因为目前的光度学概念"亮度"（luminance）主要是基于视觉系统中的消色通道（achromatic channel）的运作来设定的⊖，但实际上人眼对于明亮程度的主观感知既牵涉消色通道，也牵涉色度通道（chromatic channel）（见 6.2.2.4 节）。这就是说对于色度通道刺激更大的光源能够在同样的亮度数值下让人眼感觉到更亮，或者说用更低的亮度产生同等的明亮感知。

综合来看，这三个因素意味着为了限制天空辉光而选择光源总是一种妥协。在可见光谱的短波段有较大功率分布的光源会产生更多的光线散射从而导致更多的天空辉光，除非光谱是那种亮度较低但不会伤害视觉能力和亮度感知的光源。

选好光源后，下一步是选择灯具。多年以来，对于限制天空辉光最简单的建议就是使用所谓的完全截光灯具（IESNA，2000a）。完全截光灯具的定义是在水平及水平以上方向上的发光强度分布为零，并且在与铅锤方向夹角 80° ~ 90° 范围内的光通量分布不超过光源总量的 10%。为了避免这么复杂的表达，担忧光污染的人们通常使用另一种叫法：全遮光（fully shielded）灯具，来描述那些不会向水平面以上方向发出任何直射光的灯具。全遮光室外灯具通常有遮光孔让光线通过，遮光孔由一个透明的扁光透镜封堵。如果出光透镜低于遮光孔平面的灯具，则不是全遮光的。

IESNA 对这样简化的描述并不满意，并且意识到越来越多的人对于他们之前的灯具分类体系提出批评（Bullough，2002b），于是 IESNA 提出一套全新的室外灯具分类系统，完全基于灯具中的光源向不同方向发出的光通量的百分比来分类（IESNA，2007b）。图 15.6 显示一个以灯具为球心的球体，被划分三个区域。射向灯具上半球的光通量是上照光（uplight），射向灯具水平面以下前半部分那四分之一球体内的光通量是前照光（forward light），而射向灯具水平面以下后方那四分之一球体内的光通量是后照光（backlight）。还有些在图 15.6 中不明显的部分是被捕获光（trapped light），指的是从光源发出但没有离开到灯具以外的光通量。上照光、前照光、后照光和被捕获光都用光源光通量的百分比来表示。上照光、前照光和后照光覆盖区域所对应的立体角都按照和铅锤方向的夹角来表示，并且被进一步细分：上照光分为两类，而前照光和后照光各分为四类。上照光区域的两种子类型、后照光

⊖　即在定义亮度时没有考虑色视觉。——译者注

区域的四种子类型，以及前照光区域中最上方那个子类型的光通量的最大绝对值已经被设定（IESNA，2011a）。这些限定值有所不同，以把灯具根据后照光、上照光和眩光划分为六个等级，这套分类方法被总结为 BUG 分级法（BUG rating）。如果对天空辉光比较关注，那么建议选用对上照光限制最为严格的灯具；如果对光侵扰更为担忧，则建议选用对后照光限制最为严格的灯具；如果更担忧眩光，那就选择对于眩光限制最为严格的灯具。

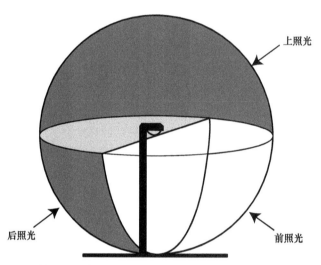

图 15.6　根据 IESNA 室外灯具分类系统绘制的环绕灯具的三个区域（来源：北美照明工程学会 (IESNA), *Luminaire Classification System for Outdoor Luminaires*, Technical Memorandum TM-15-07, IESNA, New York, 2007b）

不幸的是，按照这种分类系统来选择灯具对于降低光侵扰和限制眩光是有效的，但是对于降低天空辉光可能作用不大，原因有两个：第一，限定灯具上照光的光输出只能限制直接造成天空辉光的光通量，但是忽略了那些间接光的影响，它们照到物体表面散射后同样会有部分光向上反射，这些散射光是造成天空辉光的主要成分；第二点很简单，就是这些建议只考虑了孤立的灯具，而没有考虑整个照明系统。Keith（2000）曾经计算过从一条道路的照明系统产生的天空辉光的总光通量，并且分摊到单位面积的路面上，包括直接向上的光以及从路面和周围环境反射的光。他的结论是，如果选用了控光要求更严格的灯具，则路灯间距需要更近才能满足道路照明均匀度的规范要求，其结果是路灯数量变多，更多的光被路面反射向天空。

15.6.3　设计

就算我们选择了合适的光源和灯具来把光污染最小化，灯具的安装方式也会对光污染产生明显影响。Brons 等（2008）收集了涵盖 66 座停车场、35 条公路和 20 个体育设施的室外照明设计方案。这些设计方案被认为代表了普遍做法，并且都遵循了

CIE 制定的针对欧洲项目的规范以及 IESNA 制定的针对北美项目的规范。当设计完成后，我们会假设有一个虚拟的六面体盒子罩在项目场地上，天花板的高度设置为最高的灯具上方 10m。然后，这个箱子六个面的面积和各个面上的平均照度被计算出来，包括反射光。这些数据被用来计算各个表面上的面积照度加权平均值，计算结果叫作辉光（Glow），能够量化计算从该场地发出的所有光的总量。图 15.7 显示了地面平均照度和辉光的对应关系。图中可以明显看出一点：地面光照越强，整个场地里发出的光就越多，因此产生光污染的风险越大。

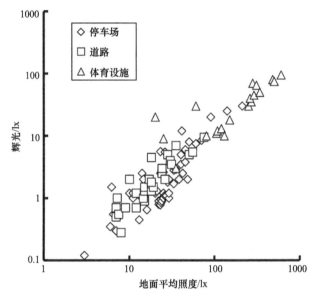

图 15.7　场地里面积照度加权平均值辉光和地面平均照度的关系。数据来自 66 座停车场、35 条公路和 20 个体育设施（来源：Brons, J.A.et al., *Lighting Res. Technol.*, 40, 201, 2008）

　　这项研究证明了要想控制光污染，先决条件是决定某个场地里总共需要多少光，而这又取决于照明的目的。关于道路照明、户外作业照明、体育场馆照明和安防照明有大量推荐数值（BSI，2003，2007a；SLL，2006b；2012b；IESNA，2011a）。这些推荐值和具体地点无关，因为它们是根据所需要完成的具体任务计算得到的。然而，对于广告宣传和增加吸引度的照明，就有必要把地点因素考虑在内。因为要在市中心创造亮点相比在乡村要难得多，所以 CIE 对此的解决方式是把问题分为四类环境区域（见表 15.1）（CIE，2003）。环境区域的划分标准主要是定性的，而不是定量的；是基于人群的普遍感受而不是枯燥的数字；不过有些指导参照了道路照明标准和人口密度。通常来说，E1 区域是没有道路照明并且人口密度低；E2 区域是有居住区标准的道路照明并且人口密度适中；E3 区域包括达到城市交通标准的道路照明以及较高的人口密度；E4 区域指的是在晚间仍然繁华的区域，例如购物中心、餐馆、酒吧集中的市区。在这里，道路照明标准和人口密度一样并不确定。唯一有效的线索是在晚上是否有大量人口聚集。需要注意的是，这个区域的划分不一定要按照城市、乡村的行政边界来。每个地方都可以根据每个区域内的活跃度情况细分为多种环境区域。环境区域可以被当地部门用来制定规划政策，因此影响到照明类型和数量。还要注意的是除了CIE 的环境区域分级以外，还有一种分级（E0）：由国际暗夜协会认证的暗夜保护区或者公园。

表 15.1　CIE 分区系统

区域	区域描述和分区举例
E1	拥有自然黑暗景观的区域：国家公园或其他自然景区（通常道路没有照明）
E2	"低社区亮度"区域：城郊外围及乡村居民区（有居住区标准的道路照明）
E3	"中社区亮度"区域：城市居民区（有城市交通标准的道路照明）
E4	"高社区亮度"区域：具有晚间娱乐商业功能的城市区域

来源：国际照明委员会（CIE），*Guide on the Limitation of the Effects of Light Trespass from Outdoor Lighting Installations*, CIE Publication 150, CIE, Vienna, Austria, 2003。

　　ILP 基于这套环境区域分类给出了他们的设计推荐值（ILP，2011）。表 15.2 列出了 ILP 推荐的灯杆照明或者建筑照明的数值。其中上照光比例是从灯具向水平面以上方向发出的光通量占整个灯具光通量的百分比。从本质上来讲，这个推荐值希望通过限制直接上照光的比例来降低天空辉光。在实际中，要满足这个标准需要谨慎选择灯具，同时仔细检查安装方式和投射方向。需要提醒大家，限制上照光比例并不能完全地限制这些照明设施产生天空辉光。后者取决于在地面产生的照度（见图 15.8）。在地面照度相同情况下，不超过上照光比例最大值的灯具产生的天空辉光要比超过上限的灯具要小，但是如果前者产生更大的照度值，可能会比后者产生更多的天空辉光。

表 15.2　避免干扰光的照明推荐值

环境区域	最大上照光比例（%）	窗户最大照度 /lx	灯具最大发光强度 /cd
E0	0.0	0	0
E1	0.0	2	2500
E2	2.5	5	7500
E3	5.0	10	10000
E4	15.0	25	25000

来源：Institution of Lighting Professionals（ILP），*Guidance Notes for the Reduction of Obtrusive Light,* ILP, Rugby, U.K., 2011。

　　这个标准还规定了窗户中心的最大照度值，以限制进入建筑的光侵扰。要符合这项规范，还需要仔细选择和校准灯具。如果这还不够，那么可能就需要使用遮光板。重点是这条标准是累积性的，把所有射向窗户的灯光都考虑在内，而不只是新安装的灯具。不同的规划部门对这项规范的执行可能不同。一种情况是由于现存的照明设施在窗户上的照度值已经接近允许的最大值，那么就不允许安装新的室外照明了。毫无疑问这么做对于限制光侵扰是有利的，但是却束缚了该地区的发展。另一个规划部门可能同意新开发项目安装室外照明，但是会设置一个非常低的照度限值以确保总照度值不会超过规范值。还有一种情况，规划部门可能会要求那些已建项目的业主降低他们的灯光照度，以便让新开发项目有实施的空间。还有可能就是规划部门会忽视整体的累积效应，而是简单地给每个项目单独设置最大照度值。当然会有人反对这些限制，认为任何限制都是没有必要的。如果个人觉得自己受到光侵扰的影响，那么最简单的解决方法是安装窗帘或者百叶。

　　规定灯具的最大发光强度值为的是控制眩光。只需要在可能引起不适或者失能眩光的视觉方向上执行。同样，要满足这条规范取决于灯具的选择和校准。

　　尽管我们是把各条规范分开讨论，但实际操作时需要同时满足所有相关规范。例如，给一座停车场设计照明时，上照光比例、附近建筑物窗户上的最大照度值以及相关方向上的最大发光强度值都需要遵守。其他权威机构也颁布类似的规范（IESNA，2000b；CIE，2003；SLL，2012c）。

　　虽然有关部门制定了这些环境区域分级和照明规范，但无法确保它们会被设计师所采用。我们还需要一种更简便的方法在设计阶段就预测出某种照明设施会造成多大程度的天空辉光、光侵扰和眩光。已经有商业软件可以计算特定表面上的照度，不管是实际的，还是虚拟的，适用于许多形式的室外照明包括区域照明、泛光照明和安防照明。目前这些软件都没有计算天空辉光、光侵扰或眩光的功能。不过已经有人开发出一些复合算法利用现有软件来计算光污染（Brons 等，2008）。这种方法叫作室外场地照明性能（Outdoor Site-lighting Performance，OSP）法，是假想一个虚拟的、透明的盒子罩住整个场地。这个虚拟盒子的四个垂直面都落在场地红线上，盒子顶是场地里最高的灯具或者房屋被照亮的最高点往上 10m 的平面。传统软件可以计算照到盒子各个表面上的照度。通过计算确定盒子四个垂直表面上最大照度值的位置和量级，可以评估潜在的光侵扰。垂直面上的照度代表光侵扰的最不利情况，也就是那里正好有窗子的情况。实际大多数情况下，最近的窗户和场地边界还有一定距离，这样那里的照度会小很多。尽管如此，在设计时就确保盒子垂直面上最大照度值符合表 15.2 中的光侵扰标准，可以有效避免安装完成后超标再拆改的成本。预估场地边界上的照度值能方便地预测出哪里可能发生了光侵扰，但并没有告诉我们如何去解决。可能的解决方案包括选择发光强度分布更合适的灯具，把灯具向场地内部移动远离边界，种植绿植提供遮挡以及给灯具安装挡板等。

　　OSP 盒子法和人们的产权意识是吻合的。拥有产权的意思是，业主在自己的产权界线范围内拥有相当的行动自由权，但前提是这些行动不能侵害他人或者公众的利益。OSP 盒子法既灵活又现实可行。它的灵活性体现在最大照度值可以由不同的社区来自行设置，需要时可以参考环境区域分级。说它现实可行是因为这种方法使用已有的软件进行计算，让人们在设计阶段就可以采取必要措施避免光侵扰。它不需要设计师详细地了解场地周边被照亮的是什么，这些信息通常很难获取；此外 OSP 盒子法还综合考虑了直射光和反射光的作用。

OSP 盒子法还能用来估算照明设施对于天空辉光的作用。具体做法是计算盒子垂直面和顶面上的平均照度值。Brons 等（2008）曾建议性提出 E4 区域的最大照度值为 30 lx，E3 区域为 10 lx，E2 区域为 3 lx 以及 E1 区域为 1 lx。

以上内容都还不错，但是眩光怎么办呢？我们可以通过道路照明常用的阈值增量测量法来评估失能眩光（见 10.4.2 节），但这还留下了不适眩光的问题。Bullough 等（2008）组织了 10 项调查性实验，研究人们在室外照明条件下直视光源的不适感体验。通过这些实验，开发出一套根据观察者眼部测量到的三种照度值来预测不适感等级的方法（见 11.6 节）。图 11.15 显示了这个模型的预测值和实验者给出的平均 de Boer 评价值之间的关系。两者之间的误差是 59%，考虑到不适眩光研究中巨大的个体差异（见 5.4.2.2 节），这个百分比是十分合理的。毫无疑问，这个模型可以通过进一步增加不舒眩光的影响因数来得到改善，例如灯光光谱和周围亮度等（Sweater-Hickcox 等，2013）。尽管并不完美，这种照度评估方法最大的好处是在设计阶段操作起来较为简便。只要确定了观察者的位置和对应的灯具，可以用现有软件计算出三个照度，进而计算出不适眩光的预测分值，然后转换为 de Boer 分数。等于或低于 4 的 de Boer 分数通常被认为是无法接受的。

以上发展的意义在于我们可以用现有的软件计算出相关照度后，就能预测光污染的潜在风险。必要时可以指导修改设计。

15.6.4　时间

处理光污染的另一种选择是关注使用照明的时间。和其他大部分的污染形式不同，当光源熄灭时，光污染也马上消失。这意味着规定明确的熄灯时段可以起到显著的作用，对于商业照明来说尤其如此。这是由于产生刺目灯光的主要原因是商业设施需要引人注目，当晚间没什么人的时候继续开灯就没有意义了。所以现在法国政府已经提议商店、办公室和公共建筑的室内外灯光应该在凌晨 1 点到次日 7 点之间被关闭。我们很关注这项提案能否被实施，如果实施了，具体效果又如何。

ILP（2011）提出了一个较为宽松的要求。之前他们提出的如表 15.2 那样，规定了窗户上的最大照度值和最大发光强度值，这些都没考虑熄灯时段。如果有了熄灯的要求，表 15.2 的数值只适用于非熄灯时段，而熄灯后数值应该符合表 15.3。满足这些标准可以保证降低熄灯时段的光侵扰和眩光，同时由于总光输出的减少，天空辉光也会减少。当然，表 15.3 意味着在熄灯时段灯具不用完全关闭，但是这是否有必要？在很多案例中，装饰性照明比如泛光照明和景观照明在半夜里不起作用。体育场馆也有类似争论，在比赛结束并且观众们都离场后应该完全关灯。

表 15.3　场地照明在熄灯时段避免产生干扰光的照明推荐值

环境区域	窗户最大照度 /lx	灯具最大发光强度 /cd
E0	0	0
E1	0[①]	0
E2	1	500
E3	2	1000
E4	5	2500

① 道路照明可容许达到 1 lx。

来源：Institution of Lighting Professionals(ILP), *Guidance Notes for the Reduction of Obtrusive Light*, ILP, Rugby, U.K., 2011。

15.7　未来

　　光污染在短期内不大可能完全解决。关于光污染全球出现了正反两方面的发展趋势：一方面趋势是光污染越来越多，因为很多国家人口在不断增长，更多人口通常意味着更多照明；另一方面趋势是一些人口大国经济快速发展。最后，技术的发展总是能够带来新的光污染。比如说，LED 广告屏发展导致光侵扰的新问题。这些广告屏幕在显示白色图像时的平均亮度高达 $7000cd/m^2$，因为要在白天也看起来是亮的；但是屏幕到晚上亮度并不会降低，尽管有人建议这么做（Lewin，2008）。此外，这些屏幕频繁改变显示的内容，导致平均亮度也频繁变化。这意味着窗户靠近这些广告牌的人将感受到不断变化的光侵扰，这种频繁变化让光侵扰变得更加难以忍受。

　　要应对这些趋势需要立法和技术发展。越来越多的国家正致力于建立法律框架以限制晚间室外照明的数量和使用的灯具类型。照明行业也逐步意识到减少天空辉光的产品的市场潜力。现在已经有越来越多的全遮光灯具适用于室外照明，所以再也不能拿找不到适合的灯具当作借口。照明控制的最新发展也值得关注。传感器技术、调光控制和 LED 光源组合在一起形成了可调节的室外照明系统。当传感器发现人流减少时，可以主动降低灯光，只有在侦测到有人出现时才会调高照度。

　　正反两方面趋势下未来光污染如何发展因国家不同而不同。人们希望在大多数国家那些造成损害和浪费的光污染会被降低。光侵扰和眩光还比较好解决，只要严格地筛选灯具类型、精确地安装和调准灯具方向就可以实现。但减少天空辉光就没那么容易了。天空辉光是室外照明无法避免的后果。晚间室外照明的光越多，天空辉光就越多。只有减少晚间室外照明的数量以及开灯时间才能真正减少天空辉光。这意味着要控制所有形式的室外照明以及从建筑物窗口外泄的室内灯光。人们容易注意到光污染最严重的污染源，但它们的数量很少，对于整体天空辉光的贡献比例不大。我们还必须要留意那些广泛分布的室外照明案例，这么大基数的照明只要有一点点改善就能对解决天空辉光问题起很大作用。所以人们在采购或者设计新的室外照明设施之前首先应当问问自己"这里确实需要照明吗？如果需要，什么时候需要？"当确认安装新的照明设备是必要的，接下来的设计目标就应该是尽量消除光侵扰和眩光，同时尽量减少天空辉光。如果能够达到这些目标，那么这就是一个优秀的室外照明设计，并且减少光污染问题。

15.8 总结

光污染有三种形式，分别是天空辉光、光侵扰和眩光。天空辉光指的是晚间天空亮度的增加，像是在城镇上空罩了一个发光穹顶。光侵扰和天空辉光不同，是一个局部现象，导致对个体的侵扰。光侵扰的典型案例就是房屋周围的室外照明发出的光进入窗户。眩光主要有两种形式，即失能眩光和不适眩光。前者影响视觉能力，而后者仅仅是引起不适感。

天空辉光是由于大气中的空气分子和悬浮微粒散射光线而产生的。光侵扰发生是因为过量的灯光照射到房屋内并且影响到使用者的正常生活。眩光是伴随着视觉区域内出现大量的光线而产生的，可能具有生理和心理两方面的效应。

天空辉光最明显的后果是降低了星星的能见度。其原因是大气中的散射光会在天空上形成一道光幕，导致天空的亮度对比度降低。许多星星很小并且亮度对比度接近阈值，当出现天空辉光时，会大大降低天体的能见度。光侵扰会干扰睡眠从而影响到人体健康，睡眠被打断或者缩短会导致睡眠不足进而导致疲惫、恍惚和烦躁。光侵扰尤其是不断变化的光侵扰会导致失眠。眩光的危害是会降低视觉能力或导致不适。

受到光污染影响的不仅仅是人类。许多植物的生长受到白昼长度以及照射到植物表面的辐射能量的多少的影响。对于动物来说，许多动物是在晚间活动，而在白天睡眠。对于这些动物，光污染会导致它们对于白昼长度的认知混乱从而限制它们觅食的机会。另外一些动物在晚间会被光吸引从而导致行为失常。

人们对于光污染的态度不尽相同。主要问题在于那些对于天文学家来说是光污染的灯光通常对商业业主们来说是经营的必需品，有时也是居民们喜好的。城市和乡镇的居民乐意在晚间把他们的街道照亮来获得安全感。类似的许多道路被照亮是为了提高交通安全性。商店在晚间用灯光来凸显自身并且吸引客户。此外，建筑物的泛光照明和景观照明是为了在晚间营造吸引人的环境。光污染的问题是如何在这些相互矛盾的需求中间找到一个平衡点。

目前可行的一个解决方案是在人口稀少地区设立暗夜公园。另一个方案是立法把光污染定义为和噪声一样的非法侵害。还有一种解决方案由专业机构设计一套照明条例模板，供各地主管部门用来控制光污染。最普遍的行动就是多多普及限制光污染的知识，其中有些知识特别简单，就是提倡使用像全遮光灯具这样的产品，减少上照光。除此之外，我们还给设计师提供了一套分区系统，把市区、郊区和乡村分为五个不同的环境区域，然后对于每个区间规定最大上照光比例、落在窗户上的最大照度值以及最大灯具发光强度值。有了这些照明标准，再结合传统的设计软件以照度基准方式做计算，就可以让设计师预测出室外照明对于天空辉光的影响并且确定是否会产生光侵扰和眩光。

当然，以上解决方案只是针对照明设施的。另一种经常被忽视的解决方案是时间控制。和其他大部分的污染形式不同，当光源熄灭时，光污染也马上消失。这意味着规定明确的熄灯时段可以起到显著的作用，对于商业照明来说尤其如此。这是由于产生刺目灯光的主要原因是商业设施需要引人注目，当晚间没什么人的时候继续开灯就没有意义了。

最后我们要记住，室外照明引起的光侵扰和眩光并不是无法避免的。通过仔细地选择、安装和校准灯具，这些都可以避免。然而天空辉光是室外照明无法避免的后果。晚间室外照明总量越强，天空辉光就越多。只有通过减少晚间使用的室外照明数量以及使用的时间才能减少天空辉光。这意味着需要关注所有形式的室外照明以及透过窗户向外泄露的建筑物发出的光。所以人们在采购或者设计新的室外照明之前，首先应当问问自己"这里确实需要照明吗？如果需要，什么时候需要？"当确认安装新的照明设备是必要的，接下来的设计目标就应该是尽量消除光侵扰和眩光，同时尽量减少天空辉光。如果能够达到这些目标，那么这就是一个优秀的室外照明设计，并且减少光污染问题。

第 16 章　照明和电能消耗

16.1　引言

昼光是非常受欢迎的照明方式（见 7.3.1 节），但昼光不是全天存在的，因此现代社会大部分时间要依靠人工照明。除极少数情况外，这些照明都是由电能驱动的。电能是一种二次能源，其生产和分配的成本都很高。大部分电能是通过化石燃料的燃烧产生的，这会导致大量二氧化碳排放到大气中，而二氧化碳的积累又会导致全球变暖和气候变化。基于这种认识，世界各国政府一方面在研发二氧化碳排放少的发电方式，另一方面也在努力降低国内电能的需求。全球来看，照明耗电预计占到总发电量的约 19%（IEA，2006）。照明被普遍认为是可以大幅削减耗电的领域，这是因为照明设施相比建筑物而言寿命都比较短，更易于替换并且已经出现了值得推广的节能技术。人们已经尝试通过法规、建议书和设计来减少照明的电能消耗，这些方法将在本章中依次介绍。

16.2　法律地位

照明设计很大程度上受到法规和建议书的影响。各种法规构成了对光的使用的法律框架，而各种建议则给出了应该采用何种照明手段的推荐性意见。法规由政府和相关权威机构发布，而建议书由学术团体（学会）、职业和行业组织以及民间机构发布。法规和建议书一起影响了从办公室到剧院，从隧道到体育馆的几乎所有场所的照明设计。照明相关的指南可能有多种不同的叫法，例如规范、指南、推荐做法、设计手册以及最佳方案等。无论名称叫什么，决定是否要执行的因素就是该文件的法律地位。原则上讲，有法律效应的法规必须被遵守，而建议书则不具有强制性。但在实践中情况往往没那么简单，因为有些建议书会被法律所引用从而也具有了法定地位。某些指南虽然是由没有法律权限的学术机构或专业团体编写的，但其内容已经被公认为通行的最佳方案，这类建议书的权威来自于诉讼风险：任何不遵照执行的人，都无法用行业通行做法来为自己辩护⊖。事实上，在大部分情况下遵照这类建议书执行是购买很多专业理赔险的必要条件，很多广为接受的照明建议都有这种效力，例如英国光与照明学会（SLL，2012a）的照明指南和北美照明学会（IESNA，2011a）的实操建议书。

⊖　此段所述主要适用于英美法律体系，在英美国家，很多行业诉讼需要参考行业协会的意见，因此行业标准事实上具有法律效应；另外保险公司对于遵守行业标准也有很高的要求。——译者注

确定了法律地位后，下一步就是检查建议书要求的精细程度，有些要求可能细到规定了特定位置的照度测量值，有些只是简要描述了需要做到的动作，例如应该避免发生光幕反射等。精确性和法律地位之间没有直接的关系。有些法规对照明的要求非常严格，有些只简单陈述相关意图。对于具有法律效应的文件，规定的精确程度往往和违反规定的后果严重程度正相关。后果越严重，相关的规定就会越明确。因此，对于那些会危及公众的安全或健康，或违反诸如节能等公共政策的照明不当行为，设计建议书都会给出明确可量化、可测量的要求。如果后果是轻微的或不确定的，意向声明就足够了。

16.3　照明法规发展趋势

很多年来，照明政策在制定时关注的是公众健康和安全，内容主要是提供充足且合适的照明以满足作业需求，最大程度减少事故并且避免对视觉系统造成损伤。然而在过去十年中，另一大因素成为主流：减少电能消耗，或者更确切地说，控制电能消耗进一步增长。该目标目前主要通过两种方式实现：一种是对照明功率密度设置限定值，这是限制了结果但没有限制手段；另一种则是禁止使用低能效技术，这是限制了手段但没有限制结果。

限制功率密度最成功的案例可能是美国加利福尼亚州（简称加州）。加州于 1978 年首次在室内照明中引入了功率密度限值，并定期进行修订（CEC，2008）。这种方法的优点在于，规定照明功率密度的最大值不会过分限制设计人员的发挥。相反，设计人员可以自由地进行布光设计，并且可以按需选择光源，前提是最终的照明功率密度不超过最大值。功率密度最大限值可以应用于整栋建筑物，也可以应用于建筑物内不同的功能空间。此外设计规范还通过提供一定的功率密度调整值来鼓励人们采用有效的照明控制来减少电能浪费。

设置功率密度最大限值的难点在于掌握平衡，这个数值既要足够严格以鼓励人们使用更为高效的产品和设计，但又不能过于严格以至于现有的照明技术无法提供充足的照明。图 16.1 显示的是 1994～1998 年间，加州新建的四类建筑物的照明功率密度的执行情况，横轴表示建筑物实际的功率密度值和规范规定的最大值之间的比值，数值大于 1 表示不满足规范，小于 1 表示满足。从图 16.1 中可以清楚地看出，这些新建建筑物大部分都能满足规范，如果我们逐步将限定值降低，就可以进一步减少电能消耗。2001 年加州就降低了照明功率密度的最大限定值。图中还可以看到有些新建筑物没有满足相关法规，这表明有必要加强法规执行力度。这类法律法规，只要有明确的执行政策支持，可以有效降低照明用电。当然美国的灯具厂商们也发现，加州严格的法规是节能型照明产品生产和销售的重要推动力。现在制定功率密度限值的地方已经不止加州一家，很多其他州也基于美国国家标准 90.1 来制定其节能法规（ASHRAE，2007）。该标准包括了室内和室外照明的功率密度限值以及照明控制的最低要求。

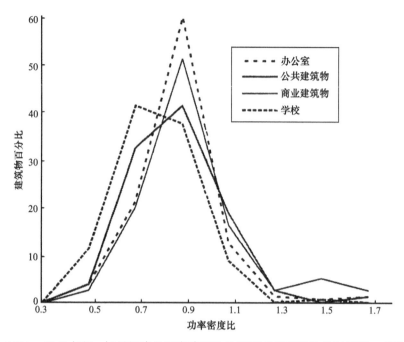

图 16.1　1994 ~ 1998 年间，加州新建的四类建筑物的照明功率密度的执行情况，总数 667 座，横轴表示建筑物实际的功率密度值和规范规定的最大值之间的比值，数值大于 1 表示不满足规范，小于 1 表示满足（来源：RLW Analytics, *Non-residential New Construction Baseline Study*, Sonoma, CA, 1999）

　　减少照明耗电的另一种措施是禁止使用低能效的设备。典型例子就是英国建筑法规的第 L 章：要求在新建住宅的主要空间中，永久安装灯具（即不是通过插头接电的灯具）中至少四分之三要采用低能耗产品。所谓低能耗灯具的定义是光源的光效大于 45lm/W 并且整体光通量大于 400lm。对于办公室、工业和仓储建筑物，要求灯具的系统平均初始光效不小于 55lm/W，而展示照明的平均初始光效应不小于 22lm/W。美国也已经广泛采用这种方法。1992 年和 2005 年的《能源政策法案》及 2007 年的《能源独立与安全法案》给出了光源的强制性能效标准，有效地禁止了许多产品。

　　其实这种限制市场生产的法规已经使用多年了，但直到最近才被普通大众所了解，因为现在影响到了每家每户都用到的白炽灯光源。自电气照明发明以来，白炽灯就是最受欢迎的家用照明选择。这很容易理解：首先白炽灯的价格很低，只需要简单的灯具就可使用，不需要复杂的控制装置；其次白炽灯易于调光，通电后立即达到全光输出；虽然其色彩特性并不算特别理想，但人们早已经习惯了。诚然白炽灯的光效很低且寿命短（见表 1.4），但相比其低廉的价格来说这些缺点不值一提。事实上，正因为白炽灯寿命短导致其必须经常更换，这使得从白炽灯替换成更节能的光源相对比较简易。最初家用白炽灯的替代品是节能灯，现在 LED 光源也是一种新的选择。

　　20 多年来，照明产业和政府一直在努力劝说普通家用用户，节能灯全寿命周期的总成本要比白炽灯更经济。一种手段是提供价格补贴或者根据节能情况支付费用；另一种手段是加贴环保标识并加大公众宣传，其目的是让节能产品更易于识别和获取（Nirk，1997；Howarth 等，2000）。不过这两种方法都不是非常有效。根本原因在于白炽灯被视为一种廉价商品，而节能灯则被看作是长期的环保投资。此外，节能灯开启时需要相对较长的预热时间，同时显色性差，结果是节能灯更多在酒店里流行，而在家用市场表现不佳。

　　劝说的努力失败后，各国政府近期决定强制让所有白炽灯退出市场。这个过程先从最大功率的光源开始，然后功率的限制条件逐步降低，直到所有普通白炽灯退出市场。这些措施引起了一定的抗议，但基本上是徒劳的，人们担心政府直接干预家庭选择，也有人担心节能灯对健康和环境的影响。这还不是废除低效光源的终点，有些国家已经提出，到这个十年结束的时候，只允许光效高于 45lm/W 的光源继续使用。上述举措都得到了照明行业的支持，因为他们看到了节能灯和 LED 光源广阔的市场前景。

　　虽然受到一定的阻力，但各国政府禁止低能效光源的趋势不太可能在短期内逆转。但是为什么问题的焦点会集中到白炽灯上？这个问题有六个答案：第一，照明是家庭用电中的重要组成部分，全球平均比例是 18%，而家庭用电约占照明总用电的31%（IEA，2006）；第二，在许多国家 / 地区，白炽灯是最受欢迎的家用光源；第三，灯光是很显眼的用电形式，推动照明节能在气候变化方面大有作为；第四，改变家用照明很简单易行，只需要将光源进行更换，不必更换灯具或重新布线；第五，更高效的光源已经存在；第六，也是最重要的一点，更换的成本都由屋主承担。相比而言，商业和工业用户很清楚不同光源的全寿命周期成本，因此诸如气体放电光源和 LED等高效光源已经得到较广泛的应用了。

　　值得注意的是，单靠限制功率密度或发光效率的法规并不能真正解决能耗问题，因为没有考虑使用时间。英国正计划在后续修订的建筑物法规中引入照明能耗数字指标（LENI）来限制照明能耗（SLL，2012a）。LENI 源自 BS EN 15193：2007（BSI，2007b），该指标定量描述了照明系统每平方米每年的能耗总量。该方法的优势在于它强调了法规背后的政策目的，即减少总耗电量。

　　以上算是政府在减少照明耗电方面的"大棒"政策，但同时政府也有很多"胡萝卜"政策，比如加强公众宣传鼓励优秀的节能设计。在英国，建筑面积超过 1000m^{2}的政府或公共机构建筑物必须公示一个由单个字母表示的能耗评级，评级是基于该建筑物的年度能耗情况。不过公众是否能理解该评级的含义仍未可知。

　　更加诱人的"胡萝卜"可能是分别由英国和美国提出的建筑物研究机构环境评估方法（BREEAM）和能源与环境设计领导力（LEED）这两个评级计划，这两项评级都是针对专业人士，并且是自愿参加。这两项评级都将建筑物许多方面的能耗表现进行整体评估，并为各个方面分配分数。天然采光和电气照明都属于评分项目。根据最终得分的百分比，建筑物会得到从"优秀"到"一般"的不同评级，就像没有"无星"酒店一样，这里没有"不合格"级别。被评级为"出色"或"优秀"的建筑物业主可以借此展示其环保的责任，建筑物的设计师们也可以凭此成绩来扩展业务。

16.4 照明建议书的发展趋势

很多机构发布过各种不同形式的照明建议书（SLL，2009，2012a；IESNA，2011a），无论采用哪种形式，此类文件的作用都是确保所提供的照明能够满足其目的。不同的应用具有不同的目的，因此在照明的不同方面具有不同的需求。对于工业照明，照明的主要任务是使人们能够快速、轻松、准确地工作；对于酒店大堂，给顾客留下美好的印象是首要任务；对于大型运动场来说，通常目的是保证电视摄像机能够拍下清晰的慢动作画面。因此，针对不同应用的照明建议书会采用不同的标准以及不同的执行力度。这在最新版的 IESNA 照明手册（IESNA，2011a）中得到体现，该指南针对 17 个不同的应用领域提供了指导，每个领域又包含若干子项。对于每个应用领域都会给出一张大表，里面包含不同空间水平照度、垂直照度以及照度均匀性的建议值。表中可能还提供其他指标的数据要求，例如眩光、光幕反射、闪烁、显色性等。不过表中没有给出关于照明能耗的任何定量要求，倒是有一些关于控制系统的建议，以及整栋建筑物标准（ASHRAE，2007）的建议。这点很奇怪，因为当光源和灯具确定时，照度值和能耗之间几乎是线性关系。当达到视觉稳定区（见 4.3.5 节）后，照度值即使提高很多也不会带来视觉功效的显著提升。这一点很重要，因为通过照明来减少电能消耗的最快捷、简单、廉价的方法就是降低照度推荐值。

我们有必要了解多年来照度推荐值是如何变化的。Mills 和 Borg（1999）研究了19 个国家的照度推荐值，发现世界各国对于相同应用场景的照度推荐值存在很大差异。他们总结得出结论，照度推荐值的历史趋势是从 20 世纪 30 年代的约 100 lx 增长到 70 年代初的 500 ~ 1000 lx，随后保持稳定并逐步下降到 500 lx 左右，这个变化的背景是 70 年代初爆发了第一次世界能源危机。当前照度值的变化趋势是既多样化又逐渐趋同。所谓多样化是指针对某个应用场景会给出一个照度范围，而不是单一数值。所谓趋同指的是世界各国的照度推荐值都集中在 300 ~ 500 lx 这个范围内。

照度推荐值的这种变化导致一些阴谋论者怀疑其背后的商业动机。他们的问题是："如果在 1936 年，办公室照明只需要大约 100 lx 就足够，那么为什么今天需要500 lx？"这个问题的答案是：今天不是 1936 年。人类视觉系统的功能自 1936 年以来就没有发生变化，但是办公室工作的性质发生了变化，提供照明的方式发生了变化，办公室的布置发生了变化，而且最重要的是，人们的期望发生了变化。

照明建议书随着时间的变化，揭示出一个重要事实：任何推荐都不是一成不变的。

它们不像物理定律，也不是写在石板上的戒律。相反，它们代表了人们在当前条件下能争取到的最合理的照明条件。为了能覆盖各种特殊情况，必须考虑许多因素。首先我们要确定所谓的照明目标。针对各种场景，我们必须考虑好视觉可见性、任务表现、舒适度和感知印象这几者之间的相对权重。照明目标确定后，我们就可以根据以往的实验证据和实践经验来总结出必要的照明条件。其次我们要考虑所设定的照明条件必须是现有的技术设备能实现的，推荐无法实现的照明没有意义。第三，还要评估经济性。要实现推荐的照明效果需要多少钱？经济上不可行的照明建议也毫无意义。在制定照明标准之前，要把以上三个因素都考虑清楚。照度推荐值和其他所有的定量照明标准，都是涉及多个因素的平衡考虑。因此最终的结果是在当时条件下最合理的共识（Boyce，1996）。这些共识在不同的国家会有所不同，在同一国家的不同时期又会有所不同，这取决于照明知识、技术和经济的发展情况以及人民的利益。因此，为了减少电能消耗，适当降低照度推荐值是完全合理可行的。

目前，大部分照明建议书基本都是照度表的扩展说明（IESNA，2011a；SLL，2012a）。最近有意见认为不该把所有注意力都集中在工作面的水平照度上，他们认为还需要增加垂直照度或者柱面照度等要求（BSI，2011a；IESNA，2011a）。但是，如果不改变现有的设计过程，让设计师知道任务在哪里，需要什么类型的照明，这些改变不会有太大的区别。事实上工作场所的照明设计往往是基于各种假设来进行的。幸运的是，在墙壁和天花板都是高反射率的房间里，提供均匀的水平照度已经足以满足大部分应用的需求，只是要注意避免眩光，并且提供少量上照光。这可能就是为什么照明设计进化了这么多年，提供均匀水平照度的设计方法仍然是最主流、最有效的，尽管一直有设计师在呼吁废除此方法，试图让照明变得更有趣。

然而现在出现了一种更为激进的方案，出发点在于动摇设定照度推荐值的根本目的——保证足够的可见度。Cuttle（2010）指出，在过去 30 年里，许多对视觉要求高的工作任务，例如阅读印刷模糊的文字，正在逐渐消失。即使出现了，也有更好的方式来完成，而不需要简单地增加照度。此外，越来越多的信息是通过自发光设备如智能手机和计算机屏幕来观看，照度太高时反而影响这些设备的观看效果。他的结论是，当前照明建议书的理论基础"提供充足的照明以保证水平工作面上的任务可见性"已经不成立了。作为替代，他建议照明建议书的基础应该改变为提供他所谓的"充足的感知照明"。这就带来了新的问题："为了什么而充足？"我的回答是"对于我在这个空间中希望做的任何事情"，这基本上意味着我衡量的是该空间的视觉亮度。他提出来的衡量指标，是从观察者眼睛的位置测量到的房间各表面的平均光出射度（exitance）。该度量忽略了直接来自灯具的出射光，只考虑从房间表面的反射光。采用房间表面平均出射度作为照明建议有一定的意义，因为注重照亮墙面和天花板的光分布，相比于集中在水平工作面上的光分布更加节能。Cuttle（2013）最近又提出一种称为目标/环境照明比的新标准，以及照明设计的新流程：先照亮空间，再对其中的重点目标进行照明。这个流程适用于所有场景，无论是艺术画廊还是办公室都适用，虽然两者之间的照明效果差异很大。按照这个思路，仍然会出现给水平工作面提供均匀照度的设计，但现在是综合考虑后的结果，而不是对照度推荐值不假思索的简单执行。如果 Cuttle（2010）的理论是正确的，相信很快政府机构就会开始考虑是否仍然要坚持用照度推荐值作为衡量指标，是否有利于节能。

16.5 设计

最终，前面讨论的所有降低能耗的措施都是纸上谈兵，要真正实现节能效果还需要正确的设计方法并选用正确的技术。目前室内照明设计领域有三大趋势对照明节能有重要影响。第一点是最近的照明建议书（BSI，2011a）中都在强调推荐的照度值只是针对工作区域，而不是整个空间。这就要求设计师区分工作照明和环境照明，而不是在整个空间提供均匀的照度，其中用于环境照明的照度应当低于工作区域的照度，从而实现整体照明节能。第二点是人们越来越喜欢在建筑物中增加自然光照明（Mardaljevic 等，2009）。更多自然光既能节省照明用电，也有利于避免昼夜节律紊乱，不过前提是引入的自然光不会过于刺眼，也不会导致室内过热从而提高空调用量，此外还需要配套的照明控制，保证自然光充足时电气照明会自动关闭或调暗。第三点就是提倡使用照明控制，这样做主要是为了在人离开后自动关闭照明，同时也为每个人提供个性化的控制。后者被认为可以有效地减少电能消耗，因为个体对照度的偏好差异很大（Maniccia 等，1999；Boyce 等，2000a；Moore 等，2003），因此我们需要提供一些个性化控制设备，让那些偏好低照度的人可以调暗照明。

当然这些趋势是在已明确的节能措施基础上叠加的，这些措施包括对于光源和灯具的选择。不同的光源具有不同的发光效率（见表 1.4），因此在能满足其他要求如显色性的前提下，尽可能地优先选择高能效光源。接下来就要选择灯具，衡量其节能性的指标是灯具效率，也就是灯具实际发出的光通量和光源总光通量之间的比值。此外还要考虑灯具的发光强度分布，以确保灯光被投射到所需要的地方。以上工作完成后，一个空间里的照明布局也就基本确定，通常采用简单的开关来控制。可以说照明设计者和业主已经为照明节能做出最大努力了。接下来的问题是，在此基础上增加自然光照明、区分任务 / 环境照明，以及设置照明控制可以进一步节约多少电力？

Moore 等（2003）的研究可以部分解答这个问题。他们对英国的四座办公楼的照明用电模式做了近 2 年的监测。办公室都采用开放式布局，有窗户可以利用自然光，天花板布置规则排列的嵌入式荧光格栅灯盘，灯具分组控制，每个分组包含的灯具数量从 1 ~ 9 不等。每组灯具下面的人，可以通过遥控器等手段调节各组灯具的亮度和开关。这四座办公楼的照明用电量平均降低到峰值的 54%，具体在 39% ~ 74% 之间。该结果证明了采用一种控制形式的节能潜力，但也仅此而已。用一个控制器控制多个照明灯具意味着照明的选择可能涉及多个人，因此不能称为个性化控制。此外，各栋办公楼的可调光范围与控制方法也不完全相同。

对前述问题更全面的回答来自于 Galasiu 等（2007）的研究。他们选择了加拿大不列颠哥伦比亚省本那比市一栋 12 层高、绿色玻璃幕墙的长方形办公楼，测量了其中 4 个楼层的照明耗电量。每个楼层都是开放式办公隔断布局，窗户上装有传统的遮阳百叶。每个隔断上方悬挂着一套上下出光灯具，其中包含三根 32W 荧光灯管、一个人体感应器和一个日光感应器，并且所有灯具都和中央控制计算机相连。在三根灯管中，其中一根主要向上投射提供环境照明，而另两根灯管则向下照射提供任务照明。上照灯管在每天 7：30 到 17：00 之间保持全光输出，在此时间之外保持关闭，除非感应到下方有人。向下的两根灯管有三种不同控制方式。人体感应器感应到下方没人时，灯管会逐渐变暗直至熄灭；当检测到有人时，灯具立即恢复到先前有人时设置的光输出。当有自然光时，日光感应会监测周围环境的照度，如果自然光以及四周的灯具已经提供了足够的照度，则将灯管调暗至 50% 的光输出。办公室里的使用者也可以调整这个 50% 的限值，通过操作计算机上的一个滑块能实现开关和调光控制。当全光输出时，灯具在工作区中心产生 450 lx 的照度，功率密度为 5.8W/m²。总共采集到了 86 个办公工位的数据，其中 57 个靠着窗户，18 个位于相邻的一行，距离窗户 2.5～4.5m，其余 11 个位于建筑中心，距窗户超过 5m。研究者总计记录了 1 年的数据，分三个阶段。在第 1 阶段（39 个工作日）中，控制仅限于人体传感器和计算机上的个人控制，人体传感器的延迟时间为 8min，随后的 7min 里逐渐调暗至熄灭。在第 2 阶段（140 个工作日）中，所有三种控制系统均处于活动状态，人体传感器延迟 12min，随后在 3min 内调暗至熄灭。在第 3 阶段（61 个工作日）中，控制装置设置和第 2 阶段一样，但工作人员每月都会收到一封电子邮件，以提醒他们个人控制系统的存在并鼓励他们节省能源。最终测量结果显示，每个灯具在三个阶段中平均每天相比全输出的同类灯具分别能够节约 39%、47% 和 42% 的电量。作为对照，在被测楼层中有半个楼层采用了更为传统的均匀照明方式：天花板规则排列带抛物面反射器的嵌入式荧光灯具，内装两根灯管，按照分区进行开光控制。这种照明布局在全输出时，可以提供约 400 lx 的照度，功率密度为 10W/m²。在第 2 阶段，相对于这种较传统的照明方式，配备独立控制的灯具，平均每日可节约 68% 的用电量。

显然，区分任务／环境照明、设置合适的照明控制可以大幅节省耗电量，但是具体每种设计元素的贡献有多少呢？从前面给出的功率密度来看，很明显在没有使用照明控制的情况下，区分任务／环境照明可以节约 42% 的电量。Galasiu 等（2007）还研究了三种不同的控制手段各自能提供多少照明节能。表 16.1 显示了在研究的三个阶段中，三种控制手段（单独及各种组合）的每日节能百分比估值。观察表 16.1 会发现，人体感应在节能方面最有效，而个性化控制效果最小，日光感应介于两者之间。需要提醒一点，这个结论可能只适用于这种情况。如果办公室里的人很少离开工位，人们很少离开工作站，人体感应器的作用就小得多。类似地，如果自然采光不足，那么日光感应效果也大打折扣。但是个性化控制在任何情况都有效。

表 16.1　在研究的三个阶段中，不同控制系统产生的相对于同一照明装置在全光输出下运行，
产生能耗的平均每日节能百分比

控制系统	第 1 阶段	第 2 阶段	第 3 阶段
人体感应	29	35	38
个性化控制	20	11	5
日光感应	—	20	11
人体感应 + 个性化控制	40	40	39
人体感应 + 日光感应	—	45	44
个性化控制 + 日光感应	—	24	14
人体感应 + 个性化控制 + 日光感应	39	47	42

来源：Galasiu, A.D. et al., *Leukos*, 4, 7, 2007。

　　目前得到的都是好的结果，但是办公室的实际使用者的感受如何呢？ Veitch 等
（2010）研究了此问题，他们在记录能耗的同时，还会用问卷的方式来调查使用者对
照明的评价、对环境的满意度以及对工作的满意度。这些调查在第 2 阶段进行了两次，
在第 3 阶段进行了一次。 这里有趣的是对照明的评估，所使用的仪器是基于 Eklund
和 Boyce（1996）对于办公室照明调研开发的。表 16.2 给出了有照明控制（包括个体
化控制）和只有分区开关的用户对于问卷中陈述内容表示同意的人数百分比。表 16.3
显示了这两组用户对于问题 "与其他类似的工作场所相比，这里的照明是更差、相同还
是更好？" 的回答。观察表 16.2 可以看出，第一次和第三次调查中两组的反应有显著差
异，但第二次差别不大。可能的解释是三次调查的月份不用。第一次调查在 4 月进行，
第三次调查在 11 月进行，而第二次调查在 8 月进行。由于 8 月时办公室日照充足，人工
照明影响不大，但在 4 月和 11 月会有更多影响。如果只看第一次和第三次调查，就可
以看到有更多控制装置的人认为照明舒适，并且有少部分人认为照明太亮且分布不均。
表 16.3 支持这样的结论：带控制的照明环境比传统开关的照明环境更好。这揭示了一
种双赢的情况，具有控制功能的任务 / 环境照明不仅可以降低能耗，而且更受人欢迎。
　　鉴于此结论，我们有必要思考为什么任务 / 环境照明和照明控制这两种手法这么
不流行。一个答案是，要设计任务 / 环境照明，就必须事先知道具体的任务内容是什
么，具体位置在哪里。然而办公楼在出租前是难以确定这些信息的。即使是业主自己
使用，其内部布局也是会经常调整的，每次都调整照明不太现实。也许今后无线通信
和计算机技术的发展能最终克服这个问题，只需要在办公室设置规则布局的灯具，通
过单灯控制来实现每个工位的个性化控制（Wen 和 Agogino，2011），但在技术实现之
前，通过任务 / 环境照明实现节能还只能说是有潜力而无法实现。
　　照明控制没有广泛应用的原因也是信息不足。如果事先不知道空间的使用方式，
那人体感应的节能效果也无从得知。照明控制不流行的另一个原因是过去的劣质产品
造成的坏名声。以人体感应为例，必须是经过仔细设置和调试才能获得良好的效果，
否则人体感应会胡乱关灯和调光，反而造成了混乱。日光感应也有类似问题。

表 16.2　开放式办公室，有照明控制的用户和只有分区开关控制的用户，
对于问卷中陈述内容表示认可的人数百分比

陈　述	第 2 阶段 第一次		第 2 阶段 第二次		第 3 阶段 第三次	
	有控制	没控制	有控制	没控制	有控制	没控制
总体来说，照明很舒服	90	72*	95	87	94	75*
对于我的工作来说，照明太亮了，不舒服	5	22*	5	7	3	20**
对于我的工作来说，照明太暗了，不舒服	6	17	6	7	12	5
这里的照明非常不均匀	11	22*	6	20	12	35*
照明会造成严重的阴影	6	6	2	7	6	15
灯具上的反射会影响我的工作	0	22***	5	7	5	10
灯具本身太亮了	6	17	2	13	2	20**
我的肤色在灯光下看起来不自然	6	6	2	13	9	20
灯具一整天都在闪烁	2	22**	0	7	0	5

注：这些陈述内容是在三个不同的时间段被问到的。两种照明类型之间的统计学显著差异在无控制列中标记为 *$p < 0.05$ 或 **$p < 0.001$ 或 ***$p < 0.001$。

来源：Veitch, J.A. et al., Office occupants' evaluations of an individually-controllable lighting system, IRC Research Report 299, National Research Council Canada, Institute for Research in Construction, Ottawa, Ontario, Canada, 2010。

表 16.3　开放式办公室，有照明控制的用户和只有开关控制的用户，
对于问题不同回答的百分比

与其他类似的工作场所相比，这里的照明是更差、相同还是更好？	第 2 阶段 第一次 **		第 2 阶段 第二次 *		第 3 阶段 第三次 **	
	有控制	没控制	有控制	没控制	有控制	没控制
更差	5	28	2	13	3	35
相同	30	61	32	67	40	40
更好	65	11	66	20	57	25

注：该问题是在三个不同的时间段被问到的。两种照明类型之间的统计学显著差异标记为 *$p < 0.001$ 或 **$p < 0.001$。

来源：Veitch, J.A. et al., Office occupants' evaluations of an individually-controllable lighting system, IRC Research Report 299, National Research Council Canada, Institute for Research in Construction, Ottawa, Ontario, Canada, 2010。

　　对于个性化控制，Galasiu 等（2007）之前的研究发现，单独使用个性化控制的节能效果是最小的。此外他们还发现一旦工位上的员工设定好了自己的照明偏好后，就很少再去改变控制模式。然而，Veitch 等（2010）的研究表明，能够对工位上的照明进行个性化控制被认为是高档次照明的标志，其他人的研究也发现了类似的观点（Moore 等，2002a）。深层次原因在于人们不是想经常调节自己工位的照明，而是个体之间对于照度的喜好差异很大。有个模拟研究能够证明这一点，该实验在类似办公隔断装修的办公室里进行，采用任务 / 环境照明设计并且计算机上也配备了个性化控制，主要区别在于自然光很少（Boyce 等，2006a，b）。实验对象们在这个模拟办公室里工作 1 天，从事各种各样的工作。办公室里悬吊灯具的下照光源可以通过个性化控制来调节，通常每天开始时用户会设定自己喜欢的照度，到了下班时有 82% 的人没有改变这个初始值。此外，个人之间的照度设定值差异很大。图 16.2 显示了下班时选择各种照度的人数百分比。可以看出桌面照度范围为 275 ~ 1075 lx。此发现表明个性化控制不仅是为了节能，也是为了让用户能够控制自己的环境。Veitch 等（2010）发现，有了个性化控制后能让用户对工作环境的满意度明显提升，而环境满意度提升又会提高工作满意度和忠诚度（Carlopio，1996）。

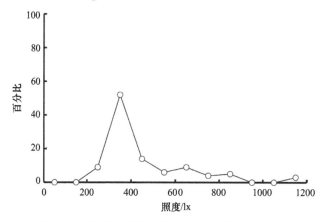

图 16.2　在模拟办公室中，选择各种照度的人数百分比（来源：Boyce, P.R.et al., *Lighting Res. Technol.*, 38, 358, 2006a）

　　这些研究结论表明即使个性化控制对于照明节能的贡献有限，但是对于提高环境满意度以及工作满意度有重大作用，这对公司来说可能比省电的价值更大。如果关注点仅仅是省电，那么可以采用的手段包括选择高效的光源、灯具、布局和控制手段。节能型照明设计的主要障碍包括：对于要设计的视觉环境信息不足，灯具安装完成后难以进行调整，以及额外的资金投入。这些障碍被克服前，节能型照明设计可能还是很难推广。

　　前面的所有内容都在讨论室内照明节能，还有很多人关注的是道路照明（Boyce 等，2009）。最基本的做法就是地方政府在午夜到凌晨 5 点之间关闭道路照明，因为这个时段路上行人很少，交通密度也很低。但是在这几个小时内关闭道路照明是否会导致死亡人数增加还有待观察。前面第 10 章里提到过夜间照明能够降低行人的伤亡（见 10.4.4 节），但这个数据是在晚间而不是在深夜收集的，实际上深夜里的驾驶人行为会有很大差异。

　　比简单关灯复杂点的方法是对道路照明灯具进行远程监控，具体方法是用无线通信技术把大量灯具的信号发送到中央服务器，得到授权的人员可以访问服务器来监控路灯网络。这种监控主要是为了迅速发现路灯的故障进行维修，如果和调光控制相结合，远程监控还可以根据实际情况（交通流量和天气状况）再对路灯进行调光。目前最常用的道路照明控制是阶梯式调光，中间是缓慢过渡。这种远程控制系统已经为英国、中国和芬兰等国家节省了 25%～45% 的能源（Guo 等，2007；Walker，2007）。

这种控制的最终发展是：快速调光 LED 灯具和交通流量传感器结合（Haans 和 de Kort，2012）。具体概念是灯具只有在道路上发现有人流或车辆时才达到全输出，而在路上没人时调低亮度。行人和驾驶人对此的接受程度如何还有待观察。

不管使用哪种控制系统，处于调暗状态的时间越长，能耗就越少。此类控制系统无疑会增加初装成本，但是会显著降低电能消耗，从而降低运营成本和全生命周期成本。这种投资的回报率需要综合考虑。

16.6　甩负荷

到目前为止，本章讨论的都是通过照明在长期实现电能节约，其动机既有经济方面也有环境方面。但有时候会出现降低电力需求的紧急需求。无论发达国家还是欠发达国家都可能遇到用电需求逼近最大发电能力的情况，这时必须采取措施，要么提高发电能力，要么降低需求，否则电网就可能崩溃。为避免这种情况，就要有一种机制能在必要时降低电力需求，这种机制叫作需求响应，俗称甩负荷或者削峰。具体来说，就是用电大户在电力公司要求时迅速减少用电需求。通常达成这样的协议，是为了换取某种形式的降价。照明是甩负荷的一个诱人选项，因为用电高峰通常发生在下午，此时室外温度最高，空调都在全功率运行。此时有充足的自然光照明，即使没有自然光，人工照明也可以调暗。当然调暗灯光会影响工作人员的视觉环境，从而引出了下一个问题：照度降低的接受程度如何。答案首先在于这种照度降低是否会被员工发现，其次在于员工对这种照度降低的认知如何。如果降低照度是保障供电安全的短期手段，那么员工的接受程度会很高。相反，如果降低照度成为长期行为，是以牺牲员工为代价来节省公司支出，则接受度会很低。总体来看，照度的降低不被员工察觉是最理想的情况，那么要想不被察觉，究竟可以降低多少照度呢？

许多实验室研究过这个问题。Akashi 和 Neches（2004）曾让实验者进入一间没有窗户的房间，然后缓慢调暗房间里的照明。他们发现，当实验者要进行视觉任务时，只有 50% 的人能发现照度 15% 的变化，而 80% 的参与者认为照度降低 20%～30% 是可以接受的。Newsham 和 Mancini（2006）在一个几乎没有日光的模拟办公室中，进行了为期一天的研究。这天开始时，参与者被允许将各自桌面的照度调节到自己喜欢的水平，平均的设定值为 450 lx。到了下午，桌面的照度开始缓慢平滑地下降，但没有告知参与者。这次调整把桌面的最低照明降到 225 lx。参与者不知道照明被悄悄改变，但他们可以随时干预这个过程，把照度重新升高。结果 30 名参与者中有 17 位进行了干预。图 16.3 显示了可以进行干预时照度降低百分比的累积频率分布。对于进行了干预的 17 名参与者，照度降低百分比指的是他们进行干预时的照度相比于初始设

定的偏好照度的差值；而对 13 名未进行干预的参与者，照度降低百分比指的是调光
降低至 225 lx 之后的最低照度相比于初始设定值的差值。图 16.3 显示只有 3 名参与
者（10%）在他们的桌面照度相比于初始照度降低 18% 时就进行了干预。图 16.4 显
示的是 17 名参与者从照度降低开始到对照度进行干预之间过去的时间分布。有 3 名
参与者（10%）在调光开始后约 25min 进行了干预。以上结果表明，适当地降低照
明用电而不引起抱怨是可能的，但是这种甩负荷只能是偶然的措施，而不能是长久
的情况。

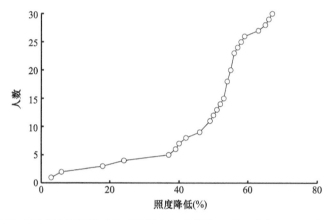

图 16.3　可以进行干预时照度降低百分比的累积频率分布。对于进行了干预的 17 名参与者，照
度降低百分比指的是他们进行干预时的照度相比于初始设定的偏好照度的差值；而对 13 名未
进行干预的参与者，照度降低百分比指的是调光降低至 225 lx 之后的最低照度相比于初始设定
值的差值（来源：Newsham, G.R.and Mancini, S., *Leukos*, 3, 105, 2006）

　　这两项研究都是在几乎没有自然光的房间中进行的。Newsham 等（2008）曾分
别在有自然光和没有自然光的办公室中把 400 lx 的照明调暗 10s。在没有自然光的办
公室，没有注意到照度降低的参与者占比 20%；而在有自然光的办公室，这个比例
上升到了 40%～60%。之所以如此，是因为自然光在一定程度上缓解了人工照明的降
低。以上还都只是实验室研究，Newsham 和 Birt（2010）进行了一次实地研究，他
们选择的是一间装有 330 套可调光灯具的开放型办公室，以及装有 2300 套可调光灯
具的几间大学教室，时间是在 5～7 月的几个月里。在办公室，有两个下午的照明在
15～30min 内调暗了 35%，结果能耗降低了 23%～24%。在大学，有三个下午的照明
调暗了 40%，能耗下降 14%～18%。这两个地方的人事先都知道夏天会进行用电限制，
但是不知道具体时间。在试验的整个下午，管理人员都没有收到与照明有关的投诉。
显然降低照明是减少电力需求的简单途径，以应对供电紧急情况。Newsham 和 Birt
（2010）提出了一个两阶段方案：第一阶段，根据用户不太可能注意到的量来进行调
光，即在无自然光时调低 20%，在有自然光时调低 40%，在日光充足时调低 60%，都
有 10s 的过渡期；第二阶段是调光到有比较多的人会觉察但仍然可接受的程度，有
10s 的过渡期。

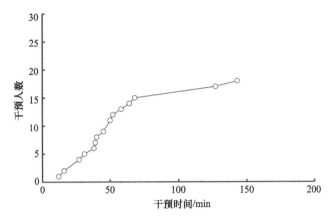

图 16.4　17 名参与者从照度降低开始到对照度进行干预之间过去的时间分布（来源：Newsham, G.R.and Mancini, S., *Leukos*, 3, 105, 2006）

16.7　总结

　　电能是当前最常用的照明能源。电能的生产主要依靠化石燃料的燃烧，而这会产生大量二氧化碳，最终导致全球变暖。照明是电能的主要消耗者，也被认为是一项有很大节能潜力的领域。这是因为与建筑相比，灯具的寿命要短得多，易于安装并且已经存在可行的节能技术。

　　长期以来人们制定有法律效力的法规来保障公众健康和安全，现在也被用来减少照明用电。这些法规有两种形式：一种是规定照明功率密度的最大值，包括室内和室外照明；另一种是限定光源的最小光效，以淘汰市场上的低能效产品。这种操纵市场的操作其实已经实施很多年了，但直到最近才被普通大众所发现，因为白炽灯进入了淘汰行列，而白炽灯是千家万户最常见的光源。在几年之内，大部分家用光源将会替换为节能型或者 LED。

　　值得注意的是，限定功率密度或光效的法规并不能真正解决节能问题，因为它们没有考虑设备的使用时长。LENI 是一种替代方案，该指标量化规定了照明系统每年每平方米所使用的能源总量。其优势就在于强调了法规背后的政策目的——减少电能消耗。看看这个指标是否被采用很有趣。

　　有些法规属于促进节能的"大棒"型政策，但也有"胡萝卜"政策，主要由许多旨在鼓励良好节能设计的自愿性计划组成，例如：分别在英国和美国兴起的 BREEAM 和 LEED 计划。这两种计划都对建筑在节能各方面的表现进行评估打分，自然采光和人工照明都是评估的一部分。根据获得分数的百分比，可以将建筑评级为出色到一般。

　　很多机构都会发布照明建议书，其形式和叫法也是多种多样，例如规则、指南、推荐做法以及参考手册等。无论形式和名称如何，此类文件的基本作用都是确保所提供的照明是合适的。在 20 世纪初首次出现时，照明建议书只不过是一张照度表。从那时起，它们就逐渐给出了有关照度、眩光、光幕反射、闪烁以及显色性的定量建议。但是一直没有给出关于照明最大能耗的定量建议。这点有些奇怪，因为当光源和灯具确定时，照明的能耗和照度之间几乎是完全线性正相关的。因此减少照明用电量的最快、最简单而且最廉价的方法就是降低照度的推荐值。这当然是可行的，因为所有照明建议书都是综合考虑多个因素的平衡的结果，其中也包括能源的经济和环境成本。

最终，所有的法规、建议都只是纸上谈兵。要真正降低照明的耗电，还必须选择正确的设计方法，使用正确的技术。当前，室内照明设计共有三种趋势能降低用电量：第一，是推广任务／环境照明设计方法；第二，是在建筑中更多利用自然光；第三，是倡导多使用照明控制。长期的实地研究表明，综合采用任务／环境照明和照明控制系统可以大量减少电耗。此外，带有控制系统的任务／环境照明，其质量被认为比传统控制的均匀照明要更好。鉴于此，我们有必要思考为什么任务／环境照明和照明控制应用还是这么少呢？一种答案是要采用任务／环境照明设计，就必须事先知道空间里的工作任务可能是什么以及位置在哪里。而通常此类信息无法得知。对于室外照明，则是成本和技术发展驱动节能尝试。政府预算的减少，已导致一些地方在午夜到凌晨 5 点之间关闭道路照明。有趣的是，新技术正在使道路照明调光成为可能，让路灯可以根据交通流量的变化而自动调节照度。这些变化的可接受程度，以及是否会增加道路伤亡人数仍有待观察。

减少照明用电是一项长期任务，但有时会遇到迫切需要降低用电量的紧急情况。这种情况通常发生在用电需求接近最大发电量时，存在电网崩溃的风险。这时候需要大幅降低用电需求，这个过程称为甩负荷。照明是减少负荷的重要措施，因为用电需求达到峰值时，往往是有充足的自然光可供利用，可以把人工照明调暗实现节能。这种调光会影响办公室使用者的视觉功效，从而引发这样的问题：照度下降到什么程度是可以接受的。答案首先取决于照度降低是否会被人察觉到，其次如果被察觉到了，员工又会怎样认知这种下降。各种实验研究表明，只要缓慢且平稳地进行调光，就可以有效地降低照度，从而减少电力需求，并不会引起任何抱怨。

降低照明耗电量的压力，不太可能在短期内得到缓解。照明行业和照明设计师们都需要独创性和技术创新，用最少的能耗提供高质量的照明。今后的照明建议书很可能会提出很多新的要求，希望本书能激发一些思考。

第 17 章　未来道路

17.1　引言

本章内容和之前的章节不同，不涉及任何定义、物理量、实验结果及其应用。本章讨论的是作者本人对于当今照明所面临的问题，以及照明研究如何解决这些问题的看法。笼统来说，这些问题有关于新技术、新知识以及人们日益增长的对照明的经济和环境影响的关注。这些问题都需要对照明研究的投入，只是投入的形式各不相同。具体形式可能是什么，需要的研究和评估应该如何进行，都是本章中将要讨论的内容。

17.2　背景

现在是照明研究的黄金时期，原因有很多。首先，照明技术正在发生重大革新。在过去十年中，固态光源从原本只用作信号和标牌显示转变成一种主流照明光源。事实上最近的照明杂志会给人一种感觉："LED 是当前照明的唯一答案。"LED 光源同时具备高光效、长寿命以及高灵活性等竞争优势，尤其是最后一点，让 LED 灯具不仅可以调节光输出，甚至还能调节光谱和配光。结合计算机电源和无线通信技术，空间里的照明效果可以随意调节，适应新的需求。这样的系统已经在道路照明中使用，相信很快就会推广到其他应用。

其次，人们对照明的非视觉效应越来越感兴趣，尤其是在发现自主感光神经节细胞（ipRGC，见第 3 章）之后，人们对于光照对人体健康的影响愈发关注。起初人们以为视觉系统和昼夜节律系统是各自独立的（Boyce，2006），但深入研究表明两者在很多层面上是关联的，并且自主感光神经节细胞的作用远不止调节昼夜节律（Boyce，2011）。按照目前的理论，光照对于健康的不良影响主要在于过度光照会导致昼夜节律紊乱，但如果光照对健康的影响不限于昼夜节律，那么照明标准就不仅要考虑视觉效率，还要保障人体健康。

除了光照的生理影响外，人们对其心理影响的兴趣也在增加。包括学校的教学效果（Sleegers 等，2013）、医疗机构的康复治疗（Joarder 和 Price，2013）以及品牌认知度（Schiekle，2010）等多方面研究都表明照明会产生或正面或负面的显著影响。这些影响并不是确定会发生，只发生在特定情况下。不过无论如何，这种心理影响都是不可忽略的。

第三，人们越来越关注照明引起的附带危害，最受关注的一点就是电力消耗造成的二氧化碳排放。如第 16 章所述，各国政府都在努力减少用电量，或者至少遏制用电量快速增长的趋势，而照明又是一个显著的节能对象。结果就是各国政府纷纷制定法规以限制室内外灯具的功率密度，并禁止使用低能耗光源。目前为止这类法规还是围绕着技术革新制定的，但早晚问题的焦点会转到给出更合理的照明建议书。

另一个令人关注的领域是光污染，此问题的推动者主要来自某些特殊兴趣团体，但是如第 15 章所讨论的那样，我们必须在保障人们能在夜间看到星星和提供充足照明以保障安全、繁荣与美观之间保持平衡。总而言之，人们对电能消耗和光污染的担忧正在严格限制照明的设计方式。

17.3　新技术带来的问题

固态照明成为照明主流，给原有的照明计量体系带来很多新问题。目前研究最充分的是显色性，CIE 现行的一般 CRI 显色指数计算方法低估了人们对 LED 色彩的接受度（CIE，2007）。因此已经有数个团队在分别尝试研发出一套新的显色评价指标（见 1.6 节），但是目前为止还没有得到世界公认的替代方案。原因有三：第一，不同的评价体系基于不同的目的，有些指标的目的是量化评价光源的色彩保真度，因此需要把待测光源的显色性能和一个参考光源相比较；而有些指标的目的是量化评价光源提升色彩饱和度的程度，这就不需要参考光源了。第二，人们想要尽量用简单的方法来表达色彩显示效果，最好只用一个数值就行，而不是要用若干个数值共同表达。第三，与科学无关，而与商业有关。现有的光源制造商不愿意出现一套新的评价体系，反而让自己的产品评价被调低。今后的照明研究可以专注于人们对于不同评价指标的理解程度，以便于寻找到新的共识。

受到固态照明冲击的另外两个评价指标是不适眩光和闪烁。当使用固态照明时，眩光源可能是很多高亮点光源的阵列，这种情况下紧邻光源的周边部位上的亮度就很重要，很多年前人们就意识到了这一点（Hopkinson，1963），但一直被忽略。现在急需开发出一种新的眩光评价体系，把这些周边部位的亮度纳入计算中（Sweater-Hickcox 等，2013）。

至于闪烁，LED 使用直流电工作，传统的交流电源都要经过整流之后才能输入。LED 的快速响应时间意味着，光输出是否稳定或闪烁完全取决于整流的效果。有很多团队针对极端条件下不同水平的光源引发的不稳定性的可检测性及可接受程度做了研究（Bullough 等，2011a，2012b）。不过专门针对闪烁敏感人群（如经常偏头痛的人）的研究还很少。目前为止，要获得有效的闪烁评价指标还很困难。

固态照明的到来也刺激了照明控制的发展。理论上来说我们可以设计出光谱和配光都能调节的 LED 灯具，问题是光谱和配光的变化范围中有多少是有用的或可接受的，这些变化应该用什么速率，如何进行控制等都还没研究清楚。根据以往人们对个性化照明控制的使用经验来看，即使出现了光谱和配光可调节的灯具，人们很可能也只在初始时调节，然后就很少去改变。这一领域尚有许多工作要做。

17.4　新知识带来的问题

有关光照对于人体健康的影响的相关知识正快速发展，其主要问题就在于其高度复杂性（见第 3 章）。这种复杂性涵盖了从基础知识，到效率和应用的广泛问题。基础知识涉及视觉系统与非成像系统之间的关系，以及自主感光神经节细胞与大脑其他部位之间的连接扩展问题（CIE，2004e）。近期有新证据表明，光照可以用来治疗多种情绪障碍。这是光照的正面效应，但其也有负面效应，例如晚上过多光照对癌症的发生和发展的影响。

效率问题与光照的光谱、强度、时间和时长有关。目前已经出现了几种有关昼夜节律系统的光谱灵敏度模型（Rea 等，2012a），但是对于光照强度对昼夜节律系统的影响，我们仍然知之甚少。还有一些证据表明，近期的光照历史会影响昼夜节律系统的敏感性。其他相关问题如下：为了确保可靠的效果，刺激的强度需要超过阈值多少？视野中是否有某些部分比其他部分更重要？光照强度和持续时间之间的关联性从哪里开始断开？光照的具体时间有多重要？迄今为止，几乎所有关于此类问题的研究都聚焦于昼夜节律系统上，但是光照会影响除褪黑激素以外的其他激素，其影响可能不限于昼夜节律系统。

至于应用层面，要取得大的进展需要解决两个问题。第一，现实世界中 24h 内的常见光照模式是什么。回答这个问题是为了了解人与人之间对于光照的反应的差异。第二个问题是人类在光照方面是否充足。如果是，那么光照的好处可能仅适用于那些昼夜节律系统脆弱，或生活在非常有限的光照下的人。如果不是，那么光照对每个人来说都很重要，即使是健康的人也是如此。

显然，关于光照对人体健康的影响还有很多需要学习的地方。在这一领域的研究需要医学和照明专家的合作。还需要包括分子生物学、电生理学、认知心理学以及人因工程学等不同领域的专家。这些合作对于了解光照的影响及其实现机制很有必要。

新知识不断发展的另一个领域是环境心理学。多年来，照明研究的两个焦点就是照明对视觉表现的影响，以及如何避免视觉不适。结果是我们清楚地了解到如何使用照明来提供高水平的可视性同时避免不适感。随着这方面的成功，一些研究人员开始关注照明影响力更远的问题，例如：照明对犯罪的影响（见第 12 章），以及日光对商店销量的影响（Heschong-Mahone 小组，1999a，2003b；Heschong 等，2002a）。这类研究的问题在于，尽管他们可以证明照明和结果之间的相关性，但没有证明因果性。此外，之前的研究大多是通过现场实地实验完成的，现在这几个领域的现场研究很困难。

还有些研究致力于探索照明对人的情绪和行为的影响（Boyce 等，2006b；Hubalek 等，2010；Johansson 等，2011）。这些可以在具有严格控制的实验室条件下完成，但问题是实验室和现实世界不完全相同。人们的感受与行为方式和所处的环境息息相关，因此实验室结果无法直接推论到现实世界中。

不过客观地说，目前这两个领域的研究，无论实验室还是实地研究，都是证明概念的研究，也就是说他们试图证明照明确实会对某种特定结果产生影响，因此应该在研究各种因素时把照明考虑在内。然而这仅仅是万里长征的第一步，我们的最终目标是建立一个将照明效果量化的模型。这方面进展的一个例子是 Veitch 等（2008）的研究，该研究用两间模拟办公室做了实验，让临时工作人员在其中完成一天的各种工作。对两间办公室数据的统计分析证明了认为自己的办公室照明质量更高的人，会评价办公室更具吸引力，心情更加愉快，并在一天工作结束后表现出更强的健康和幸福感。其他的研究（Veitch 等，2007）也证明了照明满意度有助于提高环境满意度，进而提高工作满意度，这是影响组织协作的一个因素（Carlopio，1996；Wells，2000）。我们还需要长期的实地研究来验证这个模型，并量化各种联系。

17.5　压力增加带来的问题

照明越来越多地感受到降低电能消耗以及减少光污染的压力，幸好这些可以通过技术发展得到部分缓解。更高效的光源，控光更好的灯具，还有确保合适光量的控制系统，都有助于解决问题。不过，减少照明耗电最有效的方法就是降低照度推荐值，因为我们必须要明确照度最低可以降到什么程度，才不会引发广泛的抱怨。同样，在晚间关闭照明以减少光污染，可能对安全、保障以及商业产生不利影响。换句话说，应对这两种压力必须权衡相关行为的后果。为了具体说明我们来看一个例子。在英国，部分地方政府已采取措施在午夜至凌晨 5 点之间关闭道路照明。显然他们这样做主要是为了省钱，但其对道路安全造成的后果要几年时间才能充分显现。任何试图减少照明电耗和减少光污染的行动，其最终结果都值得仔细研究。

减少照明耗电的另一种做法是优化光谱权重，以使光源的光谱分布可以更好地与应用相匹配。Rea（2013）就很拥护这种方法，他推荐了很多新的光谱权重函数以替代 CIE 标准视见函数（V_λ）。V_λ 函数用于量化在明视觉条件下，可见光对中央凹处细节辨识能力的影响。但是不适用于暗视觉条件下的离轴检测，也不适用于预测明度感知，也不适用于评估光照对昼夜节律系统的刺激。通过针对不同应用采用不同的光谱加权函数，可以提高照明效率。但要成功实施此方法，需要照明研究人员就各种光谱加权函数达成共识，这还需要做很多工作。

17.6　研究方法

鉴于需要在多个领域开展研究，有必要考虑这些研究应如何进行。在探讨特定方法之前，我们有必要指出三个基本原则。首先，要将人放在第一位，照明放在第二位。过去一些实验，其中的独立变量都是照明的基本指标，例如照度、眩光条件、光源的颜色特性等。选择这些变量，是因为它们对灯具制造商很重要，也是因为它们经常用在照明设计的计算中，而不是因为这些因素对于使用照明的人很重要。有时这些指标也能解决设计师的直接问题，例如，光源的显色指数（CRI）能够表示区分不同色调的难易程度。但这并不是问题的根源，要根本解决问题必须要了解人是如何区分颜色的。只有明白了区分颜色的本质，我们才能找到合适的评价光源属性的方法。所以说要想根本上理解人和照明，必须把人放在第一位，照明放在第二位。此外，研究中所考虑的"人"必须具备足够的代表性和多样性。

第二个基本原则是开发更多的概念模型。概念对研究很重要。它们构成了研究的未陈述假设。被明确陈述的概念成为理论，而理论产生了可以通过实验验证的假设。照明领域中目前唯一可以说是遵循了概念／理论／假设／实验这条路径的研究，是对可见度的研究。原因有两点：首先，可见度是照明最显著、最直接的影响，并且已经研究了多年；其次，可见度是照明的独有效果。有关照明研究的其他领域，例如：不舒适、印象、情绪和行为等，除了照明之外，还受许多其他因素的影响。这就需要更多的概念模型，来覆盖多种不同环境和个人因素。

最后一点是要重视情境。过去的许多照明研究，关注的都是找到一种能让工作更轻松快速没有不适感的通用的照明准则。这些通用准则现在可以说已经基本明确了。未来更需要关注的是那些需要修正的个性化情境，以满足不同应用和不同人群的需求。认识到情境的重要性，才可能完全了解照明效果的复杂性。

把人放在第一位，开发概念框架，以及重视情境，这是未来研究的三条基本原则，但并不是充分条件。要想获得成果，必须考虑好研究方向。有关光线对视觉系统产生的影响，以及有很多研究并总结出非常通用的准则，但适用于特定任务的具体研究很少。因此，此领域的研究需求是从通用转向特定。有关光线对非成像系统的影响、对昼夜节律系统的影响，相关研究正快速增长。不过对于昼夜节律系统如何影响日常生活的认识还很少。这个领域当前的需求是从实验室研究转向实地研究。至于照明对情绪、印象和行为影响的研究，研究方向应该从特定到通用。目前，在现实条件下进行了一些研究，表明如何用光线创建印象。但是这些结果仅适用于特定环境，未来需要检测更多不同环境，并找出一定的一致性，进而制定出有关的通用准则。

研究的方向只是其方法的一个方面，另一方面则是用来研究问题的技术。有几种不同的方法可用于获取信息。它们可以概括为如下几种：

流行病学方法：该方法用于确定两个变量是否相关，例如，吸烟是否与肺癌的发生有关。这是一种特别有用的方法，当有许多无法控制的干扰因素或者实验效果要到接受刺激后很长时间才发生。这种方法的最大缺点是只能揭示两个变量是否相关，而不能证明它们之间的因果性。这意味着此类研究对于确定某种关系是否值得进一步研究很有用，前提是已经确定了主要影响因素（Taubes，1995）。实际上，大多数流行病学研究都是先找到重要的相关因素，然后再进一步找到这种相关性的原因。例如，人们先是发现夜间工作的女性患乳腺癌的比例比白天工作的女性要高得多（Hansen，2001；Schernhammer 等，2001），随后就开启了研究具体机制的过程。只有找到了这种相关性的具体原因，这种关系的特征才变得明显。假如流行病学已经发现了一种简单的关系，下一步通常是选择几组实验对象，针对假定的重要变量接受不同程度的接触测试进行比较。如果结果出现的频率随着接触水平的提高而增加，那么一致性就很明显。实际上，流行病学方法的主要缺点是它需要包含所有相关信息的大数据库，而这种数据库通常不存在，或者说即使存在，也要涉及很多久远的历史数据。

生态学方法：这种方法简单来说就是先观察，然后进行解释，尽管有时可能通过引入条件的变化来扰乱这一过程。Areni 和 Kim（1994）所做的对葡萄酒商店中"明亮"和"柔和"照明条件下人们行为的研究，就是个例子，这种方法最适合于那些所发生的情境很重要，并且从情境中去除活动后会破坏正在研究的现象的情况。这种方法的主要缺点是无法解释为什么会有效，给出的解释都属于事后的合理化。但是，对于某些研究，例如：照明输入条件对行为的影响，几乎没有其他选择，因为这种方法对自然条件的干扰最小。生态学方法对于将照明识别为重要变量很有用，但对于人们理解为什么应该如此，几乎没有帮助。

刺激/反应方法：这是人为因素研究、视觉研究、心理物理学和环境心理学中传统上最常用的方法。这种研究就是让某种刺激以最简单的形式，在受控条件下施加到人身上并测量其反应。基于这种方法的实验，要求对以下三类变量进行决策：自变量、因变量和干预变量。自变量定义了实验需要检查的条件。因变量是用来量化自变量引起的反应的输出度量。干预变量是可能影响自变量和因变量之间关系的所有因素。干预变量有两种类型：需要控制的变量，以及需要进行测量以找出自变量变化原因的变量。实验设计流程允许几个自变量存在，并在一个实验中找出它们之间的相互作用。如果对自变量、因变量和干预变量的选择、测量和控制都足够谨慎，并且收集的统计数据分析足够彻底恰当，则刺激/反应方法可以证明因果关系。与流行病学和生态学方法相比，这是一个很大的优势。然而，刺激/反应方法的确存在一个缺点，即对干预变量的严格控制可能破坏或改变正在被研究的现象。

如果认为这些方法是互相排斥的，那就错了。不同的方法适合解决不同的问题。单个实验就可以给出结论的情况非常罕见，通常需要多个实验，并且来自不同方法的结果相互印证。这个理想方法被称为融合操作，就像在法庭上陈述案件一样。在科学研究中，研究者必须证明照明是测量到的效果发生的原因。为了做到这一点，研究者必须证明反应发生了变化，并提出引起这种变化的具体机制。

为了帮助规划有效的研究，Wyon（1996）引入了链接机制图的概念。链接机制图列出了特定实验中自变量和因变量之间的所有路径。只有当沿着一条或多条路径的所有步骤都得到证明时，自变量对因变量的影响才可以说是明确建立了。Veitch 等（2008）使用链接机制方法论证了光照条件与健康和幸福感之间的统计学显著关系。链接机制图为回答以下问题提供了合理的基础："为什么您预期自变量会影响因变量？"这个问题需要在研究的开始阶段得到重视。如果没有合理的回答，任何研究项目都将沦为"钓鱼执法"。

当输入和输出变量都可以客观地测量，并且输入变量对输出变量的影响是即时可见时，刺激 / 响应方法就特别有吸引力。无法客观测量变量的典型案例有："此照明场景会引起不适吗？"和"我可以通过改变照明来改变人们的情绪吗？"问题是如何测量不适和情绪的。这里有两种选择，最常用的方法是让受试者做调查问卷。这看起来容易，但是问卷的设计以及结果的证明都很困难（Rea，1982；Tiller，1990；Tiller 和 Rea，1992）。一部分问题在于参与实验的人几乎总是要给出问题的一个答案，即使这对他们来说毫无意义。这个问题可以通过仔细检查问卷，证明回答的有效性和一致性来解决（例如：Mehrabian 和 Russell，1974；Eklund 和 Boyce，1996）。另一项选择是采用一套基于若干操作性定义（operational definitions）的融合操作体系。操作性定义可以有多种形式，但最常见的是行为或生理性的。例如，如果某个现象是由于眩光引起的不适，那么不适感就可以在操作上定义为眼睛周边肌肉收缩的电强度（Berman等，1994a），或者受试者用手遮挡眼睛的次数，又或者眼睛流泪的程度。如果这类心理现象或者行为会出现的频率或者强度会随着问卷中不适感反馈的提升而提升，那么就能帮助我们得到结论。

使用操作性定义的主要问题在于，在正式的研究报告中某些特定的检测量经常会被通用术语所代替。例如，眼睛被遮挡的次数会被替换为"不适感"这种通用术语。当然这是写作风格的问题，不是操作性定义的固有限制，但这种做法可能会导致概念混乱，因为不同的论文会用不同的术语定义不适感来比较。所以当用某种现象做操作性定义时，必须明确该定义到底是什么，以免误解。重要的是要意识到，使用问卷或操作性定义并不排除传统刺激 / 响应方法的应用。确实，它的使用是希望通过这种方式来抵消不适感和情绪等概念中固有的歧义和可变性。

以上关于照明对人体健康、表现、舒适度、行为、情绪的作用的研究方法的讨论只是抛砖引玉。文献中可以找到更多关于实验设计的建议（Sheskin，2004；Kirk，2012）。实验设计是一门艺术，需要对自变量和因变量的数量和水平、干预变量的控制、受试者的数量和类型、测量相关变量的方法、统计分析的方法以及可能的结论进行综合考虑，同时要保证时间和金钱的平衡。为了保证成功，最重要的是研究人员必须清楚拟定实验的目标，它可以做什么，不能做什么，以至于有这样的说法，进行良好研究的先决条件是找到好的问题。

17.7　新工具

找到好的问题是做好研究的基础，但这并不是研究成功的充分条件，还要考虑问题本身的固有难度。典型例子就是检查窗户上的不适眩光，问题难以解决的主要原因是窗户上的亮度分布非常不均匀并且变化很快。窗户的亮度必须一次一个点的慢慢测量，这就很难准确地量化自变量。幸运的是，现在有了新工具可以解决这个问题：高动态范围成像（HDRi）（Inanici，2006）。该技术采用高分辨率数码相机在不同的曝光设置下拍摄同个场景中的多帧图像，每帧图像都只拍摄有限的亮度范围。稍后这些图像会被组合为一个连续的范围，从而获得该场景的单张图像。HDRi 的优势在于它可以短时间内获取宽亮度范围的高分辨率图像。这使其适用于在任何场景复杂、覆盖范围广、快速变化的实验中进行亮度测量。HDRi 已应用于窗户（Suk 和 Schiler，2013）以及不均匀灯具（Cai 和 Chung，2013）的不适眩光研究。

另一个研究有困难的领域是研究光分布在室内和室外空间感知中的作用，其困难完全是实操层面的。实验设计要求系统地改变光分布，这就需要经常更换灯具，虽然不是完全不可能，但却很麻烦。幸运的是，计算机仿真技术的发展让人们能够产生逼真的照明场景图像，这些场景本身就可以模拟照明刺激。这是 de Kort 等（2003）采用的方法，他们研究的是植物对人们对真实和模拟环境的评估的影响，结果发现评估结论中存在很多相似之处。类似的，Villa 和 Labayrade（2013）也采用同样的方法，提出在线评估发光环境的所需条件。精确控制光度数据的模拟画面，也可以用来获得诸如亮度对比度和视觉尺寸等数据；Rea 等（2010b）使用这种方法来检测不同形式的道路照明对驾驶人在交叉路口的视觉功效的影响。这种可以通过互联网传输的、虚拟的精准图像的应用前景十分可观，这意味着以后可以创造出现实中不存在的照明效果。这种工具在产品开发或测试新的设计方法，以及对照明设计的重要方面（例如：照度均匀度和安全感）进行常规实验时将非常有用。

另一个新工具涌现的领域是光照的实地测量。绝大多数针对光照对昼夜节律系统影响的研究，都是在实验室严格控制的条件下完成的。目前已经成功证明了光照影响非成像系统运行的某些方式。该研究的另一分支，是用流行病学方法研究夜班工作对人体健康的影响，其基础理念是晚上过度光照会对人类健康产生不利影响。为了将这两部分研究联系起来，就必须了解现实世界中光照对于人们的分布模式。进行相关测量的设备已经出现了很多年，但是计算机功能的增强和日益小型化，已经出现了可穿戴式设备能够全天候精准测量人眼所接受到的光照（Hubalek 等，2006，2010；Figueiro 等，2013c）。这些数据可以识别有昼夜节律破坏风险的人群，同样也可以用于识别有昼夜节律混乱风险的人群。

这些新工具为研究人员提供了新的机会，但也不要过度使用，仅仅因为现在可以方便地测量某些东西，并不意味着这种测量就有意义。典型的例子就是眼球追踪装置（也叫眼动仪）。眼球追踪装置已经使用了多年，最初的测量视野有限，但现在已经足够复杂，可以在户外使用（Davoudian 和 Raynham，2012）。眼球追踪装置可以识别人们在看什么，但却无法识别人们是否真的在关注所看的东西。这些观察结果表明，新工具仅仅是工具；使用正确可以提供很大价值，但不应该为了使用而使用。

17.8 研究评估

任何想要深入理解某项研究的人，都必须有能力评估研究中声称的任何效应的真实性、强度和稳定性。要做到这一点，又必须要综合考虑效应的许多特征。第一是其统计显著性。这是因为大多数照明研究都涉及人，而人和人之间是有很多生理和心理差异的，这些差异的结果就会造成测量中的"噪点"，"噪点"的存在可能让我们把发现的偶然效应误以为是普遍性的。分辨的关键就在于其发生的概率，换句话说，即统计显著性。通常来说有 5% 的发生概率的效应就可以被认为是客观存在的。当然，把概率数值放到更低些可以让更多效应被证实存在，但这样也会增加错误判断的风险。如果文章中出现"该结果在统计学上并不显著，但其平均值显示出符合预期的发展趋势"这样的含糊表述时，就必须对文章的数据和结论表示怀疑，直到收集到更多的数据。

假设某种效应已经被证明具有统计显著性，接下来就要检测其效应量（effect-size）。所谓效应量，直白地说就是效应的大小，指的是输出变量的不确定性在多大程度上可以通过输入变量的变化来解释。比较图 10.21 和图 10.27 可以帮助理解该概念，图 10.21 显示的是汽车的红色尾灯、反光盘与行人假人刚刚可以被看到时所需的亮度（输出变量）和上述物体的可视面积（输入变量）的关系，图中还给出了数据中最拟合的回归曲线。图 10.27 显示的是夜间与白天不同道路上的事故发生率（输出变量）和夜间道路照明提供的平均路面亮度（输入变量）之间的关系，同样包括了数据拟合回归曲线。在图 10.21 中，所有数据点都落在离曲线不远的位置，由此说明可视面积决定了物体可以被看到所需要的亮度，换言之，它的效应量比较大。而在图 10.27 中，数据点分散在曲线的两侧，因此在这种情况下，平均路面亮度几乎无法解释夜晚 / 白天事故率的变化，即其具有较小的效应量。效果量越大，输入变量对输出变量的影响力就越大。效应量在形式上的定义是输出变量的变化百分比除以输入变量的变化量。

不同的领域可接受的效应量大小不同，这与测量中的"噪点"差异有关。物理学中的测量都非常精确，并且许多输入变量可以严格控制，因此只接受较大的效应量（ > 90%）。对于要涉及人的因素的人因功效学研究，由于测量通常不太准确、许多输入变量仍然未知或只能被宽松地控制，因此可以接受低得多的效应量。Cohen（1988）提出了三个效应量的最小值作为此领域的基准：大效应量 = 25%，中效应量 = 9%，小效应量 = 1%。当然，这些最小值只适用于单个变量，通常某个输出变量都要检查单个或者多个输入变量的影响。即使每个变量的效应量都很小，但组合起来所有输入变量的效应量也可能会很大。只有效应量合适时，回归方程才是可信的。

在确认某种效应真实存在，并且有足够的效应量后，接下来有必要考虑该效应的幅度和方向。效应的幅度是输入变量对输出变量的预期影响大小的度量。而效应的方向指的是，增大输入变量是会增加还是减少输出变量的值。量化输入变量和输出变量之间的关系的预期幅度大小和方向是有用的，因为它有助于确定该关系是否具有实际重要性。达到统计显著性并具有可接受的效应量还不足以保证其实际意义。

当效应的真实性、效应量、实际意义等都确认后，就必须再考虑其可靠性。可靠性是通过是否可"复制"来验证的。用研究人员的话说："对于任何科学研究，无论最初的发现有多么强大，'复制'都是其有效性的严峻考验。"（Heschong-Mahone 小组，

2003c）。

还有个要考虑的因素是一致性。科学的发展，就是将各种实验结果和模型进行汇总，从而适用于更广泛的应用场景。这意味着与以前的工作相一致的结果，其正确的可能性更大一些。当然科学史上也曾经有过很多反例，并由此引发了科学革命。事实上，Barber（1976）认为，对现有知识体系不加思考的坚持会成为"看到"实验结果真正含义的障眼法。在实验设计中，经常会用到与当前理解的联系，确保至少有一个输入变量允许测试已建立的良好联系。通过将实验锚定在已建立的知识上并展示预期的结果，能让新领域的任何扩展都更具可信度。

证明输入变量和输出变量之间存在统计学显著关系，只能证明这两个变量之间是相关的，但是相关性不能解释具体成因。所谓原因是某种物理的、生理的或心理的机制，能将输入与输出变量明确联系在一起。找到某种效应的原因对于理解现象至关重要，尤其是找到现象发生的条件。所有具有统计学显著关系的效应在找到明确的因果关系前，只能认为具有相关性。这并不是说该效应是虚假的或者不重要的，而只是关系的性质不够明确。即使原因已经找到，我们也该再问一句，是否还有其他解释。这些"其他解释"可能包括实验设计的错误，例如重要的变量不受控制或者系统疲劳效应等。

除了可复制性、一致性和因果性以外，谨慎的研究还要考虑证明的多重性。某种效应能用越多的方法得到证明，那么其结论就越牢固。例如，Boyce 等（1997）研究了不同照明条件对夜班工作人员的影响。其假设是，晚上让工作人员接受高水平的光照会抑制褪黑激素，从而提高清醒度并改善工作表现。结果证明高水平光照确实能让某些复杂任务的表现得到改善，但是更高的光照水平也会提高人体的核心体温，并延迟人们上床睡觉的时间。这种情绪、生理和行为的影响，相互支持了这一假设，即夜间高水平光照会通过昼夜节律系统影响人们的行为。

确认了真实性、效应量、可靠性和一致性之后，就有必要考虑它的特异性，例如：这种效应可能发生在视力下降的老年人身上吗？只在某种特定条件下发生的效应是没有多大意义的，适用条件越广泛的效应越有价值。毕竟，研究的全部目的是产生可用于预测未来的知识。因此我们必须明确某种理论成立的边界条件。如果已经确定了造成这种效应的原因，那么更容易找到这些边界。

最后，假设某种效应具备统计学显著性和一定的效应量，接下来必须要问清楚该研究在"观察 - 假设 - 实验 - 验证"的循环中处于哪个阶段。有些研究是为了检验基于理论的预测，而另一些研究是为了检验基于观察的假设。如果某个理论的定量性预测得到确认，就可以认为该理论得到了证实。这种证实并没有产生新的知识，但对于科学的发展必不可少。如果预测与结果之间仍然存在差异，则说明这种理论还需要修改，甚至应该放弃。

这种研究评估的好处可以通过下面这组研究来体现，这些研究是为了评估教室里自然采光的量和儿童学习效率之间的关系。这些变量之间没有必然联系，而且除了照明之外还有很多因素会影响学习效率，比如儿童的社会经济地位和教师的课堂管理等（Wang 等，1993）。这组研究中的第一阶段，是在三个学区的教室中增加了自然采光，然后检查对小学生们标准化考试成绩的影响（Heschong-Mahone 小组，1999b；Heschong 等，2002b）。这些学区位于美国三个不同的州，气候、建筑类型、课程设置和考试方式都不一样。总共在每个地区检了大约 8000 名学生的考试成绩。对于华盛顿州西雅图市和科罗拉多州科林斯堡这两个地区，对学生数学和阅读测试的期末成绩与多个输入变量之间的关系进行了多元线性回归分析。其中一个输入变量是日照代码，反映窗户和天窗对房间里自然采光的综合供给情况。这些回归方程显示出自然采光有明显的统计学显著效果（$p < 0.01$），在采光最充足的教室里学习的学生比那些在采光最差的学生考试分数高出 7% ~ 13%。在第三个地区，加利福尼亚州卡皮斯特拉诺，对春秋季标准数学和阅读测试成绩的差异与 50 个输入变量之间的关系进行了多元线性回归分析，其中一个输入变量是日照代码。整个回归方程的效应量处于 25% ~ 26% 之间的水平。这些回归方程也显示出自然采光有统计学上的显著影响（$p < 0.01$），尽管效应量不大（< 1%）。至于影响幅度和方向，回归方程式预测在日光照射最强的教室里学习的学生，他们的数学和阅读成绩要比那些在日光照射最少的教室里学习的学生分别高出 20% 和 26%。

虽然结果显示日光因素的效应量很小，但实验结论预示的重要教育和社会意义还是引起了人们的极大兴趣。在加利福尼亚州弗雷斯诺，人们尝试重复前述试验，研究方式颇为相似但更为复杂（Heschong-Mahone 小组，2003c）。该研究总共收集了约 8500 名小学生在整个学年中标准化阅读和数学考试成绩的变化。此外，研究人员还从学区的数据库以及对 500 间教室学生的调研中收集了 150 项输入变量，这 150 个变量根据学校地点、学生特征、教师特征、学校人口构成、采光特征、教室特征、室内空气质量、噪声和电气照明等因素进行分组。有 10 项学生变量和 5 项教师变量对于学生的数学和阅读成绩进步显示出有统计学显著性的影响，并且发生概率相当大，达到了 10%。学生的 10 个变量是：年级、出勤率、是否入选了某种特长教育计划、是否是特殊教育学生、英语语言水平、是否获得免费午餐、是否获得廉价午餐、是否生活在寄养家庭等非正常状况下、学生的性别以及学生的种族。教师的 5 个变量是：教师的年薪、在该学区的工作年限、是否担任班级导师、是否是全职老师，以及是否要在同一个班上带不同年级的学生。有了这么多的输入变量，自然采光的任何影响都可能被高度稀释。

确定了这些基本变量后，下一步就是要重复之前的实验研究，具体做法是加入与前述卡皮斯特拉诺地区研究中发现的有统计显著性的 6 个变量相似的变量（可开启的窗户、活动教室、开放式教室、教室规模、学校人口和学龄），以及反应日照水平的日照代码变量。结果是在弗雷斯诺地区，日照代码对数学和阅读进度没有统计学上的显著影响。换句话说，复制失败了。随后人们对输入变量进行了一系列的替代分组，试图明确日照的作用，但收效甚微。人们发现了一些在统计学上有显著性的日照效应，但其效应量都小于 1%。这么小的方差有个最显著的问题，就是它们非常不稳定。典型证明就是，即使日照表现出了有统计学显著性的效应，其影响的方向也可能是反的。例如，在卡皮斯特拉诺地区研究中，日照代码产生了 0.3% 的正向影响，即日照越多，成绩进步越好。而在弗雷斯诺地区的数学模型中，日照代码产生了不到 0.1% 的负向影响，即日照越多，进步反而越少。

这种不稳定让我们重新审视起该问题的因果性。对于数学模型和阅读模型而言，发现高日照和低日照都对学生进步最有好处。具体来说，白天日照均匀、有良好视野并且窗户眩光控制好的教室，对于学生进步是有好处的；同样白天日照很少且对窗户控制很好的教室也是如此。学生进步最差的教室是那种有一些自然采光，但没有良好的视野，窗户里经常有太阳眩光且没有控制的教室。玻璃窗的范围和教室声学之间也存在关系。有大窗户的教室有更长的混响时间，因为窗户有时是开着的，所以往往会从外面收到更多的噪声，而且由于学校的结构，教室里往往会在上课的同时进行一些课堂辅导。安排了光线不足的教室，以便任何特殊的辅导都可以在教室外进行。

以上讨论想要表达的是，在确认某种效应的可靠性之前，必须要对其各种特性进行充分评估。统计学上的显著性是必要条件，但不是充分条件。还必须考虑效应量，是否可复制，原因可能是什么，以及是否具有特殊性。如果只考虑统计显著性，那么前面所述的研究可以证明在教室中提供日照，是各地学生学习进步的灵丹妙药。但更全面的评估表明情况并非如此。日光对学生的影响是正面的还是负面的取决于它的传递方式，即日光的影响是非常具体和特殊的。均匀的日照、广阔的视野、受限制的眩光等可以为学生进步提供积极贡献。但如果窗户太多以至于增加了教室里的噪声，或者阳光造成的眩光使得学生难以看清老师，再或者外面发生的事情使学生分心，那么透过窗户提供更多日照，反而会使得学生的学习进展缓慢。

在评估如此详细的研究时，回顾需要考虑的因素的主要原因是，在过去的十年里，照明研究寻求解决的问题已经变得更加多样化和复杂化。所解决问题的多样性和复杂性增加的结果是所使用方法的多样性和复杂性增加。这要求升级用于评估照明研究的手段。希望这一讨论代表了这一过程的开始。

17.9 总结

本章是写给那些正在或者准备投身照明研究的人的。首先讨论了当今照明面临的问题，以及什么样的研究可能有助于解决这些问题。从广义上讲，这些问题与新技术、新知识以及人们对照明的日益关注息息相关。每个领域都需要投入照明研究。

研究可能采取几种不同的形式，从流行病学到生态学再到经典的刺激 / 反应方法。当存在许多无法控制的干预因素和 / 或直到暴露于环境中很长时间才产生影响时，流行病学最有用。这种方法的最大缺点是它只能揭示两个变量之间的相关性，而不能揭示它们的因果性。生态学方法是先观察后解释，这种方法最适用于那些所发生的情境很重要，并且从情境中去除活动后会破坏正在研究的现象的情况。这种方法的主要缺点是无法解释为什么会发生该效应。使用此方法给出的解释都属于事后合理化。到目前为止，照明研究中最常用的方法是刺激/反应方法。只要注意实验设计，并且对收集到的数据进行统计分析是适当的，则刺激/反应方法可以证明因果关系。刺激/反应方法的一个缺点，是对中间变量的严格控制可能会破坏或改变所研究的现象。

实验设计是一门艺术，因为它需要做出如下选择：自变量和因变量的数量和水平、干预变量的控制、受试者的数量和类型、测量相关变量的方法、统计分析的方法以及可能的结论，所有这些都还需要考虑时间和金钱成本的平衡。为了成功，研究人员必须对实验的目标非常明确。幸运的是，好的研究并不一定需要大量的资源，真正需要的是慎重的思考，以至于有这种说法：所有好研究的基础，就在于找到好的问题。

确定一个好问题，是好研究的基础，但并不是充分条件。这是由于回答问题本身的巨大困难。这些困难具体有复杂且变化迅速的刺激，例如窗户亮度分布的测量；实验过程中的现实操作问题，例如照明实验中需要对灯具的频繁更换；测量现实条件的难度，例如测量几天内的光照情况。幸运的是，技术的发展为解决这些问题提供了新的工具。HDRi 技术实现了对复杂亮度场的快速测量；精确的计算机模拟可用于提供真实场景的虚拟显示；用于记录曝光的测量设备，已经实现可穿戴化。

设计出可以解决问题的实验，是任何照明研究人员必须掌握的工作能力；同时对自己的研究进行评估也很重要。要做到正确的评估，就必须要关注统计学的显著性，以确保效果是真实的而不是偶然的；要关注效应量的大小，以量化输入变量对输出变量的影响有多少不确定性，并根据效应的幅度和方向来确定该效应是否有实际意义。

一旦发现某种效应是真实存在的，具有适当的效应量并具有实际意义，接下来就必须考虑其可靠性和一致性。可靠性通过"复制"来衡量；一致性的意义就是重复实验结果以和先前的工作一致。具有统计学上显著性的实验结果，具有合理的效应量，具有实际意义，已被复制并且与其他研究结论一致，这才是令人满意的研究。如果存在合理的原因并且可能会超出范围导致失败的界限很明确，那将更加令人满意。这种系统的研究评估是必要的，因为在过去十年中，照明研究试图解决的问题变得越来越多样且复杂。只有通过仔细的实验设计和对结果的系统评估，才能进一步理解照明对改善人类生活质量所做出的全部贡献。

参 考 文 献

aan het Rot, M., Benkelfat, G., Boicin, D.B. and Young, S.N. (2007) Bright light exposure during acute tryptophan depletion prevents a lowering of mood in mildly seasonal women, *Eur. Neuropsychopharmacol.*, 18, 14–23.

Abramov, I., Gordon, J., Feldman, O. and Chavarga, A. (2012) Sex and vision 1: Spatio-temporal resolution, *Biol. Sex Differ.*, 3, 20.

Adrian, W. (1976) Method of calculating the required luminances in tunnel entrances, *Lighting Res. Technol.*, 8, 103–106.

Adrian, W.K. (1987) Adaptation luminance when approaching a tunnel in daytime, *Lighting Res. Technol.*, 19, 73–79.

Adrian, W. (1989) Visibility of targets: Model for calculation, *Lighting Res. Technol.*, 21, 181–188.

Adrian, W. and Eberbach, K. (1969) On the relationship between the visual threshold and the size of the surrounding field, *Lighting Res. Technol.*, 1, 251–254.

Adrian, W. and Gibbons, R. (1994) Visual performance and its metric, *Light Eng.*, 2, 1–34.

Aharon-Peretz, J., Masiah, A., Pillar, T., Epstein, T., Tzichinsky, O. and Lavie, P. (1991) Sleep-wake cycles in multi-infarct dementia and dementia of the Alzheimer type, *Neurology*, 41, 1616–1619.

Aizlewood, C.E. and Webber, G.M.B. (1995) Escape route lighting: Comparison of human performance with traditional lighting and wayfinding systems, *Lighting Res. Technol.*, 27, 133–143.

Akashi, Y. (2005) Research matters: Sparkle, the good glare, *Lighting Des. Appl.*, 35, 18–20.

Akashi, Y. and Boyce, P.R. (2006) A field study of illuminance reduction, *Energy Build.*, 38, 588–599.

Akashi, Y. and Neches, J. (2004) Detectability and acceptability of illuminance reductions by load shedding, *J. Illum. Eng. Soc.*, 33, 3–13.

Akashi, Y. and Rea, M.S. (2002) Peripheral detection while driving under a mesopic light level, *J. Illum. Eng. Soc.*, 31, 85–94.

Akashi, Y., Muramatsu, R. and Kanaya, S. (1996) Unified glare rating (UGR) and subjective appraisal of discomfort glare, *Lighting Res. Technol.*, 28, 199–206.

Akashi, Y., Tanabe, Y., Akashi, I. and Mukai, K. (2000) Effect of sparkling luminous elements on the overall brightness impression: A pilot study, *Lighting Res. Technol.*, 32, 19–26.

Akashi, Y., Myer, M.A. and Boyce, P.R. (2006) Identifying sparkle, *Lighting Res. Technol.*, 38, 325–340.

Akashi, Y., Rea, M.S. and Bullough, J.D. (2007) Driver decision making in response to peripheral moving targets under mesopic light levels, *Lighting Res. Technol.*, 39, 53–67.

Akerboom, S.P., Kruysse, H.W. and La Heij, W. (1993) Rear light configurations: The removal of ambiguity by a third brake light, in E.G. Gale (ed) *Vision in Vehicles-IV*, Amsterdam, the Netherlands: North Holland.

Al Marwaee, M. and Carter, D.J. (2006) A field study of tubular daylight guidance installations, *Lighting Res. Technol.*, 38, 241–258.

Alferdinck, J.W.A.M. and Padmos, P. (1988) Car headlamps: Influence of dirt, age and poor aim on glare and illumination intensities, *Lighting Res. Technol.*, 20, 195–198.

Alferdinck, J.W.A.M. and Varkevisser, J. (1991) Discomfort glare from D1 headlamps of different size, Report IZF 1991 C-21, Soesterberg, the Netherlands: TNO Institute for Perception.

Alm, H. and Nilsson, L. (2000) Incident warning systems and traffic safety: A comparison between the PORTICO and MELYSSA test site systems, *Transport. Hum. Factors*, 2, 77–93.

American Association of State Highway Transportation Officials (AASHTO). (2001) *A Policy on Geometric Design of Highways and Streets*, Washington, DC: AASHTO.

American National Standards Institute (ANSI). (1998) *Safety Color Code*, ANSI Z535.1-1998, New York: ANSI.

American National Standards Institute (ANSI). (2008) *American National Standard for Electric Lamps: Specifications for the Chromaticity of Solid State Lighting Products*, ANSI C78.377, Rosslyn, VA: National Electrical Manufacturers Association.

American Psychiatric Association (APA). (2000) *Diagnostic and Statistical Manual of Mental Disorders*, DSM-IV-TR, Washington, DC: APA.

American Society for Heating, Refrigeration and Air Conditioning Engineers (ASHRAE). (2007) ANSI/ASHRAE/IESNA 90.1-2007 *Energy Standard for Buildings Except Low-Rise Residential Buildings*, Atlanta, GA: ASHRAE.

American Society for Testing and Materials (ASTM). (1996a) *Standard Practice for Lighting Cotton Classing Rooms for Color Grading*, D1684-96, Philadelphia, PA: ASTM.

American Society for Testing and Materials (ASTM). (1996b) *Standard Practice for Visual Appraisal of Colors and Color Differences of Diffusely-Illuminated Opaque Materials*, D1729-96, Philadelphia, PA: ASTM.

American Society for Testing and Materials (ASTM). (2012) *Standard Practice for Specifying Color by the Munsell System*, D1535-12a, West Conshohocken, PA: ASTM International.

Anand, V., Buckley, J.G., Scally, A. and Elliott, D.B. (2003) Postural stability changes in the elderly with cataract simulation and refractive blur, *Invest. Ophthalmol. Vis. Sci.*, 44, 4670–4675.

Anderson, N.H. (1981) *Foundations of Information Integration Theory*, New York: Academic Press.

Anon. (1977) Recommendations on uniform color spaces, color difference equations and metric color terms, *Color Res. Appl.*, 2, 5–6.

Anon. (1983) Twelve die in fire at Westchase Hilton Hotel, *Fire J.*, 20–23, 54–56.

Antle, M.C., Foley, N.C., Foley, D.K. and Silver, R. (2007) Gates and oscillators II: Zeitgebers and the network model of the human clock, *J. Biol. Rhythms*, 22, 14–25.

Appleman, K., Figueiro, M.G. and Rea, M.S. (2013) Controlling light-dark exposure patterns, rather than sleep schedules determines circadian phase, *Sleep Med.*, 14, 456–461.

Arendt, J. (2010) Shift work: Coping with the biological clock, *Occup. Med.*, 60, 10–20.

Areni, C.S. and Kim, D. (1994) The influence of in-store lighting on consumer's examination of merchandise in a wine store, *Int. J. Res. Mark.*, 11, 117–125.

Arnold, E.D. (2004) *Development of Guidelines for In-Roadway Warning Lights*, Richmond, VA: Commonwealth of Virginia.

Aschoff, J. (1969) Desynchronization and resynchronization of human circadian rhythms, *Aerospace Med.*, 40, 844–849.

Aschoff, J., Fatranska, M., Hiedke, H., Doerr, P., Stamm, D. and Wisser, H. (1971) Human circadian rhythms in continuous darkness: Entrainment by social cues, *Science*, 171, 213–215.

Ashdown, I. (2005) Sensitivity analysis of glare rating metrics, *Leukos*, 2, 115–122.

Asplund, R. and Lindblad, B.E. (2002) The development in sleep in persons undergoing cataract surgery, *Arch. Gerontol. Geriatr.*, 35, 179–187.

Asplund, R. and Lindblad, B.E. (2004) Sleep and sleepiness 1 and 9 months after cataract surgery, *Arch. Gerontol. Geriatr.*, 38, 69–75.

Aston, S.M. and Bellchambers, H.E. (1969) Illumination, colour rendering and visual clarity, *Lighting Res. Technol.*, 1, 259–261.

Atkins, S., Husain, S. and Storey, A. (1991) The influence of street lighting on crime and the fear of crime, Paper 28, London, U.K.: Home Office Crime Prevention Unit, Home Office.

Attwood, D.A. (1979) The effects of headlight glare on vehicle detection at dusk and dawn, *Hum. Factors*, 21, 35–45.

Averill, J.D., Mileti, D.S., Peacock, R.D., Kuligowski, E.D., Groner, N., Proulx, G., Reneke, P.A. and Nelson, H.E. (2005) *Federal Building and Fire Safety Investigation of the World Trade Centre Disaster: Occupant Behavior, Egress and Emergency Communications*, Gaithersburg, MD: National Institute of Standards and Technology.

Avery, D.H., Bolte, M.A., Wolfson, J.K. and Kazaras, A.L. (1994) Dawn simulation compared with a dim red signal in the treatment of winter depression, *Biol. Psychiatry*, 36, 180–188.

Bacelar, A. (2004) The contribution of vehicle lights in urban and peripheral urban environments, *Lighting Res. Technol.*, 36, 69–78.

Baczynska, K. and Price, L.L.A. (2013) Efficacy and ocular safety of bright light therapy lamps, *Lighting Res. Technol.*, 45, 40–51.

Baddiley, C.J. and Webster, T. (2007) *Towards Understanding Skyglow*, Rugby, U.K.: Institution of Lighting Engineers.

Badia, P., Myers, B., Boecker, M. and Culpeper, J. (1991) Bright light effects on body temperature, alertness, EEG and behavior, *Physiol. Behav.*, 50, 583–588.

Bailey, I.L. and Bullimore, M.A. (1991) A new test for the evaluation of disability glare, *Optom. Vis. Sci.*, 68, 911–917.

Bailey, I.L. and Lovie, J.E. (1976) New design principles for visual acuity letter charts, *Am. J. Optom. Physiol. Opt.*, 53, 740–745.

Bailey, I., Clear, R. and Berman, S. (1993) Size as a determinant of reading speed, *J. Illum. Eng. Soc.*, 22, 102–117.

Barber, T.X. (1976) *Pitfalls in Human Research*, New York: Pergamon Press.

Barker, F.M. and Brainard, G.C. (1991) *The Direct Spectral Transmittance of the Excised Human Lens as a Function of Age*, FDA 785345 0090 RA, Washington, DC: US Food and Drug Administration.

Baron, R.A., Rea, M.S. and Daniels, S.G. (1992) Effects of indoor lighting (illuminance and spectral distribution) on the performance of cognitive tasks and interpersonal behaviors: The potential mediating role of positive affect, *Motiv. Emot.*, 16, 1–33.

Barr, R. and Lawes, H. (1991) *Towards a Brighter Monsall: Street Lighting as a Factor in Community Safety – The Manchester Experience*, Manchester, U.K.: Manchester University.

Bartness, T.J. and Goldman, B.D. (1989) Mammalian pineal melatonin: A clock for all seasons, *Experientia*, 45, 939–945.

Baum, A. and Grunberg, N. (1997) Measurement of stress hormones, in S. Cohen, R.C. Kossler and I.E.Gordon (eds) *Measuring Stress: A Guide for Health and Social Scientists*, New York: Oxford University Press.

Bean, A.R. and Bell, R.I. (1992) The CSP Index: A practical measure of office lighting quality, *Lighting Res. Technol.*, 24, 215–225.

Beauchemin, K.M. and Hays, P. (1998) Dying in the dark: Sunshine, gender and outcomes in myocardial infarction, *J. R. Soc. Med.*, 91, 352–354.

Beckstead, J.R. and Boyce, P.R. (1992) Structural equation modeling in lighting research: Application to residential acceptance of new fluorescent lighting, *Lighting Res. Technol.*, 24, 189–201.

Beersma, D.G.M., Spoelstra, K. and Daan, S. (1999) Accuracy of human circadian entrainment under natural light conditions: Model simulations, *J. Biol. Rhythms*, 14, 523–531.

Begemann, S.H.A., Tenner, A. and Aarts, M. (1994) Daylight, artificial light and people, *Proceedings of the IES Lighting Convention*, Sydney, Australia: Illuminating Engineering Societies of Australia.

Begemann, S.H.A., van den Beld, G.J. and Tenner, A.D. (1995) Daylight, artificial light and people, Part 2, *Proceedings of the CIE 23rd Session*, New Dehli, India. Vienna, Austria: CIE.

Belenky, M.A., Sheraski, C.A., Provencio, I., Sollars, P.J. and Pickard, G.E. (2003) Melanopsin retinal ganglion cells receive bipolar and amacrine cell synapses, *J. Comp. Neurol.*, 460, 380–393.

Bell, J.R. (1979) Fifteen residents die in mental hospital fire, *Fire J.*, 73, 68–76.

Bellchambers, H.E. and Godby, A.C. (1972) Illumination, colour rendering and visual clarity, *Lighting Res. Technol.*, 4, 104–106.

Bennett, C.A., Chitlangia, A. and Pengrekar, A. (1977) Illumination levels and performance of practical visual tasks, *Proceedings of the Human Factors Society, 21st Annual Meeting*, San Francisco, CA.

Bennett, T. and Wright, R. (1984) *Burglars on Burglary*, Hants, U.K.: Gower.

Bergkvist, P. (2001) Daytime running lamps (DRLs) – North American success story, *Proceedings of the 17th International Technical Conference on the Enhanced Safety of Vehicles*, Washington, DC: Department of Transportation.

Berk, M., Dodd, S., Williams, L., Jacka, F. and Pasco, J. (2009) Vitamin D: Is it relevant to psychiatry? *Acta Neuropsychiatrica*, 21, 205–206.

Berman, S.M. (1992) Energy efficiency consequences of scotopic sensitivity, *J. Illum. Eng. Soc.*, 21, 3–14.

Berman, S.M. (2008) A new retinal photoreceptor should affect lighting practice, *Lighting Res. Technol.*, 40, 373–376.

Berman, S. and Clear, R. (2013) Another blue light hazard? *Lighting Design Appl.*, 43, 65–69.

Berman, S.M., Jewett, D.L., Fein, G., Saika, G. and Ashford, F. (1990) Photopic luminance does not always predict perceived room brightness, *Lighting Res. Technol.*, 22, 37–42.

Berman, S.M., Greenhouse, D.A., Bailey, I.D., Clear, R.D. and Raasch, T.W. (1991) Human electroretinogram responses to video displays, fluorescent lighting and other high frequency sources, *Opt. Vis. Sci.*, 68, 645–662.

Berman, S.M., Fein, G., Jewett, D.L., Saika, G. and Ashford, F. (1992) Spectral determinants of steady-state pupil size with a full field of view, *J. Illum. Eng. Soc.*, 21, 3–13.

Berman, S.M., Fein, G., Jewett, D.L. and Ashford, F. (1993) Luminance-controlled pupil size affects Landolt C task performance, *J. Illum. Eng. Soc.*, 22, 150–165.

Berman, S.M., Bullimore, M.A., Jacobs, R.J., Bailey, I.L. and Gandhi, N. (1994a) An objective measure of discomfort glare, *J. Illum. Eng. Soc.*, 23, 40–49.

Berman, S.M., Fein, G., Jewett, D.L. and Ashford, F. (1994b) Landolt-C recognition in elderly subjects is affected by scotopic intensity of surround illuminants, *J. Illum. Eng. Soc.*, 23, 123–130.

Berman, S.M., Fein, G., Jewett, D.L., Benson, B.R., Law, T.M. and Myers, A.W. (1996) Luminance controlled pupil size affects word reading accuracy, *J. Illum. Eng. Soc.*, 25, 51–59.

Berman, S.M., Navvab, M., Martin, M.J., Sheedy, J. and Tithof, W. (2006) A comparison of traditional and high colour temperature lighting on the near acuity of elementary school children, *Lighting Res. Technol.*, 38, 41–52.

Bernecker, C.A. and Mier, J.M. (1985) The effect of source luminance on the perception of environmental brightness, *J. Illum. Eng. Soc.*, 14, 253–268.

Berson, D.M. (2003) Strange vision: Ganglion cells as circadian photoreceptors, *Trends Neurosci.*, 26, 314–320.

Berson, D.M. (2007) Phototransduction in ganglion-cell photoreceptors, *Eur. J. Physiol.*, 454, 849–855.

Berson, D.M., Dunn, F.A. and Takao, M. (2002) Phototransduction by retinal ganglion cells that set the circadian clock, *Science*, 295, 1070–1073.

Best, R.L. (1977) *Reconstruction of a Tragedy: The Beverly Hills Supper Club Fire*, Southgate, KY, May 28, 1977, NFPA No LS-2, Quincy, MA: National Fire Protection Association.

Beutell, A.W. (1934) An analytical basis for a lighting code, *Illum. Eng. (Lond.)*, 27, 5–11.

Beyer, F.R. and Ker, K. (2009) Street lighting for preventing road traffic injuries (review), *The Cochrane Library*, Issue 4, CD004728. doi: 10.1002/14651858.CD004728.pub2.

Bierman, A. (2012) Will switching to LED outdoor lighting increase sky glow? *Lighting Res. Technol.*, 44, 449–458.

Bierman, A. and Conway, K.M. (2000) Characterizing daylight photosensor system performance to help overcome market barriers, *J. Illum. Eng. Soc.*, 29, 101–115.

Bierman, A., Klein, T.R. and Rea, M.S. (2005) The Daysimeter: A device for measuring optical radiation as a stimulus for the human circadian system, *Meas. Sci. Technol.*, 16, 2292–2299.

Billmeyer Jr., F.W. (1987) Survey of color order systems, *Color Res. Appl.*, 12, 173–186.

Bjorset, H.H. and Frederiksen, E.A. (1979) A proposal for recommendations for the limitation of the contrast reduction in office lighting, *Proceedings of the CIE 19th Session*, Kyoto, Japan. Paris, France: CIE.

Bjorvatn, B., Kecklund, G. and Akerstedt, T. (1999) Bright light treatment used for adaptation to night work and re-adaptation back to day life. A field study at an oil platform in the North Sea, *J. Sleep Res.*, 8, 105–112.

Black, A. and Wood, J. (2005) Vision and falls, *Clin. Exp. Optom.*, 88, 212–222.

Blackmore-Wright, S. and Eperjesi, F. (2012) Blue-light filtering intraocular lenses, *Eur. Ophthalmic Rev.*, 6, 104–107.

Blackwell, H.R. (1946) Contrast thresholds of the human eye, *J. Opt. Soc. Am.*, 36, 624–643.

Blackwell, H.R. (1959) Development and use of a quantitative method for specification of interior illumination levels on the basis of performance data, *Illum. Eng.*, 54, 317–353.

Blackwell, H.R. and Blackwell, O.M. (1971) Visual performance data for 156 normal observers of various ages, *J. Illum. Eng. Soc.*, 1, 3–13.

Blackwell, H.R. and Blackwell, O.M. (1977) A basic task performance assessment of roadway luminous environments, in *Measures of Road Lighting Effectiveness*, Berlin, Germany: Lichttechnische Gesellschaft LiTG.

Blackwell, H.R. and Blackwell, O.M. (1980) Population data for 140 normal 20–30 year olds for use in assessing some effects of lighting upon visual performance, *J. Illum. Eng. Soc.*, 9, 158–174.

Blackwell, H.R. and Moldauer, A.B. (1958) Detection thresholds for point sources in the near periphery, EPRI Project 2455, Ann Arbor, MI: Engineering Research Institute, University of Michigan.

Bland, J.M. and Altman, D.G. (1994) Statistics notes: Regression towards the mean, *BMJ*, 308, 1499.

Blanks, J.C., Torigoe, Y., Hinton, D.R. and Blanks, R.H.I. (1991) Retinal degeneration in the macula of patients with Alzheimer's disease, *Ann. N. Y. Acad. Sci.*, 640, 44–46.

Bloomfield, J.R. (1975a) Theoretical approaches to visual search, in C.G. Drury and J.G. Fox (eds) *Human Reliability in Quality Control*, London, U.K.: Taylor & Francis.

Bloomfield, J.R. (1975b) Studies in visual search, in C.G. Drury and J.G. Fox (eds) *Human Reliability in Quality Control*, London, U.K.: Taylor & Francis.

Bodmann, H.W. and La Toison, M. (1994) Predicted brightness – Luminance phenomena, *Lighting Res. Technol.*, 26, 135–143.

Bodmann, H.W., Sollner, G. and Senger, E. (1966) A simple glare evaluation system, *Illum. Eng.*, 61, 347–352.

Boettner, E.A. and Wolter, J.R. (1962) Transmission of the ocular media, *Invest. Ophthalmol. Vis. Sci.*, 1, 776–783.

Boff, K.R. and Lincoln, J.E. (1988) *Engineering Data Compendium: Human Perception and Performance*, Wright -Patterson AFB, OH: Harry G. Armstrong Aerospace Medical Research Laboratory.

Boivin, D.B. and Czeisler, C.A. (1998) Resetting of circadian melatonin and cortisol rhythms in humans by ordinary room light, *Neuroendocrinology*, 9, 779–782.

Boivin, D.B. and James, F.O. (2002) Circadian adaptation to night-shift work by judicious light and darkness exposure, *J. Biol. Rhythms*, 17, 556–567.

Bornstein, M.H., Kessen, W. and Weiskopf, S. (1976) The categories of hue in infancy, *Science*, 191, 201–201.

Bortle, J.E. (2001) Introducing the Bortle dark-sky scale, *S&T*, 101, 126–129.

Bouma, H. (1962) Size of the static pupil as function of wavelength and luminosity of the light incident on the human eye, *Nature*, 193, 690–691.

Bowman, K.J., Collins, M.J. and Henry, C.J. (1984) The effect of age on performance on the panel D-15 and desaturated D-15: A quantitative evaluation, in G. Verriest (ed) *Colour Vision Deficiencies VII*, The Hague, the Netherlands: W. Junk Publishers.

Box, P.C. (1981) Parking lot accident characteristics, *ITE J.*, 51, 12–15.

Boyce, P.R. (1973) Age, illuminance, visual performance and preference, *Lighting Res. Technol.*, 5, 125–144.

Boyce, P.R. (1974) Illuminance, difficulty, complexity and visual performance, *Lighting Res. Technol.*, 6, 222–226.

Boyce, P.R. (1977) Investigations of the subjective balance between illuminance and lamp colour properties, *Lighting Res. Technol.*, 9, 11–24.

Boyce, P.R. (1978) Variability of contrast rendering factor in lighting installations, *Lighting Res. Technol.*, 10, 94–105.

Boyce, P.R. (1979a) Users' attitudes to some types of local lighting, *Lighting Res. Technol.*, 11, 158–164.

Boyce, P.R. (1979b) The effect of fence luminance on the detection of potential intruders, *Lighting Res. Technol.*, 11, 78–84.

Boyce, P.R. (1980) Observations of the manual switching of lighting, *Lighting Res. Technol.*, 12, 195–205.

Boyce, P.R. (1985) Movement under emergency lighting: The effect of illuminance, *Lighting Res. Technol.*, 17, 51–71.

Boyce, P.R. (1986) Movement under emergency lighting: The effects of changeover from normal lighting, *Lighting Res. Technol.*, 18, 1–18.

Boyce, P.R. (1991) Lighting and lighting conditions, in J.A.J. Roufs (ed) *The Man-Machine Interface, Volume 15: Visual and Visual Dysfunction*, London, U.K.: Macmillan.

Boyce, P.R. (1996) Illuminance selection based on visual performance – And other fairy stories, *J. Illum. Eng. Soc.*, 25, 41–49.

Boyce, P.R. (2006) Lemmings, light and health, *Leukos*, 2, 175–184.

Boyce, P.R. (2009) *Lighting for Driving: Roads, Vehicles, Signs, and Signals*, Boca Raton, FL: CRC Press.

Boyce, P.R. (2011) Lemmings, light and health revisited, *Leukos*, 8, 83–92.

Boyce, P.R. and Bruno, L.D. (1999) An evaluation of high pressure sodium and metal halide light sources for parking lot lighting, *J. Illum. Eng. Soc.*, 28, 16–32.

Boyce, P.R. and Cuttle, C. (1990) Effect of correlated colour temperature on the perception of interiors and colour discrimination performance, *Lighting Res. Technol.*, 22, 19–36.

Boyce, P.R. and Eklund, N.H. (1997) *Evaluations of Four Solar 1000 Sulfur Lamp Installations*, Troy, NY: Lighting Research Center.

Boyce, P.R. and Eklund, N.H. (1998) Simple tools for evaluating lighting, *Proceedings of the CIBSE National Lighting Conference*, Lancaster, U.K. London, U.K.: CIBSE.

Boyce, P.R. and Mulder, M.M.C. (1995) Effective directional indictors for exit signs, *J. Illum. Eng. Soc.*, 24, 64–72.

Boyce, P.R. and Rea, M.S. (1987) Plateau and escarpment: The shape of visual performance, *Proceedings of the CIE 21st Session*, Venice, Italy. Vienna, Austria: CIE.

Boyce, P.R. and Rea, M.S. (1990) Security lighting: The effects of illuminance and light source on the capabilities of guards and intruders, *Lighting Res. Technol.*, 22, 57–79.

Boyce, P.R., Eklund, N., Mangum, S., Saalfield, C. and Tang, L. (1995) Minimum acceptable transmittance of glazing, *Lighting Res.Technol.*, 27, 145–152.

Boyce, P.R., Beckstead, J.W., Eklund, N.H., Strobel, R.W. and Rea, M.S. (1997) Lighting the graveyard shift: The influence of a daylight-simulating skylight on the task performance and mood of night-shift workers, *Lighting Res. Technol.*, 29, 105–142.

Boyce, P.R., Eklund, N.H. and Simpson, S.N. (2000a) Individual lighting control: Task performance, mood and illuminance, *J. Illum. Eng. Soc.*, 29, 131–142.

Boyce, P.R., Eklund, N.H., Hamilton, B.J. and Bruno, L.D. (2000b) Perception of safety at night in different lighting conditions, *Lighting Res. Technol.*, 32, 79–91.

Boyce, P.R., Hunter, C.M. and Carter, C.B. (2002) Perceptions of full-spectrum, polarized lighting, *J. Illum. Eng. Soc.*, 31, 119–135.

Boyce, P.R., Hunter, C.M. and Inclan, C. (2003a) Overhead glare and visual discomfort, *J. Illum. Eng. Soc.*, 32, 73–88.

Boyce, P.R., Akashi, Y., Hunter, C.M. and Bullough, J.D. (2003b) The impact of spectral power distribution on the performance of an achromatic visual task, *Lighting Res. Technol.*, 35, 141–161.

Boyce, P.R., Veitch, J.A., Newsham, G.R., Jones, C.C., Heerwagen, J., Myer, M. and Hunter C.M. (2006a) Occupant use of switching and dimming controls in offices, *Lighting Res. Technol.*, 38, 358–378.

Boyce, P.R., Veitch, J.A., Newsham, G.R., Jones, C.C., Heerwagen, J., Myer, M. and Hunter C.M. (2006b) Lighting quality and office work: Two field simulation experiments, *Lighting Res. Technol.*, 38, 191–223.

Boyce, P.R., Fotios, S. and Richards, M. (2009) Road lighting and energy saving, *Lighting Res. Technol.*, 41, 245–260.

Boynton, R.M. (1987) Categorical color perception and color rendering of light sources, *Proceedings of the CIE 21st Session*, Venice, Italy. Vienna, Austria: CIE.

Boynton, R.M. and Clarke, F.J.J. (1964) Sources of entoptic scatter in the human eye, *J. Opt. Soc. Am.*, 54, 110–119.

Boynton, R.M. and Gordon, J. (1965) Bezold-Brucke hue shift measured by a color naming technique, *J. Opt. Soc. Am.*, 55, 78–86.

Boynton, R.M. and Miller, N.D. (1963) Visual performance under conditions of transient adaptation, *Illum. Eng.*, 58, 541–550.

Boynton, R.M. and Olson, C. (1987) Locating basic colours in the OSA space, *Color Res. Appl.*, 12, 94–105.

Boynton, R.M. and Purl, K.F. (1989) Categorical colour perception under low pressure sodium lighting with small amounts of added incandescent illumination, *Lighting Res. Technol.*, 21, 23–27.

Brainard, G.C. and Veitch, J.A. (2007) Lighting and health workshop – Final report, *Proceedings of the CIE 26th Session*, Beijing, China, CIE Publication 178:2007, Vol. 2, pp. 550–553. Vienna, Austria: CIE.

Brainard, G.C., Rollag, M.D. and Hanifin, J.P. (1997) Photic regulation of melatonin in humans: Ocular and neural signal transduction, *J. Biol. Rhythms*, 12, 537–546.

Brainard, G.C., Hanifin, J.P., Greeson, J.M., Byrne, B., Glickman, G., Gerner, E. and Rollag, M.D. (2001) Action spectrum for melatonin regulation in humans: Evidence for a novel circadian photoreceptor, *J. Neurosci.*, 21, 6405–6412.

Brainard, G.C., Sliney, D., Hanifin, J.P., Glickman, G., Byrne, B., Greeson, J.M., Jasser, S., Gerner, E. and Rollag, M.D. (2008) Sensitivity of the human circadian system to short-wavelength (420 nm) light, *J. Biol. Rhythms*, 23, 379–386.

Brickner, P.W., Vincent, R.L., First, M., Nardell, E., Murray, M. and Kaufman, W. (2003) The application of ultraviolet germicidal radiation to control transmission of airborne disease: Bioterrorism countermeasure, *Public Health Rep.*, 118, 99–114.

British Standards Institution (BSI). (1998) BS 5266-2:1998 *Emergency Lighting. Code of Practice for Electrical Low-Mounted Way Guidance Systems for Emergency Use*, London, U.K.: BSI.

British Standards Institution (BSI). (1999) BS 5266-6:1999 *Emergency Lighting. Code of Practice for Non-Electrical Low-Mounted Way Guidance Systems for Emergency Use, Photoluminescent Systems*, London, U.K.: BSI.

British Standards Institution (BSI). (2002) BS EN 12464-1:2002 *Light and Lighting: Lighting of Workplaces: Indoor Workplaces*, London, U.K: BSI.

British Standards Institution. (2003) BS EN 13201-2:2003, *Road Lighting – Part 2: Performance Requirements*, London, U.K.: BSI.

British Standards Institution. (2007a) BS EN 12464-2:2007 *Lighting of Workplaces – Part 2: Outdoor Workplaces*, London, U.K.: BSI.

British Standards Institution. (2007b) BS EN 15193:2007 *Energy Performance of Buildings. Energy Requirements for Lighting*, London, U.K.: BSI.

British Standards Institution (BSI). (2008) BS EN 62471:2008 *Photobiological Safety of Lamps and Lamp Systems*, London, U.K.: BSI.

British Standards Institution. (2011a) BS EN 12464-1:2011 *Lighting of Workplaces – Part 1: Indoor Workplaces*, London, U.K.: BSI.

British Standards Institution (BSI). (2011b) BS 5266-1:2011 *Emergency Lighting – Part 1: Code of Practice for Emergency Lighting of Premises*, London, U.K.: BSI.

British Standards Institution (BSI). (2013) BS 5489-1:2013, *Code of Practice for the Design of Road Lighting – Part 1: Lighting of Roads and Public Amenity Areas*, London, U.K.: BSI.

Brock, M.A. (1991) Chronobiology and aging, *J. Am. Geriatr. Soc.*, 39, 74–91.

Brodrick, S. and Barrett, J. (2008) *Lighting Needs of People with Particular Eye Conditions*, London, U.K.: Thomas Pocklington Trust.

Brons, J.A., Bullough, J.D. and Rea, M.S. (2008) Outdoor Site-Lighting Performance (OSP): A comprehensive and quantitative framework for assessing light pollution, *Lighting Res. Technol.*, 40, 201–224.

Bronson, F.H. (1995) Seasonal variation in human reproduction: Environmental factors, *Q. Rev. Biol.*, 70, 141–164.

Brown, J.L., Graham, C.H., Leibowitz, H. and Ranken, H.B. (1953) Luminance thresholds for the resolution of visual detail during dark adaptation, *J. Opt. Soc. Am.*, 43, 197–202.

Brox, J. (2010) *Brilliant: The Evolution of Artificial Light*, New York: Houghton Mifflin.

Bruce-White, C. and Shardlow, M. (2011) *A Review of the Impact of Artificial Light on Invertebrates*, Peterborough, U.K.: Buglife – The Invertebrate Conservation Trust.

Brusque, C., Paulmier, G. and Carta, V. (1999) Study of the influence of background complexity on the detection of pedestrians in urban sites, *Proceedings of the CIE, 24th Session*, Warsaw, Poland. Vienna, Austria: CIE.

Bryan, J.L. (1977) Smoke as a determinant of human behavior in fire situations, Report from Fire Protection Curriculum, College Park, MD: College of Engineering, University of Maryland.

Bryan, J.L. (1999) Human behaviour in fire: The development and maturity of a scholarly study area, *Fire Mater.*, 23, 249–253.

Buchanan, T.L., Barker, K.N., Gibson, J.T., Jiang, B.C. and Pearson, R.E. (1991) Illumination and errors in dispensing, *Am. J. Hosp. Pharm.*, 48, 2137–2145.

Buck, J.A., McGowan, T.K. and McNelis, J.F. (1975) Roadway visibility as a function of light source color, *J. Illum. Eng. Soc.*, 5, 20–25.

Bullough, J.D. (2000) The blue-light hazard: A review, *J. Illum. Eng. Soc.*, 29, 6–14.

Bullough, J.D. (2002a) Modeling peripheral visibility under headlamp illumination, *Proceedings of the TRB16th Biennial Symposium on Visibility and Simulation*, Iowa City, IA. Washington, DC: Transportation Research Board.

Bullough, J.D. (2002b) Interpreting outdoor luminaire cutoff classification, *Lighting Des. Appl.*, 32, 44–46.

Bullough, J.D. (2009) Spectral sensitivity for extrafoveal discomfort glare, *J. Mod. Opt.*, 56, 1518–1522.

Bullough, J.D. (2011) Luminance versus luminous intensity as a metric of discomfort glare, SAE Technical Paper, Troy, NY. doi: 10.4271/2011-01-0111.

Bullough, J. and Rea, M.S. (1996) Lighting for neonatal intensive care units: Some critical information for design, *Lighting Res. Technol.*, 28, 189–198.

Bullough, J. and Rea, M.S. (2000) Simulated driving performance and peripheral detection at mesopic and low photopic light levels, *Lighting Res. Technol.*, 32, 194–198.

Bullough, J. and Sweater Hickcox, K. (2012) Interactions among light source luminance, illuminance and size on discomfort glare, *SAE Int. J. Passeng. Cars Mech. Syst.*, 5(1), 199–202. doi: 10.4271/2012-01-0269.

Bullough, J.D., Boyce, P.R., Bierman, A., Conway, K.M., Huang, K., O'Rourke, C.P., Hunter, C.M. and Nakata, A. (2000) Response to simulated traffic signals using light emitting diode and incandescent sources, *Transport. Res. Rec.*, 1724, 39–46.

Bullough, J.D., Rea, M.S., Pysar, R.M., Nakhla, H.K. and Amsler, D.E. (2001a) Rear lighting configurations for winter maintenance vehicles, *Proceedings of the IESNA Annual Conference*, Ottawa, Ontario, Canada. New York: IESNA.

Bullough, J.D., Boyce, P.R., Bierman, A., Hunter, C.M., Conway, K.M., Nakata, A. and Figueiro, M.G. (2001b) Traffic signal luminance and visual discomfort at night, *Transport. Res. Rec.*, 1754, 42–47.

Bullough, J.D., Zu, F. and van Derlofske, J. (2002) Discomfort and disability glare from halogen and HID headlamp systems, SAE Paper 2002-01-1-0010, Warrendale, PA: Society of Automotive Engineers.

Bullough, J.D., van Derlofske, J., Fay, C.R. and Dee, P. (2003) Discomfort glare from headlamps: Interactions among spectrum, control of gaze and background light level, SAE Paper 2003-01-0296, Warrendale, PA: Society of Automotive Engineers.

Bullough, J.D., van Derlofske, J. and Kleinkes, M. (2007) Rear signal lighting: From research to standards, now and in the future, SAE Paper 2007-01-1229, Warrendale, PA: Society of Automotive Engineers.

Bullough, J.D., Brons, J.A., Qi, R. and Rea, M.S. (2008) Predicting discomfort glare from outdoor lighting installations, *Lighting Res. Technol.*, 40, 225–242.

Bullough, J.D., Zhang, X., Skinner, N.P., Aboobaker, N. and Rea, M.S. (2010) Design and demonstration of pedestrian crosswalk lighting, *Transportation Research Board 89th Annual Meeting*, Washington, DC.

Bullough, J.D., Sweater-Hickcox, K., Klein, T.R. and Narendran, N. (2011a) Effects of flicker characteristics from solid state lighting on detection, acceptability and comfort, *Lighting Res. Technol.*, 43, 337–348.

Bullough, J.D., Radetsky, L.C. and Rea, M.S. (2011b) Testing a provisional model of scene brightness with and without objects of different colours, *Lighting Res. Technol.*, 43, 173–184.

Bullough, J.D., Rea, M.S. and Zhang, X. (2012a) Evaluation of visual performance from pedestrian crosswalk lighting, *Annual Meeting of the Transportation Research Board*, Washington, DC: TRB.

Bullough, J.D., Sweater-Hickcox, K., Klein, T.R., Lok, A. and Narendran, N. (2012b) Detection and acceptability of stroboscopic effects from flicker, *Lighting Res. Technol.*, 44, 477–483.

Bullough, J.D., Skinner, N.P. and Taranta, R.T. (2013) Characterizing the effective intensity of multiple pulse flashing signal lights, *Lighting Res. Technol.*, 45, 377–390.

Bunce, C. and Wormald, R. (2006) Leading causes of certification for blindness and partial sight in England and Wales, *BMC Public Health*, 6, 58.

Bunning, E. (1936) Die endogene Tagesrhythmik als Grundlage der photoperiodischen Reaktion, *Ber. dtsch. bo. Ges.*, 54, 590–607.

Bunning, E. and Stern, K. (1930) Uber die tagesperiodischen Bewegungen der Primarblatter von *Phaseolus multiflorus*. II. Die Bewegungen bei Thermokonstanz, *Ber. dtsc. bot. Ges.*, 48, 227–252.

Burden, T. and Murphy, L. (1991) *Street Lighting, Community Safety and the Local Environment*, Leeds, U.K.: Leeds Polytechnic.

Bureau of Labor Statistics. (2005) *Shifts Usually Worked: Full Time Wage and Salary Workers by Selected Classifications*, May 2004, Washington, DC: US Department of Labor.

Buswell, G.T. (1937) *How Adults Read*, Supplementary Adult Monograph 45, Chicago, IL: University of Chicago.

Butler, D.L. and Biner, P.M. (1989) Effects of setting on window preferences and factors associated with those preferences, *Environ. Behav.*, 21, 17–31.

Cagnacci, A., Soldani, R. and Yen, S.S.C. (1997) Contemporaneous melatonin administration modifies the circadian response to nocturnal bright light stimuli, *Am. J. Physiol.*, 272, R482–R486.

Cai, H. and Chung, T. (2013) Evaluating discomfort glare from non-uniform electric light sources, *Lighting Res. Technol.*, 45, 267–294.

Cajochen, C., Khalsa, S.B.S., Wyatt, J.K., Czeisler, C.A. and Dijk, D.J. (1999) EEG and ocular correlates of circadian melatonin phase and human performance decrements during sleep loss, *Am. J. Physiol.*, 277, R640–R649.

Cajochen, C., Zeitzer, J.M., Czeisler, C.A. and Dijk, D.-J. (2000) Dose-response relationship for light intensity and ocular and electroencephalographic correlates of human alertness, *Behav. Brain Res.*, 115, 75–83.

California Energy Commission (CEC). (2008) *Building Energy Efficiency Standard for Residential and Non-Residential Buildings*, Sacramento, CA: CEC.

Callow, J.M. and Shao, L. (2003) Air-clad optical rod daylighting system, *Lighting Res. Technol.*, 35, 31–38.

Caminada, J.F. and van Bommel, W.J.M. (1980) New lighting considerations for residential areas, *Int. Lighting Rev.*, 3, 69–75.

Campbell, S.S. and Dawson, D. (1991) Bright light treatment of sleep disturbance in older subjects, *Sleep Res.*, 20, 448.

Campbell, F.W. and Green, D.G. (1965) Optical and retinal factors affecting visual resolution, *J. Physiol.*, 181, 576–593.

Campbell, S.S., Kripke, D.F., Gillin, J.C. and Hrubovcak, J.C. (1988) Exposure to light in healthy elderly subjects and Alzheimer's patients, *Physiol. Behav.*, 42, 141–144.

Campbell, S.S., Dijk, D.J., Boulos, Z., Eastman, C.I., Lewy, A.J. and Terman, M. (1995) Light treatment for sleep disorders: Consensus report III Alerting and activating effects, *J. Biol. Rhythms*, 10, 129–132.

Campbell, M.K., Bush, T.L. and Hale, W.E. (1993) Medical conditions associated with driving cessation in community dwelling, ambulatory elders, *J. Gerontol.*, 48, S230–S234.

Canazei, M., Dehoff, P., Staggl, S. and Pohl, W. (2013) Effect of dynamic ambient lighting on female permanent morning shift workers, *Lighting Res. Technol.*, doi 10.1177/1477153513475914.

Canter, D. (1980) *Fires and Human Behaviour*, Chichester, U.K.: John Wiley & Sons.

Canter, D., Breaux, J. and Sime, J. (1980) Domestic, multiple occupancy and hospital fires, in D. Canter (ed) *Fires and Human Behaviour*, Chichester, U.K.: John Wiley & Sons.

Carlopio, J.R. (1996) Construct validity of a physical work environment satisfaction questionnaire, *J. Occup. Health Psychol.*, 1, 330–344.

Carlton, J.W. (1982) Effective use of lighting, in D.C. Pritchard (ed) *Developments in Lighting – 2*, London, U.K.: Applied Science Publishers.

Carmichael, L. and Dearborn, W.F. (1947) *Reading and Visual Fatigue*, Westport, CT: Greenwood Press.

Carter, D.J. and Al Marwaee, M. (2009) User attitudes toward tubular daylight guidance systems, *Lighting Res. Technol.*, 41, 71–88.

Cesarini, J.-P. (1998) UV skin aging, in R. Matthes and D. Sliney (eds) *Measurements of Optical Radiation Hazards*, OberschleiBheim, Germany: International Commission on Non-Ionizing Radiation Protection.

Chandler, D. (1949) *The Rise of the Gas Industry in Britain*, London, U.K.: Kelly and Kelly.

Chandra, D., Sivak, M., Flannagan, M.J., Sato, T. and Traube, E.C. (1992) *Reaction Times to Body-Colour Brake Lamps*, UMTRI-92-15, Ann Arbor, MI: University of Michigan Transportation Research Institute.

Chartered Institution of Building Services Engineers (CIBSE). (1999) *Environmental Factors Affecting Office Worker Performance: A Review of Evidence*, CIBSE Technical Memorandum TM24, London, U.K.: CIBSE.

Chen, S.-K., Badea, T.C. and Hattar, S. (2011) Photoentrainment and pupillary light reflex are mediated by distinct populations of ipRGCs, *Nature*, 476, 92–95.

Chesterfield, B.P., Rasmussen, P.G. and Dillon, R.D. (1981) Emergency cabin lighting installations: An analysis of ceiling vs. lower cabin mounted lighting during evacuation trials, Federal Aviation Administration, Report FAA-AM-81-7, Washington, DC: US Department of Transportation.

Chittum, C.B. and Rasmussen, P.G. (1989) An evaluation of several light sources in a smoke filled environment, paper presented to the *Society of Automotive Engineers A20C Committee*, Nashville, TN. Warrendale, PA: Society of Automotive Engineers.

Choi, J.H., Beltran, L. and Lee, L. (2012) Impacts of indoor daylight environments on patient average length of stay (ALOS) in a healthcare facility, *Build. Environ.*, 50, 65–75.

Chu, K.C., Tarone, R.E., Kessler, L.G., Ries, L.A., Hankey, B.F., Miller, B.A. and Edwards, B.K. (1996) Recent trends in U.S. breast cancer incidence, survival and mortality rates, *J. Natl. Cancer I*, 88, 1571–1579.

Chylack, L.T. (2000) Age-related cataract, in B. Silverstone, M.A. Lang, B.P. Rosenthal and E.E. Faye (eds) *The Lighthouse Handbook on Vision Impairment and Vision Rehabilitation*, New York: Oxford University Press.

Clarke, R.V. (1995) Situational crime prevention, in M. Tonry and D.P. Farrington (eds) *Building a Safer Society: Strategic Approaches to Crime Prevention*, Chicago, IL: University of Chicago Press.

Clear, R.D. (2013) Discomfort glare: What do we really know? *Lighting Res. Technol.*, 45, 141–158.

Clear, R. and Berman, S. (1990) Speed, accuracy and VL, *J. Illum. Eng. Soc.*, 19, 124–131.

Cobb, J. (1990) Roadside survey of vehicle lighting 1989, Research Report 290, Crowthorne, U.K.: Transport and Road Research Laboratory.

Cobb, J. (1992) Daytime conspicuity lights, Report WP/RUB/14, Crowthorne, U.K.: Transport Research Laboratory.

Cohen, J. (1988) *Statistical Power Analysis for the Behavioural Sciences*. Hillside, NJ: Lawrence Erlbaum Associates.

Collins, W.M. (1962) The determination of the minimum identifiable glare sensation interval, *Trans. Illum. Eng. Soc. (Lond.)*, 27, 27–34.

Collins, B.L. (1991) Visibility of exit signs and directional indicators, *J. Illum. Eng. Soc.*, 20, 117–133.

Collins, B.L. and Worthey, J.A. (1985) Lighting for meat and poultry inspection, *J. Illum. Eng. Soc.*, 15, 21–28.

Collins, B.L., Kuo, B.Y., Mayerson, S.E., Worthey, J.A. and Howett, G.L. (1986) *Safety Colour Appearance under Selected Light Sources*, NBS IR86-3403, Washington, DC: US Department of Commerce.

Collins, B.L., Dahir, M.S. and Madrzykowski, D. (1990) *Evaluation of Exit Signs in Clear and Smoke Conditions*, NISTIR 4399, Washington, DC: US Department of Commerce.

Collman, G.W., Shore, D.L., Shy, C.M., Checkoway, H. and Luria, A.S. (1988) Sunlight and other risk factors for cataracts: An epidemiologic study, *Am. J. Public Health*, 78, 1459–1462.

Colman, R.S., Frankel, F., Ritvo, E. and Freeman, B.J. (1976) The effects of fluorescent and incandescent illumination upon repetitive behaviors in autistic children, *J. Autism Child. Schizophr.*, 6, 157–162.

Colombo, E.M., Kirschbaum, C.F. and Raitelli, M. (1987) Legibility of texts: The influence of blur, *Lighting Res. Technol.*, 19, 61–71.

Comerford, J.P. and Kaiser, P.K. (1975) Luminous efficiency functions determined by heterochromatic brightness matching, *J. Opt. Soc. Am.*, 64, 466–468.

Commission Internationale de l'Eclairage (CIE). (1972) *A Unified Framework of Methods for Evaluating Visual Performance Aspects of Lighting*, CIE Publication 19, Paris, France: CIE.

Commission Internationale de l'Eclairage (CIE). (1978) *Light as a True Visual Quantity*, CIE Publication 41, Paris, France: CIE.

Commission Internationale de l'Eclairage (CIE). (1981) *An Analytic Model for Describing the Influence of Lighting Parameters upon Visual Performance*, CIE Publication 19/2, Paris, France: CIE.

Commission Internationale de l'Eclairage (CIE). (1983) *The Basis of Physical Photometry*, CIE Publication 18.2, Vienna, Austria: CIE.

Commission Internationale de l'Eclairage (CIE). (1986) *Colorimetry*, CIE Publication 15.2, Vienna, Austria: CIE.

Commission Internationale de l'Eclairage (CIE). (1990) *CIE 1988 2° Spectral Luminous Efficiency Function for Photopic Vision*, CIE Publication 86, Vienna, Austria: CIE.

Commission Internationale de l'Eclairage (CIE). (1994a) Review of the official recommendations of the CIE for the colors of signal lights, CIE Technical Report 107, Vienna, Austria: CIE.

Commission Internationale de l'Eclairage (CIE). (1994b) *Variable Message Signs*, CIE Publication 111:1994, Vienna, Austria: CIE.

Commission Internationale de l'Eclairage (CIE). (1994c) *Glare Evaluation System for Use with Outdoor Sports and Area Lighting*, CIE Publication 112:1994, Vienna, Austria: CIE.

Commission Internationale de l'Eclairage (CIE). (1995) *Method of Measuring and Specifying Color Rendering Properties of Light Sources*, CIE Publication 13.3, Vienna, Austria: CIE.

Commission Internationale de l'Eclairage (CIE). (1997) *Low Vision: Lighting Needs for the Partially Sighted*, CIE Technical Report 123, Vienna, Austria: CIE.

Commission Internationale de l'Eclairage (CIE). (1998a) *Proceedings of the CIE Expert Symposium on Lighting Quality*, CIE Publication x015:1998, Vienna, Austria: CIE.

Commission Internationale de l'Eclairage (CIE). (1998b) *Erythema Reference Action Spectrum and Standard Erythemal Dose*, CIE Publication S 007: Joint ISO/CIE Standard, Vienna, Austria: CIE.

Commission Internationale de l'Eclairage (CIE). (1999) *Road Surface and Road Marking Reflection Characteristics*, CIE Publication 13x-1999, Vienna, Austria: CIE.

Commission Internationale de l'Eclairage (CIE) (2001) *Colours of Signal Lights*, CIE Standard S004/E-2001, Vienna, Austria: CIE.

Commission Internationale de l'Eclairage (CIE). (2002a) *The Correlation of Models of Vision and Visual Performance*, CIE Publication 145-2002, Vienna, Austria: CIE.

Commission Internationale de l'Eclairage (CIE). (2002b) *CIE Collection on Glare*, CIE Publication 146-2002, Vienna, Austria: CIE.

Commission Internationale de l'Eclairage (CIE). (2002c) *Photobiological Safety of Lamps and Lamp Systems*, CIE Publication S009, Vienna, Austria: CIE.

Commission Internationale de l'Eclairage (CIE). (2003) *Guide on the Limitation of the Effects of Light Trespass from Outdoor Lighting Installations*, CIE Publication 150, Vienna, Austria: CIE.

Commission Internationale de l'Eclairage (CIE). (2004a) *Colorimetry*, CIE Publication 15:2004, Vienna, Austria: CIE.

Commission Internationale de l'Eclairage (CIE). (2004b) *A Review of Chromatic Adaptation Transforms*, CIE Publication 160:2004, Vienna, Austria: CIE.

Commission Internationale de l'Eclairage (CIE). (2004c) *A Colour Appearance Model for Colour Management Systems: CIECAM02*, CIE Publication 159:2004, Vienna, Austria: CIE.

Commission Internationale de l'Eclairage (CIE). (2004d) *Spatial Distribution of Daylight – CIE Standard General Sky*, CIE Standard S011/E:2003, Vienna, Austria: CIE.

Commission Internationale de l'Eclairage (CIE). (2004e). *Ocular Lighting Effects on Human Physiology, Mood and Behaviour*. CIE Publication 158:2004 and Erratum 2009, Vienna, Austria: CIE.

Commission Internationale de l'Eclairage (CIE). (2005) *CIE 10 Degree Photopic Photometric Observer*, CIE Publication 165:2005, Vienna, Austria: CIE.

Commission Internationale de l'Eclairage (CIE). (2006a) *Tubular Daylight Guidance Systems*, CIE Publication 173:2006, Vienna, Austria: CIE.

Commission Internationale de;Eclairage (CIE). (2006b) *Photocarcinogenesis Action Spectrum (Non-Melanoma Skin Cancers)*, CIE Publication S 019, Joint ISO/CIE Standard, Vienna, Austria: CIE.

Commission Internationale de l'Eclairage (CIE). (2007) *Colour Rendering of White LED Light Sources*, CIE Publication 177:2007, Vienna, Austria: CIE.

Commission Internationale de l'Eclairage (CIE). (2010a) *Recommended System for Mesopic Photometry Based on Visual Performance*, CIE Publication 191:2010, Vienna, Austria: CIE.

Commission Internationale de L'Eclairage (CIE). (2010b) *Calculation and Presentation of UGR Tables for Indoor Lighting Luminaires*, CIE Publication 190-2010, Vienna, Austria: CIE.

Commission Internationale de l'Eclairage (CIE). (2010c) *Lighting of Roads for Motor and Pedestrian Traffic*, CIE Publication 115:2010, Vienna, Austria: CIE.

Commission Internationale de l'Eclairage (CIE). (2011) *CIE Supplementary System of Photometry*, CIE Publication 200, Vienna, Austria: CIE.

Cook, G.K., Wright, M.S., Webber, G.M.B. and Bright, K.T. (1999) Emergency lighting and wayfinding provision systems for visually impaired people: Phase 2 of a study, *Lighting Res. Technol.*, 31, 43–48.

Copinschi, G. and van Cauter, E. (1995) Effects of aging on modulation of hormonal secretions by sleep and circadian rhythmicity, *Horm. Res.*, 43, 20–24.

Cornelissen, F.W., Bootsma, A. and Kooijman, A.C. (1995) Object perception by visually impaired people at different light levels, *Vision Res.*, 35, 161–168.

Corso, J.F. (1967) *The Experimental Psychology of Sensory Behavior*, New York: Holt, Rinehart and Winston.

Crawford, B.H. (1949) The scotopic visibility function, *Phys. Soc. Proc.*, 62, 321.

Crawford, B.H. (1972) The Stiles-Crawford effects and their significance in vision, in D. Jameson and L.M. Hurvich (eds) *Handbook of Sensory Physiology, Volume VII/4: Visual Psychophysics*, Berlin, Germany: Springer-Verlag.

Cridland, W. (1995) *The Impact of Street Lighting Improvements on Crime, Fear of Crime and Quality of Life. The Larkhill Estate, Stockport, U.K. Billericay*, U.K.: Personal and Professional Management Services.

Crisp, V.H.C. (1978) The light switch in buildings, *Lighting Res. Technol.*, 10, 69–82.

Croft, T.A. (1971) Failure of visual estimation of motion under strobe, *Nature*, 231, 397.

Crosley, J. and Allen, M.J. (1966) Automobile brake light effectiveness: An evaluation of high placement and accelerator switching, *Am. J. Optom. Arch. Am. Acad. Optom.*, 43, 299–304.

Curcio, C.A., Millican, C.L., Allen, K.A. and Kalina, R.E. (1993) Aging of the human photoreceptor mosaic: Evidence for selective vulnerability of rods in central retina, *Invest. Opthalmol. Vis. Sci.*, 34, 3278–3296.

Custers, P.J.M., de Kort, Y.A.W., Ijsselsteijn, W.A. and de Kruiff, M.E. (2010) Lighting in retail environments: Atmosphere perception in the real world, *Lighting Res. Technol.*, 42, 331–343.

Cuthbertson, F.M., Pierson, S.N., Wulff, K., Foster, R.G. and Downes, S.M. (2009) Blue-light filtering intraocular lenses: Review of potential benefits and side effects, *J. Cataract Refract. Surg.*, 35, 1281–1297.

Cuttle, C. (1979) Subjective assessments of the appearance of special performance glazing in offices, *Lighting Res. Technol.*, 11, 140–149.

Cuttle, C. (1983) People and windows in workplaces, *Proceedings of the People and Physical Environment Research Conference*, Wellington, New Zealand.

Cuttle, C. (1997) Cubic illumination, *Lighting Res. Technol.*, 29, 1–14.

Cuttle, C. (2004) Brightness, lightness and providing 'a preconceived appearance to the interior', *Lighting Res. Technol.*, 36, 201–216.

Cuttle, C. (2008) *Lighting by Design*, Oxford, U.K.: Architectural Press.

Cuttle, C. (2010) Towards the third stage of the lighting profession, *Lighting Res. Technol.*, 42, 73–90.

Cuttle, C. (2013) A new direction for general lighting practice, *Lighting Res. Technol.*, 45, 22–39.

Cuttle, C. and Brandston, H. (1995) Evaluation of retail lighting, *J. Illum. Eng. Soc.*, 24, 33–49.

Cuttle, C., Valentine, W.B., Lynes, J.A. and Burt W. (1967) Beyond the working plane, *Proceedings of the CIE 16th Session*, Washington DC. Paris, France: CIE.

Czeisler, C.A., Richardson, G.S., Zimmerman, J.C., Moore-Ede, M.C. and Weitzman, E.D. (1981) Entrainment of human circadian rhythms: A reassessment, *Photochem. Photobiol.*, 34, 239–247.

Czeisler, C.A., Rios, C.D., Sanchez, R., Brown, E.N., Richardson, G.S., Ronda, J.M. and Rogacz, S. (1988a) Phase advance and reduction in amplitude of the endogenous circadian oscillator correspond with systematic changes in sleep/wake habits and daytime functioning in the elderly, *Sleep Res.*, 15, 268.

Czeisler, C.A., Kronauer, R.E., Johnson, M.P., Allen, J.S. and Dumont, M. (1988b) Action of light on the human circadian pacemaker: Treatment of patients with circadian rhythm sleep disorders, in J. Horn (ed) *Sleep '88*, Stuttgart, Germany: Verlag.

Czeisler, C.A., Johnson, M.P., Duffy, J.F., Brown, E.N., Ronda, J.M. and Kronauer, R.E. (1990) Exposure to bright light and darkness to treat physiologic maladaptation to night work, *N. Engl. J. Med.*, 322, 1253–1259.

Czeisler, C.A., Chiasera, A.J. and Duffy, J.F. (1991) Research on sleep, circadian rhythms and aging: Application to manned spaceflight, *Environ. Gerontol.*, 26, 217–232.

Czeisler, C.A., Duffy, J.F., Shanahan, T.L., Brown, E.N., Mitchell, J.F., Rimmer, D.W., Ronda, J.M. et al. (1999) Stability, precision and near 24-hour period of the human circadian pacemaker, *Science*, 284, 2177–2181.

Dacey, D.M., Liao, H.W., Peterson, B.B., Robinson, F.R., Smith, V.C., Pokorny, J., Yau, K.W. and Gamlin P.D. (2005) Melanopsin-expressing ganglion cells in primate retina signal colour and irradiance and project to the LGN, *Nature*, 433, 749–754.

Dandona, L. and Dandona, R. (2006) Revision of visual impairment definitions in the International Statistical Classification of Diseases, *BMC Med.*, doi 10.1186/1741.7015.4-7.

Dangol, R., Islam, M., Hyvarinen, M., Bhusal, P., Puolakka, M. and Halonen, L. (2013) Subjective preferences and colour quality metrics of LED light sources, *Lighting Res. Technol.*, 45, 666–688.

Davidse, R., van Driel, C. and Goldenbeld, C. (2004) *The Effect of Altered Road Marking on Speed and Lateral Position: A Meta-Analysis*, Leidschendem, the Netherlands: SWOV.

Davidson, N. and Goodey, J. (1991) *Street Lighting and Crime: The Hull Project*, Hull, U.K.: University of Hull.

Davis, R.G. and Ginthner, D.N. (1990) Correlated colour temperature, illuminance level and the Kruithof curve, *J. Illum. Eng. Soc.*, 19, 27–38.

Davis, W. and Ohno, Y. (2010) Colour quality scale, *Opt. Eng.*, 49, 033602.

Davison, J.A., Patel, A.S., Cunha, J.P., Schwiegerling, J. and Mufluoglu, O. (2011) Recent studies provide an updated clinical perspective on blue light-filtering IOLs, *Graefes Arch. Clin. Exp.*, 249, 957–968.

Davoudian, N. and Raynham, P. (2012) What do pedestrians look at at night? *Lighting Res. Technol.*, 44, 438–448.

Dawson, D. and Campbell, S.S. (1990) Bright light treatment: Are we keeping our subjects in the dark, *Sleep*, 13, 267–271.

de Boer, J.B. (1951) Fundamental experiments on visibility and admissible glare in road lighting, *Proceedings of the CIE, 12th Session*, Stockholm, Sweden. Paris, France: CIE.

de Boer, J.B. (1974) Modern light sources for highways, *J. Illum. Eng. Soc.*, 3, 142–152.

de Boer, J.B. (1977) Performance and comfort in the presence of veiling reflections, *Lighting Res. Technol.*, 9, 169–176.

de Kort, Y.A.W., IJsselsteijn, W.A., Kooljman, J. and Schuurmans, Y. (2003) Virtual laboratories: Comparability of real and virtual environments for environmental psychology, *Presence*, 12, 360–373.

de Kort, Y.A.W. and Smolders, K.C.H.J. (2010) Effects of dynamic lighting on office workers: First results of a field study with monthly alternating settings, *Lighting Res. Technol.*, 42, 345–360.

de Pontes, A.L.B., Engelberth, R.C.G.J., Nascimento Jr., E.S., Cavalcante, J.C., Costa, M.S.M.O., Pinato, L., de Toledo, C.A.B. and Cavalcante, J.S. (2010) Serotonin and circadian rhythms, *Psychol. Neurosci.*, 3, 217–228.

de Waard, P.W.T., IJspeert, J.K., van den Berg, T.J.T.P. and de Jong, P.T.V.M. (1992) Intraocular light scattering in age-related cataracts, *Invest. Ophthalmol. Vis. Sci.*, 33, 618–625.

Department for Environment, Food and Rural Affairs (DEFRA). (2010) *An Investigation into Artificial Light Nuisance Complaints and Associated Guidance*, London, U.K.: DEFRA.

Department for Transport (DfT). (2005) *Traffic Sign Manual*, London, U.K.: HMSO.

Desimone, R. (1991) Face-selective cells in the temporal cortex of monkeys, *J. Cogn. Neurosci.*, 3, 1–8.

Diaper, G. (1990) The Hawthorne effect: A fresh examination, *Educ. Stud.*, 16, 261–267.

Dijk, D.-J., Boulos, Z., Eastman, C.I., Lewy, A.J., Campbell, S.S. and Terman, M. (1995) Light treatment for sleep disorders: Consensus report II Basic properties of circadian physiology and sleep regulation, *J. Biol. Rhythms*, 10, 113–125.

Ditton, J. and Nair, G. (1994) Throwing light on crime: A case study of the relationship between street lighting and crime prevention, *Security J.*, 5, 125–132.

Do, M.T., Kang, S.H., Xue, T., Zhong, H., Liao, H.W., Bergles, D.E. and Yau, K.W. (2009) Photon capture and signaling by melanopsin retinal ganglion cells, *Nature*, 457, 281–287.

Drasdo, N. (1977) The neural representation of visual space, *Nature*, 266, 554–556.

Drury, C.G. (1975) Inspection of sheet material – Model and data, *Hum. Factors*, 17, 257–265.

Duffy, J.F. and Wright Jr., K.P. (2005) Entrainment of the human circadian system by light, *J. Biol. Rhythms*, 20, 326–338.

Duke-Elder, W.S. (1944) *Textbook of Ophthalmology*, Vol. 1, St. Louis, MO: C.V. Mosby & Co.

Dumont, E. and Paumier, J.-L. (2007) Are standard r-tables still representative of the properties of road surfaces in France? *Proceedings of the CIE, 26th Session*, Beijing, China. Vienna, Austria: CIE.

Dunbar, C. (1938) Necessary values of brightness contrast in artificially lighted streets, *Trans. Illum. Eng. Soc. (Lond.)*, 3, 187–195.

Eastman, C.I. (1990) Circadian rhythms and bright light recommendations for shift work, *Work Stress*, 4, 245–260.

Eastman, A.A. and McNelis, J.F. (1963) An evaluation of sodium, mercury and filament lighting for roadways, *Illum. Eng.*, 58, 28–34.

Eastman, C.I., Stewart, K.T., Mahoney, M.P., Liu, L. and Fogg, L.F. (1994) Dark goggles and bright light improve circadian rhythm adaptation to night shift work, *Sleep*, 17, 535–543.

Eble-Hankins, M.L. and Waters, C.E. (2004) VCP and UGR glare evaluation systems: A look back and a way forward, *Leukos*, 1, 7–38.

Edwards, C.S. and Gibbons, R.B. (2007) *The Relationship of Vertical Illuminance to Pedestrian Visibility in Crosswalks*, *TRB Visibility Symposium*, College Station, TX: Transportation Research Board.

Einhorn, H.D. (1969) A new method for the assessment of discomfort glare, *Lighting Res. Technol.*, 1, 235–247.

Einhorn, H.D. (1991) Discomfort glare from small and large sources, *Proceedings of the First International Symposium on Glare*, New York: Lighting Research Institute.

Eklund, N.H. (1999) Exit sign recognition for colour normal and colour deficient observers, *J. Illum. Eng. Soc.*, 28, 71–81.

Eklund, N.H. and Boyce, P.R. (1996) The development of a reliable, valid, and simple office lighting survey, *J. Illum. Eng. Soc.*, 25, 25–40.

Eklund, N.H., Boyce, P.R. and Simpson, S.N. (2000) Lighting and sustained performance, *J. Illum. Eng. Soc.*, 29, 116–130.

Eklund, N.H., Boyce, P.R. and Simpson, S.N. (2001) Lighting and sustained performance: Modeling data-entry task performance, *J. Illum. Eng. Soc.*, 30, 126–141.

Eldred, K.B. (1992) Optimal illumination for reading in patients with age-related maculopathy, *Optom. Vis. Sci.*, 69, 46–50.

Eloholma, M. and Halonen, L. (2006) New model for mesopic photometry and its application to roadway lighting, *Leukos*, 2, 263–293.

Eloholma, M., Halonen, L. and Setala, K. (1999a) The effects of light spectrum on visual acuity in mesopic lighting levels, *Proceedings of the Vision at Low Light Levels, EPRI/ LRO Fourth International Lighting Research Symposium*, Palo Alto, CA: Electric Power Research Institute.

Eloholma, M., Halonen, L. and Ketomaki, J. (1999b) The effects of light spectrum on visual performance at mesopic light levels, *Proceedings of the CIE Symposium: 75 Years of CIE Photometry*, Vienna, Austria: CIE.

Elton, P.M. (1920) A study of output in silk weaving during winter months, Industrial Fatigue Research Board Report No. 9, London, U.K.: HMSO.

Elvik, R. (1996) A meta-analysis of studies concerning the safety effects of daytime running lights on cars, *Accid. Anal. Prev.*, 28, 685–694.

Engel, F.L. (1971) Visual conspicuity, directed attention and retinal locus, *Vision Res.*, 11, 563–576.

Engel, F.L. (1977) Visual conspicuity, visual search and fixation tendencies of the eye, *Vision Res.*, 17, 95–108.

Enizi, J., Revell, V., Brown, T., Wynne, J., Schlangen, L. and Lucas, R.A. (2011) "Melanopic" spectral efficiency function predicts the sensitivity of melanopsin photoreceptors to polychromatic lights, *J Biol. Rhythms*, 26, 314–323.

Enns, J.T. and Rensink, R.A. (1990) Influence of scene-based properties on visual search, *Science*, 247, 721–723.

Enoch, J.M., Rynders, M., Lakshminarayanan, V., Vilar, E.Y., Giraldez-Fernandez, M.J., Grosvenor, T., Knowles, R. and Srinivasan, R. (1995) Two vision response functions which vary very little with age, in W. Adrian (ed) *Lighting for Aging Vision and Health*, New York: Lighting Research Institute.

Epstein, J.H. (1989) Photomedicine, in K.C. Smith (ed) *The Science of Photobiology*, New York: Plenum.

Espiritu, R.C., Kripke, D.F., Ancoli-Israel, S., Mowen, M.A., Mason, W.J., Fell, R.L., Kauber, M.R. and Kaplan, O.J. (1994) Low illumination experienced by San Diego adults: Association with atypical depressive symptoms. *Biol. Psychiatry*, 35, 403–407.

European Commission (EC). (2008) *Special Eurobarometer: Attitudes of European Citizens towards the Environment*, Brussels, Belgium: EC.

European Committee for Standardization (CEN). (2006) *European Standard: Traffic Control Equipment – Signal Heads*, EN 12368, Brussels, Belgium: CEN.

European Road Safety Observatory (ERSO). (2007) *Traffic Safety Basic Facts, 2006*, Brussels, Belgium: ERSO.

Eurotest. (2008) *Pedestrian Crossing Survey in Europe*, Brussels, Belgium: Eurotest.

Evans, J.R., Fletcher, A.E., Wormald, R.P.L., Ng, E.S.-W., Stirling, S., Smeeth, L., Breeze, E. et al. (2002) Prevalence of visual impairment in people aged 75 years and older in Britain: Results from the MRC trial of assessment and management of older people in the community, *Br. J. Ophthalmol.*, 86, 795–800.

Evans, B.J.W., Sawyer, H., Jessa, Z. and Brodrick, S. (2010) A pilot study of lighting and low vision in older people, *Lighting Res. Technol.*, 42, 103–119.

Fahy, R.F., Proulx, G. and Aiman, L. (2009) 'Panic' and human behaviour in fire, *Proceedings of the 4th International Symposium on Human Behaviour in Fire*, Cambridge, U.K.

Fairchild, M.D. (2005) *Colour Appearance Models*, Chichester, U.K.: John Wiley & Sons.

Farmer, C.M. and Williams, A.F. (2002) Effects of daytime running lights on multiple vehicle daylight crashes in the United States, *Accid. Anal. Prev.*, 34, 197–203.

Farnsworth, D. (1947) *The Farnsworth Dichotomous Test for Colour Blindness. Panel D-15 Manual*, New York: The Psychological Corporation.

Farrington, D.P. and Welsh, B.C. (2002) *The Effects of Improved Street Lighting on Crime: A Systematic Review*, Home Office Research Study 251, London, U.K.: HMSO.

Farrington, D.P. and Welsh, B.C. (2004) Measuring the effects of improved street lighting on crime, a reply to Dr. Marchant, *Br. J. Criminol.*, 44, 448–467.

Farrington, D.P. and Welsh, B.C. (2006) How important is "Regression to the mean" in area-based crime prevention research? *Crime Prev. Community Saf.*, 8, 50–60.

Faulkner, T.W. and Murphy, T.J. (1973) Lighting for difficult visual tasks, *Hum. Factors*, 15, 149–162.

Fechner, G.T. (1860) *Elemente der Psychophysik*, translated by H.E. Alder, *Elements of Psychophysics*, New York: Holt.

Federal Highways Administration (FHWA). (2003) *Manual on Uniform Traffic Control Devices*, Washington, DC: FHWA.

Fenton, D.M. and Penney, R. (1985) The effects of fluorescent and incandescent lighting on the repetitive behaviours of autistic and intellectually handicapped children, *Aust. N. Z. J. Dev. Disabil.*, 11, 137–141.

Ferguson, S.A., Preusser, D.F., Lund, A.K., Zador, P.L. and Ulmer, R.G. (1995) Daylight saving time and motor vehicle crashes: The reduction in pedestrian and vehicle occupant fatalities, *Am. J. Public Health*, 85, 92–95.

Ferris, F.L. (1993) Diabetic retinopathy, *Diabetes Care*, 16(Suppl. 1), 322–325.

Figueiro, M.G. (2001) *Lighting the Way: A Key to Independence*, Washington, DC/Troy, NY: AARP Andrus Foundation and the Lighting Research Center.

Figueiro, M.G. (2008) A proposed 24 h lighting scheme for older adults, *Lighting Res. Technol.*, 40, 153–160.

Figueiro, M.G. and Rea, M.S. (2010) The effects of red and blue lights on circadian variations in cortisol, alpha amylase and melatonin, *Int. J. Endocrinol.*, doi 10.1155/2010/829351.

Figueiro, M.G. and Rea, M.S. (2011) Sleep opportunities and periodic light exposure: Impact on biomarkers, performance and sleepiness, *Lighting Res. Technol.*, 43, 3439–369.

Figueiro, M.G., Rea, M.S., Boyce, P.R., White, R. and Kolberg, K. (2001) The effects of bright light on day and night shift nurses performance and well being in the NICU, *Neonatal Intens. Care*, 14, 29–32.

Figueiro, M.G., Bullough, J.D., Parsons, R.H. and Rea, M.S. (2004) Preliminary evidence for spectral opponency in the suppression of melatonin by light in humans, *Neuroreport*, 15, 313–316.

Figueiro, M.G., Bullough, J.D., Parsons, R.H. and Rea, M.S. (2005) Preliminary evidence for a change in the spectral sensitivity of the circadian system at night, *J. Circadian Rhythms*, doi 10.1186/1740-3391-3-14.

Figueiro, M.G., Rea, M.S. and Bullough, J.D. (2006) Does architectural lighting contribute to breast cancer, *J. Carcinog.*, 5, 20.

Figueiro, M.G., Bierman, A. and Rea, M.S. (2008a) Retinal mechanisms determine the subadditive response to polychromatic light by human circadian system, *Neurosci. Lett.*, 438, 242–245.

Figueiro, M.G., Gras, L., Rizzo, P., Rea, M. and Rea, M.S. (2008b) A novel night lighting system for postural control and stability in seniors, *Lighting Res. Technol.*, 40, 111–126.

Figueiro, M.G., Plitnick, B., Rea, M.S., Graz, L.Z. and Rea, M.S. (2011) Lighting and perceptual cues: Effect on gait measures of older adults at high and low risk of falls, *BMC Geriatr.*, doi 10.1186/1471-2318-11-49.

Figueiro, M.G., Hamner, R., Bierman, A. and Rea, M.S. (2013a) Comparisons of three practical field devices used to measure personal light exposures and activity levels, *Lighting Res. Technol.*, 45, 421–434.

Figueiro, M.G., Nonaka, S. and Rea, M.S. (2013b) Daylight exposure has a positive carryover effect on nighttime performance and subjective sleepiness, *Lighting Res. Technol.*, doi. 10.1177/1477153513494956.

First, M.W., Rudnick, S.N., Banahan, K.F., Vincent, R.L. and Brickner, P.W. (2007a) Fundamental factors affecting upper-room ultraviolet germicidal irradiation – Part 1 Experimental, *J. Occup. Environ. Hyg.*, 4(5), 321–331.

First, M.W., Banahan, K.F. and Dumyahn, T.S. (2007b) Performance of ultraviolet germicidal irradiation lamps and luminaires in long term service, *Leukos*, 3, 181–188.

Fischer, D. (1991) Historical overview to present: Development of discomfort evaluation in interiors, *Proceedings of the First International Symposium on Glare*, New York: Lighting Research Institute.

Fisekis, K., Davies, M., Kolokotroni, M. and Langford, P. (2003) Prediction of discomfort glare from windows, *Lighting Res. Technol.*, 35, 360–371.

Fisher, B.S. and Nasar, J.L. (1992) Fear of crime in relation to three exterior site features; prospect, refuge and escape, *Environ. Behav.*, 24, 35–65.

Fisher, R., Harding, G.F.A., Erba, G., Barkley, G.L. and Wilkins, A.J. (2005) Photic- and pattern-induced seizures: A review for the Epilepsy Foundation of America Working Group. *Epilepsia*, 46, 1426–1441.

Flannagan, M.J. (2001) The safety potential of current and improved front fog lamps, Report UMTRI-2001-40, Ann Arbor, MI: University of Michigan Transportation Research Institute.

Flannagan, M., Sivak, M., Ersing, M. and Simmon, C.J. (1989) Effect of wavelength on discomfort glare for monochromatic sources, Report UMTRI-89-30, Ann Arbor, MI: University of Michigan Transportation Institute.

Fletcher, A.E., Bentham, G.C., Agnew, M., Young, I.S., Augood, C., Chakravarthy, U., de Jong, P.T.V.M. et al. (2008) Sunlight exposure, antioxidants and age-related macular degeneration, *Arch. Opthalmol-Chic.*, 126, 1396–1403.

Flynn, J.E. (1977) A study of subjective responses to low energy and non-uniform lighting systems, *Lighting Des. Appl.*, 7, 6–15.

Flynn, J.E., Hendrick, C., Spencer, T.J. and Martyniuk, O. (1973) Interim study of procedures for investigating the effect of light on impression and behavior, *J. Illum. Eng. Soc.*, 3, 87–94.

Flynn, J.E., Spencer, T.J., Martyniuk, O. and Hendrick, C. (1975) The effect of light on human judgment and behavior, IERI Project 92, Interim Report to the Illuminating Engineering Research Institute, New York: IERI.

Flynn, J.E., Hendrick, C., Spencer, T.J. and Martyniuk, O. (1979) A guide to methodology procedures for measuring subjective impressions in lighting, *J. Illum. Eng. Soc.*, 8, 95–110.

Flynn-Evans, E.E., Stevens, R.G., Schernhammer, E.S. and Lockley, S.W. (2009) Total visual blindness protects against breast cancer, *Cancer Cause Control*, 20, 1753–1756.

Foley, D.J., Monjan, A.A., Brown, S.L., Simonsick, E.M., Wallace, R.B. and Blazer, D.G. (1995) Sleep complaints among elderly persons: An epidemiologic study of three communities, *Sleep*, 18, 425–432.

Folkard, S. and Monk, T.H. (1979) Shiftwork and performance, *Hum. Factors*, 21, 483–492.

Folkard, S. and Tucker, P. (2003) Shift work, safety and productivity, *Occup. Med.*, 53, 95–101.

Folks, W.R. and Kreysar, D. (2000) Front fog lamp performance, Human factors in 2000, driving, lighting, seating comfort and harmony in vehicle systems, Report SP-1539, Warrendale, PA: Society of Automotive Engineers.

Forbes, T.W. (1972) Visibility and legibility of highway signs, in T.W. Forbes (ed) *Human Factors in Highway Safety Traffic Research*, New York: Wiley Interscience.

Forestier, S. (1998) Sunscreens, in-vivo versus in-vitro testing: Pros and cons, in R. Matthes and D. Sliney (eds) *Measurements of Optical Radiation Hazards*, Oberschleißheim, Germany: International Commission on Non-Ionizing Radiation Protection.

Forger, D.B., Jewett, M.E. and Kronauer, R.E. (1999) A simpler model of the human circadian pacemaker, *J. Biol. Rhythms*, 14, 532–537.

Fostervold, K.I. and Nersveen, J. (2008) Proportions of direct and indirect indoor lighting – The effect on health, well-being and cognitive performance of office workers, *Lighting Res. Technol.*, 40, 175–200.

Fotios, S.A. (2006) Chromatic adaptation and the relationship between lamp spectrum and brightness, *Lighting Res. Technol.*, 38, 3–17.

Fotios, S. and Alti, D. (2012) Comparing judgments of visual clarity and spatial brightness through an analysis of studies using the category rating procedure, *Leukos*, 8, 261–281.

Fotios, S. and Cheal, C. (2007a) Lighting for subsidiary streets: Investigation of lamps of different SPD. Part 2 – Brightness, *Lighting Res. Technol.*, 39, 233–252.

Fotios, S. and Cheal, C. (2007b) Lighting for subsidiary streets: Investigation of lamps of different SPD, Part 1: Visual performance, *Lighting Res. Technol.*, 39, 215–232.

Fotios, S. and Cheal, C. (2009) Obstacle detection: A pilot study investigating the effects of lamp type, illuminance and age, *Lighting Res. Technol.*, 41, 321–342.

Fotios, S.A. and Cheal, C. (2010) A comparison of simultaneous and sequential brightness judgments, *Lighting Res. Technol.*, 42, 183–197.

Fotios, S.A. and Cheal, C. (2011a) Brightness matching with visual fields of different types, *Lighting Res. Technol.*, 43, 73–85.

Fotios, S.A. and Cheal, C. (2011b) Predicting lamp spectrum effects at mesopic levels. Part 1: Spatial brightness, *Lighting Res. Technol.*, 43, 143–157.

Fotios, S.A. and Cheal, C. (2011c) Predicting lamp spectrum effects at mesopic levels. Part 2: Preferred appearance and visual acuity, *Lighting Res. Technol.*, 43, 159–172.

Fotios, S. and Cheal, C. (2013) Using obstacle detection to identify appropriate illuminances for lighting in residential roads, *Lighting Res. Technol.*, 44, 362–376.

Fotios, S.A. and Houser, K. (2009) Research methods to avoid bias in categorical rating of brightness, *Leukos*, 5, 167–181.

Fotios, S.A. and Levermore, G.J. (1997) The perception of electric light sources of different colour properties, *Lighting Res. Technol.*, 29, 161–171.

Fotios, S. and Raynham, P. (2011) Lighting for pedestrians: Is facial recognition what matters? *Lighting Res. Technol.*, 43, 129–130.

Fotios, S.A., Cheal, C. and Boyce, P.R. (2005) Light source spectrum, brightness perception and visual performance in pedestrian environments: A review, *Lighting Res. Technol.*, 37, 271–294.

Freedman, M., Janoff, M.S., Kuth, B.W. and McCunney, W. (1975) Fixed illumination for pedestrian protection, Report FHWA-RD-76-8, Washington, DC: Federal Highways Administration.

Freedman, M., Zador, P. and Staplin, L. (1993) Effects of reduced transmittance film on automobile rear window visibility, *Hum. Factors*, 35, 535–550.

Freeman, R.G., Hudson, H.T. and Carnes, R. (1970) Ultra-violet wavelength factors in solar radiation and skin cancer, *Int. J. Dermatol.*, 9, 232–235.

French, J., Hannon, P. and Brainard, G.C. (1990) Effects of bright illuminance on body temperature and human performance, *Ann. Rev. Chronopharm.*, 7, 37–40.

Froberg, J. (1985) Sleep deprivation and prolonged working hours, in S. Folkard and T.H. Monk (eds) *Hours of Work*, New York: John Wiley & Sons.

Fry, G.A. and King, V.M. (1975) The pupillary response and discomfort glare, *J. Illum. Eng. Soc.*, 4, 307–324.

Gabor, T. (1990) Crime displacement and situational prevention: Toward the development of some principles, *Can. J. Criminol.*, 32, 41–74.

Galasiu, A.D., Newsham, G.R., Sugagau, C. and Sander, D.M. (2007) Energy saving lighting control systems for open-plan offices: A field study, *Leukos*, 4, 7–29.

Gall, D. (2002) Circadiane lichtgrossen und beren messtechnische, *Licht*, 54, 860–871.

Gallin, P.F., Terman, M., Reme, C.E., Rafferty, B., Terman, J.S. and Burde, E.M. (1995) Ophthalmologic examination of patients with seasonal affective disorder, before and after light therapy, *Am. J. Ophthalmol.*, 119, 202–210.

Gamlin, P.D., McDougal, D.H., Pokorny, J., Smith, V.C., Yau, K.W. and Dacey, D.M. (2007) Human and macaque pupil responses driven by melanopsin-containing retinal ganglion cells, *Vision Res.*, 47, 946–954.

Gauthreaux Jr., S.A. and Belser, C.G. (2006) Effects of artificial night lighting on migratory birds, in C. Rich and T. Longcore (eds) *Ecological Consequences of Artificial Night Lighting*, Washington, DC: Island Press.

Geeraets, W.J. and Nooney, T.W. (1973) Observations following high intensity white light exposure to the retina, *Am. J. Optom. Arch. Am. Acad. Optom.*, 50, 405–415.

Geyer, T.A.W., Bellamy, L.J., Max-Lino, P.I., Bahraini, Z. and Modha, B. (1988) An evaluation of the effectiveness of the components of informative fire warning systems, in J. Sime (ed) *Safety in the Built Environment*, London, U.K.: E. & F.N. Spon.

Gibson, J.J. (1950) *The Perception of the Visual World*, Boston, MA: Houghton-Mifflin.

Gibson, K.S. and Tyndall, E.P.T. (1923) Visibility of radiant energy, *B. Bur. Stand.*, 19, 131–191.

Gilmore, G.C., Thomas, C.W., Klitz, T., Persanyi, M.W. and Tomsak, R. (1996) Contrast enhancement eliminates letter identification speed deficits in Alzheimer's disease, *J. Clin. Geropsychol.*, 2, 307–320.

Gilmore, G.C. and Whitehouse, P.J. (1995) Contrast sensitivity in Alzheimer's disease: A 1-year longitudinal analysis, *Optom. Vis. Sci.*, 72, 83–91.

Glasgow Crime Survey Team. (1991) *Street Lighting and Crime: The Strathclyde Twin Site Study*, Glasgow, U.K.: Criminology Research Unit, Glasgow University.

Glickman, G., Hanifin, J.P., Rollag, M.D., Wang, J., Cooper, H. and Brainard, G. (2003) Inferior retinal light exposure is more effective than superior retinal exposure in suppressing melatonin in humans, *J. Biol. Rhythms*, 18, 71–79.

Golden, R.N., Gaynes, B.N., Ekstrom, R.D., Hamer, R.M., Jacobsen, F.M., Suppes, T., Wisner, K.L. and Nemeroff, C.B. (2005) The efficacy of light therapy in the treatment of mood disorders: A review and meta-analysis of the evidence, *Am. J. Psychiatry* 162, 656–662.

Gongxia, Y. and Yun, S. (1990) Visual environment for the exhibition of cultural relics, *Lighting Res. Technol.*, 22, 175–181.

Goodman, T., Forbes, A., Walkey, H., Eloholma, L., Alferdinck, J., Freiding, A., Bodrogi, P., Varady, G. and Szalmas, A. (2007) Mesopic visual efficiency IV: A model with relevance to nighttime driving and other applications, *Lighting Res. Technol.*, 39, 365–392.

Gooley, J.J. (2008) Treatment of circadian rhythm sleep disorder with light, *Ann. Acad. Med. Singapore*, 37, 669–676.

Gooley, J.J., Rajaratnam, S.M.W., Brainard, G.C., Kronauer, R.E., Czeisler, C.A. and Lockley, S.W. (2010) Spectral response of the human circadian system depends on the irradiance and duration of exposure to light, *Sci. Transl. Med.*, 2, 31–33.

Gozdzik, A., Barta, J.L., Wu, H., Wagner, D., Cole, D.E., Vieth, R., Whiting, S. and Parra, E.J. (2008) Low wintertime vitamin D levels in a sample of healthy young adults of diverse ancestry living in the Toronto area: Associations with vitamin D intake and skin pigmentation. *BMC Public Health*, doi 10.1186/1471-2458-8-336.

Green, J. and Hargroves, R.A. (1979) A mobile laboratory for dynamic road lighting measurement, *Lighting Res. Technol.*, 11, 197–203.

Grimaldi, S., Partonen, T., Saarni, S.I., Aromaa, A. and Lönnqvist, J. (2008) Indoors illumination and seasonal changes in mood and behavior are associated with the health-related quality of life. *Health Qual. Life Outcomes*, doi 10.1186/1477-7525-6-56.

Griswold, D.B. (1984) Crime prevention and commercial burglary; a time series analysis, *J. Crim. Just.*, 7, 493–501.

Gronfier, C., Wright Jr., K.P., Kronauer, R.E., Jewett, M.E. and Czeisler, C.A. (2004) Efficiency of a single sequence of intermittent bright light pulses for delaying circadian phase in humans, *Am. J. Physiol.*, 287, E174–E181.

Groos, G.A. and Mason, R. (1980) The visual properties of rat and cat suprachiasmatic neurones, *J. Comp. Physiol. A*, 135, 349–356.

Groos, G.A. and Meijer, J.A. (1985) Effects of illumination on suprachiasmatic nucleus electrical discharge, in R.J. Wurtman, M.J. Baum and J.T. Potts Jr. (eds) *The Medical and Biological Effects of Light*, New York: New York Academy of Sciences.

Gross, H.G. (1986) Koch emergency egress lighting systems for adverse optical conditions for military and commercial aircraft and other applications, *Proceedings of the System for Automated Flight Efficiency 24th Annual Symposium*, San Antonio, TX.

Gross, H.G. (1988) Wayfinding lighting breakthroughs for smoke in buildings as fallout from aircraft/ship programs, *Proceedings of the National Fire Protection Association, 93rd Annual Meeting*, Washington, DC.

Guler, O. and Onaygil, S. (2003) The effect of luminance uniformity on visibility level in road lighting, *Lighting Res. Technol.*, 35, 199–215.

Guler, O., Onaygil, S. and Erkin, E. (2005) The effect of vehicle headlights on visibility level in road lighting, *Proceedings of CIE Midterm Meeting*, Leon, Spain. Vienna, Austria: CIE.

Guo, X. and Houser, K.W. (2004) A review of colour rendering indices and their application to commercial light sources, *Lighting Res. Technol.*, 36, 183–199.

Guo, L., Eloholma, M. and Halonen, L. (2007) Lighting control strategies for telemanagement road lighting control systems, *Leukos*, 4, 157–171.

Guth, S.K. (1963) A method for the evaluation of discomfort glare, *Illum. Eng.*, 57, 351–364.

Gwinner, E. (1975) Circadian and circannual rhythms in birds, in D. Farner and J. King (eds) *Avian Biology*, New York: Academic Press.

Haans, A. and de Kort, Y.A.W. (2012) Light distribution in dynamic street lighting: Two experimental studies on its effects on perceived safety, prospect, concealment and escape, *J. Environ. Psychol.*, 32, 342–352.

Haegerstrom-Portnoy, G., Brabyn, J., Schneck, M.E. and Jampolsky, A. (1997) The SKILL Card. An acuity test of reduced luminance and contrast, Smith-Kettlewell Institute Low Luminance, *Invest. Ophthamol. Vis. Sci.*, 38, 207–218.

Haegerstrom-Portnoy, G., Schneck, M.E. and Brabyn, J.A. (1999) Seeing into old age: Vision function beyond acuity, *Optom. Vis. Sci.*, 76, 141–158.

Hall, E.T. (1966) *The Hidden Dimension*, New York: Anchor Books/Doubleday.

Hallet, P.E. (1963) Spatial summation, *Vision Res.*, 3, 9–24.

Ham Jr., W.T., Mueller, H.A. and Sliney, D.H. (1976) Retinal sensitivity to damage from short wavelength light, *Nature*, 260, 153–155.

Hamm, M. (2002) Adaptive lighting functions history and future – Performance investigations and field test for user's acceptance, SAE Paper 2002-01-0526, Warrendale, PA: Society of Automotive Engineers.

Han, S. (2002) Effect of illuminance, CCT and decor on the perception of lighting, MS thesis, Troy, NY: Rensselaer Polytechnic Institute.

Hankey, J.M., Kiefer, R.J. and Gibbons, R.B. (2005) Quantifying the pedestrian detection benefits of the General Motors night vision system, SAE Technical Paper 2005-01-0443, Warrendale, PA: Society of Automotive Engineers.

Hanscom, F.R. and Pain, R.F. (1990) Service vehicle lighting and traffic control systems for short-term and moving operations, NCHRP Report 337, Washington, DC: National Cooperative Highway Research Program.

Hansen, J. (2001) Light at night, shiftwork, and breast cancer risk, *J. Natl. Cancer Inst.*, 93, 1513–1515.

Harber, L.C., Whitman, G.B., Armstrong, R.B. and Deleo, V.A. (1985) Photosensitivity diseases related to interior lighting, in R.J. Wurtman, M.J. Baum and J.T. Potts Jr. (eds) *The Medical and Biological Effects of Light*, New York: New York Academy of Sciences.

Harding, G.F.A. and Jeavons, P.M. (1995) *Photosensitive Epilepsy*, London, U.K.: MacKeith Press.

Hargroves, R.A. (1981) Road lighting – As calculated and as in service, *Lighting Res. Technol.*, 13, 130–136.

Hargroves, R.A. and Scott, P.P. (1979) Measurements of road lighting and accidents – The results, *Public Lighting*, 44, 213–221.

Hargroves, R.A., Hugill, J.R. and Thomas, S.R. (1996) Security, surveillance and lighting, *Proceedings of the CIBSE National Lighting Conference*, London, U.K.: Chartered Institution of Building Services Engineers.

Harrington, R.E. (1954) Effect of color temperature on apparent brightness, *J. Opt. Soc. Am.*, 44, 113–116.

Harter, J.K., Schmidt, F.L. and Hayes, T.L. (2002) Business-unit-level relationship between employee satisfaction, employee engagement, and business outcomes: A meta-analysis, *J. Appl. Psychol.*, 87, 268–279.

Hartnett, O.M. and Murrell, K.F.H. (1973) Some problems of field research, *Appl. Ergon.*, 4, 219–221.

Harvey, L.O., DiLaura, D.L. and Mistrick, R.J. (1984) Quantifying reactions of visual display unit operators to indirect lighting, *J. Illum. Eng. Soc.*, 14, 515–546.

Hasson, P., Lutkevich, P., Ananthanarayanan, B.,Watson, P. and Knoblauch, R. (2002) Field test for lighting to improve safety at pedestrian crosswalks, *Proceedings of the 16th Biennial Symposium on Visibility and Simulation*, Iowa City, IA. Washington, DC: Transportation Research Board.

Hatori, M. and Panda, S. (2010) The emerging roles of melanopsin in behavioral adaptation to light, *Trends Mol. Med.*, 16, 435–446.

Hattar, S., Liao, H.-W., Takao, M., Berson, D.M. and Yau, K.-W. (2002) Melanopsin-containing retinal ganglion cells: Architecture, projections and intrinsic photosensitivity, *Science*, 295, 1065–1070.

Haubner, P. (1977) Zur Helligkeitsbewertung quasi-achromatischer Reize, Dissertation, Karlsruhe, Germany: Universitat Karlsruhe.

Hawkes, R.J., Loe, D.L. and Rowlands, E. (1979) A note towards the understanding of lighting quality, *J. Illum. Eng. Soc.*, 8, 111–120.

Haymes, S.A. and Lee, J. (2006) Effects of task lighting on visual function in age-related macular degeneration, *Ophthalmic Physiol. Opt.*, 26, 169–179.

He, Y., Rea, M.S., Bierman, A. and Bullough, J. (1997) Evaluating light source efficacy under mesopic conditions using reaction times, *J. Illum. Eng. Soc.*, 26, 125–138.

Health and Safety Executive (HSE). (1998) Emergency way guidance lighting systems, HSE Offshore Technology Report OTH533 Phase 1, Bootle, U.K.: HSE.

Héber, A. (2005) A literature review on fear of crime, Report 2005:3, Stockholm, Sweden: Department of Criminology, University of Stockholm.

Hébert, M., Dumont, M. and Paquet, J. (1998) Seasonal and diurnal patterns of human illumination under natural conditions, *Chronobiol. Int.*, 15, 59–70.

Hébert, M., Martin, S.K., Lee, C. and Eastman, C. (2002) The effects of prior light history on the suppression of melatonin by light in humans, *J. Pineal Res.*, 33, 198–203.

Hecht, S. and Smith, E.L. (1936) Intermittent stimulation by light, VI Area and the relation between critical frequency and seeing, *J. Gen. Physiol.*, 19, 979–989.

Hedge, A. (1994) Reactions of computer users to three different lighting systems in windowed and windowless offices, *Work with Display Units '94*, Milan, Italy, pp. B54–B56.

Hedge, A., Sims Jr., W.R. and Becker, F.D. (1995) Effects of lensed-indirect and parabolic lighting on the satisfaction, visual health and productivity of office workers, *Ergonomics*, 38, 260–280.

Heerwagen, J.H. (1990) The psychological aspects of windows and window design, *Environ. Des. Res. Assoc.*, 21, 269–279.

Heerwagen, J.H. and Orians, G.H. (1986) Adaptations to windowlessness: A study of the use of visual decor in windowed and windowless offices, *Environ. Behav.*, 5, 623–639.

Helander, M.G. and Zhang, L. (1997) Field studies of comfort and discomfort in sitting, *Ergonomics*, 40, 895–915.

Hellier-Symons, R.D. and Irving, A. (1981) Masking of brake lights by high-intensity rear lights in fog, TRRL Report 998, Crowthorne, U.K.: Transportation and Road Research Laboratory.

Helmers, G. and Rumar, K. (1975) High beam intensity and obstacle visibility, *Lighting Res. Technol.*, 7, 38–42.

Herbert, D. and Moore, L. (1991) *Street Lighting and Crime: The Cardiff Project*, Swansea, U.K.: University College of Swansea.

Heschong, L., Wright, R.L. and Okura, S. (2002a). Daylighting impacts on retail sales performance, *J. Illum. Eng. Soc.*, 31, 21–25.

Heschong, L., Wright, R.W. and Okura, S. (2002b). Daylighting impacts on human performance in school, *J. Illum. Eng. Soc.*, 31, 101–114.

Heschong-Mahone Group. (1999a) *Skylighting and Retail Sales: An Investigation into the Relationship between Daylighting and Human Performance*, Sacramento, CA: Pacific Gas and Electric Company.

Heschong-Mahone Group. (1999b) *Daylighting in Schools: An Investigation into the Relationship between Daylighting and Human Performance*, Fair Oaks, CA: Heschong-Mahone Group.

Heschong Mahone Group. (2003a) *Windows and Offices: A Study of Office Worker Performance and the Indoor Environment*, Sacramento, CA: California Energy Commission.

Heschong-Mahone Group. (2003b) *Daylight and Retail Sales*, Fair Oaks, CA: Heschong-Mahone Group.

Heschong-Mahone Group. (2003c) *Windows and Classrooms: A Study of Student Performance and the Indoor Environment*, Fair Oaks, CA: Heschong-Mahone Group.

Hills, B.L. (1975) Visibility under night driving conditions, Part 1 Laboratory background and theoretical considerations, *Lighting Res. Technol.*, 7, 179–184.

Hills, B.L. (1976) Visibility under night driving conditions, Part 3 derivation of $(\Delta L, A)$ characteristics and factors in their application, *Lighting Res. Technol.*, 8, 11–26.

Hilz, R. and Cavonius, C.R. (1974) Functional organization of the peripheral retina: Sensitivity to periodic stimuli, *Vision Res.*, 14, 1333–1337.

Hof, P.R. and Morrison, J.H. (1991) Quantitative analysis of a vulnerable subset of pyramidal neurons in Alzheimer's disease: II Primary and secondary visual cortex, *J. Comp. Neurol.*, 301, 55–64.

Hofner, H. and Williams, D.R. (2002) The eye's mechanisms for autocalibration, *Opt. Photon. News*, 13, 34–49.

Holick, M.F. (2007) Vitamin D deficiency, *N. Engl. J. Med.*, 367, 266–281.

Holladay, L.L. (1926) The fundamentals of glare and visibility, *J. Opt. Soc. Am.*, 12, 271–319.

Holmes, J.G. (1971) *The Perception and Application of Flashing Lights*, Toronto, Ontario, Canada: University of Toronto Press.

Holz, M. and Weidel, E. (1998) Night vision enhancement system using diode laser headlamps, Report SP-1401, Warrendale, PA: Society of Automotive Engineers.

Hopkinson, R.G. (1963) *Architectural Physics – Lighting*, London, U.K.: Her Majesty's Stationery Office.

Hopkinson, R.G. and Collins, J.B. (1970) *The Ergonomics of Lighting*, London, U.K.: McDonald and Co.

Hopkinson, R.G., Petherbridge, P. and Longmore, J. (1966) *Daylighting*, London, U.K.: Heinemann.

Horowitz, A.D. (1994) Human factors issues in advanced rear signaling systems, *Proceedings of the Fourteenth International Technical Conference on Enhanced Safety of Vehicles*, Munich, Germany. Washington, DC: Department of Transportation.

Houpt, T.A., Bolus, Z. and Moore-Ede, M.C. (1996) Midnight sun: Software for determining light exposure and phase-shifting schedules during global travel, *Physiol. Behav.*, 59, 561–568.

Houser, K.W., Tiller, D.W., Bernecker, C.A. and Mistrick, R.G. (2002) The subjective response to linear fluorescent direct/indirect lighting systems, *Lighting Res. Technol.*, 34, 243–264.

Howarth, C.I. and Bloomfield, J.R. (1969) A rational equation for predicting search times in simple inspection tasks, *Psychon. Sci.*, 17, 225–226.

Howarth, R.B., Haddad, B.M. and Paton, B. (2000) The economics of energy efficiency: Insights from voluntary participation programs, *Energy Policy*, 28, 477–486.

Howlett, O.A. (2003) Reflectance characteristics of display screen equipment: Application to workplace lighting design, *Lighting Res. Technol.*, 35, 285–296.

Hu, X. and Houser, K.W. (2006) Large field color matching functions, *Color Res. Appl.*, 31, 18–29.

Hu, X., Houser, K.W. and Tiller, D.K. (2006) Higher colour temperature lamps may not appear brighter, *Leukos*, 3, 69–81.

Hubalek, S., Zoschg, D. and Schierz, C. (2006) Ambulant recording of light for vision and non-visual biological effects, *Lighting Res. Technol.*, 38, 314–324.

Hubalek, S., Brink, M. and Schierz, C. (2010) Office workers' daily exposure to light and its influence on sleep quality and mood, *Lighting Res. Technol.*, 42, 33–50.

Hughes, P.K. and Cole, B.L. (1984) Search attention conspicuity of road traffic control devices, *Aust. Road Res.*, 14, 1–9.

Huhn, W., Ripperger, J. and Befelein, C. (1997) Rear light redundancy and optimized hazard warning signal – New safety functions for vehicles, SAE Technical Paper 970656, Warrendale, PA: Society of Automotive Engineers.

Hunt, D.R.G. (1979) The use of artificial lighting in relation to daylight levels and occupancy, *Build. Environ.*, 14, 21–33.

Hunt, D.R.G. (1980) Predicting artificial lighting use – A method based upon observed patterns of behavior, *Lighting Res. Technol.*, 12, 7–14.

Hunt, R.W.G. (1982) A model of color vision for predicting color appearance, *Color Res. Appl.*, 7, 95–112.

Hunt, R.W.G. (1987) A model of color vision for predicting color appearance in various viewing conditions, *Color Res. Appl.*, 12, 297–314.

Hunt, R.W.G. (1991) Revised color appearance model for related and unrelated colors, *Color Res. Appl.*, 16, 146–165.

Hunt, R.W.G. and Pointer, M.R. (2011) *Measuring Colour*, London, U.K.: John Wiley & Sons.

Hutt, C., Hutt, S., Lee, D. and Ounsted, C. (1964) Arousal and childhood autism, *Nature*, 204, 908–909.

Hyppönen, E. and Power, C. (2007) Hypovitaminosis D in British adults at age 45 y: Nationwide cohort study of dietary and lifestyle predictors, *Am. J. Clin. Nutr.*, 85, 860–868.

Illuminating Engineering Society of North America (IESNA). (2000a) *The Lighting Handbook*, 9th edn., New York: IESNA.

Illuminating Engineering Society of North America (IESNA). (2000b) *Addressing Obtrusive Light (Urban Sky Glow and Light Trespass) in Conjunction with Roadway Lighting*, New York: IESNA.

Illuminating Engineering Society of North America (IESNA). (2001) *Roadway Sign Lighting*, Recommended Practice RP-19-01, New York: IESNA.

Illuminating Engineering Society of North America (IESNA). (2005a) *Roadway Lighting*, Recommended Practice RP-8-00, New York: IESNA.

Illuminating Engineering Society of North America (IESNA). (2005b) *Recommended Practice for Photobiological Safety for Lamps and Lamp Systems – General Requirements*, ANSI/IESNA RP-27.1-05, New York: IESNA.

Illuminating Engineering Society of North America (IESNA). (2006) *Spectral Effects of Lighting on Visual Performance at Mesopic Light Levels*, Technical Memorandum TM-12-06, New York: IESNA.

Illuminating Engineering Society of North America (IESNA). (2007a) *Recommended Practice for Photobiological Safety for Lamps and Lamp Systems – Risk Group Classification and Labeling*, ANSI/IESNA RP-27.2-07, New York: IESNA.

Illuminating Engineering Society of North America (IESNA). (2007b) *Luminaire Classification System for Outdoor Luminaires*, Technical Memorandum TM-15-07, New York: IESNA.

Illuminating Engineering Society of North America (IESNA). (2008) *Lighting and the Visual Environment for Senior Living*, Recommended Practice 28-07, New York: IESNA.

Illuminating Engineering Society of North America (IESNA). (2009) *Recommended Practice for Photobiological Safety for Lamps and Lamp Systems – Measurement Techniques*, ANSI/IESNA RP-27.3-09, New York: IESNA.

Illuminating Engineering Society of North America (IESNA). (2011a) *The Lighting Handbook*, 10th edn., New York: IESNA.

Illuminating Engineering Society of North America (IESNA). (2011b) *Tunnel Lighting*, Recommended Practice RP-22-11, New York: IESNA.

Illuminating Engineering Society of North America and the International Dark-Sky Association (IESNA and IDA). (2011c) *Model Lighting Ordinance (MLO) with User's Guide*, New York: IESNA.

Inanici, M.N. (2006) Evaluation of high dynamic range photography as a luminance data acquisition system, *Lighting Res. Technol.*, 38, 123–134.

Inoue, Y. and Itoh, K. (1989) Methodological study of dynamic evaluation for discomfort glare, *J. Arch. Plan. Environ. Eng.*, 398, 9–19.

Institute of Transportation Engineers (ITE). (1985) *Vehicle Traffic Control Signal Heads: A Standard of the Institute of Transportation Engineers*, Washington, DC: ITE.

Institute of Transportation Engineers (ITE). (2005) *Vehicle Traffic Control Signal Heads – Part 2: Light Emitting Diode Circular Signal Supplement*, Washington, DC: ITE.

Institution of Lighting Engineers (ILE). (2005) *The Outdoor Lighting Guide*, Oxford, U.K.: Taylor & Francis.

Institution of Lighting Professionals (ILP). (2005) Technical Report 27 Code of practice for variable lighting levels for highways, Rugby, U.K.: ILP.

Institution of Lighting Professionals (ILP). (2011) *Guidance Notes for the Reduction of Obtrusive Light*, Rugby, U.K.: ILP.

International Commission on Non-Ionizing Radiation Protection (ICNIRP). (1997) Guidelines on limits of exposure to broad-band incoherent optical radiation (0.38 to 3 μm), *Health Phys.*, 77, 539–555.

International Commission on Non-Ionizing Radiation Protection (ICNIRP). (2004) Guidelines on limits of exposure to ultraviolet radiation of wavelength between 180 nm and 400 nm (incoherent optical radiation), *Health Phys.*, 87, 171–186.

International Commission on Non-Ionizing Radiation Protection (ICNIRP). (2006) ICNIRP statement on far infrared radiation exposure, *Health Phys.*, 91, 630–645.

International Dark-Sky Association (IDA). (2012) *Fighting Light Pollution: Smart Lighting Solutions for Individuals and Communities*, Mechanicsburg, PA: Stackpole Books.

International Energy Agency (IEA). (2006) *Light's Labour's Lost: Policies for Energy Efficient Lighting*, Paris, France: IEA.

International Organization for Standardization (ISO). (2011) *Graphical Symbols – Safety Colours and Safety Signs – Registered Safety Signs*, ISO 7010: 2011, Geneva, Switzerland: ISO.

Isen, A.M. and Baron, R.A. (1991) Affect as a factor in organizational behavior, in B.M. Staw and L.L. Cummings (eds) *Research in Organizational Behavior*, Greenwich, CT: JAI Press.

Ishida, T. and Ogiuchi, Y. (2002) Psychological determinants of brightness of a space – Perceived strength of light source and amount of light in the space, *J. Light Vis. Environ.*, 26, 29–35.

Iskra-Golec, I.M., Wazna, A. and Smith, L. (2012) Effects of blue-enriched light on the daily course of mood, sleepiness and light perception: A field experiment, *Lighting Res. Technol.*, 44, 506–513.

Iwata, T. and Tokura, M. (1998) Examination of the limitations of predicted glare sensation vote (PGSV) as a glare index for a large source: Towards a comprehensive development of discomfort glare evaluation, *Lighting Res. Technol.*, 30, 81–88.

Jacobs, R. and Krohn, D.L. (1976) Variations in fluorescence characteristics of intact human crystalline lens segments as a function of age, *J. Gerontol.*, 38, 641–643.

Jakubiec, J.A. and Reinhart, C.F. (2012) The "adaptive zone" – A concept for assessing discomfort glare throughout daylit spaces, *Lighting Res. Technol.*, 44, 149–170.

Janoff, M.S. and Havard, J.A. (1997) The effect of lamp color on visibility of small targets, *J. Illum. Eng. Soc.*, 26, 173–181.

Janoff, M.S., Freedman, M. and Koth, B. (1977) Driver and pedestrian behavior – The effect of specialized crosswalk illumination, *J. Illum. Eng. Soc.*, 6, 202–208.

Janssen, W.H., Michon, J.A. and Lewis, O.H. (1976) The perception of lead vehicle movement in darkness, *Accid. Anal. Prev.*, 8, 151–166.

Japuntich, D.A. (2001) Polarized task lighting to reduce reflective glare in open-plan office cubicles, *Appl. Ergon.*, 32, 485–499.

Jaschinski, W. (1982) Conditions of emergency lighting, *Ergonomics*, 25, 363–372.

Jasser, S.A., Blask, D.E. and Brainard, G.C. (2006) Light during darkness and cancer: Relationships in circadian photoreception and tumor biology, *Cancer Cause Control*, 17, 513–523.

Jay, P.A. (1967) Scales of luminance and apparent brightness, *Light Lighting*, 60, 42–45.

Jay, P.A. (1968) Inter-relationship of the design criteria for lighting installations, *Trans. Illum. Eng. Soc. (Lond.)*, 32, 47–71.

Jay, P.A. (1971) Lighting and visual perception, *Lighting Res. Technol.*, 3, 133–146.

Jerome, C.W. (1977) The rendering of ANSI safety colors, *Lighting Des. Appl.*, 6(3), 180–183.

Jette, A.M. and Branch, L.G. (1992) A ten-year follow-up of driving patterns among community-dwelling elderly, *Hum. Factors*, 34, 25–31.

Jin, T. (1978) Visibility through fire smoke, *J. Fire Flammability*, 9, 135–155.

Jin, T., Kawai, S., Takahashi, S. and Tanabe, R. (1985) *Evaluation on Visibility and Conspicuity of Exit Signs*, Tokyo, Japan: Fire Research Institute.

Jin, T., Takahashi, S., Kawai, S., Takeuchi, Y. and Tanabe, R. (1987) Experimental study on visibility and conspicuousness of an exit sign, *Proceedings of the CIE 21st Session*, Venice, Italy. Vienna, Austria: CIE.

Joarder, A. and Price, A. (2013) Impact of daylight illumination on reducing patient length of stay in hospitals after CABG surgery, *Lighting Res. Technol.*, 45, 435–449.

Johansson, M., Rosen, M. and Kuller, R. (2011) Individual factors influencing the assessment of the outdoor lighting of an urban footpath, *Lighting Res. Technol.*, 43, 31–43.

Johnson, C.A. and Casson, E.J. (1995) Effects of luminance, contrast and blur on visual acuity. *Optom. Vis. Sci.*, 72, 864–869.

Johnson, M. and Choy, D. (1987) On a definition of age-related norms for visual function testing, *Appl. Opt.*, 26, 1449–1454.

Judd, D.B. (1951) Report of the US Secretariat Committee on Colorimetry and Artificial Daylight, *Proceeding of the CIE 12th Session*, Stockholm, Sweden. Vienna, Austria: CIE.

Judd, D.B. (1967) A flattery index for artificial illuminants, *Illum. Eng.*, 62, 593–598.

Judd, D.B. and Wyszecki, G.W. (1963) *Colour in Business, Science and Industry*, New York: John Wiley & Sons.

Judge, T.A., Thoresen, C.J., Bono, J.E. and Patton, G.K. (2001) The job-satisfaction-job performance relationship: A qualitative and quantitative review, *Psychol. Bull.*, 127, 376–407.

Julian, W.G. (1983) The use of light to improve the visual performance of people with low vision, *Proceedings of the CIE 20th Session*, Amsterdam, the Netherlands. Paris, France: CIE.

Jung, C.M., Khalsa, S.B.S., Scheer, F.A.J.L., Cajochen, C., Lockley, S.W., Czeisler, C.A. and Wright Jr., K.P. (2010) Acute effects of bright light exposure on cortisol levels, *J. Biol. Rhythms*, 25, 208–216.

Juslen, H. and Fassian, M. (2005) Lighting and productivity – Night shift study in the industrial environment, *Light Eng.*, 13, 59–62.

Juslen, H. and Tenner, A. (2007) The use of task lighting in an industrial work area provided with daylight, *J. Light Vis. Env.*, 31, 25–31.

Juslen, H.T., Wouters, M.C.H.M. and Tenner, A.D. (2005) Preferred task-lighting levels in an industrial work area without daylight, *Lighting Res. Technol.*, 37, 219–233.

Juslen, H.T., Wouters, M.C.H.M. and Tenner, A.D. (2007a) The influence of controllable task-lighting on productivity: A field study in a factory, *Appl. Ergon.*, 38, 39–44.

Juslen, H.T., Verbossen, J. and Wouters, M.C.H.M. (2007b) Appreciation of localised task lighting in shift work – A field study in the food industry, *Int. J. Ind. Ergonom.*, 37, 433–443.

Kahane, C.J. and Hertz, E. (1998) *The Long Term Effectiveness of Center High-Mounted Stop Lamps in Passenger Cars and Trucks*, DOT HS 808 696, Washington, DC: National Highway Traffic Safety Administration.

Kaida, K., Takahashi, M. and Otsuka, Y. (2007) A short nap and natural bright light exposure improves positive mood status, *Ind. Health*, 45, 301–308.

Kaiser, P.K. (1981) Photopic and mesopic photometry: Yesterday, today and tomorrow, in *Golden Jubilee of Colour in the CIE*, Bradford, U.K.: The Society of Dyers and Colourists.

Kaiser, P.K. and Boynton, R.M. (1996) *Human Color Vision*, Washington, DC: Optical Society of America.

Kaplan, S. (1987) Aesthetics, affect, and cognition: Environmental preference from an evolutionary perspective, *Environ. Behav.*, 19, 2–32.

Kasper, S., Wehr, T.A., Bartko, J.J., Gaist, P.A. and Rosenthal, N.E. (1989a) Epidemiological finding of seasonal changes in mood and behavior, *Arch. Gen. Psychiatry*, 46, 823–833.

Kasper, S., Rogers, S.L.B., Yancey, A., Schulz, P.M., Skwerer, R.G. and Rosenthal, N.E. (1989b) Phototherapy in individuals with and without subsyndromal seasonal affective disorder, *Arch. Gen. Psychiatry*, 46, 837–844.

Keighly, E.C. (1973a) Visual requirements and reduced fenestration in offices – A study of multiple apertures and window area, *Build. Sci.*, 8, 321–331.

Keighly, E.C. (1973b) Visual requirements and reduced fenestration in office buildings – A study of window shape, *Build. Sci.*, 8, 311–320.

Keith, D.M. (2000) Roadway lighting design for optimization of UPD, STV and uplight, *J. Illum. Eng. Soc.*, 29, 15–23.

Kelly, D.H. (1961) Visual response to time-dependent stimuli, 1. Amplitude sensitivity measurements, *J. Opt. Soc. Am.*, 51, 422–429.

Kelly, K.L. and Judd, D.B. (1965) *The ISCC-NBS Centroid Color Charts*, Washington, DC: National Bureau of Standards.

Kessler, R.C., McGonagle, K.A., Zhao, S., Nelson, C.B., Hughes, M. and Eshleman, S. (1994) Lifetime and 12-month prevalence of DSM-III-R psychiatric disorders in the United States, *Arch. Gen. Psychiatry*, 51, 8–19.

Khek, J. and Krivohlavy, J. (1967) Evaluation of the criterion to measure the suitability of visual conditions, *Proceedings of the CIE 16th Session*, Washington, DC. Paris, France: CIE.

Kim, W., Han, H. and Kim, J.T. (2009) The position index of a glare source at the borderline between comfort and discomfort (BCD) in the whole visual field, *Build. Environ.*, 44, 1017–1023.

Kirk, R.E. (2012) *Experimental Design: Procedures for the Behavioural Sciences*, 4th edn., Los Angeles, CA: Sage Publications.

Kirkpatrick, M., Baker, C.C. and Heasly, C.C. (1987) A study of daytime running light design factors. Report DOT/HS 807-193, Washington, DC: Department of Transportation.

Kitsinelis, S. (2011) *Light Sources*, Boca Raton, FL: Taylor & Francis.

Kittler, R., Kocifaj, M. and Darula, S. (2012) *Daylight Science and Daylighting Technology*, Boca Raton, FL: Taylor & Francis.

Klein, D.C., Moore, R.Y. and Reppert, S.M. (1991) *Suprachiasmatic Nucleus: The Mind's Clock*, Oxford, U.K.: Oxford University Press.

Klein, T., Martens, H., Dijk, D.-J., Kronauer, R., Seely, E.W. and Czeisler, C.A. (1993) Circadian sleep regulation in the absence of light perception: Chronic non-24-hour circadian rhythm sleep disorder in a blind man with a regular 24-h sleep-wake schedule, *Sleep*, 16, 333–343.

Klein, R., Klein, B.E.K., Knudtson, M.D., Meuer, S.M., Swift, M. and Gangnon, R.E. (2007) Fifteen-year cumulative incidence of age-related macular degeneration: The Beaver Dam Eye Study, *Ophthalmology*, 114, 253–262.

Kleinhoonte, A. (1929) Uber die durch das Licht regulierten autonomen Bewegungen der Canavalia-Blatter, *Arch. Neerl. Sci. Exactes.*, 5, 1–110.

Klerman, E.B. (2005) Clinical aspects of human circadian rhythms, *J. Biol. Rhythms*, 20, 375–386.

Klerman, E.B. and St Hilaire, M. (2007) Review: On mathematical modeling of circadian rhythms, performance and alertness, *J. Biol. Rhythms*, 22, 81–102.

Knight, C. (2010) Field surveys of the effect of lamp spectrum on the perception of safety and comfort at night, *Lighting Res. Technol.*, 42, 313–329.

Knoblauch, K., Saunders, F., Kusada, M., Hynes, R., Podgor, M., Higgins, K.E. and de Monasterio, F.M. (1987) Age and illuminance effects in the Farnsworth-Munsell 100 hue test scores, *Appl. Opt.*, 26, 1441–1448.

Knoblauch, K., Arditi, A. and Szlyk, J. (1991) Effects of chromatic and luminance contrast on reading, *J. Opt. Soc. Am.*, A8, 428–439.

Knutsson, A. (2003) Health disorders of shift workers, *Occup. Med. (Lond.)*, 53, 103–108.

Knutsson, A., Hammar, N. and Karlsson, B. (2004) Shift worker mortality scrutinized, *Chronobiol. Int.*, 21, 1049–1053.

Kobos, M., Helsoot, I., de Vries, B. and Post, J.G. (2010) Building safety and human behaviour in fire: A literature review, *Fire Safety J.*, 45, 1–11.

Kocifaj, M. (2007) Light pollution model for cloudy and cloudless night skies with ground based light sources, *Appl. Opt.*, 46, 3013–3022.

Kogan, A.O. and Guilford, P.M. (1998) Side effects of short-term 10,000-lux light therapy, *Am. J. Psychiatry*, 155, 293–294.

Kokoschka, S. and Bodmann, H.W. (1986) Visual inspection of sealing rings – A case study on lighting and visibility, *Lighting Res. Technol.*, 18, 98–101.

Konyukhov, V.V., Koroleva, Y.E., Novakovsky, L.G. and Novikova, L.A. (2006) Motorcycle headlamps featuring a light beam stabilization dynamic adjuster during turning, *Light Eng.*, 14, 50–61.

Koornstra, M.J. (1993) Daytime running lights: Its safety revisited, Report D-93-25, Leidschendam, the Netherlands: SWOV Institute for Road Safety Research.

Kosnik, W., Winslow, L., Kline, D., Rasinski, K. and Sekular, R. (1988) Visual changes throughout adulthood, *J. Gerontol. Psychol. Sci.*, 43, 63–70.

Kostic, M.B. and Djokic, L.S. (2012) A modified CIE mesopic table and the effectiveness of white light sources, *Lighting Res. Technol.*, 44, 416–426.

Krause, P.B. (1977) The impact of high intensity street lighting on nighttime business burglary, *Hum. Factors*, 19, 235–239.

Kretschmer, V., Griefahn, B. and Schmidt, K.-H. (2011) Bright light and night work: Effects on selective and divided attention in elderly persons, *Lighting Res. Technol.*, 43, 473–486.

Kripke, D.F., Elliott, J.A., Youngstedt, S.D. and Rex, K.M. (2007) Circadian phase response curves to light in older and younger women and men, *J. Circadian Rhythms*, doi 10.1186/1740-3391-5-4.

Kronauer, R.E. (1990) A quantitative model for the effects of light on the amplitude and phase of the deep circadian pacemaker, based on human data, in J. Horne (ed) *Sleep '90, Proceedings of the Tenth European Congress on Sleep Research*, Düsseldorf, Germany: Pontenagel.

Kronauer, R.E., Forger, D.B. and Jewett, M.E. (1999) Quantifying human circadian pacemaker response to brief, extended and repeated light episodes over the photopic range, *J. Biol. Rhythms*, 14, 500–515.

Kruithof, A.A. (1941) Tubular luminescence lamps for general illumination, *Philips Tech. Rev.*, 6, 65–96.

Kubota, S. and Takahashi, M. (1989) Permissible luminances of disturbing reflections of light source on CRT displays, *J. Illum. Eng. Soc. Jpn.*, 73, 314–318.

Kuligowski, E.D. (2009) *The Process of Human Behaviour in Fires*, NIST Technical Note 1632, Washington, DC: US Government Printing Office.

Kuligowski, E.D. and Peacock, R.S. (2005) *A Review of Building Evacuation Models*, NIST Technical Note 1471, Washington, DC: US Government Printing Office.

Kuller, R. and Laike, T. (1998) The impact of flicker from fluorescent lighting on well-being, performance and physiological arousal, *Ergonomics*, 41, 433–447.

Kuller, R., Ballal, S., Laike, T., Mikellides, B. and Tonello, G. (2006) The impact of light and colour on psychological mood: A cross-cultural study of indoor work environments, *Ergonomics*, 49, 1495–1507.

Kumbalasiri, T. and Provencio, I. (2005) Melanopsin and other novel mammalian opsins, *Exp. Eye Res.*, 81, 368–375.

Kurylo, D.D., Corkin, S., Schiller, P.H., Golan, R.P. and Growdon, J.H. (1991) Disassociating two visual systems in Alzheimer's disease, *Invest. Ophthalmol. Vis. Sci.*, 32, 1283.

Lack, L. and Schumacher, K. (1993) Evening light treatment of early morning insomnia, *Sleep Res.*, 22, 225.

Lam, W.M.C. (1977) *Perception and Lighting as Formgivers for Architecture*, New York: McGraw-Hill.

Lam, R.W. (1998) *Seasonal Affective Disorder and Beyond: Light Treatment for SAD and Non-SAD Conditions*, Washington, DC: American Psychiatric Press.

Lam, R.W. and Levitt, A.J. (1999) *Canadian Consensus Guidelines for the Treatment of Seasonal Affective Disorder*, Vancouver, British Columbia, Canada: Clinical and Academic Publishing.

Lam, R.W., Levitt, A.J., Levitan, R.D., Enns, M.W., Morehouse, R., Michalak, E.E. and Tam, E.M. (2006) The Can-SAD study: A randomized controlled trial of the effectiveness of light therapy and floxetine in patients with winter seasonal affective disorder, *Am. J. Psychiatry*, 163, 805–812.

Lambrechts, S.M. and Rothwell Jr., H.L. (1996) A study on UV protection in lighting, *J. Illum. Eng. Soc.*, 25, 104–112.

Landers, J.A., Tamblyn, D. and Perriam, D. (2009) Effect of blue-light-blocking intraocular lens on the quality of sleep, *J. Cataract Refract. Surg.*, 35, 83–88.

Landsberger, H.A. (1958) *Hawthorne Revisited: Management and the Worker, Its Critics and Developments in Human Relations in Industry*, Ithaca, NY: Cornell University.

Langlois, K., Greene-Finestone, L., Little, J., Hidirouglou, N. and Whiting, S. (2010) Vitamin D status of Canadians as measured in the 2007 to 2009, Canada Health Measures Survey, Health Reports 82-003-XPE, Ottawa, Ontario, Canada: Statistics Canada.

Larson, C.T. (1973) *The Effect of Windowless Classrooms on Elementary School Children*, Ann Arbor, MI: Architectural Research Laboratory, University of Michigan.

Lathrop, J.K. (1975) The Summerland fire: 50 die on Isle of Man, *Fire J.*, 69, 5–12.

Lavoie, S., Paquet, J., Selmaoui, B., Rufiange, M. and Dumont, M. (2003) Vigilance levels during and after bright light exposure in the first half of the night, *Chronobiol. Int.*, 20, 1019–1038.

Lebensohn, J.E. (1951) Photophobia: Mechanisms and implications, *Am. J. Ophthalmol.*, 34, 1294–1300.

Lee, T.M., Chan, C.C., Paterson, J.G., Janzen, H.L. and Bashko, C.A. (1997) Spectral properties of phototherapy for seasonal affective disorder: A meta-analysis, *Acta Psychiatr. Scand.*, 96, 117–121.

Lee, H.K. and Scudds, R.J. (2003) Comparison of balance in older people with and without visual impairment, *Age Ageing*, 32, 643–649.

Legge, G.E., Pelli, D.G., Rubin, G.S. and Schleske, M.M. (1985a) Psychophysics of vision.1. Normal vision, *Vision Res.*, 25, 239–252.

Legge, G.E., Rubin, G.S., Pelli, D.G. and Schleske, M.M. (1985b) Psychophysics of reading, II. Low vision, *Vision Res.*, 25, 253–266.

Lehman, B., Wilkins, A., Berman, S., Poplawski, M. and Miller, N.J. (2011) Proposing measures of flicker in the low frequencies for lighting applications, *Leukos*, 7, 189–195.

Leibel, B., Berman, S., Clear, R. and Lee, R. (2010) Reading performance is affected by light level and lamp spectrum, *Proceedings of the IESNA Annual Conference*, Toronto, Ontario, Canada, 2010.

Leibig, J. and Roll, R.F. (1983) Acceptable luminances reflected on VDU screens in relation to the level of contrast and illumination, *Proceedings of the CIE 20th Session*, Amsterdam, the Netherlands. Paris, France: CIE.

Leibowitz, H.W. and Owens, D.A. (1975) Night myopia and the intermediate dark focus of accommodation, *J. Opt. Soc. Am.*, 65, 1121–1128.

Lennie, P. and D'Zmura, M. (1988) Mechanisms of color vision, *CRC Crit. Rev. Neurobiol.*, 3, 333–400.

Leonard, B. and Charles, S. (2000) Diabetic retinopathy, in B. Silverstone, M.A. Lang, B.P. Rosenthal and E.E. Faye (eds) *The Lighthouse Handbook on Vision Impairment and Vision Rehabilitation*, New York: Oxford University Press.

Leppämäki, S.J., Partonen, T. and Lönnqvist, J. (2002a) Bright-light exposure combined with physical exercise elevates mood, *J. Affect. Disord.*, 72, 139–144.

Leppämäki, S.J., Partonen, T.T., Hurme, J., Haukka, J.K. and Lönnqvist, J.K. (2002b) Randomized trial of the efficacy of bright-light exposure and aerobic exercise on depressive symptoms and serum lipids, *J. Clin. Psychiatry*, 63, 316–321.

Leproult, R., Colecchia, E.F., L'Hermite-Baleriaux, M. and van Cauter, E. (2001) Transition from dim to bright light in the morning induces an immediate elevation of cortisol levels, *J. Clin. Endocrinol. Metab.*, 86, 151–157.

Leslie, R.P. and Rodgers, P.A. (1996) *The Outdoor Lighting Pattern Book*, New York: MacGraw-Hill.

Levitt, A.J., Joffe, R.T., Moul, D.E., Lam, R.W., Teicher, M.H. and Lebegue, F. (1993) Side effects of light therapy in seasonal affective disorder, *Am. J. Psychiatry*, 150, 650–652.

Lewin, I. (2008) *Digital Billboard Recommendations and Comparisons to Conventional Billboards*, Phoenix, AZ: Lighting Sciences.

Lewis, A.L. (1999) Visual performance as a function of spectral power distribution of light sources at luminances used for general outdoor lighting, *J. Illum. Eng. Soc.*, 28, 37–42.

Lewis, E.B. and Sullivan, T.T. (1979) Controlling crime and citizen attitudes: A study of the corresponding reality, *Crime Justice*, 7, 71–79.

Lewy, A.J., Lefler, B.J., Emens, J.S. and Bauer, V.K. (2006) The circadian basis of winter depression, *Proc. Natl. Acad. Sci. USA*, 103, 7414–7419.

Lewy, A.J., Rough, J.N., Songer, J.B., Mishra, N., Yuhas, K. and Emens, J.S. (2007) The phase shift hypothesis for the circadian component of winter depression, *Dialoques Clin. Neurosci.*, 9, 291–300.

Lighting Research Centre (LRC). (1994) *Specifier Reports: Exit Signs*, Troy, NY: LRC.

Lighting Research Centre (LRC) (1995) *Specifier Reports Supplements: Exit Signs*, Troy, NY: LRC.

Lin, Y., Chen, W., Chen, D. and Shao, H. (2004) The effect of spectrum on visual field in road lighting, *Build. Environ.*, 39, 433–439.

Lindner, H., Hubnert, K., Schlote, H.W. and Rohl, F. (1989) Subjective lighting needs of the old and the pathological eye. *Lighting Res. Technol.*, 21, 1–10.

Lindsey, C.R.T. and Littlefair, P.J. (1993) *Occupant Use of Venetian Blinds in Offices*, BRE Publication 233/92, Garston, U.K.: Building Research Establishment.

Lingard, R. and Rea, M.S. (2002) Off-axis detection at mesopic light levels in a driving context, *J. Illum. Eng. Soc.*, 31, 33–39.

Lion, J.S., Richardson, E. and Browne, R.C. (1968) A study of the performance of industrial inspection under two levels of lighting, *Ergonomics*, 11, 23–24.

Lipinski, M.E. and Shelby, B.L. (1993) Visibility measures of realistic roadway tasks, *J. Illum. Eng. Soc.*, 22, 94–101.

Lloyd, C.J., Mizukami, M. and Boyce, P.R. (1996) A preliminary model of lighting-display interaction, *J. Illum. Eng. Soc.*, 25, 59–69.

Lloyd, C.J., Boyce, P.R., Ferzacca, N., Eklund, N.H. and He, Y. (1999) Paint inspection lighting optimization of lamp width and spacing, *J. Illum. Eng. Soc.*, 28, 92–102.

Lobban, M.C. (1961) The entrainment of circadian rhythms in man, *Cold Spring Harb. Symp.*, 25, 325–332.

Lockley, S.W., Evans, E.E., Scheer, F.A.J.L., Brainard, G.C., Czeisler, C.A. and Aeschbach, D. (2006) Short-wavelength sensitivity for the direct effects of light on alertness, vigilance and the waking electroencephalogram in humans, *Sleep*, 29, 161–168.

Lockley, S.W., Barger, L.K., Ayas, N.T., Rothschild, J.M., Czeisler, C.A. and Landrigan, C.P. (2007) Effects of health care provider work hours and sleep deprivation on safety and performance, *Jt. Comm. J. Qual. Patient Saf.*, 33, 7–18.

Loe, D.L. and Rowlands, E. (1996) The art and science of lighting: A strategy for lighting design, *Lighting Res. Technol.*, 28, 153–164.

Loe, D.L., Mansfield, K.P. and Rowlands, E. (1994) Appearance of lit environment and its relevance in lighting design: Experimental study, *Lighting Res. Technol.*, 26, 119–133.

Loe, D.L., Mansfield, K.P. and Rowlands, E. (2000) A step in quantifying the appearance of a lit scene, *Lighting Res. Technol.*, 32, 213–222.

Logadottir, A., Chrisoffersen, J. and Fotios, S.A. (2011) Investigating the use of an adjustment task to set the preferred illuminance in a workplace environment, *Lighting Res. Technol.*, 43, 403–422.

Loomis, D., Marshall, S.W., Wolf, S.H., Runyan, C.W. and Butts, J.D. (2002) Effectiveness of safety measures recommended for prevention of workplace homicide, *JAMA*, 287, 1011–1017.

Lord, S.R., Clark, R.D. and Webster, I.W. (1991) Visual acuity and contrast sensitivity in relation to falls in an elderly population, *Age Ageing*, 20, 175–181.

Love, J.A. (1998) Manual switching patterns in private offices, *Lighting Res. Technol.*, 30, 45–50.

Lovell, B.B., Ancoli-Isreal, S. and Gevirtz, R. (1995) Effect of bright light treatment on agitated behavior in institutionalized elderly subjects, *Psychiatry Res.*, 57, 7–12.

Lowden, A., Akerstedt, T. and Wibom, R. (2004) Suppression of sleepiness and melatonin by bright light exposure during breaks in night work, *J. Sleep Res.*, 13, 37–43.

Luckiesh, M. and Guth, S.K. (1949) Brightness in the visual field at the borderline between comfort and discomfort (BCD), *Illum. Eng.*, 44, 650–670.

Luckiesh, M. and Moss, F.K. (1937) *The Science of Seeing*, New York: D. Van Norstrand.

Ludlow, A.M. (1976) The functions of windows in buildings, *Lighting Res. Technol.*, 8, 57–68.

Lund, D.J. (1998) Action spectrum for retinal thermal injury, in R. Matthes and D. Sliney (eds) *Measurements of Optical Radiation Hazards*, OberschleiBheim, Germany: International Commission on Non-Ionizing Radiation Protection.

Luoma, J., Flannagan, M.J., Sivak, M., Aoki, M. and Traube, E.C. (1995) Effects of turn – signal color on reaction times to brake signals, Report UMTRI-95-5, Ann Arbor, MI: University of Michigan Transportation Research Institute.

Luoma, J., Sivak, M. and Flannagan, M.J. (2006) Effects of dedicated stop-lamps on nighttime rear-end collisions, *Leukos*, 3, 159–165.

Lydahl, E. and Philipson, B. (1984a) Infrared radiation and cataract. I. Epidemiologic investigation of iron- and steel-workers, *Acta Ophthalmol.*, 62, 961–975.

Lydahl, E. and Philipson, B. (1984b) Infrared radiation and cataract. II. Epidemiologic investigation of glass workers, *Acta Ophthalmol.*, 62, 976–992.

Lynes, J.A. (1971) Lightness, colour and constancy in lighting design, *Lighting Res. Technol.*, 3, 24–42.

Lynes, J.A. (1977) Discomfort glare and visual distraction, *Lighting Res. Technol.*, 9, 51–52.

Lynes, J.A. and Littlefair, P.J. (1990) Lighting energy savings for daylight: Estimation at the sketch design stage, *Lighting Res. Technol.*, 22, 129–137.

Lynes, J.A., Burt, W., Jackson, G.K. and Cuttle, C. (1966) The flow of light into buildings, *Trans. Illum. Eng. Soc. (Lond.)*, 31, 65–91.

Lyons, S.L. (1980) *Exterior Lighting for Industry and Security*, London, U.K.: Applied Science Publishers.

Lythgoe, R.J. (1932) The measure of visual acuity, MRC Special Report, No. 173, London, U.K.: His Majesty's Stationary Office.

MacAdam, D.L. (1942) Visual sensitivity to color differences in daylight, *J. Opt. Soc. Am.*, 32, 247–274.

Mace, D.J., Hosletter, R.S., Pollack, L.E. and Sweig, W.D. (1986) *Minimal Luminance Requirements for Official Highway Signs*, FHWA–RD-86-151, Washington, DC: Federal Highways Administration.

Mace, D., Garvey, P., Porter, R.J., Schwab, R. and Adrian, W. (2001) *Countermeasures for Reducing the Effects of Headlight Glare*, Washington, DC: AAA Foundation for Traffic Safety.

Main, A., Dowson, A. and Gross, M. (1997) Photophobia and phonophobia in migraineurs between attacks, *Headache*, 376, 492–495.

Malven, F.C. (1986) *Directional Continuity in Escape Lighting*, New York: Lighting Research Institute.

Manabe, H. (1976) *The Assessment of Discomfort Glare in Practical Lighting Installations*, Oteman Economics Studies No. 9, Osaka, Japan: Oteman Gakuin University.

Mandlebaum, J. and Sloan, L.L. (1947) Peripheral visual acuity, *Am. J. Ophthalmol.*, 30, 581–588.

Mangum, S.R. (1998) Effective constrained illumination of three-dimensional, light-sensitive objects, *J. Illum. Eng. Soc.*, 27, 115–131.

Maniccia, D., Rutledge, B., Rea, M.S. and Morrow, W. (1999) Occupant use of manual lighting controls in private offices, *J. Illum. Eng. Soc.*, 28, 42–56.

Marchant, P.R. (2004) A demonstration that the claim that brighter lighting reduces crime is unfounded, *Br. J. Criminol.*, 44, 441–447.

Marchant, P.R. (2011) Have new street lighting schemes reduced crime in London? *Radic. Stat.*, 104, 39–48.

Marcus, D.A. and Soso, M.J. (1989) Migraine and stripe-induced visual discomfort, *Arch. Neurol.*, 46, 1129–1132.

Mardaljevic, J. and Nabil, A. (2008) Electrochromic glazing and façade photovoltaic panels: A strategic assessment of the potential energy benefits, *Lighting Res. Technol.*, 40, 56–76.

Mardaljevic, J., Heschong, L. and Lee, E. (2009) Daylight metrics and energy saving, *Lighting Res. Technol.*, 41, 261–83.

Margrain, T.H., Boulton, M., Marshall, J. and Sliney, D.H. (2004) Do blue filters confer protection against age-related macular degeneration, *Prog. Retin. Eye Res.*, 23, 523–531.

Mariotti, S.P. (2012) *Global Data on Visual Impairments 2010*, Geneva, Switzerland: World Health Organization.

Markus, T.A. (1967) The significance of sunshine and view for office workers, in R.G. Hopkinson (ed) *Sunlight in Buildings*, Rotterdam, the Netherlands: Boewcentrum International.

Marsden, A.M. (1969) Brightness – A review of current knowledge, *Lighting Res. Technol.*, 1, 171–181.

Marsden, A.M. (1970) Brightness-luminance relationships in an interior, *Lighting Res. Technol.*, 2, 10–16.

Marshall, J. (1987) The ageing retina: Physiology or pathology, *Eye*, 1, 282–295.

Marshall, J., Grindle, J, Ansell, P.L. and Borwein, B. (1979) Convolution in human rods: An aging process, *Br. J. Ophthalmol.*, 63, 181–187.

Mayhoub, M.S. and Carter D.J. (2010) Towards hybrid lighting systems: A review, *Lighting Res. Technol.*, 42, 51–71.

McCloughan, C.L.B., Aspinall, P.A. and Webb, R.S. (1999) The impact of lighting on mood, *Lighting Res. Technol.*, 31, 81–88.

McGuiness, P.J. and Boyce, P.R. (1984) The effect of illuminance on the performance of domestic kitchen work by two age groups, *Lighting Res. Technol.*, 16, 131–136.

McIntyre, D.A. (2002) *Colour Blindness: Causes and Effects*, Chester, U.K.: Dalton Publishing.

McIntyre, I.A., Norman, T.R., Burrows, G.D. and Armstrong, S.M. (1989) Quantal melatonin suppression by exposure to low intensity light in man, *Life Sci.*, 45, 327–332.

McKenzie, R.L., Liley, J.B. and Bjorn, L.O. (2009) UV radiation: Balancing risks and benefits, *Photochem. Photobiol.*, 85, 88–98.

McKinlay, A.F., Harlen, F. and Whillock, M.J. (1988) *Hazards of Optical Radiation*, Bristol, U.K.: Adam Hilger.

Megaw, E.D. (1979) Factors affecting visual inspection accuracy, *Appl. Ergon.*, 10, 27–32.

Megaw, E.D. and Richardson, J. (1979) Eye movements and industrial inspection, *Appl. Ergon.*, 10, 145–154.

Megdal, S.P., Kroenke, C.H., Laden, F., Pukkala, E. and Schernhammer, E.S. (2005) Night work and breast cancer risk: A systematic review, *Eur. J. Cancer*, 41, 2023–2032.

Mehrabian, A. and Russell, J.A. (1974) *An Approach to Environmental Psychology*, Cambridge, MA: MIT Press.

Mellerio, J. (1987) Yellowing of the human lens: Nuclear and cortical contributions, *Vision Res.*, 27, 1581–1587.

Mellerio, J. (1998) The design of effective ocular protection for solar radiation, in R. Matthes and D. Sliney (eds) *Measurements of Optical Radiation Hazards*, OberschleiBheim, Germany: International Commission on Non-Ionizing Radiation Protection.

Menaker, M. (1997) Commentary: What does melatonin do and how does it do it, *J. Biol. Rhythms*, 12, 532–534.

Mendez, M.F., Tomsak, R.L. and Remler, B. (1990) Disorders of the visual system in Alzheimer's disease, *J. Clin. Neuroophthalmol.*, 10, 62–69.

Miles, L.E.M., Raynal, D.M. and Wilson, M.A. (1977) Blind man living in normal society has circadian rhythms of 24.9 hours, *Science*, 198, 421–423.

Miller, J.W. and Ludvigh, E. (1962) The effects of relative motion on visual acuity, *Surv. Ophthalmol.*, 7, 83–116.

Miller, N.J., McKay, H. and Boyce, P.R. (1995) An approach to the measurement of lighting quality, *Proceedings of the IESNA Annual Conference*, New York. New York: IESNA.

Miller, D., Bierman, A., Figueiro, M.G., Schernhammer, E.S. and Rea, M.S. (2010) Ecological measurements of light exposure, activity and circadian disruption, *Lighting Res. Technol.*, 42, 271–284.

Mills, E. and Borg, N. (1999) Trends in recommended illuminance levels: An international comparison, *J. Illum. Eng. Soc.*, 28, 155–163.

Mills, P.M., Tomkins, S.C. and Schlangen, L.J.M. (2007) The effect of high correlated colour temperature office lighting on employee wellbeing and work performance, *J. Circadian Rhythms*, 5, 2–10.

Minors, D.S. and Waterhouse, J.M. *Circadian Rhythms and the Human*, Bristol, U.K.: Wright.

Mishama, K., Okawa, M., Shimizu, T. and Hishikawa, Y. (2001) Diminished melatonin secretion in the elderly caused by insufficient environmental illumination, *Clin. Endocrinol. Metab.*, 86, 129–134.

Mistlberger, R.E. and Skene, D.J. (2005) Nonphotic entrainment in humans? *J. Biol. Rhythms*, 20, 339–352.

Mistrick, R.G. and Choi, A. (1999) A comparison of the visual comfort probability and unified glare rating systems, *J. Illum. Eng. Soc.*, 28, 94–101.

Mizokami, Y., Ikeda, M. and Shinoda, H. (2000) Colour property of the recognized visual space of illumination controlled by interior colour as the initial visual information, *Opt. Rev.*, 7, 358–363.

Mizon, B. (2002) *Light Pollution Responses and Remedies*, London, U.K.: Springer.

Moan, J. and Dahlback, A. (1993) Ultraviolet radiation and skin cancer: Epidemiological data from Scandinavia, in A.R. Young, L.O. Bjorn, J. Moan and W. Nultsch (eds) *Environmental UV Photobiology*, New York: Plenum Press.

Mollon, J.D. (1989) "Tho' she kneel'd in that place where they grew..." The uses and origins of primate colour vision, *J. Exp. Biol.*, 146, 21–38.

Monahan, D.R. (1995) Safety considerations in parking facilities, *Proceedings of the International Parking Conference and Exposition*, Fredericksberg, VA: International Parking Institute.

Monk, T.H., Knauth, P., Folkard, S. and Rutenfranz, J. (1978) Memory based performance measures in studies of shiftwork, *Ergonomics*, 21, 819–826.

Moore, R.L. (1952) Rear lights of motor vehicles and pedal cycles, Road Research Technical Paper 25, London, U.K.: HMSO.

Moore, E.O. (1981) A prison environment's effect on health care service demands, *J. Environ. Syst.*, 11, 17–34.

Moore, D.W. and Rumar, K. (1999) Historical development and current effectiveness of rear lighting systems, Report UMTRI-99-31, Ann Arbor, MI: University of Michigan Transportation Research Institute.

Moore, T., Carter, D.J. and Slater, A.I. (2002a) A field study of occupant controlled lighting in offices, *Lighting Res. Technol.*, 34, 191–206.

Moore, T., Carter, D.J. and Slater A.I. (2002b) User attitudes toward occupant controlled office lighting, *Lighting Res. Technol.*, 34, 207–219.

Moore, T., Carter, D.J. and Slater, A.I. (2003) Long term patterns of use of occupant controlled office lighting, *Lighting Res. Technol.*, 35, 43–59.

Morrow, E.N. and Hutton, S.A. (2000) *The Chicago Alley Lighting Project*, Chicago, IL: Illinois Criminal Justice Information Authority.

Mortimer, R.G. (1977) A decade of research in rear lighting: What have we learned, *Proceedings of the 21st Conference of the American Association for Automotive Medicine*, Vancouver, British Columbia, Canada. Morton Grove, IL: AAAM.

Mortimer, R.G. (1981) Field test evaluation of rear lighting deceleration signals, Safety Research Report 81-1, Champaign, IL: University of Illinois.

Mortimer, R.G. and Becker, J.M. (1973) Development of a computer simulation to predict the visibility distances provided by headlamp beams, Report UM-HSRI-IAF-73-15, Ann Arbor, MI: University of Michigan.

Mortimer, R.G. and Jorgeson, C.M. (1974) Eye fixations of drivers in night driving with three headlight beams, Report UM-HSRI-74-17, Ann Arbor, MI: University of Michigan.

Moyer, J.L. (2005) *The Landscape Lighting Book*, Hoboken, NJ: John Wiley & Sons.

Muck, E. and Bodmann, H.W. (1961) Die bedeutung des beleuchtungsniveaus bei praktische sehtatigkeit, *Lichttechnik*, 13, 502–507.

Mulder, M. and Boyce, P.R. (2005) Spectral effects in escape route lighting, *Lighting Res. Technol.*, 37, 199–218.

Murata, Y. (1987) Light absorption characteristics of the lens capsule, *Ophthalmic Res.*, 19, 107–112.

Nabil, A. and Mardaljevic, J. (2005) Useful daylight illuminance: A new paradigm to assess daylight in buildings, *Lighting Res. Technol.*, 37, 41–59.

Nadler, D.J. (1990) Glare and contrast sensitivity in cataracts and pseudophakia, in M.P. Nadler, D. Miller and D.J. Nadler (eds) *Glare and Contrast Sensitivity for Clinicians*, New York: Springer-Verlag.

Nair, G. and Ditton, J. (1994) In the dark, a taper is better then nothing, *Lighting J.*, 59, 25–26.

Nair, G., Ditton, J. and Phillips, S. (1993) Environmental improvements and the fear of crime, the sad case of the "Pond" area in Glasgow, *Br. J. Criminol.*, 33, 555–561.

Nakano, Y., Yamada, K., Suehara, K. and Yano, T. (1999) A simple formula to calculate brightness equivalent luminance, *Proceedings of the CIE 24th Session*, Warsaw, Poland. Vienna, Austria: CIE.

Nardell, E.A., Bucher, S.J., Brickner, P.W., Wang, C., Vincent, R.L., Becan-McBride, K., James, M.A., Michael, M. and Wright, J.D. (2008) Safety of upper-room ultraviolet germicidal air disinfection for room occupants: Results from the Tuberculosis Ultraviolet Shelter Study. *Public Health Rep.*, 123, 52–60.

Narendran, N., Vasconez, S., Boyce, P. and Eklund, N. (2000) Just-perceivable color difference between similar light sources in display lighting applications, *J. Illum. Eng. Soc.*, 29, 78–82.

Nasar, J.L. (2000) The evaluative image of places, in E.B. Walsh, K.H. Craik and R.H. Price (eds) *Person-Environment Psychology*, 2nd edn., Mahwah, NJ: Lawrence Erlbaum Associates.

National Bureau of Standards. (1976) *Color: Universal Language and Dictionary of Names*, Special Publication 440, Washington, DC: National Bureau of Standards.

National Fire Protection Association (NFPA). (2012) *NFPA 101 Life Safety Code*, Quincy, MA: NFPA.

National Highway Traffic Safety Administration (NHTSA). (2006) *Fatality Analysis Reporting System*, Washington, DC: US Department of Transportation.

Navvab, M. (2001) A comparison of visual performance under high and low colour temperature fluorescent lamps, *J. Illum. Eng. Soc.*, 30, 170–175.

Nayatani, Y., Sobagaki, H. and Hashimoto, K. (1994) Existence of two kinds of representations of the Helmholtz-Kohlrausch effect II The models, *Color Res. Appl.*, 19, 262–272.

Ne'eman, E, Craddock, E. and Hopkinson, R.G. (1976) Sunlight requirements in buildings – 1. Social Survey, *Build. Environ.*, 11, 217.

Ne'eman, E. and Hopkinson, R.G. (1970) Critical minimum acceptable window size, a study of window design and provision of view, *Lighting Res. Technol.*, 2, 17–27.

Neitz, J., Carroll, J. and Neitz, M. (2001) Color vision: Almost reason enough for having eyes, *Opt. Photon. News*, 12, 26–33.

New Buildings Institute. (2010) *Advanced Lighting Guidelines*, Portland, OR: NBI.

Newman, T.S. and Jain, A.K. (1996) A survey of automated visual inspection, *Comput. Vis. Image Underst.*, 61, 231–262.

Newman, J.S. and Kahn, M.M. (1984) *Standard Test Criteria for Evaluation of Underground Fire Detection Systems*, Washington, DC: Bureau of Mines, US Department of the Interior.

Newsham, G.R. and Birt, B. (2010) Demand-responsive lighting: A field study, *Leukos*, 6, 203–225.

Newsham, G.R. and Mancini, S. (2006) The potential for demand-responsive lighting in non-daylit offices, *Leukos*, 3, 105–120.

Newsham, G. and Veitch, J. (2001) Lighting quality recommendations for VDT offices: A new method of derivation, *Lighting Res. Technol.*, 33, 97–116.

Newsham, G., Arsenault, C., Veitch, J., Tosco, A.M. and Duval, C. (2005) Task lighting effects on office worker satisfaction and performance and energy efficiency, *Leukos*, 2, 7–26.

Newsham, G.R., Mancini, S. and Marchand, R.G. (2008) Detection and acceptance of demand-responsive lighting in offices with and without daylight, *Leukos*, 4, 139–156.

Ngai, P.Y. and Boyce, P.R. (2000) The effect of overhead glare on visual discomfort, *J. Illum. Eng. Soc.*, 29, 29–38.

Nikitin, V.D. (1973) Minimum required level of illumination intensity for emergency illumination in evacuation of persons, *Svetoteknika*, 6, 9–10.

Nirk, L. (1997) The ENERGY STAR residential lighting program, *Proceedings of Right Light 4*, Frederiksberg, Denmark: DEF Congress Service.

Noell-Waggoner, E. (2006) Lighting in nursing homes – The unmet need, *Proceedings of the 2nd CIE Symposium Lighting and Health*, Ottawa, Ontario, Canada. Vienna, Austria: CIE.

Noonan, F.P. and de Fabo, E.C. (1994) UV-induced immunosuppression, in A.R. Young, L.O. Bjorn, J. Moan and W. Nultsch (eds) *Environmental UV Photobiology*, New York: Plenum Press.

Norris, D. and Tillett, L. (1997) Daylight and productivity: Is there a causal link? *Proceedings of the Glass Processing Days Conference*, Tampere, Finland.

O'Dea, W.T. (1958) *The Social History of Lighting*, New York: Macmillan.

O'Donell, B.M., Colombo, E.M. and Boyce, P.R. (2011) Colour information improves relative visual performance, *Lighting Res. Technol.*, 43, 423–438.

Ogle, K.V. (1961) Foveal contrast thresholds with blurring of the retinal image and increasing size of test stimulus, *J. Opt. Soc. Am.*, 51, 862–867.

O'Hagan, J.B., Khazova, M. and Jones, C.W. (2011) Ultra-violet emissions from HMI daylight luminaires, *Lighting Res. Technol.*, 43, 249–257.

Okuno, T., Nakanashi-Ueda, T., Ueda, T., Yasuhara, H. and Koide, R. (2012) Ultraviolet action spectrum for cell killing of primary porcine lens epithelial cells, *J. Occup. Health*, 54, 181–186.

Olson, P.L., Cleveland, D.E., Fancher, P.S. and Schneider, L.W. (1984) Parameters affecting stopping sight distances, Report UMTRI-84-15, Ann Arbor, MI: University of Michigan Transportation Research Institute.

Olson, P.L., Battle, D.S. and Aoki, T. (1989) The detection distance of highway signs as a function of color and photometric properties, Report UMTRI-89-36, Ann Arbor, MI: University of Michigan Transportation Research Institute.

Opstelten, J.J. (1983) The establishment of a representative set of test colors for the specification of the color rendering properties of light sources. *Proceedings of the CIE, 20th Session*, Amsterdam, the Netherlands. Vienna, Austria: CIE.

Ouellette, M.J. (1988) Exit signs in smoke: Design parameters for greater visibility, *Lighting Res. Technol.*, 20, 155–160.

Ouellette, M.J. and Rea, M.S. (1989) Illuminance requirements for emergency lighting, *J. Illum. Eng. Soc.*, 18, 37–42.

Ouellette, M.J., Tansley, B.W. and Pasini, I. (1993) The dilemma of emergency lighting: Theory vs. reality, *J. Illum. Eng. Soc.*, 22, 113–121.

Owsley, C. (2011) Aging and vision, *Vision Res.*, 51, 1610–1622.

Owsley, C. and McGwin Jr., G. (2010) Vision and driving, *Vision Res.*, 50, 2348–2361.

Owsley, C., Ball, K., McGwin Jr., G., Sloane, M.E., Roenker, D.L., White, M.F., and Overley, E.T. (1998) Visual processing impairment and risk of motor vehicle crash among older adults, *JAMA*, 279, 1083–1088.

Padgham, C.A. and Saunders, J.E. (1975) *The Perception of Light and Colour*, London, U.K.: G. Bell and Sons.

Padmos, P., van den Brink, T.D.J., Alferdinck, J.W.A.M. and Folles, E. (1988) Matrix signs for motorways: System design and optimum photometric features, *Lighting Res. Technol.*, 20, 55–60.

Painter, K. (1988) *Lighting and Crime Prevention: The Edmonton Project*, Hatfield, U.K.: Middlesex Polytechnic.

Painter, K. (1989) Lighting and crime prevention for community safety; The Tower Hamlets Study, First Report, Hatfield, U.K.: Middlesex Polytechnic.

Painter, K. (1991a) An evaluation of public lighting as a crime prevention strategy: The West Park surveys, *Lighting J.*, 56, 228–232.

Painter, K. (1991b) *An Evaluation of Public Lighting as a Crime Prevention Strategy with Special Focus on Women and Elderly People*, Hatfield, U.K.: Middlesex Polytechnic.

Painter, K. (1994) The impact of street lighting on crime, fear, and pedestrian street use, *Security J.*, 5, 116–124.

Painter, K. (1996) Street lighting, crime and fear of crime: A summary of research, in T.H. Bennett (ed) *Preventing Crime and Disorder: Targeting Strategies and Responsibilities*, 22nd Cropwood Round Table Conference, Cambridge, U.K.: University of Cambridge.

Painter, K. (1999) The social history of street lighting (part 1). *Lighting J.*, 64, 14–24.

Painter, K. (2000) The social history of street lighting (part 2). *Lighting J.*, 65, 24–30.

Painter, K. and Farrington, D.P. (1997) The crime reducing effect of improved street lighting: The Dudley project, in R.V. Clarke (ed) *Situational Crime Prevention: Successful Case Studies*, Albany, NY: Harrow and Heston.

Painter, K. and Farrington, D.P. (1999) Street lighting and crime: Diffusion of benefits in the Stoke-on-Trent project, in K. Painter and N. Tilley (eds) *Crime Prevention Studies*, Monsey, NY: Criminal Justice Press.

Painter, K.A. and Farrington, D.P. (2001a) Evaluating situational crime prevention using a young people's survey, *Br. J. Criminol.*, 41, 266–284.

Painter, K.A. and Farrington, D.P. (2001b) The financial benefits of improved street lighting based on crime reduction, *Lighting Res. Technol.*, 33, 3–12.

Papadimitrou, E., Yannis, G. and Evcenikos, P. (2009) About pedestrian safety in Europe, *Proceedings of the International Conference on Road Safety and Simulation*, Paris, France.

Papamichael, C., Skene, D.J. and Revell, V.L. (2012) Human nonvisual responses to simultaneous presentation of blue and red monochromatic light, *J. Biol. Rhythms*, 27, 70–78.

Parrish, J.A., Rosen, C.F. and Gange, R.W. (1985) Therapeutic uses of light, in R.J. Wurtman, M.J. Baum and J.T. Potts Jr. (eds) *The Medical and Biological Effects of Light*, New York: New York Academy of Sciences.

Parsons, H.M. (1974) What happened at Hawthorne? *Science*, 183, 922–932.

Partonen, T. and Lönnqvist, J. (2000) Bright light improves vitality and alleviates distress in healthy people, *J. Affect. Disord.*, 57, 55–61.

Partonen, T., Leppämäki, S., Hurme, J. and Lönnqvist, J. (1998) Randomized trial of physical exercise alone or combined with bright light on mood and health-related quality of life, *Psychol. Med.*, 28, 1359–1364.

Pasini, R. and Proulx, G. (1988) Building access and safety for the visually impaired person, in J.D. Sime (ed) *Safety in the Built Environment*, London, U.K.: E. & F.N. Spon.

Patterson, E., Bargary, E. and Barbour, J. (2012) Can scattered light improve visual performance? *Acta Ophthalmol.*, doi: 10.1111/j.1755-3768.2012.4281.x.

Paul, B.M. and Einhorn, H.D. (1999) Discomfort glare from small light sources, *Lighting Res. Technol.*, 31, 139–144.

Paulsen, T. (1994) The effect of escape route information on mobility and wayfinding under smoke logged conditions, *Proceedings of the Fourth International Symposium, Fire Safety Sci.*, 7, 693–704.

Paulsson, L. and Sjostrand, J. (1980) Contrast sensitivity in the presence of a glare light, *Invest. Ophthalmol. Vis. Sci.*, 19, 401–406.

Pease, K. (1997) Crime prevention, in M. McGuire, R. Morgan and R. Reiner (ed) *Oxford Handbook of Criminology*, Oxford, U.K.: Clarendon Press.

Pease, K. (1999) A review of street lighting evaluations: Crime reduction effects, in K. Painter and N. Tilley (eds) *Crime Prevention Studies*, Monsey, NY: Criminal Justice Press.

Peli, E. (1990) Contrast in complex images, *J. Opt. Soc. Am. A*, 7, 2032–2040.

Peli, E. and Peli, T. (1984) Image enhancement for the visually impaired, *Opt. Eng.*, 23, 47–51.

Pelli, D.G., Robson, J.G. and Wilkins, A.J. (1988) The design of a new letter chart for measuring contrast sensitivity, *Clin. Vis. Sci.*, 2, 187–199.

Perel, M., Olson, P.L., Sivak, M. and Medlin Jr., J.W. (1983) Motor vehicle forward lighting, SAE Technical Paper 830567, Warrendale, PA: Society of Automotive Engineers.

Perez-Leon, J.A., Warren, E.J., Allen, C.N., Robinson, D.W. and Lane Brown, R. (2006) Synaptic inputs to retinal ganglion cells that set the circadian clock, *Eur. J. Neurosci.*, 244, 1117–1123.

Petherbridge, P. and Longmore, P. (1954) Solid angles applied to visual comfort problems, *Light Lighting*, 47, 173–177.

Pham, D.T. and Alcock, R.J. (2002) *Smart Inspection Systems, Techniques and Applications*, London, U.K.: Academic Press.

Phipps-Nelson, J., Redman, J.R., Dijk, D.-J. and Rajaratman, S.M.W. (2003) Daytime exposure to bright light, as compared to dim light, decreases sleepiness and improves psychomotor vigilance performance, *Sleep*, 26, 695–700.

Photoluminescent Safety Association (PSA)/Photoluminescent Safety Products Association (PSPA). (2008) *Guide to the Use of Photoluminescent Safety Marking*, Arlington, VA: PSA and Redhill, U.K.: PSPA.

Pittendrigh, C.S. (1981) Circadian systems: Entrainment, in J. Aschoff (ed) *Handbook of Behavioral Neurobiology (Biological Rhythms)*, New York: Plenum Press.

Pitts, D.G. and Tredici, T.J. (1971) The effects of ultraviolet on the eye, *Am. Ind. Hyg. Assoc. J.*, 32, 235–246.

Plitnick, B., Figueiro, M.G., Wood, B. and Rea, M.S. (2010) The effects of red and blue light on alertness and mood at night, *Lighting Res. Technol.*, 42, 449–458.

Pointer, M.R. (1986) Measuring colour rendering – A new approach, *Lighting Res. Technol.*, 18, 175–184.

Pollak, C.P. and Perlick, D. (1991) Sleep problems and institutionalization of the elderly, *J. Geriatr. Psychiatry Neurol.*, 4, 204–210.

Ponziani, R.L. (2006) Electronic intelligent turn signal system, SAE Paper 2006-01-0714, Warrendale, PA: Society of Automotive Engineers.

Poulton, E.C. (1977) Quantitative subjective assessments are almost always biased, sometimes completely misleading, *Br. J. Psychol.*, 68, 409–425.

Poulton, E.C. (1989) *Bias in Quantifying Judgments*, Hove, U.K.: Lawrence Earlbaum Associates.

Poyner, B. (1991) Situational prevention in two car parks, *Security J.*, 2, 96–101.

Pritchard, D. (1964) Industrial lighting in windowless buildings, *Light Lighting*, 63, 292–296.

Pritchard, R.M., Heron, W. and Hebb, D.O. (1960) Visual perception approached by the method of stabilized images, *Can. J. Psychol.*, 14, 67–77.

Proulx, G. (1998) The impact of voice communication messages during a residential high-rise fire, in J. Shields (ed) *Proceedings of the First International Symposium on Human Behaviour in Fire*, Belfast, U.K.: University of Ulster.

Proulx, G. (1999) Occupant response during a residential high-rise fire, *Fire Mater.*, 23, 317–323.

Proulx, G. (2000a) *Why Building Occupants Ignore Fire Alarms*, Construction Technology Update No. 42, Ottawa, Ontario, Canada: National Research Council Canada.

Proulx, G. (2000b) *Strategies for Ensuring Appropriate Occupant Response to Fire Alarm Signals*, Construction Technology Update No. 43, Ottawa, Ontario, Canada: National Research Council Canada.

Proulx, G. and Benichou, N. (2009) *Photoluminescent Stairway Installation for Evacuation in Office Buildings*, Publication NRCC-52696, Ottawa, Ontario, Canada: National Research Council Canada.

Proulx, G. and Koroluk, W. (1997) Fires mean people need fast, accurate information, *CABA Home and Building Automation Quarterly*, Summer, 17–19.

Proulx, G., Creak, J. and Kyle, B. (2000) A field study of photoluminescent signage used to guide building occupants to exit in complete darkness, *Proceedings of the Human Factors and Ergonomics Society 2000 Congress*, San Diego, CA.

Purves, D. and Beau-Lotto, R. (2003) *Why We See What We Do*, Sunderland, MA: Sinauer Associates.

Quellman, E.M. and Boyce, P.R. (2002) The light source colour preferences of people of different skin tones, *J. Illum. Eng. Soc.*, 31, 109–118.

Rahmani, B., Tielsch, J.M., Katz, J., Gottsch, J., Quigley, H.A., Javitt, J. and Sommer, A. (1996) The cause-specific prevalence of visual impairment in an urban population: The Baltimore Eye Survey, *Ophthalmology*, 103, 1721–1726.

Ramasoot, T. and Fotios, S.A. (2012) Lighting and display screens: Models for predicting luminance limits and disturbance, *Lighting Res. Technol.*, 44, 197–223.

Ravindran, A.V., Lam, R.W., Filteau, M.J., Lespérance, F., Kennedy, S.H., Parikh, S.V. and Patten, S.B. (2009) Canadian Network for Mood and Anxiety Treatments (CANMAT) Clinical guidelines for the management of major depressive disorder in adults. V. Complementary and alternative medicine treatments. *J. Affect. Disord.*, 117, S54–S64.

Rea, M.S. (1981) Visual performance with realistic methods of changing contrast, *J. Illum. Eng. Soc.*, 10, 164–177.

Rea, M.S. (1982) Calibration of subjective scaling responses, *Lighting Res. Technol.*, 14, 121–129.

Rea, M.S. (1984) Window blind occlusion: A pilot study, *Build. Environ.*, 19, 133–137.

Rea, M.S. (1986) Toward a model of visual performance: Foundations and data, *J. Illum. Eng. Soc.*, 15, 41–58.

Rea, M.S., (1987) Toward a model of visual performance: a review of methodologies, *J. Illum. Eng. Soc.*, 16, 128–142.

Rea, M.S. (1991) Solving the problem of VDT reflections, *Prog. Archit.*, 10, 35–40.

Rea, M.S. (2012) The Trotter Paterson Lecture 2012: What ever happened to visual performance? *Lighting Res. Technol.*, 44, 95–108.

Rea, M.S. (2013) *Value Metrics for Better Lighting*, Bellingham, WA: SPIE Press.

Rea, M.S. and Bullough, J.D. (2007) Move to a unified system of photometry, *Lighting Res. Technol.*, 39, 393–408.

Rea, M.S. and Freyssinier, J.P. (2010) Color rendering: Beyond pride and prejudice, *Color Res. Appl.*, 35, 401–409.

Rea, M.S. and Freyssinier, J.P. (2013) White lighting for residential applications. *Lighting Res. Technol.*, 45, 331–344.

Rea, M.S. and Ouellette, M.J. (1988) Visual performance using reaction times, *Lighting Res. Technol.*, 20, 139–153.

Rea, M.S. and Ouellette, M.J. (1991) Relative visual performance: A basis for application, *Lighting Res. Technol.*, 23, 135–144.

Rea, M.S., Ouellette, M.J. and Kennedy, M.E. (1985a) Lighting and task parameters affecting posture, performance and subjective ratings, *J. Illum. Eng. Soc.*, 15, 231–238.

Rea, M.S., Clark, F.R.S. and Ouellette, M.J. (1985b) Photometric and psycho-physical measurements of exit signs through smoke, National Research Council of Canada, DBR paper 1291, Ottawa, Ontario, Canada: National Research Council Canada.

Rea, M.S., Ouellette, M.J. and Tiller, D.K. (1990) The effects of luminous surroundings on visual performance, pupil size and human preference, *J. Illum. Eng. Soc.*, 19, 45–58.

Rea, M.S., Bierman, A., McGowan, T., Dickey, F. and Havard, J. (1997) A field study comparing the effectiveness of metal halide and high pressure sodium illuminants under mesopic conditions, *Proceedings of the CIE Symposium on Visual Scales: Photometric and Colourimetric Aspects*, Teddington, U.K. Vienna, Asutria: CIE.

Rea, M.S., Figueiro, M.G. and Bullough, J.D. (2002) Circadian photobiology: An emerging framework for lighting practice and research, *Lighting Res. Technol.*, 34, 177–190.

Rea, M.S., Bullough, J.D., Freyssinier-Nova, J.-P. and Bierman, A. (2004a) A proposed unified system of photometry, *Lighting Res. Technol.*, 36, 85–111.

Rea, M.S., Deng, L. and Wolsey, R. (2004b) *NLPIP Lighting Answers: Full Spectrum Light Sources*, Troy, NY: Lighting Research Center.

Rea, M.S., Figueiro, M.G., Bullough, J.D. and Bierman, A. (2005b) A model of phototransduction by the human circadian system, *Brain Res. Rev.*, 50, 213–228.

Rea, M.S., Bullough, J.D. and Akashi, Y. (2009a) Several views of metal halide and high pressure sodium lighting for outdoor applications, *Lighting Res. Technol.*, 41, 297–320.

Rea, M.S., Bullough, J.D., Fay, C.R., Brons, J.A., van Derlofske, J. and Donnell, E.T. (2009b) Review of the safety benefit and other effects of roadway lighting, Final report prepared for the National Cooperative Highway Research Program Washington DC: Transportation Research Board.

Rea, M.S., Figueiro, M.G., Bierman, A. and Bullough, J.D. (2010a) Circadian light, *J. Circadian Rhythms*, doi 10.1186/1740-3391-8-2.

Rea, M.S., Bullough, J.D. and Zhou, Y. (2010b) A method for assessing the visibility benefits of roadway lighting, *Lighting Res. Technol.*, 42, 215–241.

Rea, M.S., Radetsky, L.C. and Bullough, J.D. (2011) Toward a model of outdoor lighting scene brightness, *Lighting Res. Technol.*, 43, 7–30.

Rea, M.S., Figueiro, M.G., Bierman, A. and Hamner, R. (2012a) Modeling the spectral sensitivity of the human circadian system, *Lighting Res. Technol.*, 44, 386–396.

Rea, M.S., Smith, A., Bierman, A. and Figueiro, M.G. (2012b) *The Potential of Outdoor Lighting for Stimulating the Human Circadian System*, Troy, NY: Lighting Research Center.

Reed, N.G. (2010) The history of ultraviolet germicidal irradiation for air disinfection. *Public Health Rep.*, 123, 15–27.

Reed, M.P. and Flannagan, M.J. (2003) Geometric visibility of mirror-mounted turn signals, Report UMTRI-2003-18, Ann Arbor, MI: University of Michigan Transportation Research Institute.

Reinhart, C.F. and Voss, K. (2003) Monitoring manual control of electric lighting and blinds, *Lighting Res. Technol.*, 35, 243–260.

Reinhart, C.F., Mardaljevic, J. and Rogers, Z. (2006) Dynamic daylight performance metrics for sustainable building design, *Leukos*, 3, 7–31.

Reiter, D.E. (2002) Potential biological consequences of excessive light exposure: Melatonin suppression, DNA damage, cancer and neurodegenerative diseases, *Neuroendocrinol. Lett.*, 23(suppl. 2), 9–13.

Reitmaier, J. (1979) Some effects of veiling reflections in papers, *Lighting Res. Technol.*, 11, 204–209.

Renfrew, J.W., Pettigrew, K.D. and Rapoport, S.I. (1987) Motor activity and sleep duration as function of age in healthy men, *Physiol. Behav.*, 41, 627–634.

Revell, V.L., Barrett, D.C., Schlangen, L.J. and Skene, D.J. (2012) Predicting human nocturnal nonvisual responses to monochromatic and polychromatic light with a melanopsin photosensitivity function, *Chronobiol. Int.*, 27, 1762–1777.

Rich, C. and Longcore, T. (2006) *Ecological Consequences of Artificial Night Lighting*, Washington, DC: Island Press.

Richter, M. and Witt, K. (1986) The story of the DIN color system, *Color Res. Appl.*, 11, 138–145.

Riemersma-van der Lek, R.F., Swaab, D.F., Twisk, J., Hol, E.M., Hoogendijk, W.J. and van Someren, E.J. (2008) Effect of bright light and melatonin on cognitive and non-cognitive function in elderly resident in group care facilities: A randomized controlled trial, *JAMA*, 299, 2642–2655.

Rihner, M. and McGrath, J.R.H. (1992) Fluorescent light photosensitivity in patients with systemic lupus erythematosus, *Arthritis Rheum.*, 35, 949–952.

Rimmer, D.W., Boivin, D.B., Shanahan, T.L., Kronauer, R.E., Duffy, J.F. and Czeisler, C.A. (2000) Dynamic resetting of the human circadian pacemaker by intermittent bright light, *Am. J. Physiol.*, 279, R1574–R1579.

Ritch, R. (2000) Glaucoma, in B. Silverstone, M.A. Lang, B.P. Rosenthal and E.E. Faye (eds) *The Lighthouse Handbook on Vision Impairment and Vision Rehabilitation*, New York: Oxford University Press.

RLW Analytics. (1999), *Non-residential New Construction Baseline Study*, Sonoma, CA: RLW Analytics.

Roberts, B. (1997) *The Quest for Comfort*, London, U.K.: Chartered Institution of Building Services Engineers.

Roberts, J.E. and Wilkins, A.J. (2013) Perception of flicker as pattern at frequencies in excess of 1 kHz during saccades, *Lighting Res. Technol.*, 45, 124–132.

Robertson, A.R. (1977) The CIE 1976 color difference formulae, *Color Res. Appl.*, 2, 7–11.

Rockwell, T.H. and Safford, R.R. (1968) An evaluation of automotive rear signal system characteristics in night driving, Report EES-272 B, Columbus, OH: The Ohio State University.

Roenneberg, T. and Aschoff, J. (1990a) Annual rhythm of human reproduction: I Biology, sociology or both? *J. Biol. Rhythms*, 5, 195–216.

Roenneberg, T. and Aschoff, J. (1990b) Annual rhythm of human reproduction: II Environmental considerations, *J. Biol. Rhythms*, 5, 217–239.

Roethlisberger, F.J. and Dickson, W.J. (1939) *Management and the Worker*, Cambridge, MA: Harvard University Press.

Rogers, J.G. (1972) Peripheral contrast thresholds for moving images, *Hum. Factors*, 14, 199–205.

Roll, R.F. (1987) Recent results on the illumination of VDU and CAD workstations, in B. Knave and P.G. Wideback (eds) *Work with Display Units*, 86, Amsterdam, the Netherlands: North Holland.

Rombouts, P., Vandewymgaerde, H. and Maggetto, G. (1989) Minimum semi-cylindrical illuminance and modeling in residential lighting, *Lighting Res. Technol.*, 21, 49–55.

Roper, V.J. and Howard, E.A. (1938) Seeing with motor car headlamps, *Trans. Illum. Eng. Soc. (Lond.)*, 33, 417–438.

Rosekind, M.R., Gregory, K.B., Mallis, M.M., Brandt, S.L., Seal, B. and Lerner, D. (2010) The cost of poor sleep: Workplace productivity loss and associated costs, *J. Occup. Environ. Med.*, 52(1): 91–98.

Rosen, L.N., Targum, S.D., Terman, M., Bryant, M.J., Hoffman, H., Kasper, S.F., Hamovit, J.R., Docerty, J.P., Welch, B. and Rosenthal, N.E. (1990) Prevalence of seasonal affective disorder at four latitudes, *Psychiatry Res.*, 31, 131–144.

Rosenhahn, E.O. and Hamm, M. (2001) Measurements and ratings of HID headlamp impact on traffic safety aspects, SAE Report, SP1595, Warrendale, PA: Society of Automotive Engineers.

Roufs, J.A.J. (1991) *The Man-Machine Interface*, Volume 15 in a series entitled *Vision and Visual Dysfunction*, J. Cronley-Dillon (ed), London, U.K.: Macmillan Press.

Roufs, J.A.J. and Boschman, M.C. (1991) Visual comfort and performance, in J.A.J. Roufs (ed) *The Man-Machine Interface*, London, U.K.: MacMillan Press.

Royal National Institute of Blind People (RNIB) and Thomas Pocklington Trust. (2009) *Improve the Lighting in Your Home*, London, U.K.: RNIB and Thomas Pocklington Trust.

Royer, M., Ballentine, N.H., Eslinger, P.J., Houser, K, Mistrick, R., Behr, R. and Rakos, K. (2012) Light therapy for seniors in long-term care, *JAMDA*, 13, 100–102.

Rubin, A.I., Collins, B.L. and Tibbott, R.L. (1978) *Window Blinds as a Potential Energy Saver – A Case Study*, NBS Building Science Series 112, Gaithersburg, MD: National Bureau of Standards.

Rubin, G.S., Adamsons, I.A. and Stark, W.J. (1993) Comparison of acuity, contrast sensitivity and disability glare before and after cataract surgery. *Arch. Ophthalmol.*, 111, 56–61.

Rubin, G.S., Ng, E.S., Bandeen, K., Keyl, P., Freeman, E.E. and West, S.K. (2007) A prospective population-based study of the role of visual impairment in motor vehicle crashes among older drivers: The SEE study, *Invest. Ophthalmol. Vis. Sci.*, 489, 14893–1491.

Rubini, P.A. and Zhang, Q. (2007) Simulation of visibility in smoke laden environments, *Proceedings of the 5th International Seminar on Fire and Explosion Hazards*, Edinburgh, Scotland.

Rubinstein, F., Avery, D., Jennings, J. and Blanc, S. (1997) On the calibration and commissioning of lighting controls, *Proceedings of Right Light 4*, Frederiksberg, Denmark: DEF Congress Service.

Rubinstein, F., Jennings, J., Avery, D. and Blanc, S. (1999) Preliminary results from an advanced lighting controls testbed, *J. Illum. Eng. Soc.*, 28, 130–141.

Rudnick, S.N., First, M.W., Vincent, R.L. and Brickner, P.W. (2009) In-place testing of in-duct ultraviolet germicidal irradiation. *Heat. Vent. Air Con. Refrig. Res.*, 15, 525–535.

Ruger, M., Gordijn, M.C.M., Beersma, D.G.M, de Vries, B. and Daan, S. (2005) Weak relationships between suppression of melatonin and suppression of sleepiness/fatigue in response to light exposure, *J. Sleep Res.*, 14, 221–227.

Ruger, M., Gordijn, M.C.M., Beersma, D.G.M., de Vries, B. and Daan, S. (2006) Time-of-day-dependent effects of bright light exposure on human psychophysiology: Comparison of daytime, night time exposure, *Am. J. Physiol. Regul. Integr. Comp. Physiol.*, 290, 1413–1420.

Rumar, K. (1990) The basic driver error: Late detection, *Ergonomics*, 33, 1281–1290.

Rumar, K. (2000) Relative merits of the US and ECE high beam maximum intensities and of two and four headlamp systems, Report UMTRI 2000-41, Ann Arbor, MI: University of Michigan Transportation Institute.

Rumar, K. (2003) Functional requirements for daytime running lights, Report UMTRI-2003-11, Ann Arbor, MI: University of Michigan Transportation Research Institute.

Rumar, K. and Marsh II, D.K. (1998) Lane marking in night driving: A review of past research and of the present situation, Report UMTRI-98-50, Ann Arbor, MI: University of Michigan Transportation Research Institute.

Ruth, W., Carlsson, L., Wibom, R. and Knave, B. (1979) Workplace lighting in foundries, *Lighting Des. Appl.*, 9, 11, 22–29.

Rutkowsky, W. (1987) Light filtering lenses as an alternative to cataract surgery, *J. Am. Optom. Assoc.*, 58, 640–641.

Rutley, K.S. and Mace, D.G.W. (1969) An evaluation of a brakelight display which indicates the severity of braking, Report LR-287, Crowthorne, U.K.: Transport and Road Research Laboratory.

Ruys, T. (1970) Windowless offices, MA thesis, Seattle, WA: University of Washington.

Saalfield, C. (1995) The effect of lamp spectra and illuminance on color identification, MS thesis, Troy, NY: Rensselaer Polytechnic Institute.

Sack, R.L., Blood, M.L. and Lewy, A.J. (1992) Melatonin rhythms in night shift workers, *Sleep*, 15, 434–441.

Saeed, S.A. and Bruce, T.J. (1998) Seasonal affective disorders, *Am. Fam. Physician*, 57, 1340–1346, 1351–1352.

Sagawa, K. (2006) Toward a CIE supplementary system of photometry: Brightness at any level including mesopic vision, *Ophthalmic Physiol. Opt.*, 26, 240–245.

Sagawa, K. and Takahashi, Y. (2001) Spectral luminous efficiency as a function of age, *J. Opt. Soc. Am.*, 18, 2659–2667.

Sahin, L. and Figueiro, M.G. (2013) Alerting effects of short-wavelength (blue) and long-wavelength (red) lighting in the afternoon, *Physiol. Behav.*, doi 10.1016/j.physbeh.2013.3.014.

Scanda, N. and Schanda, J. (2006) Visual colour rendering based on colour difference evaluations, *Lighting Res. Technol.*, 38, 225–239.

Sanford, L.J. (1996) Visual environment for the partially sighted, *Proceedings of the IESNA Annual Conference*, Cleveland, OH. New York: Illuminating Engineering Society of North America.

Sanford, B.E., Neacham, S., Hanifin, J.P., Hannon, P., Streletz, L., Sliney, D. and Brainard, G.C. (1996) The effects of ultraviolet-A radiation on visual evoked potentials in the young human eye, *Acta Ophthalmol. Scand.*, 74, 553–557.

Sato, M., Inui, M., Nakamura, Y. and Takeuchi, Y. (1989) Visual environment of a control room, *Lighting Res. Technol.*, 21, 99–106.

Saunders, J.E. (1969) The role of the level and diversity of horizontal illumination in an appraisal of a simple office task, *Lighting Res. Technol.*, 1, 37–46.

Sayer, J.R., Mefford, M.L., Flannagan, M.J. and Sivak, M. (1996) Reaction time to center high-mounted stop lamps: Effects of context, aspect ratio, intensity and ambient illumination, Report UMTRI-96-3, Ann Arbor, MI: University of Michigan Transportation Research Institute.

Sayer, J.R., Mefford, M.L. and Blower, D. (2001) The effects of rear-window transmittance and back-up lamp intensity on backing behavior, Report UMTRI-2001-6, Ann Arbor, MI: University of Michigan Transportation Research Institute.

Scheer, R.A. and Buijs, R.M. (1999) Light affects morning salivary cortisol in humans, *J. Clin. Endocrinol. Metab.*, 84, 3395–3398.

Schernhammer, E.S. and Thompson, C.A. (2011) Light at night and health: The perils of rotating shift work, *Occup. Environ. Med.*, 68, 310–311.

Schernhammer, E.S., Laden, F., Speizer, F.E., Willett, W.C., Hunter, D.J., Kawachi, I. and Colditz, G.A. (2001) Rotating night shifts and risk of breast cancer in women participating in the nurses' health study, *J. Natl. Cancer Inst.*, 93, 1563–1568.

Schernhammer, E.S., Kroenke, C.H., Laden, F. and Hankinson, S.E. (2006) Night work and risk of breast cancer, *Epidemiology*, 17, 108–111.

Schielke, T. (2010) Light and corporate identity: Using lighting for corporate communication, *Lighting Res. Technol.*, 42, 285–295.

Schivelbusch, W. (1988) *Disenchanted Night: The Industrialization of Light in the Nineteenth Century*, Oxford, U.K.: Berg Publishing.

Schmidt, T.M., Chen, S.-K. and Hattar, S. (2011) Intrinsically photosensitive retinal ganglion cells: Many subtypes, diverse functions, *Trends Neurosci.*, 34, 572–580.

Schmidt-Clausen, H.J. (1985) Optimum luminances and areas of rear-position lamps and stop lamps, *Proceedings of the 10th International Technical Conference on Experimental Safety Vehicles*, Washington, DC: National Highway Traffic Safety Administration.

Schmidt-Clausen, H.J. and Bindels, J.H. (1974) Assessment of discomfort glare in motor vehicle lighting, *Lighting Res. Technol.*, 6, 79–88.

Schmidt-Clausen, H.J. and Finsterer, H. (1989) Large scale experiment about improving the night-time conspicuity of trucks, *Proceedings of the 12th International Technical Conference on Experimental Safety Vehicles*, Washington, DC: National Highway Traffic and Safety Administration.

Schoettle, B., Sivak, M. and Flannagan, M.J. (2002) High-beam and low-beam headlighting patterns in the US and Europe at the turn of the millenium, SAE paper 2002-01-0262, Warrendale, PA: Society of Automotive Engineers.

Schooley, L.C. and Reagan, J.A. (1980a) Visibility and legibility of exit signs, Part 1: Analytical predictions, *J. Illum. Eng. Soc.*, 10, 24–28.

Schooley, L.C. and Reagan, J.A. (1980b) Visibility and legibility of exit signs, Part 2: Experimental results, *J. Illum. Eng. Soc.*, 10, 29–32.

Schreuder, D.A. (1998) *Road Lighting for Safety*, London, U.K.: Thomas Telford.

Schumann, J., Sivak, M., Flannagan, M.J. and Schoettle, B. (2003) Conspicuity of mirror-mounted turn signals, Report UMTRI-2003-26, Ann Arbor, MI: University of Michigan Transportation Research Institute.

Schwab, R.N. and Mace, D.J. (1987) Luminance measurements for signs with complex backgrounds, *Proceedings of the CIE, 21st Session*, Venice, Italy. Vienna, Austria: CIE.

Schwartz, S.D. (2000) Age-related maculopathy and age-related macular degeneration, in B. Silverstone, M.A. Lang, B.P. Rosenthal and E.E. Faye (eds) *The Lighthouse Handbook on Vision Impairment and Vision Rehabilitation*, New York: Oxford University Press.

Scott, P.P. (1980) The relationship between road lighting quality and accident frequency, TRRL Laboratory Report 929, Crowthorne, U.K.: Transport and Road Research Laboratory.

Sekular, R. and Blake, R. (1994) *Perception*, 3rd edn., New York: McGraw-Hill.

Sekular, R. and Blake, R. (2005) *Perception*, 5th edn., New York: McGraw-Hill.

Shaftoe, H. (1994) Easton/Ashley, Bristol: Lighting improvements, in S. Osborn (ed) *Housing Safe Communities: An Evaluation of Recent Initiatives*, London, U.K.: Safe Neighbourhoods Unit.

Sharp, G.W.G. (1960) The effect of light on diurnal leucocyte variations, *J. Endocrinol.*, 21, 213–223.

Sheedy, J.E. (2007) The physiology of eyestrain, *J. Mod. Opt.*, 54, 1333–1341.

Sheedy, J.E. and Bailey, I.L. (1995) Symptoms and reading performance with peripheral glare sources, in A. Grieco, G. Molteni, E. Occhipinto and B. Piccoli (eds) *Work with Display Units*, *94*, Amsterdam, the Netherlands: North Holland.

Sheedy, J.E., Hayes, J.N. and Engle, J. (2003) Is all asthenopia the same? *Optom. Vis. Sci.*, 80, 732–739.

Shepherd, A.J. (2010) Visual stimuli, light and lighting are common triggers of migraine and headache, *J. Light Vis. Environ.*, 34, 94–100.

Shepherd, A.J., Julian, W.G. and Purcell, A.T. (1989) Gloom as a psychophysical phenomenon, *Lighting Res. Technol.*, 21, 89–97.

Shepherd, A.J., Julian, W.G. and Purcell, A.T. (1992) Measuring appearance: Parameters indicated from gloom studies, *Lighting Res. Technol.*, 24, 203–214.

Sheskin, D.J. (2004) *Handbook of Parametric and Nonparametric Statistical Procedures*, 3rd edn., Boca Raton, FL: Chapman and Hall/CRC.

Shields, M.B., Ritch, R. and Krupin, T.K. (1996) Classification and mechanisms of the glaucomas, in R. Rich, M.B. Shields and T. Krupin (eds) *The Glaucomas*, St Louis, MO: Mosby.

Shlaer, S. (1937) The relation between visual acuity and illumination, *J. Gen. Physiol.*, 21, 165–168.

Shochat, T., Martin, J., Marler, M. and Ancoli-Isreal, S. (2000) Illumination levels in nursing home patients: Effects on sleep and activity rhythms, *J. Sleep Res.*, 9, 373–379.

Sicurella, V.J. (1977) Colour contrast as an aid for visually impaired persons, *Vis. Impair. Blind.*, 71, 252–257.

Sime, J. and Kimura, M. (1988) The timing of escape: Exit choice behaviour in fires and building evacuations, in J. Sime (ed) *Safety in the Built Environment*, London, U.K.: E & F.N. Spon.

Simmons, R.C. (1975) Illuminance, diversity and disability glare in emergency lighting, *Lighting Res. Technol.*, 7, 125–132.

Simons, R.H. and Bean, A.R. (2000) *Lighting Engineering*, London, U.K.: Butterworth-Heinemann.

Simons, R.H., Hargroves, R.A., Pollard, N.E. and Simpson, M.D. (1987) Lighting criteria for residential roads and areas, *Proceedings of the Commission Internationale de l'Eclairage*, *21st Session*, Venice, Italy. Vienna, Austria: CIE.

Simonson, E. and Brozek, J. (1948) Effects of illumination level on visual performance and fatigue, *J. Opt. Soc. Am.*, 38, 384–387.

Sivak, M. and Flannagan, M.J. (1993) A fast rise brake light as a collision-prevention device, *Ergonomics*, 36, 391–395.

Sivak, M. and Olson, P.L. (1985) Optimal and minimal luminance characteristics for retro-reflective highway signs, *Transport. Res. Rec.*, 1027, 53–57.

Sivak, M. and Schoettle, B. (2011) Benefits of daytime running lights, Report UMTRI-2011-6, Ann Arbor, MI: University of Michigan Transportation Research Institute.

Sivak, M., Flannagan, M.J., Ensing, M. and Simmons, C.J. (1991) Discomfort glare is task dependent, *Int. J. Vehicle Des.*, 12, 152–159.

Sivak, M., Flannagan, M. and Gellatly, W. (1993) Influence of truck driver eye position on effectiveness of retro-reflective traffic signs, *Lighting Res. Technol.*, 25, 31–36.

Sivak, M., Flannagan, M.J., Traube, E.C. and Kojima, S. (1998) Automobile rear signal lamps: Effects of realistic levels of dirt on light output, *Lighting Res. Technol.*, 30, 24–28.

Sivak, M., Flannagan, M.J., Miyokawa, T. and Traube, E.C. (1999) Color identification in the visual periphery: Consequences for color coding of vehicle signals, Report UMTRI-99-20, Ann Arbor, MI: University of Michigan Transportation Research Institute.

Sivak, M., Flannagan, M.J., Schoettle, B. and Nakata, Y. (2001) Masking of front turn signal by headlamps in combination with other front lamps, *Lighting Res. Technol.*, 33, 233–242.

Sivak, M., Schoettle, B. and Flannagan, M.J. (2004) LED headlamps: Glare and colour rendering, *Lighting Res. Technol.*, 36, 295–305.

Sivak, M., Schoettle, B. and Flannagan, M.J. (2006a) Mirror-mounted turn signals and traffic safety, Report UMTRI-2006-23, Ann Arbor, MI: University of Michigan Transportation Research Institute.

Sivak, M., Schoettle, B., Flannagan, M.J. and Minoda, T. (2006b) Effectiveness of clear-lens turn signals in direct sunlight, *Leukos*, 2, 199–209.

Slater, A.I. and Boyce, P.R. (1990) Illuminance uniformity on desks: Where is the limit? *Lighting Res. Technol.*, 22, 165–174.

Slater, A.L., Perry, M.J. and Crisp, V.H.C. (1983) The applicability of the CIE visual performance model to lighting design, *Proceedings of the CIE 20th Session*, Amsterdam, the Netherlands. Paris, France: CIE.

Slater, A.I., Perry, M.J. and Carter, D.J. (1993) Illuminance differences between desks: Limits of acceptability, *Lighting Res. Technol.*, 25, 91–103.

Sleegers, B.E., Moolenaar, N.M., Galetzka, M., Pruyn, A., Sarroukh, B.E. and van der Zanden, B.M. (2013) Lighting affects students' concentration positively: Findings from three Dutch studies, *Lighting Res. Technol.*, 45, 159–175.

Sliney, D.H. (1995) Ultraviolet radiation and its effect on the aging eye, in W. Adrian, D. Sliney and J. Werner (eds) *Lighting for Aging Vision and Health*, New York: Lighting Research Institute.

Sloan, L.L., Habel, A. and Feiock, K. (1973) High illumination as an auxiliary reading aid in diseases of the macula, *Am. J. Ophthalmol.*, 76, 745–757.

Smet, K.A.G., Ryckaert, W.R., Pointer, M.R., Deconinck, G. and Hanselaer, P. (2010) Memory colours and colour quality evaluation of conventional and solid-state lamps. *Opt. Express*, 18, 26229–26244.

Smet, K.A.G., Ryckaert, W.R., Pointer, M.R., Deconinck, G. and Hanselaer, P. (2011) Correlation between color quality metric predictions and visual appreciation of light sources. *Opt. Express*, 19, 8151–8166.

Smith, S.W. (1976) Performance of complex tasks under different levels of illumination, Part 1 – Needle probe task, *J. Illum. Eng. Soc.*, 5, 235–242.

Smith, S.W. and Rea, M.S. (1978) Proofreading under different levels of illumination, *J. Illum. Eng. Soc.*, 8, 47–52.

Smith, S.W. and Rea, M.S. (1979) Relationships between office task performance and ratings of feelings and task evaluations under different light sources and levels, *Proceedings of the CIE, 19th Session*, Kyoto, Japan. Paris, France: CIE.

Smith, S.W. and Rea, M.S. (1982) Performance of a reading test under different levels of illumination, *J. Illum. Eng. Soc.*, 12, 29–33.

Smith, S.W. and Rea, M.S. (1987) Check value verification under different levels of illumina-tion, *J. Illum. Eng. Soc.*, 16, 143–149.

Smith, K.A., Schoon, M.W. and Czeisler, C.A. (2004) Adaptation of human pineal melatonin suppression by recent photic history, *J. Clin. Endocrinol. Metab.*, 89, 3610–3614.

Smith, M.R., Fogg, L.F. and Eastman, C.I. (2009) A compromise circadian phase position for permanent night work improves mood, fatigue and performance, *Sleep*, 32, 1481–1489.

Smolders, K.C.H.J., de Kort, Y.A.W. and Cluitmans, P.J.M. (2012) A higher illuminance induces alertness even during office hours: Findings on subjective measures, task per-formance and heart rate measures, *Physiol. Behav.*, 107, 7–16.

Snow, C.E. (1927) Research on industrial illumination, *Tech Eng. News*, 8, 257–282.

Soardo, P., Iacomuss, P., Rossi, G. and Fellin, L. (2008) Compatibility of road lighting with star visibility, *Lighting Res. Technol.*, 40, 307–322.

Society of Automotive Engineers (SAE). (1990) *Lighting Committee Summary of DRL Tests*, Warrendale, PA: SAE.

Society of Light and Lighting (SLL). (1994) *SLL Code for Lighting*, London, U.K.: SLL.

Society of Light and Lighting (SLL). (2005) *SLL Lighting Guide 7: Lighting of Offices*, London, U.K.: SLL.

Society of Light and Lighting (SLL). (2006a) *Lighting Guide 12: Emergency Lighting Design Guide*, London, U.K.: SLL.

Society of Light and Lighting (SLL). (2006b) *SLL Lighting Guide 4: Sports*, London, U.K.: SLL.

Society of Light and Lighting (SLL). (2009) *SLL Lighting Handbook*, London, U.K.: SLL.

Society of Light and Lighting (SLL). (2011) *SLL Factfile No 7: Design and Assessment of Exterior Lighting Schemes*, London, U.K. SLL.

Society of Light and Lighting (SLL). (2012a) *SLL Code for Lighting*, London, U.K.: SLL.

Society of Light and Lighting (SLL). (2012b) *SLL Lighting Guide 1: The Industrial Environment*, London, U.K.: SLL.

Society of Light and Lighting (SLL). (2012c) *Guide for Limiting Obtrusive Light*, London, U.K.: SLL.

Solomon, S.G. and Lennie, P. (2007) The machinery of colour vision, *Nat. Rev. Neurosci.*, 8, 276–286.

Soltic, S. and Chalmers, A.N. (2012) Differential evolution for the optimization of multi-band white LED light sources, *Lighting Res. Technol.*, 44, 224–237.

Sommer, A., Tielsch, J.M., Katz, J., Quigley, H.A., Gottsch, J.D., Javitt, J.C., Martone, J.F., Royall, R.M., Witt, K. and Ezrine, S. (1991) Racial differences in the cause-specific prevalence of blindness in east Baltimore, *New Engl. J. Med.*, 325, 1412–1417.

Sorensen, K. (1987) Comparison of glare index definitions, Research note of the Danish Illuminating Engineering Laboratory DK 2800, Lyngby, Denmark: DIES.

Sorensen, K. (1991) Practical aspects of discomfort glare evaluation: Interior lighting, *Proceedings of the First International Symposium on Glare*, New York: Lighting Research Institute.

Sorensen, S. and Brunnstrom, G. (1995) Quality of light and quality of life: An intervention study among older people. *Lighting Res. Technol.*, 27, 113–118.

Stahl, F. (2004) Kongruenz des blickverlaufs, bei virtuellen und raelen autofahrten – Validierung eines nachtfahrsimulators, Diplomarbeit, Ilmenau, Germany: Ilmenau Technische Universitat.

Standards Australia. (2005) *Lighting for Roads and Public Spaces. Part 3 Pedestrian Area (Category P) Lighting – Performance and Installation Design Requirements*, AS/NZS 1158.3.1:2005, Sydney, New South Wales, Australia: Standards Australia.

Stenzel, A.G. (1962) Experience with 1000 lx in a leather factory, *Lichttechnik*, 14, 16–18.

Stenzel, A.G. and Sommer, J. (1969) The effect of illumination on tasks which are largely independent of vision, *Lichttechnik*, 21, 143–146.

Stevens, S.S. (1961) The psychophysics of sensory function, in W.A. Rosenblith (ed) *Sensory Communication*, Cambridge, MA: MIT Press.

Stevens, R.G. (1987) Electric power and breast cancer: A hypothesis, *Am. J. Epidemiol.*, 125, 556–561.

Stevens, R.G. (2009) Light-at-night, circadian disruption and breast cancer: Assessment of existing evidence, *Int. J. Epidemiol.*, 38, 963–970.

Stevens, R.G., Blask, D.E., Brainard, G.C., Hansen, J., Lockley, S.W., Provencio, I., Rea, M.S. and Reinlib, L. (2007) Meeting report: The role of environmental lighting and circadian disruption in cancer and other diseases, *Environ. Health Perspect.*, 115, 1357–1362.

Steward, J.M. and Cole, B.L. (1989) What do colour defectives say about everyday tasks? *Optom. Vis. Sci.*, 66, 288–295.

Stiles, W.S. (1930) The scattering theory of the effect of glare on the brightness difference threshold, *Proc. R. Soc. Lond.*, 105B, 131–146.

Stiles, W.S. and Crawford, B.H. (1937) The effects of a glaring light source on extrafoveal vision, *Proc. R. Soc. Lond.*, 122B, 255–280.

Stockman, A. and Sharpe, L.T. (2006) Into the twilight zone: The complexities of mesopic vision and luminous efficiency, *Ophthalmic Physiol. Opt.*, 26, 225–239.

Stone, P.T. and Harker, S.D.P. (1973) Individual and group differences in discomfort glare response, *Lighting Res. Technol.*, 5, 41–49.

Stone, N. and Irvine, J. (1991) Performance, mood, satisfaction and task type in various work environments: A preliminary study, *J. Gen. Psychol.*, 120, 489–497.

Storch, R.L. and Bodis-Wollner, I. (1990) Overview of contrast sensitivity and neuro-ophthalmic disease, in M.P. Nadler, D. Miller and D.J. Nadler (eds) *Glare and Contrast Sensitivity for Clinicians*, New York: Springer-Verlag.

Stuck, B.E. (1998) The retina and action spectrum for photoretinitis ("blue light hazard"), in R. Matthes and D. Sliney (eds) *Measurements of Optical Radiation Hazards*, OberschleiBheim, Germany: International Commission on Non-Ionizing Radiation Protection.

Subisak, G.J. and Bernecker, C.A. (1993) Psychological preferences for industrial lighting, *Lighting Res. Technol.*, 25, 171–177.

Suk, J. and Schiler, M. (2013) Investigation of Evalglare software, daylight glare probability and high dynamic range imaging for daylight glare analysis, *Lighting Res. Technol.*, 45, 450–463.

Sullivan, J. and Flannagan, M.J. (2001) Reaction time to clear-lens turn signals under sun-loaded conditions, Report UMTRI-2001-30, Ann Arbor, MI: University of Michigan Transportation Research Institute.

Sullivan, J.M. and Flannagan, M.J. (2002) The role of ambient light level in fatal crashes: Inferences from daylight saving time transitions, *Accid. Anal. Prev.*, 34, 487–498.

Sullivan, J.M. and Flannagan, M.J. (2007) Determining the potential safety benefit of improved lighting in three pedestrian crash scenarios, *Accid. Anal. Prev.*, 39, 638–647.

Sullivan, J.M., Adachi, G., Mefford, M.L. and Flannagan, M.J. (2004) High-beam headlamp usage on unlighted rural roadways, *Lighting Res. Technol.*, 36, 59–67.

Swaab, D.F., Fliers, E. and Partiman, T.S. (1985) The suprachiasmatic nucleus of the human brain in relation to sex, age and senile dementia, *Brain Res.*, 342, 37–44.

Sweater-Hickcox, K., Narendran, N., Bullough, J.D. and Freyssinier, J.-P. (2013) Effect of different coloured luminous surrounds on LED discomfort glare perception, *Lighting Res. Technol.*, 45, 464–475.

Szabo, F., Bodrogi, P. and Schanda, J. (2009) A colour harmony rendering index based on predictions of colour harmony impression, *Lighting Res. Technol.*, 41, 165–82.

Tanner, J.C. and Harris, A.J. (1956) Comparison of accidents in daylight and in darkness, *Int. Road Safety Traffic Rev.*, 4, 11–14, 39.

Taubes, G. (1995) Epidemiology faces its limits, *Science*, 269, 164–169.

Taylor, R.B. and Gottfredson, S. (1986) Environmental design, crime and crime reduction: An examination of community dynamics, in A.J. Reiss and M. Tonry (eds) *Communities and Crime*, Chicago, IL: University of Chicago Press.

Taylor, G.W. and Ng, W.K. (1981) Measurement of effectiveness of rear-turn-signal systems in reducing vehicle accidents from an analysis of actual accident data, SAE Technical Paper 810192, Warrendale, PA: Society of Automotive Engineers.

Teichner, W. and Krebs, M. (1972) The laws of simple reaction time, *Psychol. Rev.*, 79, 344–358.

Temple/NEP Lighting Consultancy. (2006) Assessment of the problem of light pollution from security and decorative light. A report for DEFRA, London, U.K.: Temple/NEP Lighting Consultancy.

Terman, M. (1989) On the question of mechanism in phototherapy for seasonal affective disorder: Considerations of clinical efficacy and epidemiology, in N.E. Rosenthal and M.C. Blehar (eds) *Seasonal Affective, Disorders and Phototherapy*, New York: Guilford.

Terman, M., Terman, J.S., Quitkin, F.M., McGrath, P.J., Stewart, J.W. and Rafferty, B. (1989) Light therapy for seasonal affective disorder: A review of efficacy, *Neuropsychopharmacology*, 2, 1–22.

Terman, M., Lewy, A.J., Dijk, D.-J., Boulos, Z., Eastman, C.I. and Campbell, S.S. (1995) Light treatment for sleep disorders: Consensus report. IV. Sleep phase and duration disturbances, *J. Biol. Rhythms*, 10, 135–147.

Thapan, K., Arendt, J. and Skene, D.J. (2001) An action spectrum for melatonin suppression: Evidence for a novel non-rod, non-cone photoreceptor system in humans, *J. Physiol.*, 535, 261–267.

Theeuwes, J. and Alferdinck, J.W.A.M. (1996) The relation between discomfort glare and driver behavior, Report DOT HS 808 452, Washington, DC: US Department of Transportation.

Thomas Pocklington Trust. (2010) *Good Practice Guide 5: Good Housing Design-Lighting*, London, U.K.: Thomas Pocklington Trust.

Thompson, P.A. (2003) Daytime Running Lamps (DRLs) for pedestrian protection, SAE Technical Paper 2003-01-2072, Warrendale, PA: Society of Automotive Engineers.

Thornton, W.A. (1972) Color-discrimination index, *J. Opt. Soc. Am.*, 62, 191–194.

Tielsch, J.M. (2000) The epidemiology of vision impairment, in B. Silverstone, M.A. Lang, B.P. Rosenthal and E.E. Faye (eds) *The Lighthouse Handbook on Vision Impairment and Vision Rehabilitation*, New York: Oxford University Press.

Tielsch, J.M., Sommer, A., Witt, K., Katz, J. and Royall, R.M. (1990) Blindness and visual impairment in an American urban population, The Baltimore Eye Survey, *Arch. Ophthalmol.*, 108, 286–290.

Tien, J.M., O'Donnell, V.F., Barnett, A. and Mirchandani, P.B. (1979) *Street Lighting Projects National Evaluation Program: Phase 1 Report*, Washington, DC: US Department of Justice.

Tiller, D.K. (1990) Towards a deeper understanding of psychological effects of lighting, *J. Illum. Eng. Soc.*, 19, 59–65.

Tiller, D.K. and Rea, M.S. (1992) Semantic differential scaling: Prospects for lighting research, *Lighting Res. Technol.*, 24, 43–52.

Tilley, A.J., Wilkinson, R.T., Warren, P.S.G., Watson, B. and Drud, M. (1982) The sleep and performance of shift workers, *Hum. Factors*, 24, 629–641.

Tokura, M., Iwata, T. and Shukuya, M. (1996) Experimental study on discomfort glare caused by windows: Development of a method for evaluating discomfort glare from a large light source, *J. Arch. Plan. Environ. Eng.*, 489, 17–25.

Tong, D. and Canter, D. (1985) Informative warnings: In situ evaluations of fire alarms, *Fire Safety J.*, 9, 267–279.

Tonikian, R., Proulx, G., Benichou, N. and Reid, I. (2006) Literature review on photoluminescent material used as a safety wayguidance system, Research Report IRC-RR-214, Ottawa, Ontario, Canada: National Research Council Canada.

Torrington, J. and Tregenza, P. (2007) Lighting for people with dementia, *Lighting Res. Technol.*, 39, 81–97.

Touw, L.M.C. (1951) Preferred brightness ratio of task and its immediate surround, *Proceedings of the CIE, 12th Session*, Stockholm, Sweden. Paris, France: CIE.

Tregenza, P. and Loe, D., (2014) *The Design of Lighting*, Abingdon, UK: Routledge.

Tregenza, P. and Wilson, M. (2011) *Daylighting: Architecture and Lighting Design*, London, U.K.: Routledge.

Tsimhoni, O., Flannagan, M.J. and Minoda, T. (2005) Pedestrian detection with night vision systems enhanced by automatic warnings, Report UMTRI-2005-23, Ann Arbor, MI: University of Michigan Transportation Research Institute.

Tuaycharoen, N. and Tregenza, P.R. (2007) View and discomfort glare from windows, *Lighting Res. Technol.*, 39, 185–200.

Tupper, B., Miller, D. and Miller, R. (1985) The effect of a 550 nm cutoff filter on the vision of cataract patients, *Ann. Ophthalmol.*, 17, 67–72.

Turano, K., Rubin, G., Hedman, S., Chee, E. and Fried, L.P. (1994) Visual stabilization of posture in the elderly: Fallers vs non-fallers, *Optom. Vis. Sci.*, 71, 761–769.

Turner, P.L., van Someren, E.Z.J.W. and Mainster, M.A. (2010) The role of environmental light in sleep and health: Effects of ocular aging and cataract surgery, *Sleep Med. Rev.*, 14, 269–280.

Uhlman, R.F., Larson, E.B., Koepsell, T.D., Rees, T.S. and Duckert, L.G. (1991) Visual impairment and cognitive dysfunction in Alzheimer's disease, *J. Gen. Intern. Med.*, 6, 126–132.

Ulrich, R.S. (1984) View through a window may influence recovery from surgery, *Science*, 224, 420–421.

United States Department of Health, Education and Welfare (USDHEW). (1964) *Binocular Visual Acuity of Adults – US 1960–1962*, Washington, DC: USDHEW.

Urwick, L. and Brech, E.F.L. (1965) *The Making of Scientific Management: Vol. 3, The Hawthorne Investigations*, London, U.K.: Pitmans.

van den Berg, T.J.T.P. (1993) Quantal and visual efficiency of fluorescence in the lens of the human eye. *Invest. Ophthalmol. Vis. Sci.*, 34, 3566–3573.

van den Berg, T.J.T.P., IJspeert, J.K. and de Waard, P.W.T. (1991) Dependence of intraocular straylight on pigmentation and transmission through the ocular wall, *Vision Res.*, 31, 1361–1367.

van Derlofske, J. and Bullough, J.D. (2003) Spectral effects of high-intensity discharge automotive forward lighting on visual performance, SAE Technical Paper 2003-01-0559, Warrendale, PA: Society of Automotive Engineers.

van Derlofske, J., Bullough, J.D. and Hunter, C.M. (2001) Evaluation of high-intensity discharge automotive forward lighting, SAE Technical Paper 2001-01-0298, Warrendale, PA: Society of Automotive Engineers.

van Derlofske, J., Bullough, J.D., Dee, P., Chen, J. and Akashi, A. (2004) Headlamp parameters and glare, SAE Technical Paper 2004-01-1280, Warrendale, PA: Society of Automotive Engineers.

van Derlofske, J., Chen, J., Bullough, J.D. and Akashi, Y. (2005) Headlight glare exposure and recovery, SAE Paper 05B-269, Warrendale, PA: Society of Automotive Engineers.

van Houten, R., Healy, K., Malenfant, J.E.L. and Retting, R. (1998) The use of signs and signals to increase the efficacy of pedestrian-activated flashing beacons at crosswalks, *Proceedings of the 77th Transportation Research Board*, Washington, DC: Transportation Research Board.

van Kemenade, J.T.C. and van der Burgt, P.J.M. (1988) Light sources and colour rendering: Additional information for the R_a Index, *Proceedings of the CIBSE National Lighting Conference*, Cambridge, U.K. London, U.K.: CIBSE.

van Lierop, F.H., Rojas, C.A., Nelson, G.J., Dielis, H. and Suijker, J.L.G. (2000) 4000 K low wattage metal halide lamps with ceramic envelopes: A breakthrough in color quality, *J. Illum. Eng. Soc.*, 29, 83–88.

van Nes, F.L. and Bouman, M.A. (1967) Spatial modulation transfer in the human eye, *J. Opt. Soc. Am.*, 47, 401–406.

van Reeth, O., Sturis, J., Byrne, M.M., Blackman, J.D., L'Hermite-Balriaux, M., Leproult, R., Oliner, C., Retetoff, S., Turek, F.W. and van Cauter, E. (1994) Nocturnal exercise phase delays circadian rhythms of melatonin and thyrotropin secretion in normal men, *Am. J. Physiol.*, 266: E964–E974.

van Someren, E.J.W. and Riemersma-van der Lek, R.F. (2007) Live to the rhythm, slave to the rhythm, *Sleep Med. Rev.*, 11, 465–484.

van Someren, E.J.W., Hagebeuk, E.E.O., Lijzenga, C., Schellens, P., Rooij, S., Eja, D.E., Jonker, C., Pot, M.A., Mirmiran, M. and Swaab, D., (1996) Circadian rest-activity rhythm disturbances in Alzheimer's disease, *Biol. Psychiatry*, 40, 259–270.

van Someren, E.J., Lijzenga, C., Mirmiran, M. and Swaab, D.F. (1997a) Long-term fitness training improves the circadian rest-activity rhythm in healthy elderly males, *J. Biol. Rhythms*, 12, 146–156.

van Someren, E.J.W., Kessler, A., Mirmiran, M. and Swaab, D.F. (1997b) Indirect bright light improves circadian rest-activity rhythm disturbances in demented patients, *Biol. Psychiatry*, 41, 955–963.

Vandewalle, G., Schmidt, C., Albouy, G., Sterpenich, V., Darsaud, A., Rauchs, G., Berken, P.-Y. et al. (2007) Brain responses to violet, blue and green monochromatic light exposures in humans: Prominent role of blue light and the brainstem, *PLoS ONE*, 2, e1247.

Veitch, J.A. (2001a) Lighting quality considerations from biophysical processes, *J. Illum. Eng. Soc.*, 30, 3–16.

Veitch, J.A. (2001b) Psychological processes influencing lighting quality, *J. Illum. Eng. Soc.*, 30, 124–140.

Veitch, J.A. and McColl, S.L. (1995) Modulation of fluorescent light: Flicker rate and light source effects on visual performance and visual comfort, *Lighting Res. Technol.*, 27, 243–256.

Veitch, J.A. and McColl, S.L. (2001) A critical examination of the perceptual and cognitive effects attributed to full-spectrum fluorescent lighting, *Ergonomics*, 44, 255–279.

Veitch, J.A. and Newsham, G.R. (1996) Experts quantitative and qualitative assessments of lighting quality, *Proceedings of the Annual Conference of the IESNA*, Cleveland, OH. New York: IESNA.

Veitch, J.A. and Newsham, G.R. (1998a) Lighting quality and energy efficiency effects on task performance, mood, health, satisfaction and comfort, *J. Illum. Eng. Soc.*, 27, 107–129.

Veitch, J.A. and Newsham, G.R. (1998b) Determinants of lighting quality 1: State of the science, *J. Illum. Eng. Soc.*, 27, 92–106.

Veitch, J.A. and Newsham, G.R. (2000) Preferred luminous conditions in open-plan offices: Research and practice recommendations, *Lighting Res. Technol.*, 32, 199–212.

Veitch, J.A., Charles, K.E., Farley, K.M.J. and Newsham, G.R. (2007) A model of satisfaction with open-plan office conditions: COPE field findings, *J. Environ. Psychol.*, 27, 177–189.

Veitch, J.A., Newsham, G.R., Boyce, P.R. and Jones, C.C. (2008) Lighting appraisal, well-being and performance in open-plan offices: A linked mechanism approach, *Lighting Res. Technol.*, 40, 133–151.

Veitch, J.A., Donnelly, C.L., Galasiu, A.D., Newsham, G.R., Sander, D.M. and Arsenault C.D. (2010) Office occupants' evaluations of an individually-controllable lighting system, IRC Research Report 299, Ottowa, Ontario, Canada: National Research Council Canada, Institute for Research in Construction.

Vidovszky-Nemeth, A. and Schanda, J. (2012) White light brightness-luminance relationship, *Lighting Res. Technol.*, 44, 55–68.

Vienot, F., Durand, M.-L. and Mahler, E. (2009) Kruithof's rule revisited using LED illumination, *J. Mod. Opt.*, 56, 1433–1446.

Vieth, R., Bischoff-Ferrari, H., Boucher, B.J., Dawson-Hughes, B., Garland, C.F., Heaney, R.P., Holick, M.F. et al. (2007) The urgent need to recommend an intake of vitamin D that is effective, *Am. J. Clin. Nutr.*, 85, 649–650.

Viikari, M., Eloholma, M. and Halonen, L. (2005) 80 years of V(λ) use: A review, *Light Eng.*, 13, 24–36.

Villa, C. and Labayrade, R. (2013) Validation of an online-based protocol for luminous environment assessment, *Lighting Res. Technol.*, 45, 401–420.

Viola, A.U., James, L.M., Schlangen, L.J.M. and Dijk, D.-J. (2008) Blue-enriched white light in the workplace improves self-reported alertness, performance and sleep quality, *Scand. J. Work Environ. Health*, 34, 297–306.

Voevodsky, J. (1974) Evaluation of a deceleration warning light in reducing rear end collisions, *J. Appl. Psychol.*, 59, 270–273.

Vos, J.J. (1984) Disability glare – A state of the art report, *CIE J.*, 3, 39–53.

Vos, J.J. (1995) Age dependence of glare effects and their significance in terms of visual ergonomics, in W. Adrian (ed) *Lighting for Aging Vision and Health*, New York: Lighting Research Institute.

Vos, J.J. (1999) Glare today in historical perspective: Towards a new CIE glare observer and a new glare nomenclature, *Proceedings of the CIE 24th Session*, Warsaw, Poland. Vienna, Austria: CIE.

Vos, J.J. (2003) Reflections on glare, *Lighting Res. Technol.*, 35, 163–176.

Vos, J.J. and Boogaard, J. (1963) Contribution of the cornea to entoptic scatter, *J. Opt. Soc. Am.*, 53, 869–873.

Vos, J.J. and van Bergem-Jansen, P.M. (1995) Greenhouse lighting side-effects: Community reaction, *Lighting Res. Technol.*, 27, 45–51.

Walch, J.M., Rabin, B.S., Day, R., Williams, J.N., Chooi, K. and Kang, J.D. (2005) The effect of sunlight on postoperative analgesic medication usage: A prospective study of spinal surgery patients, *Psychosom. Med.*, 67, 156–163.

Wald, G. (1945) Human vision and the spectrum, *Science*, 101, 653–658.

Waldhauser, F. and Dietzel, M. (1985) Daily and annual rhythms in human melatonin secretion: Role in puberty control, in R.J. Wurtman, M.J. Baum and J.T. Potts Jr. (eds) *The Medical and Biological Effects of Light*, New York: New York Academy of Sciences.

Walker, M.F. (1977) The effects of urban lighting on the brightness of the night sky, *Publ. Astron. Soc. Pacific*, 89, 405–409.

Walker, J. (1985) Social problems of shiftwork, in S. Folkard and T.H. Monk (eds) *Hours of Work*, Chichester, U.K.: John Wiley & Sons.

Walker, T. (2007) Remote monitoring systems assessed, *Lighting J.*, 72, 49–53.

Walraven, P.L. (1974) A closer look at the tritanopic convergence point, *Vision Res.*, 14, 1339–1343.

Wang, N. and Boubekri, M. (2011) Design recommendations based on cognitive, mood and preference assessments in a sunlit workspace, *Lighting Res. Technol.*, 43, 55–72.

Wang, J.S. and Knipling, R.R. (1994) Lane change/merge crashes: Problem size assessment and statistical description, Report DOT-HS-808075, Washington, DC: US Department of Transportation.

Wang, M., Haerta, G. and Walberg, H. (1993) Toward a knowledge base for school learning. *Rev. Educ. Res.*, 63, 249–294.

Wanvik, P.O. (2009) Road lighting and traffic safety: Do we need road lighting? PhD thesis, Trondheim, Norway: Norwegian University of Science and Technology.

Ware, C. and Cowan, W.B. (1983) Specification of heterochromatic brightness matches: A conversion factor for calculating luminances of small stimuli which are equal in brightness, Technical Report 26055, Ottawa, Ontario, Canada: National Research Council Canada.

Watanabe, Y., Nayuki, K. and Torisaki, K. (1973) Actions of firemen in smoke, Report 37, Tokyo, Japan: Fire Research Institute of Japan.

Waters, I. and Loe, D.L. (1973) Visual performance in illumination of differing spectral quality, Visual Performance Research Project, University College Environmental Research Group, London, U.K.: University College.

Waters, C.E., Mistrick, R.G. and Bernecker, C.A. (1995) Discomfort glare from sources of nonuniform luminance, *J. Illum. Eng. Soc.*, 24, 73–85.

Weale, R. (1953) Spectral sensitivity and wavelength discrimination of the peripheral retina, *J. Physiol.*, 119, 170–190.

Weale, R.A. (1982) *A Biography of the Eye: Development, Growth, Age*, London, U.K.: H.K. Lewis.

Weale, R.A. (1985) Human lenticular fluorescence and transmissivity and their effects on vision, *Exp. Eye Res.*, 41, 457–473.

Weale, R.A. (1988) Age and the transmittance of the human crystalline lens, *J. Physiol.*, 395, 577–587.

Weale, R.A. (1990) Evolution, age and ocular focus, *Mech. Ageing Dev.*, 53, 85–89.

Weale, R.A. (1991) The lenticular nucleus, light and the retina, *Exp. Eye Res.*, 52, 213–218.

Weale, R.A. (1992) *The Senescence of Human Vision*, Oxford, U.K.: Oxford University Press.

Weaver, F.M. and Carroll, J.S. (1985) Crime perceptions in a natural setting by expert and novice shoplifters, *Soc. Psychol. Quart.*, 48, 349–359.

Webb, A.R. (2006) Ultraviolet benefits and risks – The evolving debate *Proceedings of the 2nd CIE Expert Symposium on Lighting and Health*, Ottawa, Ontario, Canada. Vienna, Austria: CIE.

Webb, A.R., Slaper, H., Koepke, P. and Schmalwieser, A.W. (2011) Know your standard: Clarifying the CIE erythema action spectrum, *Photochem. Photobiol.*, S87, 483–486.

Webber, G.M.B. and Aizlewood, C.E. (1993a) Investigation of emergency wayfinding lighting systems. *Proceedings of Lux Europa 1993*, Edinburgh, Scotland: London, U.K.: CIBSE.

Webber, G.M.B. and Aizlewood, C.E. (1993b) Emergency wayfinding lighting, Building Research Establishment (BRE) Information Paper IP1/93, Garston, U.K.: BRE.

Webber, G.M.B. and Aizlewood, C.E. (1994) Emergency lighting and wayfinding systems in smoke, *Proceedings of the CIBSE National Lighting Conference*, Cambridge, U.K. London, U.K.: CIBSE.

Webber, G.M.B. and Hallman, P.J. (1989) Photoluminescent markings for escape, Building Research Establishment (BRE) Information Paper IP17/89, Garston, U.K.: BRE.

Webber, G.M.B., Hallman, P.J. and Salvidge, A.C. (1988) Movement under emergency lighting: Comparison between standard provisions and photo-luminescent markings, *Lighting Res. Technol.*, 20, 167–175.

Webber, G.M.B., Wright, M.S. and Cook, G.C. (2001) The effects of smoke on people's walking speeds using overhead lighting and wayguidance provision, in *Human Behaviour in Fires, Proceedings of the 2nd International Conference*, Greenwich, U.K.: Interscience Communications.

Wehr, T.A. (2001) Photoperiodism in humans and other primates: Evidence and implications, *J. Biol. Rhythms*, 16, 348–364.

Wehr, T.A. and Rosenthal, N.E. (1989) Seasonality and affective illness, *Am. J. Psychiatry*, 146, 829–839.

Wehr, T.A., Giesen, H.A., Schulz, P.M. Anderson, J.L., Joseph-Vanderpool, J.R. and Kell, K. (1991) Contrasts between symptoms of summer depression and winter depression, *J. Affect. Disord.*, 23, 178–183.

Wehr, T.A., Giesen, H.A., Moul, D.E., Turner, E.H. and Schwatrz, P.J. (1995) Suppression of human responses to seasonal changes in day-length by modern artificial lighting, *Am. J. Physiol.*, 269, R173–R178.

Weinart, D. (2000) Age-dependent changes of the circadian system, *Chronobiol. Int.*, 17, 261–283.

Wells, M.M. (2000) Office clutter or meaningful personal displays: The role of office personalization in employee and organizational well-being, *J. Environ. Psychol.*, 20, 239–255,

Wells, S., Mullin, B., Norton, R., Langley, J., Connor, J., Lay-Yee, R. and Jackson, R. (2004) Motorcycle rider conspicuity and crash related injury: A case-control study, *BMJ*, 328, 857–862.

Welsh, B.C. and Farrington, D.P. (2002) *Crime Prevention Effects of Closed Circuit Television: A Systematic Review*, Home Office Research Study 252, London, U.K.: HMSO.

Welsh, B.C. and Farrington, D.P. (2006) *Preventing Crime: What Works for Children, Offenders, Victims and Places*, Dordrecht, the Netherlands: Springer Dordrecht.

Welsh, B.C. and Farrington, D.P. (2008) *Effects of Improved Street Lighting on Crime*, Oslo, Norway: The Campbell Collaboration.

Wen, Y.-J. and Agogino, A.M. (2011) Control of wireless-networked lighting in open-plan offices, *Lighting Res. Tech.*, 43, 235–248.

Werner, J.S. and Hardenbergh, F.E. (1983) Spectral sensitivity of the pseudophakic eye, *Arch. Ophthalmol.*, 101, 758–760.

Werner, J.S. and Kraft, J.M. (1995) Colour vision senescence: Implications for lighting design, in W. Adrian (ed) *Lighting for Aging Vision and Health*, New York: Lighting Research Institute.

Werner, J.S., Peterzell, D.H. and Scheetz, A.J. (1990) Light, vision and aging, *Optom. Vis. Sci.*, 67, 214–229.

Werner, J.S., Schefrin, B.E. and Bradley, A. (2010) Optics and vision of the aging eye, in M. Bass, J.M. Enoch and V. Lakshminarayanan (eds) *Handbook of Optics, Volume 3: Vision and Vision Optics*, New York: McGraw-Hill.

Westheimer, G. (1987) Visual acuity and hyperacuity: Resolution, localization, form, *Am. J. Optom. Phys. Opt.*, 64, 567–574.

Weston, H.C. (1922) A study of the efficiency in fine linen-weaving, Industrial Fatigue Research Board Report No. 20, London, U.K.: HMSO.

Weston, H.C. (1935) The Relation between Illumination and Visual Efficiency: The Effect of Size of Work, London, U.K.: Industrial Health Research Board and the Medical Research Council, HMSO.

Weston, H.C. (1945) The relation between illumination and visual efficiency: The effect of brightness contrast, Industrial Health Research Board Report 87, London, U.K.: HMSO.

Weston, H.C. and Taylor, S.K. (1926) The relation between illumination and efficiency in fine work (typesetting by hand), Final Report of the Industrial Fatigue Research Board and the Illumination Research Committee (DSIR), London, U.K.: HMSO.

Whittaker, J. (1996) An investigation in to the effects of British summer time on road traffic accident casualties in Cheshire, *J. Accid. Emerg. Med.*, 13, 189–192.

Whittaker, S.G. and Lovie-Kitchin, J. (1993) Visual requirements for reading, *Optom. Vis. Sci.*, 70, 54–65.

Wibom, R.I. and Carlsson, W. (1987) Work at visual display terminals among office employees: Visual ergonomics and lighting, in B. Knave and P.G. Wideback (eds) *Work with Display Units*, 86, Amsterdam, the Netherlands: North Holland.

Wienold, J. and Christoffersen, J. (2006) Evaluation methods and development of a new glare prediction model for daylight environments with the use of CCD cameras, *Energy Build.*, 38, 742–757.

Wiggle, R., Gregory, W. and Lloyd, C.J. (1997) Paint inspection lighting, Society of Automotive Engineers (SAE) Paper 982315, *Proceedings of the International Body Engineering Conference*, Detroit, MI. Warrendale, PA: SAE.

Wilkins, A.J. (1995) *Visual Stress*, Oxford, U.K.: Oxford University Press.

Wilkins, A.J., Nimmo-Smith, I., Slater, A.J. and Bedocs, L. (1989) Fluorescent lighting, head-aches and eyestrain, *Lighting Res. Technol.*, 21, 11–18.

Wilkinson, R.T. (1969) Some factors influencing the effect of environmental stress on performance, *Psychol. Bull.*, 72, 260–272.

Willey, A.E. (1971) Unsafe exiting conditions! Apartment house fire, Boston, MA, *Fire J.*, July, 16–23.

Williams, L.G. (1966) The effect of target specification on objects fixated during visual search, *Percept. Psychophys.*, 1, 315–318.

Wirz-Justice, A., Graw, P., Krauchi, K., Gisin, B. and Jochum, A. (1993) Light therapy in seasonal affective disorder is independent of time of day or circadian phase, *Arch. Gen. Psychiatry*, 50, 929–937.

Wolf, E. and Gardiner, J.S. (1965) Studies on the scatter of light in the dioptric media of the eye as a basis of visual glare, *Arch. Ophthalmol.*, 74, 338–345.

Wolfe, J.M., Kluender, K.R., Levi, D.M., Bartoshuk, L.M., Herz, R.S., Klatzky, R.L. and Lederman, S.J. (2006) *Sensation and Perception*, Sunderland, MA: Sinauer Associates.

Wong, K.Y., Dunn, F.A. and Breson, D.M. (2005) Photoreceptor adaptation in intrinsically photosensitive retinal ganglion cells, *Neuron*, 48, 1001–1010.

Wood, P.G. (1980) A survey of behaviour in fires, in D. Canter (ed) *Fires and Human Behaviour*, Chichester, U.K.: John Wiley & Sons.

Wood, J.M. (2002) Age and visual impairment decrease driving performance as measured on a closed-road circuit, *Hum. Factors*, 44, 482–494.

Wood, B., Rea, M.S., Plitnick, B. and Figueiro, M.G. (2013) Light level and duration of exposure determine the impact of self-luminous tablets on melatonin suppression, *Appl. Ergon.*, 44, 237–240.

Wooten, B., Fuld, K. and Spillmann, L. (1975) Photopic spectral sensitivity of the peripheral retina, *J. Opt. Soc. Am.*, 65, 334–342.

Wordenweber, B., Wallaschek, J., Boyce, P. and Hoffman, D.D. (2007) *Automotive Lighting and Human Vision*, Berlin, Germany: Springer.

World Health Organization (WHO). (1977) *Manual of the International Classification of Diseases, Injuries and Causes of Death*, Geneva, Switzerland: WHO.

World Health Organization (WHO). (1982) *Lasers and Optical Radiation*, Environmental Health Criteria Document 23, Geneva, Switzerland: WHO.

Worthey, J.A. (1990) Lighting quality and light source size, *J. Illum. Eng. Soc.*, 19, 142–148.

Wright, R.M., Keilweil, P., Pelletier, P. and Dickinson, K. (1974) *The Impact of Street Lighting on Crime, Part 1*, Washington, DC: National Institute of Law Enforcement and Criminal Justice.

Wright, M.S., Cook, G.K. and Webber, G.M.B. (1999) Emergency lighting and wayfinding provision systems for visually impaired people: Phase 1 of a study, *Lighting Res. Technol.*, 31, 35–42.

Wurm, L.H., Legge, G.E., Isenberg, L.M. and Luebker, A. (1993) Colour improves object recognition in normal and vision loss, *J. Exp. Psychol. Hum.*, 19, 899–911.

Wust, S., Wold, J., Hellhammer, D.H., Federenko, I., Schommer, N. and Kirschbaum, C. (2000) The cortisol awakening response – Normal values and confounds, *Noise Health*, 2, 79–88.

Wyatt, S. and Langdon, J.N. (1932) Inspection processes in industry, Medical Research Council Industrial Health Research Board Report 63, London, U.K.: His Majesty's Stationary Office.

Wyon, D.P. (1996) Indoor environmental effects on productivity, *Proceedings of the IAQ '96: Paths to Better Building Environments*, Nagoya, Japan. Atlanta, GA: ASHREA.

Wyszecki, G. (1981) Uniform color spaces, in *Golden Jubilee of Colour in the CIE*, Bradford, U.K.: The Society of Dyers and Colourists.

Wyszecki, G. and Stiles, W.S. (1982) *Color Science: Concepts and Methods, Quantitative Data and Formulas*, New York: John Wiley & Sons.

Xu, H. (1993) Colour rendering capacity and luminous efficiency of a spectrum, *Lighting Res. Technol.*, 25, 131–132.

Yerrell, J.S. (1976) Vehicle headlamps, *Lighting Res. Technol.*, 8, 69–79.

Zak, P.P. and Ostrovsky, M.A. (2012) Potential danger of light emitting diode illumination to the eye of children and teenagers, *Light Eng.*, 20, 3–8.

Zeitzer, J.M., Dijk, D.-J., Kronauer, R.E., Brown, E.N. and Czeisler, C.A. (2000) Sensitivity of the human circadian pacemaker to nocturnal light: Melatonin phase resetting and suppression, *J. Physiol.*, 526, 695–702.

Zele, A.J., Feigl, B., Smith, S.S. and Markwell, E.L. (2011) The circadian response of intrinsically photosensitive retinal ganglion cells, *PloS ONE*, 6, e17860.

Zhang, X. and Muneer, T. (2002) A design guide for performance assessment of solar light-pipes, *Lighting Res. Technol.*, 34, 149–169.

Zhang, L., Helander, M. and Drury, C.G. (1996) Identifying factors of comfort and discomfort in seating, *Hum. Factors*, 38, 377–389.

Zhang, J., Wang, X., Wang, Y., Fu, Y., Liang, Z., Ma, Y. and Leventhal, A.G. (2008) Spatial and temporal sensitivity degradation of primary visual cortical cells in senescent rhesus monkeys, *Eur. J. Neurosci.*, 28, 201–207.

Zigman, S. (1992) Light filters to improve vision, *Optom. Vis. Sci.*, 69, 325–328.

Zuclich, J.A. (1998) The corneal ultraviolet action spectrum for photokeratitis, in R. Matthes and D. Sliney (eds) *Measurements of Optical Radiation Hazards*, OberschleiBheim, Germany: International Commission on Non-Ionizing Radiation Protection.

北京市版权局著作权合同登记　图字：01-2017-5177号。

图书在版编目（CIP）数据

照明人机工效学：原书第 3 版 /（美）彼得·R. 博伊斯（Peter R.Boyce）著；程天汇等译 . — 北京：机械工业出版社，2022.12

（照明工程先进技术丛书）

书名原文：Human Factors in Lighting, Third Edition

ISBN 978-7-111-72114-7

Ⅰ . ①照… 　Ⅱ . ①彼… ②程… 　Ⅲ . ①电气照明 – 工效学 　Ⅳ . ① TM923

中国版本图书馆 CIP 数据核字（2022）第 222686 号

机械工业出版社（北京市百万庄大街 22 号　邮政编码 100037）

策划编辑：刘星宁　　　　　责任编辑：刘星宁

责任校对：陈　越　王明欣　封面设计：马精明

责任印制：单爱军

北京虎彩文化传播有限公司印刷

2023 年 3 月第 1 版第 1 次印刷

169mm×239mm · 34.5 印张 · 2 插页 · 733 千字

标准书号：ISBN 978-7-111-72114-7

定价：249.00 元

电话服务　　　　　　　　　　网络服务

客服电话：010-88361066　　　机 工 官 网：www.cmpbook.com

　　　　　010-88379833　　　机 工 官 博：weibo.com/cmp1952

　　　　　010-68326294　　　金 书 网：www.golden-book.com

封底无防伪标均为盗版　　　机工教育服务网：www.cmpedu.com